콘크리트 실무편람

실무자를 위한 콘크리트 편람 지침서

대표저자 임 남 기

기문당

집필위원

집필위원장 임남기 동명대학교 건축공학과 교수

집필부위원장 이한승 한양대학교 건축학부 교수

집 필 감 사 김동훈 동명대학교 건축공학과 교수
태성호 한양대학교 건축학부 교수

제 1 장	정상진 일본동경공업대 대학원(공학박사), 전 단국대학교 건축공학과 교수 백민수 단국대학교 대학원(공학박사), 단국대학교 건축공학과 겸임교수
제 2 장	박선규 일본동경대학 대학원(공학박사), 목원대학교 건축공학과 교수
제 3 장	이도헌 일본동북대학 대학원(공학박사), LH공사 토지주택연구원 선임연구위원 김동훈 일본북해도대학 대학원(공학박사), 동명대학교 건축공학과 겸임교수
제 4 장	박동천 일본동경대학 대학원(공학박사), 한국해양대학교 해양공간건축학과 교수
제 5 장	박희곤 단국대학교 대학원(공학박사), 두산건설 기술연구소 차장 류동우 일본동경대학 대학원(공학박사), 대진대학교 건축공학과 교수
제 6 장	안남식 텍사스주립대학교 대학원(공학박사), 세종대학교 건축공학과 교수
제 7 장	이한승 일본동경대학 대학원(공학박사), 한양대학교 건축학부 교수 태성호 일본동경대학 대학원(공학박사), 한양대학교 건축학부 교수
제 8 장	이종균 단국대학교 대학원(공학박사), 영산대학교 건축플랜트학과 교수
제 9 장	공민호 단국대학교 대학원(공학박사), 엠코 기술연구소 선임연구원
제10장	김영수 서울대학교 대학원(공학박사), 부산대학교 건축공학과 교수
제11장	박기봉 일본동경대학 대학원(공학박사), 강원대학교 건축공학과 교수
제12장	정성욱 동명대학교 대학원(공학박사), 한국표준협회 선임연구원 허재원 동명대학교 대학원(공학박사), ING&ENG 연구소장
제13장	이영도 단국대학교 대학원(공학박사), 경동대학교 건축공학과 교수
제14장	임영철 일본 동경대학 대학원(공학박사), 대구가톨릭대학교 건축학부 교수 임남기 단국대학교 대학원(공학박사), 동명대학교 건축공학과 교수

머리말

최근 콘크리트 구조물이 대형화, 거대화, 복잡화, 초고층화되면서 콘크리트 구조물의 내구성능의 확보와 향상이라는 고도기술의 난제(難題)에 대응할 수 있는 노력이 경주되고 있다. 이러한 콘크리트 구조물의 내구성 향상에 관한 사회적인 요구는 앞으로도 더욱더 높아질 것은 물론, 중요 콘크리트 구조물의 장수명화에 대한 기술개발 또한 아주 중요하게 다루어질 것은 분명하다.

하지만 현재의 시점에서도 콘크리트 공사를 실시함에 있어 각종 분쟁이 끊임없이 제기되고 있고, 또한 콘크리트 구조물의 설계 · 시공에서 다양한 시스템화가 추진되고 있으나 현장에서는 콘크리트의 기본적인 기술이 경시되는 사례가 많이 발생하고 있다. 이러한 경향은 향후 품질이 보증된 콘크리트 구조물을 만드는 데 있어 해결되어야 할 문제로 남아 있다. 본서에서는 이러한 현실을 근거로 출판된 것으로 콘크리트 구조물의 설계 · 시공에 종사하는 기술자가 준수해야 될 기본적인 지식과 최신의 경향에 기초를 두어 콘크리트 기술에 대해서 될 수 있는 한 쉽게 알 수 있도록 해설하였다.

현재, 콘크리트 구조물의 설계 및 시공에 있어 여러 가지 새로운 공법과 기술들이 제안되어 사용되고 있으며 이 중 일부는 규격화 또는 표준화되어 있다. 이 중에서 일부는 현재 시행단계에 있으나, 앞으로 일부 수정 및 개편을 통해 수정을 필요로 하는 것도 포함되어 있다. 본 책은 콘크리트 구조물의 설계 및 시공에 있어 하나의 지침서가 될 수 있는 콘크리트 실무편람서로서 콘크리트 기술자는 물론 콘크리트의 실무 경험을 통해 기술적 견해가 부족했던 건축 및 토목 전공의 대학생 및 대학원생들이 쉽게 접근할 수 있도록 표와 그림 등을 최대한 활용하여 관련 기술자 및 실무자는 물론 전공 학도들의 이해를 돕고자 최대한 노력하였다.

본서에서의 콘크리트 용어 정리 및 참조 규격, 시공일반, 검사, 유지관리의 취급 등을 국토교통부 제정 콘크리트표준시방서(콘크리트학회, 2013)를 기초로 하여 서술하였다.

본서는 콘크리트 공사에 종사하는 실무자들을 위한 실무편람서로 시공(특수시공, 특수구조물) 및 유지관리, 시험 · 측정에 많은 페이지를 할애하여 저술하였다. 먼저, 제 1장 [콘크리트의 역사 및 특성]에서 콘크리트의 역사 및 기본적인 특성에 대해 서술하였고, 제 2장 [사용 재료]에서 콘크리트의 시멘트, 골재, 혼화제 등 각종 콘크리트 사용 재료에 대해서 서술하였다. 제 3장 [경화 콘크리트의 성질]에서 콘크리트의 강도 및 각종 내구성, 제 4장 [콘크리트 구조물의 열화와 대책]에서 최근 콘크리트의 조기열화현상과 문제해결, 제 5장 및 6장에서는 [굳지 않은 콘크리트의 성질]과 [콘크리트의 배합설계]에 대해 서술하였고, 제 7장 [콘크리트의 제조·관리 및 검사]에서 레디믹스트 콘크리트에 대해 서술하였다. 특히, 본서에서는 제 8장 [시공], 9장 [특수 환경에서 시공한 콘크리트], 10장 [특수한 기능을 가지는 콘크리트], 11장 [특수 시공법], 12장 [특수 구조물의 시공]에 이르기까지 일반 및 특수 환경에서 시공되는 각종 콘크리트의 시공기술 및 방법에 대해 구체적으로 서술하였다. 그리고 제 13장에서는 [유지관리 및 해체], 제 14장에서는 [시험 및 측정]에 대해 서술하면서 전술한 바와 같이, 시공 및 유지관리, 시험·측정에 대해 많은 부분을 할애함으로써 콘크리트 기술자가 현장에서 이용할 수 있는 실무편람으로서 본 서의 서술 목적에 최대한 맞도록 편집하였다.

본서는 토목·건축에 종사하는 콘크리트 기술자는 물론 레디믹스트 콘크리트의 제조·관리기술자, 또한 조사 및 측정에 종사하는 컨설턴트기술자, 그리고 여기에 콘크리트를 전공하는 대학생 및 대학원생들에 이르기까지 광범위한 분야의 사람들에게 지침서가 될 수 있도록 다년간 교단에서 강의해 온 교수들을 중심으로 구성된 집필진들이 함께 참여하여 그동안 축적해 놓은 각종 자료를 토대로 각자의 전문 분야에서 많은 사람들이 알기 쉽도록 저술하였다.

특히, 본서는 고(故) 정상진 교수(단국대학교 건축공학과)님께서 대표저자로 참여하신 마지막 유작으로 교수님께서 평생 동안 대학의 교단과 기술심의위원 등의 현장지도 경험을 통해 축적하신 자료를 토대로 저술된 것임을 알리고 싶습니다. 우리 집필위원 모두는 더 충실한 내용의 저술을 위해 정상진 교수님의 유지에 따라 장고를 거듭하여 살아생전에 본서를 세상에 보여주지 못한 아쉬움이 있었습니다. 이에 우리 집필진은 정상진 교수님에 대한 깊은 애도를 표하면서 그나마 다행인 것은, 고인을 떠나보낸 후부터 출간에 박차를 가해 본서가 조기에 세상 밖으로 나올 수 있었다는 점에서 다소 송구함을 줄일 수 있지 않을까 합니다. 마지막으로 본서의 출판에 성원과 지원을 아끼지 않으신 기문당의 강해작 사장님과 관련 담당자분들에게 깊은 감사를 드리면서 지속적인 보완을 통하여 본서를 많은 독자가 사랑하는 활용도서가 되도록 노력할 것을 약속드립니다.

2015. 2
대표저자 임남기

차 례

01 콘크리트의 역사 및 특성

1.1 시멘트

시멘트(Cement)란 일반적인 의미로 점착력이나 응집력을 가진 광물질이 결합하여 일체화될 수 있는 능력을 가진 재료로써 각종의 결합재(Binder)는 모두 광의적으로 시멘트라 할 수 있다.

건축 및 토목 분야에서의 시멘트란 자갈 및 모래를 일체화시키기 위한 결합재로 한정하고 있다. 건설용 시멘트는 주요 조성광물로 석회 화합물인 석회질 시멘트를 이용하고 있다. 콘크리트를 제조하기 위한 시멘트는 물과의 화학반응인 수화반응을 통하여 응결 및 경화하는 성질을 가지고 있어 수경성 시멘트(Hydraulic Cement)로 불린다.

수경성 시멘트의 주원료는 탄산염 및 알루민산염으로 천연 시멘트, 포틀랜드 시멘트, 알루미나 시멘트 등으로 대별된다.

1.1.1 포틀랜드 시멘트의 역사

시멘트란 라틴어의 부순돌(Crushed Stone)이라는 의미인 Caementium이 Cement로 변천된 것으로 광의로는 물질과 물질을 접합시키는 성질을 가진 모든 재료를 의미한다.

한편 시멘트는 물과 반응하여 응고 및 경화하는 수경성 시멘트(Hydraulic Cement)와 대기 중에서 응고, 경화하는 기경성 시멘트(Non-hydraulic Cement)로 구분되며, 우리가 일반적으로 시멘트라 칭하는 재료는 수경성 시멘트로서 1~5종 포틀랜드 시멘트(Portland Cement)와 시멘트의 일부분이 광물질로 치환된 혼합 시멘트(Blended Cement) 및 시멘트 클링커의 구성성분이 특별한 특수 시멘트(Special Cement)로 분류된다.

건축용 결합재로서 가장 오래된 것은 소석고(燒石膏, Calcined Gypsum, $CaSO_4 \cdot 1/2H_2O$)로써 BC 5000년경에 건설된 피라미드에 소석고와 모래를 혼합한 모르타르를 석재의 줄눈에 사용하였으며, 이때 사용된 시멘트는 기경성 시멘트이다.

석회석을 구워서 만든 소석회인 수산화칼슘(Calcium Hydroxide, $Ca(OH)_2$)이 건설재료로 사용되기 시작한 것은 그리스시대부터이다. 고대 그리스 유적이나 유물을 살펴보면 소석회와 화산재를 혼합하여 제작된 모르타르나 물잔 등이 발견되고 있으며, 이는 고대 그리스 사람들이 산토리니(Santorini) 섬에 있는 화산재를 이용한 것으로 알려져 있다.

한편, 로마시대부터 근세 18세기 말까지 2000여 년간 건설공사에서 결합재료로 소석고 또는 소석회와 화산재의 혼합물을 사용해 왔다. 로마 사람들은 나폴리만 주위의 베수비오(Vesuvio)산 또는 포촐리(Pozzuoli)마을 근처에서 발견된 화산재를 포촐라나(Pozzolana)라고 불렀다.

오늘날 사용되고 있는 시멘트는 1824년 영국의 벽돌공 조지프 애스프딘(Joseph Aspdin, 1779~1855)이 "인조석 제조법의 개량"으로 특허를 얻어 포틀랜드란 이름을 붙인 것에서 유래한 것이다.

이 특허는 석회암(Limestone, $CaCO_3$)을 분쇄한 후 소성하여 생석회(CaO)로 만들고, 주요 성분이 산화알루미늄(Al_2O_3)인 점토를 일정한 비율로 혼합하고 물을 가하여 다시 미분쇄한 후 건조한 것을 소성로(Kiln)에 넣어 석회석 내의 이산화탄소가 완전히 제거될 때까지 소성과 미분쇄를 반복하여 제조한 것이다. 포틀랜드 시멘트는 석회암과 점토 등의 원료를 적당히 배합하여 고온에서 소성하면 균질이면서 고강도를 발휘하므로, 과거의 석회모르타르 또는 천연시멘트보다 우수한 특성이 있어 널리 보급되었다.

포틀랜드 시멘트(Portland Cement)란 명칭은 건축용 석재로 사용되던 영국 남단부 포틀랜드(Portland)섬의 석회암인 포틀랜드 석재(Portland Stone)의 색깔이 회백색이었는데 시멘트의 색깔과 비슷한 것에서 유래하였다. 그러나 Aspdin의 특허에 의하여 제조된 포틀랜드 시멘트는 소성온도가 낮아 클링커의 품질이 떨어지는 한계가 있던 것을

1845년 아이작 존슨(Issac Johnson)이 소성온도를 높게 함으로써 근대 포틀랜드 시멘트의 제조가 가능하게 되었다.

한편, 영국의 제임스 파커(James Parker)는 1796년에 점토 불순물이 함유된 석회암을 소성한 천연 수경성 시멘트(로만시멘트라고 잘못 명명된 것)로 특허를 획득하였으며, 1813년 프랑스의 비캇(Vicat)은 석회암과 점토의 혼합물을 소성함으로써 인공적인 수경성 석회를 제조하였으며, 1882년 제임스 프로스트(James Frost)는 영국에서 유사한 방법을 소개하였다. 미국에서는 1818년에 이미 천연시멘트가 생산되었음에도, 1871년 데이비드 세일러(David Saylor)가 포틀랜드 시멘트의 특허를 획득하였다. 캐나다에서는 1830년에 석회와 수경성 시멘트를 최초로 생산하였고, 독일에서는 1882년에 30%의 슬래그를 혼합한 고로슬래그 시멘트가 개발되었으며, 일본에서는 1890년경 시멘트의 생산이 시작되었다.

우리나라의 시멘트 공업은 1919년 연간 생산량 6만 톤 규모의 건식공장이 평양 근처에 최초로 건설되었다. 남한에서는 1942년 삼척에 8만 톤 규모의 공장이 건설되었으며, 해방 당시 6개 공장의 총 시멘트 생산능력은 170만 톤 정도였다. 그 이후 1962년 제1차 경제개발 5개년 계획에 따라 눈부신 발전을 이룩하였으며, 1996년 IMF사태 발생 이전까지 연간 총 시멘트 생산량은 약 6,000만 톤에 이르렀으나 2000년부터는 건설경기의 부진 등으로 총 시멘트 생산량이 5,000만 톤 정도로써 세계 5위권의 생산국이 되었다. 이는 1인당 1톤이라는 생산량으로 평가 시 세계 최상위 생산국을 점하는 수치이다.

1.1.2 포틀랜드 시멘트 품질의 변천

초기에 생산되었던 포틀랜드 시멘트는 현재보다 품질이 매우 조악하였다. 영국 캐슬 시멘트회사의 1800년대 중반 포틀랜드 시멘트의 조성을 조사한 표 1.1에서 알 수 있듯이 초기 포틀랜드 시멘트는 현재의 보통 포틀랜드 시멘트와 비교 시 CaO의 양이 적은 반면 Al_2O_3나 Fe_2O_3가 다소 많은 것을 알 수 있다.

스켐턴(Skempton)에 의하면 Aspdin & Co.의 포틀랜드 시멘트는 1,250℃ 이상으로 소성되어 C_3S가 생성되었다고 하므로, 오늘날의 포틀랜드 시멘트와 유사함을 알 수 있다. 한편, 1853년 독일 베를린에서 분석한 영국산 포틀랜드는 C_3S 생성에 필요한 CaO가 부족하며 수화 속도가 늦은 C_2S의 성분이 많았다고 한다.

또한 1840~2000년까지 포틀랜드 시멘트 품질의 변천을 나타낸 그림 1.1에 따르면

1840년에는 재령 28일 압축강도가 5MPa 정도였으나, 1880년대 후반 들어서는 화학성분의 관리와 입자의 미분말화에 의하여 압축강도가 10~20MPa 정도로 증진되었다.

그 후 1900년대에 들어 회전로(Rotary Kiln)에 의한 소성에 의하여 압축강도가 20~30MPa로 증대되었으며, 1950년대에는 SP(Suspension Preheater), NSP(New Suspension Preheater)를 중심으로 폐회로 분쇄에 의하여 압축강도가 35~56MPa로 크게 증진되어 현재에 이르고 있다.

표 1.1 **1800년대 중반의 포틀랜드 시멘트의 화학성분 표**

구분	LOI	Checlc	CaO	SiO_2	Al_2O_3	Fe_2O_3	MgO	Na_2O	K_2O	SO_3	HM	LSD	C_3S	C_2S	C_3A	C_4AF	$CaSO_4$
1848 Aspdin & Co.[1]	–	–	59	22	6	5	1	–	–	–	1.788	0.81	25	44	7	15	–
1853 English Portland Cement[2]	–	–	54.1	22.2	7.8	5.3	0.75	1.66	1.1	1	1.533	0.71	0	59.5	11.6	16.1	0.7
William Aspdin Kiln at Northfleet[3]	7.18	1.52	57.3	19.8	6.7	3.3	1.74	0.27	0.25	1.52	1.923	0.86	30	38	13	11	–
Famous barrels at the ship on the shore Inn at Sheerness[3]	18.61	1.45	49.2	19.6	5.8	2.8	1.1	0.12	0.21	0.93	1.745	0.76	7.6	63.2	13.1	10.5	–
Portland cement used in Japan	0.44	0.15	64.5	21.4	5.5	2.9	1	0.24	0.37	2.06	2.16	0.92	53.5	21	9.6	8.8	–

주 : 1) A. W. Skempton, Portland Cement, 1843~1887, Excerpt Transactions of the Newcomen Society, Vol. XXXV, 1962~1963.

2) W. A. Becker, Erfahrungen Ueber den Portland Cement, Berlin, 1853.

3) R. G. Blezard, Chemistry Industry, September, 1881.

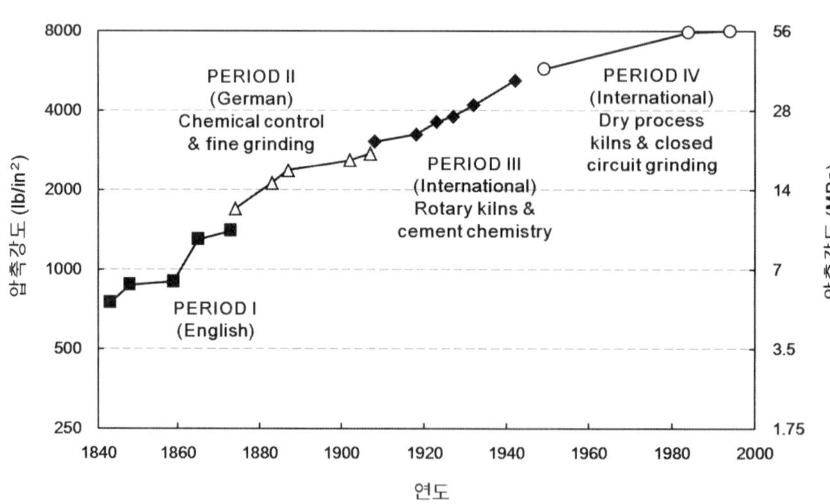

그림 1.1 **포틀랜드 시멘트 품질의 변천**

1.2 콘크리트의 정의 및 분류

1.2.1 콘크리트의 정의

콘크리트(Concrete)란 시멘트, 물, 잔골재, 굵은골재 및 혼화재료를 혼합하여 만들어진 재료를 말하며, 굵은골재를 사용하지 않은 것을 모르타르(Mortar)라 하며, 모르타르에서 잔골재를 사용하지 않은 것을 시멘트 페이스트(Cement Paste)라 한다. 콘크리트는 시멘트 콘크리트의 약칭으로 시멘트 페이스트에 의하여 모래와 자갈 등의 골재를 접착하거나 결합해서 만든 암석 모양의 덩어리로, 이러한 형태의 재료는 오래전부터 사용되어 왔다. 넓은 의미의 콘크리트는 시멘트, 석회, 석고 등과 같은 무기질 또는 아스팔트, 폴리머, 레진 등과 같은 유기질의 결합재에 의하여 골재를 결합하고 성형하는 혼합물 및 그 경화체를 총칭한다.

일반적인 콘크리트를 구성하는 성분비율은 그림 1.2와 같으며, 용적의 약 70%가 잔골재와 굵은골재이며 나머지 약 30%가 시멘트 페이스트로 구성되어 있다. 시멘트 페이스트는 골재와 골재 사이의 간극을 메우며 굳지 않은 콘크리트의(Fresh Concrete)의 유동성을 확보하고 응결 및 경화를 통하여 양생을 거쳐 골재와 결합하여 강도를 발휘한다. 경화한 콘크리트(Hardened Concrete)의 성질은 시멘트 페이스트의 품질에 의하여 지배되지만 콘크리트 용적의 대부분을 차지하는 골재의 성질에 의해서도 크게 영향을 받을 수 있다.

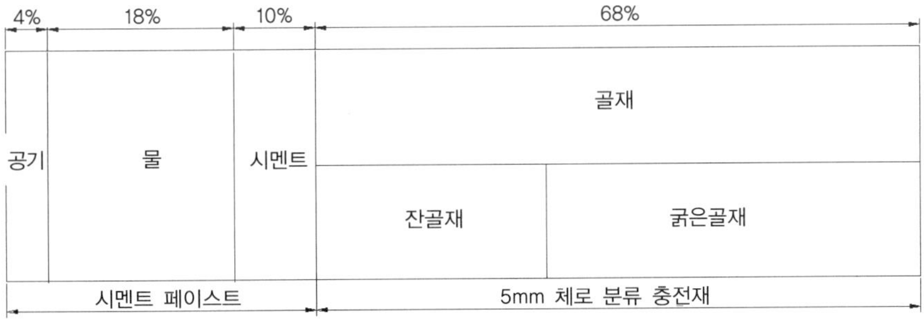

그림 1.2 **콘크리트 성분의 용적 비율**

1.2.2 콘크리트의 분류

넓은 의미에서의 콘크리트는 무기질결합재, 유기질결합재, 유·무기질결합재로 분류할 수 있다. 일반적으로 콘크리트를 구성하는 무기질결합재로는 시멘트, 석회, 석고 및 유황류 등이 있다. 한편, 유기질결합재로 성형한 경화체 중 접착력과 결합력이 강한 고분자 재료를 사용한 폴리머 콘크리트는 시멘트 대신에 폴리머결합재를 사용한 콘크리트이며, 시멘트에 수용성 폴리머를 혼합함으로써 기존의 시멘트 모르타르 및 콘크리트의 결점을 보완, 개선하는 효과를 얻는 것이 레진 콘크리트이다.

또한 보통 시멘트 경화체에 점도가 낮은 모노머(Monomer)를 함침시켜 열과 방사선을 가하여 모노머를 중합시킴으로써 강도와 화학저항성이 우수한 폴리머 함침 콘크리트(Polymer Impregnate Concrete)를 제조할 수 있다.

한편, 국토교통부 제정 콘크리트표준시방서에서의 콘크리트는 일반 콘크리트, 레디믹스트 콘크리트, 경량골재 콘크리트, 매스 콘크리트, 한중 콘크리트, 서중 콘크리트, 수밀 콘크리트, 유동화 콘크리트, 고강도 콘크리트, 수중 콘크리트, 프리팩트 콘크리트, 해양 콘크리트, 팽창 콘크리트, 숏크리트, 섬유보강 콘크리트, 방사선 차폐용 콘크리트, 강 콘크리트 합성구조, 공장제품 및 프리스트레스트 콘크리트로 구분되어 있다.

이들 콘크리트 이외에도 팽창 시멘트, 고로슬래그 시멘트, 초속경 시멘트 및 유정 시멘트와 같은 특수 시멘트를 사용한 콘크리트와 인공경량골재, 중량골재, 고로슬래그 골재, 순환골재 등과 같은 특수 골재를 사용한 콘크리트가 있다. 또한 특수보강재를 사용한 섬유보강 콘크리트와 특수공법을 사용한 숏크리트, 프리팩트 콘크리트, 극저온, 내열, 내식 콘크리트 등과 같은 특수 환경하에서 건설되는 특수 콘크리트도 있다.

1.3 콘크리트의 기본적 특성

1.3.1 콘크리트 구조물의 특성

1) 콘크리트의 경화특성과 제조방식

콘크리트는 시멘트의 수화반응에 의해 경화된다. 일반적으로 필요한 강도 및 내구성을 확보하기 위해서는 최저 1개월의 시간이 요구되는데 이는 일반 콘크리트 구조물의 건설 시 콘크리트의 품질을 좌우하는 양생을 하는 것은 경화 후 콘크리트의 품질은 타설 후 수일간의 온도와 습도에 영향을 받기 때문이다. 양생에는 시간이 소비되며, 이에 따라 비용은 증가하지만 양생이 충분하지 못한 경우 구조체 완성 후의 품질에 대한 확신은 곤란하다. 국내외적으로 고도성장기 이후 양생불량으로 콘크리트 구조물이 약화된 것으로 진단 평가되어 수많은 보수보강공사를 실시한 것은 시사하는 바가 크다고 할 수 있다.

2) 콘크리트 구조물의 거대성과 시공관리

콘크리트 구조물의 특성 중 한 가지는 재료를 공사현장으로 운반하여 거대 구조물을 건설한다는 점이다. 현장에서 시공하는 거대한 구조물은 완공 후 품질을 확인하는 것이 곤란하므로 시공관리가 대단히 중요하다. 구조물의 거대화는 공사기간이 길어진다는 것을 의미하며, 예로 초고층 공사 등은 완성까지 수년의 시간이 요구되므로 품질과 공정관리의 중요성이 크게 높아지고 있다.

3) 콘크리트 구조물과 내구성

일반적으로 1950년대까지 지어진 콘크리트 구조물은 뛰어난 내구성을 가지고 있었다. 이런 상황은 정도의 차이는 있지만 전 세계적으로 열화가 표면화되면서 "콘크리트의 내구성 신화"가 붕괴된 원인 중 첫 번째는 강도 편중 및 내구성 경시, 두 번째는 시공성을 무시하고 극도의 합리성을 추구한 디자인 때문이라고 할 수 있다. 또한 공사현장에서 숙련된 기술자수가 감소하는 것도 원인이 될 수 있으므로 이제 콘크리트 구조물의 유지관리도 강구조물과 같이 내구성 확보에 관심을 가져야 할 필요성이 높아지게 되었다.

1.3.2 콘크리트의 기본적 특성

1) 내화성 및 내열성

경화 콘크리트는 체적의 10~15%가 다양한 형태의 공극으로 이루어져 있으며, 대부분의 공극은 수분으로 채워져 있다. 시멘트 경화체의 골격 형성은 중요 수화물과 수산화칼슘수화물(C-S-H)이라 불리는 미세한 결정(C : CaO, S : SiO_2, H : H_2O)으로 이루어진다. 이와 같이 콘크리트는 여러 가지 상태의 '물'을 다량으로 포함하는 독특한 구조재료로 구성되어 내화성을 지니게 된다. 따라서 표면이 1,000℃ 정도의 고온에 노출되어도 단시간 이내에 내부온도 상승을 억제할 수 있다. 우주비행의 경우 대기권 돌입 시 고열을 받지만, 비행체의 표층에 FRP를 사용한 열제거 작용으로 내부온도 상승을 방지하는데, 콘크리트의 역할도 이때의 FRP와 유사하다.

2) 진동 흡수성과 차음성

콘크리트는 철강 등의 금속 재료에 비해 진동 흡수성과 차음성이 뛰어나므로 고속철도 고가교와 대부분의 교량은 콘크리트로 만들어져 있다. 콘크리트 경화체는 그림 1.3 절단면 내부구조에서 보는 바와 같이 크고 작은 골재 입자가 대부분을 차지하며, 그 간극을 시멘트 경화체가 메우고 있다. 이처럼 콘크리트는 비중이 다른 다양한 입자의 혼합체로 구성되며, 계면이 매우 많기 때문에 진동 흡수성이 뛰어나다. 또한 그림 1.4 시멘트 경화체 부분의 전자현미경 사진에서 보는 바와 같이 다양한 결정군과 공극으로 되어 있어 원래 외부로부터의 충격 등에 의한 탄성파의 전파가 어려운 구조로 되어 있어 금속 결정의 균질성이 높은 철강 재료와 대조적이다.

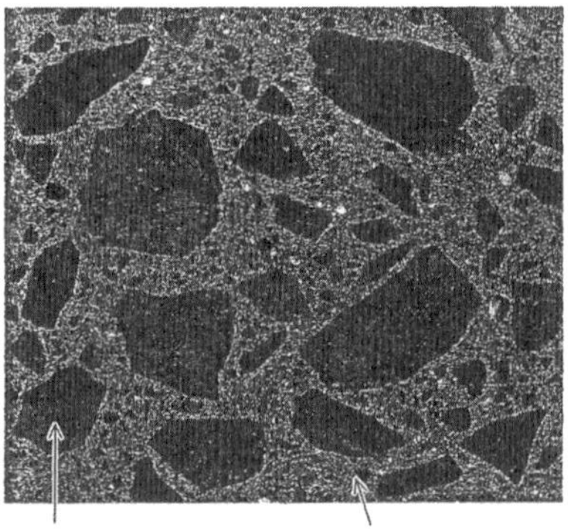

그림 1.3 **콘크리트의 절단면(10cm×10cm)**

그림 1.4 **시멘트 경화체의 미세구조(×10,000)**

3) 재료 복합화에 따른 성능 개선성

콘크리트는 복합재료로 구성되므로 재료의 성질을 복합적인 방법으로 향상시킬 수 있으며, 특히 단섬유를 혼입하면 취성을 개선할 수 있다. 대표적인 사례가 강섬유를 콘크리트 체적의 1~2% 혼입한 강섬유보강 콘크리트이며, 알칼리성 유리섬유를 혼입한 유리섬유보강 시멘트도 건축 외장재를 중심으로 많이 사용되고 있다. 최근에는 계수를 높임으로써 균열 억제 효과를 개선한 나일론 섬유 등도 사용되고 있다. 시멘트 모르타르의 반죽 혼합 시 폴리머 디스퍼전을 혼입시켜 경화 후 폴리머 필름을 형성시킴으로써 내수·내식성과 내마모성을 높인 폴리머 시멘트 모르타르는 최근에 콘크리트 구조물의 보수 재료로 많이 사용되고 있다.

콘크리트 체적의 약 3/4을 차지하는 골재를 일반 암석 재료에서 획득한 후 소성하여 얻어지는 경량골재와 철광석 등의 중량골재로 대체하면 콘크리트의 밀도를 1.6~3.8 정도의 범위로 확대할 수 있다.

1.3.3 콘크리트의 내부구조와 물성

1) 세공구조와 세공용적

시멘트 경화체는 지름 0.01~1㎛ 모세관공극이 존재한다(그림 1.4의 "CP"). 이 모세관공극은 일반적으로 다량의 나트륨과 칼륨이온을 포함한 강알칼리 용액(세공 용액)에 의해 채워지고 있으며 물질 이동통로의 역할도 하고 있다. 대기 중의 이산화탄소나 산소, 해수 물보라 등에 의한 염화물이온의 침입은 표면에서 내부로 통하는 모세관공극을 통해 이루어진다. 이러한 물질 이동은 철근의 부식과 콘크리트의 탄산화를 유도하고 콘크리트 구조물의 내구성에 큰 영향을 준다.

2) 재료분리와 이방성

콘크리트는 밀도나 입경 등이 상이한 재료의 혼합체이다. 일정 높이의 거푸집에 타설된 유동 상태의 굳지 않은 콘크리트는 타설 직후부터 중력의 작용을 받아 분리하기 시작한다. 상대적으로 밀도가 높은 골재 입자 등이 침하하고 밀도가 가장 낮은 물은 상승한다. 이러한 분리현상에 의해 콘크리트 부재는 거시적 및 미시적 측면에서 이질성을 보인다. 거시적 수준의 균일성은 부재 상단에 물-결합재 비율이 큰 다공성 콘크리트를 만들어 높이가 높은 5m 기둥에서 위와 아래의 콘크리트 강도 차이가 $10N/mm^2$에 도달한 예도 있다. 콘크리트의 타설 방향, 즉 중력이 작용하는 방향으로 물의 상승에 따라 발생한 연속성 공극도 다양한 이방성의 원인이 된다. 예를 들어 알칼리골재반응과 팽창성 혼화재에 따라 콘크리트의 팽창은 커지며 물이 분리 상승하는 과정에서 미세한 이질성도 발생한다.

굵은골재 아래에 모인 물이 체류하여 경화 후의 콘크리트 골재 밑면에는 공극이 형성된다. 이러한 미시적 불균일성은 이산화탄소와 염화물 등 외부의 부식원인의 침투 성상에서 이방성의 원인이 된다. 재료분리가 철근콘크리트 구조물의 역학적 성질에 미치는 가장 큰 영향은 철근의 부착강도이다. 타설 후 높이 여하에 따라 수평으로 배치된 철근의 부착강도가 연직 방향의 1/2 정도까지 저하하기도 한다. 시공 불량에 의한 재료 분리의 전형적인 것이 수축균열이다.

1.4 시멘트 페이스트의 구조

1.4.1 개요

경화된 시멘트 페이스트를 현미경으로 관찰하면 C-S-H겔이 구분할 수 없을 정도의 비결정 집단으로 존재하며, 그 집단 속에는 미수화 시멘트 입자 또는 육방결정체의 수산화칼슘이 포함되어 있다. 또한 육방결정체 혹은 입방결정체의 알루미네이트가 소량 포함되어 있는 경우도 있다. 물로 채워진 세공이나 물이 존재하지 않는 세공도 이 집단 속에서 확인할 수 있다. 앞에서 기술한 바와 같은 비결정 집단은 견고한 겔이며 콜로이드상의 크기를 가진 조그만 입자로 이루어진 고체이다. 이 입자는 주로 규산칼슘의 수화물로서 소량의 알루미네이트나 페라이트를 포함하고 있다. 규산칼슘 수화물은 결정성이 약하며 구조상 고도로 무질서한 것이 특징이다. 따라서 이들 수화물을 "결정자(Crystallites)", 혹은 "반결정자(Quasi-Crystallites)"라고 부르는 경우가 있다.

경화 페이스트의 성질은 페이스트의 엄밀한 화학조성보다도 오히려 페이스트의 구조에 의해 거의 결정된다. 경화 페이스트의 구조를 표현하거나 그 거동을 설명하기 위하여 두세 가지의 모델이 제안되어 있다. 이들 모델을 진전시키는 데 있어서 흡착에 관한 연구가 중요한 역할을 해 왔다. 따라서 모델을 소개하기에 앞서 흡착등온선을 포함한 흡착의 문제를 소개하기로 한다.

1.4.2 흡착등온선 및 BET법

"흡착(Adsorption)"이라는 말은 액체 혹은 고체표면상에 있어서 어느 물질의 평균 분자농도가 그것과 등온등압에서 자유로운 상태에 있는 동일 물질의 분자농도보다 높은 상태를 표현하기 위해 사용된다. 시멘트에 관한 흡착 연구는 통상 가스 또는 수증기의 흡착에 한정되어 있으므로 지금부터의 기술은 고체에의 가스 흡착에 한한다.

임계온도 이하의 수증기와 같은 가스는 모두 가스분자와 고체 표면분자와의 무리적인 상호작용의 결과 흡착되는 것으로, 이러한 종류의 흡착은 물리적 흡착 혹은 반 데르 발스(Van Der Waals) 흡착으로 알려져 있다. Van Der Waals 흡착으로 불리는 이유는 이 과정에서 수반되는 힘을 집합적으로 Van Der Waals 힘이라고 부르고 있기 때문이다. 물리적 흡착은 특수한 것이 아니며 또 가역적인 것이어서, 증기압을 낮추거나 온도를 높이면 탈착이 일어난다.

한편, 화학적 흡착은 특수한 것으로 어떤 물질의 상호관계에서만 일어난다. 화학적 흡착에 수반되는 에너지는 완전한 화학적 결합이 생기리라고 예상할 수 있을 정도로 충분히 크다. 따라서 화학적으로 흡착된 가스를 제거하는 것은 어려우며 또 탈착에는 화학변화가 수반될 것이다. 시멘트에서는 통상 물리적 흡착 외에는 일어나지 않으므로 이러한 종류의 흡착에 한정하여 다시 검토하기로 한다.

흡착되는 가스량은 증기압을 올리거나 온도를 낮춤으로써 증가한다. 그러나 흡착되는 층의 두께는 아주 얇으며 흡착되는 가스량도 실제로 아주 미량이므로 비표면적이 작은 고체에서는 흡착가스량을 측정하는 것은 불가능하다. 그러나 C-S-H겔과 같이 비표면적이 큰 고체에서는 흡착가스량이 충분하므로 측정 가능하다. 흡착에 관한 연구에서는 흡착가스량과 가스의 상대증기압과 관계는 일정 온도하에서 구할 수 있다. 이렇게 해서 구해진 곡선을 흡착등온선이라 부르며 여러 형태를 취할 수 있다. 경화 시멘트 페이스트를 특징짓는 것의 하나로써 종종 "S"등온선이라 불리는 것이 있으며, 이것은 그림 1.5와 같다.

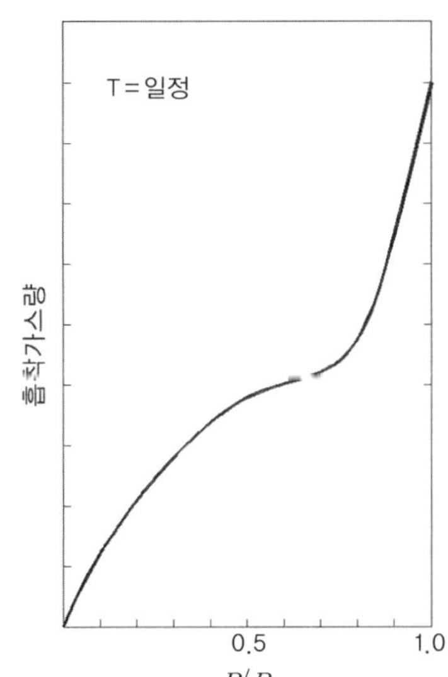

그림 1.5 **경화 시멘트 페이스트의 흡착등온선**
(P_0은 포화증기압)

흡착가스량은 분명히 고체의 비표면적과 관련되어 있다. 경화 페이스트의 연구에 있어서 페이스트의 비표면적은 통상 BET법에 의해 구해진다. 이 방법은 1938년 브루나우어(Brunauer), 에밋(Emmett) 및 테일러(Teller)에 의해 고안된 것이며, 그 이름의 첫 자를 따 BET법이라 명명되었다. 이 방법에 관한 상세한 설명이나 수학적인 표현은 본 논의의 범위를 벗어나므로 최종적으로 얻어진 식만을 나타내면 흡착가스 체적 V와 증기압 P와의 사이에는 다음의 식 (1.1)과 같은 관계식이 주어진다.

$$\frac{P}{(P_0-P)V}=\frac{1}{V_mC}+\frac{C-1}{V_mC}\times\frac{P}{P_0} \qquad \text{식 (1.1)}$$

여기서 V_m은 흡착력이 있는 전 표면이 단분자층으로 완전히 흡착되었을 때의 흡착가스 체적이며 C는 실험상수이다.

P/P_0를 변수로 하여 $P/(P_0-P)V$를 도입하면 그림 1.6과 같이 기울기가 $(C-1)/V_mC$이며 절편이 $1/V_mC$인 직선이 되는 것을 알 수 있다. 여러 가지 증기압 P/P_0에 있어서 흡착 가능한 체적 V를 구하는 흡착실험으로부터 각 점을 구할 수 있다. 기울기와 절편이 알려지면 V_m이 구해지며 또 흡착력이 있는 전면적 A도 다음의 식 (1.2)로부터 산출할 수 있다.

$$A=\frac{V_m}{V_0}\times N\times\sigma_0 \qquad \text{식 (1.2)}$$

여기서 V_0는 STP에서 흡착되는 가스 1g 분자의 체적이며(즉 22,400cm^3), N은 아보가드로수인 6.203×10^{23}mol^{-1}, 또 σ_0는 흡착가스 1분자가 점하는 면적이다. 고체의 비표면적은 전 표면적 A를 시료중량으로 나누면 구해진다.

BET의 식은 $P/P_0=0.05\sim0.30$의 압력범위 내에서만 유효하지만 수정식을 사용하면 이 한계를 넘어설 수 있다. 그러나 경화 페이스트의 연구는 통상 BET식이 유효하다고 간주할 수 있는 압력범위로 한정하므로 수정식에 대해서는 여기서 검토하지 않는다.

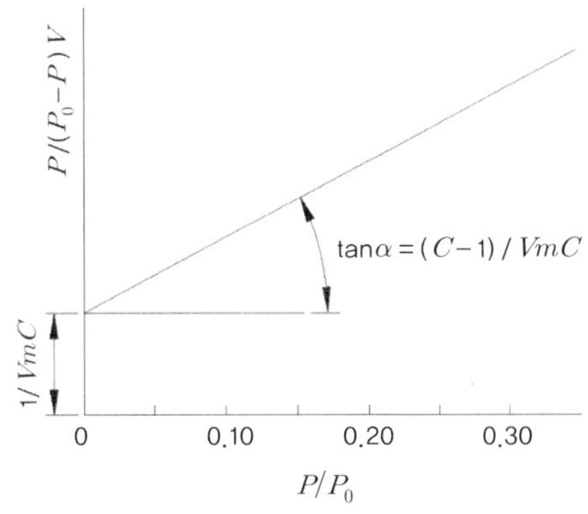

그림 1.6 **BET식의 그래프 표현**

1.4.3 Powers의 모델

경화 시멘트 페이스트의 흡착등온선은 많은 연구에서 언급되었지만 페이스트의 미세구조에 관한 연구에 등온선을 이용하게 된 것은 파워스(Powers)와 브라운야드(Brownyard)가 최초로 채용한 이후부터 보급하게 되었다. 그들은 시카고의 포틀랜드시멘트협회(Portland Cement Association(PCA))의 연구소에서 연구를 행하여 많은 데이터를 축척하였다. 이들 데이터는 경화 시멘트 페이스트의 미세구조를 표현하거나 그 성질이나 거동을 설명하기 위하여 그 후 Powers에 의해 제안된 모델의 기초를 이루고 있다. 이 모델의 개략도는 그림 1.7과 같다.

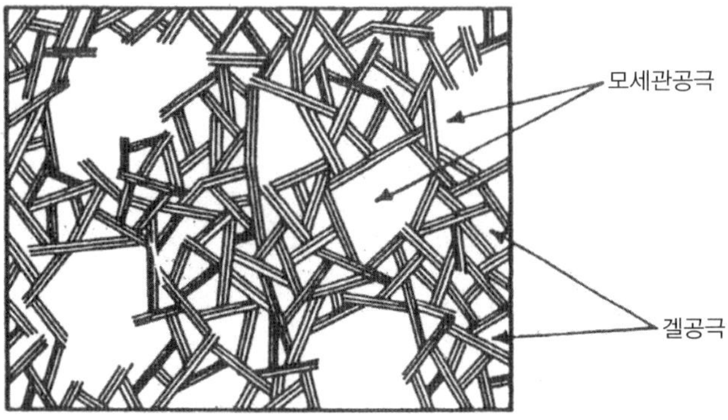

그림 1.7 **시멘트겔 구조의 개략도(Powers에 의함)**

Powers의 모델에 따르면 시멘트겔은 콜로이드상 크기의 입자로 이루어진 견고한 물질이며, 약 20%의 포로시티를 갖는 것을 특징으로 하고 있다. 세공의 평균적인 크기는 15Å 정도이며 이 세공들을 "겔공극(Gel Pores)"이라고 부른다. 겔공극보다도 큰 세공을 "모세관공극(Capillary Pores)"이라고 부르며, 경화 페이스트에 있어서 또 하나의 구성요소이다. 모세관공극은 처음에는 물로 채워져 있던 공간 속에서 겔이 형성되지 않은 부분으로 모세관공극의 체적은 처음의 물-결합재비(W/B)나 시멘트의 수화도에 의존하고 있다. 또한 시멘트 페이스트의 나머지 구성요소는 그림 1.7에는 나타내지 않았으나 미수경 시멘트 입자, 수산화칼슘 및 기포이다.

Powers의 모델은 경화 페이스트 내의 세공을 그 크기에 따라 두 가지 그룹으로 확실히 구분하고 있다는 것을 알 수 있다. 이러한 분류는 페이스트의 세공경 분포가 연속하고 있다는 것을 이유로 비판을 받는 경우가 있다. 그럼에도 불구하고 수화생성물의 콜로이드상 성질, 겔의 다공질성 및 페이스트의 거동을 구할 때의 물에 대한 역할의 중요성 등과 관련이 있는 이 모델의 많은 특성들은 일반적으로 인정되고 있으며 받아들여지고 있다.

1.4.4 시멘트 페이스트 중의 물

Powers와 Brownyard는 경화 페이스트 중의 물을 다음과 같이 분류하고 있다.

(1) 수화한 시멘트 화합물과 결합한 물로서 고체의 일부분과 같은 것이다. 이 물을 "화학적 결합수(Chemically-Bound Water)", "결합수(Combined Water)" 또는 "비증발성수(Non-Evaporated Water)"라고 부른다.

(2) 표면력에 의해 겔 입자상에서 유지되어 있는 흡착수로써 이 물을 "겔수(Gel Water)"라고 부른다.

(3) 페이스트 내에 고체의 표면력 범위를 넘어서 세공 중에 존재하고 있는 자유수로서 이 물을 "모세관수(Capillary Water)"라고 부른다.

실제로 페이스트 내의 물을 이와 같이 구분하는 것에 대해서 명료한 근거가 있는 것은 아니다. 결정성의 수화물을 건조시킬 때 증기압과 함수성과의 관계를 나타낸 곡선은 도중에 분명히 급히 꺾이는 특징이 있으며, 이것에 의하여 유지되어 있는 물의 종류가 다르다는 것을 확인할 수 있다. 그러나 경화 페이스트에서는 그 이질성이나 겔 구조의 특성 때문에 곡선은 연속되어 있는데(그림 1.5), 예를 들면 겔수를 화학적 결합수 또는 모세관수와 구별할 수 있는 징후를 나타내지 않는다. 더욱이 105℃까지 건조에서는 겔수나 모세관수뿐만 아니라 칼슘 알루미네이트나 육방정계의 알루민산4 칼슘 중의 결합수와 같은 결정수의 일부도 소실한다.

Powers와 Brownyard는 과염소산마그네슘 수화물($Mg(ClO_4)_2 \cdot 2-4H_2O$) 위에서 23℃의 온도로 일정 중량이 될 때까지 건조했을 때, 모세관수와 겔수는 완전히 소실하지만 결합수는 페이스트 중에 완전히 남아 있다고 가정하였다. 그런 까닭에 겔수와 모세관수는 집합적으로 "증발성의 물(Evaporated Water)"이라 명명되었고, 또 나머지 물은 결합수로 가정되어 비증발성의 물(Non-Evaporated Water)이라고 명명되었다. 비증발성 물의 양은 페이스트를 1,000℃로 건조시켰을 때 중량감소에 의해 얻게 된다.

이와 같이 증발성과 비증발성의 물을 분류하는 것은 건조방법에 좌우되므로 확실한 근거가 없는 것이 명백하다. 예를 들면 감소된 증기압하에서 보다 강력한 건조를 하면 비증발성 물의 소실 때문에 증발성 물의 양이 증대할 것이며, 또한 증발성 물의 소실 때문에 비증발성 물이 증대하는 경우도 있다. 이 사항은 표 1.2에 나타나 있다.

표 1.2 **건조방법이 경화 포틀랜드 시멘트 페이스트 중에 남아 있는 수량에 미치는 영향**

건조제 혹은 건조방법	25℃에서의 증기압(mmHg)	남아 있는 물의 상대량
$Mg(ClO_4)_2 \cdot 2-4H_2O$*	0.008	0.1
P_2O_5	0.00002	0.8
H_2SO_4 농축액	<0.003	1.0
-79℃의 얼음위*	0.0005	0.9
50℃로 가열	-	1.2
105℃로 가열	-	0.9

* $Mg(ClO_4)_2 \cdot 2-4H_2O$ 위에서의 건조=P건조, 얼음 위에서의 건조=d건조라 부르는 경우도 있다.

앞에서 기술한 분류에 따르면 페이스트의 포로시티가 표면건조 습윤상태에서 증발할 수 있는 물의 양에 따라 구해진다는 것을 알 수 있다. 즉 페이스트의 포로시티는 습윤상태와 건조상태와의 중량차에 의해 주어진다. 이 가정은 Powers 모델의 전제사항이기도 하지만 문제시되는 경우도 있으며 또 실제로 최근 논의되고 있다. 이것이 의미하는 것에 대해서는 다른 모델을 소개할 때에 검토하기로 한다.

화학적 결합수의 양은 물-결합재비(W/B) 외에 시멘트의 조성이나 페이스트의 재령과 관계가 있다. 화학적 결합수량 W_n은 일반적으로 시멘트의 잠재적인 조성과 관계가 있으며 다음 식 (1.3)에 의해서 구해진다.

$$W_n/B = a_1(C_3S) + a_2(C_2S) + a_3(C_3A) + a_4(C_4AF) \qquad \text{식 (1.3)}$$

여기에서 B는 물-결합재비(W/B)이며 C_3S, C_2S 등은 각각 계산으로부터 구해진 규산 3칼슘 및 규산 2칼슘 등의 함유율이다. 또 변수 a_1은 각각의 화합물에 결합수량을 부여한 것으로 실험적으로 구해지며, 이 값은 표 1.3과 같다.

표 1.3 **1.4.3의 계수 a1(Kantro와 Copeland에 의함)**

a_1	W/B				
	0.4	0.4	0.6	0.8	0.4
	1년	$6\frac{1}{2}$년			13년
a_1	0.228	0.234	0.238	0.234	0.230
a_2	0.168	0.178	0.198	0.197	0.196
a_3	0.429	0.504	0.477	0.509	0.522
a_4	0.132	0.158	0.142	0.184	0.109

예를 들면 어느 시멘트의 조성이 C_3S 47%, C_2S 25%, C_3A 12%, C_4AF 8%라고 가정하면 수화 13년 후의 W_n/B는 다음과 같이 된다.

$$0.230 \times 0.47 = 0.1081$$
$$0.196 \times 0.25 = 0.0490$$
$$0.522 \times 0.12 = 0.0626$$
$$0.109 \times 0.08 = 0.0087$$
$$0.2284 \fallingdotseq 0.23$$

시멘트 중량의 23%라고 하는 값은 충분히 수화한 보통 포틀랜드 시멘트에 있어서 일반적으로 타당한 값으로 생각된다.

1.4.5 시멘트 페이스트의 흡착등온선

Powers와 Brownyard는 수증기를 이용하여 각종 시멘트의 흡착등온선을 구했으며 이들 등온선은 그 후 Powers의 모델을 진전시키기 위하여 사용되었다. 이 모델을 설명하기 위하여 몇 개의 등온선을 소개하여 검토하기로 한다.

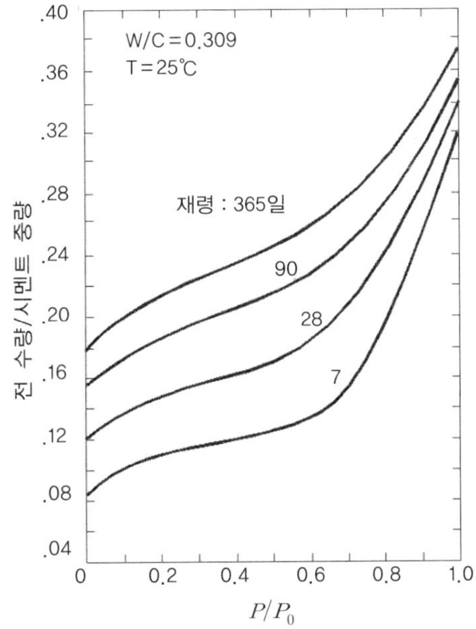

그림 1.8 **여러 재령에 있어서 시멘트 페이스트의 흡착등온선(a) (Powers와 Brownyard에 의함)**

그림 1.9는 여러 재령에 있어서 동일 페이스트의 흡착등온선을 나타낸 것이다. 이 그림에서는 전 수량, 즉 증발성의 물과 비증발성의 물을 동일하게 고려하고 있다. 따라서 건조 페이스트(즉 $P/P_0=0$일 때)의 함수량은 화학적 결합수량과 동일하다. 이 값은 재령과 함께 증가하고 있으며, 이것은 물론 재령과 함께 수화도가 증가하는 것을 시사하고 있다.

수화 시 포틀랜드 시멘트는 시멘트 중량의 23%에 상당하는 물과 결합한다. 그림 1.9에 있어서 재령 365일의 결합수량은 처음 시멘트 중량의 17%에 지나지 않는다. 즉 그림 1.9의 조건하에서는 전 시멘트양의 74%(17/23=0.74)밖에 수화하지 않고 있다. 앞에서 지적한 바와 같이 시멘트 입자의 둘레에 겔층이 형성되어 그 이후의 수화가 방해를 받으므로 완전한 수화를 기대할 수 없다.

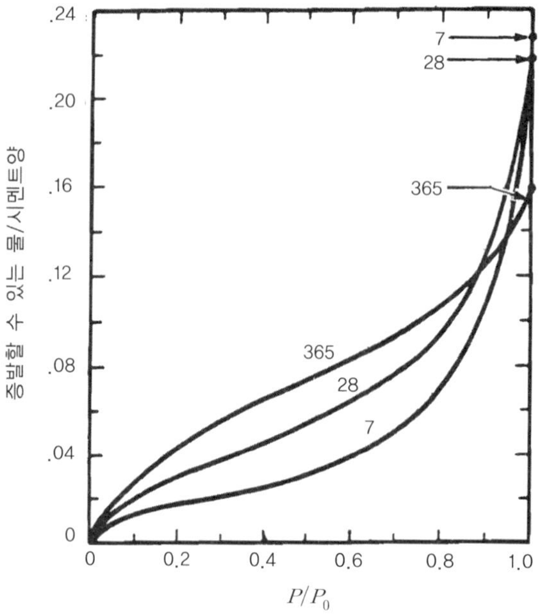

그림 1.9 **여러 재령에 있어서 시멘트 페이스트의 흡착등온선 (Powers와 Brownyard에 의함)**

그림 1.10은 그림 1.9와 동일한 데이터이다. 그러나 이 그림에서는 페이스트의 함수량을 증발할 수 있는 물에 대해서만 고려하고 있다. 증발성 물의 양은 재령과 함께 증가하지만 포화수증기압에 가까운 상태 ($P/P_0>0.9$)에서는 그러한 경향이 역전한다. 포화상태 ($P/P_0=1$)에서의 증발성 물의 양은 페이스트의 포로시티를 나타내는 척도가 되며 포로시티는 재령과 함께 감소한다고 결론지어질 것이다. 여기에서 검토하고 있는 페이스트는 수화도만이 다르며 수화도는 재령과 함께 증대한다(그림 1.9).

저수증기압 영역에서 포로시티가 큰 초기재령 페이스트의 함수량은 잘 수화한 페이스트의 함수량에 비해 왜 감소하는지에 대한 의문이 생긴다. 모세관 내의 수증기압은 자유상태인 물의 수증기압보다 낮아 그 결과 저증기압 영역에서는 큰 세공에는 물이 없어져도 작은 세공은 물로 채워져 있다. 바꾸어 말하면 저증기압 영역에서는 모세관공극에 비하여 대단히 작은 겔공극만이 물로 채워져 있다는 것이다.

페이스트의 겔량이나 그와 관련된 겔공극의 체적은 수화도가 증가함에 따라 증대한다. 초기재령의 페이스트보다도 장기재령의 페이스트 쪽이 수화도가 크므로 장기재령 페이스트의 겔량은 초기재령의 겔량보다 많다. 그 때문에 이와 같은 페이스트에 있어서 겔공극의 체적이나 함수량은 초기재령의 페이스트보다 커진다. 그림 1.10은 시멘트 중량의 약 15%의 결합수량을 가지며 수화도는 같지만 물-결합재비가 각각 다른 경화 페이스트의 흡착등온선을 나타낸 것이다.

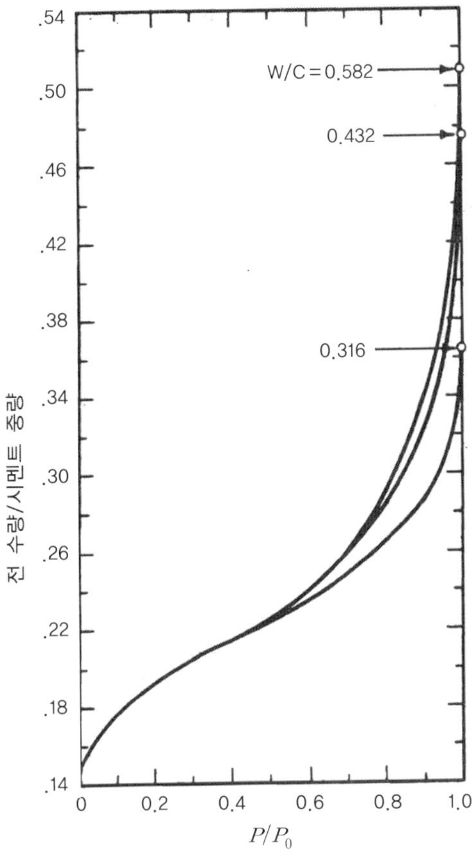

그림 1.10 **수화도가 동일하며 W/B비가 다른 경화 페이스트의 흡착등온선 (Powers와 Brownyard에 의함)**

$P/P_0=1$일 때의 함수량인 페이스트의 포로시티는 물-결합재비의 증가와 함께 증대하고 있다는 것을 알 수 있다. 강도나 내구성과 같은 페이스트의 중요한 성질은 포로시티에 의해 거의 결정된다. 포로시티는 물-결합재비에 관계가 있으므로 W/B비는 당연히 페이스트의 특성에 영향을 미칠 것이다. 이와 같은 W/B비의 효과는 실제로 중요한 것이며 콘크리트의 품질관리에 이용되고 있다.

P/P_0가 대개 0.45 이하의 증기압 영역에서는 그림 1.10과 같이 3개의 등온선이 하

나로 겹쳐져 있으며 3종류의 페이스트가 모두 동일한 곡선으로 되어 있다. 이 영역에서의 함수량은 겔공극의 체적에 의해 결정되며 또 그 겔공극의 체적은 수화도에 의해 결정되고, 여기에서 페이스트는 수화도가 동일하다. 그 때문에 페이스트의 겔공극 체적은 동일하게 되며 따라서 함수량도 동일하게 되므로, 이 설명은 겔이 W/B비나 재령에는 영향을 받지 않는 특유한 포로시티를 갖고 있다고 하는 것을 전제로 한 것이다. Powers에 의하면 겔에는 그와 같은 특유의 포로시티가 28% 있다고 한다.

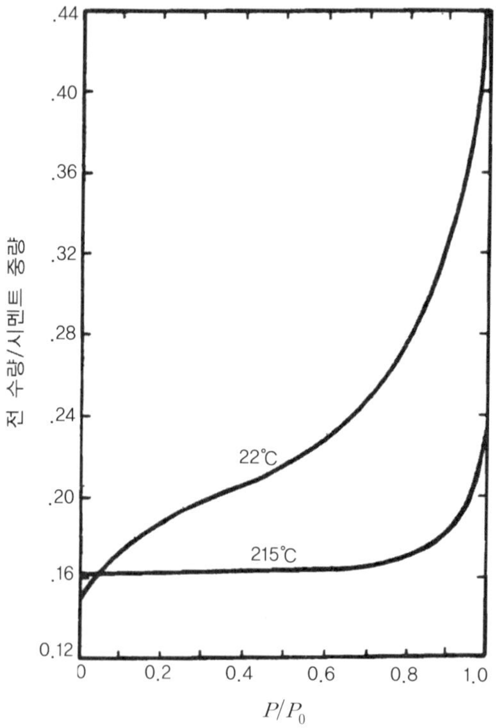

그림 1.11 **수화도가 동일하며 양생방법이 다른 시멘트 페이스트의 흡착등온선 (Powers와 Brownyard에 의함)**

그림 1.10의 $P/P_0=0.45$ 이하에서 등온선이 중복되는 것은 페이스트의 수화도가 동일하다고 하는 조건만이 아닌 것에 유의할 필요가 있다. 16%의 결합수량을 가지므로 이것은 수화도가 같지만 양생방법을 달리한 두 페이스트의 흡착등온선을 나타낸 그림 1.11에 반영되어 있다. 한쪽의 페이스트는 215℃의 온도로 6시간 오토클레이브 양생한 것이며 다른 한쪽은 22℃의 물 속에서 28일간 침지시킨 것인데, 각각의 등온선이 전혀 다르다는 것을 알 수 있다. 이와 같은 차이는 페이스트 구조의 차이에 의한 것일 것이

다. 그림 1.11에서 $P/P_0=0.45$ 이하에서는 겔공극만이 물로 채워져 있으며 모세관공극에는 물이 존재하지 않는다고 결론지었다. 따라서 그림 1.11로부터 오토클레이브 양생을 한 페이스트에는 보통으로 양생한 페이스트에서 볼 수 있는 겔공극 정도의 크기를 가진 세공이 존재하지 않는다는 결론을 내릴 수 있을 것이다. 더욱이 오토클레이브 양생을 한 페이스트에서의 세공의 크기는 $P/P_0=0.8$ 이하의 증기압하에서는 그림 1.11과 같이 실제로 모든 세공의 물이 존재하지 않을 정도로 충분히 크다. 이상으로부터 겔이 특유의 포로시티를 갖는다는 가정은 보통으로 양생한 페이스트에 한정된다는 사실을 이 그림으로부터 알 수 있다.

1.4.6 수화생성물의 비표면적

Powers는 BET법을 이용한 수증기 흡착의 데이터로부터 수화생성물의 비표면적을 구하고 있다. 4종류의 시멘트에 대한 실험 결과는 표 1.4와 같다.

C_3S의 수화는 C_2S의 수화보다 겔의 생성량이 적다. 따라서 C_3S양을 감소시켜 그만큼 C_2S양을 증가시키면 수화생성물의 비표면적이 증가하리라고 예상된다. 표 1.4에 표시한 실험 결과에는 이와 같은 경향이 나타나 있다. No.3 및 No.4 시멘트 수화생성물의 비표면적이 각각 최대와 최소로 되어 있으며, 이들 시멘트의 C_3S양과 C_2S양으로부터 이와 같은 결과가 얻어질 것임을 충분히 예상할 수 있는 일이다. 한편 No.1 시멘트 수화생성물의 비표면적은 C_2S양으로부터 예상한 값보다 크게 되어 있다. 또 C_3S나 C_2S의 수화에 의해 모두 동일 조성의 겔이 생성되기 때문에 시멘트의 종류가 달라도 겔의 비표면적*에는 거의 차이가 나타나지 않으리라 예상된다.

표 1.4 포틀랜드 시멘트겔 및 수화생성물의 비표면적(Powers에 의함)

시멘트 NO	시멘트의 조성(wt%)				비표면적(㎡/g)	
	C_3S	C_2S	C_3A	C_4AF	수화생성물	겔*
1	45.0	25.8	13.3	6.7	219	267
2	48.5	27.9	4.6	12.9	200	240
3	28.3	57.5	2.2	6.0	227	255
4	60.6	11.6	10.3	7.8	193	235
평균					210	249

※ 수산화칼슘을 제외한다.

표 1.4의 실험 결과에서 시멘트 조성과 수화생성물의 비표면적과의 사이에 어떠한 관계를 규명한다는 것은 상당히 어려운 일이며, 따라서 Powers는 시멘트겔의 비표면적은 시멘트 조성의 차이에 거의 영향을 받지 않는다고 결론짓고 있다. 따라서 수산화칼슘을 제외한 평균값을 택할 때 수화생성물의 비표면적이 대단히 높은 값을 나타내는 것은 수화생성물이 콜로이드상의 크기인 것의 반영이며, 생성한 고체를 겔로서 정의한 것이 타당하다는 것을 증명하는 것이다.

수화를 논할 때, 적어도 장기재령에 있어서는 수화생성물의 비표면적이 수화도에는 관계하지 않는다는 것과 또 이와 같은 단계에서의 결과 수화가 동일한 비율로 진행하고 있을 것이라고 기술하였다. 여기에 관련된 실험 결과는 그림 1.12와 같다. 이 그림은 단분자흡착수량 V_m과 결합수량 W_n으로부터 측정한 수화도와의 관계를 나타낸 것이다. V_m은 고체의 표면을 단분자층으로 덮는 데 필요한 수량이며 페이스트 표면적의 척도이다. 따라서 표면적과 수화도의 관계는 직선이 되며 $V_m = kW_n$이라는 식으로 주어진다. 상수 k는 시멘트의 종류나 건조방법에 의존하며 p건조에서는 $k=0.255$, d건조에서는 $K=0.32$라는 결과를 얻었다. 이 관계가 직선이라고 하는 것은 수화가 진행해도 페이스트의 조성이 변화하지 않는다는 것을 시사하고 있다. 이것은 이전에도 지적한 바와 같이 일정한 비율로 수화가 진행하고 있다는 것을 의미하고 있다(※ 알루미네이트 수화물의 비표면적은 상당히 작으며 약 $20m^2/g$이기 때문에, 겔의 비표면적은 보통 CSH 함유율로부터 구해짐).

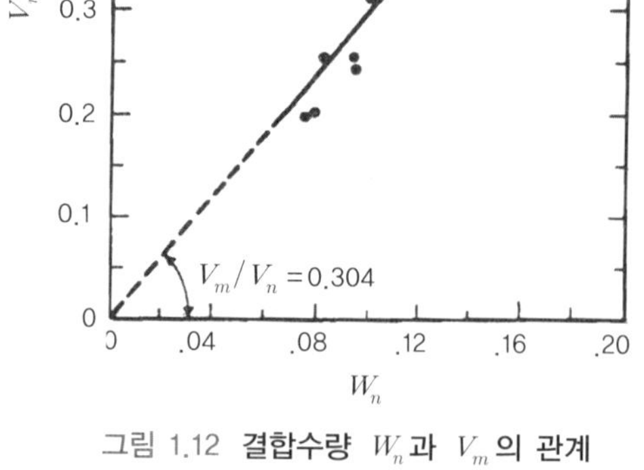

그림 1.12 **결합수량 W_n과 V_m의 관계**
(Powers와 Brownyard에 의함)

오토클레이브 양생은 수화생성물의 비표면적에 영향을 미친다. 오토클레이브 양생에 의해서는 겔공극 정도 크기의 세공을 포함하지 않는 거친 구조가 된다는 것을 앞에서 나타냈다(그림 1.11). 때문에 이와 같은 페이스트의 비표면적은 보통으로 양생된 페이스트의 비표면적에 비해 작아질 것으로 예상된다. 이와 같은 결론은 표 1.5에 나타낸 실험 결과에 의해 확인할 수 있다.

표 1.5 **양생방법이 시멘트 페이스트의 비표면적과 강도에 미치는 영향**(Ludwig와 Pence에 의함)

압력	온도(℃)	결합된 물-결합재비	건조 페이스트의 비표면적(㎡/g)	압축강도 (MPa)
대기압	27	0.142	103.4	269
	66	0.162	122.6	26.9
204kgf/㎠	93	0.152	74.7	43.1
	127	0.139	30.3	9.0
	160	0.139	9.4	9.4

1.4.7 겔공극의 크기

흡착량은 겔 표면을 덮고 있는 물의 단분자층 수량 W/V_m에 의해 표시될 때도 있다. 여기에서 W는 전 흡착수량이며 V_m은 이전에 정의한 단분자 흡착수량이다. 그림 1.13의 등온선은 이와 같은 실험 결과를 나타낸 것이다.

$P/P_0=0.45$ 이하에서는 겔공극만이 물로 채워져 있으며, 그 때문에 이 증기압하에서의 흡착수량은 페이스트 겔의 양에 의해 결정된다는 것을 그림 1.13에서 나타냈다. 따라서 이 증기압 영역에서는 수화도가 동일한 페이스트, 즉 겔의 양이 동일한 페이스트의 흡착량은 같게 된다. 그림에 나타낸 흡착량은 겔의 표면을 덮고 있는 물의 층두께 W/V_m에 의해 제어되고 있다. 층두께는 직접적으로는 흡착수량 W, 간접적으로는 겔의 비표면적과 관계하고 있다. 비표면적이 변화하지 않는다고 가정하면 수화가 진행함에 따라 흡착수량 및 겔의 표면적은 동일한 비율로 변화하여 흡착층의 두께인 그들 간의 비는 일정하다. 바꾸어 말하면 저증기압 영역에서의 흡착층의 두께는 수화도의 영향을 거의 받지 않으며 또 어떤 증기압하에서의 층두께는 W/B비나 수화도에 관계없이 모든 페이스트에 동일하게 된다는 것이다.

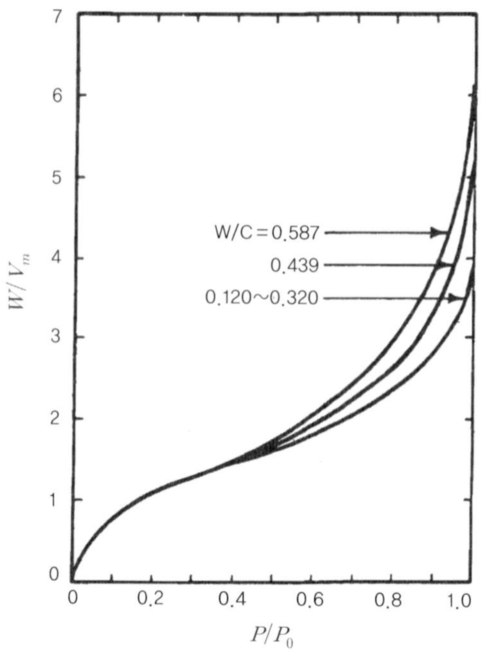

그림 1.13 **각종 W/B비를 갖는 시멘트 페이스트에 있어서 흡착수의 층두께 (Powers와 Brownyard에 의함)**

이와 같은 결론은 그림 1.13에 나타낸 등온선에 의해 확인되고 있다. 이 그림에는 W/B비가 0.439와 0.587인 두 종류의 페이스트에 대하여 재령 180일에서의 흡착등온선이 나타나 있다. 나머지 하나의 곡선은 물-시멘트비가 0.12로부터 0.32까지 변화시킨 10종류의 페이스트 재령 90일에서의 실험 결과에 근거한 흡착등온선이다. 예상한 바와 같이 $P/P_0=0.45$까지 페이스트의 등온선은 모두 같다. 고증기압 영역에 있어서 곡선의 차이는 각각의 페이스트에 있어서 모세관공극 체적의 차이에 의한 것이다. 따라서 페이스트에 모세관공극이 존재하지 않는다면 고증기압 영역인 고압영역에 있어서도 각각의 페이스트의 등온선이 같게 될 것이다. 세 번째로 소개한 W/B비가 다른 10종류의 페이스트에 대한 등온선이 여기에 해당한다.

따라서 이 등온선은 10종류의 페이스트 모두에 모세관공극이 존재하지 않는다는 것을 시사하고 있으며, 결과적으로 $P/P_0=1$일 때의 흡착수량은 겔공극만의 체적을 나타내는 척도가 된다. 그림 1.13에 의하면 이 체적은 $4V_m$에 상당하지만, 그 후 $3V_m$으로 수정되었다. 따라서 겔공극의 평균 폭은 $6V_m$, 즉 물의 6단분자층 두께와 같게 된다. 흡착수의 비체적을 $0.9cm^3/g$이라 가정하고 자유로운 상태에 있는 물분자의 직경을

3.4$\dot{A}$이라 하면 겔공극의 평균 직경은 6×0.9×3.4=18$\dot{A}$이 된다. 다시 연구를 진행한 결과 그 값은 15$\dot{A}$에 지나지 않는다는 것이 판명되었다.

1.4.8 수화생성물의 밀도

경화 페이스트 내 고체의 절대체적은 수화생성물의 체적과 미수화시멘트의 체적을 합친 것과 같다. 증발성물의 양은 습윤 페이스트와 건조 페이스트의 중량차에 의해 주어지지만 흡착수의 비체적이 자유수의 비체적과 다르다고 한다면 증발성물의 비체적은 흡착수와 자유수와의 비율에 따라 달라지게 된다. 이와 같은 비율의 변동에 의한 번잡함을 피하기 위하여 Powers와 Brownyard는 헬륨 비중계를 사용하여 페이스트 내의 고체체적을 구했고, 수화도는 결합수량으로부터 구했다. 수화도가 구해지면 미수화 시멘트의 중량 및 그 체적을 계산할 수 있다. 수화생성물의 체적은 고체의 체적과 (미수화 시멘트/시멘트) 체적의 차이이며, 따라서 수화생성물의 비중이나 비체적을 계산할 수 있다. 이와 같은 방법으로 구한 수화생성물의 밀도는 2.44g/cm^3, 비체적은 1/2.44=0.41cm^3/g가 되며 시멘트의 종류에는 거의 영향을 받지 않는다는 것을 알 수 있다.

1.4.9 결합수의 비체적-고유수축

수화 시 시멘트는 그 자체중량의 23%의 물과 결합한다. 시멘트의 비체적은 0.32cm^3/g이며 수화생성물의 비체적은 1/2.51=0.398cm^3/g이다. 따라서 1g의 시멘트+0.23g의 물 → 1.23g의 수화생성물과 그 체적은

0.32cm^{3}의 시멘트 + 0.23cm^{3}의 물 → 1.23×0.398=0.490cm^{3}의 수화생성물

반응한 시멘트와 물의 체적을 합치면 0.32+0.23=0.55cm^{3}가 된다. 즉 수화생성물의 체적은 반응한 시멘트와 물을 합계한 체적보다 0.06cm^{3}가 적게 된다. 따라서 시멘트+물계의 체적감소는 결합수의 체적이 0.06/0.23 ≒ 25% 감소한 것이다. 다른 표현 방법을 빌리면 결합수의 가상 비체적을 0.75cm^3/g이라고 가정해도 좋을 것이다. 고체의 체적감소는 통상 페이스트의 포로시티를 증대시키지만 겉보기 체적에는 반영되지 않는다.

이와 같은 현상을 "화학적(Chemical) 수축" 또는 "고유(Intrinsic) 수축"이라고 한다.

1.4.10 겔의 포로시티

겔공극의 체적은 $3V_m$과 동일하며 $V_m = kW_n$이며 얼음 위에서 건조한 페이스트에 있어서 k값이 0.32인 것에 대해서는 이전에 기술하였다. 겔수의 비체적을 $0.90\text{cm}^3/\text{g}$이라 가정하면 겔공극의 체적 V_{gp}는 다음 식 (1.4)에서 식 (1.6)으로 주어진다.

$$V_{gp} = 3 \times 0.9 \times 0.32\,W_n = 0.86\,W_n \qquad \text{식 (1.4)}$$

보통 포틀랜드 시멘트에서는 $W_n = 0.23C$이므로

$$V_{gp} = 0.86 \times 0.23C = 0.198C \qquad \text{식 (1.5)}$$

또한 시멘트 1g에 대해서는

$$V_{gp}/C = 0.198\text{cm}^3/\text{g} \qquad \text{식 (1.6)}$$

시멘트 1g당의 수화생성물의 체적은 0.490cm^3이므로 겔의 전 체적은 $0.490+0.198 = 0.688\text{cm}^3$가 된다. 따라서 겔의 포로시티는 $0.198 \times 100/0.688 \fallingdotseq 28\%$가 된다.

1.4.11 겔/시멘트 체적비

시멘트 1g이 수화하면 0.49cm^3의 수화생성물이 생긴다. 겔의 포로시티는 28%이므로 생성한 겔의 체적은 $0.49/0.72 = 0.688\text{cm}^3$가 될 것이다. 또 시멘트에 대한 겔 체적의 비율은 $0.688/0.32 \fallingdotseq 2.2$가 된다. 바꾸어 말하면 겔 체적이 처음 시멘트 체적의 2.2배가 된다. 이와 같은 체적 증가는 수화의 진행과 함께 페이스트의 포로시티가 감소한다는 것을 시사하고 있다. 더욱이 수화가 완전히 이루어지기 위해서는 시멘트 입자 사이의 공간이 시멘트 입자체적 V_c의 1.2배 이상이 되지 않으면 안 된다. 이 공간 체적은 혼합수량 W_0에 의해 결정된다. 따라서 $W_0 \geqq 1.2V_c$가 된다.

시멘트의 비중을 3.12g/cm^3라 하면 $V_c = C/3.12$가 된다. 이 V_c를 위의 부등식에 대입하면 $W_0 \geqq 1.2C/3.12$가 되어 완전한 수화가 이루어지는 데 필요한 최소결합재비는

다음의 식 (1.7)과 같다.

$$W_0/B = 1.2/3.12 = 0.38 \quad \text{식 (1.7)}$$

수화생성물이 생성되는 공간이 부족하기 때문에 수화가 정지할 것인지 아닌지는 의심스러운 일이지만 시멘트 입자의 둘레에 겔의 층두께가 증대하기 때문에 비교적 초기단계에서 수화가 정지한다. 앞에서 나타낸 계산은 겔의 포로시티가 28%로 일정하다는 가정에 근거한 것이다. W/B비가 작아 수화생성물에 주어지는 허용공간이 한정되어 있는 페이스트는 그에 따른 체적구속에 의해 보다 치밀한 겔이 생성하여 처음에 예상한 것보다도 오래 수화가 계속할 것이라는 견해도 있다. 이 의견은 W/B비가 0.2인 저물결합재비의 시멘트 페이스트로 행한 실험 결과에 의해 어느 정도 지지되고 있다. 이 실험에서는 시멘트 체적에 대한 겔 체적의 비가 1.555에 지나지 않는다. 이 값은 겔의 포로시티가 영(0.49/0.32≒1.555)이거나 겔에는 약간의 포로시티가 있지만 수화생성물의 밀도가 보통조건하에서 얻어지는 밀도보다 큰 경우 중 어느 쪽에 해당하는 값이다.

1.4.12 겔 입자의 크기

시멘트겔의 비표면적은 $200\text{m}^2/\text{g}$ 정도이며 수화생성물의 밀도는 2.51g/cm^3이다. 시멘트는 그 자체중량의 23%에 해당하는 물과 결합한다고 가정하면 1g 시멘트의 수화에 의해 비체적 $0.398\text{cm}^3/\text{g}$에 수화생성물 1.23g 생긴다. 따라서 수화생성물 1g당의 비표면적은 $200/1.23 = 160\text{m}^2/\text{g}$이 된다.

수화생성물의 비표면적은 정의에 의해 1g 또는 0.398cm^3에 포함되어 있는 전 입자의 표면적을 합한 것이다. 입자를 직경이 d cm인 구라고 가정하여 0.398cm^3에 포함되어 있는 입자수를 N이라 하면 다음의 식 (1.8)과 (1.9)를 얻을 수 있다.

$$\pi d^2 N = 1.6 \times 10^6 \quad \text{식 (1.8)}$$

$$\frac{1}{6}\pi d^3 N = 0.398 \quad \text{식 (1.9)}$$

따라서 d는 150Å이 된다. 겔 입자는 물론 구가 아니며 실제로는 둥그렇게 말렸거나 구겨진 얇은 종이와 같은 형태이다. 그러나 겔 입자의 참된 형상을 무시하여도 이 계산에 의해 적어도 한쪽 방향의 길이는 150Å보다 작다는 것을 알 수 있으며, 콜로이드의 정의에 의하면, 적어도 한쪽 방향의 길이가 1,000Å 이하라고 한다. 따라서 이 입자는 분명히 콜로이드상의 크기이며 수화생성물을 표현하는 데 있어서 겔이라는 용어를 사용하는 것은 올바르다.

1.4.13 Powers 모델의 요지

Powers의 모델을 나타낸 개략도는 앞에서 나타낸 그림 1.7과 같다. 이 모델에 의하면 시멘트겔은 콜로이드상 크기의 입자로 이루어지는 견고한 물질로서 특유의 포로시티를 약 20% 가지고 있다. 그 안에 포함되어 있는 세공의 평균 직경은 15Å이며 이들을 "겔공극"이라고 부른다. 경화 페이스트 내에는 이것보다 더 큰 세공이 있으며 이들은 "모세관공극"이라고 부른다. 모세관공극은 처음 물로 채워져 있던 공간 속에서 겔이 형성되지 않은 부분이다. 페이스트에는 그 외의 구성요소로 미수화시멘트 입자, 수산화칼슘의 결정 및 기포가 있다. 이 모델은 기본적으로 수증기 흡착등온선에 근거한 것이지만 페이스트 내에 존재하고 있는 물의 종류는 그다지 근거가 없는 분류이다. 이 모델에서는 겔 입자의 정확한 형상이나 그 구조특성에 대해서는 거의 고려되어 있지 않다.

Powers의 모델은 여러 가지 면에서 비판되고 있으며, 특히 수증기흡착 등온선의 해석에 대해서는 그 비판이 집중되고 있다. 그러나 수화생성물의 콜로이드상 성질, 겔의 다공질성 및 페이스트의 거동을 결정할 때 물의 중요한 역할 등과 관련한 이 모델의 많은 특색은 일반적으로 인정되어 받아들여지고 있다.

1.4.14 이사이(Ishai)의 모델

이 모델은 함수량의 변화에 의해 일어나는 페이스트의 체적변화인 팽창 및 수축이나 지속하중에 의한 체적변화인 크리프를 주로 설명하기 위하여 고안된 것이다. 이 모델은 기본적으로 이스라엘 공과대학(Technion Israel Institute of Technology)에서 행해진 연구를 기초로 하고 있다. 이 연구는 1962년에 처음 일반적인 용어로 제안되었으며, 1965년에는 보다 상세하고 광범위한 보고가 이루어졌다. 이 모델은 Powers의 모델에 기초를 두고 있지만 두 모델의 주된 차이는 경화 페이스트 중에 보유하고 있는 물의 분류에 있다. Powers의 모델에서는 증발성의 물을 2종류로 분류하고 있으나 Ishai의 모델에서는 그것을 다음과 같이 4종류로 분류하고 있다(그림 1.14).

(1) 표면력이 미치지 않는 범위, 즉 고체의 표면으로부터 10−20Å 이상 떨어진 거리에 있는 겔공극 및 모세관공극 내에 존재하는 물.

(2) 결정표면에 흡착되어 있는 물 속에서 결정표면으로부터 1~2분자층, 즉 4~8Å 이내에 있는 물.

(3) 인접한 결정의 표면거리가 8Å(2분자층) 이하의 좁은 공간 내에 갇혀 있는 물. 이와 같은 결정간수는 2방향으로부터 힘을 받으므로 상기 (1)이나 (2)의 물보다 강하게 흡착되어 있다.

(4) CSH 결정층 사이에 있는 1분자 두께의 물층. 이러한 종류의 결정내수(제올라이트)는 고체와 강하게 결합하고 있으며 보통의 건조시기에는 제거되지 않는다.

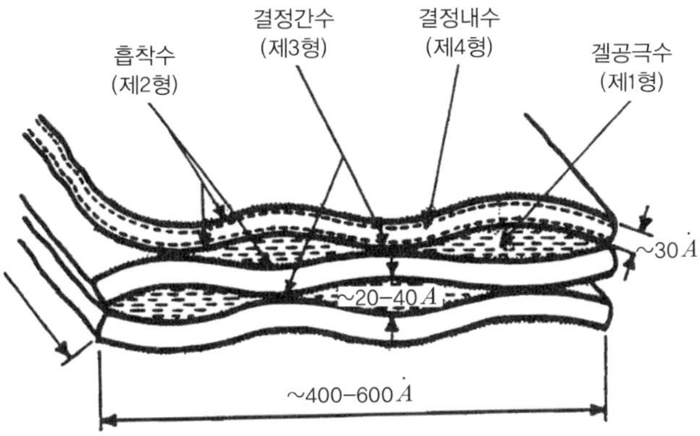

그림 1.14 **시멘트겔의 개략도(Ishai에 의함)**

(1)형의 물은 Powers 모델의 모세관수이며, 또 (2)형 및 (3)형의 물은 거기에 작용하고 있는 힘의 방향수에 따라 세분한 겔수인 것을 알 수 있다. 그림 3.14는 전술한 (1)형의 물(모세관수)의 정의와 모순되게 보인다는 것을 지적할 수 있다. 그림에서 세공의 폭은, 20~40Å이지만 물이 표면력이 미치지 않는 범위에 있기 위해서는 고체의 표면으로부터 10~20Å 이상의 거리에 존재하지 않으면 안 된다. 따라서 그림에 나타나 있는 세공에는 (1)형의 물은 거의 포함되어 있지 않다.

결정내수(제올라이트)인(4)형의 물은 Powers의 모델에는 존재하지 않는다. 시멘트 페이스트 내에 이와 같은 물이 존재한다는 것은 훨씬 이전의 1955년에 Kalousek에 의해 제안되었다.

1.4.15 펠드먼(Feldman)과 세레다(Sereda)의 모델

Powers의 모델에 의하면 시멘트 페이스트의 세공량은 증발성물의 체적과 동일하다는 것이다. 그러나 겔 입자가 층구조를 이루고 있다는 것을 생각하면 증발성물의 일부에는 고체의 일부로 볼 수 있는 층간수인 제올라이트수도 포함되어 있다고 말할 수 있다. 그와 같은 경우 페이스트의 세공량은 증발할 수 있는 물의 체적과 같지 않게 되어 그것보다도 작은 값이 될 것이며, 또 앞에서 기술한 전제에 근거한 계산은 틀린 것이 될 것이다. 칼루세크(Kalousek)는 1955년에 층간수가 존재하는 가능성이나 그것이 가져다주는 영향에 대하여 논하고 있으며 다음과 같이 기술하고 있다.

"증기흡착에 의해 얻어지는 시멘트 페이스트의 대단히 큰 표면적은 참된 면적이 아니다. 제올라이트 혹은 어떤 점토광물이나 그 밖의 광물에서와 동일한 방법으로써, 아마 일부의 규산칼슘의 격자(格子)에 물이 들어갈 것이다."

Feldman과 Sereda의 모델에서의 두 가지 특색은 층간수의 존재 및 시멘트 페이스트의 성질이나 거동을 설명할 때 이러한 종류의 물이 갖는 중요성이다. Ishai의 모델(그림 1.14)에 있어서도 시멘트 페이스트가 보유하고 있는 증발성물의 일부로 층간수가 포함되어 있음에 주의할 필요가 있다. 그러나 Ishai의 모델에 비해 Feldman과 Sereda의 모델에 있어서는 이러한 종류의 물이 갖는 중요성이 훨씬 크며 페이스트의 체적변화를 설명할 때 이것이 반영되어 있다.

그림 1.15는 Feldman과 Sereda의 모델에 따라 시멘트겔의 구조를 보여주는 개략도로서 겔 입자는 2~4분자층으로 구성되는 뒤얽힌 시트로 표현되어 있다. 겔이 보유하고 있는 물은 층간수(그림 1.15 중에 X로 표시) 또는 물리적 흡착수(O으로 표시)이다. 주위의 온도나 증기압에 따라 겔 입자 사이의 공간은 물을 함유하거나 함유하지 않을 수 있다.

이 모델의 기초가 된 연구는 오타와에 있는 캐나다 국립연구회(National Research Council of Canada)의 건설연구부(Division of Building Research)에서 행해진 것이다. 이하에 이 모델에 관련된 실험 결과를 소개하여 고찰하기로 한다.

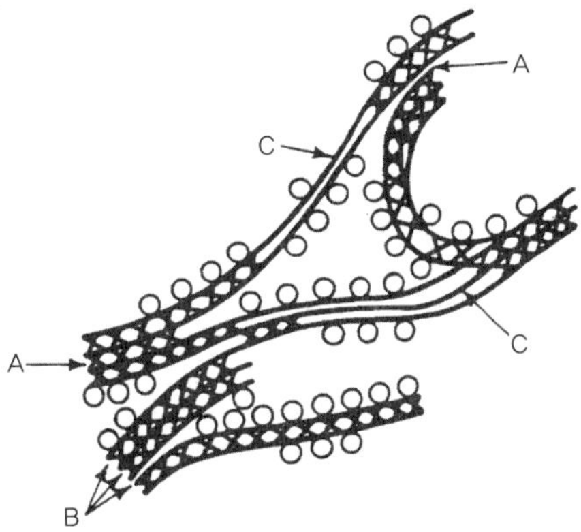

그림 1.15 **시멘트겔의 미세구조(Feldman과 Sereda에 의함)**
(A : 입자간 결합, C : CSH 시트, X : 층간 수화수, 0 : 물리적 흡착수)

1) 일반적 고찰

흡착등온선이라고 하는 것은 완전히 가역적인 것이 아니며 몇 가지의 히스테리시스(이력) 형태를 취하고 있는 것이 특징이다. 즉 흡착(습윤과정)에서 얻어진 등온선이 탈착(건조과정)에서 얻어진 등온선과 다를 것이다. 일반적으로 말하면 세 가지 형태의 이력곡선이 관찰되었다(그림 1.16). 제1형의 이력곡선은 고압영역에 있어서만 루프를 형성하므로 1차 이력곡선이라 불린다. 이 압력영역에서는, 예를 들면 상승곡선상의 X점에 도달한 후 탈착을 행하면 하강곡선상의 Y점에 이르게 되며 다시 흡착을 행하면 X점에 되돌아오는 루프가 얻어질 것이다. 제2형 및 제3형의 이력곡선은 전 압력영역에 걸쳐 루프가 확대된 것이다. 제1형과 제2형의 특징을 겸비한 제3형의 이력곡선은 시멘트 페이스트의 전형적인 것으로 제3형 곡선에 나타나 있는 점선은 X점에서 흡착을 행했을 때의 등온선이다.

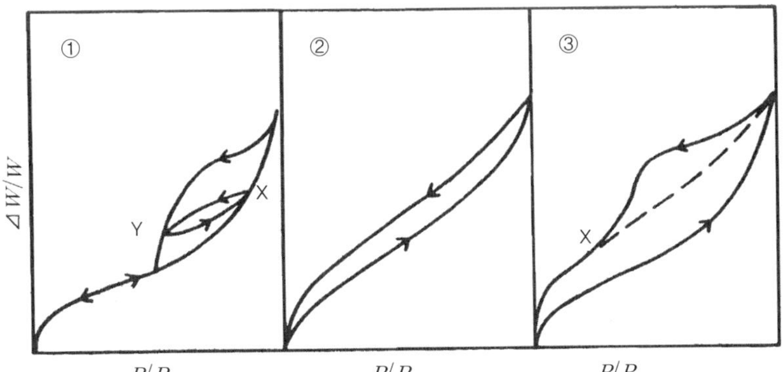

그림 1.16 **각종 흡착이력곡선**

흡착등온선이 $P/P_0=0.05\sim0.35$의 영역에서 가역적이라고 한다면(그림 1.16의 제1 등온선) 이 영역에서 BET 법을 적용할 수 있다. 그러나 시멘트 페이스트 등온선의 특징은 제3형과 같은 등온선으로 전 압력영역에 걸쳐서 불가역적이다. 이것은 그림 1.17에 명료하게 나타나 있으며 전 압력영역에 걸쳐서 경계등온선이 구해져 있다. 고압영역에서의 이력은 모세관 효과에 의한 것이며, 저압영역에서의 이력, 특히 층구조의 물질에 있어서는 층간 수의 이동에 의한 것이다.

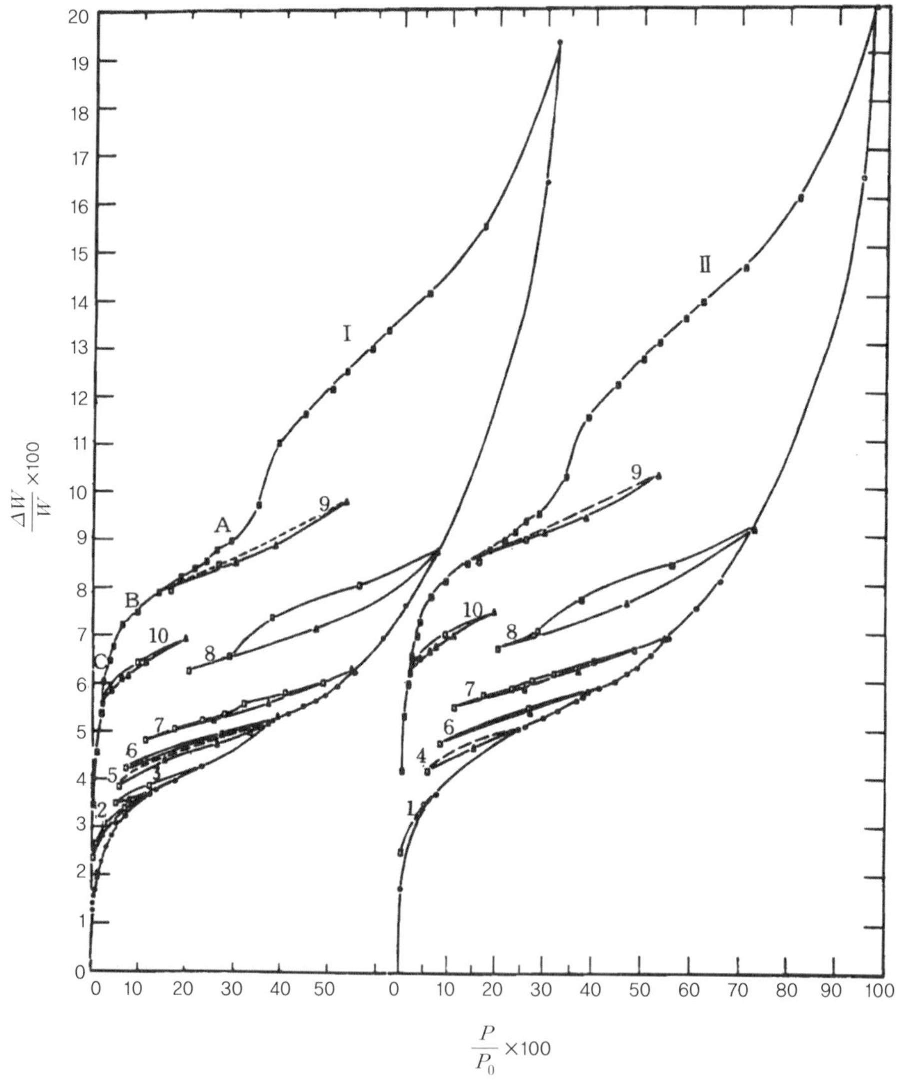

그림 1.17 **포틀랜드 시멘트의 흡착등온선(Feldman에 의함)**

CSH 입자가 층구조를 이루고 있는 것이나 저압영역에서 이력을 나타내는 것으로부터 시멘트 페이스트의 이력은 층간수가 소실되거나 다시 유입됨에 따라 일어난다고 생각해도 좋을 것이다. 만약 그렇다고 한다면 시멘트 페이스트의 수증기 등온선에 BET법을 적용할 수 없다. 따라서 이 가정에 근거하여 얻어진 결론은 잘못되었으므로 수정할 필요가 있다.

시멘트 페이스트에 있어서 수증기 등온선의 불가역성만으로는 층간수의 이동이 실제로 일어나고 있다는 것을 증명할 수는 없지만 이러한 견해를 지지하는 약간의 보충적인 데이터나 정보가 있다.

2) 페이스트 내의 물의 분할

물리적 흡착수는 가역적이며 층간수는 불가역적이라는 전제에서는 근소한 변화에 의한 루프를 관찰함으로써 물리적 흡착수와 층간수를 분할하는 것이 가능하다. 이와 같은 분할방법을 그림 1.18에 개략적으로 나타냈다.

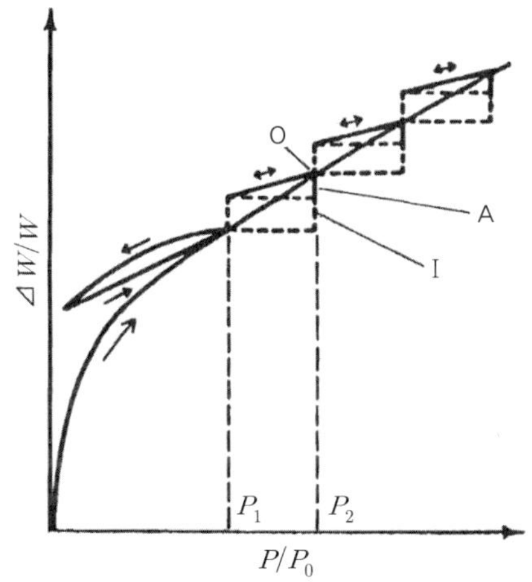

그림 1.18 **흡착수와 층간수와의 분할방법**
(Feldman과 Sereda에 의함)

일례로서 상승온도선상 있는 O점의 수증기압 P_2를 P_1으로 낮추었을 때 얻어지는 루프를 생각하여 보자. 흡착수량은 A량 감소하지만 수증기압 P_1에 대응하는 상승등온선의 흡착수량보다도 I량만큼 많이 남아 있다. 전술한 바와 같이 물리적 흡착수만이 가역적이라는 전제에서 A는 물리적 흡착수량을 나타내며 I는 층간수량을 나타내게 된다. 전

압력영역에 걸쳐서 계통적으로 구한 A 및 I량을 합계하면 물리적 흡착수량과 층간수량을 각각 구할 수 있다. 이와 같이 하여 구한 물리적 흡착수 및 층간수의 등온선이 그림 1.19이다.

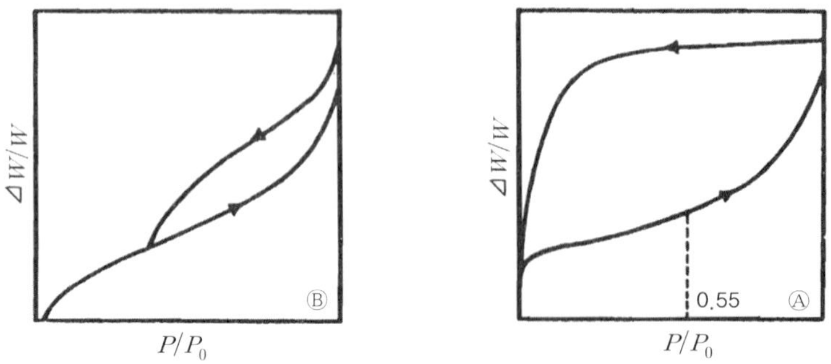

그림 1.19 **층간수(A) 및 물리적 흡착수(B)의 흡착등온선 (Feldman과 Sereda에 의함)**

물리적 흡착수의 등온선은 그림 1.16의 제1형 등온선인 것을 알 수 있다. 이 등온선은 저압영역에서는 가역적이므로 BET법을 적용할 수 있다. 층간수의 등온선은 저압영역에 걸쳐서 불가역적이다. 따라서 저압영역에서 시멘트 페이스트의 등온선이 이력성을 나타내는 것은 층간수의 이동에만 의한 것이라고 결론을 내릴 수 있을 것이다. 더욱이 층간수는 저압력영역에 걸쳐서 다시 들어오게 되며, 이와 같은 현상은 그림 3.15의 A에서 보는 것과 같이 등온선이 거의 수직으로 되는 초기단계에서 현저하다고 할 수 있다. 탈착등온선은 흡착등온선과 상당히 다르며 층간수의 소실이 등온선의 저압력영역 단부에서만 일어난다는 것을 나타내고 있다.

3) 질소흡착으로부터 구한 비표면적

질소를 사용하여 비표면적을 구하는 경우 그림 3.20과 같이 수증기를 사용했을 때보다 훨씬 작은 값이 된다. 또 수증기로부터 구한 비표면적은 물-결합재비에 영향을 받지 않으나 질소를 사용한 경우에는 물-결합재비가 커짐에 따라 표면적도 증가한다. 메탄올을 같은 다른 가스를 사용했을 때의 표면적 값도 작게 주어짐을 알 수 있다.

질소를 사용한 흡착실험에서 얻어지는 표면적이 작은 것은 물분자의 직경(3.25Å)에 비하여 질소분자의 직경(4.05Å)이 큰 것에 기인한다. 분자의 직경이 크기 때문에 질소가 조그만 세공에 침투하는 것이 제한되어, 분자직경이 작은 물분자라면 침투할 수 있는 표면에 질소분자가 침투할 수 없는 부분도 존재하게 된다. 그 때문에 질소로 구한 표면적은 표면적의 일부만이 되므로 작은 값이 된다. 그러나 수증기로 구한 표면적이 질소로 구한 표면적의 5배에 달하는 경우도 있는데, 분자의 크기를 생각해보면 분자직경의 근소한 차이에 의해 표면적에 이와 같이 큰 차이가 왜 발생하는지에 대하여 의문이 생긴다. Kalousek는 수증기흡착과 질소흡착에서의 표면적 차이에 대한 설명으로써 수증기흡착에는 층간수가 상당량 포함되어 있기 때문이라는 견해를 나타냈다.

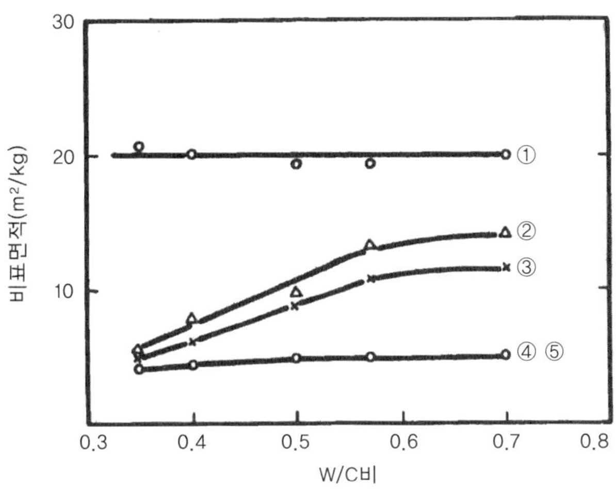

그림 1.20 **여러 가지 흡착물질에 의해 구한 시멘트 페이스트의 비표면적에 미치는 W/C비의 영향(Mikhail과 Selim에 의함)**
① 수증기 ② 질소 ③ 메탄올 ④ 이소프로파놀 ⑤ 시클로헥산

바꾸어 말하자면 겔의 "참다운" 표면적은 질소흡착에 의해 얻어지는 것이며 수증기흡착에서 구한 표면적에는 CSH층의 내부표면이 포함되어 있으므로 상당히 큰 값이 된다는 것이다.

표면적을 구할 때에 이와 같은 층간수의 영향에 관한 제안은 Feldman과 Sereda의 연구에 의해 지지되어 왔다. 앞에서 지적한 바와 같이 물리적 흡착수의 등온선은 저압영역에서는 가역적(그림 1.19)이므로, BET법에 의해 표면적을 구할 수 있다. 즉 등온선이 물리적 흡착수만을 나타낸다고 한다면 이 등온선에 근거한 계산값은 시멘트 페이스트의 "참다운" 표면적을 부여하는 것이 될 것이다. 또 이 값은 질소흡착으로 구한 값과 같게 될 것이다. 수증기흡착이 층간수를 포함하는 것이라면 이러한 물의 체적은 흡

착수의 전 체적으로부터 질소흡착에서 얻어진 체적을 뺀 값과 같게 될 것이다. 즉

V 수증기흡착 - V 질소흡착 = V 층간수

Feldman과 Sereda의 많은 실험으로부터 이 식을 적용할 수 있음을 확인하였고, 물리적 흡착수로부터 계산한 표면적이 질소흡착으로부터 계산한 표면적과 거의 일치한다고 주장하였다.

4) Feldman과 Sereda 모델의 요지

이 모델과 관련된 몇 개의 연구를 지금까지의 각 절에서 기술하였다. 지금까지는 흡착의 연구에 한정하여 논하였는데, 여기에서는 그들 연구로부터 얻은 결론을 기술하기로 한다.

① 시멘트 페이스트의 수증기등온선을 이용한 BET법은 전 압력영역에 모두 사용할 수는 없다.

② 증발할 수 있는 물에는 어느 정도 층간수가 포함되며, 등온선 전 영역에 걸쳐 CSH층의 구조 내에도 포함되어 있다.

③ 층간수를 포함한 증발성물의 양이나 페이스트의 "참다운" 표면적은 수증기흡착으로부터 산출한 값보다 작으며, 페이스트의 밀도도 역시 작다.

④ 질소흡착으로부터 구한 시멘트 페이스트의 표면적은 수증기흡착으로부터 구한 값보다도 참다운 표면적 값에 가까운 값을 부여한다. 질소흡착은 층의 "외부" 표면적을 측정하고 있는 반면에 수증기흡착은 층의 "내부" 표면적을 포함한 값을 측정하고 있다.

⑤ 층간수와 물리적 흡착수를 분할하는 것은 가능하다(그림 1.18). 이 2개의 등온선은 그림 1.19를 사용하여 시멘트 페이스트의 성질을 평가하거나 나타낼 수 있다.

상기에 의하여 구한 각종 시멘트 페이스트의 비표면적 및 밀도를 표 1.6에 나타냈다. 표와 관련해서 수증기흡착으로 구한 수화생성물의 비표면적 평균값이 $210m^2/g$이며 W/B비에는 영향을 받지 않는다는 것에 유의할 필요가 있다(표 1.4 및 그림 1.20). 다른 연구자의 보고에 의하면 수화생성물의 밀도는 평균하면 대략 $2.5g/cm^3$이다.

표 1.6 **시멘트 페이스트의 비표면적과 밀도(Feldman에 의함)**

W/B비	비표면적(㎡/g)	밀도(g/㎤)
0.4	30	2.19
0.5	55	–
0.6	51	2.28
0.8	57	2.30
1.0	57	2.29

* 질소흡착, 헬륨비중계에 의해 구함.

1.4.16 요지 및 결어

경화 시멘트 페이스트는 수산화칼슘의 결정(때때로 알루미네이트나 설퍼 알루미네이트를 소량 함유하는 경우도 있다), 미수화시멘트 입자 및 물로 채워진 세공이나 물이 존재하지 않는 세공을 포함한 비결정집단처럼 보이는 이질성분으로 이루어진 고체이다. 비결정집단은 콜로이드상 크기를 갖는 입자로 구성된 견고한 겔이며 다공질구조와 큰 비표면적을 갖고 있는 것이 특징이다. 겔 입자의 대부분은 결정성이 빈약한 규산칼슘의 수화물이므로 시멘트겔은 “규산칼슘 수화물” 겔(CSH겔)이라고 불린다.

시멘트 페이스트의 미세구조를 나타내기 위하여 2, 3의 모델이 제안되어 왔다. 이 모델들은 기본적으로 페이스트가 보유하는 물의 분류와 페이스트의 성질이나 거동을 결정할 때 어떤 물이 중요한 역할을 하는가가 중요하다. 특히 이와 같은 차이는 층간(제올오라이트)수에 관한 논의에 반영되어 있다. 물의 분류에 대한 차이는 정의나 용어의 차이에 그치지 않고 비표면적이나 밀도와 같은 페이스트의 몇 개의 성질을 나타내는 값에 정량적인 영향을 미치고 있다. 이와 같은 차이는 페이스트의 성질이나 거동을 고려할 때 훨씬 크게 된다.

참/고/문/헌

1. 한국콘크리트학회, 최신콘크리트 공학, 기문당, 2011.
2. 국토해양부 제정, 콘크리트표준시방서, 한국콘크리트학회, 2009.
3. 小林 一輔 外 7人, 콘크리트 실무편람, Ohmsha, 2004.
4. 日本土木學會, 콘크리트표준시방서, 2003.
5. 정상진 외, 건축재료학, 기문당, 2002.
6. 정상진 외, 건축시공 신기술공법, 기문당, 2002.
7. 정재동, 콘크리트 재료공학, 기문당, 1998.
8. 윤재환, 포틀랜드 시멘트 및 콘크리트, 기문당, 1990.
9. Lea, F. M., The Chemistry of Portland Cement and Concrete. 2nd edn. Edward Arnold, London, 260-263(1970).
10. Copeland, L, E. and Verbeck, G, J., 'Structure and Properties of Hardened Cement Paste', Symp. Chem. Cement Moscow(1974).
11. Brunauer, S., Emmett, P. H., and Teller, E., 'Adsorption of Gases in Multimolecular Layers', J. Am. Chem Soc., 60, 309-319(1938).
12. Powers, T. C., 'Structure and Physical Properties of Hardened Potland Cement Paste', J. Am. Ceram. Soc., 41, No.1, 1-6(1958).
13. Powers, T. C., 'Physical Properties of Cement Paste', Proc. Symp. Chem. Cement Washington, 2, 577-613(1960).
14. Powers, T. G, 'The Physical Structure and Engineering Properties of Concrete', Portland Cement Ass. Res. Dept. Bull., No.90, Chicago(1958)
15. Grudemo, A., 'The Microstructures of Cement Gel Phases', Reprint No.30, Swedish Cement and Concrete Institute, Royal Institute of Technology, Stockholm(1965).
16. Grudemo, A., 'The Microstucture of Hardened Cement Paste', Proc. Symp. Chem, Cement Washington, 2, 615-658(1960).
17. Powers, T. C. and Brownyard, T. L., 'Studies of the Physical Properties of Hardened Portland Cement Paste', Portland Cement Ass. Res. Dept. Bull., No.22, Chicago(1948).
18. Lea, F. M., reference 1, p.271.

19. Copeland, L. E., Kantro, D. L. and Verbeck, G. J., 'Chemistry of Hydration of Portland Cement', Proc. Symp. Chem. Cement Washington, 1, 429–468(1960).

20. Ludwig, N. C. and Pence, S. A., 'Properties of Portland Cement Pastes Cured at Elevated Temperatures and Pressures', Proc. Am. Concr. lnst., 52, NO.6, 673–764(1956).

21. Powers, T. C., Discussion, Proc. Symp. Chem. Cement London, 425–431(1952).

22. Powers, T. C., 'Mechanism of Shrinkage and Reversible Creep of Hardened Cement Paste', Proc. Conf. Structure of Concrete and its Behaviour Under Load, London 1965, 319–328, Cement and Concrete Association, London (1968).

23. Lea, F. M., reference 1, p.279.

24. Brunauer, S., Yudenfreund, M., Odler, I., and Skalny, J., 'Hardened Portland Cement Pastes of Low Density : VI. Mechanism of the Hydration Process', Cement Concr. Res. 3, No.2, 129–147(1973).

25. Glucklich, J. and Ishai, O., 'Creep Mechanism in Cement Mortar', Proc, Am, Concr, lnst., 59, No.7, 923–948(1962).

26. Ishai, O., 'The Time–Dependent Deformation Behaviour of Cement Paste, Mortar and Concrete', Proc. Conf. The Structure of Concrete and lts Behaviour Under Load, London 1965, 345–364. Cement and Concrete Association, London(1968).

27. Kalousek, G. L., Discussion on 'Simplified Method for Determination of Apparent Surface Area of Concrete Products', Proc, Am. Concr. lnst., 51, No.4. 448(1955).

28. Feldman, R. F. and Sereda, P. J., 'A Model for Hydrated Portland Cement Paste as Deduced from Sorption Length Change and Mechanical Properties', Mater. Struct., 1, No.6, 509–520(1968).

29. Feldman. R. F. and Sereda, P. J., 'A New Model for Hyrated Portland Cement and Its Practical Implications', Enging. J., 53. No.8/9, 53–59(1970).

30. Feldman. R. F., 'Sorption Length Change Scanning Isotherms of Methanol and Water on Hydrated Portland Cement', Proc. Symp. Chem Cement Tokyo, 3, 53–66(1968).

31. Mikhail. R. Sh. and Selim, S. A., 'Adsorption of Organic Vapors in Relation to the Pore Structure of Hardened Portland Cement Pastes', Highw. Res. Bd. Spec. Rep., No.90, 123–134(1966).

32. Blaine. R. L. and Valis, H. J., 'Surface Available to Nitrogen in Hydrated Portland Cement', J. Res. Nat. Bur. Stand., 42. 257–267(1949).

33. Tomes, L, A., Hunt. C. M., an Blaine, R. L., 'Some Factors Affecting the Surface Area of Hydrated Portland Cement as Determined by Water Vapor and Nitrogen Absorption', J. Res. Nat. Bur, Stand., 59. 357–364(1957).

34. Kaloused. G. L., 'Fundamental Factors in the Drying Shrinkage of Concrete Block', Proc. Am. Concr. 1nst., 51, No.3, 233–248(1954).

35. Mikhail R. Sh., Copeland. L. E., and Brunauer. S., 'Pore Structures and Surface Areas of Hardened Portland Cement Pastes by Nitrogen Adsorption', Can. J. Chem., 42, 426–438(1964).

36. Feldman, R. F., 'Density and Porosity Studies of Hydrated Portland Cement', Cement Technol., 3, No.1, 5–14(1972).

연/습/문/제

1. 시멘트란 무엇인지 그 정의에 대하여 간략히 서술하시오.
2. 콘크리트, 모르타르, 시멘트 페이스트란 무엇인지 각각 구분하여 서술하시오.
3. 시멘트의 조성과 수화생성물에 대하여 간략히 서술하시오.
4. 시멘트 경화체를 이루는 모세관 공극에 대하여 간략히 서술하시오.
5. 콘크리트가 가지는 기본적 특성에 대하여 간략히 서술하시오.

02 사용 재료

2.1 개요

본 장에서는 콘크리트에 사용되는 대표적인 재료인 시멘트, 골재 및 혼화재료(혼화재 및 혼화제)를 중심으로 기초적인 지식과 이론을 정리하여 콘크리트 실무자를 위한 기술적 이론을 뒷받침하는 근거 자료로 제시하고자 한다. 즉 실무자가 콘크리트의 확실한 품질관리 및 특성을 이해하기 위해서는 콘크리트에 사용하는 재료에 대한 다양한 이론적 지식과 더불어 사용 재료에 따른 콘크리트의 각종 공학적 특성에 대한 이해가 필수적이다. 이를 위하여 본 장에서는 콘크리트의 사용 재료인 시멘트, 골재 및 혼화재료에 대하여 개요, 종류, 제조과정, 콘크리트에 미치는 공학적 특성에 대하여 각종 문헌자료 및 실험 결과를 중심으로 기술하고자 한다.

2.2 시멘트

2.2.1 시멘트의 정의 및 발전과정

시멘트는 “접합하거나 결합한다”라는 뜻을 가지고 있는 Paste(풀)를 의미한다. 즉 시멘트는 넓은 의미로는 물질과 물질을 결합하거나 접합시키는 재료를 의미하는 것이다. 일반적으로 사용되는 시멘트는 금속과 유기질을 제외한 무기질의 재료를 의미하지만, 더욱 협의로는 보통 포틀랜드 시멘트를 의미한다. 시멘트는 제조과정에서 석회석, 점토 등을 혼합·소성시켜 만들었기 때문에 어원은 라틴어로 부순돌이라는 뜻을 가진 ‘Caeder’였지만 현재는 ‘Cement’로 사용하게 되었다.

시멘트의 발전과정을 보면, 고대 이집트인들은 BC 5000년경에 피라미드에 석고를 사용하였으며, 1796년에는 천연시멘트, 즉 로만시멘트가 발명되었고, 1818년에 석회석과 점토를 이용한 고급 로만시멘트가 만들어졌다. 그 이후 1824년에 벽돌공인 영국의 조지프 애스프딘(Joseph Aspdin)이 “인조석 제조방법의 개량”이란 특허를 통하여 현대적인 시멘트 제조방법을 발명하였으며, 1872년에 일본에서 시멘트를 제조하기 시작하였고, 독일에서는 1880년에 고로 시멘트가 제조되었다. 시멘트를 구조물에 많이 사용하게 된 결정적인 계기는 1867년에 발명된 철근콘크리트의 탄생이었다. 그 이후 건물의 규모가 커질 수 있었고 포틀랜드 시멘트의 사용량이 급속하게 증대되었다.

우리나라의 경우, 1919년에 처음으로 평양 근방에 시멘트 공장이 세워졌으며, 연간 6만 톤의 시멘트를 생산하였다. 그 후, 1945년에 이르기까지 전국적으로 6개의 시멘트 공장이 건설되었으며, 총생산능력은 연간 170만 톤이었으며, 그나마 대부분이 북한에 위치하고 있었다. 우리나라가 본격적으로 시멘트를 생산하게 된 것은 1961년 동양시멘트(주)에서 연간 36만 톤의 생산능력을 갖추게 되면서부터이다. 우리나라의 시멘트 산업은 1960년대의 경제개발정책, 1980년대 중반부터는 서울올림픽과 사회간접자본 확충 등의 수요, 건설경기의 호조로 1997년 외환위기 이전까지 지속적으로 증가되었다. 현재 우리나라에서 포틀랜드 시멘트(클링커)를 생산하는 회사는 표 2.1에 나타낸 바와 같이 8개의 회사가 있으며, 2008년도의 시멘트 총생산량은 5,165만 톤이었다. 그림 2.1은 우리나라 시멘트 생산 공장의 위치를 나타낸 것이다.

표 2.1 **우리나라의 보통 포틀랜드 시멘트 생산 회사와 회사별 생산능력**

회사명/설립연도	소성로 보유 수 및 소재지	연 생산능력(천 톤)
동양시멘트(주)/1957	7(삼척)	10,045
쌍용양회공업(주)/1962	7(동해), 5(영월), 4(문경)	15,160
한일시멘트(주)/1961	6(단양)	7,131
현대시멘트(주)/1963	4(단양), 2(영월)	6,865
아세아시멘트(주)/1957	4(제천)	4,146
성신양회(주)/1967	5(단양)	9,686
유진기업, (주)고려시멘트/1962	1(장성)	660
라파즈한라(주)/1978	4(옥계), 1(신기)	8,184
합 계	50	61,877

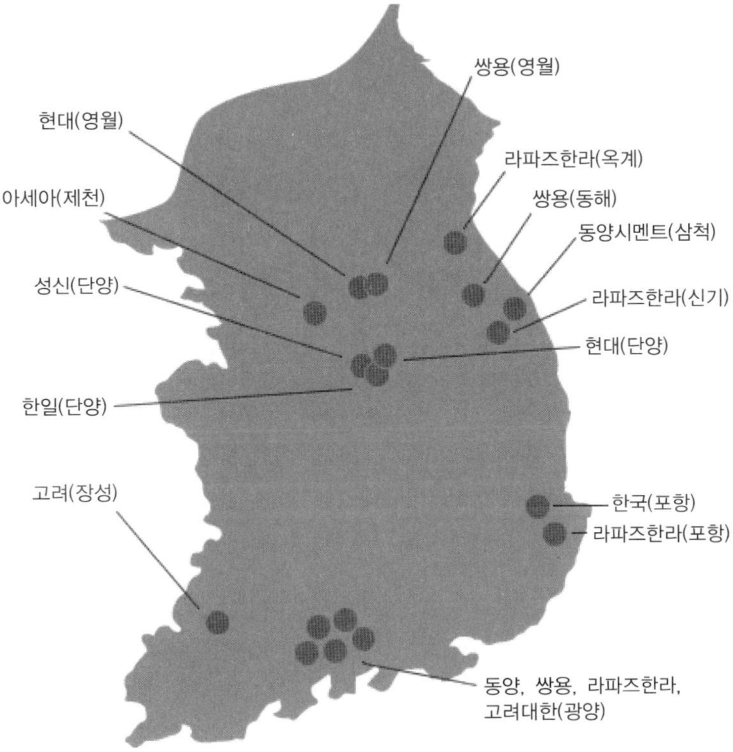

그림 2.1 **우리나라 주요 시멘트 공장의 위치**

2.2.2 시멘트의 제조공정

1) 석회석 채석공정

그림 2.2에 나타낸 바와 같이 석회석 채석은 시멘트 제조의 첫 공정으로 우리나라에서는 1960년대 초반까지 깔때기 모양 노천채굴법인 Glory-hole 채석방법을 사용하였으며, 1970년대에 접어들면서 계단식 채굴법인 Bench Cut방법으로 변경되었다. 이 방법은 표토와 피복암을 벗겨낸 석회석 광산을 1단 또는 다단의 수평범위 형태로 만든 후 천공기를 사용하여 구멍을 뚫은 다음 그곳에 화약을 넣고 발파하는 것이다. 채굴된 원석은 덤프트럭으로 운반하여 1차, 2차 및 3차 분쇄기를 통하여 파쇄된다. 이러한 석회석은 반제품인 클링커의 품질에 막대한 영향을 미치기 때문에 품질의 편차를 줄이기 위해 스태커(Stacker)에 의해 자동 혼합되어 적치되고 리클레이머(Reclaimer)에 의해 원료 저장소로 운반된다.

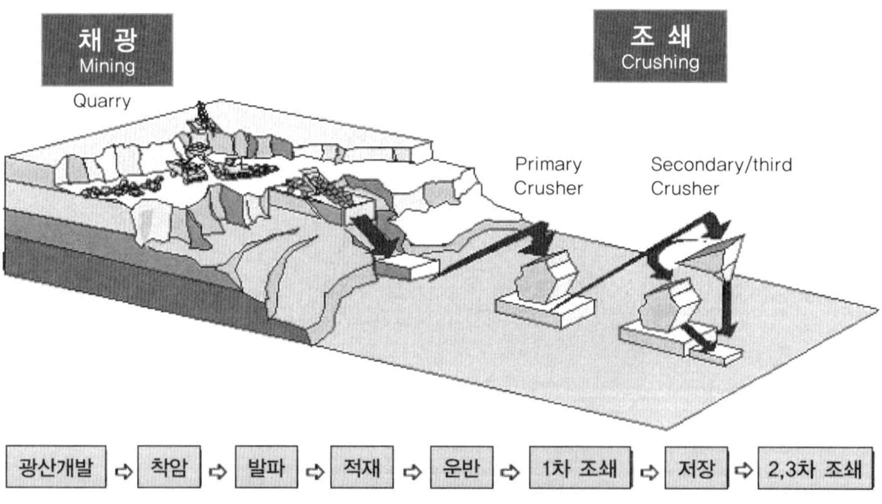

그림 2.2 **석회석 채광 공정**

2) 원료 분쇄 및 소성공정

① 원료 분쇄

시멘트를 제조하는 데 필요한 원료는 그림 2.3에 나타낸 바와 같이 분쇄 및 저장과정을 거치게 되며, 클링커를 소성하는 데 필요한 원료와 시멘트 분쇄단계에서 클링커에 첨가되는 원료로 나누어진다. 클링커 소성용으로 쓰이는 주원료는 석회석이고 부원료는 실리카, 알루미나 및 산화철 성분을 공급하기 위한 규석, 점토류, 철광석 등이 있으며, 천연원료 대신에 전로 슬래그, 플라이애쉬 등 산업부산물이 사용되기도 한다.

석회석, 규석, 점토류 및 철광석의 조합은 원료성분 조정에서 가장 중요한 공정으로 높은 정밀도의 CFW(Constant Feeding Weigher)가 사용된다. 시멘트 제조방식은 이들 원료를 분쇄하는 방법에 따라 건식법과 습식법으로 나눠진다. 건식법은 원료를 건조시켜서 조합한 다음 분쇄 혼합해서 소성하는 방법이고, 습식법은 원료를 물에 넣어서 진한 현탁액, 즉 슬러리 상태에서 소성하는 방법을 말한다. 건식법은 분쇄 원료의 균일화가 어렵지만 상대적으로 연료 사용량이 적으며, 습식법은 원료 균일화가 용이하지만 수분 증발을 위한 부가 열량이 필요하다는 단점이 있다. 최근의 시멘트 제조는 대부분 건식법을 채택하고 있으며, 원료를 분쇄하기 위하여 볼 밀(Ball Mill)과 롤러 밀(Roller Mill)과 같은 분쇄기를 사용한다.

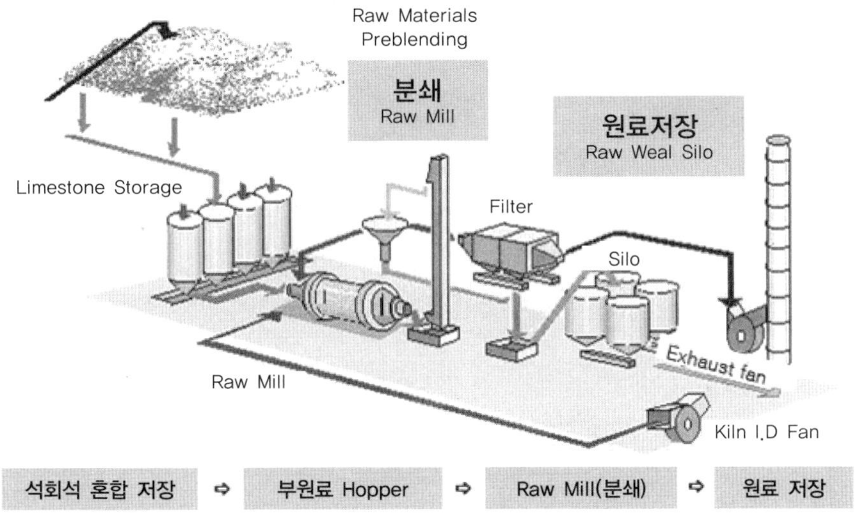

그림 2.3 **석회석의 원료분쇄 및 저장과정**

② 소성공정

소성공정은 시멘트 제조공정 중에서 원료 건조공정과 함께 가장 많은 연료가 필요한 단계로써, 그림 2.4에 나타낸 바와 같이 분쇄된 원료를 킬른에 넣고 가열하여 원료건조 및 석회석 분해로 생성된 생석회와 점토 · 규석 · 철광석 등을 반응시켜 클링커를 생산하는 공정이다. 시멘트를 소성하는 데는 로터리 킬른(Rotary Kiln)이 사용되는데, 이 로터리 킬른은 기술의 발달에 따라 많은 변천을 겪어 왔다. 현재는 서스펜션 프리히터(Suspension Preheater, SP)가 달린 SP 킬른이나 뉴서스펜션 프리히터(New Suspension Preheater, NSP)가 부착된 NSP 킬른 등이 주로 이용되고 있다. 시멘트를 소성하는 연료로는 과거 벙커C유가 가장 널리 사용되었으나, 현재는 석탄이 주된 연료로 사용되고 있다. 일반적으로 클링커 1톤을 제조하는 데에는 약 80만kcal에 이르는 열량이 필요하다. 회전가마와 함께 중요한 소성설비가 클링커 냉각기인데, 1,200℃ 정도의 클링커를 냉각하고 연소용 2차 공기를 가열함으로써 소성효율을 향상시키는 데 쓰이는 일종의 열교환기를 말하며, 공기급랭식 AQC(Air Quenching Cooler)를 사용하고 있다.

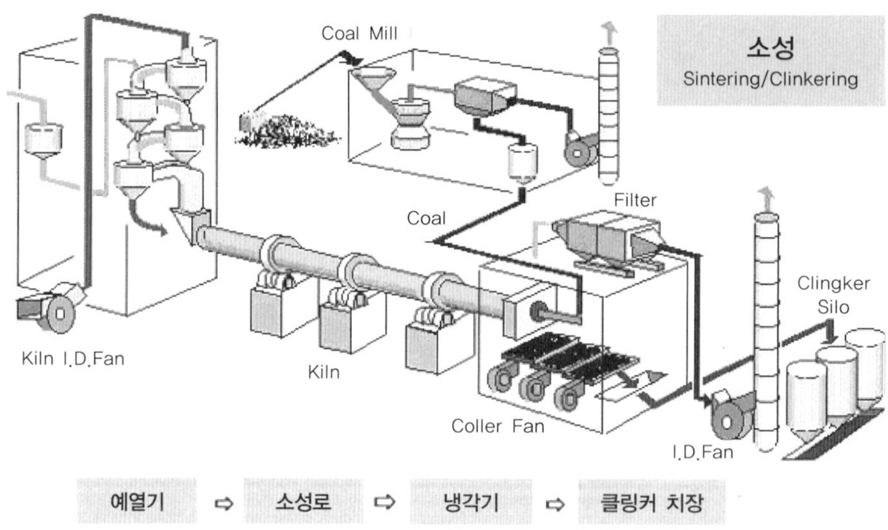

그림 2.4 **시멘트 소성공정**

3) 제품공정

제품공정은 그림 2.5에 나타낸 바와 같이 킬른에서 소성된 클링커가 석고와 함께 미분쇄되어 시멘트로 되는 과정을 말한다. 이때 시멘트의 응결시간을 조절하는 데 결정적인 요소가 되는 첨가 원료가 석고인데, 과거에는 천연 이수석고가 주로 쓰였지만 생산이 용이하지 않아 최근에는 화학공업의 부산품인 화학석고를 사용하는 경우가 대부분이다. 화학석고는 수분이 15~30% 정도이고 불순물이 많아 취급이 곤란하였으나 최근에는 불순물도 제거되고 조립화된 석고가 생산되어 취급이 용이해졌다.

일반적인 출하방법은 종이 등으로 포장(bag)된 포장품의 형태가 대부분이었으나 최근에는 품질관리상 대형 사용처인 레미콘공장이나 PC공장 등에서는 벌크 상태로 선박·화차·트럭 등을 통한 출하가 증가하고 있다. 시멘트 포장으로는 내수용인 경우 3~4겹의 종이포대가 사용되고 수출용인 경우는 폴리프로필렌 재질의 포대가 사용되고 있다.

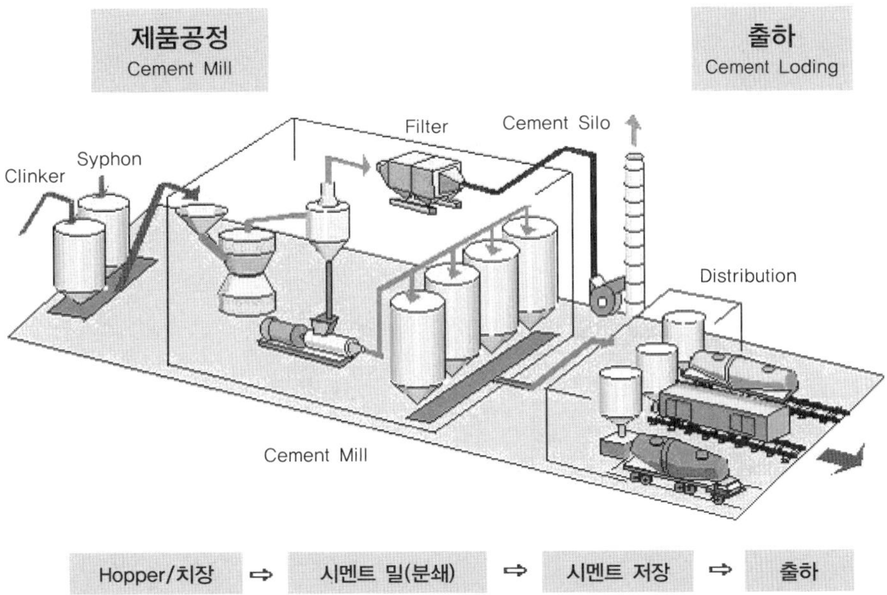

그림 2.5 **시멘트 제품 및 출하공정**

2.2.3 시멘트의 화학조성

1) 포틀랜드 시멘트의 성분

일반적으로 포틀랜드 시멘트의 대표적인 성분은 규산 3칼슘(C_3S : $3CaO \cdot SiO_2$), 규산 2칼슘(C_2S : $2CaO \cdot SiO_2$), 알루민산 3칼슘(C_3A : $3CaO \cdot Al_2O_3$), 알루민산철 4칼슘(C_4AF : $4CaO \cdot Al_2O_3 \cdot Fe_2O_3$)의 네 가지로 알려져 있다. 클링커 광물의 편광현미경 사진을 나타낸 그림 2.6과 같이 결정질의 규산 3칼슘과 규산 2칼슘은

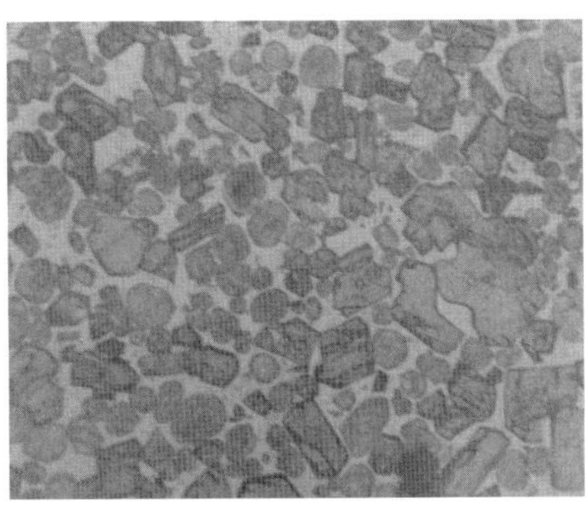

그림 2.6 **클링커 광물의 편광현미경 사진**

각형과 둥근 형태를 나타내며, 알루민산 3칼슘과 알루민산철 4칼슘은 결정질 사이에 간극질 형태로 존재하고 있는 것으로 알려져 있다.

① 규산 3칼슘(C_3S : $3CaO \cdot SiO_2$)

C_3S는 알라이트(alite)라고도 불리며, 28일 이내의 강도발현에 기여하며, 수화열은 120cal/g로써 약간 높은 편이고 수축과 화학저항성은 중간 정도로 알려져 있다.

② 규산 2칼슘(C_2S : $2CaO \cdot SiO_2$)

C_2S는 벨라이트(Belite)라고도 불리며, 28일 이후의 장기강도 발현에 기여하고 수화열은 60cal/g로써 낮은 편이다. C_2S는 수축이 작으며 화학저항성도 우수한 것으로 알려져 있다.

③ 알루민산 3칼슘(C_3A : $3CaO \cdot Al_2O_3$)

C_3A는 알루미네이트상(Aluminate Phase)이라고 불리며, 시멘트 구성물질 중 수화반응이 가장 빠르게 진행되므로 이를 억제하기 위해 석고가 첨가된다. 수화열은 320cal/g로서 시멘트 구성물질 중 가장 크고, 1일 이내의 초기강도 발현에 기여하며 화학저항성은 적은 것으로 알려져 있다.

④ 알루민산철 4칼슘(C_4AF : $4CaO \cdot Al_2O_3 \cdot Fe_2O_3$)

C_4AF는 페라이트상(Ferrite)이라고도 불리며, 초기강도 발현에 기여하며 수화열은 100 cal/g로 적고 화학저항성은 우수한 것으로 알려져 있다.

표 2.2는 이러한 네 가지 주요 성분의 특성을 정리한 것이다. 일반적으로 시멘트의 특성은 네 가지 성분에 의해 좌우되며, 네 가지 화합물의 배합비율을 변화시킴에 따라 각종 포틀랜드 시멘트를 제조할 수 있다. 특히 C_3S와 C_2S에 의해서 각 시멘트의 특성이 결정된다. 28일 이내의 강도를 지배하는 C_3S의 비율이 증가함에 따라 조강시멘트에 가까워지며, 28일 이후의 강도를 지배하는 C_2S의 비율이 증가함에 따라 중용열시멘트와 저열시멘트에 가까워진다.

표 2.2 포틀랜드 시멘트의 주요 성분 및 특성

명칭	분자식	약호	특성				
			반응속도	강도	수화열	수축	화학저항성
규산 3칼슘	$3CaO \cdot SiO_2$	C_3S	빠름	재령 28일 이내의 강도 지배	약간 높음	중간	중간
규산 2칼슘	$2CaO \cdot SiO_2$	C_2S	느림	재령 28일 이후의 강도 지배	낮음	작다	크다
알루민산 3칼슘	$3CaO \cdot Al_2O_3$	C_3A	아주 빠름	재령 1일 이내의 강도 지배	아주 높음	크다	작다
알루민산철 4칼슘	$4CaO \cdot Al_2O_3 \cdot Fe_2O_3$	C_4AF	비교적 빠름	강도에 거의 무관	낮음	작다	중간

2) 포틀랜드 시멘트의 물리적 특성

일반적으로 포틀랜드 시멘트는 생산과 동시에 밀도 및 분말도를 측정하여 물리적 특성을 파악하며, 그 외에도 시간이 경과함에 따라 안정성, 풍화 및 백화 등의 특성을 가지게 된다.

① 밀도(Density)

보통 포틀랜드 시멘트의 밀도는 3.05 이상이며, 3.10~3.17 정도이다. 밀도는 풍화의 척도, 클링커의 소성 정도 및 급랭 정도를 추정할 수 있으며, 콘크리트 배합, 단위용적 및 중량계산 시에도 필요하다. 밀도시험은 KS L 5110에 의해 측정한다.

② 분말도(Fineness)

분말도는 시멘트 입자의 크기 정도를 나타내는 표현지수로 수화 속도에 영향을 준다. 분말도가 클수록 시멘트 입자가 미세하며, 수화작용이 빠르고 조기강도 발현이 커진다. 포틀랜드 시멘트의 분말도는 KS L 5106에 의한 블레인법에 의하여 측정하며, 공기투과장치로 측정되는 비표면적(시멘트분말 1g의 표면적)으로 나타낸다. 비표면적이 3,000cm^2/g인 경우 시멘트의 평균 입경은 약 20μm 정도라 할 수 있다. 시멘트 비표면적은 3,000~4,000cm^2/g 정도이지만, 조강 포틀랜드 시멘트의 경우 수화를 촉진하기 위해 보다 미세한 분말인 4,500cm^2/g 정도로 제조된다. 분말도가 높게 제조할수록 시멘트의 수화반응이 빨라져서 단기강도가 증가하고 골재와의 결합이 양호한 장점이 있지만, 동일한 시공성을 얻기 위한 콘크리트의 단위수량이 증가하고 경화체의 수축도 증대하는 단점이 있다.

③ 안정성(Soundness)

시멘트의 안정성이란 경화 중 체적팽창으로 팽창균열이 생기는 정도를 나타내는 것으로 유리산화칼슘, MgO, SO_3 등의 성분량이 과도한 경우 그림 2.7에 나타낸 바와 같이 팽창이 발생하기 쉽다. 시험방법으로는 KS L 5107의 오토클레이브 팽창도 시험방법이 있다.

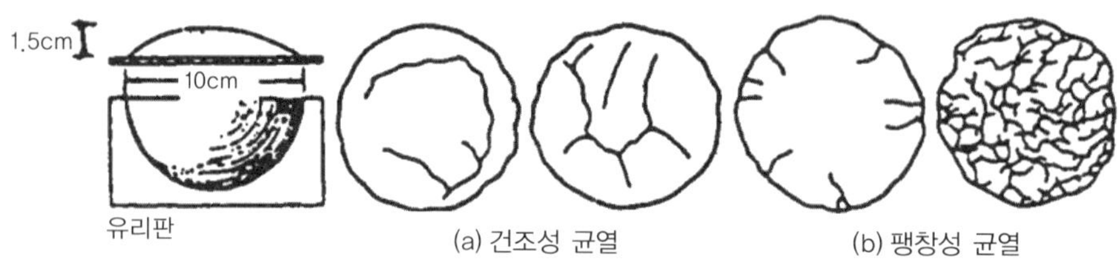

그림 2.7 **시멘트의 체적팽창**

④ 풍화(Air Setting)

시멘트가 대기 중의 수분과 CO_2를 흡수하여 수화 및 탄산화반응을 일으켜 굳어지는 현상을 풍화라 하며, 시멘트 내의 석고와 알칼리가 반응하여 염을 생성한다. 시멘트가 풍화되면 시멘트의 응결 및 경화 속도가 늦어지고 안정성이 떨어져 결과적으로 강도의 저하현상으로 이어진다.

⑤ 백화(Efflorescence)

백화는 모르타르 및 콘크리트 표면에 백색의 석출물이 생성되는 현상으로 시멘트 내의 가용성분(주로 $Ca(OH)_2$)이 수분과 함께 모르타르 및 콘크리트 표면에 이동하여 석출된 것이다. 백화는 일반적으로 물-시멘트비가 큰 경우 또는 증발이 늦게 되는 동절기에 발생하기 쉽다. 물-시멘트비를 적게 하거나 거푸집 탈형시기를 가능한 한 늦추면 억제효과가 있다.

2.2.4 시멘트의 수화반응

시멘트는 물과 반응하여 여러 가지 물질을 생성하게 되는데 이러한 과정을 수화라 하며, 시멘트 내의 각 구성 화학물이 물과 화학적으로 반응하여 수화생성물을 형성하게 되고, 반응이 진행됨에 따라 페이스트 내의 물이 소비되어 수화물 조직이 점차 치밀하게 된다. 시멘트의 수화반응은 시멘트의 분말도, 단위수량, 온도, 혼화제의 유무 등 많은 요인에 영향을 받는다. 시멘트의 수화에 필요한 이론수량은 시멘트 질량의 25%에 해당하는 결합수와 겔수로서 약 15%의 물을 필요로 하게 되므로 약 40%의 물이 필요하게 되며, 그림 2.8과 같은 반응속도를 나타낸다.

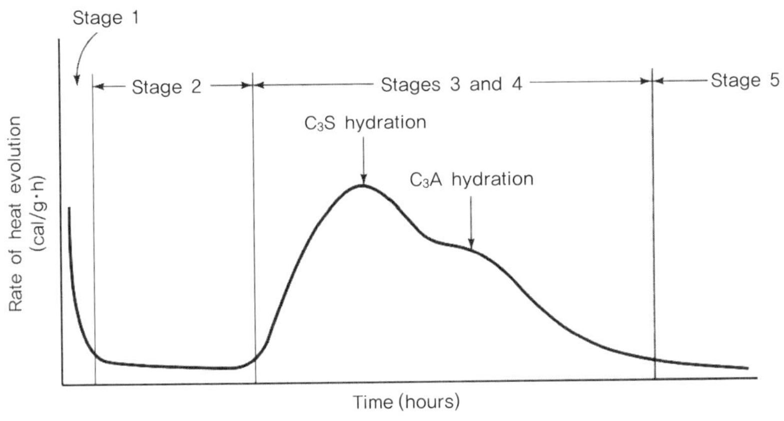

그림 2.8 **시멘트의 수화발열속도**

시멘트의 주요 수화생성물로는 그림 2.9에 나타낸 바와 같이 C-S-H($3CaO \cdot 2SiO_2 \cdot 3H_2O$), 에트링가이트(Ettringite $C_3A \cdot 3CaSO_4 \cdot 32H_2O$) 및 모노설페이트(Monosulfate $C_3A \cdot CaSO_4 \cdot 12H_2O$), 수산화칼슘($Ca(OH)_2$) 등이 있다. 그림 2.9에 나타낸 수화반응에 의하여 각각의 수화생성물이 생성된다.

C-S-H는 C_2S와 C_3S의 수화에 의해 생성되는 저결정성 칼슘실리케이트 수화물로서 시멘트 경화체의 주요 생성물이며 시멘트 경화체의 강도에 크게 기여한다. 에트링가이트는 C_3A의 급결을 방지하기 위해 첨가된 석고와 C_3A가 반응하여 생성되는 물질이다. 양생 초기는 길이 1~2㎛ 정도의 육각주상으로 형성되지만 수산화칼슘 포화비가 높아지면 단주상의 형태를 띠며, 결정화되는 과정에서의 결정성장압이 크게 증가되어 팽창효과가 있으므로 팽창재의 원료로도 이용된다. 모노설페이트는 에트링가이트와 미수화

간극질의 반응에 의해 생성되며, 육각판상의 형태를 띠고 있다. 수산화칼슘은 온도가 낮을수록 생성이 늦어지지만 생성물의 크기는 커지며 물-시멘트비(W/C)가 낮을수록 생성이 빠르게 된다. 수산화칼슘은 시멘트 경화체 내에서 일부가 용해하여 콘크리트가 알칼리성을 유지하도록 함으로써 중성화를 억제하는 데 크게 기여한다.

(a) C-S-H겔 (b) 에트링가이트 (c) 모노설페이트 (d) $Ca(OH)_2$

그림 2.9 **시멘트의 수화 생성물**

클링커 화합물		물		수화생성물
$3CaO \cdot SiO_2$ $2CaO \cdot SiO_2$	+	H_2O	⇨	$nCaO \cdot SiO_2 \cdot mH_2O$(규산칼슘 수화물) + [n≒1.2~20] $Ca(OH)_2$(수산화칼슘)
$3CaO \cdot Al_2O_3$	+ 3[$CaSO_4 \cdot 2H_2O$] (석고) + $3CaO \cdot Al_2O_3 \cdot 32H_2O$ (에트링가이트) +	H_2O	⇨ ⇨ ⇨	$3CaO \cdot Al_2O_3 \cdot 32H_2O$ (에트링가이트) $3CaO \cdot Al_2O_3 \cdot CaSo_4 \cdot 12H_2O$ (모노설페이트 수화물) $3CaO \cdot Al_2O_3 \cdot 6H_2O$ (알루민산칼슘 수화물)
$4CaO \cdot Al_2O_3 \cdot Fe_2O_3$	$3CaO \cdot Al_2O_3$와 같은 반응이고, 수화생성물은 Fe_2O_3를 일부 고용하며, Al_2O_3를 $(Al_2O_3) \times (Fe_2O_3)_{1-x}$로 바뀐 형태로 표현 가능하다.			

그림 2.10 **시멘트의 수화반응**

또한 시멘트 주요 네 가지 성분 및 석고와 C_3A의 수화반응식은 다음과 같다.

- C_3S의 수화 : $2C_3S + 6H_2O \rightarrow C_3S_2 \cdot 3H_2O + 3Ca(OH)_2$
- C_2S의 수화 : $2C_2S + 4H_2O \rightarrow C_3S_2 \cdot 3H_2O + Ca(OH)_2$

- C_3A의 수화 : $2C_3A + 27H_2O \rightarrow C_4AH_{19} + C_2AH_8 \rightarrow 2C_3AH_6 + 21H_2O$
- C_4AF의 수화 : $C_4AF + 2Ca(OH)_2 + 10H_2O \rightarrow (C_3AH_6 - C_4FH_6)$ 고용체
- C_3A와 석고 : $C_3A + 3(CaSO_4 \cdot 2H_2O) + 26H_2O \rightarrow C_3A\ 3CaSO_4 \cdot 32H_2O$ (ettringite)

2.2.5 시멘트 경화체의 응결

시멘트에 물을 가하여 반죽하면 약간의 발열과 함께 페이스트가 되지만 실제로 곧 부드러움을 잃으며 경화하게 되는데, 이러한 현상을 응결(Setting)이라 한다. 시멘트의 응결은 물과 접촉한 후 2시간 전후에서 시작하여 4시간 정도에서 끝나며, 굳어지더라도 그다지 강도를 갖지 못하게 되지만 시간이 지나면서 강도를 갖게 되는데, 이러한 현상을 경화(Hardenning)라 한다. 일반적으로 보통 포틀랜드 시멘트의 초결은 2시간 20분~3시간 20분, 종결은 3시간 30분~4시간 20분 정도인 것으로 알려져 있다. 경화는 그림 2.11에 나타낸 바와 같이 시멘트의 수화가 진행됨으로써 C-S-H 등 수화생성물이 생성되어 시멘트 입자간 공극을 채우며 강도가 발현되는 현상을 말한다.

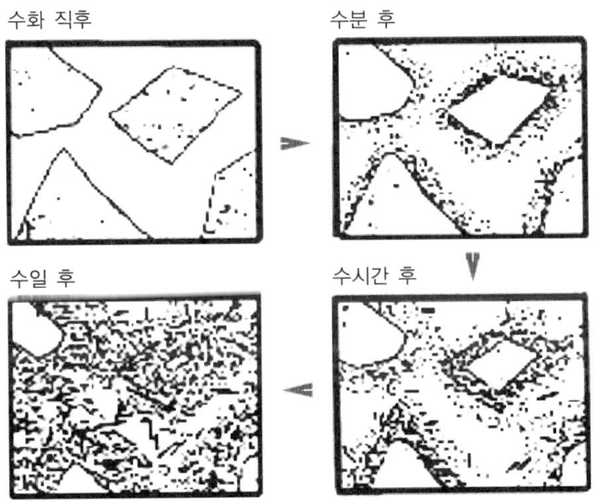

그림 2.11 **시멘트의 응결 경화 모식도**

수화반응은 발열반응이므로 시멘트는 수화반응의 진행과 함께 열을 발산한다. 이것을 수화열(Heat of Hydration)이라고 하는데, 물-시멘트비, 수화온도, 분말도와 같은 요인에 영향을 받는다. 보통 포틀랜드 시멘트의 수화열은 125cal/g이며, C_3A가 많이 포함된 시멘트일수록 수화열이 높고 C_2S가 많이 포함된 시멘트일수록 수화열이 낮은 것으로

알려져 있다. 특히 매스 콘크리트의 경우 시멘트 수화열로 인하여 열응력이 발생하고, 이로 인한 균열이 발생하는 경우가 있으므로 주의가 필요하다. 시멘트의 수화열은 KS L 5121에 의해 측정하는데, 수화시멘트와 미수화시멘트의 용해열 차이로 측정한다.

표 2.3 **포틀랜드 시멘트의 수화열(cal/g)**

시멘트 종류	7일	28일	91일
보통	70~80	80~90	90~100
조강	75~85	90~100	95~100
중용열	55~65	70~80	75~85

2.2.6 시멘트 종류

보통 포틀랜드 시멘트는 C_3S, C_2S, C_3A, C_4AF 및 석고($CaSO_4 \cdot 2H_2O$)의 5종류의 광물을 기본조성으로 하고, 그 구성률과 분말도를 조절함으로써 각각의 특징을 부여하고 있다. 시멘트에 대한 우리나라 규격은 KS L 5201(표 2.4)에 나타나 있다.

표 2.4 **포틀랜드 시멘트의 품질규격(KS L 5201)**

항목 \ 종류		보통(1종)	중용열(2종)	조강(3종)	저열(4종)	내황산염(5종)
비표면적(cm^2/g)		2,800 이상	2,800 이상	3,300 이상	2,800 이상	2,800 이상
응결	초결(분)	60 이상	60 이상	45 이상	60 이상	60 이상
	종결(시간)	10 이하	10 이하	10 이하	10 이하	10 이하
안전성(오토클레이브 팽창도, %)		0.8 이하	0.8 이하	0.8 이하	0.8 이하	0.8 이하
압축강도 (MPa)	1일	–	–	10.0 이상	–	–
	3일	12.5 이상	7.5 이상	20.0 이상	–	10.0 이상
	7일	22.5 이상	15.0 이상	32.5 이상	7.5 이상	20.0 이상
	28일	42.5 이상	32.5 이상	47.5 이항	22.5 이상	40.0 이상
	91일	–	–	–	42.5 이상	–
수화열(J/g)	7일	–	290 이하	–	250 이하	–
	28일	–	340 이하	–	290 이하	–
산화마그네슘(%)		5.0 이하	5.0 이하	5.0 이하	5.0 이하	5.0 이하
삼산화황(%)		3.5 이하	3.0 이하	4.5 이하	3.5 이하	3.0 이하
강열감량(%)		3.0 이하	3.0 이하	3.0 이하	3.0 이하	3.0 이하
C_3S(%)		–	50 이하	–	–	–
C_2S(%)		–	–	–	40 이상	–
C_3A(%)		–	8 이하		6.0 이하	4.0 이하

1) 보통 포틀랜드 시멘트(1종)

대부분의 토목, 건축 등의 건설공사현장에서 사용되는 시멘트이다. 일반적으로 시멘트라고 하면 보통 포틀랜드 시멘트를 일컬으며, 특별한 조건이 아닌 경우에는 이 시멘트가 사용된다. 따라서 우리나라에서 생산되고 있는 시멘트의 대부분은 보통 포틀랜드 시멘트이다. 보통 포틀랜드 시멘트는 또한 혼합 시멘트용의 모체 시멘트로도 사용되고 있다. 전형적인 광물조성은 C_3S 51%, C_2S 25%, C_3A 9%, C_4AF 9%, $CaSO_4 \cdot 2H_2O$ 4% 정도이며 비표면적은 3,300cm^2/g 전후이다.

2) 중용열 포틀랜드 시멘트(2종)

보통 포틀랜드 시멘트에서 C_3S의 양이 많으면 단기강도는 증가하지만 수화열에 의해 균열이 발생할 가능성도 커지게 된다. 그래서 수화열을 가능한 줄이기 위해 C_3S와 C_3A를 가급적 줄이고, 그 대신에 장기강도를 발현하는 C_2S를 충분히 많게 한 것이 중용열 포틀랜드 시멘트이다. 예를 들면 C_3S를 48%, C_3A를 5% 정도로 줄이고 C_2S는 30% 정도까지 늘린 시멘트이다. 강도발현 속도는 낮지만 1년 이상의 장기강도는 다른 포틀랜드 시멘트보다 높으며, 치밀한 경화체 조직을 얻을 수 있고 화학저항성이 강한 특징을 갖고 있다. 수화반응에 의한 발열량이 적고 체적변화가 적으므로 댐이나 대규모 구조물 등 대량의 콘크리트가 이용되는 곳에 사용된다. 즉 단기강도는 작지만 경화하고 나면 우수한 콘크리트가 된다.

3) 조강 포틀랜드 시멘트(3종)

긴급공사용으로 사용되는 시멘트이며, 시멘트 화합물의 표준적 함유량은 C_3S 67%, C_2S 9%, C_3A 8%, C_4AF 8%로 보통 포틀랜드 시멘트에 비해 C_3S를 많게 C_2S를 적게 한 것이다. 조강 포틀랜드 시멘트는 분말도가 4,000～4,500cm^2/g으로 보통 포틀랜드 시멘트보다 높아 수화반응이 빨리 진행되며 단기강도가 큰 특징을 가지고 있다. 재령 1일의 강도가 보통 포틀랜드 시멘트의 재령 3일 강도와 거의 같다. 조강 포틀랜드 시멘트는 단기강도가 높기 때문에 도로 및 수중공사 등 긴급공사에 사용하고, 일반적인 콘크리트공사에서도 공기를 단축하기 위하여 사용하고 있다. 조강 포틀랜드 시멘트의 발열량을 시멘트 1g당의 열량으로 비교하면, 1～3일에서 보통 포틀랜드 시멘트의 1.3배이며, 이것은 온도가 약 5℃ 높아진다는 계산이 된다. 따라서 단열 저온 양생을 할 경우에는 그에 상당하는 강도를 기대할 수 있다.

4) 저열 포틀랜드 시멘트(4종)

수화열을 억제하기 위해서 C_2S의 함유량을 40% 이상으로 한 중용열 포틀랜드 시멘트보다 더욱더 저열화를 도모한 시멘트이다. 이 시멘트는 일본 등 해외에서는 시멘트 내에 존재하는 광물인 벨라이트를 많이 함유하고 있기 때문에, 벨라이트 또는 벨라이트 리치 시멘트(Belite Rich Cement)라 불리고 있다. 저열 포틀랜드 시멘트는 장기강도가 크고, 건조수축이 적어 내구성이 좋으므로 LNG 탱크 등과 같은 대형 공사에 적합하다.

5) 내황산염 포틀랜드 시멘트(5종)

포틀랜드 시멘트의 내황산염 저항성은 C_3A의 양과 밀접한 관계가 있으며, C_3A는 에트링가이트($C_3A \cdot 3CS \cdot H_{32}$, $3CaO \cdot Al_2O_3 \cdot 3CaSO_4 \cdot 32H_2O$)의 생성을 촉진하여 콘크리트를 파괴에 이르게 할 수 있다. 즉 포틀랜드 시멘트 경화체가 황산염의 공격을 받으면 에트링가이트가 생성되어 시멘트 경화체가 팽창함으로써 구조체의 변형, 강도 저하가 일어나게 되는 것이다. 내황산염 포틀랜드 시멘트는 황산염 침입에 대한 저항성을 높이기 위해서 C_3A 함유율을 4% 이하로 한 것으로서, 내황산염성 이외에 감수제 등 계면활성제의 효력의 발휘가 우수하며, 보통 포틀랜드 시멘트보다 수화열이 약 10kcal/kg 정도 낮은 특징 등을 갖고 있다. 따라서 내황산염 포틀랜드 시멘트는 황산염이 존재하는 토양지대, 하수관, 지하수 공사 등에 주로 이용된다.

2.2.7 혼합 시멘트

혼합 시멘트는 포틀랜드 시멘트에 고로수쇄슬래그, 플라이애쉬, 포졸란 물질 등을 혼합한 것이다. 혼합 시멘트를 제조하는 목적은 일반적으로 시멘트 경화체의 내구성, 장기강도, 화학적 저항성, 수밀성, 내수성 등을 증가시켜 포틀랜드 시멘트의 성질을 개선하기 위한 것이다. 그리고 값이 비싼 클링커 대신에 값이 싼 혼합재로 치환되기 때문에 생산단가를 절약하고 생산량을 증가시킬 수 있다는 경제적인 면도 있다. 최근에 대두되고 있는 지구온난화 문제는 시멘트 산업에서도 기술혁신에 대한 압박으로 작용하고 있다. 시멘트 제조에서 발생하는 CO_2의 대부분은 클링커를 소성할 때의 석회석의 탈탄산 반응에 의해 발생한다. 따라서 시멘트 산업에서 CO_2 삭감이라는 측면에서 보면 혼합 시멘트의 이용이 바람직하다.

우리나라 혼합 시멘트 규격에는 고로슬래그 시멘트, 포졸란 시멘트, 플라이애쉬 시멘트 등이 있고, 이들은 각각 포틀랜드 시멘트에 고로수쇄슬래그, 실리카질 혼합재, 플라이애쉬 등을 혼합한 시멘트이다. 이 중 고로슬래그 시멘트와 플라이애쉬 시멘트는 각각 1종, 2종, 3종이 있고 포틀랜드 포졸란 시멘트의 경우는 A종, B종, C종으로 구분되어 있다. 표 2.5와 표 2.6은 혼합 시멘트의 종류별 등급 및 품질규격을 나타낸 것이다.

표 2.5 **혼합 시멘트의 종류별 등급**

등급 / 종류	1종, A종 (단위 : 중량 %)	2종, B종 (단위 : 중량 %)	3종, C종 (단위 : 중량 %)
고로슬래그 시멘트	5 초과 30 이하	30 초과 60 이하	60 초과 70 이하
플라이애쉬 시멘트	5 초과 10 이하	10 초과 20 이하	20 초과 30 이하
포틀랜드 포졸란 시멘트	5 초과 10 이하	10 초과 20 이하	20 초과 30 이하

표 2.6 **혼합 시멘트의 품질규격**

종별 / 항목		고로슬래그 시멘트 (KS L 5210)			포틀랜드 포졸란 시멘트 (KS L 5401)			플라이애쉬 시멘트 (KS L 5211)		
		1종	2종	3종	A종	B종	C종	1종	2종	3종
비표면적(cm^2/g)		3,000 이상	3,000 이상	3,300 이상	3,000 이상	3,000 이상	3,000 이상	2,500 이상	2,500 이상	2,500 어상
응결	초결(분)	45 이상	60 이상	60 이상	60 이상	60 이상	60 이상	60 이상	60 이상	60 이상
	종결(시간)	7 이하	10 이하	10 이하	10 이하	10 이하	10 이하	10 이하	10 이하	10 이하
안정성(%)		0.2 이하	0.2 이하	0.2 이하	±05 이하	±05 이하	±05 이하	±05 이하	±05 이하	±05 이하
압축강도 (MPa)	3일	12.5 이상	10.0 이상	7.5 이상	12.5 이상	10.0 이상	7.5 이상	12.5 이상	10.0 이상	7.5 이상
	7일	22.5 이상	17.5 이상	15.0 이상	22.5 이상	17.5 이상	15.0 이상	22.5 이상	17.5 이상	15.0 이상
	28일	42.5 이상	42.5 이상	40.0 이상	42.5 이상	37.5 이상	32.5 이상	42.5 이상	37.5 이상	32.5 이상
산화마그네슘(%)		5.0 이하	6.0 이하	6.0 이하	5.0 이하	5.0 이하	5.0 이하	5.0 이하	5.0 이하	5.0 이하
무수황산(%)		3.5 이하	4.0 이하	4.5 이하	3.0 이하	3.0 이하	3.0 이하	3.0 이하	3.0 이하	3.0 이하
강열감량(%)		3.0 이하	3.0 이하	3.0 이하	3.0 이하	–	–	3.0 이하	–	–

2.2.8 특수 시멘트

1) 백색 포틀랜드 시멘트

백색 포틀랜드 시멘트는 포틀랜드 시멘트 중 페라이트(C_4AF)를 극히 적게 하고, 클링커 소성에도 석탄 대신 중유를 사용하여 백색을 띠게 한 시멘트이다. 백색 포틀랜드 시멘트는 주로 건축물의 내 · 외장 마감에 자주 사용되며, 안료를 혼합하여 컬러 콘크리트를 제조하는 데 이용되기도 한다.

2) 착색 시멘트

착색 시멘트는 포틀랜드 시멘트에 여러 색을 착색할 목적으로 만들어진 시멘트로서, 백색 포틀랜드 시멘트를 착색하는 방법으로 만들어진다. 테라조, 타일, 블록 등의 제품에 사용되며 건물의 외벽에 미관을 목적으로 사용된다.

3) 알루미나 시멘트

알루미나 시멘트는 알루민산석회($CaO \cdot Al_2O_3$)를 주성분으로 하는 시멘트로 보크사이트(알루미나질 원료)와 석회질 원료를 배합하여 제조한다. 알루미나시멘트는 타설 후 4시간 내에 10MPa, 재령 1일에 보통 포틀랜드 시멘트의 28일 강도 정도의 강도가 발현되는 시멘트로 긴급공사에 사용된다. 또한 초기 수화발열이 매우 높아 동절기 공사에 유리하며, 내화성능이 우수하여 최대 내열온도가 1,800℃인 제품도 생산되고 내화물 성형품의 결합재로 사용되기도 한다. 그러나 장기적으로는 강도가 오히려 감소하고 $Ca(OH)_2$가 생성되지 않아 철근이 발청하기 쉬우므로 구조재료로는 부적합한 것으로 알려져 있다.

4) 팽창 시멘트

팽창 시멘트는 경화 시에 팽창하는 시멘트로서 보통 포틀랜드 시멘트에 에트링가이트 등의 팽창재를 혼입한 것이다. 건조수축을 보상하는 정도로 팽창시켜 건조성 균열 발생을 방지할 목적으로 사용되며, 무수축 및 팽창력으로 프리스트레스를 도입하기 위해 사용되기도 한다. 포틀랜드 시멘트 73%, 팽창재 22%, 고로슬래그 5% 비율로 혼합한 팽창시멘트의 경우, 모르타르의 선팽창률은 0.04~1.0% 범위이다.

5) 초조강 시멘트

초조강 시멘트는 보통 포틀랜드 시멘트의 7일 강도를 1일 만에 발현시키는 시멘트이다. 초조강시멘트는 수화반응이 급격히 일어나므로 수화발열량이 커서 한중시공에 적당하며 긴박한 공사에 사용된다. 또한 알라이트의 함유율이 약 70%이며, One Day Cement라고 불리기도 한다.

6) 초속경 시멘트

초속경시멘트는 재령 1~2시간 내에 콘크리트의 압축강도가 10MPa에 도달하며, 초속경성 및 응결시간의 조정이 가능한 것이 특징이며 낮은 온도조건 및 장기강도에서도 안정적인 강도발현을 기대할 수 있다. 긴급보수공사, 2차 제품 및 각종 그라우트재에 이용된다.

7) 폴리머 시멘트

폴리머 시멘트는 콘크리트의 방수성, 내약품성 및 변형성능 향상을 위해 고분자 재료를 혼입시킨 것이다. 폴리머 시멘트에 이용되는 폴리머로는 고무류의 라텍스나 열가소성수지가 사용된다. 폴리머 시멘트는 방수성, 내약품성, 내충격성이 우수한 것으로 알려져 있다.

8) 조적용 시멘트

조적용 시멘트(Masonry Cement)는 조적공사용 모르타르에 사용되는 수경성 시멘트를 말한다. 보통 포틀랜드 시멘트에 소석회, 석고, 소량의 AE제를 혼입시킨 시멘트로서 접착성이 좋고 보수성이 크다.

2.3 골재

2.3.1 골재의 정의 및 분류

1) 골재의 정의

콘크리트용 골재(Aggregates)는 KS F 2526(콘크리트용 골재) 및 KS F 2527(콘크

리트용 부순골재) 등에 규정되어 있다. 골재는 모르타르와 콘크리트를 만들기 위해 시멘트와 물에 혼합되는 불활성(不活性)의 재료로서 모래, 자갈, 부순돌 및 그 밖에 이와 비슷한 재료를 말한다. 시방서에서는 골재를 자연작용으로 암석에서 생긴 모래, 자갈, 또는 부순골재와 인공으로 만든 경량골재를 총칭한다고 적시되어 있다. 콘크리트의 구성에 있어서 골재란 인체구조에 비유하면 골격을 형성하는 뼈와 같은 것으로서 양질의 재료 선정이 매우 중요하다. 따라서 천연골재와 같은 부존자원의 다량소비에 따른 고갈 대책을 수립할 경우에는 가격요소도 중요하지만 품질문제에 대한 충분한 검토가 무엇보다 중요하다고 할 수 있다.

또한 골재는 콘크리트 체적의 70% 내외를 차지하는 재료로서, 콘크리트의 양을 늘려주는 증량재 혹은 큰 공간을 채워주는 충전제의 역할을 한다. 시멘트 페이스트는 경화과정에서 수축에 의하여 균열이 발생할 수 있는데, 골재가 포함된 모르타르 및 콘크리트는 이를 어느 정도 방지할 수 있다. 이외에도 골재는 경량골재 콘크리트 및 고강도 콘크리트에서 보강재의 역할도 한다.

2) 골재의 분류

콘크리트용 골재의 종류는 크게 입자 크기에 의한 분류, 생산(제조)방식에 의한 분류, 무게에 의한 분류, 산지에 따른 분류 및 강도에 따른 분류 등으로 구분될 수 있다.

① 입자 크기에 의한 분류

콘크리트용 골재의 입자 크기에 의한 분류에 있어서, 5mm 체에서 전체 질량비로 85% 이상 거의 다 남는 골재를 굵은골재(Coarse Aggregate)라고 정의한다. 또한 5mm 체에서 전체 질량비로 85% 이상 통과하는 골재(건축공사표준시방서) 및 5mm체를 거의 다 통과하고 0.08mm체에 거의 남는 골재를 잔골재라 정의한다.

② 생산(제조)방식에 의한 분류

콘크리트용 골재는 생산방식에 따라 천연골재와 인공골재로 나누어진다. 천연골재(Natural Aggregate)는 원석이 풍화, 침식, 운반 등의 자연현상에 의해 생산된 골재를 말하며 강모래, 강자갈, 산모래, 산자갈, 바다모래 및 바다자갈 등이 있다. 또한 인공골재(Artificial Aggregate)는 원석에 인위적인 힘을 가해서 만든 골재로 부순굵은골재와 잔골재, 슬래그 굵은골재 및 잔골재가 있으며, 그 외 혈암이나 플라이애쉬를 소성팽창시킨 골재 등이 있다.

③ 무게에 의한 분류

콘크리트용 골재의 무게에 의한 분류에 있어서 절건밀도 2.0g/cm^3 이하의 비교적 가벼운 골재를 경량골재라 하고, 절건밀도 2.5g/cm^3 전후에 해당하는 골재를 보통골재, 그리고 절건밀도 3.0g/cm^3 이상의 무거운 골재를 중량골재라 정의한다. 콘크리트용 골재 용도의 보통골재는 폭넓게 이용되고 있으며, 경량골재는 단열용 및 고층건축물의 하중경감용 경량 콘크리트에 이용되며, 중량골재는 방사선 차폐용 등 중량 콘크리트에 이용된다.

2.3.2 골재의 요구품질 및 중요성

골재는 콘크리트 전체 용적 약 70% 정도를 차지하는 재료로서 골재의 특성은 표 2.7에 나타낸 바와 같이 콘크리트의 여러 품질에 아주 큰 영향을 미치기 때문에 신중히 선택하여야 한다. 따라서 골재는 반드시 ① 단단하고 강한 것(시멘트 페이스트 이상), ② 표면이 거칠고 구형에 가까운 것, ③ 입도분포가 양호한 것(연속 입도분포), ④ 청정한 것, ⑤ 내화성이 있는 것, ⑥ 운모가 함유되지 않은 것, ⑦ 마모에 대한 저항성이 큰 것을 사용해야 한다.

표 2.7 **콘크리트의 품질에 관계되는 골재의 영향**

콘크리트의 품질	관계되는 골재의 성질
① 내구성 · 동결융해 및 습윤조건에 대한 저항성 · 온도변화 및 마모에 따른 저항성 · 알칼리골재반응 저항성	· 안정성, 공극률, 공극구조, 투수성, 포수 정도, 인장강도, 탄성계수, 점토의 존재 · 선팽창계수 및 경도 · 특수 실리카질 성분의 존재 유무
② 강도	강도, 표면의 거칠기, 청정, 입형, 최대치수
③ 수축	탄성계수, 입형, 입도, 최대치수, 청정 여부 등
④ 선팽창계수	선팽창계수
⑤ 열팽창계수	열팽창계수
⑥ 비열	비열
⑦ 단위용적질량	밀도, 입형, 입도, 최대치수, 함수량
⑧ 탄성계수	탄성계수, 푸아송비
⑨ 경제성	입형, 입도, 최대치수, 생산량, 공급의 난이도

1) 골재의 물리적 성질

표 2.8은 콘크리트용 골재의 물리적 성질에 대한 KS F 2526이다. 골재의 여러 가지 물리적 특성은 굳지 않은 콘크리트 및 경화 콘크리트의 품질에 큰 영향을 미친다. 특히 골재는 유해량의 먼지, 흙, 유기불순물 등을 포함하지 않고 소요의 내화성과 내구성을 가지는 것을 사용해야 한다.

표 2.8 **골재의 물리적 성질(KS F 2526)**

구분	밀도 (절대건조 g/cm^3)	흡수율(%)	안정성(%)*	마모율(%)**
굵은골재	2.50 이상	3.0 이하	12 이하	40 이하
잔골재	2.50 이상	3.0 이하	10 이하	–

* 황산나트륨으로 5회 시험하며, 손실량은 입도로 규정한 각 시료별 합산 값을 말한다.

** 마모율도 콘크리트에 사용된 입도에 따라 측정한다. 다양한 입도의 골재를 콘크리트에 사용할 경우에 마모율의 허용값은 각 입도별로 적용한다.

2) 골재의 유해물 함유량 허용값

콘크리트용 골재에 함유되어 있는 점토 덩어리, 연한 석편 등의 유해물질은 콘크리트의 강도 및 내구성을 해치게 된다. 따라서 콘크리트용 골재의 유해물 함유량 허용값은 KS F 2526에서 표 2.9와 같이 규정되어 있다.

표 2.9 골재의 유해물 함유량 허용값(KS F 2526)

구분	전체 시료에 대한 최대질량 백분율(%)	
	굵은골재	잔골재
점토덩어리[a](%)	0.25	1.0
연한 석편[a](%)	5.0	–
0.08mm체 통과량 콘크리트 표면이 마모를 받는 경우 외의 부분	1.0 1.0	3.0 5.0
석탄 및 갈탄 콘크리트의 표면이 중요한 부분 외의 부분	0.5 1.0	0.5 1.0
염화물(NaCl 환산량)[b]	–	0.04

a : 점토 덩어리가 연한 석편의 합이 5%를 넘으면 안 됨.

b : 무근 콘크리트에는 적용하지 않음.

3) 골재의 크기

콘크리트용 골재의 최대치수는 골재 입자 크기의 한도를 나타내는 것으로 골재 중량의 90% 이상을 통과하는 체눈의 공칭치수로 나타낸다. 또한 골재의 크기는 콘크리트의 충전성을 높여주기 위해 결정하는데, 골재 크기가 클수록 경제적인 것으로 알려져 있으나, 지나치게 클 경우 혼합곤란, 재료분리 및 철근이나 거푸집에 걸리는 문제 및 강도의 저하가 발생할 우려가 있으므로 이에 대해 적절히 고려한 후 결정하도록 한다.

4) 골재의 최대치수 규정

콘크리트용 골재의 최대치수와 관련하여 1999년 이전까지의 시방서에서는 언급되지 않았으나, 현재의 건축공사표준시방서에서는 표 2.10에 나타낸 바와 같이 부재 종류별 최대치수를 규정하고 있다. 대략적으로 40, 25, 20mm 등이나 실제 공사에서는 철근간격이 조밀한 경우가 많으므로 원칙적으로 보통골재는 25mm 이하(부순 굵은골재는 20mm를 추천함), 경량골재는 20mm 이하가 바람직할 것으로 판단된다. 또한 굵은골재의 최대치수는 철근간격의 4/5 이하, 최소피복두께 이하가 되도록 규정하고 있다.

표 2.10 **부재 종류별 굵은골재의 최대치수**

부재 종류	굵은골재 최대치수(mm)	
	자갈	부순 굵은골재, 고로슬래그 부순 굵은골재
기둥, 보, 슬래브, 벽	20, 25	20, (25)
기초	20, 25, 40	20, 25, 40

5) 골재의 입형

콘크리트용 골재의 입형은 입자 모양이 모가 나거나 가늘고 긴 것 혹은 편평한 것과 같은 입자의 모양을 말하는 것으로, KS규격에서는 부순골재의 경우 입자모양 판정 실적률로 품질을 규정하도록 하고 있다. 콘크리트용 골재의 입자 모양이 좋고 나쁨은 콘크리트의 배합과 유동성에 큰 영향을 끼치게 된다. 일반적으로 입형과 입도가 좋은 골재는 실적률이 크고 동일 슬럼프를 얻기 위한 단위수량이 적게 된다. 특히 실적률이 큰 골재는 시멘트 페이스트의 양이 적어 경제적인 콘크리트의 제조가 가능하고 콘크리트의 밀도, 마모저항, 내구성의 증대 및 투수성, 흡습성의 감소를 기대할 수 있다. 또한 단위시멘트양 축소로 건조수축 감소, 수화열의 감소로 균열을 저감할 수 있다.

6) 강도 및 마모저항성

일반적으로 주차용 건축물이나 지게차 등이 자주 운영되는 대형 창고, 토목용의 도로 포장 콘크리트는 항상 마모조건에 노출되는데, 이러한 경우에 골재의 내마모성이 매우 중요한 요소로 작용하게 된다. 즉 골재의 강도 및 마모저항성이 좋은 경우에는 내구적인 콘크리트를 제조하는 데 도움이 된다. 이러한 콘크리트용 골재의 내마모성시험으로는 KS F 2508의 로스앤젤레스 마모시험기에 의한 마모시험이 있으며, 골재의 내마모성은 KS 규격 및 시방서상 규제치를 만족하여야 한다.

7) 내화성 및 내화강도

우리나라는 화강암을 모암으로 하는 골재가 대부분으로 화재 시 내화성에 문제가 발생할 수 있으므로, 고강도 · 고성능 콘크리트를 제조할 경우에는 충분한 검토가 이루어져야 한다. 특히 골재의 내화강도는 조암광물의 종류에 따라 화열에 접할 경우 열팽창이 각각 달라 내부응력 발생에 의해 조직이 파괴되거나 재질의 변형 및 분해하여 내구성이 저하될 수 있다. 또한 최근 들어 초고층 철근콘크리트 구조물이 급증하면서 50MPa 이상의 고강도 콘크리트의 채용 시에는 폭렬에 대한 검토가 의무화되었다.

8) 유해물

골재에 포함되어 있는 유기불순물은 콘크리트의 경화를 방해하고 강도를 저하시킬 수 있으며, 안정성 등 내구성을 저하시킬 수 있으므로 KS F 2510(콘크리트용 모래에 포함되어 있는 유기불순물 시험방법)에 의해 유기불순물 함유량을 반드시 검토하도록 한다. 즉 유기불순물 함유량에 대하여 KS규격 및 시방서상 규정값을 만족시키고 있는지를 확인한 다음 골재의 사용 여부를 판단한다. 또한 골재의 표면에 점토와 실트 등이 있는 경우에는 골재와 시멘트 페이스트의 부착을 저해하고 강도 저하, 내구성 저하 및 균열을 발생시킬 수 있다. 사용골재는 KS F 2512(점토함유량시험) 및 KS F 2511(골재에 포함된 잔입자)에 따라 점토분 및 미세한 입자의 잔류량을 측정하도록 한다.

9) 염분

최근 강모래의 부족으로 인하여 바다모래를 사용하는 경우가 많아졌는데, 바다모래 속에는 염분이 함유되어 있다. 이러한 염분은 콘크리트 중의 철근을 부식시켜 철근콘크리트 구조물의 조기열화를 유발하는 원인 중 하나이다. 따라서 콘크리트표준시방서에서는 염분함유량을 NaCl양으로 0.04% 이하로 규정하고 있으며, 0.04~0.1%인 경우는 방청상 유효한 조치를 취하도록 하고 있다. 방청상 유효한 조치는 물-시멘트비의 저감, 방청제의 사용, 피복두께의 증가, 아연도금, 크롬합금 혹은 에폭시도막 철근의 사용, 수밀성이 높은 표면마감 등이 있다.

10) 기타 유해물

콘크리트용 골재의 품질을 저하시킬 수 있는 기타의 유해물로는 동결 및 온도변화에 의해 팽창성을 갖는 운모질, 강도 저하 및 시멘트 페이스트의 경화에 위해한 석탄과 토탄류, 물과 접합하여 황산을 생성하는 황철광과 황화철광 등을 들 수 있는데, 이들은 골재의 팽창 및 콘크리트 중의 강도 저하와 내구성 저하 등을 유발할 수 있다.

2.3.3 골재의 종류

1) 천연골재

천연골재는 자연으로부터 얻어지는 골재를 말하는 것으로 강모래, 강자갈, 부순모래, 부순자갈 및 바닷모래 등이 대표적인 것들이다. 강모래와 강자갈과 같은 하천 골재는 둥근 입형과 적당한 입도 때문에 콘크리트용 골재로 이상적이며, 또한 바다 골재에 비해 상대적으로 골재 채취가 용이하여 공급원별로 그 점유비가 높은 편에 속하였으나, 댐 건설, 산림 녹화 등으로 골재자원의 하천 유입이 감소되어 구성비가 계속 낮아지고 있다. 레디믹스트 콘크리트 제조업체를 대상으로 골재 유통구조에 대한 조사결과 잔골재로 부순모래의 사용 비율이 가장 높고, 하천 모래, 육지 모래, 바다 모래 순으로 굵은골재는 부순자갈이 대부분을 점유하고 있으며, 선별 파쇄골재가 그 뒤를 따르는 것으로 나타났다.

최근 들어 부순자갈이 많이 이용되고 있는데, 부순골재는 현무암, 안산암, 경질사암, 경질 석회암, 화강암 기타 이에 준하는 석질의 암석을 파쇄기로 파쇄하여 만든 골재를 말하고, 응회암과 연질사암은 부순골재로 사용하기에는 부적당한 것으로 알려져 있다. 화강암은 부술 때 균열되기 쉬운 단점이 있으므로 주의해야 한다. 표 2.11은 부순골재의 물리적 성질을 나타낸 것이다. 특히 부순모래를 사용할 경우 강모래에 비하여 동일한 슬럼프를 얻기 위해서는 단위수량이 5~10% 더 필요하고, 미세분말의 양이 많아지면 슬럼프가 저하되므로 잔골재율을 낮춰야 한다. 부순모래를 사용한 콘크리트는 미세분말의 양이 많아짐에 따라 공기량이 감소하고 응결시간인 초결과 종결이 빨라지는 경향이 있다. 또한 부순모래를 사용한 콘크리트에 있어서 미세 분말의 양이 많아지면 공기량이 줄어들기 때문에 필요시 AE제의 양을 증가시키도록 한다.

표 2.11 **부순골재의 물리적 성질**

구분	부순 굵은골재	부순모래
절대건조밀도	2.50 이상	2.50 이상
흡수율(%)	3.0 이하	3.0 이하
안정성(%)	12 이하	10 이하
마모율(%)	40 이하	–
0.08mm체 통과량(%)	1.0 이하	7.0 이하
입자모양 판정 실적률(%)	55 이하	53 이상
알칼리반응	무해	무해

2) 경량골재

콘크리트에 사용되는 경량골재의 종류는 경석, 응회암, 팽창슬래그, 팽창혈암, 소성 플라이애쉬 및 석탄재 등이 있는데, 천연경량골재와 인공경량골재로 구분할 수 있다. 경량골재의 요구 품질은 청정, 내구·내화적이고 유해물을 함유하지 말아야 하며, KS규격 및 시방서에 규정되어 있는 경량골재의 품질규정과 입도범위도 만족시켜야 한다. 표 2.12는 KS F 2534(구조용 경량골재)에 규정되어 있는 경량골재의 품질을 나타낸 것이다.

표 2.12 **경량골재의 품질규준**

시험항목	구조용 경량골재
강열감량	5% 이하
건조수축	0.10%
유기불순물	시험용액의 색이 표준색보다 연한 것
점토덩어리	2% 이하

3) 순환골재

최근 전 세계적으로 지속가능한 사회구현을 목표로 자원의 재활용에 대한 관심이 높아지고 있다. 우리나라는 「순환골재 품질기준」을 2005년 8월에 제정하여 순환골재의 재활용을 의무화하고 있다. 표 2.13은 콘크리트용 순환골재의 품질기준을 나타낸 것이다. 순환골재의 품질은 KS F 2573(콘크리트용 순환골재)에서 규정하고 있으며, 폐콘크리트로부터 생산된 굵은골재 및 잔골재에 대하여 규정하고 있다. 콘크리트용 순환골재는 1999년 재생골재라는 명칭으로 제정되었고, 2000년도 초반 천연골재의 부족 및 골재 생산에 따른 환경파괴 등으로 인해 순환골재 사용의 필요성으로 인해 폐콘크리트에서 발생하는 순환골재를 콘크리트용 골재로 사용할 수 있도록 하기 위하여 2002년에 개정되었다. 그러나 이렇게 개정된 규정을 만족하는 순환골재는 구조용 콘크리트의 골재 등으로 사용하기에는 품질에 대한 신뢰성이 저하할 수 있는 가능성을 내포함에 따라, 구조용 또는 레디믹스트 콘크리트 등의 골재로써 충분히 사용 가능한 품질로 규정하기 위하여 2006년 개정에서는 국토교통부의 일반골재 품질기준과 거의 부합하도록 전반적인 골재 품질규정을 강화하였다.

표 2.13 **콘크리트용 순환골재의 품질기준**

요구 성질			KS F 2526 콘크리트용 골재		KS F 2573 콘크리트용 순환골재	
			굵은골재	잔골재	굵은골재	잔골재
물리적 성질	밀도(g/cm^3)		2.5 이상	2.5 이상	2.5 이상	2.2 이상
	흡수율(%)		3.0 이하	3.0 이하	3.0 이하	5.0 이하
	안정성(%)		12 이하	10 이하	12 이하	10 이하
	마모율(%)		40 이하	–	40 이하	–
	입자 모양 판정 실적률(%)		–	–	55 이상	53 이상
유해물질(%)	점토 덩어리(%)		0.25 이하	1.0 이하	0.2 이하	1.0 이하
	연한 석편(%)		5.0	–	–	–
	0.08mm체 통과량	콘크리트 표면이 마모를 받는 경우	1.0 이하	3.0 이하	1.0 이하	7.0 이하
		그 밖의 경우	1.0 이하	5.0 이하		
	석탄 및 갈탄	콘크리트 표면에 중요한 부분	0.5 이하	0.5 이하	–	–
		그 밖의 부분	1.0 이하	1.0 이하	–	–
	염화물(NaCl)		–	0.04 이하	–	–
이물질 함유량(%)	유기 이물질		–	–	1.0 이하(용적)	
	무기 이물질		–	–	1.0 이하(질량)	

순환골재의 입도분포는 전반적으로 2차 또는 3차 이상의 파쇄공정을 거쳤을 경우 대부분의 골재가 표준입도 분포에 들어오는 것으로 보고됨에 따라, KS F 2573에서는 KS F 2527의 콘크리트용 부순골재와 동일한 입도범위로 규정하고 있다. 건설폐기물의 재활용 촉진에 관한 법률 제35조에서는 국토교통부장관은 환경부장관과 협의하여 건설폐기물의 재활용을 촉진하기 위하여 순환골재의 용도별 품질기준 및 설계 · 시공지침

등에 관하여 필요한 기준을 정하도록 하고 있으며, 2009년 개정된 콘크리트표준시방서에서는 순환골재를 사용할 수 있도록 순환골재 콘크리트의 재료 품질, 배합, 시공 등 기준을 추가하고 있다. 여기서, 순환골재를 사용한 콘크리트의 설계기준압축강도는 27MPa 이하로 하고 있으며, 이를 사용한 콘크리트의 적용 가능 부위도 구분하여 규정하고 있다. 또한 순환골재를 사용하여 설계기준압축강도 21MPa 이상 27MPa 이하의 콘크리트를 제조할 경우 순환 굵은골재의 최대치환량은 총 굵은골재 용적의 30% 이하를 사용하도록 권장하고 있다.

① 흡수율

천연골재와 순환골재 간에 가장 차이가 나는 물리적 특성은 순환골재의 높은 흡수율을 들 수 있다. 기존 연구결과에 따르면 순환 굵은골재의 흡수율은 원 콘크리트의 품질에 관계없이 골재 최대치수가 4.8mm인 경우에는 8.7%, 골재치수가 16~32mm인 경우에는 3.7% 정도이다. 그러나 이에 해당하는 원 골재의 흡수율은 3.7과 0.8%이다. 또 다른 연구에서는 순환 굵은골재의 흡수율은 3.6~8.0%이고 순환 잔골재는 8.3~12.1%인 것으로 언급하고 있다. 이와 같이 순환골재의 흡수율이 높은 것은 원 골재 입자에 붙어 있는 원 콘크리트 페이스트의 높은 흡수율 때문으로 사료된다. 그림 2.12에서 알 수 있는 것처럼 순환골재의 흡수율 증가는 밀도의 감소를 의미하므로 골재의 품질을 약화시키는 주요한 요인이 된다. 특히, 흡수율이 높은 골재를 사용하여 콘크리트를 제조할 경우에는 동결융해에 대한 내구성이 저하되므로 이를 충분히 고려하여 사용해야 한다.

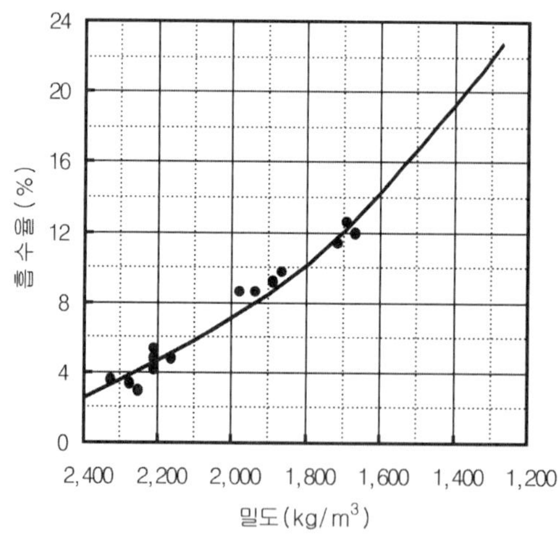

그림 2.12 **순환골재의 밀도와 흡수율**

② 밀도

일반적으로 순환골재의 밀도는 처음에 사용한 원 골재에 붙어 있는 기존 페이스트의 낮은 밀도로 인하여 일반 천연골재보다 낮은 것으로 보고되고 있다. 순환 굵은골재의 밀도는 2.2~2.5g/cm^3, 잔골재는 2.1~2.3g/cm^3 정도이나, 본래 사용한 골재의 성상 및 제조방법 등에 따라 차이가 있을 수 있다.

③ 미립분 함유량

최근 정부에서는 순환골재를 콘크리트용 골재로 활용하고자 하는 제도 · 정책적 활동을 활발히 하고 있으며, 이에 따라 순환골재의 품질기준이 엄격해지고 있고 고품질화되고 있다. 고품질 순환골재는 여러 번의 파쇄과정을 거치기 때문에 다량의 미분이 발생할 수 있다. 그러나 파쇄과정이 많아지는 만큼 세척이나 집진, 비중 선별, 스크린 등의 설치도 많아지기 때문에 미립분의 조절이 가능하다고 할 수 있다. 이러한 미립분에 대하여 KS 규격에서는 순환 굵은골재는 일반골재와 마찬가지로 1% 이하, 순환 잔골재는 7% 이하로 함유량을 규정하고 있다.

④ 이물질 함유량

구조물을 해체하는 과정에서 순환골재 속에 포함될 수 있는 이물질은 목재, 비닐, 종이, 천조각, 플라스틱 등의 유기계 이물질 및 페아스콘, 유리, 슬레이트, 적벽돌, 자기류, 타일류 등의 무기계 이물질로 구분된다. 이와 같이 순환골재에 포함되어 있는 이물질은 전반적으로 골재의 각종 물리적 특성을 저하시키고 품질의 불균질화를 초래할 뿐만 아니라, 결과적으로 순환골재를 사용한 콘크리트의 품질을 저하시키게 된다. 여러 가지 이분(泥分)은 구조물의 해체현장이나 쌓아둔 장소의 지면으로부터 콘크리트에 부착하게 되는데, 여러 측면에서 콘크리트 성능 저하의 원인이 될 수 있기 때문에 반드시 씻기시험이나 점토괴량시험으로 확인할 필요가 있다. 이에 반하여 석고, 플라스터도 콘크리트에 유해하지만 굵은골재에 혼입되는 경우는 그다지 많지 않다.

⑤ 순환골재의 파쇄강도 및 마모감량

순환 굵은골재 자체의 강도는 천연골재보다 작지만 인공경량골재나 연암보다는 큰 강도를 나타낸다. 순환골재는 가압 시 기존 페이스트 부분은 쉽게 부서지지만 원 콘크리트에 사용된 잔골재가 저항하기 때문에 파쇄강도가 크게 나오는 경향이 있으며, 로스앤젤스 마모시험기 시험에서 마모손실률이 원 콘크리트의 강도가 높은 경우 22.4%, 낮은 경우 41.4%를 나타내고 있다. 한편 미국의 규정인 ASTM C 33에서는 골재가 로스앤젤스 시험기에 의한 마모손실률이 50%를 넘지 않으면 콘크리트 제품에 사용될 수 있다고 보고하고 있으며, 도로공사용 골재의 경우에는 40%로 규정하고 있다.

2.3.4 골재의 성질

1) 골재의 입도

골재의 입도란 골재의 크고 작은 입자의 혼합된 정도를 말하며, 입도분포의 측정은 KS F 2502(골재의 체가름 시험방법)에 의하여 실시한다. 골재 입도분포의 좋고 나쁨에 따라 콘크리트의 유동성에 커다란 영향을 끼친다. 일반적으로 입도가 좋은 골재는 실적률이 크고 배합에 있어서 동일 슬럼프를 얻기 위한 단위수량이 적게 된다. 골재의 체가름시험은 잔골재의 경우 100~500g, 굵은골재의 경우는 사용하는 골재의 최대치수의 0.2배를 kg으로 표시한 양을 기준으로 실시하며, 사용하는 체는 0.15, 0.3, 0.6, 1.2, 2.5, 5, 10, 15, 20, 25, 30, 40, 80(mm)가 이용된다. 체진동을 위한 시험기는 로탭 체가름 시험기(Ro-tap Shaker)가 이용된다.

① 체가름 시험방법

골재의 체가름시험에서는 맨 처음으로 시료를 채취해야 하는데, 채취시료의 대표성을 높이기 위하여 사분법 혹은 시료분취기를 이용하여 골재를 채취한다. 체가름시험은 로탭 체가름시험기를 이용하여 체에 진동을 가한 후 각 체에 남은 시료의 양을 계산하여 조립률을 구한다. 시료에 있어서 골재는 절건상태에서 실험을 진행한다.

② 입도의 표현

콘크리트용 골재의 입도를 표현하는 방법으로는 조립률(Fineness Modulus)이 사용된다. 조립률은 아브람스(Abrams)의 제안에 의하여 규준화된 것으로, 우리나라에서는 0.15, 0.3, 0.6, 1.2, 2.5, 5, 10, 20, 40 및 80mm인 10개체의 누적잔류율의 합계를 100으로 나눈 값으로 골재의 입자크기 분포를 표시하는 계수를 나타내는 것이다. 골재의 조립률은 입자 · 입경이 큰 것일수록 큰 값이 되며 작은 것일수록 작은 값을 나타낸다.

일반적으로 콘크리트용 잔골재의 경우, 조립률이 3.0 이상이면 굵은 모래, 2.0~3.0 이면 중간모래, 2.0 이하이면 가는 모래이다. 또한 굵은골재의 경우 6.0~7.0 정도가 적당한 조립률 범위에 속하는 것으로 알려져 있다. 단, 잔골재의 경우, 표준입도 범위 상·하한선에 해당하는 조립률은 2.2~3.3(2.15~3.38)의 범위가 되는데, 콘크리트공사 실무에서는 이 범위가 적당한 조립률로 알려져 있다.

③ 조립률(F.M)을 구하는 방법

조립률(Fineness Modulus : FM)은 콘크리트용 골재의 입도를 수치적으로 나타내는 지표로 이용된다. 표 2.14는 조립률을 구하는 방식을 나타낸 것으로, 계산결과 굵은골재의 조립률은 6.82이고 잔골재의 조립률은 2.74인 것을 알 수 있다.

표 2.14 **조립률(F.M) 구하는 방법**

체의 치수(mm)	굵은골재		잔골재	
	통과율(%)	누적잔류율(%)	통과율(%)	누적잔류율(%)
80	100	0	−	−
40	100	0	−	−
20	75	25	−	−
10	35	65	100	0
5	5	95	95	5
2.5	2	98	90	10
1.2	1	99	70	30
0.6	0	100	45	55
0.3	0	100	20	80
0.15	0	100	6	94
계		682		274
조립률		68.2		2.74

④ 골재의 표준입도(보통골재)

표 2.15는 콘크리트용 골재의 표준입도를 나타낸 것이다. 또한 콘크리트용 골재의 표준입도는 건축공사표준시방서 및 KS규격에 제시되어 있으며, 그림 2.13에 나타낸 바와 같다. 콘크리트용 잔골재 및 굵은골재는 표준입도 범위 내에 들어오는 골재를 사용하는 것이 바람직하다. 한편 계산상으로 골재의 밀실함이 최대가 되는 이상적인 골재의 입도인 최밀 입도가 있는데 이는 연속입도설과 불연속입도설로 설명되며, 최적입도는

골재형상, 표면 거칠기, 배합 등에 의해 변화하는데 콘크리트의 시공성, 경제성, 경화 후 성질 등을 종합적으로 판단하여 결정한다.

표 2.15 **골재의 표준입도**

체 호칭치수(mm)		체를 통과하는 골재의 중량백분율(%)												
최대치수(mm) / 종류		50	40	30	25	20	15	10	5	2.5	1.2	0.6	0.3	0.15
굵은골재	40	100	95~100	–	–	35~70	–	10~30	0~5	–	–	–	–	
	25	–	–	100	90~100	60~90	–	20~50	0~10	0~5	–	–	–	–
	20	–	–	–	100	90~100	55~80	20~55	0~10	0~5	–	–	–	–
잔골재			–	–	–	–	–	100	80~100	80~100	50~90	25~65	10~35	2~10

주) 부순모래 또는 고로슬래그 잔골재를 혼합하여 사용하는 경우, 혼합한 잔골재의 체를 통과하는 중량백분율은 2~15%로 한다.

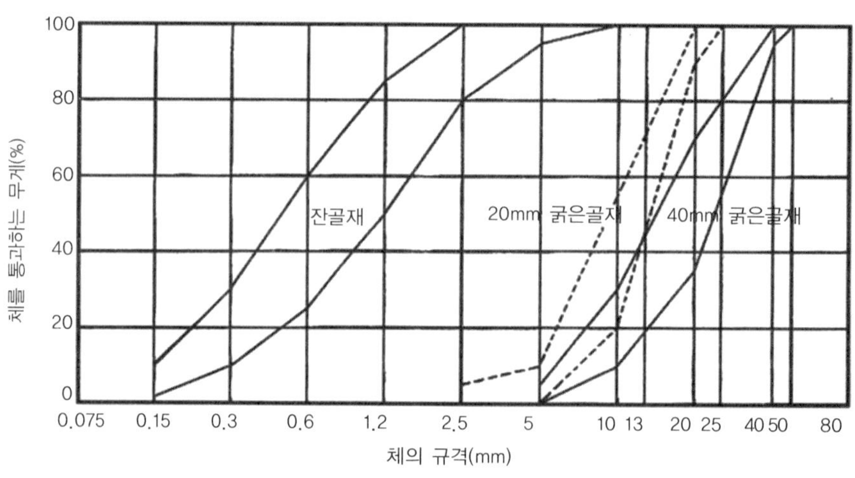

그림 2.13 **골재의 표준입도 곡선**

2) 밀도

골재의 밀도는 일반적으로 골재의 입자들 사이에 공극도 포함시키는 겉보기 밀도, 공극을 포함하지 않은 진밀도, 골재의 표면수는 없고 골재알 속의 빈틈이 물로 차 있는 상태에서 골재알의 밀도를 나타내는 표건밀도 및 골재 내부의 빈틈에 포함되어 있는 물이 전부 제거된 상태의 골재알의 밀도를 나타내는 절건밀도가 있다. 콘크리트용 골재에 있어서 일반적으로 밀도라 함은 표면건조포화상태의 밀도를 말하고, 내부의 미세한 균열과 표면의 공극을 포함할 경우는 겉보기 밀도가 사용된다. 일반적으로 골재는 함수상태에 따라 밀도가 변하게 된다. 표 2.16은 골재의 밀도 계산방법을 나타낸 것이며, 잔골재 및 굵은골재의 밀도시험은 KS F 2503 및 2504에 따른다.

표 2.16 **골재의 밀도 계산방법**

구분	잔골재	굵은골재
진 밀 도	$\frac{A}{(B+A-C)} \times P_w$	$\frac{A}{(A-C)} \times P_w$
절건밀도	$\frac{A}{(B+m-C)} \times P_w$	$\frac{A}{(B-C)} \times P_w$
표건밀도	$\frac{m}{(B+A-C)} \times P_w$	$\frac{B}{(B-C)} \times P_w$

여기서, 굵은골재의 경우는 A : 절건무게, B : 표건무게, C : 수중무게, 잔골재의 경우는 A : 절건무게, m : 표건무게, B : 검정된 용량을 나타낸 눈금까지 물을 채운 플라스크의 질량, C : 시료와 물로 검정된 용량을 나타낸 눈금까지 채운 플라스크의 질량, P_w는 잔골재 및 굵은골재의 시험온도에서의 물의 밀도를 나타낸다.

3) 단위용적질량 및 실적률

콘크리트용 골재의 단위용적질량과 실적률은 골재의 최대치수, 입도분포, 입형 등에 의해 변한다. 표 2.17은 각종 골재의 단위용적질량과 실적률을 나타낸 것인데, 골재의 크기가 작으면 단위용적질량도 작은 값이 됨을 알 수 있다. 또한 콘크리트용 골재의 입형의 상태에 따라 채워지는 방식이 다르고 실적률이 변화하게 된다. 따라서 부순자갈의 경우는 입자모양 판정 실적률의 시험방법을 이용하여 실적률을 계산하기도 한다.

표 2.17 **골재의 단위용적질량과 실적률**

골재의 종류		단위용적질량(kg/m^3)	실적률(%)
자갈	25mm 20mm	1,700 1,650	65.4 63.5
쇄석	20mm	145~1,550	55~60
고로슬래그 쇄석	20mm	1,400~1,550	55~60
모래(조립률)	5mm (3.3) 2.5mm (2.8) 1.2mm (2.2)	1,750 1,700 1,600	67.3 65.3 61.5
인공경량골재	20mm 굵은골재 2.5mm 잔골재	700~800 900~1,200	60~65 50~59
화산암 I 화산암 II	20mm 굵은골재 20mm 잔골재	850~900 500~550	45~50 50~53

① 단위용적질량

콘크리트용 골재의 단위용적질량은 기건상태의 골재를 용기에 채웠을 때, $1m^3$에 해당하는 무게를 말한다. 단위용적질량은 골재의 밀도, 입형 및 입도분포, 표면수량 및 측정 용기의 모양과 크기 및 계량 시 투입방법에 따라 차이가 나타난다. 콘크리트용 골재의 단위용적질량(kg/cm^3)은 아래의 계산식에 의하여 구한다.

$$\frac{\text{용기 내의 시료질량(kg)}}{\text{용기의 용적}(m^3)} \times \frac{\text{함수량 측정을 위한 시료의 건조 후 질량}}{\text{함수량 측정을 위한 시료의 건조 전 질량}}$$

함수량을 측정하지 않을 경우에 골재의 단위용적질량은 다음과 같은 식을 이용하여 구한다.

$$\frac{\text{용기 내의 시료의 질량(kg)}}{\text{용기의 용적}(m^3)}$$

② 실적률과 공극률

콘크리트용 골재의 실적률은 일정 용기 내에 골재입자가 차지하는 실제 용적의 백분율을 말하는 것이다. 이러한 골재의 실적률은 골재의 입도와 입형이 나쁘고 좋음을 알 수 있는 지표로 이용되며, 용기 내의 공극부 비율은 공극률을 사용하여 구하게 된다. 공극률은 다음과 같은 계산식에 의해 구해지며 실적률은 (1−공극률)로 계산된다.

$$공극률 = \frac{(밀도 \times 0.999) - 질량(단위용적질량)}{밀도 \times 0.999}$$

※ 0.999는 표준온도 17℃에서의 물 $1m^3$의 중량

③ 부순골재의 입자모양 판정 실적률

콘크리트용 부순골재는 콘크리트용 부순골재(KS F 2527) 시험방법에 의하여 품질을 평가하며, 부순자갈의 경우 20~10mm와 10~5mm의 입자를 3 : 2의 비율로 섞었을 때 실적률이 55% 이상이 되도록 품질을 규정하고 있다. 또한 부순모래의 경우 2.5~1.2mm 입자만의 실적률이 53% 이상이 되도록 규정하고 있으며, 이때 이용되는 실적률은 입자모양 판정 실적률이다. 부순골재의 입자모양 판정 실적률을 구하는 방법은 아래와 같다.

$$입자모양\ 판정\ 실적률(\%) = (T/(\rho \times 1{,}000)) \times 100$$

여기서, T : 시료의 단위용적질량(kg/m^3)

ρ : 절건밀도(g/cm^3)

4) 함수량

콘크리트용 골재의 함수상태는 그림 2.14에 나타낸 바와 같이 네 가지 상태가 있다. 절건상태는 골재가 100~110℃에서 일정 중량이 될 때까지 건조시킨 상태를 말하며, 표건상태(표면건조포화상태)는 습윤상태에서 표면수를 제거한 상태를 말한다. 콘크리트용 골재에서 표건상태는 배합설계의 기준이 된다. 골재의 습윤상태는 골재 내·외부에 물이 존재하는 상태를 말하며, 절대건조상태에서 표면건조포화상태가 될 때까지 흡수하는 수량을 흡수량(Water Absorption)이라 한다. 일반적으로 이때의 흡수량은 24시간 침수에 의해 흡수된 물의 양을 절대건조상태 골재중량의 백분율로 나타낸 것이다. 또한 표건상태의 골재가 기건상태로 될 때까지 흡수되는 물의 양을 절건중량으로 나눈 값을 유효흡수율이라 한다.

콘크리트용 굵은골재의 표건상태는 굵은골재를 수중에 충분히 침지한 후 마른 헝겊 위에 굴려 표면에 윤기가 없어질 때까지 수분을 닦음으로써 만들 수 있다. 그러나 잔골재의 경우는 이 방법이 불가능해 플로 콘을 이용하여 표건상태를 결정한다. 즉 그림 2.15에 나타낸 바와 같이 잔골재가 젖어 있을 때는 플로 콘을 떼어내도 형이 흐트러지지 않지만 건조해지면 쉽게 흐트러져버리는 상태가 되는데, 이때 형상이 흐트러지기 시

작할 때의 함수상태를 표건상태로 한다.

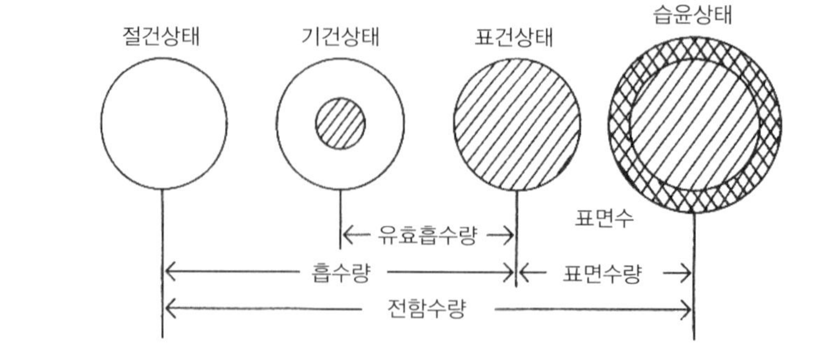

그림 2.14 **골재의 함수상태**

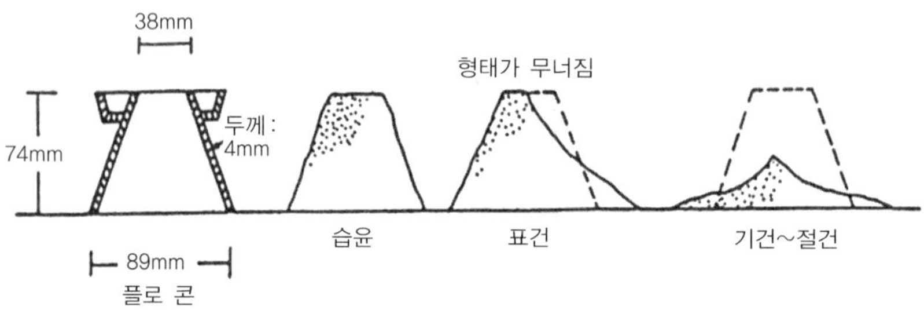

그림 2.15 **골재의 표건상태**

① 흡수율, 표면수율

골재의 흡수율이란 표건상태에서 포함하고 있는 물의 양을 절건상태의 중량으로 나눈 값의 백분율을 말하는 것으로, 건조된 골재가 물을 접하면 흡수현상이 처음에는 급격히 진행되다가 나중에는 완만하게 진행된다. 골재의 표면수율은 표건상태 이상으로 포함되어 있는 물의 양을 표건중량으로 나눈 값의 백분율을 말하는 것으로, 아래의 같은 식을 이용하여 구한다. 이때, 흡수율을 계산할 때에는 절건상태를 분모로 하여 계산한다.

- 잔골재 흡수율(%) $= \dfrac{m-A}{A} \times 100$
- 굵은골재 흡수율(%) $= \dfrac{B-A}{A} \times 100$
- 잔골재의 표면수율
  - 중량법 $Vs = Wc + Ws - W$
  - 용적법 $Vs = V_2 - V_1$

2.4 혼화재료

2.4.1 혼화재료의 정의 및 발전과정

혼화재료란 물리 및 화학적 작용에 의해 굳지 않은 콘크리트 또는 경화한 콘크리트의 성능을 개선시키거나, 경제성 및 에너지 절약 등의 목적을 달성시키기 위하여 콘크리트의 기본재료인 시멘트, 골재 및 물 이외에 혼입시켜 사용하는 재료를 말한다. 혼화재료는 여러 종류가 시판되고 있으나 사용목적이 각각 다르고 사용방법과 효과도 다르기 때문에 사용목적을 달성하기 위해서는 요구에 적합한 것을 선정하는 것이 중요하다. 우리나라의 콘크리트표준시방서, 건축공사표준시방서, 미국의 ACI 및 유럽의 RILEM에서 규정하고 있는 혼화재료의 정의는 아래의 표 2.18에 나타낸 바와 같다.

표 2.18 **혼화재료의 정의**

구분	콘크리트표준시방서	건축공사표준시방서	ACI	RILEM
혼화재료	시멘트, 물, 골재 이외의 재료로 필요에 따라 콘크리트의 한 성분으로 넣는 재료	시멘트, 물, 골재 이외의 재료로 필요에 따라 모르타르 또는 콘크리트의 성분으로 부가 혼합하는 재료	물, 골재, 수경성 시멘트와 섬유보강 재료 이외의 재료로 콘크리트, 모르타르의 한 성분으로 사용되며 가해지는 재료	콘크리트, 모르타르 또는 시멘트용의 혼화재료는 분체 또는 액체상의 무기물 또는 유기물로서, 일반적으로 시멘트 또는 결합성 재료에 대해 최고 5% 이내의 중량으로 배합물에 가해지는 것(플라이애쉬, 포졸란, 실리카 퓸 등은 제외)
혼화재	혼화재료 중 콘크리트의 배합계산에 관계되는 것	비교적 다량으로 사용하는 혼화재료		
혼화제	혼화재료 중 콘크리트의 배합계산에 무시되는 것	약품적으로 소량 사용하는 혼화재료		

콘크리트용 혼화재료는 콘크리트의 소요성능을 얻기 위한 사용량에 따라 혼화제와 혼화재로 대별되고 있다. 즉 혼화제는 사용량이 적어 그 자체의 용적이 콘크리트나 모르타르의 배합설계 시의 용적에 산입되지 않으며, 혼화재는 용적에 삽입되는 치환율로 고려되는 재료이다. 혼화재료는 오래전부터 사용되어진 재료로 고대 로마시대에 화산재, 무기질 재료, 소변, 짐승의 피, 우유, 돼지기름 등이 사용된 흔적이 발견되었다. 그러나 본격적으로 사용된 것은 1862년 독일의 랑겐(E. Langen)에 의해 고로슬래그의 잠재수경성이 발견된 이후로, 고로슬래그 미분말의 유효성이 입증되어 제조, 판매가 활발히 이루어지게 되었다. 콘크리트용 혼화제인 AE제와 감수제는 1930년대 말에 개발되었으며, 실리카 퓸은 1950년 노르웨이 공과대학에서 최초로 실험이 시작되어 우수성이 널리

입증되었고, 플라이애쉬는 1953년에 준공된 미국의 헝그리 호스(Hungry Horse) 댐에 최초로 사용되었다. 그 후 고성능감수제와 유동화제가 1960년대에 독일과 일본에서 개발되었다.

2.4.2 혼화제

1) 혼화제의 종류

콘크리트용 혼화제는 구성성분, 기능 및 효과 등에 따라 다양하게 구분된다. 먼저 AE제는 콘크리트 내부에 독립된 기포를 발생시켜 콘크리트의 동결융해에 대한 저항성과 워커빌리티 개선을 갖도록 하기 위해 사용하는 혼화제이다. 응결, 경화시간 조절제란 시멘트의 수화반응에 영향을 미쳐서 모르타르나 콘크리트의 응결시간이나 초기 수화속도를 촉진 혹은 저감시킬 목적으로 사용하는 혼화제이다. 감수제란 콘크리트 내의 시멘트 입자를 분산시켜서 단위수량을 감소시키는 혼화제를 말하며, 고성능감수제는 일반적인 감수제의 기능을 더욱 향상시켜 시멘트를 효과적으로 분산시키고 지나친 공기연행 및 강도 저하 등의 악영향 없이 단위수량을 대폭 감소시킬 수 있는 혼화제를 말한다. 수축저감제는 콘크리트 내에 잔류하는 모세관수의 표면장력을 저하시켜 콘크리트의 건조수축 및 자기수축을 저감시키는 데 사용되는 혼화제이다. 내한제는 콘크리트의 동결을 방지하고 시멘트의 수화반응을 촉진시켜 초기강도를 증진시키는 것을 목적으로 하는 혼화제이며, 급결제란 물과 급속반응하여 빠른 응결경화를 목적으로 하고, 발포제 및 기포제는 콘크리트의 중량을 가볍게 하기 위하여 사용되는 혼화제이다. 수중불분리제는 수중 콘크리트 타설 시 재료분리를 방지할 목적으로 사용되며, 방수제는 콘크리트의 투수성 저감, 철근방식제는 철근의 부식을 방지하기 위하여 사용된다. 폴리머 콘크리트 혼화제는 불투수층을 형성하여 접착력을 증대시키고 초기강도를 증진시키는 목적으로 사용되며, 프리팩트 콘크리트 혼화제는 팽창에 의한 충전성을 향상시키는 목적으로 사용하고 있다. 수화열저감제는 콘크리트의 수화열을 저감하기 위하여 사용하는 혼화제이다.

2) 계면활성제

용액 속에서 기체-액체, 액체-액체, 또는 액체-고체 계면에 흡착하여 계면의 성질을 현저히 변화시키는 것을 계면활성이라고 한다. 통상 계면활성제란 수용액 속에서 현저히 계면활성을 나타내는 것을 가리킨다. 계면활성제의 분자구조는 기름에 녹기 쉬운 친

유기와 물에 녹기 쉬운 친수기로 성립된다. 비누 등의 계면활성제를 물에 넣은 경우 그림 2.16에 나타낸 바와 같이 계면활성제 분자의 소수성 부분은 물로부터 멀어지려고 하여 안쪽으로 향하고, 친수성 부분은 바깥쪽으로 향하여 분자는 일정 방향으로 배향·흡착된다. 이러한 배향·흡착 때는 자유에너지가 작은 계면활성제의 소수기가 자유에너지가 큰 물 대신 표면에 배열하게 된다. 이 때문에 순수한 물에 비하여 표면에너지가 작아져 표면장력이 저하한다. 표면장력의 저하에 의해 계면에서의 각종 현상, 즉 기포, 침투, 분산, 습윤 및 유화작용이 생긴다.

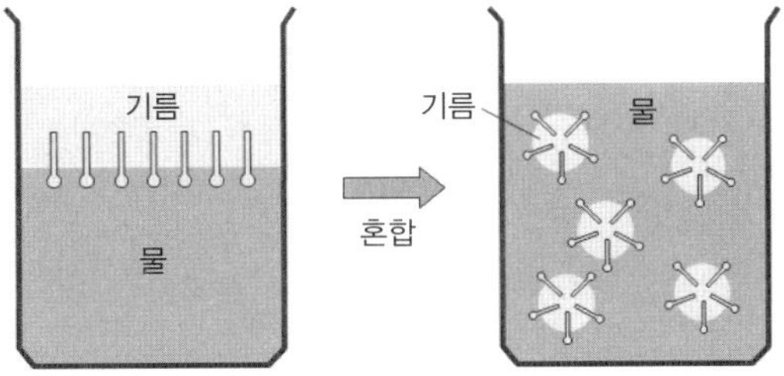

그림 2.16 **계면활성제의 개요**

3) 공기연행제(AE제)

AE제(Air-entraining Admixture)는 일명 공기연행제라고도 불리며, 계면활성제의 일종으로서 그림 2.17에서 나타낸 바와 같이 콘크리트 속에 독립된 무수히 많은 미세한 공기포를 연행시켜 워커빌리티와 동결융해에 대한 저항성을 향상시키기 위해 사용하는 혼화제이다.

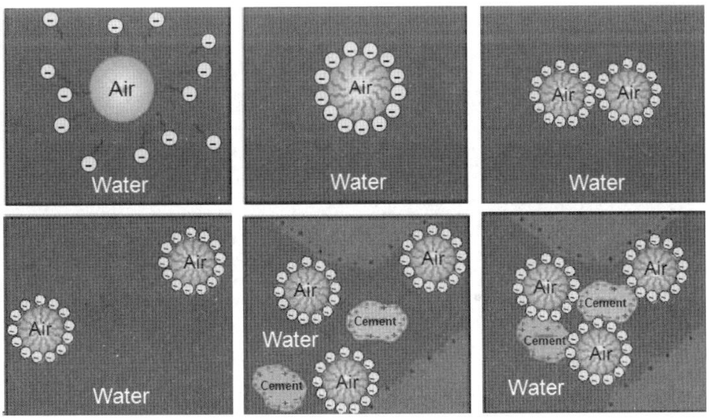

그림 2.17 **공기연행제의 공기연행 메기니즘**

4) 고성능감수제

혼화제 가운데 가장 널리 사용되는 것은 감수제 계열이며, 그림 2.18에 나타낸 바와 같은 감수효과를 이용하여 단위수량의 증가 없이도 콘크리트의 유동성을 향상시킬 수 있는 혼화제이다. 이러한 고성능감수제는 시멘트 입자의 분산성능이 뛰어나 감수성능이 우수하며 아울러 응결 지연 및 과다한 공기연행, 강도 저하 등의 나쁜 영향 없이 단위수량을 대폭 감소시킬 수 있는 혼화제이다. 고성능감수제는 사용방법에 따라서 고성능감수제와 유동화제로 분류되지만 기본적인 성능은 동일하다. 즉 고성능감수제의 뛰어난 시멘트 분산효과를 이용하여 보통 콘크리트와 동일한 작업성능을 가지면서 물-시멘트비 저감과 고강도화를 주목적으로 하는 경우에는 '고성능감수제'라고 부르며, 동일한 물-시멘트비의 콘크리트에 첨가하여 콘크리트의 품질이 변동 없이 작업성을 크게 향상시킨 콘크리트를 제조할 경우에는 '유동화제'라 부른다.

또한 고성능 AE감수제는 고감수성 혼화제라고도 불리며, 단위수량을 15~20% 정도 줄일 수 있는 높은 감수율과 슬럼프 손실이 적은 특성을 가진다. 고성능 AE감수제는 고유동 콘크리트와 고강도 콘크리트를 제조하는 데 주로 사용된다.

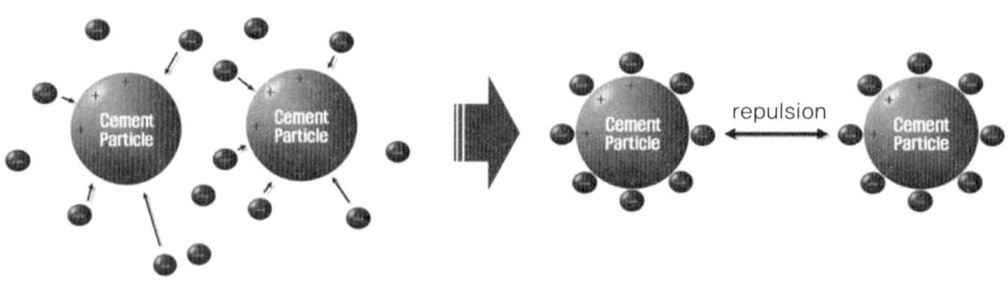

그림 2.18 **고성능감수제의 메커니즘**

5) 수축저감제

콘크리트는 응결 및 경화과정에서 수축이 발생하게 되는데 발생유형 및 구속조건에 따라 그림 2.19에 나타낸 바와 같은 수축균열이 발생하게 된다. 이러한 콘크리트의 수축은 건조수축, 자기수축 및 온도수축 등으로 구분할 수 있으며, 수축저감제는 이러한 수축을 저감시키는 역할을 하는 혼화제를 말한다. 수축저감제는 주로 콘크리트의 건조수축 및 자기수축을 저감시키고, 균열을 저감·억제할 목적으로 사용되는 유기 계열의 혼화제이다. 1980년대에 개발되어 현재까지 사용되고 있으며, 주성분은 비이온계면활성제인 알킬렌옥사이드 중합물을 주성분으로 하고, 화학구조는 일반적으로 R10·(CH_2·CH_2O)n·(CH_2CH·CH_3O)·mR2로 표현된다. 여기서 R1, R2는 수소기, 알킬기, 페닐기 등을 나타내며, n, m은 각각 알킬렌옥사이드 중합물의 부가물 수를 나타내는 정수이다. 이러한 수축저감제는 수축을 지배하는 모세관 응축수에 용해되어 있으면서 팽창성 반응을 일으키지 않으며, 건조 시에도 표면장력을 저하시켜 모세관에 작용하는 내부응력을 저감시킬 수 있는 것으로 알려져 있다. 즉 수축저감제는 수분의 증발에 의해 발생하는 모세관의 표면장력을 저감시켜, 결국 시멘트 경화체의 수축을 저감시키는 역할을 하게 된다.

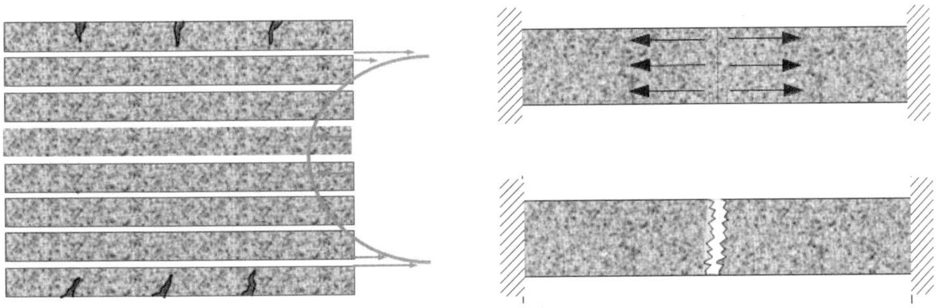

(a) 외부구속에 의한 균열 (b) 내부구속에 의한 균열

그림 2.19 **콘크리트의 수축균열 메커니즘**

2.4.3 광물질 혼화재

1) 석탄회

화력발전소의 산업부산물인 석탄회는 그림 2.20에서 나타낸 바와 같이 발전소 소각로에서 석탄을 연소시킨 결과 발생하는 폐기물인 회(재, Ash)를 말하는 것으로, 배출되는 장소에 따라 플라이애쉬(Fly Ash), 바텀애쉬(Bottom Ash)로 분류되고, 정제 유무에 따라서 정제 석탄회(정제 Fly Ash)와 비정제 석탄회(비정제 Fly Ash, Bottom Ash)로 구분된다.

플라이애쉬는 절탄기나 공기예열기 아래 호퍼(Hoper), 전기집진기 하부 호퍼에 모이는 재(Ash)를 말하는 것으로 평균 입경은 약 20㎛(Blaine 3,000cm^2/g 수준)이며, 발생 회의 75~80% 정도를 점유한다. 플라이애쉬는 입도 및 미연소 탄소량을 조절하는 정제과정을 거쳐 주로 콘크리트용으로 재활용되고 있으며, 시멘트의 대체재, 시멘트 콘크리트 혼화재, 인공경량골재, 제올라이트 등의 다양한 용도로의 사용되고 있다.

또한 바텀애쉬는 로의 벽체 등에 부착되어 있다가 자중에 의하여 보일러 하부의 호퍼에 떨어져 모인 것을 말한다. 바텀애쉬는 호퍼 내에서 수냉된 후, 호퍼 하부에 설치된 분쇄기에 의해 입경 1~2.5mm 범위로 파쇄되어 회처리장으로 이송되며, 전체 회 발생량의 약 20% 정도를 점유하고 있어 플라이애쉬 발생량의 1/4 정도 발생한다. 바텀애쉬는 해수로 냉각하므로 때문에 철근콘크리트의 부식 우려가 있어 콘크리트용 혼화재로 재활용이 어려우며, 재활용에 대한 연구도 미진한 상태이다. 표 2.19 및 표 2.20은 플라이애쉬와 바텀애쉬의 재활용 분야 및 용도별 관련 규격을 나타낸 것이다.

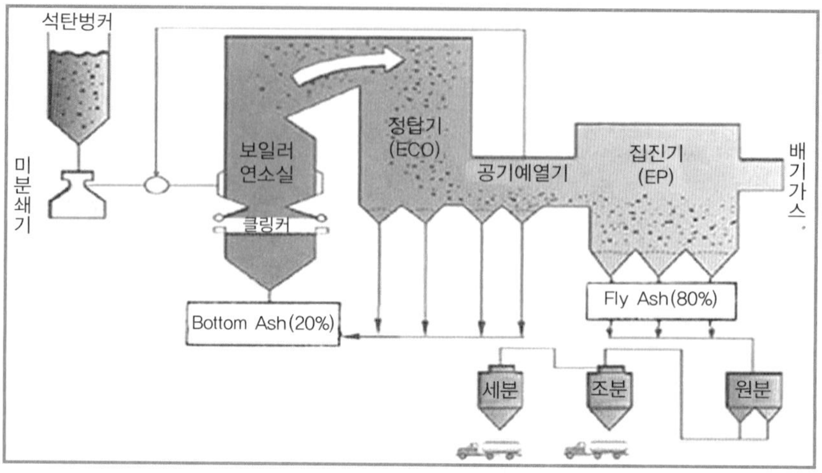

그림 2.20 석탄회 발생경로

표 2.19 플라이애쉬 및 바텀애쉬의 재활용 분야(2009년)

구분	발생량 (천 톤)	재활용량(천 톤)					매립 등
		시멘트 원료	레미콘	골재	기타	소계	
플라이애쉬	6,850	502 (7.3%)	3,990 (58.2%)	–	158 (2.3%)	4,650 (67.9%)	2,200 (32.1%)
바텀애쉬	1,510	100 (6.6%)	–	456 (30.2%)	42 (2.8%)	598 (39.6%)	912 (60.4%)

주) 발생량에 대한 비율을 ( )에 나타냄.

표 2.20 석탄회의 용도별 관련 규격

용도	관련규격 및 설계·시공 지침
시멘트 원료(플라이애쉬)	한국산업규격 KS L 5211
레미콘 등 콘크리트 혼화재	한국산업규격 KS L 5405
시멘트 클링커 제조원료 대체용	한국산업규격 KS L 5201
프리캐스트 콘크리트용 바텀애쉬 골재	한국산업규격 KS L 4570
요업용 재료	한국산업규격 KS L 4201, GRE (재활용 점토 벽돌 기준) 4014

① 플라이애쉬 콘크리트의 특성

콘크리트에 플라이애쉬를 혼합함으로써 얻어지는 특성은 표 2.21과 같다. 즉 플라이애쉬는 구형의 미립자로 콘크리트 내에서 볼베어링과 같은 작용을 하므로 콘크리트의 시공성을 개선시키며, 포졸란 반응으로 인하여 콘크리트의 장기강도가 증가한다. 플라이애쉬는 시멘트의 수화생성물인 수산화칼슘과 반응하여 경화성을 발휘하지만 그 반응속도는 시멘트와 비교하여 상당히 늦고 수화발열량도 적다. 또한 알칼리골재반응에 의한 팽창을 억제하는 효과가 있으며 황산염에 대한 저항성 및 콘크리트의 수밀성을 향상시키는 것으로 알려져 있다.

그러나 이와 같은 이점에도 불구하고 표 2.21에 나타낸 문제점들 때문에 사용 시 상당한 주의가 요구되며, 그 해결이 선행되어야 혼화재로써 만족스럽게 이용할 수 있다. 즉 플라이애쉬를 사용한 콘크리트는 강도의 향상, 수밀성의 향상을 위해서는 초기양생이 매우 중요하며, AE제 흡착작용에 의해 연행공기량이 현저히 감소하고 일반콘크리트에 비해 응결시간이 지연될 가능성이 있다는 점에 주의를 기울여야 한다. 또한 플라이애쉬는 그 자체의 수경성은 거의 없으나 공기 중의 수분과 반응하여 응집되어 가압상태에서 고결되는 현상이 있으므로 취급이 곤란한 문제도 있다.

표 2.21 **플라이애쉬를 사용한 콘크리트의 특성**

장점	단점
유동성의 개선 장기강도의 증진 수화열 감소 알칼리골재반응의 억제 황산염에 대한 저항성 증대 콘크리트의 수밀성 향상	초기강도의 감소 연행공기량의 감소 응결시간 지연 플라이애쉬 입자의 고결현상 콘크리트의 중성화 촉진 우려

2) 철강 슬래그

철강 슬래그는 제철공정에서 용강 또는 용선을 주조하는 과정에서 발생하는 부산물로서, 그림 2.21에 나타낸 바와 같이 제철공정에서 사용되는 용광로의 종류 및 제강 공정에 사용되는 원료에 따라 발생하는 철강 슬래그를 구분하고 있다. 철강 슬래그는 크게 고로에서 발생하는 고로슬래그(Blast Furnace Slag)와 제강 슬래그(Steel Slag)로 구분되는데, 제강 슬래그는 다시 전로 슬래그(Converter Furnace Slag)와 전기로 슬래그(Electric Arc Furnace Slag)로 구분된다.

고로슬래그는 철광석, 코크스, 석회석을 원료로 하는 고로(용광로)에서 선철을 제조하는 공정에서 발생하며, 발생 슬래그의 냉각방식에 따라 급랭 수쇄 슬래그와 서냉 슬래그로 구분된다. 제강 슬래그는 선철 또는 고철을 사용한 제강공정에서 발생하는 슬래그로서 고로에서 제조된 선철을 주원료로 사용하는 전로 슬래그와 일반고철을 주원료로 사용하는 전기로 슬래그로 구분된다. 특히 전기로 슬래그는 정련공정에 따라서 산화 정련(1차 정련)할 때 발생하는 산화 슬래그(Electric Arc Furnace Oxidizing Slag)와 환원 정련(2차 정련)할 때 발생하는 환원 슬래그(Electric Arc Furnace Reduction Slag, Laddle Furnace Slag)로 구분된다.

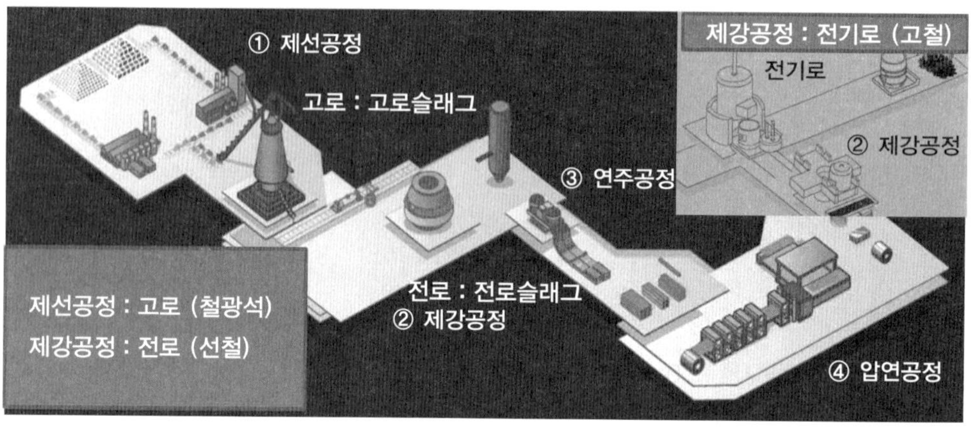

그림 2.21 **주요 제철공정**

① 고로슬래그 미분말

고로슬래그 미분말의 품질은 KS F 2563에 규정되어 있는데, 주요 화학성분은 SiO_2, Al_2O_3, CaO 및 MgO 등 전체 성분 중 94~97%를 차지한다. 포틀랜드 시멘트의 경우 MgO가 5%를 초과하면 유리마그네시아가 생성되어 이상 팽창의 원인이 되지만, 고로슬래그 미분말의 경우는 15% 정도를 포함하고 있어도 무해하다고 하며, 대체로 9% 이하의 함유율을 갖고 있다. 또한 고로슬래그 미분말에 석고를 첨가할 경우는 초기강도의 개선 및 건조수축의 감소와 수화열 억제가 가능하여 분말도 4,000cm^2/g에서는 첨가하는 경우가 많으나, 고분말도 제품에는 장기강도 발현에 문제가 발생하여 첨가하지 않는다. 고로슬래그 미분말의 분말도는 브레인값 비표면적으로 3,000~10,000cm^2/g의 분포를 나타내는데, 분말도가 클수록 기하급수적으로 에너지 소비가 많아져서 고가로 된다.

② 고로슬래그 미분말의 효과

고로슬래그 미분말을 사용한 콘크리트는 일반콘크리트보다 블리딩이 감소하며 워커빌리티가 좋아지는 것으로 알려져 있다. 특히, 분말도가 크고 치환율이 높을수록 양호해지는 경향이 있다. 단, 소정의 공기량을 얻는 데 필요한 AE제의 첨가량은 분말도와 치환율이 증가함에 따라 증가하며, 혼화제의 종류 및 콘크리트 비빔 시의 온도에 따라서도 변화되기 때문에 사용환경에 가능한 한 가까운 조건에서 시험을 행하고 배합을 결정해야 한다. 또한 석고 첨가 시의 공기량은 일반적으로는 큰 차이가 없거나 석고를 첨가한 경우가 약간 증가하는 경향이 있다.

단열온도 상승의 경우는 고로슬래그 미분말을 사용한 콘크리트의 경우, 수화 초기에는 치환율의 증가에 따라 단열온도 상승량은 감소하나 후반부에서는 단열온도 상승에 의하여 수화환경이 고온이 되면 고로슬래그 미분말의 수화반응은 급속히 진행되어 치환율 50%까지는 치환율에 따라 단열온도 상승량이 증가하게 된다. 고로슬래그 미분말을 사용한 콘크리트의 압축강도는 물-결합재비(W/B)와 거의 직선적인 관계에 있고, 치환율이 클수록 초기의 강도 증진이 줄어드는 경향이 있으나 잠재수경성 반응에 의하여 장기강도는 많이 증진된다. 분말도가 6,000cm^2/g 이상인 경우에는 무혼입과 같은 정도의 초기강도를 얻을 수 있다.

고로슬래그 미분말을 사용한 콘크리트는 시멘트 수화반응에서 발생하는 $Ca(OH)_2$과 고로슬래그의 성분이 반응하여 콘크리트의 알칼리성이 저하되기 때문에 콘크리트의 중성화가 보통 콘크리트에 비해 빠르게 진행된다. 분말도와 중성화의 관계에서는 분말도가 증가할수록 콘크리트가 밀실하게 되어 중성화가 작아지는 경향을 보인다. 또한 수중양생 기간이 길수록 중성화 깊이는 작아지기 때문에 충분한 습윤양생이 중요하다.

3) 실리카 퓸

실리카 퓸은 각종 실리콘이나 페로실리콘(Ferrosilicon) 규소 합금이나 실리콘 금속(크롬실리콘, 실리콘망간)을 약 2,000℃의 전기로에서 제조할 때 발생하는 배기가스 중 떠다니는 초미립 분을 집진기로 포집한 것이다. 실리카 퓸은 국내에서는 생산을 시도 중이나 아직까지는 주로 수입에 의존하고 있으며, 명칭으로는 silica fume, condensed silica fume, silica flour, silica dust, fumed silica, micro silica 등이 있지만, 총칭은 실리카 퓸(Silica Fume)으로 사용하고 있다.

① 실리카 퓸의 물리 · 화학적 특성

실리카 퓸의 색깔은 일반적으로 회색이며 흑색과 백색의 것도 있으며, 이러한 색의 차이는 철분의 함유량에 따른 영향도 있지만 주로 탄소량에 의하여 결정된다. 실리카 퓸의 물리적 성질을 살펴보면 약 90% 이상이 구형으로 구성되어 있으며, 평균 입경이 약 0.1㎛ 정도, 비표면적이 약 $20m^2/g$이다. 실리카 퓸은 밀도가 종류에 따라 다르지만, 일반적으로 약 2.1~$2.2g/mm^3$이고, 단위중량은 150~$300kg/m^3$이다. 실리카 퓸의 입자 크기는 시멘트 입자의 1/25 정도로 미세하기 때문에 시멘트 입자의 공극을 충전하는 마이크로 필러 효과가 있다.

그림 2.22에서 알 수 있듯이 입자모양이 구형으로 되어 있어서 볼 베어링(Ball Bearing) 역할을 하기도 한다. 실리카 퓸은 매우 미세한 비정질의 실리카로 되어 있어서 수화 초기부터 수산화칼슘과 결합하는 포졸란 반응을 하여 미세한 공극을 감소시켜 시멘트 경화체의 공극을 보다 치밀하게 하여 강도를 증진시키며, 투수성과 투기성을 감소시키는 데에도 기여한다.

그림 2.22 **주요 제철공정**

② 실리카 퓸을 사용한 콘크리트의 특성

실리카 퓸은 비표면적이 커서 수산화칼슘과 매우 짧은 시간에 반응하고 겔상의 물질을 생성하게 된다. 그러므로 실리카 퓸을 혼입한 경우에는 슬럼프 손실이 발생하기 쉬우며, 이러한 단점을 보완하기 위해서 고성능감수제가 사용된다. 또한 비표면적이 크고 미연소 탄소를 포함하고 있기 때문에 공기연행제의 흡착에 의해 공기를 연행시키기 어려우므로 소정의 공기량을 얻기 위해서는 공기연행제 사용량을 증가시킬 필요가 있다.

실리카 퓸의 혼입률이 많을수록 블리딩이 줄어드는데, 그 이유는 실리카 퓸의 입자가 수산화칼슘과 단시간에 반응하여 수화생성물인 겔층을 형성함으로써 겔층이 블리딩수의 이동을 억제하기 때문이다.

실리카 퓸은 주성분이 비정질의 SiO_2로서 수산화칼슘($Ca(OH)_2$)과 반응하여 칼슘 실리케이트 수화물(C-S-H)을 생성한다. 실리카 퓸은 플라이애쉬나 고로슬래그 등과 같은 다른 포졸란 재료와 비교하여 매우 미세한 초미립 분말이기 때문에 조기재령에서 포졸란 반응이 발생한다. 실리카 퓸을 혼합하면 마이크로 필러(Micro Filler) 효과와 포졸란 반응에 의해 0.1㎛ 이상의 큰 공극은 작아지고 미세한 공극이 많아져 전이영역에서 골재와 결합재 간의 부착력이 증가하여 콘크리트의 강도는 증가하게 된다. 이처럼 콘크리트에 미세한 입자를 혼입하면 블리딩과 재료분리를 감소시킬 수 있는데 이를 “안정화 효과(Stabilizing Effect)”라 한다.

또한 실리카 퓸을 혼입한 콘크리트는 내부구조가 밀실화 되어 투수성 등이 감소하여 내구성이 증가하며 염소이온 투과성이 현저하게 감소하는 것으로 알려져 있으며, 실리카 퓸을 혼입하였을 때 동결·융해 저항성은 실리카 퓸의 종류, 시험방법, 혼입률, AE제의 사용 유무 및 배합 등에 따라 많은 차이를 보이게 된다. 화학저항성에 있어서는 용해성이 있는 수산화칼슘이 감소되고 유해한 이온의 확산이 억제된다. 실리카 퓸을 혼입하면 수화열이 저감되고 강도발현이 현저하며 수밀성, 화학 저항성 및 내구성을 향상시킬 수 있다.

4) 팽창재

콘크리트는 경화반응 및 건조과정에서 수축이 발생하며 이러한 수축이 구속되어 있을 경우 콘크리트에 균열이 발생한다. 철근콘크리트 구조물의 경우, 수축에 의하여 발생한 균열은 콘크리트 구조물의 붕괴까지는 이르지 않더라도 철근을 보호하는 콘크리트의 성능 저하, 빗물 누수, 탄산화 및 염분의 침투에 따른 철근부식 등 구조물의 가장 큰 약점을 만드는 요인이 된다. 팽창재는 이러한 콘크리트의 수축에 의한 균열을 저감하고자 사용되는 재료로서 에트링가이트 또는 수산화칼슘 등을 생성하여 콘크리트를 팽창시키는 작용을 하는 혼화재이다.

① 팽창재의 화학식

팽창재가 시멘트 경화체를 팽창시키는 메커니즘은 팽창재의 성분에 따라 다르며, 일반적으로 K, M, S형 팽창재는 에트링가이트를 생성하여 시멘트 경화체를 팽창시키며, O형 팽창재는 수산화칼슘을 생성시켜 2단계에 걸쳐 시멘트 경화체를 팽창시킨다. 화학적인 관점으로 보면, 에트링가이트와 수산화칼슘의 생성은 수화반응 전후에 있어서 결합재 전체의 부피가 약 10.5% 및 5.7% 수축하는 것으로 계산된다. 그러나 이러한 수축 발생에도 불구하고 시멘트 경화체가 팽창하게 되는 것은 에트링가이트 및 수산화칼슘이 생성되면서 발생하는 공극에 있다고 할 수 있다. 즉 팽창재의 혼입에 의하여 물의 부피를 제외하고 고체화된 부분의 부피변화만을 계산하면 오히려 수화 전의 약 2배 정도가 됨을 알 수 있다. 결국 팽창재의 수화반응으로 석출물이 고체상태로 공극과 함께 석출되면서 주위 미세구조를 밀어내면서 시멘트 경화체를 팽창시키는 것이다.

② 팽창재를 사용한 콘크리트의 특성

팽창재를 혼입한 콘크리트는 팽창되는 정도에 따라 화학적 프리스트레스용과 수축보상용으로 분류되며, 수축보상용은 무수축 콘크리트와 수축저감형 콘크리트로 구분된다. 일반적으로 팽창재를 혼입한 콘크리트는 팽창재 사용량이 많을수록 팽창량이 커지게 되며, 지나친 팽창량의 사용은 강도를 크게 저하시키는 경우도 있다. 팽창재의 경우 구성성분과 제조회사에 따라서 혼입 시에 콘크리트의 팽창량이 다르므로 사전에 충분히 검토해야 한다. 일반적으로 보통 콘크리트에서는 팽창재의 최대팽창시점은 7일 전후로 알려져 있으나, 최근에는 고강도 콘크리트의 자기수축을 저감하기 위하여 팽창재의 성분을 조절하여 팽창시기를 앞당긴 팽창재도 사용되고 있다.

한편, 팽창재의 구비조건은 다음과 같다.

㉮ 시멘트의 응결경화와 팽창속도가 잘 맞아 적정한 팽창을 일으킬 것

㉯ 소량으로 유효한 팽창을 일으킬 것

㉰ 팽창을 통하여 건조수축을 저감할 것

㉱ 사용된 목적을 달성하면서 모재의 성능을 현저히 저해하지 않을 것

㉲ 팽창시간은 1주일 정도에서 최대값에 도달할 것

㉳ 팽창 후 가수 등에 의한 2차 반응이나 팽창이 일어나지 않을 것

등이다.

참/고/문/헌

1. 대한건축학회, 건축재료, 기문당, 2010.
2. 한국콘크리트학회, 콘크리트와 환경, 2011.
3. 한국세라믹학회, 시멘트 산업 중장기 수요예측 및 경쟁력 강화방안, 2009. 12.
4. 무역위원회, 산업경재력조사보고서(시멘트 산업), 2005.
5. 콘크리트표준시방서, 한국콘크리트학회, 2009.
6. 정재동, 콘크리트재료공학, 보성각, 2000.
7. 한국콘크리트학회, 최신 콘크리트 공학, 2007.
8. 한국콘크리트학회, 콘크리트 혼화재료, 2001.
9. 한국레미콘공업협회, 2009년도 레미콘 통계연보, 2010.
10. 小林一輔, 最新コンクリート工学, 森北出版, 2002.
11. 대한토목학회, 고로슬래그 시멘트 및 고로슬래그 미분말을 사용한 콘크리트의 설계 및 시공지침(안), 1995.
12. 이도헌 외 3인, 콘크리트용 순환골재의 기술개발 현황, 콘크리트학회지 Vol.19, No.2, pp.34~41. 2007. 3.
13. 한국공업규격 KS F 2562 콘크리트용 팽창재, 1989.
14. 권기주, "화력발전 부산물의 콘크리트에의 활용", 대한건축학회지, Vol.54, No.2, 2010, pp.46~49.
15. 최세진, 정용, 오복진, 김무한, "물-시멘트비 및 바텀애쉬 대체율에 따른 콘크리트의 공학적 특성에 관한 실험적 연구", 한국콘크리트학회논문집, Vol.15, No.6, 2003, pp.840~847.
16. 朴宣圭, "収縮低減剤および膨張材による若材齢高性能コンクリートの自己収縮低減に関する研究", 東京大學 學位論文, 2004.

연/습/문/제

1. 시멘트의 4대 주요 성분에 대하여 설명하고, 각각의 수화특성에 대하여 기술하시오.
2. 포틀랜드 시멘트의 제조 시에 석고를 혼입하게 되는데, 그 이유에 대하여 설명하시오.
3. 혼화재료는 혼화제와 혼화재로 구분된다. 혼화제와 혼화재의 차이점에 대하여 기술하시오.
4. 고성능감수제의 감수 메커니즘에 대하여 설명하시오.
5. 플라이애쉬를 혼입한 콘크리트의 특성에 대하여 설명하시오.
6. 콘크리트 내의 골재 역할에 대하여 설명하시오.
7. 부순자갈의 입자모양 판정 실적률에 대하여 설명하시오.

03 경화 콘크리트의 성질

3.1 압축강도

3.1.1 콘크리트의 압축거동

콘크리트는 값싸고 풍부하다는 등의 여러 가지 장점이 있지만, 압축강도가 매우 높다는 것이 가장 큰 장점이다. 콘크리트는 물과 시멘트가 화학반응하여 만들어지는 시멘트 페이스트(수화물)가 잔골재와 굵은골재를 결합시킨 복합다공체로써, 내부에 미세한 공극이 포함되어 있다. 콘크리트에 압축력이 가해지면 그림 3.1과 같이 응력과 변형이 일어나는데, 응력이 낮은 범위에서 콘크리트는 탄성체와 같은 거동을 하여 응력-변형곡선은 선형관계를 나타낸다. 그러나 압축응력이 증가할수록 압축응력의 방향과 직교방향의 인장변형이 증가되어 가고, 압축응력의 작용방향과 평행하게 미세균열이 발생한 후 진전됨과 동시에 응력의 재분배가 일어나면서 응력-변형곡선은 점차 비선형 관계를 나타내게 된다. 미세균열은 시멘트 페이스트와 골재의 계면에서 발생하므로 부착균열(Bond Crack)이라고 하는데, 이것이 점차 모르타르 사이로 성장해 가면 모르타르 균열(Matrix Crack)로 된다.

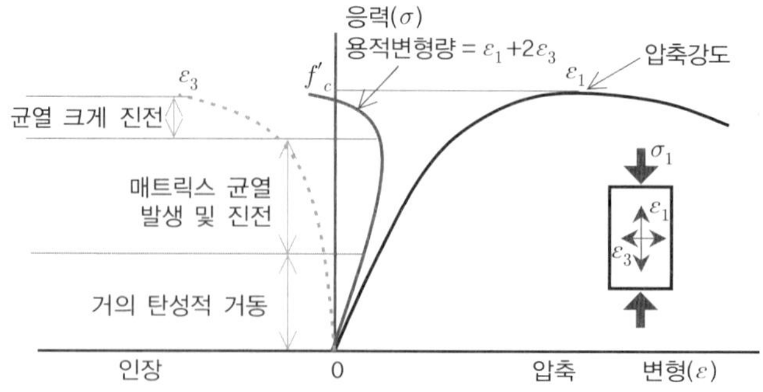

그림 3.1 **압축을 받는 콘크리트의 응력-변형곡선**

콘크리트 원주공시체에 대한 압축강도시험에서는 공시체와 재하판 사이에 마찰이 생겨 공시체 중앙부의 재하방향과 평행한 균열이 단부로 진전되지 못하므로 양단부에서는 원추상의 파괴면이 형성된다. 일축압축을 받는 콘크리트의 거동을 설명하면 다음과 같다.

① 시멘트의 수화작용이나 콘크리트의 건조수축이 골재에 의해 구속되면 콘크리트 내부에 인장응력이 발생하므로, 하중을 받기 전에도 내부에 미세균열이 발생하기도 한다. 그러나 이것은 응력-변형 거동에 큰 영향을 미치지 않으므로 콘크리트는 압축강도의 약 30%까지 거의 탄성적인 거동을 한다.

② 응력이 압축강도의 30%를 넘으면 미세한 부착균열이 매트릭스 균열로 성장하므로 콘크리트는 비선형 거동을 하여 응력-변형 관계가 직선 관계에서 비선형 관계로 된다. 이때 발생하는 균열은 거시적으로는 압축방향과 평행하게 진전되어 간다.

③ 응력이 압축강도의 80%를 넘으면 매트릭스 균열의 수가 증가하면서 국부적인 파괴면을 형성해 가며, 응력-변형 관계는 완전한 비선형성을 나타낸다. 이 단계는 용적변형량이 감소에서 증가로 전환되는 단계에 해당된다.

3.1.2 콘크리트 압축강도 시험방법의 표준

압축강도는 콘크리트의 특성을 나타내는 가장 중요한 척도로써, 콘크리트의 품질관리나 수입검사에 많이 이용된다. 그러나 동일한 콘크리트라 하더라도 압축강도는 여러 가지 시험조건에 따라 달라지므로, 이를 방지하기 위한 ISO 4102(Concrete-Determination of Compressive Strength of Test Specimens)의 국제적인 시험방법과 우리나라의 KS F 2405(콘크리트 압축강도 시험방법)가 규정되어 있다. 콘크리트의 압축강도는 일반적으로 일축압축강도를 말하며, 이것은 표준적인 원주공시체의 압축시험으로부터 구한다. 콘크리트의 압축강도시험은 KS F 2403(콘크리트의 강도 시험용 공시체 제작방법)에 따라서 제작된 시험체를 사용하여 실시한다. 공시체의 직경은 굵은골재 최대치수의 3배 이상이고 100mm 이상이어야 하며, 일반적으로 25mm 이하의 골재를 사용하는 경우 100mm, 40mm 이하의 골재를 사용하는 경우 150mm 공시체를 많이 사용한다.

압축강도는 휨강도를 시험한 후에 절단된 공시체를 사용하여 측정할 수도 있으며, 이 방법은 KS F 2413(휨강도 시험한 공시체로 콘크리트의 압축강도를 시험하는 방법)에 규정되어 있다. 한편 실제 구조체의 콘크리트 압축강도는 KS F 2422(콘크리트에서 절취한 코어 및 보의 강도 시험방법)에 따라 콘크리트에서 절취한 코어나 보의 절편을 사용하여 측정할 수 있으며, 비파괴시험에 의한 압축강도 추정방법으로 슈미트해머법, 초음파속도법, 복합법 등이 활용되고 있다.

3.1.3 콘크리트의 압축강도에 미치는 영향요인

콘크리트의 압축강도는 여러 가지 요인에 의해 차이가 발생하는데 그중에서 영향도가 큰 주요 요인을 열거하면 다음과 같다.

① 사용 재료 : 시멘트, 골재, 물, 혼화재료

② 배　　합 : 물-시멘트비, 단위시멘트양, 혼화재량, 공기량, 굵은골재 최대치수

③ 시　　공 : 혼합방법, 타설방법, 양생방법, 재령, 다짐방법, 거푸집의 밀실도

④ 시험방법 : 공시체 형상, 재하속도, 재하면 평활도

1) 사용 재료의 영향

콘크리트는 단일 재료가 아니라 시멘트와 골재, 물 혼화재 등 여러 가지 재료의 복합재료이다. 따라서 콘크리트의 강도는 각 사용 재료의 종류 및 품질의 영향을 많이 받게 된다.

① 시멘트

시멘트는 종류에 따라서 성분조성이 크게 다르므로 매우 다른 특성을 나타내며, 보통 포틀랜드 시멘트라고 하더라도 제조회사 및 생산경로 등에 따라 다른 특성을 나타낸다. 시멘트는 물과 화학반응하여 골재와 골재를 결합시킴으로써 콘크리트를 만드는 역할을

하므로 시멘트의 강도는 콘크리트의 강도와 밀접한 관계가 있다. 콘크리트의 압축강도는 KS L ISO 679(시멘트의 강도 시험방법)에 의한 시멘트의 압축강도 K와 비례하며 그 관계는 I. Lyse가 제안한 식 (3.1)로 나타낼 수 있다.

$$f'_c = K(AX + B) \qquad \text{식 (3.1)}$$

여기서, f'_c : 콘크리트의 압축강도(N/mm²)

K : KS L ISO 679에 의한 시멘트의 압축강도(N/mm²)

X : C/W(시멘트물비)

A, B : 시멘트의 품질 등에 따른 실험정수

② 골재

보통 콘크리트의 경우, 일반적으로 골재의 강도는 시멘트 페이스트의 강도보다 크므로 콘크리트의 강도에 거의 영향을 미치지 않으며, 콘크리트의 압축강도는 시멘트물비(C/W)에 비례한다. 그러나 골재자원 고갈 및 골재채취 규제가 엄격해지면서 저품질 골재가 사용될 가능성도 증가되어, 풍화암이나 연한 편석 등이 사용될 경우에는 콘크리트 강도 저하의 원인이 된다. 고강도 및 초고강도 콘크리트는 물-시멘트비가 낮아서 시멘트 페이스트의 강도가 높으므로 굵은골재의 강도가 콘크리트의 압축강도에 영향을 미치게 되며, 그림 3.2와 같이 콘크리트의 강도가 높을수록 그 영향은 크다.

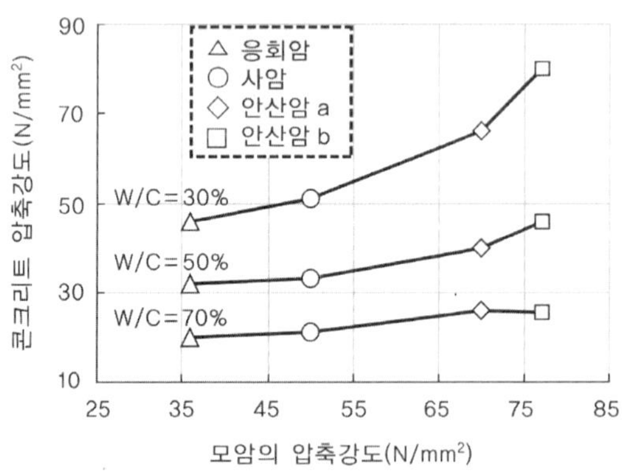

그림 3.2 **골재강도와 콘크리트 압축강도의 관계**

골재와 모르타르의 계면은 강도가 매우 약한 부분이므로 압축력에 의한 콘크리트의 파괴는 그림 3.3과 같이 대부분 계면을 통과해서 나타난다. 그러므로 골재의 표면이 둥글고 매끄러운 강자갈보다 표면이 모나고 거친 부순굵은골재를 사용한 콘크리트의 강도가 높다. 이는 골재와 모르타르의 부착강도가 골재의 표면이 거칠수록 증대하기 때문이나, 최근에는 대부분 부순굵은골재가 사용되므로 현실적으로는 문제되지 않는다.

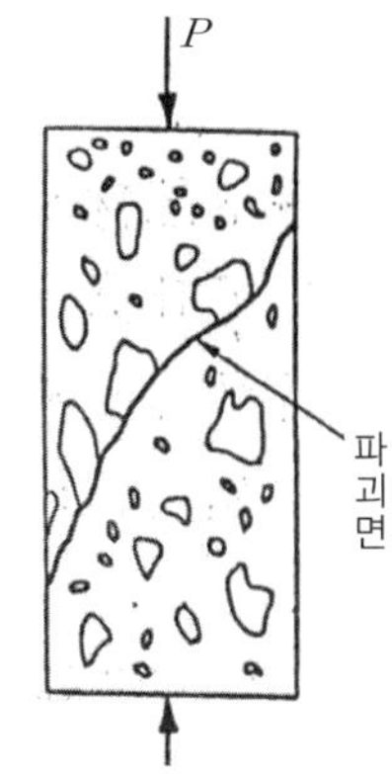

그림 3.3 **압축력에 의한 콘크리트의 파괴면**

③ 혼합수

콘크리트의 배합수로는 상수도수, 하천수, 지하수, 공업용수 등이 사용될 수 있지만 배합수의 종류에 따라 포함되어 있는 성분이 다르므로 콘크리트의 강도발현에 차이가 있다. 해수를 사용한 콘크리트는 초기강도의 발현이 좋으나 28일 이후의 강도는 낮아지는 경향이 있으며 철근부식의 영향을 초래한다. 레디믹스트 콘크리트 공장에서는 회수수를 사용하기도 하지만 회수수에 포함되어 있는 슬러지 고형분이 많으면 강도발현에 문제가 발생하므로 KS F 4009(레디믹스트 콘크리트)에서는 배합수로 사용가능한 회수수의 슬러지 고형분율을 3% 이하로 규정하고 있다.

④ 혼화재료

일반적으로 혼화재료는 고로슬래그와 플라이애쉬로 대표되는 혼화재와 AE제, 감수제, AE감수제, 고성능감수제 등으로 대표되는 혼화제로 구분된다. 이러한 콘크리트용 혼화재료는 건설환경 변화 및 건설기술의 고도화를 위하여 최근 각종 혼화재료의 개발로 인하여 콘크리트의 특성이 크게 개선되어 왔다. 혼화재 중에서 대표적인 것은 고로슬래그와 플라이애쉬라고 할 수 있는데, 시멘트의 일부로 치환하여 사용되는 이들 혼화재의 사용량이 많을수록 초기강도는 낮으며 장기강도는 증가한다. 혼화제는 AE제, 감수제, AE감수제, 고성능감수제 등 다양한 종류의 제품이 있으며, 각 제품에는 강도발현 특성에 미치는 영향에 따라 촉진형, 지연형, 표준형으로 구분된다. AE제는 콘크리트 구조물의 동결융해를 방지하기 위하여 콘크리트의 공기량을 높이려면 사용하는 것으로써, 일반적으로 공기량이 1% 증가하면 압축강도는 4~6% 저하된다. 감수제는 콘크리트의 단위수량을 감소시키기 위한 것으로써, 감수제의 사용량에 따라 단위수량의 감소폭도 달라지므로 강도 향상의 효과가 크게 달라지게 된다. 고성능감수제는 감수제보다 감수효과가 더욱 큰 제품이므로 고강도 및 초고강도 콘크리트의 제조에는 필수적인 혼화제이다.

2) 배합의 영향

콘크리트의 배합과 강도의 관계에 대해서는 최대밀도설, 골재표면적설, 물-시멘트비설, 시멘트물비설, 공극시멘트비설 등 여러 가지 이론이 있지만, 그중에서 가장 널리 이용되는 것은 물-시멘트비설과 시멘트물비설이라고 할 수 있다.

① 물-시멘트비

1919년에 애브람스(D. A. Abrams)가 제창한 물-시멘트비설은 "깨끗하고 강도가 큰 골재를 이용한 콘크리트를 적절히 시공하였을 경우, 콘크리트의 강도 및 기타의 성질은 시멘트 페이스트의 물-시멘트비에 의해 지배된다."는 것으로써, 식 (3.2)로 나타낼 수 있다.

$$f'_c = \frac{A}{B^x} \qquad \text{식 (3.2)}$$

여기서, x : W/C (물-시멘트비)

A, B : 재료의 성질 및 시험조건에 의한 정수

② 시멘트물비

시멘트물비설은 1932년 라이스(I. Lyse)에 의해 제창된 것으로, 그림 3.4와 같이 콘크리트의 압축강도가 물-시멘트비의 역수인 시멘트물비와 직선 관계가 있다는 이론이며, 식 (3.1)과 같은 관계가 있다. 콘크리트의 배합설계에는 이 식을 변환시킨 식 (3.3)이 일반적으로 사용되고 있으며, 이 관계식은 AE콘크리트의 경우에도 공기량이 일정하면 사용할 수 있다.

$$f'_c = A + B\left(\frac{C}{W}\right) \qquad \text{식 (3.3)}$$

여기서, C/W : 시멘트물비

③ 공극시멘트비

공극시멘트비설은 1921년 탈보트(A. N. Talbot)에 의해 제창된 것으로써 "콘크리트의 강도는 콘크리트를 구성하는 모르타르 중의 공극량에 의해 지배된다."는 이론이다. 즉 배합수량과 공기의 용적의 합을 공극량이라고 했을 때 콘크리트의 압축강도는 시멘트공극비와 그림 3.5와 같은 직선 관계에 있으며, 그 관계는 식 (3.4)와 같다. 그러나 이 이론은 일반적으로 사용되는 콘크리트보다도 된배합의 콘크리트에 적용될 수 있는 이론이다.

$$f'_c = p + q\left(\frac{c}{w+v}\right) \qquad \text{식 (3.4)}$$

여기서, w : 배합수량(l)

v : 공극량(l)

c : 시멘트의 절대용적(l)

p, q : 실험정수

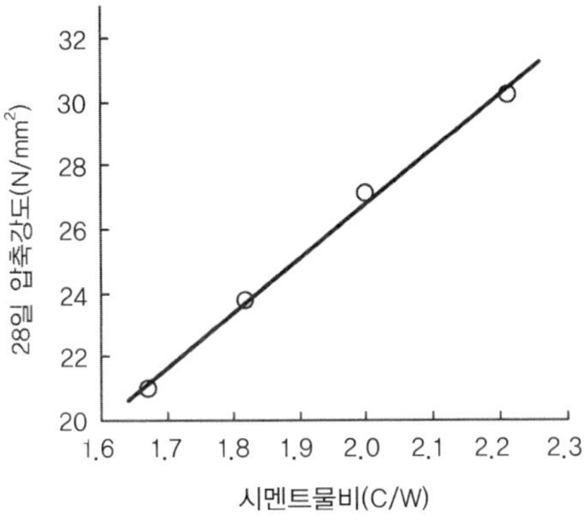

그림 3.4 **물-시멘트비와 압축강도의 관계**

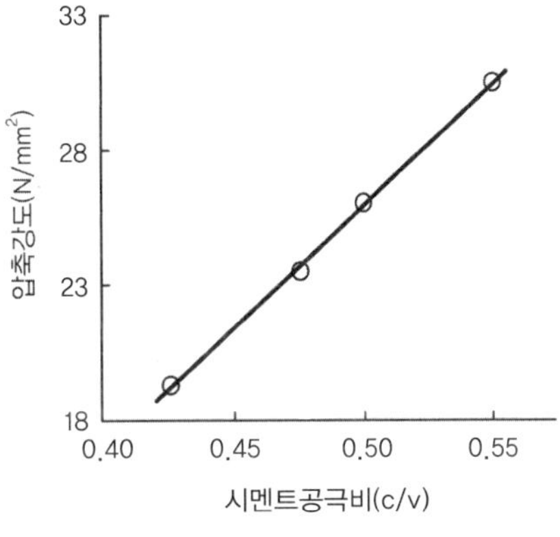

그림 3.5 **시멘트공극비와 압축강도의 관계**

④ 굵은골재 최대치수

저강도 콘크리트의 경우에는 굵은골재의 최대치수가 변화해도 압축강도의 차이는 크지 않다. 그러나 고강도 콘크리트는 물-시멘트비가 일정하더라도 굵은골재 최대치수가 커질수록 압축강도가 감소된다.

부순 굵은골재를 사용하더라도 굵은골재 최대치수가 클수록 연속된 계면도 커지게 되어 강도가 저하되므로, 고강도 콘크리트일수록 굵은골재 최대치수가 작은 것을 사용하는 것이 유리하다.

3) 양생 및 시공방법의 영향

콘크리트는 시멘트가 물과 수화반응하여 골재와 골재를 접착시키는 작용을 함으로써 만들어지는 것이다. 그러므로 각 사용 재료를 혼합한 이후의 양생방법, 양생온도, 타설방법, 재령 등에 따라서 강도의 발현성상이 달라진다.

① 양생방법

콘크리트의 강도발현은 시멘트가 물과 반응할 수 있는 조건에 따라 달라진다. 즉 시멘트가 수화반응을 하기 위한 수분의 양과 반응시간은 콘크리트의 강도에 매우 큰 영향을 미친다. 그림 3.6은 양생조건에 따른 콘크리트의 압축강도 발현성상을 나타내는데, 지속적으로 습윤양생한 콘크리트는 재령이 증가함에 따라 압축강도도 지속적으로 증가한다. 그러나 콘크리트 타설 이후 외부로부터 수분공급이 없는 공기 중에서 양생한 경우는 습윤양생한 경우에 비하여 28일 및 6개월 후의 압축강도가 각각 약 60% 및 약 40%밖에 발현되지 못함을 알 수 있다. 습윤양생한 공시체를 1~2주간 공기 중에서 양생하면 압축강도가 일시적으로 증가하지만 그 이후에는 압축강도가 감소하는 경향을 보인다.

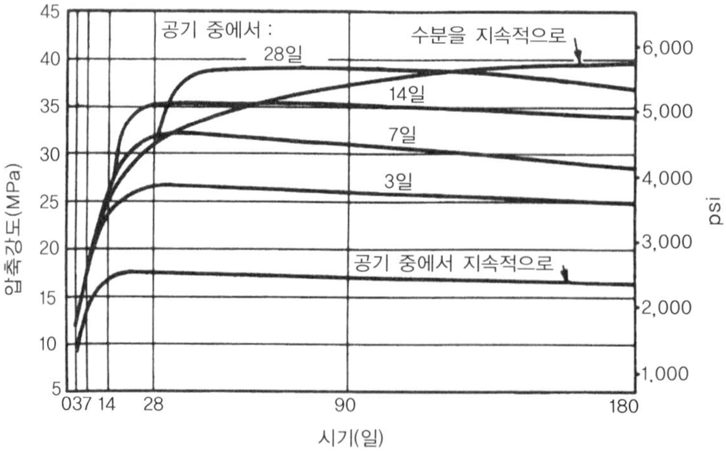

그림 3.6 **양생조건에 따른 압축강도 발현성상**

② 양생온도

시멘트의 수화반응은 온도의 영향을 많이 받는다. 그림 3.7은 5~45℃의 범위에서 양생한 콘크리트의 압축강도 발현성상을 나타내는 것으로써, 양생온도가 높을수록 초기 재령에서의 압축강도는 증대하며 양생온도 1℃의 변화에 대한 압축강도의 변화는 대략 0.2~0.4MPa이다. 그림 3.8은 4~46℃의 범위에서 콘크리트 공시체를 제작하여 2시간 동안 그 온도를 유지한 이후, 21℃에서 습윤양생한 경우의 압축강도 발현성상을 나타내는 것으로써, 초기재령에서의 온도가 낮을수록 장기강도가 증대한다. 이것은 초기재령에서 양생온도가 낮을수록 시멘트 입자의 표면에 석출되는 결정이 작아서 수분이 결정과 결정의 사이를 쉽게 통과하게 됨으로써 수화반응이 잘 이루어지기 때문이다. 반면에 고온에서 양생한 경우에는 초기의 강도발현은 크지만 장기강도는 저하되며, 재령 28일 압축강도는 표준양생(20±2℃에서 습윤양생)한 경우보다 10~15% 정도 저하된다. 한편 화재의 피해를 입는 경우와 같이 경화 콘크리트가 고온에 노출되면 압축강도가 저하되어 300℃에서는 약 50% 정도 감소되지만 약 60℃까지는 강도에 거의 영향이 없다.

콘크리트 제품을 생산할 경우에는 상압증기양생을 하기도 하는데 상온증기양생의 최적온도는 55~75℃이고 85℃ 이상은 해롭다고 알려져 있으므로 공장제품에서는 증기양생의 최적온도를 65℃로 제한하고 있다. 그러나 고온고압 증기양생(오토클레이브 양생)을 하면 100℃ 이상에서도 충분히 안정된 고강도 콘크리트를 만들 수 있다. 일반적인 오토클레이브 양생 온도는 180℃, 압력은 8.2kgf/cm^2 정도이며, 수열반응에 의해 단시간에 60~100MPa의 압축강도를 얻을 수 있다.

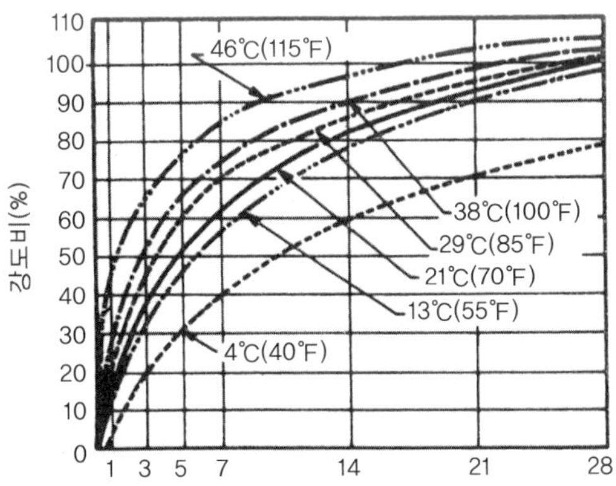

그림 3.7 **양생온도와 압축강도의 관계**

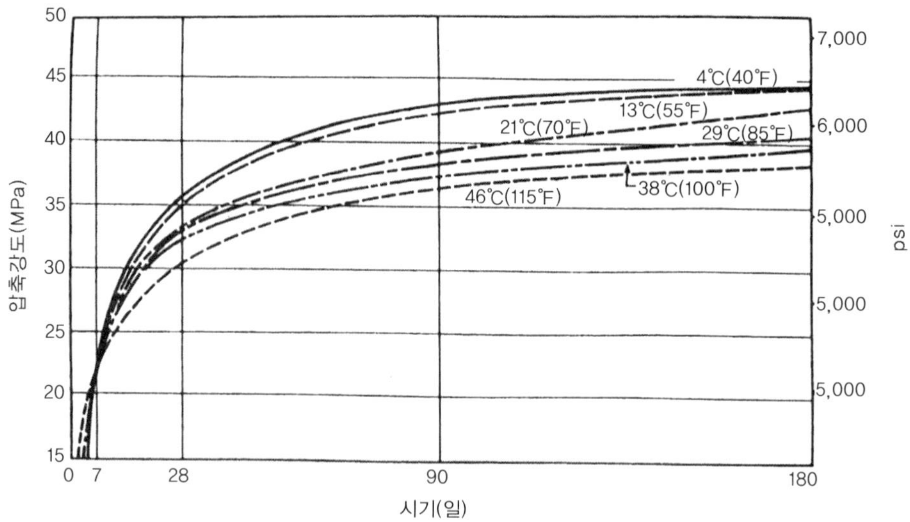

그림 3.8 **초기 양생온도와 압축강도의 관계**

양생온도가 콘크리트의 동결온도(약 −2℃) 이하로 낮은 경우에는 시멘트의 수화반응이 크게 억제되어 시멘트의 응결 및 경화가 거의 일어나지 않는다. 따라서 콘크리트의 강도발현은 기대하기 어려우며 동결된 시험체를 다시 20℃에서 양생시키면 수화반응이 진행되어 28일 강도가 표준양생강도의 약 70% 정도가 발현된다. 그러나 콘크리트의 수화반응이 어느 정도 진행된 이후에 온도가 낮아지면 강도발현이 늦어지지만, 그 이후에 충분히 양생하면 강도는 다시 회복된다. 콘크리트의 압축강도가 3.5MPa 이상에 도달된 이후에는 사실상 동해에 의한 피해는 일어나지 않는다.

이상과 같이 콘크리트의 강도발현은 온도의 영향이 크며, 양생온도가 높을수록 일정한 강도가 발현되는 양생기간이 짧아진다. 즉 양생온도에 양생기간을 곱한 적산온도(Maturity)는 그림 3.9와 같이 압축강도와 밀접한 상관관계가 있어 경화의 정도를 나타내는 지수로 사용되며, 식 (3.5)와 같이 나타낼 수 있다.

$$M = \Sigma(\Theta + A)\Delta t \qquad \text{식 (3.5)}$$

여기서, M : 적산온도(Maturity, ℃·시 또는 ℃·일)

Θ : Δt 시간 중의 콘크리트의 양생온도(℃)

A : 10℃

Δt : 양생기간(hr)

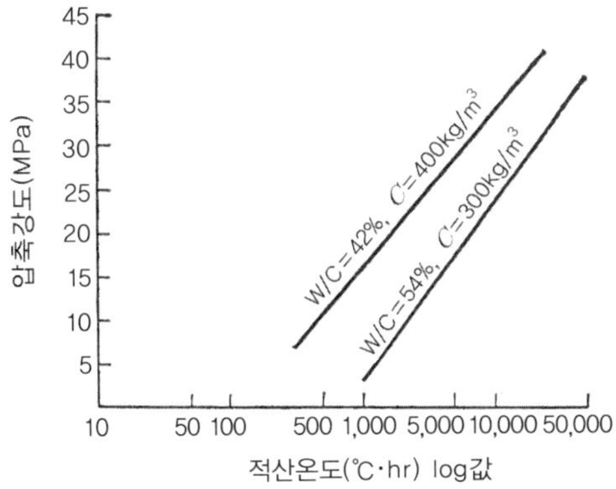

그림 3.9 **콘크리트의 적산온도와 압축강도의 관계**

4) 시험방법의 영향

① 공시체의 직경과 높이의 비(H/D)

압축강도시험에는 일반적으로 원주공시체가 사용되는데 원주공시체의 지름과 높이의 비(H/D)에 따라 측정되는 압축강도값(겉보기 압축강도)이 다르게 나타난다. 이것은 압축하중이 가해지면 가압판과 공시체 재하면 사이에 마찰력이 발생하여 그림 3.10과 같이 공시체가 횡방향으로 변형되려는 것을 구속하기 때문이다. 즉 마찰계수를 μ, 압축응력을 σ라고 하면 공시체 재하면의 중심을 향하여 마찰저항력($R=\mu\sigma$)이 작용되어 공시체 단면부분의 횡방향 변형을 구속한다. 따라서 단면부 부근에서는 압축력과 마찰저항력이 동시에 작용하는 3축압축 상태가 되므로, 이 상태에서의 축방향 압축강도는 1축압축강도보다 높게 나타난다.

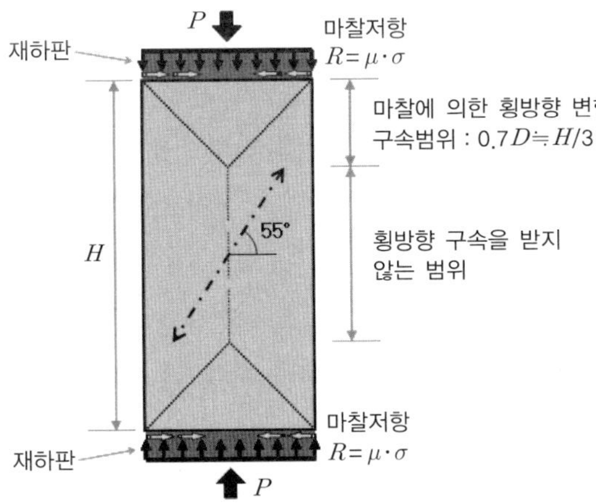

그림 3.10 **압축을 받는 공시체이 모식도**

이 구속의 영향범위는 단면으로부터 직경의 70% 정도로 알려져 있으므로, H/D가 1.5 이하일수록 압축강도는 높게 나타난다. 만일 순압축으로 파괴된다고 가정하면, H/D가 1.5보다 크면 횡방향 구속을 받지 않는 부분에서 파괴되므로, 공시체의 높이가 더 큰 경우라도 압축강도는 변화하지 않게 된다. 그러나 공시체는 일반적으로 전단파괴가 일어나고 파괴면은 재하축과 약 55°의 경사를 갖는다. 전단파괴에 의한 높이는 D tan55=1.43D이므로, 이를 단부구속범위인 1.5D에 더하면 H/D가 3~4 이상이면 압축강도는 거의 일정하게 된다고 볼 수 있다. H/D가 10~13보다 크면 장주(긴 기둥)로 되어 강도 저하가 일어나게 된다. 그런데 실제 구조체에서 코어를 채취하여 압축강도시험을 하는 경우와 같이 압축강도시험에 사용하는 공시체의 H/D는 2보다 작거나 큰 경우가 있다. 이 경우에는 표 3.1의 보정계수를 사용하여 측정된 겉보기 압축강도값을 H/D=2.0의 경우로 보정하여 압축강도를 구한다.

표 3.1 **공시체의 H/D에 대한 보정계수**

H/D	보정계수	비고
2.00	1.00	H/D가 이 표의 값들 사이의 경우에는 보간법으로 구한다.
1.75	0.98	
1.5	0.96	
1.25	0.96	
1.00	0.87	

② 공시체의 치수 및 형상

콘크리트의 압축강도시험용 공시체의 형상은 원주형과 입방형으로 나눌 수 있다. 이와 같이 공시체의 형상이 다른 경우에는 동일한 콘크리트일지라도 압축강도 측정값은 다르게 나타날 수 있다. 표 3.2와 같이 콘크리트의 압축강도는 H/D가 동일하더라도 공시체의 치수가 클수록 콘크리트 내부의 결함부가 많아지므로 낮은 값을 나타내며, 입방체의 압축강도는 원주공시체보다 높게 나타난다. 지름 100mm, 높이 200mm의 공시체 압축강도는 지름 150mm, 높이 300mm의 공시체보다 다소 크며, 고강도 콘크리트의 경우에는 지름 100mm 공시체가 확연히 높은 강도를 나타낸다.

표 3.2 공시체의 형상 및 치수에 따른 압축강도비

재령	원주공시체($D \times H$, mm)			입방체(mm)	
	150×150	150×300	200×400	150	200
7일	0.67	0.51	0.48	0.72	0.66
28일	1.12	1.00	0.95	1.16	1.15
3개월	1.47	1.49	1.27	1.55	1.42
1년	1.96	1.70	1.78	1.90	1.74

③ 공시체 재하면의 평면도 및 재하속도

하중을 받는 재하면이 평평하지 않으면 돌출된 부분에 하중이 국부적으로 작용하고 편심하중이 작용하게 되므로 압축강도는 낮게 측정된다. 공시체 재하면의 돌출량이 0.1mm 및 0.25mm의 경우 압축강도는 약 6~10% 및 약 35% 감소된다. 이를 방지하기 위하여 KS F 2403(콘크리트의 강도 시험용 공시체 제작방법)에는 재하면의 평면도를 지름의 0.05%(지름 100mm의 공시체는 0.05mm) 이내로 규정하고 있다. 또한 콘크리트의 압축강도는 작용하는 응력의 속도에 영향을 받으므로 재하속도가 빠를수록 압축강도가 높게 측정된다. 따라서 KS F 2405(콘크리트 압축강도 시험방법)에는 공시체에 충격을 주지 않도록 똑같은 속도로 하중을 가하고, 재하속도는 압축응력도의 증가율이 매초 (0.6±0.4)MPa이 되도록 규정하고 있으며, 공시체가 급격한 변형을 시작한 후에는 재하속도를 조정하지 않고 계속 하중을 가하도록 하고 있다.

3.1.4 구조체 콘크리트의 압축강도

실제 구조물의 콘크리트 압축강도는 콘크리트 타설 직전에 제작한 강도관리용 원주공시체의 강도보다 약간 낮은 경향이 있다. 이것은 시공 시의 타설방법, 다짐방법, 양생 등의 조건이 시험실에서 제작하고 양생하는 것보다 열악하기 때문이다. 그러나 타설깊이가 깊은 경우, 하층부의 콘크리트는 압밀의 영향 및 블리딩(Bleeding)에 의한 물-시멘트비 감소의 영향으로 강도가 높은 반면에 상층부의 콘크리트는 침하 및 블리딩의 영향으로 물-시멘트비가 증가되어 강도가 낮게 나타나는 경향이 있다.

3.2 기타의 강도

3.2.1 인장강도

1) 콘크리트의 인장거동

콘크리트의 인장강도는 압축강도의 1/10 정도에 불과하므로 콘크리트는 보통 압축부재로 사용된다. 그러나 콘크리트 부재는 어떠한 경우에든 압축응력 이외의 다른 응력이 동시에 발생하는 경우가 많으며, 인장응력이 일정한 크기 이상으로 발생하면 균열이 발생하고 최종적으로 파괴에 이르게 된다. 인장응력은 압축하중만 가해지더라도 콘크리트 내부에 압축응력의 작용방향과 평행하게 인장응력이 발생하여 미세균열을 발생시키고, 이것이 진전되어 외부에 균열이 나타나게 된다. 또한 콘크리트의 건조수축에 의해 나타나는 균열은 내부에서 인장응력이 과다하게 발생하기 때문에 나타나는 현상이기도 하다. 이와 같이 콘크리트의 인장응력은 압축하중이나 인장하중, 휨하중, 건조수축 및 크리프 등의 힘이 작용하여 발생하게 되며, 이것이 콘크리트의 균열을 발생시키는 주요 원인이 된다.

철근콘크리트 부재의 설계에서는 콘크리트의 인장강도가 압축강도에 비해 현저히 작으므로 인장강도를 무시하고 설계하지만, 전단력(사인장응력)은 고려하여 설계하며 균열 발생의 직접적인 원인으로 작용하고 내구성을 좌우하게 되므로 인장강도는 콘크리트의 매우 중요한 특성 중 하나이다. 콘크리트의 인장강도 증대를 위해서는 강섬유를 비롯한 각종 섬유를 혼입하는 방법이나 레진을 사용하는 방법 등이 있는데, 최근 국내외에서 인장강도를 높이기 위한 고인성 콘크리트 기술의 개발이 활발하게 이루어지고 있다.

2) 콘크리트 인장강도 시험방법의 표준

콘크리트의 인장강도 시험방법으로는 그림 3.11과 같은 직접인장 시험방법과 간접인장 시험방법이 있다. 직접인장 시험방법은 시험체의 양쪽에서 잡아당겨 인장강도를 측정하는 이상적인 방법으로써 식 (3.6)으로 구할 수 있다.

$$f'_{sp} = \frac{T}{A} \qquad \text{식 (3.6)}$$

여기서, f'_{sp} : 콘크리트의 인장강도(N/mm^2)

T : 직접인장시험 시의 최대하중(N)

A : 공시체의 단면적(mm^2)

그러나 직접인장 시험방법은 시험체의 제작 및 시험방법이 매우 어려우므로, ISO 4108 (Concrete–Determination of tensile splitting strength of test specimens) 및 KS F 2423(콘크리트의 쪼갬인장강도 시험방법)에 규정하고 있는 간접인장 시험방법으로 측정하는 것이 일반적이다. 이것은 그림 3.11(b)와 같이 상하부의 가압판 사이에 원주공시체를 옆으로 뉘어 놓고 연직하중을 가하여 쪼개지게 하는 방법이다. 공시체를 탄성원판이라고 가정하면 재하방향의 직경 AB면에는 수평방향으로 거의 일정한 인장응력($\sigma_x = 2P/\pi dl$)이 발생하고, 이에 직교하는 직경 CD면에는 연직방향으로 압축응력($\sigma_y = 6P/\pi dl$)이 정규분포로 발생한다. 이와 같이 최대압축응력은 인장응력의 3배에 이르지만 콘크리트의 인장강도가 압축강도의 1/10 이하에 불과하기 때문에 압축파괴보다 인장파괴가 먼저 발생하게 되므로 식 (3.7)로 인장강도를 구할 수 있으며, 이렇게 구한 쪼갬인장강도는 직접인장강도와 거의 일치한다.

$$f'_{sp} = 2P/\pi dl \qquad \text{식 (3.7)}$$

여기서, P : 쪼갬인장시험 시의 최대하중(N)

d : 공시체의 직경(mm)

l : 공시체의 길이(mm)

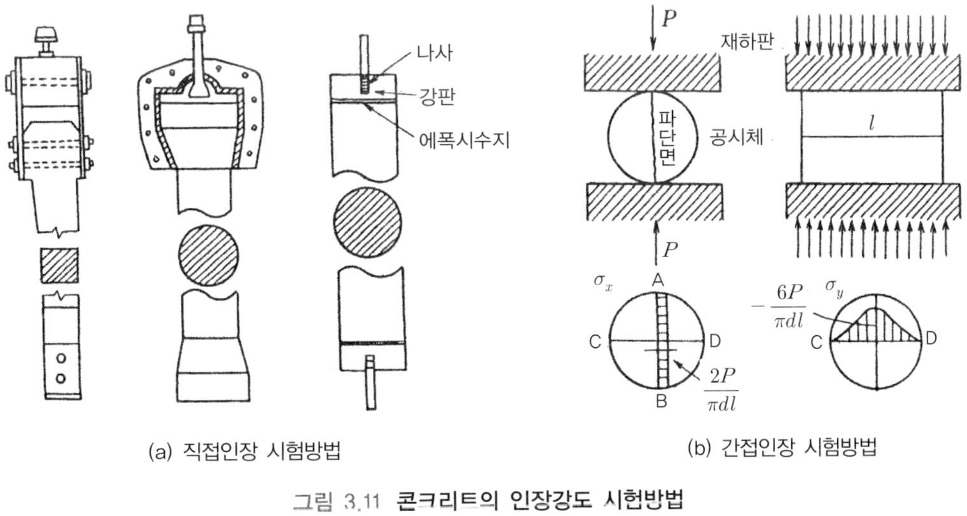

(a) 직접인장 시험방법 (b) 간접인장 시험방법

그림 3.11 **콘크리트의 인장강도 시험방법**

3) 압축강도와 인장강도의 관계

콘크리트의 인장강도는 압축강도보다 매우 낮은 수준이지만 압축강도가 클수록 인장강도도 높아지는 경향이다. 압축강도와 인장강도의 비를 취도계수(압축강도/인장강도)라고 하며, 콘크리트의 취도계수는 일반적으로 10~13 정도를 나타낸다. 취도계수는 압축강도가 클수록 높아지는 경향이지만 압축강도의 증가율이 인장강도 증가율보다 다소 낮은 편이다.

3.2.2 휨강도

1) 콘크리트의 휨거동

콘크리트 부재의 위에 하중이 가해지면 그 부재는 휘어지게 되며, 일정한 크기 이상의 휨하중이 가해지면 그 부재는 하중을 견디지 못하고 파괴된다. 양단이 지지된 보 위에 하중이 가해지는 경우를 가정하면 보는 그 하중에 의해 아래로 휘어지게 되며, 이때 부재 단면 내부의 상부 측에는 압축응력이 발생하고 하부 측에는 인장응력이 발생한다. 그림 3.12는 휨하중을 받는 콘크리트 보의 휨응력분포를 나타내는데, 콘크리트 보가 완전히 탄성거동을 한다고 가정하면 휨응력분포는 그림 3.12(a)와 같이 직선분포로 된다. 그러나 실제로는 휨하중에 의한 하부의 인장 측에서 인장소성이 발생하여 그림 3.12(b)와 같은 비선형 응력분포로 된다. 콘크리트의 휨강도는 압축강도의 1/5~1/7, 인장강도의 1.5~2배 정도인데, 이와 같이 휨강도가 인장강도보다 큰 이유는 비선형 응력분포 현상에 의한 것이다. ISO 및 KS 시험방법에 의한 휨강도(Flexural Strength)란 그림 3.12(a)와 같은 탄성거동을 한다고 가정한 겉보기 휨강도이므로 실제의 휨강도와는 차이가 있으며, 따라서 이것을 파괴계수(Modulus of Rupture)라고도 일컬어진다.

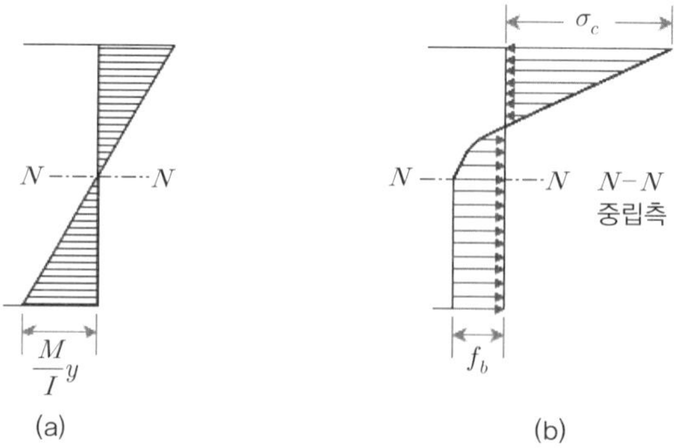

그림 3.12 **콘크리트 단면의 휨응력분포**

2) 콘크리트 휨강도 시험방법의 표준

콘크리트 휨강도 시험방법은 ISO 4013(Concrete-Determination of Flexural Strength of Test Specimens) 및 KS F 2408(콘크리트의 휨강도 시험방법)에 규정되어 있다. 휨강도 시험방법에는 중앙점 재하법과 3등분점 재하법이 있는데, 3등분점 재하법은 재하구간 중에서 휨모멘트가 가장 작은 단면에서 파괴되므로 항상 파괴휨모멘트가 일정하고 전단력은 0이므로 시험방법으로 많이 사용된다. 한편, 실험이 용이한 중앙점 재하법은 파괴위치가 되는 스팬 중앙의 재하점이 반드시 휨모멘트가 최저인 단면과 일치하지 않는 경우가 많고 전단력의 영향도 받게 되어 측정값의 편차가 커지기 때문에 중요한 실험에서 잘 사용되지 않는다. 일반적으로 중앙점 재하법에 의한 측정값이 3등분점 재하법에 의한 측정값보다 크게 나타나는 이유도 이 때문이다. 따라서 KS F 2408에는 3등분점 재하법에 의한 휨강도 시험방법을 표준으로 규정하고 있다. 단, 이 표준의 부속서(참고)에 중앙점 재하법을 표준으로 제시하고 있으나 규정의 일부는 아니라고 밝히고 있으며, 중앙점 재하법에 의한 휨강도는 3등분점 재하법보다 큰 값을 얻을 수 있다고 표기되어 있다.

휨강도용 공시체의 표준 단면치수는 정사각형인 각주로써 공시체의 길이는 단면의 한 변 길이의 3배보다 80mm 이상 길어야 한다. 이에 따라 휨시험용 공시체는 일반적으로 100mm×100mm×100mm 또는 150mm×150mm×530mm를 사용하는데, 단면 100mm의 경우가 단면 150mm의 경우보다 휨강도가 약간 높은 경향이 있다. 3등분점 재하법에 의한 시험은 그림 3.12와 같은 재하장치를 이용하여 파괴 시의 하중을 읽어 콘크리트 공시체를 탄성보라고 가정하고의 식 (3.9)를 이용하여 휨강도를 계산한다.

$$f'_b = M/Z = (M/I) \cdot y \qquad \text{식 (3.8)}$$

식 (3.8)에 $M = Pl/6$, $I = 3$, $y = h/2$를 대입하면,

$$f'_b = 6M/bh^2 = Pl/bh^2 \qquad \text{식 (3.9)}$$

여기서, f'_b : 콘크리트의 휨강도(N/mm^2)

M : 최대휨모멘트(N·mm)

Z : 단면계수(mm^3)

I : 단면2차모멘트(mm^4)

y : 보의 중심축에서부터의 인장 측의 높이(mm)

P : 휨강도시험 시의 최대하중(N)
l : 지간(mm)
b : 파괴단면의 폭(mm)
h : 파괴단면의 높이(mm)

3.2.3 전단강도

1) 콘크리트의 전단거동

콘크리트 부재에서 전단현상이 발생하는 경우는 그림 3.13과 같이 휨전단, 비틀림전단, 압축전단의 세 가지 경우가 있다. 휨전단은 콘크리트 부재가 다수의 수평 또는 수직의 박판요소로 구성되어 있다고 가정하였을 때, 수직하중에 의해 이 요소들이 서로 수평 또는 수직방향으로 서로 엇갈리려는 현상이다. 비틀림전단은 부재에 비틀림 작용이 일어날 때 박판요소가 회전방향에 대하여 서로 엇갈리려는 현상이다. 뚫림전단은 슬래브 같은 부재에 집중적인 압축하중이 가해져서 재하면이 뚫리려는 현상이다. 그러나 철근콘크리트 구조물에서 전단강도가 직접적으로 문제가 되는 경우는 거의 없으며, 일반적으로 전단응력과 수직응력의 복합응력을 받아서 사인장응력에 의해 균열이 발생되어 파괴된다. 콘크리트의 전단 강도는 압축강도의 1/4~1/6 정도를 나타낸다.

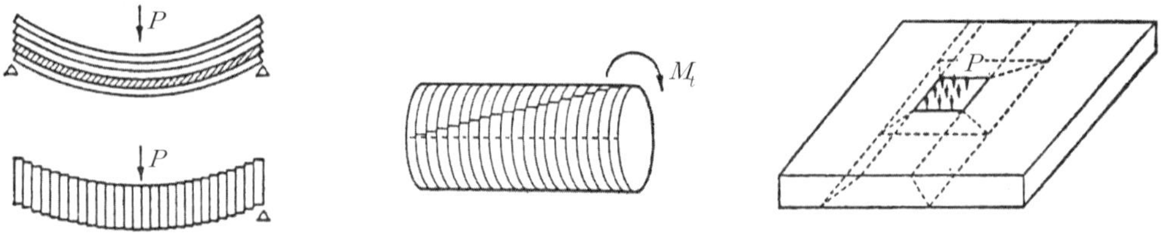

(a) 휨전단 (b) 비틀림전단 (c) 뚫림전단

그림 3.13 **각종 전단작용의 종류**

2) 콘크리트의 전단강도 시험방법

부재에 전단응력만 작용하여 파괴되었을 때의 강도를 순수한 전단강도라고 할 수 있지만 이러한 순수한 전단강도를 구하는 것이 매우 어렵다. 그러므로 표준적인 시험방법도 확립되어 있지 않으며, 일반적으로 직접전단시험 및 3축압축에 의한 간접적인 시험이 행해진다. 직접전단시험은 그림 3.14와 같이 전단면에 전단응력이 일정하게 분포된다고 가정하고 식 (3.10)으로 구할 수 있지만, 이러한 경우에도 인장응력이나 휨응력 등이 작용하므로 순수한 전단강도를 구할 수는 없다.

$$\tau_\mu = \frac{P}{A} \qquad \text{식 (3.10)}$$

여기서, τ_μ : 콘크리트의 전단강도(N/mm^2)
P : 최대하중(N)
A : 전단면의 면적(mm^2)

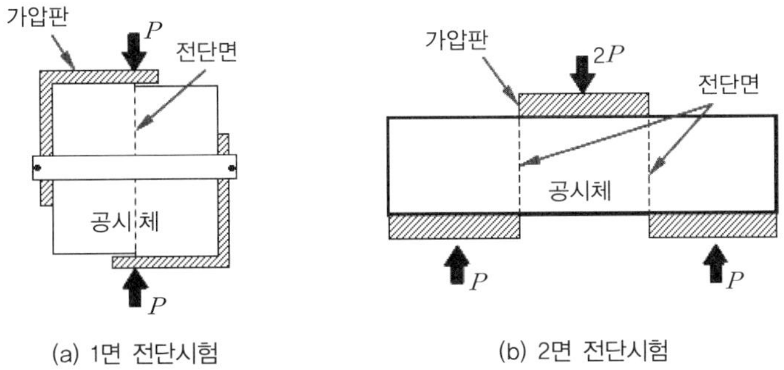

그림 3.14 **전단 시험방법의 종류**

3축압축에 의한 간접 시험방법은 콘크리트 3축압축 시험장치를 이용하는데, 측압 $\sigma 3$를 3~4단계로 변화시켰을 때의 축압축강도 σ_1를 측정하여 그림 3.15(a)와 같은 Mohr 원을 구하고 파괴포락선을 그려 파괴포락선과 종축의 교점거리를 전단강도로 한다. 포락선의 근사값으로서 그림 3.15(b)와 같이 2개의 주응력원의 공통접선을 이용하면 식 (3.11)로 전단강도의 근사값을 구할 수 있다.

$$\tau_\mu = \frac{\sqrt{f'_c \cdot f_t}}{2} \qquad \text{식 (3.11)}$$

여기서, τ_μ : 전단강도의 근사값(N/mm^2)
f'_c : 콘크리트의 압축강도(N/mm^2)
f_t : 콘크리트의 인장강도(N/mm^2)

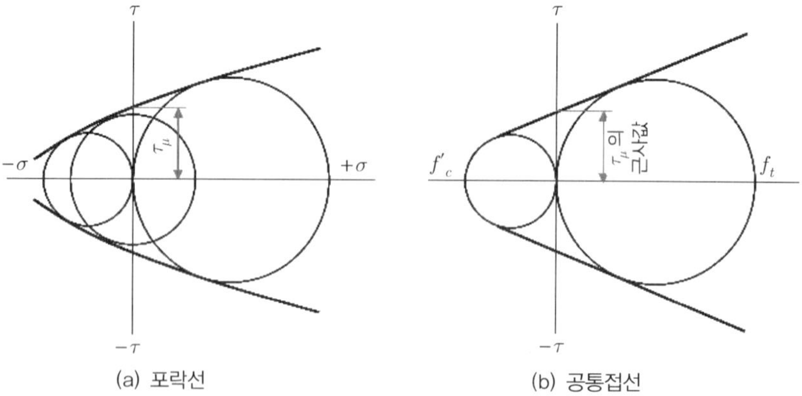

그림 3.15 **전단강도 추정방법**

3.2.4 비틀림강도

콘크리트의 비틀림강도는 비틀림 작용을 받는 철근콘크리트 부재의 균열모멘트가 일반적으로 철근콘크리트의 파괴모멘트와 거의 동일하다고 생각하고 산정해도 좋다. 또한 비틀림에 의한 철근콘크리트 부재에 균열이 발생하면 비틀림 강성 및 내력이 급격히 저하되므로 균열모멘트는 구조적으로 매우 중요한 의미가 있다.

그림 3.16과 같이 원형단면 또는 구형단면의 부재가 탄성체라면 비틀림 하중에 의해 단면에 발생하는 전단응력은 직선분포를 하고 반경에 비례하여 표면부에서 최대전단응력이 발생한다. 여기에서 최대전단응력은 식 (3.12) 및 식 (3.13)으로 구할 수 있다.

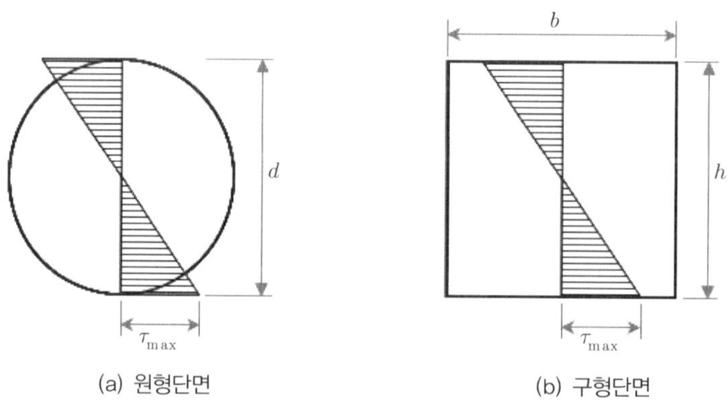

그림 3.16 **비틀림 전단응력의 분포**

(원형단면의 경우) $\tau_{max} = \dfrac{16M_t}{\pi d^3}$ 식 (3.12)

(구형단면의 경우) $\tau_{max} = \dfrac{\dfrac{M}{bh^2}}{6}$ 식 (3.13)

여기서, τ_{max} : 최대전단응력(N/mm²)

M_t : 비틀림모멘트(N·mm)

d : 원형단면의 직경(mm)

b : 구형단면의 폭(mm)

h : 구형단면의 높이(mm)

비틀림 하중을 받는 콘크리트 보는 사인장파괴를 일으키므로 식 (3.12) 또는 식 (3.13)의 탄성식만으로는 비틀림강도를 구할 수가 없다. 그러나 구형단면의 콘크리트 보의 비틀림강도는 식 (3.14)를 사용하여 적합한 추정값을 구할 수 있다.

(구형단면의 경우) $M_t = \dfrac{bh^3}{3} \cdot kf_b$ 식 (3.14)

여기서, f'_b : 콘크리트의 휨강도(N/mm²)

k : 실험정수(일반적으로 $k = 0.85$)

3.2.5 부착강도

1) 콘크리트의 부착거동

철근콘크리트 구조물의 설계는 구조물에 어떠한 힘이 가해졌을 때 철근과 콘크리트가 서로 따로 거동하는 것이 아니라 완전히 부착되어 일체로 거동한다고 가정하고 설계하므로 철근과 콘크리트의 부착강도는 충분히 확보되어야 한다. 부착이 완전하지 않을 경우에는 철근과 주위 콘크리트의 계면에 전단응력이 발생하는데 이를 부착응력이라고 한다. 부착응력이 작으면 철근이 최대인장강도에 도달하기 전에 뽑히게 되는데 이를 부착파괴라고 한다. 철근과 콘크리트의 부착력은 다음의 세 가지 힘에 의해 발현되는데 이 중에서 기계적 저항력이 가장 크며 접착력이 가장 적다.

① 철근과 시멘트 페이스트의 접착력(화학적 부착)

② 콘크리트의 수축과 이로 인해 철근 표면에 가해지는 측압에 의한 철근과 콘크리트의 마찰력

③ 이형철근의 돌기(마디)에 의한 기계적 저항력(물리적 부착)

부착강도는 일반적으로 부착파괴 시의 하중을 부착면적으로 나누어 철근 표면에 발생하는 부착응력의 단위면적당 평균 응력으로 나타낸다.

또한 부착강도는 콘크리트의 강도 및 건조상태, 철근의 직경 및 표면형상, 철근의 위치 및 방향, 매입(정착)길이, 피복두께, 철근 주위의 횡보강근, 콘크리트의 다짐 정도, 부착강도 시험방법 등 다양한 요인에 따라 달라진다. 이형철근을 사용한 경우의 부착강도는 그림 3.17과 같이 원형철근을 사용한 경우의 2배 정도이며, 원형철근의 부착강도는 콘크리트 압축강도의 약 1/10 정도이다. 한편 콘크리트는 경화되기 전에 침하현상이 발생하는데, 이는 각 사용 재료의 밀도 차이에 의한 침강 등의 재료분리 및 배합수의 블리딩 현상에 의한 것이다. 그러므로 수평방향으로 배치된 철근의 바로 아래에는 콘크리트의 침하 및 블리딩 현상에 의하여 공극이 발생하기 쉬우며, 이러한 현상은 철근의 부착강도 저하를 초래하게 되며 부재의 하부철근보다 상부철근의 부착강도가 낮아지게 된다.

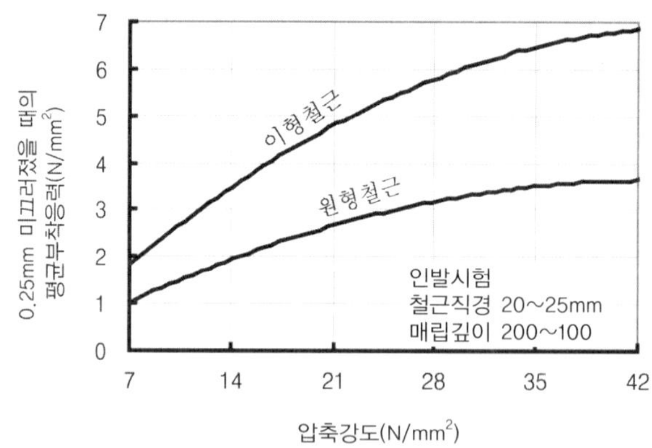

그림 3.17 **압축강도와 부착강도의 관계**

2) 부착강도 시험방법

부착강도를 측정하기 위한 시험방법에는 그림 3.18(a)~(d)와 같은 인발시험, 압출시험, 양방향 인발시험, 보시험 등이 있다. 인발시험은 콘크리트가 압축응력, 철근이 인장응력을 받게 되므로 실제의 부재에서 일어나는 응력상태와는 다르다. 그러나 시험방법이 간단하고 콘크리트의 품질 및 철근의 표면상태가 부착강도에 미치는 영향을 잘 나타내므로, 미국(ASTM C 234) 및 영국(BS)에서 표준시험방법으로 채택하고 있다.

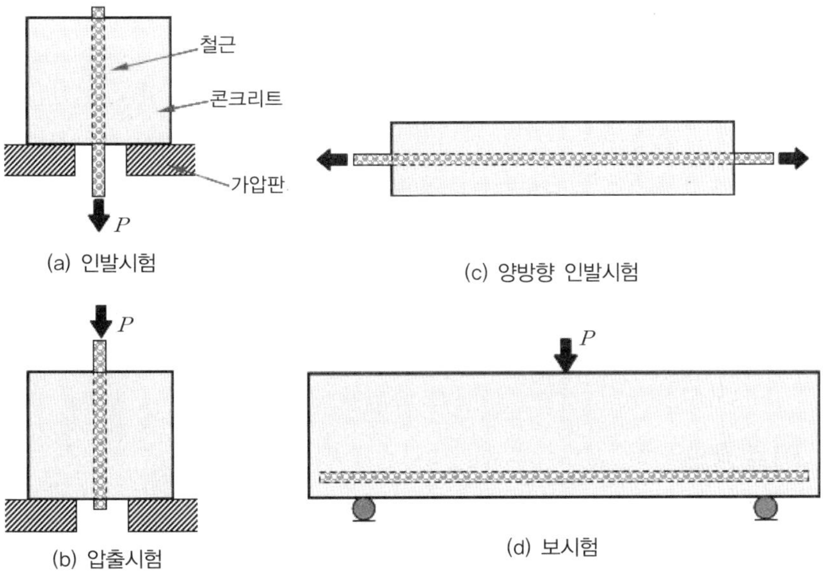

그림 3.18 **콘크리트와 철근의 부착강도 시험방법**

인발시험에 의한 부착강도는 식 (3.15)로 구할 수 있다.

$$f_{bo} = \frac{P}{\pi \phi l} \qquad \text{식 (3.15)}$$

여기서, f_{bo} : 부착강도(N/mm^2)

P : 최대인장하중(N)

ϕ : 철근의 직경(mm)

l : 철근 매입길이(정착길이)(mm)

압출시험은 철근을 눌러서 부착력을 측정하는 방법으로 철근이 눌려서 직경이 다소 커지게 되므로 부착력이 다소 높게 측정된다. 또한 콘크리트 시험체가 인장파괴되는 경우가 있으므로 주의해야 한다. 양방향 인발시험은 공시체의 중심부에 철근을 매입하여 이를 양방향에서 잡아당겨 시험하는 방법이다. 시험체를 길게 하여 철근에 Strain Gage를 붙여놓으면 균열간격을 측정함과 동시에 부착응력의 분포도 측정할 수 있다. 또한 공시체의 축방향에 적당한 간격으로 몇 개의 노치(Notch)를 설치하여 측정하면 균열의 분산성을 평가할 수 있다. 보시험은 실제 구조물의 경우와 가장 가까운 부착특성을 재현할 수 있는 방법이나 시험체 크기가 크므로 많은 시험변수를 고려하기 어렵고 경비가 많이 소요되는 단점이 있다.

부착강도 시험방법에는 그림 3.19에 열거한 방법 이외에도 다양한 시험방법이 고안되어 있다. 일례로 인발시험에는 보의 전단 스팬부를 모델화한 편심인발 시험방법도 있으며, 양방향 인발시험에도 노치의 설치방법에 따라 시험방법이 다양하다. 즉 콘크리트와 철근의 부착특성은 다양한 요인에 의해 달라지므로 특정한 한 가지의 방법으로 모든 경우의 부착강도를 용이하게 평가하기는 어렵다. 그러므로 시험의 목적에 따라 구조물의 부착파괴 거동과 유사한 시험방법을 선택하거나 고안하여 실시하는 것이 바람직하다.

3.2.6 피로강도

교량이나 포장 콘크리트 등의 경우에는 반복적으로 하중을 받게 되는데, 이와 같이 정적파괴하중보다 낮은 하중이더라도 이것이 반복적으로 작용하게 되면 파괴에 이르게 된다. 이와 같이 반복하중에 의해 강도가 저하되는 현상을 피로, 이러한 하중상태에서 파괴되는 것을 피로파괴, 파괴될 때의 강도를 피로강도, 파괴될 때까지의 반복횟수를 피로수명이라고 한다. 그림 3.19와 같이 반복응력의 크기 S(정적 파괴강도에 대한 최대 반복하중의 응력비로써 최대반복응력 또는 응력진폭이라고 함)와 파괴될 때까지의 반복횟수의 대수값 N은 서로 직선 관계라고 알려져 있다.

무한적인 횟수의 반복하중에 견딜 수 있는 한계를 피로한도라고 하는데, 이때의 강도를 ○○회 피로한도라고 한다. 콘크리트 구조물에 대해서는 내용연수 중에 받는다고 생각되는 반복횟수를 200만 회 정도로 가정하여 피로강도의 기준으로 하고 있으며, 이는 정적강도의 55~60% 정도라고 알려져 있다. 피로강도는 최대반복응력비가 낮을수록, 반복하중의 반복속도가 빠를수록, 콘크리트의 함수율이 높을수록 낮아진다.

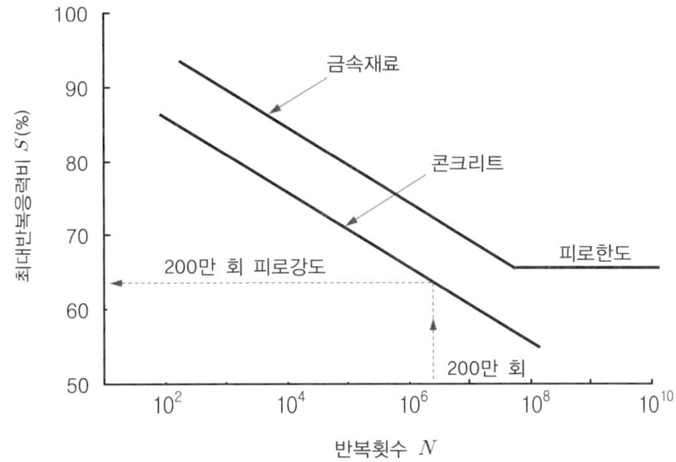

그림 3.19 **피로강도와 피로한도**

3.2.7 지압강도

교각이나 교대의 지주부 및 PC강재의 정착부 등과 같이 재하면이 지주부 면적보다 작아서 콘크리트 단면적의 일부분만 국부적으로 압축력이 가해지는 경우의 강도를 지압강도라고 한다(그림 3.20). 이러한 경우의 지압강도는 일반적인 콘크리트의 압축강도보다 강도가 증가하는데, 지압강도는 식 (3.16) 및 이 식의 양변에 대수를 취한 식 (3.17)로 구할 수 있다.

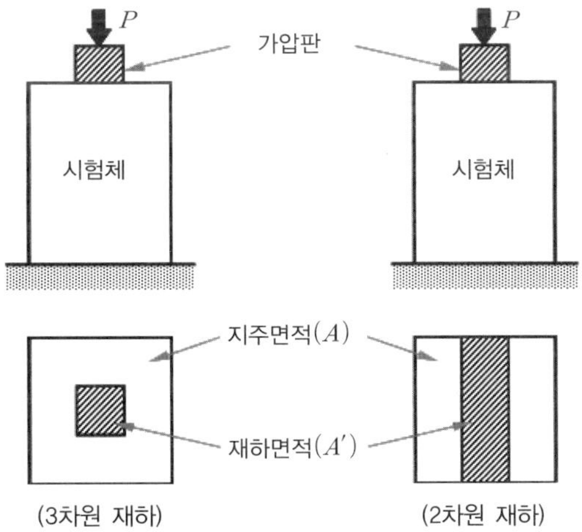

그림 3.20 **지압하중의 분포**

$$f_p = \frac{P}{A'} = \alpha f'_c \left(\frac{A}{A'}\right)^{\frac{1}{n}}$$ 식 (3.16)

$$\log\frac{f_p}{f'_c} = \log\alpha + \frac{1}{n}\cdot\log\frac{A}{A'}$$ 식 (3.17)

여기서, f'_p : 콘크리트의 지압강도(N/mm^2)

f'_c : 콘크리트의 압축강도(N/mm^2)

P : 최대압축하중(N)

A : 지주부 면적(mm^2)

A' : 재하면 면적(mm^2)

α : 재료에 따라 결정되는 정수

n : 정수

3.3 콘크리트의 탄성적 성질

콘크리트 구조물의 강도 및 변형거동은 부재단면의 형태 및 크기와 사용되는 재료(콘크리트 보강재)의 응력변형 관계에 영향을 받는다. 여기에서 콘크리트의 응력변형 관계라 하는 것은, 예를 들어 철근콘크리트의 교량, 기둥, 라멘구조물 또는 내력을 받는 철근콘크리트 제품 등 여러 가지 콘크리트 구조부재의 강도와 변형거동을 예측하기 위해 사용된다.

3.3.1 일축압축을 받는 보통 콘크리트의 응력변형곡선

1) 응력변형곡선 예시

응력변형곡선의 예는 그림 3.21과 같다. 응력변형곡선은 콘크리트의 압축강도 레벨에 의해서 변형되지만, 어떠한 경우도 최고 시점까지는 단조롭게 증가하는 경향을 나타내고 최고 시점에서의 응력이 바로 콘크리트의 압축강도(f_c)에 대응하게 된다. 여기에서 최고 시점에서의 변형은 그림 3.21에서와 같이 거의 0.002 전후에서 나타나는 것을 알 수 있다. 또한 강도가 높을수록 그림 3.22와 같이 최고점의 응력이 크게 나타나는 경

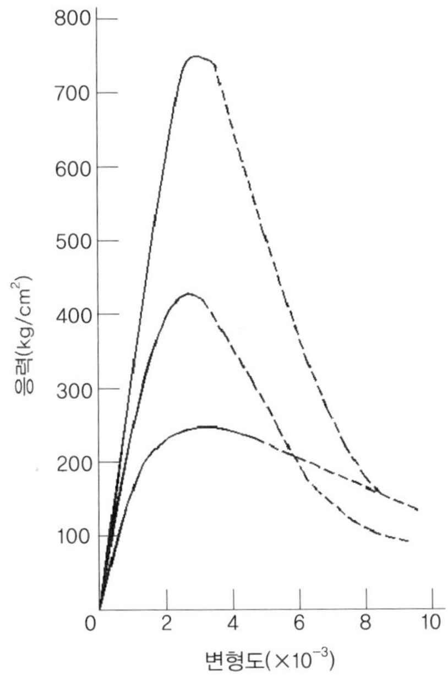

그림 3.21 **응력변형곡선의 예**

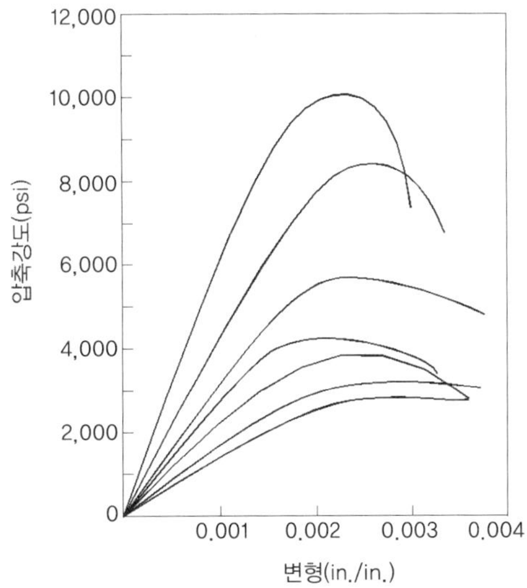

그림 3.22 **응력변형곡선의 예 (고강도 포함)**

우도 있지만, 강도에 의한 차이는 비교적 적다고 할 수 있다. 또한 최고 시점에 가까울수록 콘크리트의 응력변형곡선은 점차 비선형 상태를 나타내고 직선적으로 탄성계수가 저하되어 간다.

이러한 현상은 콘크리트 부재 내부에서의 미세균열 발생 및 촉진에 의한 것으로, 이때 강성의 저하 정도는 강도가 낮을수록 현저히 나타나고, 고강도일수록 최고 시점의 부근까지 선형에 가까운 거동을 나타낸다. 반대로 최고 시점에 도달 후에는 고강도일수록 급격한 응력저하를 나타낸다.

최고 시점 영역에서의 응력변형 관계는 시험조건에 의해서도 크게 영향을 받아 최대시점에서의 콘크리트 공시체가 가루로 부서져 흩어지는 경우가 발생하게 되는데, 이러한 현상은 축방향 강성이 작은 시험기기를 사용했을 경우 최대시점의 시험기기로부터 급격히 응력 에너지가 해체되어 공시체의 파괴를 부르는 에너지를 상회하기 때문에 일어나는 현상이다. 따라서 최대영역에 있어서 콘크리트 응력의 저하를 연속적으로 순조롭게 측정해 나가기 위해서는 강성이 높은 시험기기가 필요하다.

2) 응력-변형곡선 모델

콘크리트의 응력-변형 곡선에 관해서는 지금까지 여러 가지 제안들이 거론되고 있다. 먼저, 호그네스타드(Hognestad)가 제안한 것으로 최대시점까지는 2차곡선, 최대시점 후에는 급격한 물매를 가지는 직선 모델이 있다. 또한 루소(Rusoh)가 제안한 모델은 2차곡선과 수평한 직선을 접속한 모델이다. 그 밖에 응력과 변형의 다항식 모델식(Khz or Saenz) 및 지수관계식(Young) 등 다양한 형태의 식이 제안되고 있다.

한편, 건축 분야에서 자주 이용되고 있는 모델은 미분 · 적분에 의해 식의 형태가 변화하지 않는 것이 그 특징이라 할 수 있다.

3) 종변형과 횡변형 및 체적변형

콘크리트의 변형률은 하중방향의 변형률로서 일반적으로 종변형률(ε_1)이라고도 한다. 이에 비해 하중방향과 수직방향인 횡변형률(ε_2)과 체적변형률(ε_v)이 있다. 종변형률과 횡변형률은 직접 측정 가능하지만, 체적변형률은 종변형률과 횡변형률로부터, 즉 3방향 변형률의 조합으로서 식 (3.18)과 같이 구할 수 있다.

$$\varepsilon_v = \varepsilon_1 + \varepsilon_2 \qquad \text{식 (3.18)}$$

한국콘크리트학회(KCI)에서는 응력-변형곡선과 콘크리트 내부균열의 관계에서 응력의 증가에 따른 압축강도(응력비)가 약 80~90% 정도가 되면 횡변형률은 급격한 증가 현상을 나타내는 것으로 정의하고 있다. 이에 비해 체적변형률은 감소하는 경향으로부터 증가하는 경향으로 바뀌는데 이때의 경계를 임계응력(Critical Stress)이라 한다. 한편, 횡변형률의 급격한 증가는 하중방향과 일치한 모르타르 균열의 급격한 진전에 의한 것으로, 이러한 모르타르의 균열이 시작되는 것은 압축강도의 약 70~80% 정도의 응력에서 나타나는데 이때의 응력을 개시응력(Initial Stress)이라 한다.

일반적으로 하중이 점차적으로 증가하면서 콘크리트의 내부에는 변화가 생기게 되는데, 이 변화는 종변형과 횡변형 및 체적변형의 각 변형률의 변화 외에 횡변형률의 종변형률에 대한 비율인 푸아송비(Poisson's Ratio), 초음파의 콘크리트 내부 전파속도 및 내부에서 발생하는 초음파 에너지 또한, 최근의 Acoustic Emission(AE)이라고 하는 콘크리트 내부의 파괴음 등을 측정하는 방법으로 알 수 있다. 이러한 요소들은 콘크리트 내부에 모르타르 균열이 발생한 후에 크게 변하는 것으로 그 특성변화는 그림 3.23과 같다.

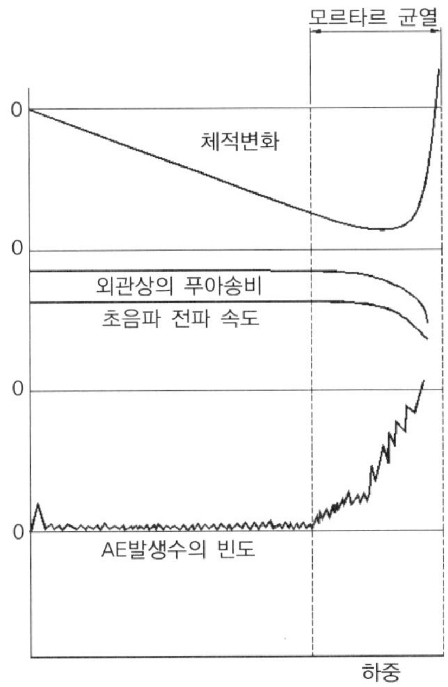

그림 3.23 **압축응력하에서의 특성변화**

그림에서와 같이 초음파의 전달속도는 하중 직각방향에 대해서는 저하되는 것으로 나타나지만, 하중방향은 최종단계까지 거의 저하되지 않는다. 하지만 초음파의 전파속도나 에너지는 균열이 발생하면 즉시 저하된다. 또한 압축하중하에서의 콘크리트 내부에 생기는 모르타르 균열은 거의 하중과 평행방향에 있다는 것을 알 수 있다.

4) 반복응력에서의 콘크리트 변형특성

반복응력에서의 콘크리트 응력-변형률 곡선의 변화는 그림 3.24와 같다. 그림으로부터 제1회 재하에 있어서의 응력-변형률 곡선은 정적재하와 같은 것으로 위로 볼록한 형태의 곡선을 나타낸다. 이후, 반복재하가 증가할수록 응력-변형률 곡선 관계는 거의 직선에 가까운 형태를 나타내면서 점차 기울기가 감소한다. 한편, 파괴점에서의 응력-변형률 곡선은 S자형에 가까운 곡선형태를 나타낸다. 이러한 변화는 응력의 반복에 따라 그 변형응답이 다르게 나타나는 것으로 그림 3.25와 같이 상한 및 하한 응력 시의 변형률이 반복횟수에 따라 커지게 된다. 즉 최대변형률과 반복횟수와의 관계는 최초 위로 볼록한 형태의 곡선(그림 3.24)으로부터 직선형태의 곡선을 지나 점차적으로 아래로 볼록한 형태의 곡선으로 변하고 결국에는 파괴에 이르는 양상을 나타낸다.

또한 그림 3.25로부터 상한 응력 시의 변형률과 하한 응력 시의 변형률 차이는 반복횟수가 증감함에 따라 그 차이가 크게 나타난다. 이와 같은 변형거동은 크리프파괴의 시간과 변형 관계에서와 같은 형태로 양자의 변형 및 파괴기구 형태가 거의 유사하다는 것을 알 수 있다.

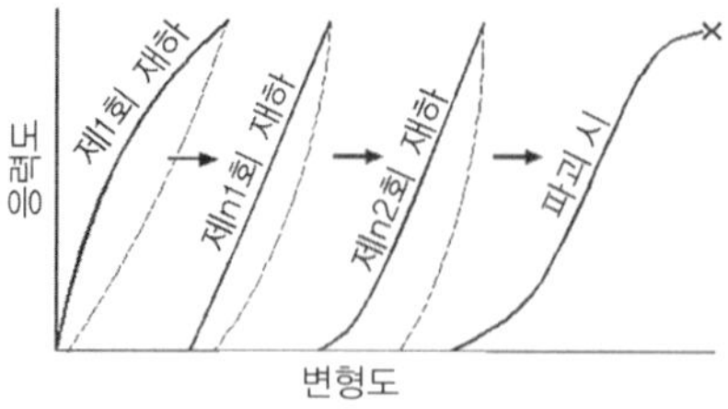

그림 3.24 **반복응력하에서의 콘크리트 응력-변형률 곡선**

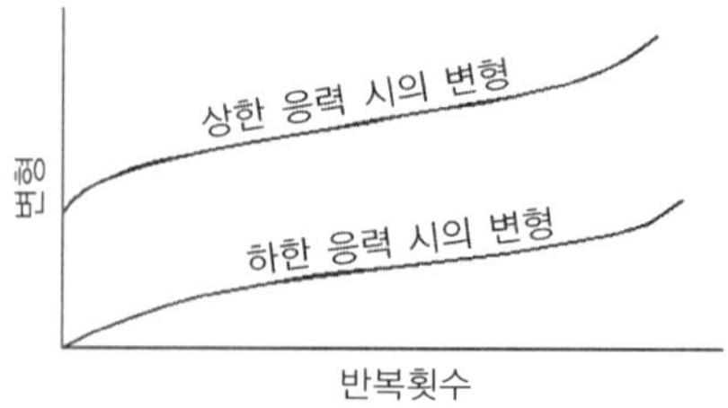

그림 3.25 **반복횟수와 변형 관계**

3.3.2 콘크리트의 탄성계수

구조재료로서 콘크리트는 강도뿐만 아니라 변형성능 또한 중요한 요소이다. 즉 재료의 변형성능을 평가하는 지표가 바로 탄성계수이다. 한국콘크리트학회에 의하면 일반적으로 구조설계에 이용되고 있는 콘크리트의 탄성계수는 그림 3.26과 같이 곡선의 약 1/3~1/4지점에 있는 탄성계수, 즉 할선계수를 이용한다. 이때 할선계수는 정적인 압축시험의 결과로 얻어지는 것으로 이를 콘크리트의 정탄성계수라 한다.

또한 콘크리트의 내구성을 평가하는 지표로 사용되는 동탄성계수는 콘크리트를 종진동 또는 변위(Deflection)진동시켜 그 일차 공명진동수(Resonance Frequency)를 측정함으로써 구할 수 있다. 일반적으로 콘크리트의 동탄성계수가 정탄성계수에 비해 다소 크게 나타난다. 한편, 할선계수가 큰 콘크리트일수록 같은 응력을 가할 때 변형량은 작아진다는 것을 의미한다.

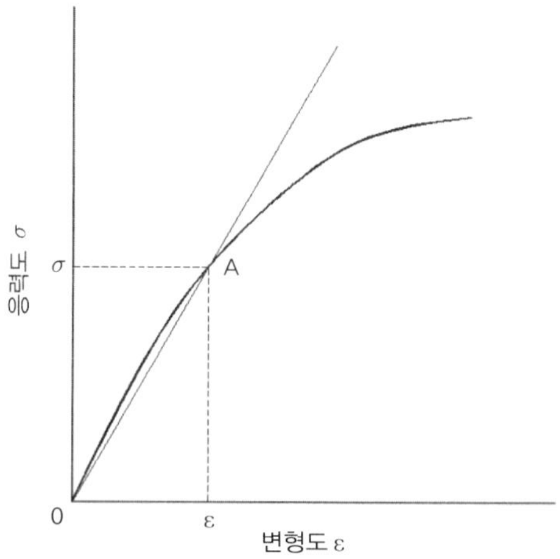

그림 3.26 **탄성계수(할선계수)를 구하는 방법**

콘크리트의 탄성계수는 콘크리트의 재질이나 강도의 영향을 강하게 받지만, 강재의 탄성계수는 재질이나 강도특성에 관계없이 거의 2.1×10^5Mpa로 일정한 값을 나타낸다. 그림 3.27에 각종 콘크리트의 탄성계수(E0.3)와 압축강도(F_c)와의 관계를 나타낸다. 그림에 의하면 같은 종류의 콘크리트에서는 압축강도가 클수록 탄성계수가 크고 또한 같은 강도의 콘크리트에서는 보통 콘크리트에 비해 경량 콘크리트의 탄성계수가 작은 값을 나타낸다. 일반적으로 콘크리트는 시멘트 페이스트와 골재로 이루어진 복합재료로서, 결국 이들 복합재료의 변형성질은 그것을 구성하고 있는 재료, 즉 시멘트 페이스트와 골재의 변형특성의 용적비율에 따라 좌우된다고 할 수 있다.

콘크리트 중의 용적에서 차지하는 골재(V_a) 및 시멘트 페이스트(V_p)의 용적률과 골재(E_a) 및 시멘트 페이스트(E_p)의 탄성계수 관계를 그림 3.28(a)와 같이 가정하면, 이들 재료를 상하로 균일하게 압축할 때의 탄성계수(E_c)는 식 (3.19)와 같이 나타낼 수 있다.

$$E_c = E_a \cdot V_a + E_p \cdot V_p \qquad \text{식 (3.19)}$$

또한 골재 및 시멘트 페이스트를 그림 3.28(b)와 같이 가정하면, 이들 재료를 상하로 일정한 응력으로 압축할 때의 탄성계수(E_c)는 식 (3.20)과 같이 나타낼 수 있다.

$$1/E_c = V_a/E_a + V_p/E_p \qquad \text{식 (3.20)}$$

여기에서, V_a = 골재의 용적비, V_p = 시멘트 페이스트의 용적비, E_a = 골재의 탄성계수, E_p = 시멘트 페이스트의 탄성계수를 나타낸다.

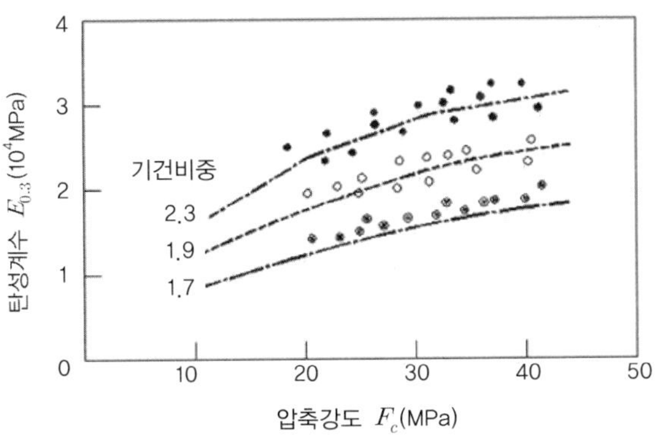

그림 3.27 **각종 콘크리트의 탄성계수와 압축강도(F_c)의 관계**

하지만 실제의 콘크리트에서는 골재와 시멘트 페이스트의 구성은 그림 3.28(a, b)가 아니라, 그림 3.28(c)와 같이 시멘트 페이스트 중에 골재가 랜덤으로 배치되는 모델에 가깝지만, 이러한 경우에는 재료의 탄성계수를 수식으로 나타내기가 어렵다. 이 때문에 최근에 재료의 탄성계수를 수식으로 표현할 수 있는 새로운 형태의 모델(c, d)들이 제안되어 검토 중에 있다. 한편, 그림 3.28의 (a) 및 (b)의 모델을 골재와 시멘트 페이스트로 각각 이루어진 독립된 재료로 가정할 경우 이때의 콘크리트 탄성계수는 그림 3.29와 같다. 여기에서 (a) 모델이 상한치를 (b)의 모델이 하한치를 나타내게 된다. 하지만 실제 콘크리트에서의 탄성계수는 상한치와 하한치의 중간으로 표시된다.

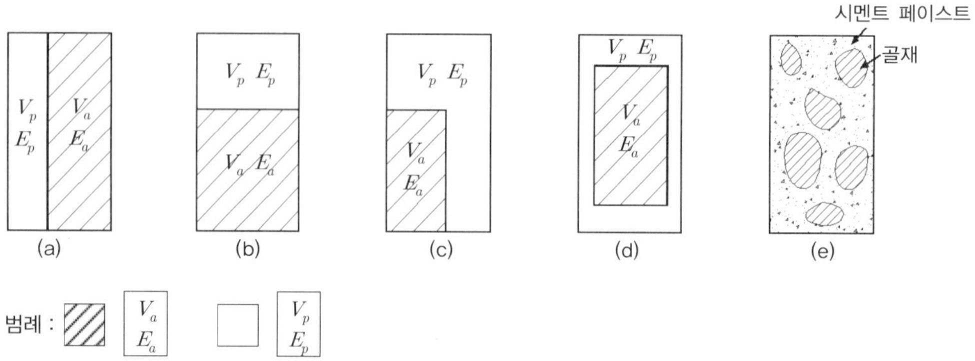

그림 3.28 **각종 콘크리트의 모델**

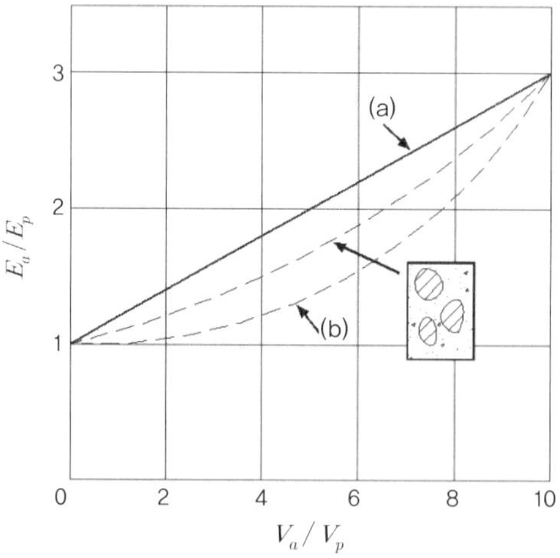

그림 3.29 **각종 모델의 콘크리트 탄성계수**

3.3.3 콘크리트의 크리프

콘크리트에 응력이 작용하면 탄성적인 변형이 발생하는데, 이때 일정한 응력이 지속적으로 작용하면 시간의 경과와 함께 콘크리트에 생기는 변형이 증가하기 시작한다. 이와 같이, 일정한 지속응력하에 있는 콘크리트의 시간적인 소성변형을 "콘크리트 크리프(Concrete Creep)"라 하는데, 이러한 크리프는 콘크리트가 가지는 중요한 성질 중의 하나이다. 또한 일정한 지속응력에 의한 콘크리트의 파괴를 "크리프 파괴"라 한다. 일정한 지속응력하에 있는 콘크리트의 변형률과 시간과의 관계는 그림 3.30과 같다.

그림에서와 같이 지속응력의 크기에 따라 그 변형특성에는 조금의 차이가 있는 것을 알 수 있다. 즉 비교적 지속응력이 낮은 경우에서의 변형은 시간의 경과에 따라 증가하다가 일정한 값에 접근하는 경향을 나타내고 있으나, 반대로 지속응력이 큰 영역에서의 변형은 시간의 경과에 따라 지속적으로 증가하는 경향을 나타내고 있는데, 이러한 형태에서의 콘크리트는 결국 파괴상태에 이르게 된다.

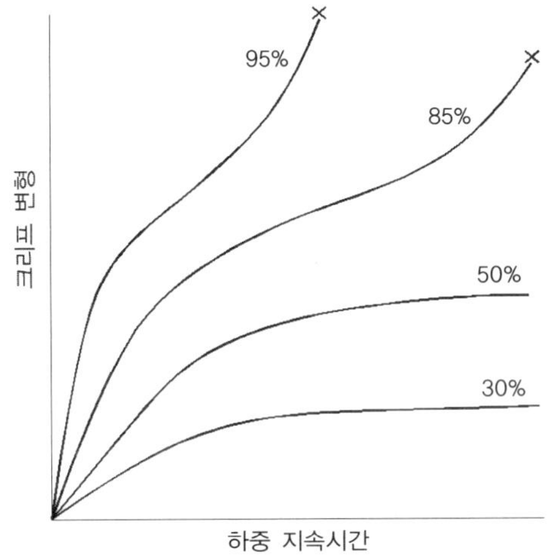

그림 3.30 **콘크리트의 변형률과 시간과의 관계**

1) 크리프변형

지속응력하에서의 크리프변형-시간 관계는 그림 3.31과 같다. 그림으로부터 재령 t_0에서 하중이 재하되면 ε_0라는 탄성변형이 생기는데 이것을 "초기탄성변형(Initial Elastic Strain)"이라 한다. 이후는 시간의 경과에 따라 변형속도는 줄고 반대로 크리프변형이 증가한다. 최종적으로는 거의 변형 증가 없이 일정한 값을 유지하게 되는데 이것을 “종국크리프(Ultimate Creep)”라 한다.

그리고 t_1에서 지속하중을 재하하게 되면 “탄성회복변형” ε_1이 생기며 이후부터는 시간의 경과에 따라 “회복크리프(Recovery Creep)”가 생기게 되는데, 이 회복크리프는 곧바로 일정한 값을 유지하게 된다. 이때 회복크리프가 일정한 값으로 유지된 후에 생기는 잔류변형을 “비회복크리프(Non-Recovery Creep)”라 한다.

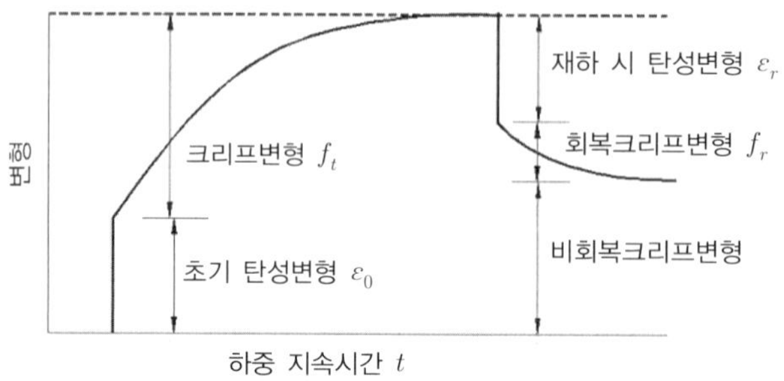

그림 3.31 **지속응력하에서의 크리프변형-시간 관계**

2) 크리프 메커니즘

시멘트에 물을 가하면 수화반응(Hydration)이 일어나고 시멘트 페이스트 내에 결정입자가 형성된다. 이때의 수화반응은 서서히 진행되기 때문에 결정입자의 형성도 함께 서서히 진행하게 된다. 따라서 초기재령에 있어서의 시멘트 페이스트는 닫힌(Closed) 상태이며 재령이 증가함에 따라 시멘트겔(Cement Gel)을 형성하게 된다. 이 시멘트겔 중에 존재하는 겔수가 콘크리트에 재하된 지속하중에 의해 압축되는 것이 아니라, 시멘트겔이 수축하게 된다. 이때의 체적변화를 시페이지 이론(Seepase Theory)이라 한다.

하지만 이 시페이지 이론은 콘크리트 크리프가 지속응력이 클수록 증가한다는 것을 알 수 있지만, 인장 크리프의 구성을 설명하기에는 무기가 많은 이론이라 할 수 있다. 한편, 골조구조의 하중에 의한 탄성적인 응답이 지연되는데 이때의 지연이 크리프변형으로써 나타내는 “지연탄성설(Retarded Elastic Theory)”이 있다. 이 이론은 콘크리트의 크리프변형 회복 관계는 알 수 있지만, 비회복크리프의 존재는 알 수 없는 이론이다. 그 밖에 비회복크리프의 원인을 규명하는 “국부파괴설” 및 “소성변형설”, “점성유동설” 등이 콘크리트 크리프의 메커니즘을 설명하는 이론이다. 하지만 이러한 이론들은 각각 고유의 특징을 가지고 있음은 물론 그 재하방법 및 여러 환경조건에 따라 다양하게 나타나는 관계로 하나의 이론으로 콘크리트 크리프에 대한 전체 메커니즘을 설명하기에는 근본적으로 무리가 많다고 할 수 있다.

3) 크리프에 영향을 주는 요인

콘크리트의 크리프는 여러 가지 요인의 영향을 받는다. 먼저, 콘크리트 중의 수분의 이동과 관련하여 설명하기가 쉬운데, 예를 들어 재하되는 동안의 습도가 낮을수록 또는 콘크리트 부재의 크기가 작을수록 콘크리트가 건조되기 쉬운 환경으로서 이때 크리프는 커지게 된다. 그리고 시멘트 페이스트의 양이 많을수록 또한 물-시멘트비(W/C)가 클수록 콘크리트 중에 수분을 많이 포함하기 때문에 수분의 이동이 쉬워지는 환경에 놓이게 되면 크리프는 커지게 된다. 또한 재하응력이 클수록 또는 재하 시의 재령이 빠를수록 콘크리트 중의 수분 이동이 용이하기 때문에 크리프는 커지게 된다.

콘크리트의 크리프에 영향을 주는 요인들을 구체적으로 살펴보면 먼저, 콘크리트의 재료 중에서는 골재의 종류 및 물리적 성질, 시멘트의 종류와 물질적 성질, 물-시멘트비 등이 영향을 미친다. 또한 콘크리트의 제작에 있어 비빔시간 및 다짐방법과 콘크리트의 실험 시의 재령, 수화도, 양생방법, 함수량, 공시체의 형상 치수 등이 콘크리트의 크리프에 영향을 미친다. 한편, 지속하중의 종류와 크기 및 하중 지속시간 및 온도, 습도, 공기 등의 환경조건 등도 콘크리트의 크리프에 영향을 미치는 주요 요인들이다.

3.4 콘크리트의 용적변화 및 균열

3.4.1 개요

경화 콘크리트의 용적은 여러 요인에 의해 변화한다. 먼저, 콘크리트 구조물 및 부재의 설계 · 시공 측면에서 고려되어야 하는 콘크리트의 용적변화에는 시멘트의 수화반응(Hydration)에 동반되는 수축현상 및 수분의 이동에 동반하는 수축현상, 그리고 온도변화에 동반되는 팽창 수축현상 등이 있다.

일반적으로 수축(Shrinkage)은 시멘트의 수화반응에 의해 발생하는데 이는 시멘트 경화조직 내부에 공극현상으로 존재한다. 이러한 수축현상이 바로 용적변화로 나타나며 이러한 현상을 가리켜 자기수축이라 한다. 한편, 콘크리트의 건조가 표면으로부터 콘크리트의 세공 내부까지 진전되면서 콘크리트를 수축시키게 되는데 이러한 현상을 건축수축이라 한다. 콘크리트 내부의 수분이 관계되는 수축현상은 일반적으로 건조수축을 그 원인으로 고려해볼 수 있으나, 최근에 들어서는 콘크리트의 고강도화가 진행되면서 콘크리트 혼화제의 성능이 비약적으로 향상되어 이들 혼화제가 미치는 영향 또한 무시할 수 없는 실정이다. 즉 콘크리트의 건축수축 및 자기수축은 결과적으로 콘크리트 내부의 수분 존재상태가 크게 영향을 미치는 현상으로 양자의 구분은 명확하지 않으므로 어려운 관계에 있다. 현재 미국, 유럽, 일본 등의 선진외국은 물론 한국콘크리트학회(KCI)에서도 콘크리트의 건축수축 및 자기수축 현상을 총괄하여 수축으로 정의하고 있다.

콘크리트의 수축은 배합 사용 재료 및 구조물 주변의 온도 및 습도, 부재면의 형태 및 크기, 양생조건 등 여러 요인의 영향을 받는다. 한국콘크리트학회(KCI) 자료에 의하면 수분으로 포화된 콘크리트의 공시체(100×100×400mm)를 완전히 건조시키면, 약 $500 \sim 600 \times 10^{-6}$ 정도 수축하는 것으로 알려져 있다.

콘크리트의 수축이 문제가 되는 것은 바로 철근콘크리트(RC) 구조물에 균열을 발생시키는 원인이 되기 때문이다. 일반적으로 콘크리트 구조물이 자체적으로 수축하게 되면 균열은 발생하지 않는 것으로 알려져 있다. 하지만 실제로는 내부의 철근 또는 부재의 건조 정도의 차이에 의해 콘크리트가 자유롭게 수축하는 것을 방해하는 구속력이 발생하게 된다. 콘크리트에 발생하는 한계변형, 즉 신축능력은 약 $300 \sim 400 \times 10^{-6}$ 정도인데, 이때 수축이 구속력에 의해 신축능력을 초과하는 경우 콘크리트 구조물에는 균열이 발생한다.

또한 콘크리트의 수축은 프리스트레스트 콘크리트(Prestressed Concrete) 부재에 있어서 프리스트레스의 손실을 가져오는 원인이 된다. 이 때문에 프리스트레스의 도입 시 크리프와 함께 콘크리트의 수축을 충분히 고려할 필요가 있다. 한국콘크리트학회의 규정의 의하면 설계에 적용되는 건조수축의 경우는 표 3.3과 같이 그 범위를 설정하고 있다. 또한 철근에 의한 구속률의 경우 보통철근인 경우 약 25%, 이형철근의 경우는 약 30%로 규정하고 있다. 일본토목학회(JSCE)의 콘크리트표준시방서에 의하면 일반적으로 보통 콘크리트 및 경량 콘크리트의 경우 표 3.4와 같이 건조수축의 범위를 설정하고 있다.

표 3.3 **설계에 적용되는 건조수축의 범위**

구조물의 종류		상태	건조수축
철근콘크리트	라멘	–	15×10^{-5}
	아치-철근량 0.5% 이상	–	15×10^{-5}
	아치-철근량 0.5% 미만 0.1% 이상	–	20×10^{-5}
프리스트레스트 콘크리트	포스텐션 방법	옥외 옥내	15×10^{-5} 25×10^{-5}
	프리텐션 방법	옥외 옥내	20×10^{-5} 35×10^{-5}

표 3.4 **보통 및 경량 콘크리트의 건조수축 범위 ($\times 10^{-6}$)***

	콘크리트의 재령(설계에서 수축을 고려할 때의 건조개시 재령)				
환경조건	3일 이내	4~7일	28일	3개월	1년
옥외	400				
옥내					

* 일본토목학회 콘크리트표준시방서(2007년)

3.4.2 수축의 메커니즘

경화 콘크리트의 수축현상과 관련하여 콘크리트 중의 수분변화에 의해서 생기는 수축 메커니즘에는 먼저 장력에 의한 설이 있다. 즉 콘크리트 내부에 있어 수분량 변화가 생기는 원인은 외부로부터 수분이 비산되는 건조와 시멘트의 수화반응에 의한 자기건조현상으로 나눌 수 있다. 전자에 동반되는 수축을 건조수축(Drying-Shrinkage)이라 하고 후자에 동반되는 수축을 자기수축(Self-Shrinkage)이라 한다.

또한 시멘트 경화체 중의 수분은 세공 내부가 물로 포화되어 있지 않을 때는 세공 내부의 상태, 즉 세공분포 및 세공량이 존재해서 수증기를 포함하거나 또는 응축수가 되는 액상의 평형상태가 형성된다. 이때, 기체와 액체의 계면에 존재하는 메커니즘의 곡률(Curvature)에 의해 그림 3.32와 같이 모세관장력(ΔP)이 움직이는데 여기에서 생기는 부압(Negative Pressure)에 의해 콘크리트가 수축한다는 설이 있다.

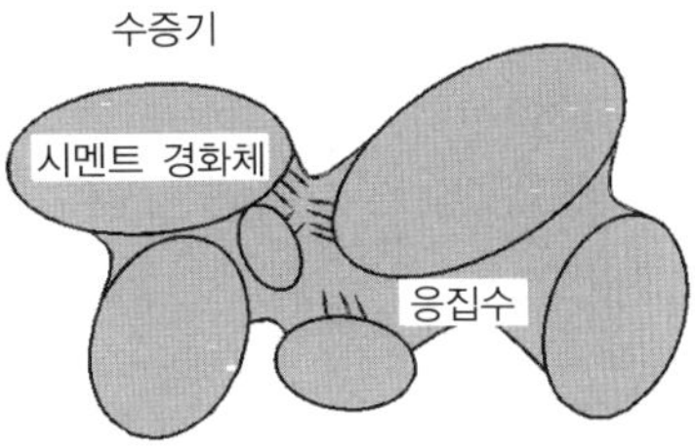

그림 3.32 **시멘트 경화체 중의 물의 개요도**

따라서 콘크리트에 수축을 생기게 하는 메커니즘 전반에 있어 건조수축과 자기수축의 큰 차이는 없다. 즉 양자의 경우 수분량의 변화를 생기게 하는 메커니즘을 발생시키는 구동력이 되어 그 건조과정이 다르기 때문이다. 또한 시멘트의 수화 자체에 의해 자기건조에 동반되는 수축이 자기수축이지만, 이것은 수화에 의한 수축이 아니라 시멘트계 재료와 물이 반응하는 과정에서 생성되는 수화물의 용적이 줄어든 결과 용적감소가 생기는데 이것이 바로 수화수축이 된다. 이때, 용적감소의 대부분은 시멘트 경화체 내부에 형성되는 새로운 공극으로 존재하게 된다.

자기수축은 경화체 내부에 이들 기체 상태의 용적을 포괄하는 거시적인 용적 감소이다. 수화수축에 의해 반드시 자기수축이 생기는 것은 아니고, 최근의 연구보고에 의하면 자기수축률은 수화수축률과 비교해서 큰 차이는 아니지만, 비교적 적게 나타나는 것으로 알려져 있다.

3.4.3 콘크리트의 수축에 영향을 미치는 요인

1) 건조수축

콘크리트의 건조수축에 가장 큰 영향을 미치는 요인은 단위수량이다. 그림 3.33과 같이 일반적으로 단위수량이 같은 경우는 단위시멘트양과 물-결합재비(W/B)가 건조수축에 미치는 영향은 비교적 적다고 할 수 있다. 또한 시멘트의 종류에서는 광물조성 및 비표면적의 영향을 받아, 중용열 포틀랜드 시멘트 및 플라이애쉬 시멘트, 실리카 시멘트, 고로 시멘트가 보통 포틀랜드 시멘트의 경우와 비교해서 건조수축이 크게 나타난다. 시멘트의 구성 광물 중에서는 특히, C_3A가 건조수축이 크고 SO_3가 많을수록 건조수축이 적고, 더욱이 건조수축은 비표면적이 작다.

또한 건조수축은 수분이 비산되는 현상과 크게 관련이 있어 주변환경, 즉 상대습도의 영향을 크게 받는다. 상대습도가 낮은 경우에는 건조수축이 크게 나타나고 그 속도 또한 아주 빠르게 나타난다. 동시에 주변 환경의 습도가 큰 경우에도 수분의 비산속도가 빠르게 나타나기 때문에 건조수축이 크게 나타나게 된다. 더욱이, 콘크리트 구조물 및 부재에 있어서는 수분의 비산속도가 부재의 크기 및 형태에 의해서 크게 다르게 나타나기 때문에 건조수축 속도는 이들의 영향을 크게 받는다. 일반적으로 용적과 표면적이 작을수록 건조수축 속도는 빠르게 나타난다.

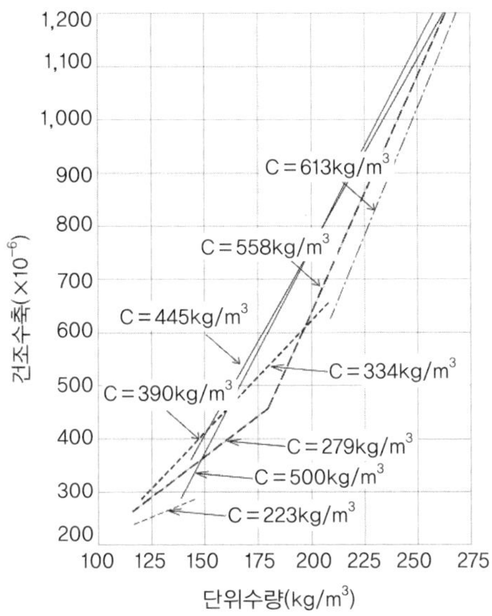

그림 3.33 **단위수량 및 단위시멘트양과 콘크리트 건조수축과의 관계**

2) 자기수축

콘크리트의 자기수축은 시멘트의 수화반응에 기인하기 때문에 시멘트의 수화 진행에 크게 영향을 미치는 요인은 모든 자기수축의 진행에 영향을 미치는 것과 같다. 그중에서도 콘크리트의 자기수축에 가장 크게 영향을 미치는 것은 물-시멘트비(W/C)이다. 즉 시멘트의 수화반응이 심하게 생기는 경우에 자기수축은 크게 나타나기 때문에 그림 3.34와 같이 물-시멘트비가 낮을수록 크다. 여기에 물-시멘트비가 낮은 경우에는 건조수축이라 판단되는 수축의 거의 대부분은 실제로는 자기수축으로 나타난다.

더욱이 콘크리트가 수중양생되어 있는 상태라 할지라도 질량 증가를 동반해서 수축을 생기게 하는데, 이러한 현상은 콘크리트의 표층부에서는 수분을 흡수하면서도 콘크리트의 내부에서는 자기수축이 진행되고 있기 때문이다.

콘크리트의 자기수축은 시멘트의 종류에 있어서도 크게 달라지는데 고로 시멘트 및 조강 포틀랜드 시멘트를 사용하는 경우 수축은 적게 나타난다. 이는 콘크리트의 광물조성과 깊게 연관되어 있는데, 즉 칼슘 알루미네이트(Aluminate)계 광물이 자기수축을 증대시키기 때문이다. 이런 점으로 미루어볼 때 앞에서의 건조수축과 같은 현상이 자기수축에 대해서도 유사한 경향을 나타내는 것을 알 수 있다.

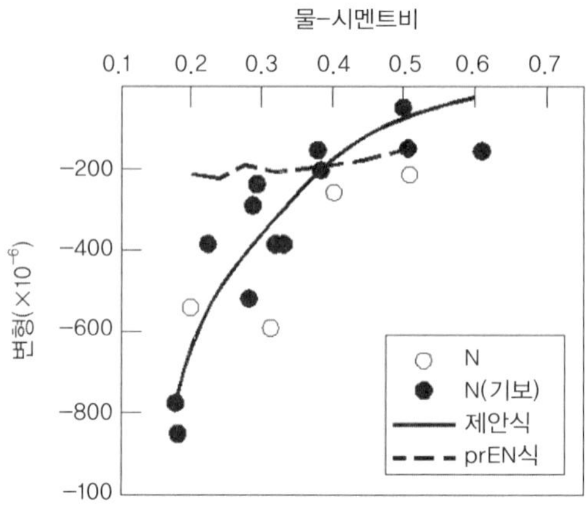

그림 3.34 **물-시멘트비와 자기수축변형과의 관계**

3.4.4 콘크리트의 수축에 의한 균열

콘크리트에 수축이 발생하는 경우에도 콘크리트가 자유수축(Free-Shrinkage)을 할 수 있게 되면 크게 문제는 되지 않는다. 그러나 실제로는 콘크리트가 구조물 및 부재로 사용될 경우에는 내부 또는 외적으로 구속(Confining)을 받게 된다. 이때, 콘크리트에 수축이 생기게 되면 수축을 구속하는 응력이 발생한다. 이 구속응력에 의해 인장응력이 콘크리트의 신축능력을 초과하게 되면 콘크리트에 균열이 발생한다. 온도응력을 포함해서 콘크리트에 발생하는 각종 구속응력(Confining Stress)은 표 3.5와 같다.

표 3.5 **콘크리트에 발생하는 각종 구속응력(Confining Stress)**

구분	자기수축응력	온도응력	건조수축응력
발생기간	수화의 진행기간	1~2주간	건조의 진행기간
철근구속	받음	적음	받음
외부구속	받음	받음	받음
내부구속	받음	받음	받음
물-시멘트비(W/C)	작을수록 큼	거의 받지 않음	클수록 큼
온도의 영향	크다(일반적)	-	크다(일반적)
단면 크기의 영향	거의 받지 않음	클수록 큼	적을수록 큼
수축원인	자기건조	온도 저하	물의 비산(증발)

표 3.5에 의하면, 구속응력의 발생시기 및 영향을 받는 요인은 각각 다르다는 것을 알 수 있다. 콘크리트 구조물 및 부재에 발생하는 균열은 콘크리트가 받는 구속 상태에 따라 다르다. 즉 그림 3.35와 같이 구조물 주변과 내부의 부재가 다르고 주변의 구속이 강한 경우에는 주변의 구속체에 따라 균열이 발생함과 동시에 직사각형 방향의 수축이 탁월하기 때문에 그 중앙부에 균열이 발생하기 쉽다. 단, 벽체의 경우에는 상하방향에 압축력이 작용하기 때문에 수평방향의 균열이 생기기 쉽고, 균열의 발생 형태는 일반적으로 그림 3.36과 같다. 이때, 하부는 이어 쳐야 되므로 콘크리트 이어치기 면은 연직방향으로 균열이 발생하기 쉽다.

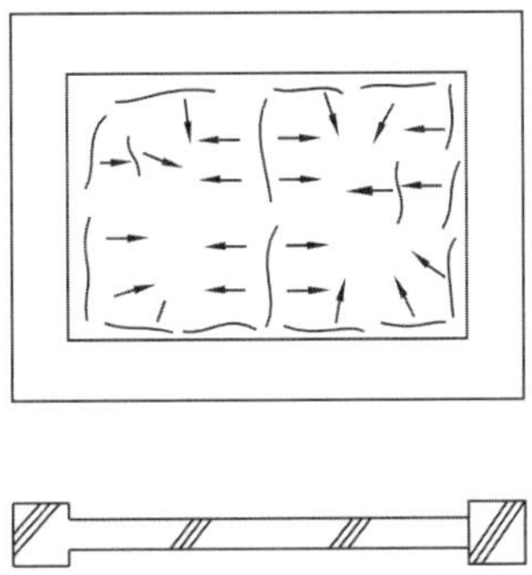

그림 3.35 **주변의 구속이 강한 경우 발생하는 균열**

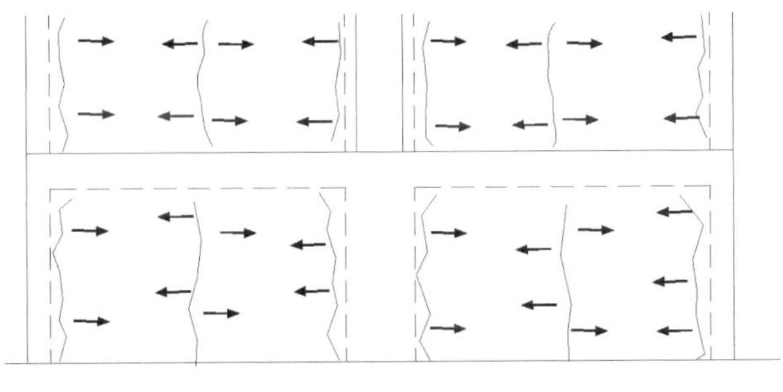

그림 3.36 **벽체의 경우 발생하는 균열**

한편, 바닥의 경우에는 보의 구속에 동반하는 균열이 발생함과 동시에 바닥에 작용하는 휨응력의 영향을 받기 쉬우므로 그림 3.37과 같은 형태의 균열이 발생하는 경우가 많다. 또한 건물 전체가 온도 및 습도의 영향을 받아 옥상부가 고온 또는 고습이 되어 팽창한 경우에는 그림 3.38과 같은 八형태나 \/형태의 균열이 발생하기 쉽다.

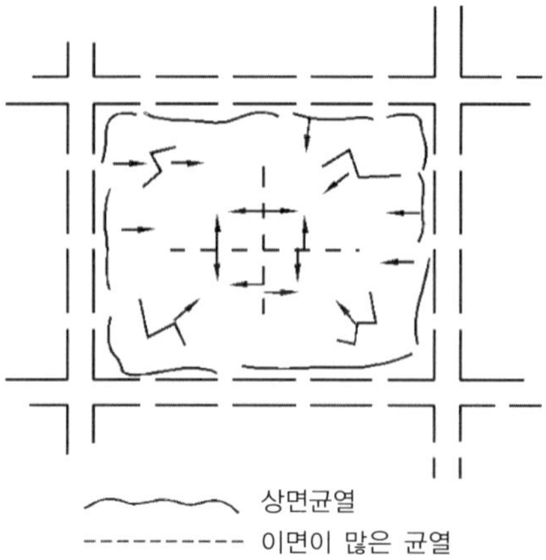

그림 3.37 **강성이 작은 경우 바닥의 균열**

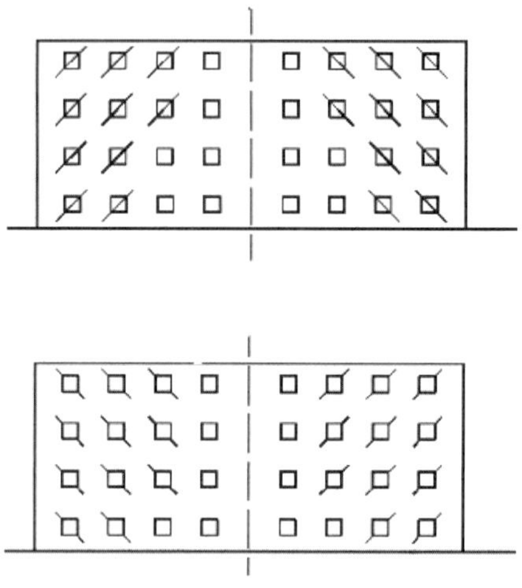

그림 3.38 **환경(고온 · 고습)의 변화에 의한 균열**

특히, 환경온도 및 습도의 영향을 콘크리트 부재가 받는 경우에는, 예를 들어 공동주택의 측벽처럼 외측과 내측이 고온 또는 고습과 저온 또는 건조의 경우가 반복될 경우 그림 3.39와 같은 균열은 구속부 사이의 중앙부 또는 구속 부재의 인접부 근처 저온 또는 건조 측에 발생한다. 균열은 초기단계에서는 일반적으로 관통하기 어려우나 반복작용에 의해 시간이 경과하면 균열이 관통하는 경우가 대부분이다.

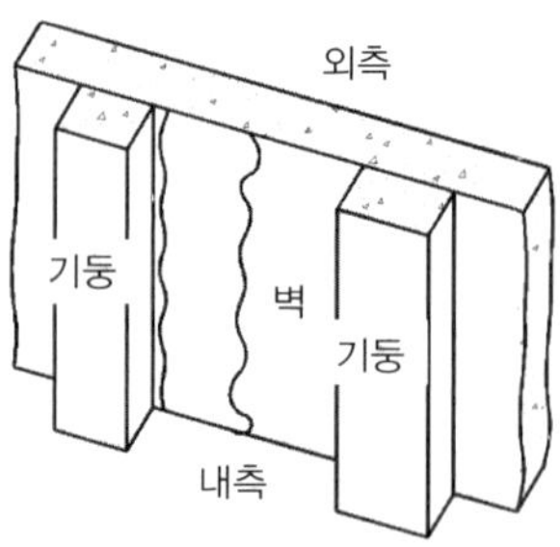

그림 3.39 **고온 · 고습의 차이에 의한 부재 양면의 균열**

3.4.5 수축균열의 대책

콘크리트의 수축에는 배합, 사용 재료, 구조물 주변의 온도 및 습도, 부재단면의 형태 및 크기, 양생조건 등 여러 가지 요인이 수축에 영향을 미친다. 일반적으로 건조수축의 경우에는 단위수량이 가장 큰 영향을 미치는 요인이므로, 이때 고성능감수제(Super Plasticizer) 등을 사용하여 단위수량을 줄이는 것으로 수축을 어느 정도 저감하는 것이 가능하다. 하지만 단위수량을 줄이면 콘크리트의 변형응력도 저하되기 때문에 건조수축에 따른 균열을 방지하기에는 이러한 방법만은 근본적인 대책이 될 수가 없다.

따라서 수축을 저감할 목적으로 최근에는 수축저감제 및 팽창제가 사용되는 경우가 많다. 일반적으로 수축저감제는 사용량이 많을수록 수축저감 효과는 커진다. 또한 팽창제를 사용한 콘크리트의 경우는 장기수축양생을 실시한 경우에는 일정한 팽창에 도달한 후의 팽창량에 있어 거의 변화가 없으나, 수중양생 후에 건조(기건)양생을 실시한 경우에는 건조에 의한 수축이 생기기 때문에 주의할 필요가 있다. 단, 이때의 수축은 통상의 콘크리트와 비교해서 작은 것으로 최근의 연구에서 보고되고 있다.

또한 배합 및 사용 재료의 측면 이외 시공방법의 경우에서도 수축균열을 방지하는 것이 가능하다. 수축균열은 구속이 클수록 발생하기 쉽기 때문에 연속해서 콘크리트를 타설할 필요가 있을 경우에는 타설구간을 적절히 분할하고, 건조수축이 어느 정도 진행한 후에 인접하는 구간의 콘크리트를 타설하면 수축에 동반하는 구속력의 발생이 완화되어 수축균열을 어느 정도 제어할 수 있다.

자기수축의 경우에는 물-결합재비가 가장 큰 영향을 미치는 인자이며, 시멘트 종류의 영향도 절대 무시할 수 없다. 양생기간 등의 확보가 가능한 경우에는 중용열 포틀랜드 시멘트 및 저발열 시멘트 등 자기수축이 적은 시멘트로의 변경도 검토될 수 있으나, 시멘트 종류의 변경이 곤란한 경우에는 건조수축의 경우와 마찬가지로 수축저감제 및 팽창재의 사용이 일반적으로 유효하다고 할 수 있다. 또한 고강도 콘크리트의 고성능화를 목적으로 수축저감제와 팽창재를 병용한 경우, 최근의 연구보고에 의하면 각각 수축저감제와 팽창재를 독립적으로 사용한 경우와 비교해서 그림 3.40과 같이 자기수축의 저감량이 증가하는 것으로 보고되고 있다.

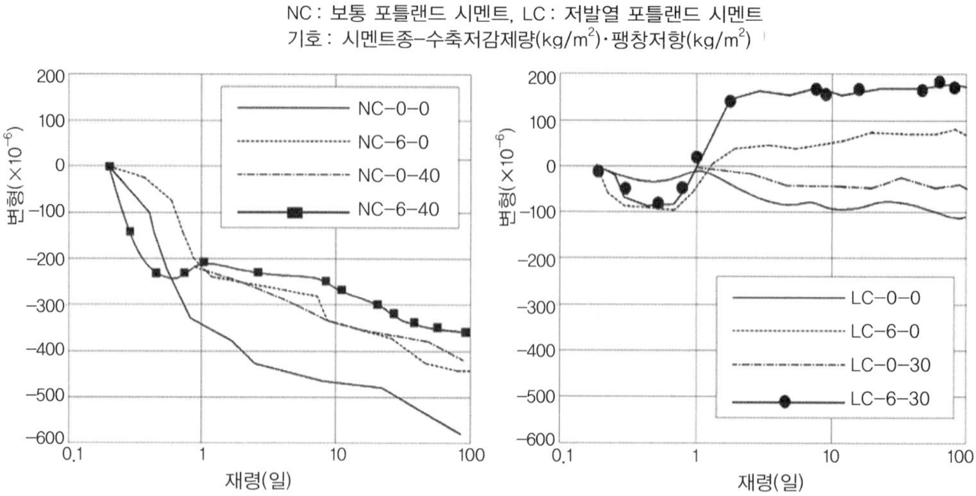

그림 3.40 **자기수축 및 팽창변형의 경시변화**

한편, 수축에 동반되는 균열이 발생한 경우에는 균열에 대한 보수를 검토하지 않으면 안 된다. 균열의 보수공법에는 일반적으로 표면처리공법 및 주입공법, 충전공법 등이 많이 사용되고 있으며, 보수재료로는 수지계 재료 및 시멘트계 재료 등 다종다양한 형태의 공법 및 재료가 이용되고 있다. 하지만 방수성 및 내구성 등 수축균열의 발생에 동반해서 실시되는 보수의 경우에는 보수의 목적을 명확히 함과 동시에 수축균열 발생 후에 내부 철근의 녹 발생에 이르기까지 철근의 부식상태 등도 감안해서 가장 적절한 보수공법 및 보수재료를 선정할 필요가 있다.

건조수축으로 콘크리트의 구조물 및 부재에 발생하는 균열의 모든 것이 반드시 콘크리트 구조체에 유해한 영향을 미치는 것은 아니다. 예를 들어 균열이 모멘트를 재분배시키거나 또는 응력집중을 완화시키는 역할을 하는 경우에는 철근보강에 있어 오히려 도움이 되는 긍정적인 면도 있다. 하지만 콘크리트 구조물 및 부재에 발생하는 대부분의 균열은 콘크리트의 내구성을 급격히 저하시키는 근본적인 주요인이 된다.

콘크리트 구조물 및 부재의 균열조사 및 보수 · 보강의 지침에 있어서는 각국의 규정이 조금 차이가 있으나, 수축균열에 의한 콘크리트의 내구성 및 방수성, 미관 등에 영향을 미치는 범위 안에서 균열에 따른 보수 여부를 판정하는 경우 균열폭의 정도를 콘크리트학회에서는 다음의 표 3.6과 같이 규정하고 있다.

표 3.6 **보수 여부를 판정하기 위한 균열폭의 정도**

구분		내구성의 경우			방수성의 경우
		심함	중간	약함	–
보수를 필요로 하는 균열폭(mm)	대*	0.4 이상	0.4 이상	0.6 이상	0.2 이상
	중*	0.4 이상	0.6 이상	0.8 이상	0.2 이상
	소*	0.6 이상	0.8 이상	1.0 이상	0.2 이상
보수를 필요하지 않는 균열폭(mm)	대*	0.1 이하	0.2 이하	0.2 이하	0.5 이하
	중*	0.1 이하	0.2 이하	0.3 이하	0.5 이하
	소*	0.2 이하	0.3 이하	0.3 이하	0.5 이하

* 대, 중, 소 : 콘크리트 구조물의 내구성 및 방수성에 미치는 유해성의 정도를 나타내는 것으로 균열깊이, 형태, 피복두께, 콘크리트의 표면의 피복 유무, 재료, 배합, 이어치기 등을 종합하여 결정

3.5 콘크리트의 수밀성

콘크리트의 수밀성(Watertight)은 댐 및 수리구조물 등 주로 수압이 작용하는 구조물에 요구되는 성질이나, 그 밖에도 콘크리트의 내구성에 영향을 미치는 중요한 성질이다. 콘크리트의 수밀성은 일반적으로 투수계수 k 및 확산계수 β_i로 표시되고, 이들의 값은 그림 3.41과 같이 각각 10^{-12}~10^{-10} 및 10^{-4}~10^{-1} cm^2/s 이다.

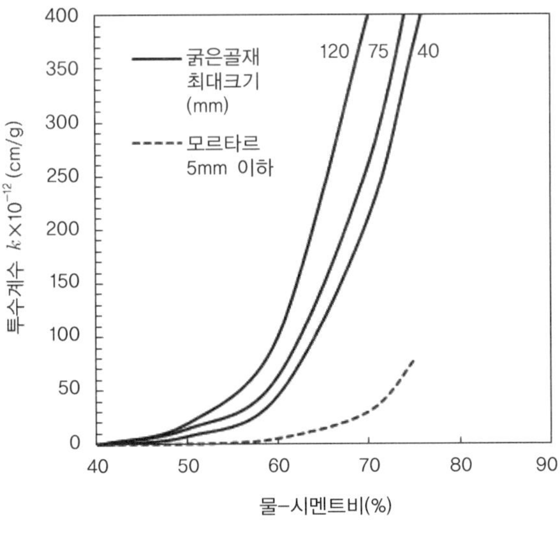

그림 3.41 **물-시멘트비와 투수계수와의 관계**

3.5.1 사용 재료의 영향

1) 시멘트의 종류와 분말도

보통 포틀랜드 시멘트, 중용열 포틀랜드 시멘트, 조강 포틀랜드 시멘트 및 고로 시멘트의 4종류 시멘트를 이용한 콘크리트의 수밀성(확산계수)은 그림 3.42와 같이 압축강도의 증가와 반비례의 경향을 나타내고 있으나, 재령 28일 이상 양생한 경우에서는 시멘트의 종류에 관계없이 거의 동일한 경향을 나타내고 있다. 단, 고로 시멘트의 경우는 압축강도가 낮은 저단계의 재령에 있어서도 고로슬래그의 혼입에 따른 콘크리트의 치밀화에 의해 높은 수밀성을 나타내고 있다. 또한 분말도의 차이에 따라서는 분말도가 낮은 것에 비해 높은 것이 수밀성이 크고, 이러한 경향은 특히 재령이 낮을수록 현저히 나타난다. 하지만 충분히 양생을 실시한 경우 그 차이는 압축강도의 증가경향과 거의 동일하거나 적다.

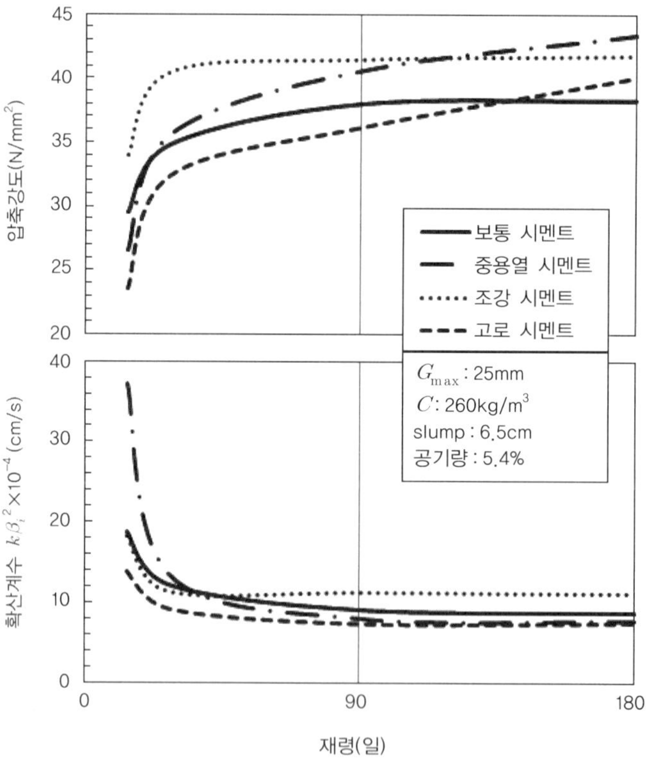

그림 3.42 **시멘트의 종류가 콘크리트의 수밀성 및 압축강도에 미치는 영향**

2) 굵은골재의 형상

굵은골재로 쇄석을 사용한 보통 콘크리트의 수밀성은 단위수량 증가의 영향에 의해 단위시멘트양 및 반죽질기(Consistency)를 동일하게 한 자갈 혼입 콘크리트와 비교할 때 수밀성이 저하된다. 그러나 양질의 AE제 및 감수제를 사용함으로써 자갈을 혼입한 콘크리트와 거의 동등 이상의 수밀성을 얻을 수 있다.

3) 인공경량골재

인공경량골재를 사용한 콘크리트의 수밀성은 골재의 흡수량에 상관없이 보통 콘크리트의 약 2배 정도 개선되는 것으로 보고되고 있다. 이러한 경향은 콘크리트의 자중에 의한 압밀저감에 의해 블리딩(Bleeding)이 감소하고 매트릭스(Matrix) 중 골재계면의 공극이 생기기 어렵기 때문인 것으로 알려져 있다.

4) AE제 및 감수제

비교적 블리딩이 적고 물-결합재비(W/B)가 낮은 AE콘크리트에 수압이 크게 작용하는 경우, 콘크리트 중의 미세기포에도 물이 침투하기 때문에 AE콘크리트의 수밀성은 보통 콘크리트에 비해 저하되는 경우가 있다. 하지만 일반적으로 AE제, 감수제 및 AE감수제 등의 혼화제를 사용하면 워커빌리티(Workability)가 개선되어 수밀성이 탁월하게 개선되기 때문에 콘크리트의 수밀성을 용이하게 개선시킬 수 있다.

5) 플라이애쉬(Fly Ash)

플라이애쉬를 사용한 콘크리트의 수밀성은 그림 3.43에서와 같이 충분한 습윤양생을 실시함으로써 포졸란 반응에 의한 콘크리트 내부의 치밀화로 인해 장기강도가 증진하므로 콘크리트의 수밀성이 개선되는 것을 알 수 있다.

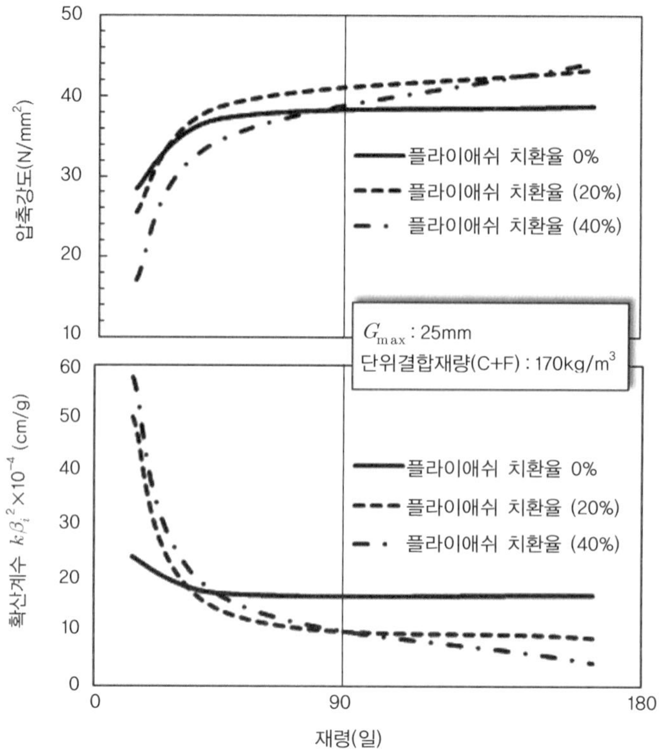

그림 3.43 **플라이애쉬를 사용한 콘크리트의 수밀성 및 압축강도에 미치는 영향**

3.5.2 배합 및 양생의 영향

1) 물-결합재비(W/B)

일반적으로 콘크리트의 수밀성은 물-결합재비(W/B)가 클수록 저하되며, 이러한 경향은 물-결합재비 55% 정도에서 현저히 나타난다. 따라서 수밀콘크리트의 물-결합재비는 55% 이하 또는 50% 이하로 설정하는 것이 수밀성 개선에 가장 효과적이라 할 수 있다.

2) 굵은골재의 최대크기

굵은골재의 최대크기가 클수록 일반적으로 콘크리트의 수밀성은 저하된다. 이러한 경향은 블리딩이 콘크리트의 수밀성에 미치는 영향이 크기 때문인데 굵은골재의 아랫부분 부근에 생기는 간극의 최대크기는 골재가 클수록 큰 것이 생기며 그 수도 증가하기 때문이다.

3) 공기량

AE콘크리트의 수밀성은 특히 높은 수압을 가한 경우 미세기포 중의 수분 침투에 의해 공기량이 증가할수록 저하된다. 콘크리트표준시방서의 수밀콘크리트 배합에서는 콘크리트의 워커빌리티를 개선시키기 위해 AE제, AE감수제 또는 고성능 AE감수제를 사용하는 경우라도 공기량은 4% 이하로 규정하고 있다.

4) 양생방법

양생은 사용 재료 부분에서 전술한 바와 같이, 초기재령에서는 습윤양생을 충분히 실시했다 하더라도 그 후에 건조되면 그림 3.44에서와 같이 콘크리트의 수밀성은 현저히 저하된다. 이러한 경향은 건조수축에 의해 겔(Gel)이 파괴되어 공극이 서로 연결되므로 수분이 침투하기 쉬워지기 때문이다.

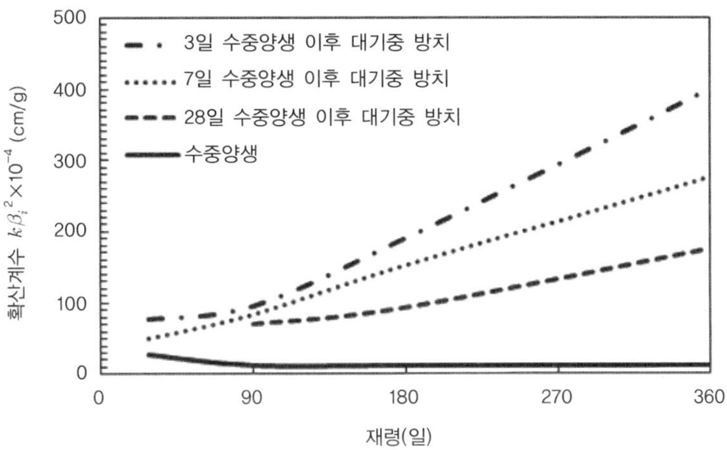

그림 3.44 **공시체의 건조가 콘크리트의 수밀성에 미치는 영향**

3.5.3 현장 콘크리트의 수밀성

RC구조 4층 건물 옥상의 대형 보 및 대형 모의 시험체 콘크리트에서 채취한 콘크리트 시험체의 수밀성을 조사한 결과보고서에 의하면, 대형 부재에서는 콘크리트 타설 후 입자의 침강 및 블리딩이 발생하여 관리용으로 제작한 $\phi 15 \times 15$cm 소형 표준공시체보다 약 1.5배 이상 수밀성이 저하하는 것으로 나타났다.

3.5.4 투수시험방법

가압투수하에서의 콘크리트 중의 물 흐름은 가압침투 흐름과 표면장력에 의한 모세관 흐름으로 구별된다. 투수시험방법은 각국에서 여러 가지 형태의 시험방법이 규격화되어 있다. 하지만 가압침투하에서 콘크리트 중의 물의 흐름을 토대로 하여 해석을 실시하는 시험방법은 현재까지 없는 것으로 알려져 있다.

3.6 내화성

3.6.1 콘크리트의 내화성능

콘크리트 구조물 및 재료의 내화성(Fire Resistance)은 1,000℃ 정도의 고온 또는 단시간(약 30분~3시간)에 가열을 받는 경우 일반구조물의 화재 및 토목구조물의 고가다리 하부 및 터널의 화재 등에서 문제가 된다. 콘크리트의 내구성에는 화재 발생 시에 부재 내부의 철근이 소정의 온도 이상이 되지 않게 하는 단열효과나 구조물의 내력을 유지하기 위한 압축강도 및 탄성계수 등의 성능이 요구된다.

3.6.2 내화설계

우리나라에서는 건축구조물의 내화구조와 관련하여 건축법 시행령 제2조 제1항 제7호의 2에서 내화구조에 적합한 설계기준에 따르고, [내화구조의 성능기준]은 건교부고시 제2000-93호로 내화구조의 인정 및 관리기준을 규정하고 있다. 토목구조물과 관련해서는 아직까지 우리나라의 경우 명확한 내화설계기준은 없지만, 터널 내부의 차량화재 등에 의한 피복콘크리트 및 지수층의 파손이 지적되면서 현재 국내외에서 이에 대한 내화대책 등의 연구개발이 진행되고 있다. 터널 내부에서 발생한 화재사고의 해외 사례는 그림 3.45와 같다.

유럽의 여러 나라에서는 터널화재에 있어 내화성능평가를 위해 화재온도와 시간관계에 대해서는 화재온도곡선을 사용하고 있는데, 예를 들어 네덜란드의 경우는 [운수공공사업]의 규정에 의거하여 화재온도곡선(RWS곡선)을 사용하고 있다. 독일의 경우는 [도로건설부] 규정의 화재온도 곡선(RABT곡선)에 의거하여 최고온도를 1,200℃ 및 1,350℃

로 규정하고 있는데, 이러한 수치는 일반적인 건축화재에 대해 규정하고 있는 ISO 834의 표준 화재온도곡선(3시간 기준 최고온도 1,029℃)보다도 화재온도의 상승속도 및 최고온도와 비교해 상당히 높은 수치로 유럽의 경우 터널화재에 대한 기준이 건축화재에 비해 상당히 엄격한 조건이라 할 수 있다.

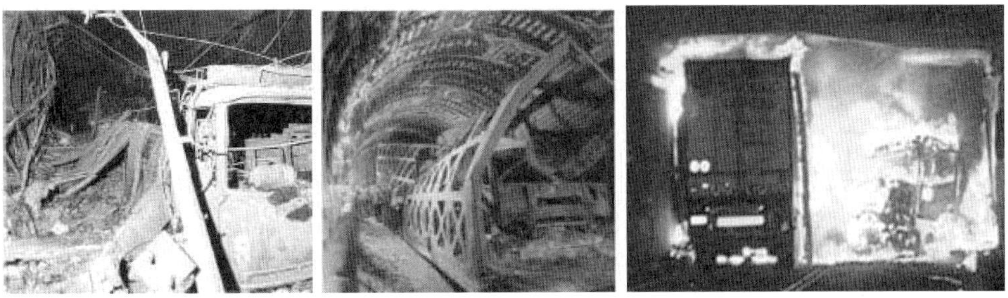

그림 3.45 **해외에서 발생한 터널 내부의 차량 화재사고**

3.6.3 고온환경에 의한 콘크리트의 물성변화

콘크리트가 고온에 의한 가열을 받으면 각종 시멘트 수화물의 탈수분리가 생겨 콘크리트의 물성변화에 크게 영향을 미친다. 주요 생성물들 중에서 수산화칼슘($CA(OH)_2$)은 450~500℃ 정도에서 탈수분해하고 C-S-H상은 700℃ 이상에서 분해된다. 골재의 변형에 있어서는 골재의 암질 또는 생성과정에 의해 달라지나, 보통 석영은 570℃ 정도에서 결정의 변형이 일어나고 석회암은 600~900℃ 정도에서 탄산이 탈수하는 탈탄산 반응이 생겨 붕괴에 이른다. 일반적으로 골재의 내열성은 골재 생성과정에서 고온가열의 환경하에서 생성된 것이 우수한 성능을 가지고 있는 것으로 알려져 있다.

한편, 고온가열을 받은 콘크리트의 역학적 특성은 콘크리트를 구성하는 시멘트 페이스트(Cement Paste)와 골재의 열팽창이 다르기 때문에 균열이 발생하게 되고, 구성재료 자체의 열화(Deterioration)에 기인해서 상온에서의 성능값에 비해 저하되는 경향이 있다. 그림 3.46에 의하면 가열온도가 올라갈수록 압축강도는 낮아지지만, 보통골재 콘크리트보다 인공경량골재 콘크리트의 압축강도 잔존율이 큰 것을 알 수 있다. 또한 일반적으로 고온가열에 의한 콘크리트의 탄성계수는 압축강도보다 저하가 현저히 나타나고 온도가 600℃를 초과하면 탄성계수는 극히 작아지게 된다. 가열온도와 역학특성과의 관계를 나타내는 대표적인 것은 Euro code 2이다.

한편, 고열가열 시의 콘크리트의 열특성은 함수상태와 골재의 종류에 따라 달라지나 상온 시에 비해 열전도율과 열확산율은 저하되는 경향이다.

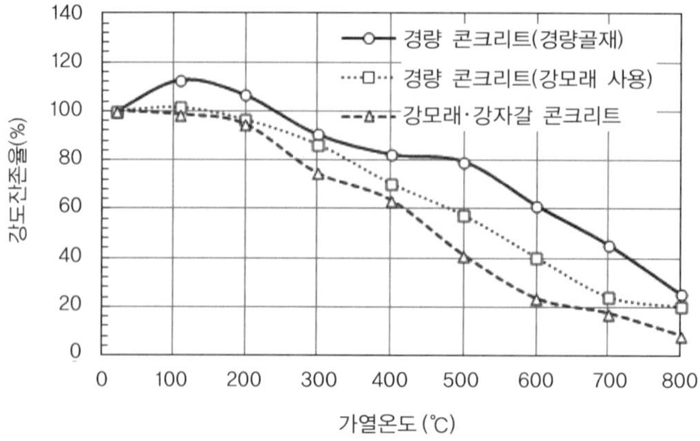

그림 3.46 **가열온도와 압축강도 잔존율과의 관계**

3.6.4 철근 및 콘크리트의 열에 의한 변형

철근콘크리트 부재가 화재에 의해 고온을 받으면, 그 변형 및 구성재료의 열화는 부재 내부온도의 영향을 받게 된다. 그림 3.47에 따르면, 모의 기둥 내부온도의 추이를 조사하기 위한 내화시험에서 가열에 의한 영향은 부재 표층부에서 현저히 나타나고 부재의 크기에 따라서도 영향을 받지만, 화재 시에 부재 내외의 온도 차이는 상당히 큰 것으로 나타나고 있다.

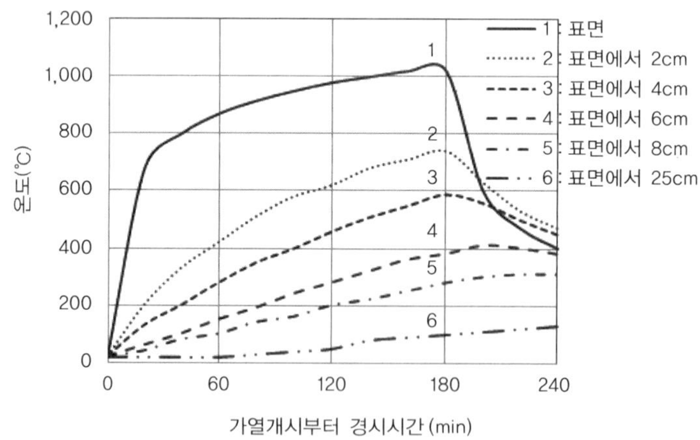

그림 3.47 **내화시험 시 모의 기둥의 내부온도 변화**

철근콘크리트 부재를 구성하는 철근, 골재, 시멘트 페이스트의 가열온도와 열팽창과의 관계는 그림 3.48과 같다. 시멘트 페이스트는 건조조건하에서 고온을 받으면, 각종 수화생성물의 탈수분해에 따라 수축하며 800℃ 정도에서 수축률은 약 2% 정도인 것을 알 수 있다. 한편 철근 및 골재는 가열온도가 높아짐에 따라 팽창하게 된다.

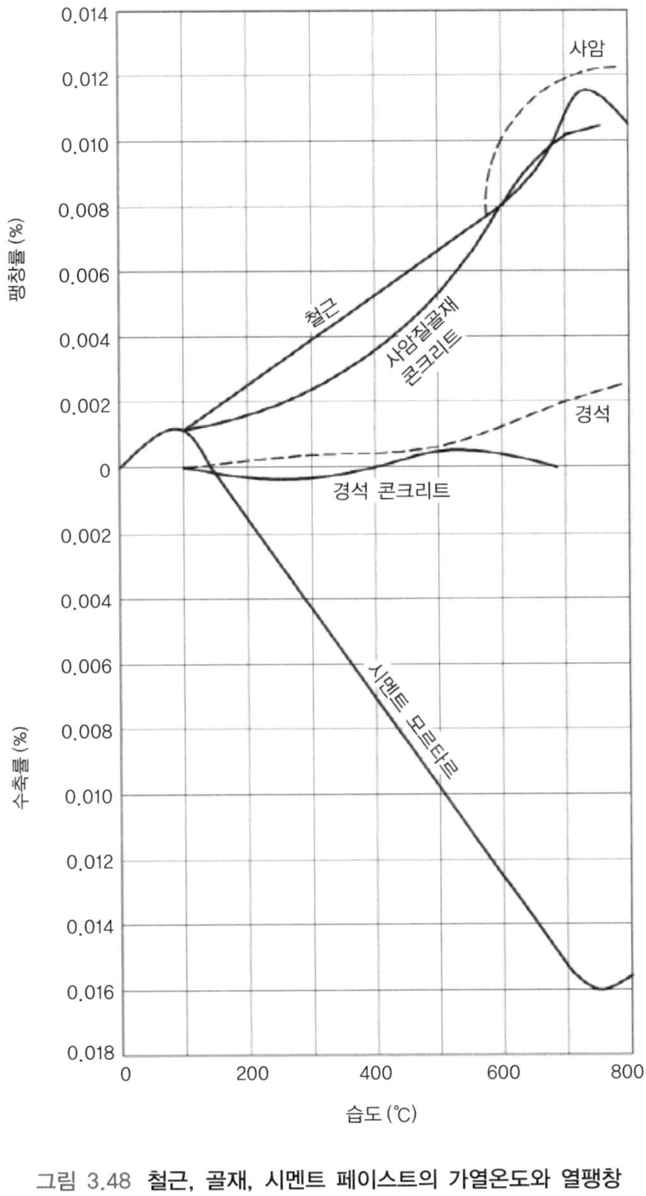

그림 3.48 **철근, 골재, 시멘트 페이스트의 가열온도와 열팽창**

무응력 상태에서의 콘크리트의 열팽창은 시멘트 페이스트와 골재의 열팽창을 복합적으로 생각할 수 있지만, 그림 3.49에 따르면 함수상태의 콘크리트에서는 자유수가 급속히 탈수하는 100~200℃의 온도 범위에서 변형의 증진이 정체 경향을 나타내고, 600℃ 정도까지는 거의 온도상승에 따라 급격히 팽창된다.

한편, 응력상태에서 고온가열 시에 생기는 전체 변형 ε은 식 (3.21)과 같이 열팽창변형 ε_{ih} 응력변형 ε_{σ}, 크리프변형 ε_{cr} 및 과도변형 ε_{tr}로 구성된다. 여기서 과도변형도 다른 변형에 비해 크게 무시할 수 없는 존재라는 것에 유의할 필요가 있다.

$$\varepsilon = \varepsilon_{ih} - \varepsilon_{\sigma} - \varepsilon_{cr} - \varepsilon_{tr} \qquad \text{식 (3.21)}$$

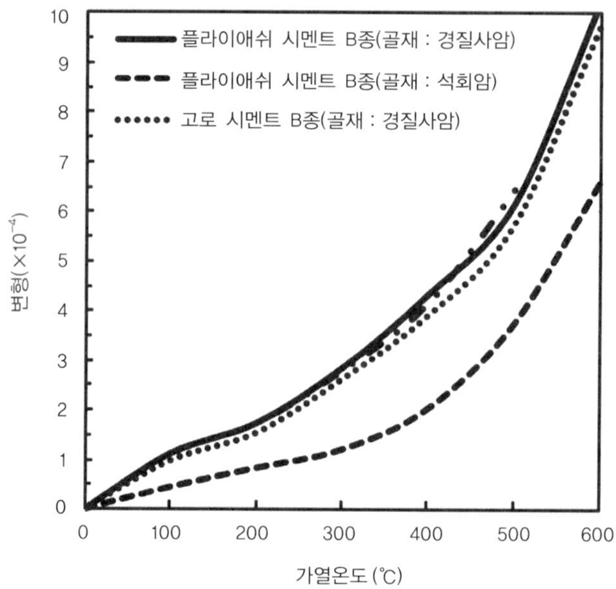

그림 3.49 **보통 콘크리트의 가열온도와 변형과의 관계**

3.6.5 콘크리트의 폭렬

콘크리트의 채용 강도가 높아짐에 따라 철근의 고강도 콘크리트 부재의 내화성을 좌우하는 가장 큰 원인으로 대두되고 있는 "콘크리트의 암(Concrete Cancer)"으로 불리는 폭렬(Explosive Spalling)현상이 있다. 콘크리트에 폭렬이 생기면 피복단열효과가 손실되기 때문에 철근 등의 내부 철재온도 및 내부 콘크리트 온도가 상승하고 부재내력의 저하에 중대한 영향을 미친다. 폭렬현상은 함수상태의 콘크리트 부재 표층이 급격히 고온가열된 경우에 콘크리트 내부에 발생하는 수증기압 또는 열응력에 의해 발생하는 것으로 알려져 있다. 즉 콘크리트의 함수율이 크고 고강도일수록 또한 압축응력이 클수록 폭렬이 발생하기 쉽다. 여기에 흡수율이 큰 경량골재를 사용하는 경우에도 폭렬이 생기는 경우가 있다.

폭렬을 억제하는 방법으로는 여러 가지 방법이 사용되고 있으나, 가장 일반적으로 다음과 같은 방법을 많이 적용하고 있다. 폭렬로 붕괴된 콘크리트 구조물의 단면은 그림 3.50과 같다.

① 단열재 등의 내화피복재(단열재)의 설치
② 콘크리트 부재의 건조
③ 가용성 섬유(Polypropylene, PP)의 혼입
④ 철판피복을 통한 콘크리트의 비산 방지 등

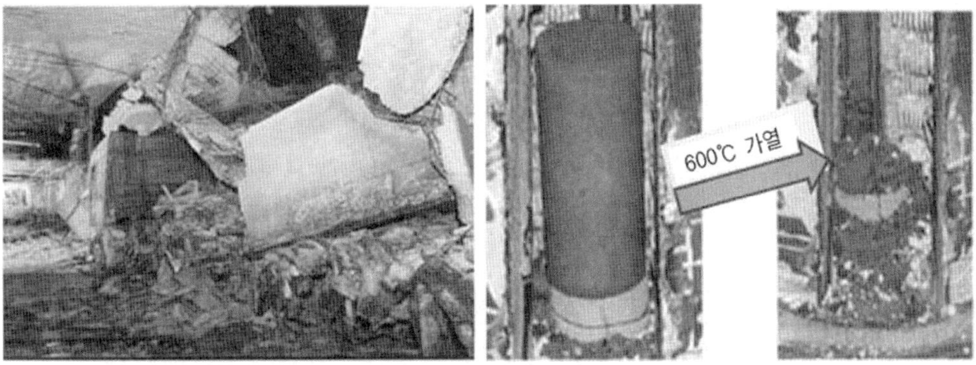

그림 3.50 **폭렬현상으로 붕괴된 콘크리트 구조물의 단면**

3.6.6 화재를 입은 콘크리트의 열화도 측정

화재를 입은 콘크리트 구조물의 보수·보강 여부 및 범위를 판정함에 있어 콘크리트의 열화도 측정은 불가결하다 할 수 있다. 열화도의 판정에는 화재형태에 관한 정보수집, 육안에 의한 변색 및 폭렬 등의 외관조사, 슈미트해머에 의한 표면 반발경도 측정, 중성화 깊이의 측정, 코어 채취에 의한 압축강도 및 탄성계수시험, 시차열 분석에 의한 부재깊이 방향의 결합수 및 가열온도의 추정방법 등이 있다.

3.7 내마모성

3.7.1 마모의 원인과 분류

마모(Abrasion)는 일반적으로 표면의 상대운동 결과로 인해 일어나는 물체의 조작면에서 물질이 차례대로 파손하는 것으로 정의되고 있다. 콘크리트의 마모에는 여러 형태가 있는데 차량에 의한 포장노면의 마모, 사람 및 물건의 이동에 의한 바닥(마루)의 마모, 모래와 자갈 등에 의한 해양구조물의 마모, 얼음 및 모래, 자갈 등에 의한 댐 및 수리구조물의 마모 등이 있다. 이러한 마모현상의 원인을 이해하기 위해서는 마모기구, 즉 마모 메커니즘과 마모 레벨(정도)을 이해할 필요가 있다.

마모는 일반적으로 네 종류의 마모 메커니즘으로 구분된다. 표 3.7은 마모 메커니즘과 재료특성과의 관계를 나타낸 것이다. 취성재료인 콘크리트에 지배적으로 작용하는 마모 메커니즘으로는 표면 피로마모와 마찰마모가 있다.

그리고 콘크리트의 마모요소는 미끄러움, 굴림, 충격, 파동 및 물결에 의한 상대운동으로 분류된다. 따라서 대상이 되는 콘크리트 구조물의 내마모성을 판단하기 위해서는 먼저 외력과의 상대적인 운동을 파악하는 것에서 시작하여 지배적인 마모 메커니즘을 분석해야 한다. 콘크리트의 내마모성을 향상시키기 위한 품질개선 방법에는 마모 메커니즘에 따라 차이가 있는데 일반적으로 마찰마모에 대해서는 [표면을 개선하고 단단하게 할 것], 표면 피로마모에 대해서는 [부서지고 깨지기 쉬운 것을 개선하고 균열을 억제할 것] 등이 있다.

표 3.7 **마모 메커니즘과 재료의 특성**

마모 메커니즘	재료특성	외력	마모 표면
표면 피로마모	취성재료	연직방향	균열, 피트
마찰마모	모든 재료	수평방향	갈고 닦은 흔적(홈, 금)
응착마모	연성재료	–	원추 흔적, 박편(조각), 피트
집단마모	–	–	화학반응 생성물(입자, 조각)

콘크리트는 불균질의 재료이므로 그 마모과정은 그림 3.51과 같이 3단계의 마모 레벨로 분류할 수 있다. 레벨 1은 주로 표면 모르타르부분의 마모가 발생하는 단계로서

표면으로부터 약 수mm 정도의 모르타르부분의 범위가 그 대상이 된다. 레벨 2는 잔골재의 박리가 항상 발생하는 10mm 이상의 범위에서 굵은골재가 노출되고, 모르타르부분의 마모와 함께 굵은골재 표면에 마모가 발생하는 단계이다. 한편, 레벨 3은 더욱 마모가 진행된 단계로 굵은골재가 박리되는 정도의 상태로서 수십mm 정도의 영역으로 발생한다. 내마모성에 기여하는 인자로는 마모 레벨에 따라 차이가 있는데 고레벨에 있어서의 마모현상은 매트릭스(Matrix) 및 굵은골재의 특성 이외에 계면의 특성 등도 영향을 미치나, 저레벨에서의 마모는 매트릭스의 상태거동과는 그 메커니즘이 크게 다른 것으로 알려져 있다.

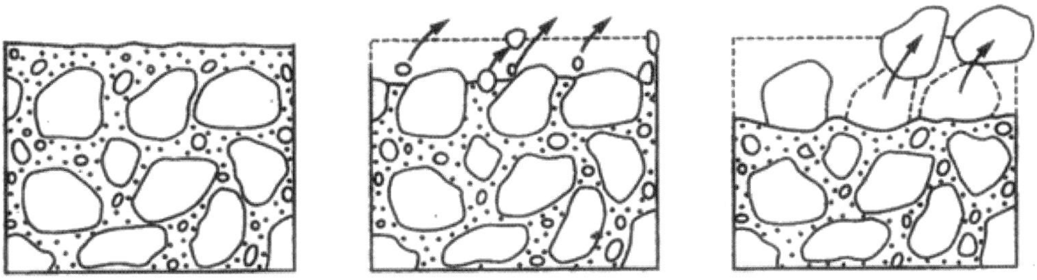

그림 3.51 **콘크리트의 마모 레벨**

3.7.2 마모의 메커니즘

마모현상의 대부분은 단일의 마모 메커니즘에 의한 것이 아니고, 복수의 마모 메커니즘이 복합적으로 관계되어 있다. 예를 들어 바닥면의 마모 유형을 분석해보면, 실제의 접촉상태가 두 물체 간의 접속과 그 사이 입자 등의 개체물이 존재하는 세 물체 간 접촉의 두 가지 유형의 접촉상태가 존재한다. 전자의 경우는 마찰마모가 지배적이며 후자는 마찰마모와 강제작용에 의한 표면 피로마모가 복합적이라 할 수 있다.

포장노면에서의 마모현상의 경우 통상은 표면에 다수의 경질인 마모분이 존재하고 세 물체 간의 접촉에 의한 강제작용이 발생한다. 수리구조물의 마모현상은 유량의 작용에 의한 침식마모가 지배적이다. 보통은 이러한 유량의 경우 고체입자 및 액체입자를 동반하지만 유량에서 발생하는 공동현상도 존재한다. 침식마모에서는 유량에 의해 운반되는 입자와 콘크리트 표면에의 충돌각이 중요하다.

참/고/문/헌

1. 한국콘크리트학회, 최신콘크리트 공학, 기문당, 2011.
2. 국토해양부 제정, 콘크리트 표준시방서, 한국콘크리트학회, 2009.
3. 小林 一輔 外 7人, 콘크리트 실무편람, Ohmsha, 2004.
4. 日本土木學會, 콘크리트표준시방서, 日本土木學會, 2003.
5. 정재동, 콘크리트 재료공학, 기문당, 1998.
6. 정상진 외, 건축재료학, 기문당, 2002.
7. 윤재환, 포틀랜드 시멘트 및 콘크리트, 기문당, 1990.
8. 迫田恵三, 骨材の品質がコンクリートの性質に及ぼす影響, JCI論文集, Vol.8, 1986.
9. 中島 外, JSCE論文集, Vol.1, No.348, 1984. 8.
10. W. H. Price, Factors influencing concrete strength : ACI Jour, 1999.
11. A. M. Neville, Propreties of concrete(4th Edition), 1995.

연/습/문/제

1. 비파괴시험에 의한 콘크리트의 압축강도 추정방법의 종류에 대하여 서술하시오.
2. 콘크리트의 압축강도에 영향을 미치는 요인을 사용 재료, 배합, 시공(법)으로 구분하여 간략히 서술하시오.
3. 콘크리트의 크리프에 영향을 주는 요소에 대하여 간략히 서술하시오.
4. 콘크리트의 수밀성 및 내화성능에 대하여 간략히 서술하시오.
5. 콘크리트의 폭렬(Explosive Spalling)현상이란 무엇인지 간략히 서술하시오.

04 콘크리트 구조물의 열화와 대책

4.1 개요

콘크리트 구조물의 열화에 관계하는 기본적인 요인은 환경과 내륙부의 환경, 양생, 현장시공과 현장제품, 철근의 피복두께 등 시공의 양부, 물-결합재비나 염화물량 등 콘크리트 품질 및 경과연수이다. 이러한 요인에 의해 구조물이 받는 열화의 정도는 구조물의 종류, 부위, 단면의 치수, 보강의 유무에 따라 달라진다. 일본에서는 1970년대에서 80년대 초 특정 시대에 특정의 지역인 서일본에서 건설된 구조물에 조기열화가 발생한 사례가 많으나 우리나라는 이러한 사례가 발견되지는 않았는데, 1980년대 말 주택 200만호 건설사업 시기를 전후하여 자재파동과 지하구조물의 급증 등으로 인한 다양한 열화나 하자가 발생한 사례가 있다. 일반적으로 콘크리트 구조물의 주요 열화현상은 철근의 부식, 알칼리골재반응, 동결융해작용, 탄산화, 산성수에 의한 열화 등으로 구별하여 취급하지만, 실제 구조물의 열화에는 복수의 원인이 관계하고 있는 경우가 많다. 또 하나의 원인이 몇몇의 열화현상을 일으키는 경우도 있다. 예를 들어 염화물이온은 철근부식 및 알칼리골재반응을 유발하는 원인이 되는 동시에 중성화를 촉진시키며, 이산화탄소와 함께 작용하여 염화물을 농축시켜 철근부식을 일으키는 경우도 있다.

4.1.1 탄산화 및 중성화

1) 탄산화

콘크리트 및 모르타르 속의 시멘트 수화물이 대기 중의 이산화탄소와 화학반응하여 탄산칼슘과 다른 물질로 분해하는 현상을 탄산화(Carbonation)라고 한다. 주요 시멘트 수화물의 탄산화반응을 나타내면 아래와 같다.

- 수산화칼슘

  $Ca(OH)_2 + H2CO_3 = CaCO_3 + 2H_2O$

- 규산칼슘 수화물 (C-S-H)

  $3CaO \cdot 2SiO_2 \cdot 3H_2O + 3H_2CO_3 = 3CaCO_3 + 2SiO_2 + 6H_2O$

- 에트링가이트

  $3CaO \cdot Al_2O_3 \cdot 3CaSO_4 \cdot 32H_2O + 3H_2CO_3 = 3CaCO_3 + 2Al(OH)_3$
  $+ 3CaSO_4 \cdot H_2O + 32H_2O$

- 프리델씨염

  $3CaO \cdot Al_2O_3 \cdot CaCl_2 \cdot 10H_2O + 3H_2CO_3 = 3CaCO_3 + 2Al(OH)_3 + CaCl_2$
  $+ 10H_2O$

탄산화는 콘크리트의 표층부로부터 내부로 향하여 진행하며, 콘크리트 구조물에 다음 세 가지의 열화현상을 일으킨다.

1. 중성화에 의한 철근부식 : 수산화칼슘의 화학반응식
2. C-S-H의 분해에 의한 열화 : 규산칼슘 수화물 반응식
3. 염화물이온 및 황산이온 등의 이동과 농축현상 : 에트링가이트 및 프리델씨염 반응식

2) 중성화

수산화칼슘의 화학반응은 콘크리트의 알칼리성을 잃게 하는 중성화(Neutralization)로서 중성화는 탄산화 이외의 원인, 예를 들어 산성비, 화재, 흐르는 물 등에 의해 발생

한다. 탄산화와 중성화의 개념도는 그림 4.1과 같다. 본 장의 4.1.2에서는 이산화탄소에 의해 콘크리트가 기본적으로 어떻게 영향을 받는가를 최신의 연구성과에 근거하여 나타내고, 4.1.3에서는 주요 건물을 대상으로 한 중성화대책에 대해서 기술하였다.

[탄산화]
시멘트의 수화물이 이산화탄소와 반응하여 탄산화합물 및 그 외의 화합물로 분해하는 현상
발생원인
이산화탄소, 탄산이온, 탄산수소이온

[중성화]
시멘트 경화체의 알칼리성이 저하하는 현상
발생원인
이산화탄소, 산성비, 산성토양, 화염, 유수

그림 4.1 **탄산화와 중성화의 관계**

4.1.2 탄산화 및 중성화의 메커니즘

1) 탄산화는 어떻게 진행하는가?

콘크리트의 탄산화는 앞장에서 나타낸 바와 같이 일반적으로 대기 중의 이산화탄소와 시멘트 수화물의 화학반응으로부터 나타난다. 콘크리트의 조직은 그림 4.2에 나타낸 것처럼 비교적 다공질이며, 또 모세관공극이라 불리는 연속적인 공극을 가지고 있기 때문에 콘크리트 표면으로부터 이산화탄소가 쉽게 침입한다.

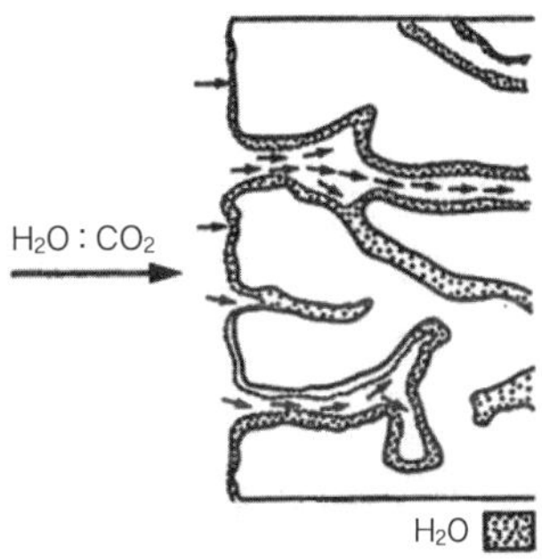

그림 4.2 **콘크리트 표면부의 세공구조**

이러한 모세관공극 속에는 대기습도와 평형상태에 있는 세공용액으로 혼칭되는 수분이 존재하고 있으며 시멘트로부터 용출하는 가용성 성분이 용해되어 있다. 표 4.1은 세공용액 속에 존재하는 각종 이온을 분석한 예이며, 나트륨, 칼륨 및 그것과 평형한 상태에 있는 수화물이온과 소량의 칼슘이온으로 채워져 있다. 이들 성분의 pH는 13 이상으로 강알칼리성을 나타낸다. 한편, 모세관공극으로 침투한 이산화탄소는 수용액 중에서는 탄산으로 작용하고, 탄산이 약산이기 때문에 산과 알칼리의 중화반응이 발생한다. 표 4.1의 조성을 가진 용액에 탄산이 작용하는 경우 생성되는 염은 단산나트륨, 탄산칼륨, 탄산칼슘이라 생삭되

나, 이러한 탄산염 중에서 용해도가 다른 것에 비해 아주 낮은 탄산칼슘이 선택적으로 세공벽에 침적하고 세공용액 내의 칼슘이온이 부족해지기 때문에 세공용액 속으로 고체상의 칼슘이 용해한다.

이러한 과정이 반복되면서 탄산화가 내부로 진행된다. 이러한 탄산화반응에 의해 세공용액의 pH는 13 이상의 값에서 포화 탄산칼슘 수용액의 8.4까지 저하하며 중성화된다. 탄산화를 조사하는 가장 일반적인 방법은 산알칼리 지시약인 페놀프탈레인 1% 에탄올 수용액을 콘크리트 파단면에 분무하는 방법이다. pH가 높은 미중성화부분에서는 보라색으로 변색하지만 중성화부분에서는 전혀 변색하지 않는다. 중성화는 탄산화 결과 발생하는 현상이기 때문에 발색하지 않은 부분과 탄산화부분은 완전히 일치한다. 이 부분은 표백한 것과 같은 색조를 나타내므로 육안으로도 확인가능하다(그림 4.3). 또한 EPMA에 의한 면 분석을 실시하여 염화물의 침투깊이를 조사하는 경우에는 통상 탄소의 면 분석도 실시하므로 동시에 탄산화 깊이를 알 수 있다.

표 4.1 **모르타르 세공용액의 조성**

재령(일)	농도(l)				
	Ca^{2+}	Na^+	K^+	$Na^+ + K^+$	OH^-
1	0.008	0.13	0.32	0.45	0.43
3	0.008	0.25	0.41	0.66	0.58
7	0.006	0.27	0.45	0.72	0.64
28	0.006	0.27	0.45	0.72	0.64
72	0.004	0.20	0.45	0.65	0.59

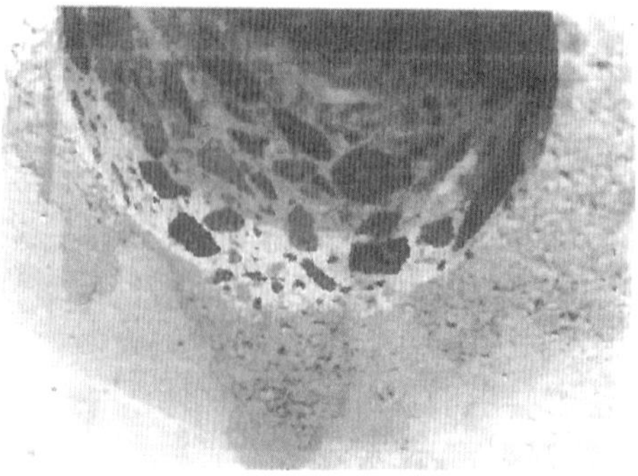

(a)

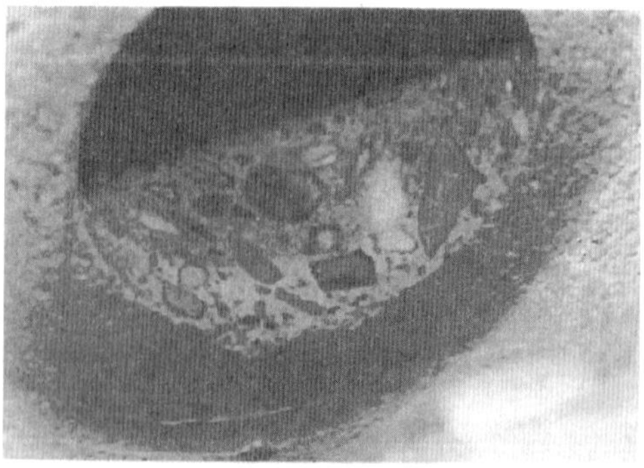

(b)

그림 4.3 **건물 기초의 콘크리트에 있어서 탄산화의 진행(a)과 변색현상(b)**

2) 탄산화 속도에 영향을 미치는 요인

탄산화 속도에 영향을 미치는 가장 큰 요인은 콘크리트의 품질과 환경이다. 콘크리트의 품질에 관해서는 높은 물-결합재비, 고알칼리 시멘트 및 염화물을 포함한 해사 등의 사용, 양생부족 등에 기인하는 엉성한 조직의 콘크리트에서 탄산화 속도가 크다. 그림 4.4 및 그림 4.5에 각각 물-시멘트비와 알칼리양 및 염화나트륨양이 탄산화 깊이에 미치는 영향을 나타냈다. 환경의 영향에 관해서는 콘크리트가 포수상태에 있을 때, 이산화탄소는 가스로서가 아니라 탄산으로서 확산이동하기 때문에 탄산화 속도가 지연된다. 대기 중의 상대습도가 60% 정도의 경우 가장 탄산화 속도가 빠르다고 알려져 있다. 탄산화(중성화)의 속도 식으로서 활용빈도가 높은 대표적인 식은 아래의 Kishitani식이 있다.

$$t = \frac{0.3(1.15+3w)}{R_1(w-0.25)^2}x^2 \ (w \geq 0.63) \qquad \text{식 (4.1)}$$

$$t = \frac{7.2}{R_2(4.6w-1.76)^2}x^2 \ (w \leq 0.6) \qquad \text{식 (4.2)}$$

여기서, t : 경과시간

w : 강도상의 물-결합재비

x : 탄산화 깊이(cm)

R_1 : 시멘트 종류에 의해 결정되는 정수

R_2 : 골재의 종류에 의해 결정되는 정수

R_3 : 표면활성제의 종류에 의해 정해지는 정수

그러나 이러한 식이 적용 가능한 것은 1960년대의 전반까지 건설된 콘크리트 구조물이라는 것에 주목할 필요가 있다. 그 이후에 건설된 콘크리트 구조물에서는 Kishitani식에 의해 추정한 수배의 속도로 탄산화가 진행한 예가 많다. 주요 원인은 사용 재료와 시공방법의 변화에 있다고 사료된다.

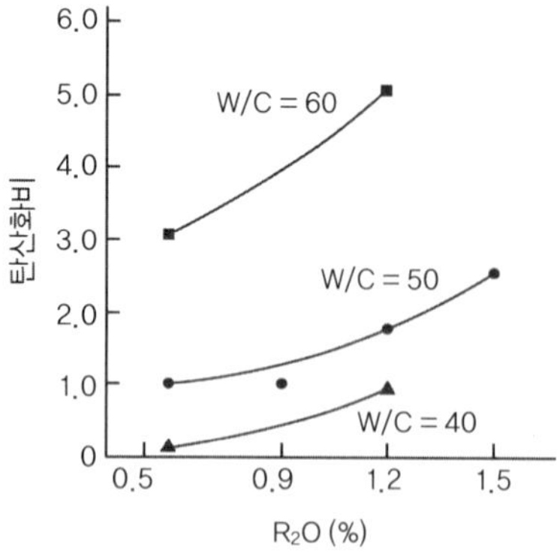

그림 4.4 **물-결합재비, 시멘트 속의 알칼리 양과 탄산화 깊이의 관계**

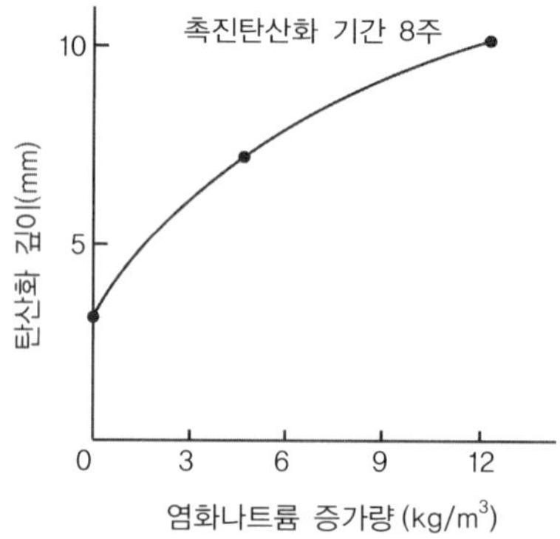

그림 4.5 **염화나트륨양과 탄산화 깊이의 관계**

3) 탄산화와 물질이동

탄산화는 콘크리트 내부에서 염화물이온 및 황산이온의 이동을 일으킨다. 화학반응식에서와 같이 에트링가이트의 탄산화에 의한 분해에 따라 발생하는 $CaSO_4$는 황산이온을 유리한다. 또 프리델씨염의 탄산화는 $CaCl_2$를 생성하고, 이것이 용해하여 염화물이온을 유리한다. 이러한 이온은 농도 확산에 의해 내부의 비탄산화 영역으로 이동하여 농축된다(그림 4.6). 그림 4.7은 해사를 사용한 콘크리트 교각에서 염분의 비탄산화 영역으로 이동 및 농축현상을 나타낸 것으로써 평균적인 혼입량이 허용값에 도달하지 않은 경우에도 철근 주변의 염분량이 허용값을 크게 상회하여 탄산화 깊이가 확산되는 것을 규명하고 있다(그림 4.8).

4) 탄산화 및 중성화에 의한 철근부식

중성화가 철근 부근까지 진행하고 산소가 존재하면 철근부식이 시작된다. 염분을 충분히 제거하지 않은 해사를 사용한 경우, 그림 4.7에서 나타낸 바와 같은 염화물의 이동과 농축이 발생하기 때문에 철근부식은 중성화가 철근 표면으로부터 약 20mm의 거리까지 진행한 단계에서 시작한다. 한편, 염분을 포함하지 않은 경우의 철근부식은 중성화가 철근 표면에서 약 8mm 앞에까지 진행한 단계에서 시작한다.

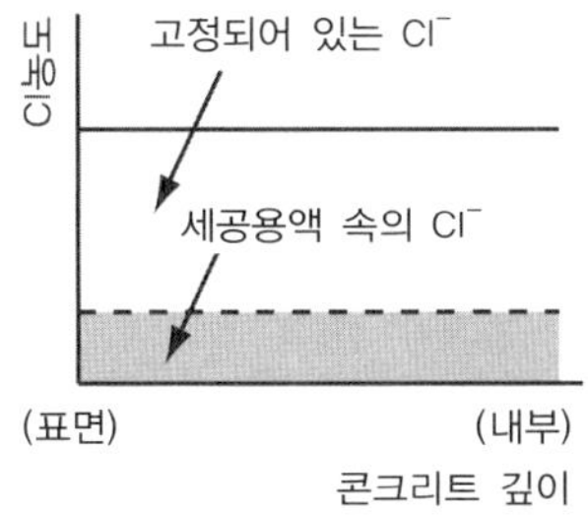

1. 염분을 함유하는 해사의 사용 등에 의해 Cl가 콘크리트 속에 균일하게 분포해 있는 중성화를 받기 전의 상태. 콘크리트 속의 Cl는 주로 프리델씨염 등으로 고정되어 있는 Cl와 세공용액 속에 용해해 있는 Cl^-으로 분배하여 존재하고 있다.

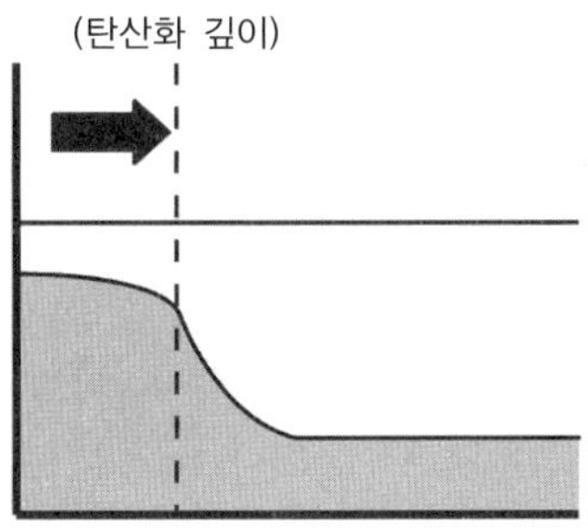

2. 탄산화가 진행하면 탄산화 영역에서 고정되어 있던 Cl가 분해되어, 탄산화 영역 속 세공용액 중의 Cl^-농도가 높아지게 된다.

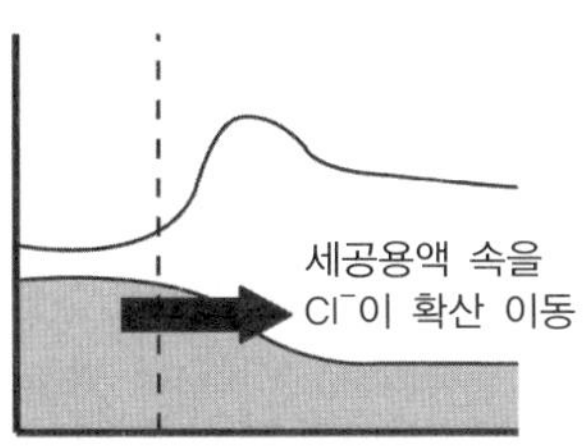

3. 탄산화 영역에서 세공용액 속의 Cl^-농도가 높아졌기 때문에 Cl^-농도 물매에 의해 세공 속에서 확산이동하고 서서히 콘크리트 내부 세공용액의 Cl^-농도가 상승한다. 비탄산화 영역에서 세공용액 속의 Cl^-농도가 상승하면 프리델씨염의 농도도 증가한다.

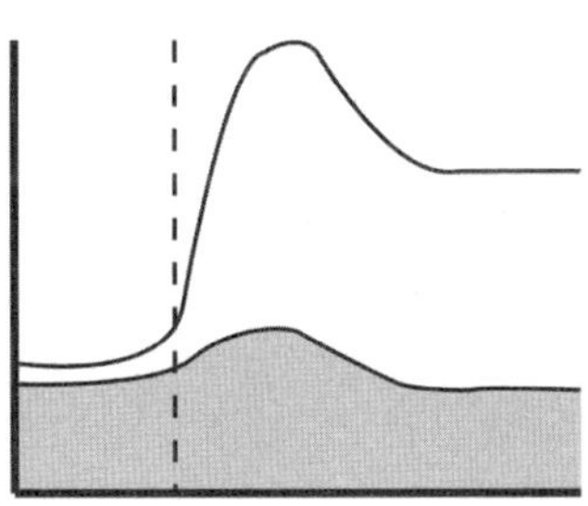

4. 세공용액 속의 Cl^-농도 물매에 의해 더욱 콘크리트 내부로 이동한다. 결과적으로 고정되었던 Cl와 세공용액 속의 Cl^-과 합계인 전염소농도는 탄산화를 받은 콘크리트 표면과 부근에서 낮게, 탄산화 위치의 내측에서 높게 된다.

그림 4.6 **염화물의 농축현상 개념도**

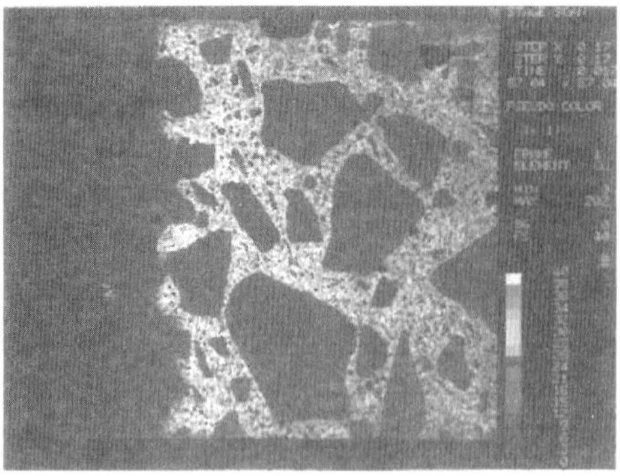

그림 4.7 **교각에서 채취한 코어 시험체의 염소의 면 분석 결과**

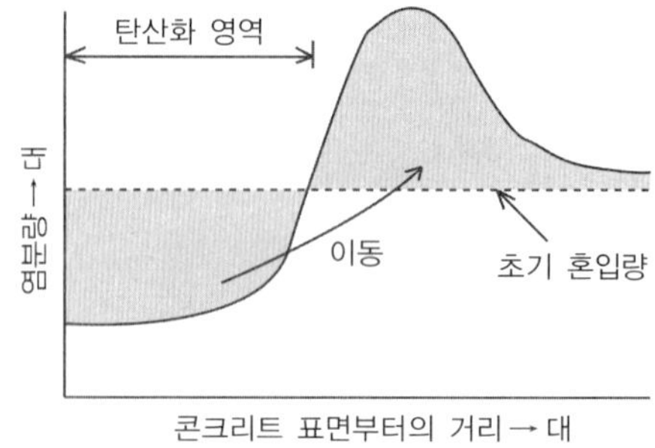

그림 4.8 **탄산화에 의한 염소 및 황산의 농축**

5) 탄산화와 에프로레센스

투수성이 높은 콘크리트 또는 균열과 같은 결함을 가진 콘크리트는 수분의 통과에 의해 칼슘이온이 녹아 나오면서 서서히 침식한다. 이렇게 녹아 나온 칼슘이온은 수분과 함께 콘크리트 표면으로 이동하고, 대기 중의 이산화탄소와 결합하여 난용성 칼슘염으로 고착되어 칼슘 에프로레센스가 발생한다. 한편, 건물의 기초콘크리트 및 교각의 지표면 부근 등에서는 습도의 물매가 있으며, 대기 중으로 노출해 있는 부분으로 수분이 이동, 증발한다. 이때 녹아 있던 알칼리분(Na^+, K^+)이 운반되며, 대기 중의 이산화탄소와 결합하여 생성된 탄산나트륨 및 탄산칼슘의 미세한 결정이 백화이다. 백화는 알칼리 에프로레센스로 불리며, 이것은 우수에 의해 쉽게 씻겨 나가지만, 반복하여 일어나면 표층부의 모르타르부분이 손실되어 굵은골재가 노출된다(그림 4.9). 백화는 습도가 낮은 동절기 건물 기초에서는 북측에서 발생하기 쉽다. 백화는 시멘트 속의 알칼리 성분이 Na_2O 환산량으로 1%를 넘으면 현저히 발생하기 쉬워진다고 알려져 있으므로 콘크리트에 고알칼리 시멘트가 사용되었다는 지표도 된다.

그림 4.9 **건물 기초부에 발생한 백화현상**

6) 탄산화에 의한 콘크리트의 열화현상

탄산화에 의한 C-S-H의 분해는 시멘트 경화체 조직의 대부분이 시멘트의 원료성분인 탄산칼슘과 비정질 실리카로 분해되는 현상이다. 그림 4.10은 탄산화에 의한 시멘트 경화체 조직의 변화를 나타낸 주사전자현미경상이다. 그림 4.10(b)에서 보는 바와 같이 탄산화가 진행되면 에트링가이트의 주상 결정이 거의 보이지 않으며, 시멘트 경화체 조직은 탄산화 특유의 덩어리 형상을 나타낸다. 이러한 변화가 콘크리트의 역학적 성질에 미치는 영향을 열화현상이라 한다. 요약하면, 건전한 콘크리트가 가지는 인성을 잃고, 암석과 같은 약한 조직이 되는 것으로 이해할 수 있다.

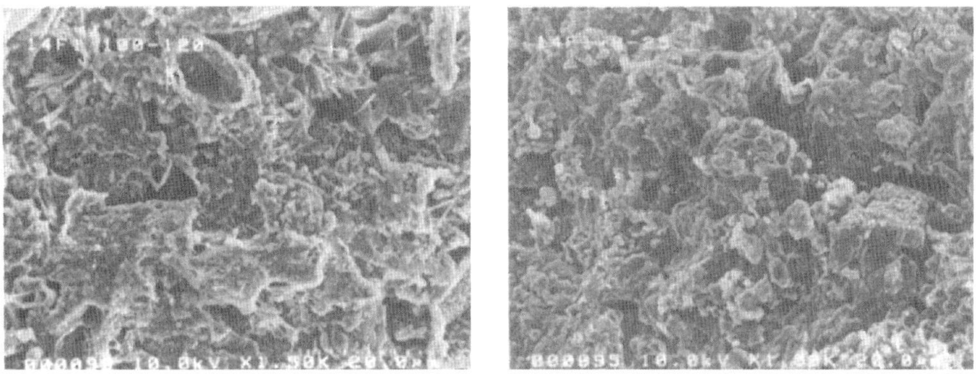

(a) 건전부분 (b) 탄산화 부분

그림 4.10 **시멘트 경화체 조직의 SEM상**

4.1.3 탄산화 및 중성화의 대책

4.1 개요에서 밝힌 바와 같이 콘크리트의 탄산화는 시멘트 수화물이 대기 중의 이산화탄소와 화학반응하여 발생한 것이다. 화재 등의 특별한 경우를 제외하고 탄산화와 중성화의 진행을 억제하기 위해서는 콘크리트 표면에 이산화탄소의 침투를 저감하는 재료를 도포하는 것이 가장 간편하며 확실한 방법이다. 그 외에는 콘크리트 자체를 탄산화하기 어렵도록 배합하는 방법도 있다.

1) 중성화의 진행과 철근부식

대기 중의 탄산가스가 콘크리트 속으로 확산하여 발생하는 중성화가 진행해도 콘크리트 자체의 성능은 열화하지 않는다. 중성화되어 있지 않은 콘크리트에는 일정량 이상의 염화물이온이 존재하지 않는 한 철근부식은 발생하지 않는다. 중성화의 심각성은 콘크리트 속의 철근이 부식되기 때문이다. 중성화에 의해 pH가 11보다 낮아지면 발청에 의해 철은 부식생성물을 만들고 약 2.5배로 체적은 팽창한다. 이 팽창압은 피복 콘크리트에 균열을 일으키거나, 더 나아가 박리를 유발한다. 중성화한 콘크리트 속의 부식 진행은 환경조건, 특히 콘크리트 속의 수분과 산소의 공급에 의해 크게 지배된다. 이즈미(Izumi)의 건물실태조사에 관한 연구성과에 의하면, 중성화한 콘크리트 속의 철근은 우수에 접하는 옥외가 건조상태로 유지되는 옥내보다 부식하기 쉬우며, 중성화 영역이 철근에 도달하면 철근에 급속한 부식이 발생한다. 건조한 실내 측에서는 중성화 영역이 철근의 피복두께를 20~30mm를 초과한 시점에서 유해한 부식상태가 된다. 또 일반적인 옥외 구조물에서 중성화와 철근부식의 관계에 대해서는 4.2절에서 상세히 기술된다.

2) 중성화 속도의 지배요인

일반 대기 중에서 중성화 속도는 환경조건(대기 중의 탄산가스 농도, 온도, 습도, 마감재 등)과 관련된 외적요인 및 콘크리트 자체의 성능, 품질(투기성, 함수율, 강도, 시멘트 종류, 배합조건, 시공조건 등)과 관련된 내적요인에 의해 복잡한 영향을 받는다.

① 시멘트 종류, 양생조건

중성화 속도와 시멘트 종류의 관계는 양생조건에 따라 현저히 달라진다. 시멘트의 종류에 따른 중성화 속도는 조강 포틀랜드 시멘트<보통 포틀랜드 시멘트<혼합 시멘트 순이며, 혼합 시멘트에서는 혼합물이 많을수록 빨라진다. 그러나 이러한 관계는 양생조건에 크게 영향을 받는다. 특히 혼합 시멘트를 사용할 경우에는 양생조건에 따라 중성화 속도가 크게 변화하므로 충분히 양생하지 않으면 중성화 저항성이 떨어지기 때문에 주의가 필요하다.

② 물-결합재비(W/B)

그림 4.11에서는 각종 시멘트를 사용한 콘크리트에 대해서 물-결합재비가 중성화 속도에 미치는 영향을 나타내고 있다. 이 그림에서 나타난 것처럼 물-결합재비가 낮아질수록 중성화 속도가 지연되는 등 중성화에 미치는 물-결합재비가 크다는 것을 알 수 있다.

③ 마감재의 종류

콘크리트 표면에 어떤 마감재를 시공하면 콘크리트의 중성화가 억제된다. 그러나 마감재의 종류는 상당히 많고 시공의 편차도 크며, 마감재 자체가 시간경과에 따라 열화하는 경향을 가지므로 실제로 시공된 마감재의 중성화 억제효과를 정확도 높게 평가하는 것은 어렵다. 기존 건축물의 실태조사를 실시하여 각종 마감재별로 마감재가 없는 콘크리트의 중성화 깊이와의 비를 구한 것이 그림 4.12이다. 마감재는 대기 중 탄산가스가 콘크리트로 침투를 저감시키는 효과가 있지만, 그 효과는 마감재의 종류에 따라 크게 다르다. 마감재의 종류 중에서 중성화 억제효과를 좌우하는 특성은 투기성(탄산가스 투과성)이며, 투기성이 작을수록 중성화 억제효과가 커진다.

④ 환경조건

중성화 속도에 영향을 미치는 환경인자로는 탄산가스 농도, 온도 및 습도를 들 수 있다. 탄산가스 농도가 높으면 중성화 속도가 빨라지며, 온도가 높아도 중성화 속도는 빨라진다. 습도에 대해서는 상대습도 50~70%에서 중성화 속도가 최대가 되며, 70% 이상에서는 습도가 높아짐에 따라 중성화 속도는 낮아지며 100%에서는 0이 된다. 실제 콘크리트 구조물에서는 위에서 언급한 세 가지 환경인자가 복잡하게 작용하게 된다. 옥내의 경우에는 옥외에 비해 탄산가스 농도가 높고 습도가 낮다. 이 때문에 옥내의 중성화 속도는 옥외보다 빠르다. 기존 건물의 실태조사에 의하면 옥내의 중성화 속도는 옥외의 경우의 1.7배 정도이다.

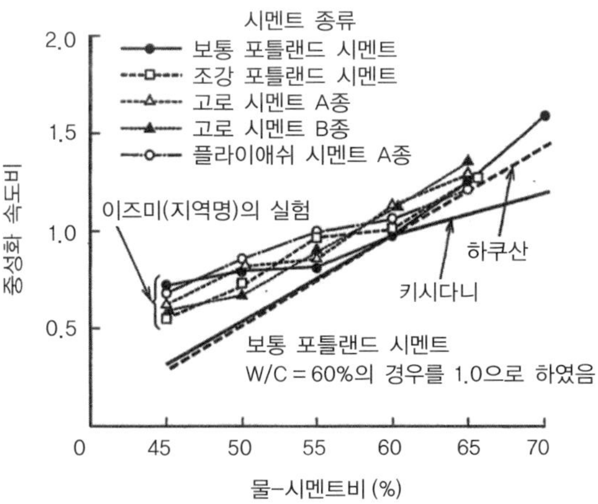

그림 4.11 **물-결합재비에 의한 중성화 속도비**

3) 중성화에 의한 철근부식의 예방대책

중성화의 예방대책으로는 신축 시의 대책과 중성화가 진행된 시점의 대책으로 나눠 고려할 필요가 있다.

① 신축 시의 대책

콘크리트의 재료 배합의 선정 : 양질의 골재를 사용하며 물-결합재비를 낮게 한다.

시공과 양생 : 콘크리트에 충분한 다짐을 실시하여 갈라짐이나 곰보가 발생하지 않게 하고 충분한 습윤양생을 실시한다.

철근피복두께의 확보 : 피복두께의 최소치를 정하여 배근계획 시부터 피복두께의 편차를 고려하고 철근의 배근에 주의한다. 시공 시에는 철근의 가공 조립의 정확도 및 형틀의 정확도를 높여 피복두께의 편차를 적게 하고 적절한 공간을 사용한다.

중성화 억제효과가 큰 마감재료를 사용 : 투기성이 적고 내구성이 뛰어난 마감재를 사용한다.

보전계획의 수립과 실시 : 목표내용연수에 도달할 때까지 보전계획을 수립하여 실시한다.

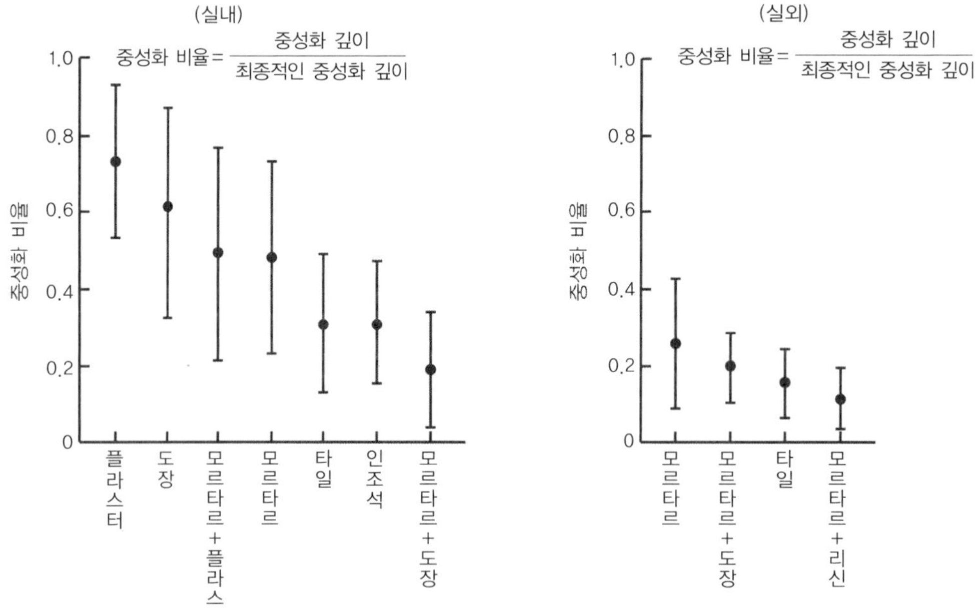

그림 4.12 **중성화 깊이에 대한 마감재의 영향**

② 열화가 진행된 시점에서의 대책

중성화가 진행되고 있지만 철근부식까지 도달해 있지 않은 경우에는 중성화를 억제할 대책을 강구한다. 중성화 억제방법으로는 투기성이 적은 마감재를 새롭게 시공하는 것이 실용적이다.

중성화가 철근 위치까지 진행되어 철근부식이 개시된 경우에는 철근부식을 억제할 대책을 강구한다. 철근부식 억제방법으로써 실용적인 것은 투기성이나 투수성이 적은 마감재를 새롭게 시공하는 것이다.

중성화가 철근 위치를 관통한 후 철근부식에 의해 피복 콘크리트에 균열이나 박리가 발생한 경우에는 피복 콘크리트를 제거하고 철근에 녹을 제거한 후 방청처리를 실시하고, 단면복구를 한 후 그 위에 마감재를 새롭게 시공한다. 최근 알칼리 재료나 복구공법이 연구되고 있으며 일부에서 실제로 시공되고 있지만 경제성 면에서 부담이 되고 있다.

4.2 철근의 부식과 방청

4.2.1 대기 중에서 철근의 부식

철강은 원래 이온화 경향 면에서 활성 경향이 높은 금속이다. 따라서 대기 중의 철강은 중성 자연수와 접촉하는 것만으로도 쉽게 이온으로 용출되고 얇은 수막을 통해 침투한 산소는 부식을 진행시킨다. 철 원자의 최외각 전자는 2개로 불안정 상태이다. 철강 표면에는 결정격자의 흐트러짐 및 불순물 원자에 의해 만들어진 마이크로 불균일성이 이 2개의 전자를 외부로 방출시키며, 전자를 잃은 원자는 철이온이 되어 결정격자로부터 탈락한다. 이것이 식 (4.3)의 아노드 반응이다. 철이 이온화됨에 따라 발생하는 전자는 아노드(Anode) 주변으로 이동하고, 철강 표면에서 용존산소를 환원하여 수산기이온을 형성한다. 이것이 식 (4.4)의 캐소드(Cathode) 반응이다.

Anode 반응 $Fe \rightarrow Fe^{+} + 2e$ 식 (4.3)

Cathode 반응 $4e + O^{2} + 2H_2O \rightarrow 4OH^{-}$ 식 (4.4)

수산기이온이 아노드로 이동함에 따라 부식전류가 발생하고 그림 4.13에 나타낸 바와 같은 부식전지가 형성된다. 이 경우 부식이 진행됨에 따라 미크로한 표면상태는 변하기 때문에 아노드와 캐소드의 위치도 바뀌며, 원칙적으로 부식은 균일하게 진행한다. 이것이 미크로 셀이다. 이처럼 강재의 부식은 전기화학반응으로 일어난다. 부식의 전 반응은 식 (4.3)의 아노드 반응과 식 (4.4)의 캐소드 반응이 합쳐져 식 (4.5)와 같은 반응이 되며, 수산화제1철($Fe(OH)_2$)이 철의 표면에서 석출된다.

$$2Fe + O^2 + 2H_2O \rightarrow 2Fe^{2+} + 4OH^- \rightarrow Fe(OH)_2 \qquad \text{식 (4.5)}$$

$Fe(OH)_2$은 용존산소에 의해 수산화제2철($Fe(OH)_3$)이 된다. 물 분자를 방출하면 함수산화철(FeOOH, 붉은 녹)이 되며, 일부는 산화철(Fe_2O_3, 검은 녹)이 되어 철 표면에 부식층을 형성한다. 그러나 표면의 물이 알칼리성을 가지고 있으면 산소가 존재해도 철강은 부식되지 않는다. 알칼리성 환경에서는 철강 표면이 부동태 피막이라 불리는 내식성 있는 수nm의 얇은 산화물 피막으로 덮여져 있기 때문이다.

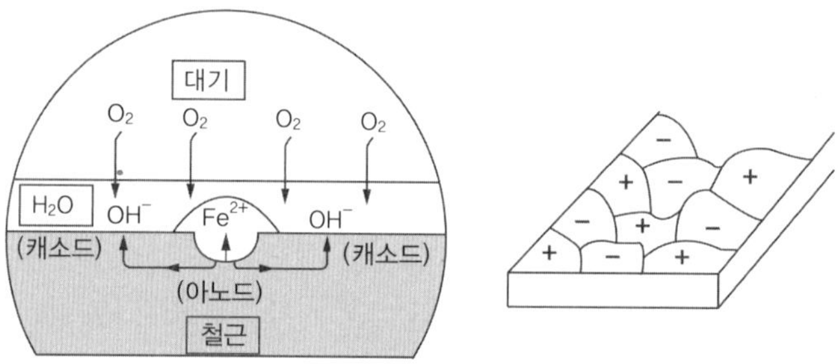

그림 4.13 **대기 중의 철강의 부식기구**

4.2.2 콘크리트 속의 강재가 부식되는 조건

1) 개요

건전한 콘크리트의 공극을 채우고 있는 수분의 pH는 12.5~13 정도이며, 이 속에 매립되어 있는 철근은 부식으로부터 보호된다. 그러나 콘크리트가 중성화되거나 중성화와는 무관하게 나타나는 철근 주변의 부식 임계치를 넘는 염화물이온 농도의 환경이 만들어지면 부동태 피막이 파괴되어 철근은 부식으로부터 무방비 상태가 된다. 파괴된 부분이 아노드, 건전한 부분이 캐소드가 되며, 양자간에 전위차가 생겨 아노드와 캐소드 부분에 부식전류가 흐르게 된다(그림 4.14). 부동태 피막을 파괴하는 염화물이온의 농도(Cl^-)는 콘크리트의 알칼리도(OH^-)와 관계되며, 일반적으로 Cl^-/OH^-의 값이 0.6 이하를 유지하면 부식하지 않는 것으로 알려져 있다.

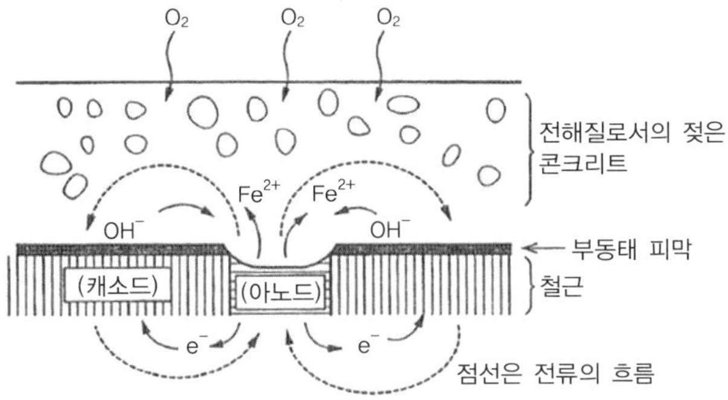

그림 4.14 **콘크리트 속에 발생하는 부식전지**

2) 마크로셀 작용

콘크리트 내부 또는 외부환경이 불균일하게 되면 철근 표면의 일부는 아노드가 되고 다른 부분은 캐소드가 되며, 양자간에 큰 부식전지가 형성된다. 아노드가 되는 부분에서 부식이 진행되는데 이러한 부식을 마크로 부식이라 한다. 마크로셀의 작용에 의한 강재의 부식에는 다음과 같은 것이 있다.

① 농담전지 작용

철근 주변의 콘크리트의 알칼리 농도, 염화물이온 농도 또는 산소 농도가 부분적으로 다를 경우, 농도가 낮은 쪽(투수성이 높은 부분)의 철근이 아노드, 농도가 높은 부분(투수성이 낮은 부분)의 철근이 캐소드가 되는 농담전지(그림 4.15의 우측)가 형성되어 아노드부의 철근부식이 촉진된다. 이들 중 산소농담전지는 통기차전지라고도 불리며, 일단 부식이 발생하면 부식(녹)으로 덮여진 철근 표면의 산소가 부족해도 부식은 현저히 가속된다. 이러한 부식전지의 기전력은 200mV에 달한다.

② 활성-부동태 전지 작용

콘크리트 부재에 큰 균열 등이 발생하여 철근의 일부가 노출된 경우, 이 부분과 콘크리트로 피복된 부분 사이에 활성-부동태 전지라 불리는 마크로셀이 형성된다(그림 4.15 좌측). 이러한 전지에서는 노출부분이 아노드, 피복부분이 캐소드가 되며, 양자간에는 400~500mV 정도의 큰 전위차가 생기기 때문에 노출부의 부식이 현저히 촉진된다. 그림 4.16에 나타낸 바와 같이, 노출부의 철근부식도는 노출부와 피복부의 면적비에 거의 비례하기 때문에 이 면적비가 작을수록 부식도는 커진다.

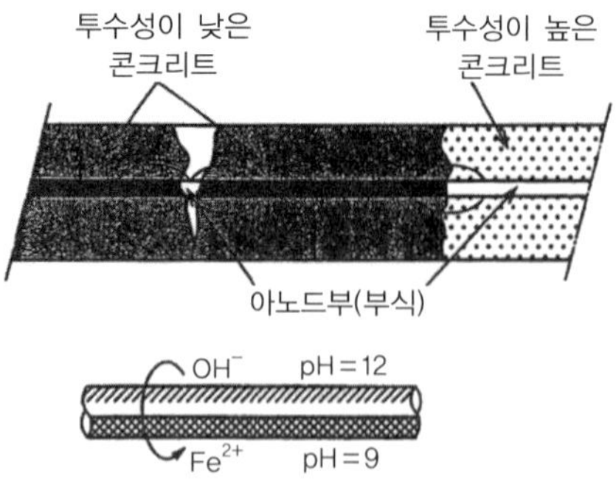

그림 4.15 **마크로셀 부식의 예**

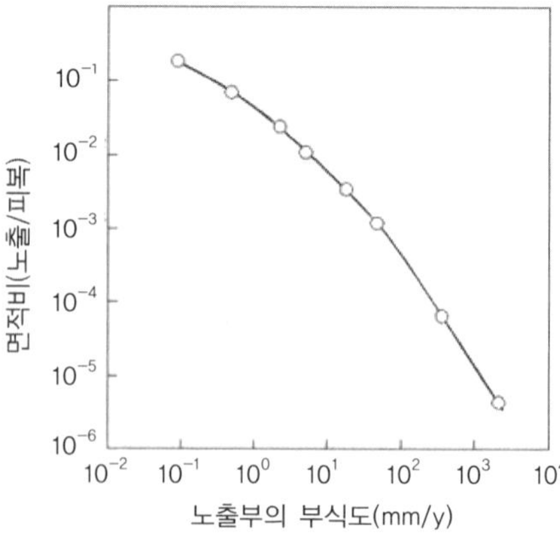

그림 4.16 **노출철근의 부식도에 미치는 (노출부-피복부) 면적비의 영향**

③ 이종금속의 접촉작용

콘크리트 구조물 속에서 이종금속이 접촉해 있으면 양 금속간에 전지가 형성되어 보다 이온화 경향이 높은 금속이 희생 아노드가 되어 부식된다. 철근콘크리트 건물에 매입된 관은 토양 속에서 단기간에 부식하는 현상이 종종 발생하는데, 이것은 건물의 모든 철근 표면이 캐소드가 되는 마크로셀이 형성되기 때문이다. 원래 아연도금 철근은 내식성이 낮지만, 만일 이것을 사용하는 경우에는 부재 속의 모든 철근(결속선까지)을 아연도금할 필요가 있다. 스테인리스강을 사용한 철근도 염화물의 존재하에서 이러한 작용을 받는다.

3) 미주(迷走)전류의 영향

전철 및 직류 전기설비로부터 새어나온 전류가 콘크리트 구조물 속의 철근에 유입되면 전류가 철근에서 콘크리트로 유출되는 부분에서 심한 부식이 발생하며, 이러한 부식을 미주전류 부식 또는 전식이라 한다. 미주전류의 영향으로 콘크리트 속의 염화물 함유량이 증대하면 철근 표면의 부동태 피막이 파괴되고 전식이 발생하기 쉬워지고, 전식의 발생 면에서는 철근 표면 근방의 pH가 저하되기 때문에 콘크리트에 의한 철근의 보호작용을 잃게 된다. 중성화된 콘크리트 속 철근은 더욱 전식이 쉽게 발생한다.

4.2.3 철근부식이 콘크리트 구조물에 미치는 영향

1) 개요

철이 산화물로 변할 경우 약 2.5배로 체적이 팽창한다. 따라서 철근이 부식하면 체적이 팽창하여 철근 주위의 피복 콘크리트에 압력을 가하게 된다. 부식이 진행하여 팽창압이 어떤 한계에 도달하면 피복 콘크리트에 균열 또는 박리를 일으킨다. 철근부식에 의한 콘크리트 구조물의 손상이 팽창압에 의한 것이라면 손상의 패턴은 피복두께, 철근직경, 철근위치, 철근간격, 피복 콘크리트의 품질, 부식팽창량 등의 여러 요인에 지배받게 된다. 그림 4.17은 피복두께의 대소와 철근간격의 대소에 의해 균열이 발생하는 상황을 모식적으로 나타낸 것이다. 슬래브와 같이 피복두께에 비하여 철근간격이 좁은 경우에는 그림 4.18과 같이 광범위하게 박리가 발생하는데, 철근 상호간에 이어지는 균열이 선행하기 때문이다. 이러한 현상을 라미네이션(층상박리)이라 한다. 모서리부분의 철근은 그림에서와 같이 부식에 의해 균열이 발생하기 쉽다. 철근간격이 넓은 경우에는 피복에 따라 콘크리트 표면에 직교하는 단독 균열 및 표면에 대하여 어떤 각도를 가지는 대칭균열이 발생하여 콘크리트를 콘 형태로 박리시킨다. 문제가 되는 것은 이러한 콘크리트의 균열 및 박리현상이 철근부식의 어느 단계에서 발생하는가이다. 이러한 현상이 나타날 때 철근이 완전히 용해하여 소실한 상태의 경우도 있기 때문이다.

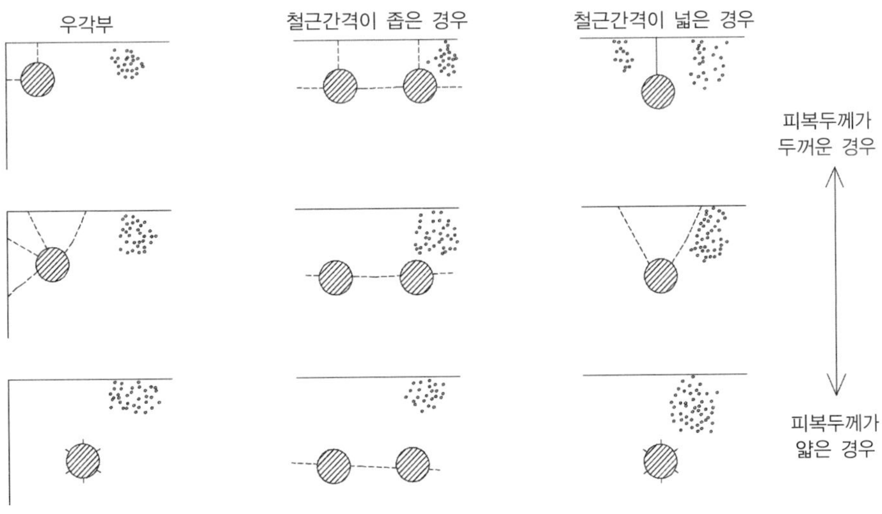

그림 4.17 철근부식에 의한 균열

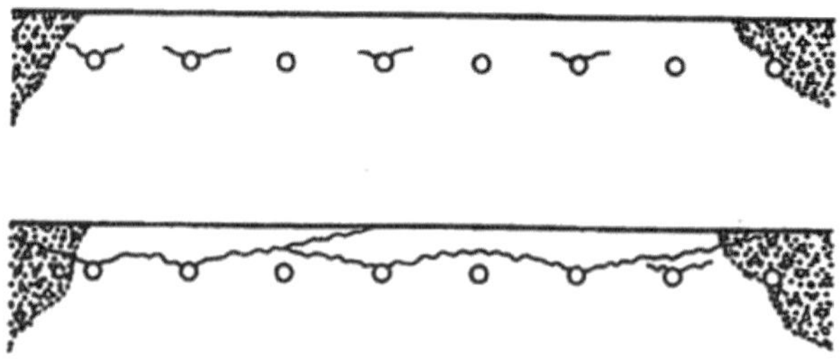

그림 4.18 **철근부식에 의한 피복의 박리**

4.2.4 중성화에 의한 철근부식

중성화에 의한 철근부식은 그림 4.19에 나타낸 바와 같이 중성화 영역이 철근 표면에 도달하기 전부터 시작된다. 피복두께와 중성화 깊이의 차를 잔여 중성화라 하며, 염분을 포함하고 있지 않은 콘크리트 구조물에서는 잔여 중성화가 약 8mm, 염분을 포함하고 있는 구조물에서는 잔여 중성화가 20mm 시점에 도달하면 철근부식이 시작된다. 이것은 그림 4.7 및 그림 4.8에 나타낸 바와 같이 탄산화에 의한 황산과 염소의 농축이 중성화의 전면 비탄산화 영역에서 발생하기 때문이다. 중성화에 의한 철근부식은 균열의 발생 및 녹물의 유출을 동반하지 않는 경우도 있으므로 주의해야 한다.

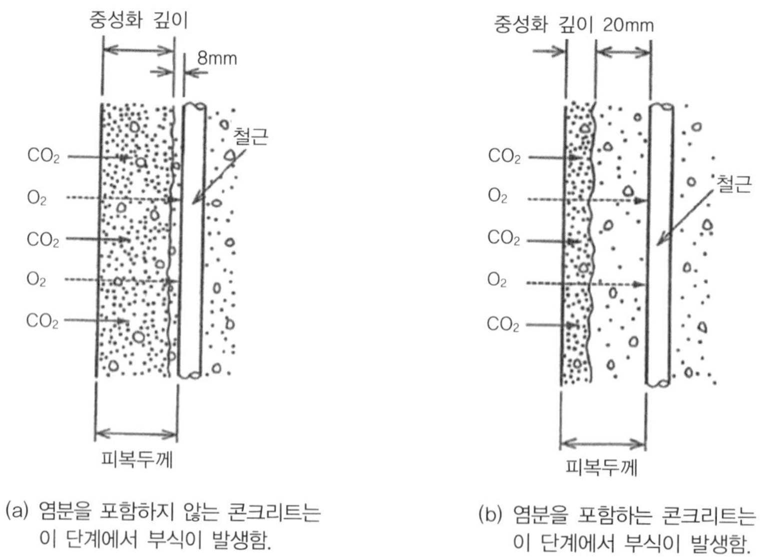

그림 4.19 **중성화(탄산화)의 진행과 철근피복과의 관계**

4.2.5 염화물에 의한 철근의 부식

1) 개요

염화물이온에 의한 부동태 피막의 파괴는 균일하지 않고 국소적으로 일어난다. 그 결과 강재 표면에는 부동태 표면에서 이뤄진 큰 면적의 캐소드에 둘러싸인 작은 면적의 아노드가 형성되며, 그 사이에는 큰 전위차가 발생하기 때문에 부식은 극단적으로 일부분에 집중하며, 공식(pitting)이라 불리는 부식형태가 된다(그림 4.20). 이 때문에 염화물에 의한 철근부식은 그림 4.21에 나타낸 바와 같이 단면결손 및 용해와 같은 심한 부식을 유발한다. 그림 4.22는 PC교량의 PC케이블이 부식 파단한 형상이다.

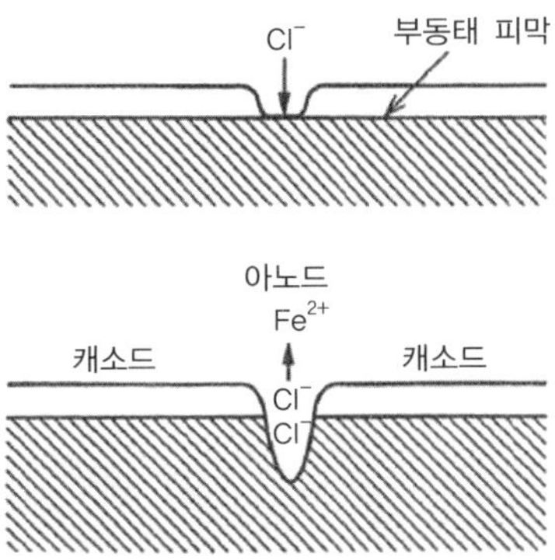

그림 4.20 Cl^-에 의한 부동태 피막의 파괴

그림 4.21 해양비말대에 3년간 폭로한 RC보 속의 철근의 부식

그림 4.22 해안 주변 연안지역의 PC교량 및 PC케이블의 파단형상(일본)

2) 염화물의 콘크리트 속으로의 유입

염화물의 콘크리트 속으로의 유입은 외부에서 이뤄지는 경우와 건설 당초에 유입된 경우로 크게 구별할 수 있다. 전자의 사례는 해수비말 또는 해염입자를 다량 함유하는 대기를 통한 유입과 동결방지제의 살포에 의한 도입 등이 대표적이다. 후자의 사례는 해사 및 혼화제 등을 통한 유입이다. 이와 관련한 가장 불리한 환경은 다양한 바람을 타고 날아오는 해수비말을 받는 해안 주변 지역이 대표적인 곳이다. 이때 철근콘크리트 구조물의 염화물 부식에 의한 손상을 좌우하는 최대요인은 해풍속이다.

4.2.6 철근부식에 미치는 콘크리트의 품질과 영향

1) 콘크리트 배합의 영향

그림 4.23과 4.24는 각각 염화물이온과 산소확산계수의 값과 물-결합재비의 관계를 나타낸 것이다. 그림으로부터 물-결합재비의 값이 50% 이상이 되면 염화물이온과 산소의 확산계수 값은 급속히 증대하여 철근이 부식하기 쉬운 상태가 되는 것을 알 수 있다.

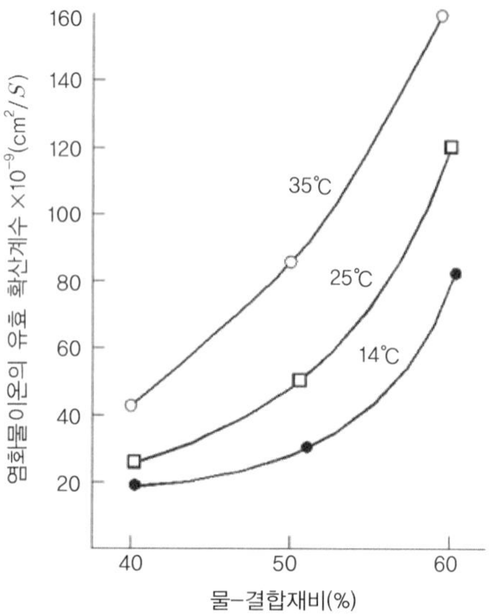

그림 4.23 **염화물이온의 확산계수와 물-결합재비의 관계(시멘트 페이스트)**

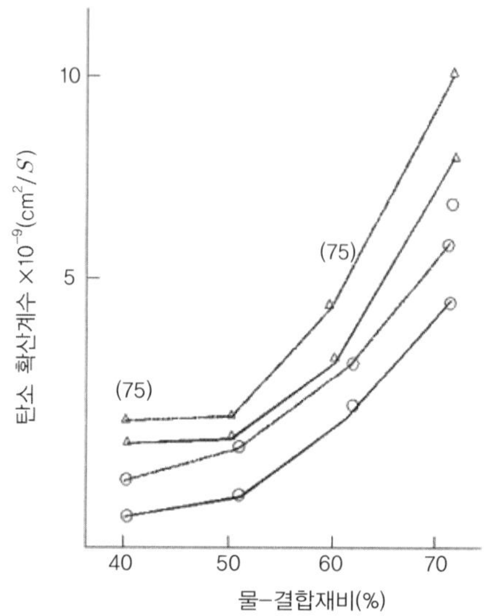

그림 4.24 **산소의 확산계수와 물-결합재비의 관계(콘크리트)**

2) 시멘트 종류의 영향

염화물이온 및 산소의 확산계수는 시멘트 종류에 따라 그 값의 차이가 크다. 표 4.2 및 표 4.3에서 나타내는 바와 같이, 이러한 확산계수는 특히 고로 시멘트를 사용할 경우 상당히 낮아지는 것을 알 수 있다. 고로 시멘트는 철의 부식인자에 대한 물리화학적 차폐성능이 뛰어날 뿐만 아니라 외부에서 침투한 염화물이온의 시멘트 수화물(프리델씨염)을 고정화하는 화학적 차폐성능도 가지고 있다.

표 4.2 **시멘트 종류와 염화물의 확산계수 (온도 25℃)**
각종 시멘트를 사용한 경화 시멘트 페이스트(W/C=0.5)에 대한 염화물이온의 확산계수

시멘트 종류	D×10^{-9} (cm^2/s)
보통 포틀랜드 시멘트	44.7
플라이애쉬 시멘트(치환율 30%)	14.7
고로 시멘트(치환율 65%)	4.1
내황산염 포틀랜드 시멘트	100.0

표 4.3 **시멘트 종류와 산소의 확산계수 (온도 20℃)**
각종 시멘트를 이용한 콘크리트(W/C=0.6)의 산소 확산계수 (함수량 60%)

시멘트 종류	D×10^{-9} (cm^2/s)
보통 포틀랜드 시멘트	2.40
조강 포틀랜드 시멘트	1.62
중용열 포틀랜드 시멘트	1.52
고로 시멘트(치환율 30%)	1.12
고로 시멘트(치환율 70%)	0.99
플라이애쉬 시멘트(치환율 20%)	1.71

3) 사용 재료 품질의 영향

(이 분야에 대해서는 국내의 자료가 부족하므로 일본의 자료를 중심으로 기술한다.) 일본에서는 1960년대에서 80년대까지 약 30년간 다량의 염화물을 함유한 해사가 사용되었다. 1977년에 일본주택공단이 오사카, 히로시마, 후쿠오카, 오키나와의 각 지역 20개소의 조사결과에 따르면, 제염처리하지 않은 레미콘 공장에서 채취한 해사의 염분 함유량의 평균값은 0.236%(NaCl)였다. 이 값은 단위잔골재량 600kg/m^3로 염화물이온양으로 환산하면 0.84kg/m^3가 된다. 콘크리트 감수제가 사용되기 시작한 것은 1955년경이다. 당시 일반적으로 사용되던 감수제는 전체의 고형성분의 30~60%가 염화칼슘이었으며, 동절기에 사용된 조강형감수제에는 60~80% 정도의 염화칼슘이 포함되어 있었다(표 4.4). 최근에는 보통 포틀랜드 시멘트에 포함되어 있는 염화물이온도 증가하는 경향이다. 1965년부터 약 20년간에 걸쳐 시장에 출하된 고알칼리 시멘트도 철근부식을 촉진시킨다. 이러한 종류의 시멘트를 이용한 콘크리트에서는 시멘트 경화체의 조직이 엉성하게 되어 탄산화를 촉진시키는 동시에 산소의 공급을 용이하게 하기 때문이다.

표 4.4 **혼화제 속에 포함된 염화물량***

시판 중인 감수제 내의 염화칼슘량[(%), (잔골재의 절건중량에 대한 중량 백분율)]

항목		보통 감수제		조강 감수제	
		$CaCl_2 \cdot 2H_2O$	NaCl 환산	$CaCl_2 \cdot 2H_2O$	NaCl 환산
1	해사문제 인식 이후	0.06	0.05	0.18	0.14
2	해사문제 인식 이전	0.2	0.16	0.5	0.4
3	해사 중의 염분에 대한학회 규정값	일본토목학회 RC표준서 = 0.1% 일본건축학회 건축공사시방서 = 0.04%			

* 참조 : 일본토목학회 RC표준서 & 일본건축학회 건축공사시방서

4) 시공의 영향

철근피복의 부족, 콘크리트의 다짐불량, 양생부족 등의 시공불량은 철근부식을 가속시키므로 유의하여 시공하여야 한다.

4.2.7 철근의 방식

1) 개요

가혹한 환경에 건설된 콘크리트 구조물이 강재부식에 의해 소정의 공용기간 중에 그 기능을 잃지 않도록 시공하는 조치를 방식(防蝕)이라고 한다. 콘크리트 구조물에서 가장 가혹한 부식환경은 해수비말에 노출된 환경이다. 이러한 환경에 건설된 콘크리트 구조물의 방식에 관해서는 (사)일본콘크리트 공학협회가 [해양콘크리트 구조물의 방식지침 : JCI-R1]을 제정하였으며, 혼슈 시코쿠 연락교의 콘크리트 구조물을 비롯한 다수의 콘크리트 구조물에 적용되어 있다. 이 지침에서는 콘크리트 구조물의 방식방법을 신설 구조물에만 적용되는 제1종 방식법과 일부는 기존 구조물에도 적용가능한 제2종 방식법으로 크게 구별하고 있다. 콘크리트 구조물의 방식에 있어 고려해야 할 조건은 환경, 공용기간, 구조물의 중요성, 구조물의 규모, 방식이 구조물에 미치는 영향, 유지관리의 난이 등을 들 수 있다. 그러나 이러한 조건은 각각 동등의 중요도를 가지는 것이 아니라, 환경 이외의 조건은 구조물에 따라 각각 다르기 때문에 이러한 조건을 모두 망라한 일반적인 방식의 정도를 구분하는 것은 상당히 어렵다. 지침에서는 표 4.5에 나타낸 A종, B종 및 C종의 방식 구분을 만들어 사용하고 있다. 여기서 반영구적 내용연수는 30~50년 정도를 목표로 하며, 이 기간에 보수 보강을 실시하는 것이 전제가 되는데 일반적으로 A종 방식을 적용하는 것이 바람직하다.

표 4.5 **방식의 구분***

A종	비례 또는 그것과 동등한 대단히 엄격한 환경조건하에서 반영구적인 내용연수를 보증하는 방식
B종	해상대기 중 또는 그것과 동등한 대단히 엄격한 환경조건하에 있어서 반영구적인 내용연수를 보증하는 방식
C종	해중 또는 그것과 동등한 환경조건하에서 반영구적인 내용연수를 보증하는 방식

* 참조 : 일본 해양콘크리트 구조물의 방식지침 : JCI-R1

2) 제1종 방식법

밀실한 콘크리트는 산소 및 수분의 공급도 억제되기 때문에 내부의 강재는 부식되기 어렵다. 즉 강재로서는 콘크리트 속에 묻혀 있는 것만으로도 좋은 방식이 된다. 제1종 방식법이란 철근의 피복, 균열, 콘크리트의 품질(물-결합재비, 단위시멘트양, 공기량), 시공의 레벨 등을 제어하여 콘크리트 부재 중의 강재방식을 실시하는 방법이다. 표 4.6은 방식 구분 및 시공조건을 고려해서 정한 피복두께 최소치의 표준을 나타낸 것이다. 여기서 말하는 최소피복두께라 함은 콘크리트 내부에 배치된 모든 강재, 즉 주철근과 전단보강근은 물론 조립근도 포함한 순 피복두께의 최소두께를 말한다. 또 PC부재에서는 PC강재 그 자체뿐만 아니라 보다 표면 가까이에 존재하는 이러한 철근에 대해서도 적용된다. 표 4.7은 최대 물-결합재비의 표준 값이다. 설계기준강도로부터 물-결합재비를 정할 경우에도 표 4.7의 물-결합재비를 상회하지 않도록 한다. 표 4.8은 최소단위시멘트양의 표준값이다. 단위시멘트양을 많게 하면 균등질 및 밀실한 콘크리트가 되어 방식성능이 향상될 뿐만 아니라 해수 중의 각종 염류에 의한 화학작용에 대한 저항성도 증대하기 때문에 구조물의 내구성에도 좋은 성능을 가져다준다.

표 4.6 **최소피복의 표준치[mm]**

방식 구분	시공조건이 양호한 경우	시공조건이 양호하지 못한 경우
A종	100	125
B종	100	125
C종	75	100

표 4.7 **최대 물-결합재비의 표준치[%]**

방식 구분	시공조건이 양호한 경우	시공조건이 양호하지 못한 경우
A종	45	40
B종	50	45
C종	50	45

표 4.8 최소 단위시멘트양의 표준치 [kg/m^3]

구분	환경	시공조건이 양호한 경우		시공조건이 양호하지 모한 경우	
	굵은골재 크기(mm)	25	40	25	40
A 종		375	350	400	375
B 종		350	325	375	350
C 종		325	300	350	325

이상의 표에서 [시공조건이 나쁜 경우]라 함은 일반 현장시공의 경우이며, [시공조건의 좋은 경우]라 함은 공장제품 또는 재료의 선정 및 시공에 있어서 공장제품과 동등 이상의 품질이 보증되는 경우를 말한다.

3) 제2종 방식법

제2종 방식법은 제1종 방식법의 적용이 곤란한 경우, 또는 방식성능을 더욱 증대시켜야 할 경우에 적용한다. 제2종 방식법은 제1종 방식법의 요건을 가능한 만족시키는 범위에서 적용한다. 현재 그 효과가 정립되어 실용화 되어 있는 방식방법으로서는 에폭시수지 도장철근, 방식거푸집, 전기방식의 3종류가 있다.

① 에폭시수지 도장철근

에폭시 도장철근(EP근)의 사용은 해양환경과 같은 가혹한 부식환경에 시공된 콘크리트 구조물 중의 철근의 방식방법으로서 가장 신뢰성이 높은 방법이다. 미국에서 개발되어 북부 7주의 스노우 벨트 및 캐나다에서는 이 철근의 사용이 일반화 되어 있다. 일본에서도 후쿠리쿠(Hokuriku)자동차 도로를 비롯하여 한국해 연안의 교량, 동결방지제가 살포된 지역, 간몬(Kanmon)터널 및 간사이(Kansai)국제공항의 시설 등의 염분영향을 받는 구조물에 적용되어 있다. 국내에서도 해상도로나 교량 등에서 다양한 적용 사례가 있다. EP근은 에폭시수지 분체도료의 정전뿜칠 도장에 의해 제작되며, 그림 4.25는 그 원리를 나타낸 것으로 마이너스로 대전시킨 수지분체를 고전계 중에 비주(飛走)시켜 클론력으로 철근소재에 부착시킨다. 철근은 미리 260℃로 예비 가열되어 있기 때문에 분체도료는 융착하여 도막을 형성한다(그림 4.26). 이 경우, 철근은 미리 숏블라스트 처리에 의해 표면의 흑피(밀스케일)를 제거하고 백색상태가 되어 있어야 한다. EP근의 도막두께는 방식성과 굽힘 가공성의 두 가지 조건에 따라 200±50㎛ 범위에 위치할 필요가 있다. 핀홀은 건식방전식의 검출기를 이용해서 시험전압 1,000V로 통전시험을 실시하여 철근 1m당 철근의 호칭직경이 D19 이하의 경우는 5개 이내, D22 이상의 경우에는 8개 이내가 되도록 한다. EP근의 부착강도는 무도장 철근보다 20% 정도 감소되는 것으로 고려한다. 또 가스압접이음을 이용할 경우, 열영향부는 압접면으로부터 약 70~120mm이고, 나사조임 장비 및 홀더 등에 의한 손상을 받는 범위는 180mm 정도이므로 이 범위에 대해서는 전용의 보수재료로 보수할 필요가 있다. EP근의 도막은 콘크리트 속의 내부 진동기와 직접 접속할 경우에는 십수 초 내에 소재에 도달한다고 알려져 있으므로 우레탄 등으로 방호한 진동기를 이용할 필요가 있다.

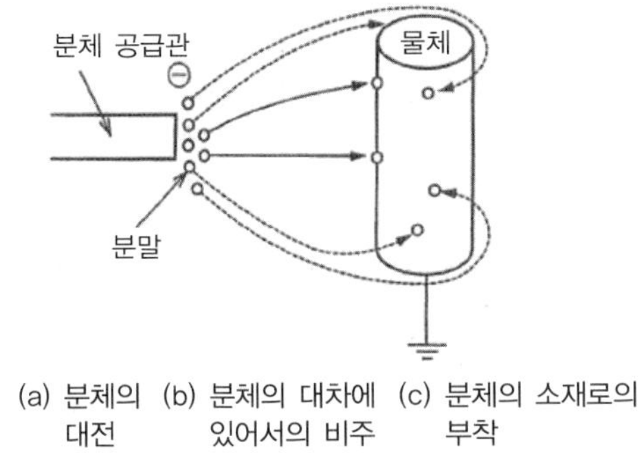

그림 4.25 **정전건식분사법**

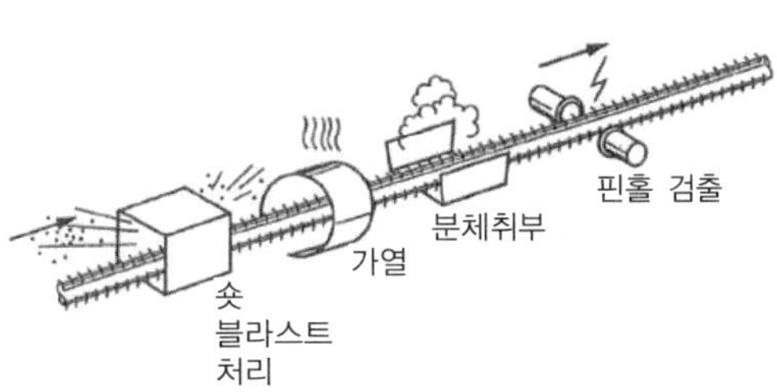

그림 4.26 **융착방식에 의한 철근의 정전분체 도장**

② 방식거푸집

제1종 방식에서는 필요한 최소피복두께를 확보하기 어려운 경우, 예를 들어 상부구조의 사하중이 상당히 커지는 경우에는 피복의 일부를 방식성이 상당히 뛰어난 재료로 치환하면 피복을 크게 할 필요가 없다. 이처럼 피복의 일부인 동시에 영구거푸집으로서 철근 보호층의 역할을 하는 것이 방식거푸집이다. 이미 시공실적이 있는 방식거푸집에는 다층의 메쉬상 섬유로 보강한 폴리머 시멘트 모르타르제의 PCM거푸집과 폴리머 함침 콘크리트제의 PIC거푸집이 있다. 후쿠리쿠 자동차도로의 오야시라즈(Oyasirazu) 해안 고가교에 사용된 PCM거푸집의 개요는 그림 4.27, PCM거푸집의 구조치수는 그림 4.28과 같다. 두께 10mm, 중량 45kg인 거푸집에 사용된 폴리머 시멘트 모르타르의 산소 확산계수 및 Cl^- 확산계수는 물-결합재비 40%의 콘크리트의 약 1/20 및 1/30이었다. 두께 10mm의 PCM거푸집의 염화물이온 차단성능은 물-결합재비 40%의 피복콘크리트의 약 10cm에 상당한다. 그 거푸집은 2명이 운반가능하도록 경량성이며 절단 천공이 가능하도록 가공성이 고려되어 설계되었으며, 오야시라즈 해안 고가교의 상판과 측벽에 약 2,000매가 사용되었다. 가공상황은 그림 4.29 및 4.30과 같다. 18년 후 조사결과 염분은 완전히 PCM거푸집에 의해 차폐되고 있었으며, 콘크리트 부분으로 침입하지 못한 것이 확인되었다.

그림 4.27 **오야시라즈 해안 고가교**

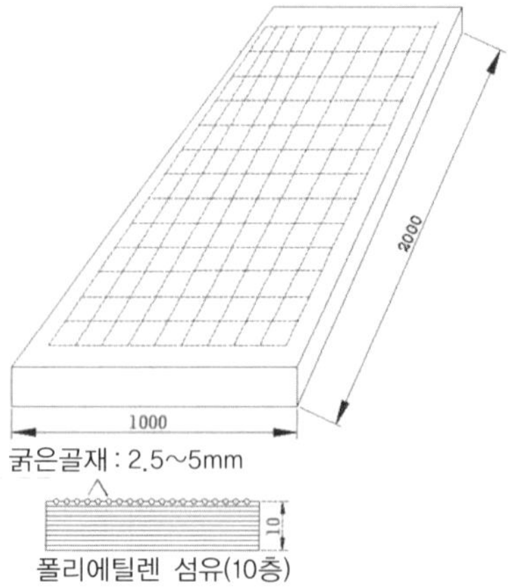

그림 4.28 **PCM형틀의 구조**

그림 4.29 **PCM거푸집의 시공상황(슬래브 하면)**

그림 4.30 **PCM거푸집의 시공상황(측벽)**

③ 전기방식

콘크리트 속 강재의 부식은 일반적으로 부식전지의 형성에 의해 발생한다. 즉 아노드부에서는 낮은 전위(상대적으로 마이너스), 캐소드부에서는 높은 전위(상대적으로 플러스)가 되면서 전위차가 발생하여 아노드부에서 캐소드부로 전류가 흐른다. 전기방식은 콘크리트 표면에 양극재를 설치하고, 이것을 플러스극, 강재를 마이너스극으로 하여 이들 사이에 미소한 방식전류(콘크리트 표면적당 5~30mA/m^2 정도)를 공급하여 전위차를 상쇄함으로써 부식을 억제하는 방식방법이다. 양극재로는 티탄 및 티탄합금 등의 고내구성 금속이 일반적으로 사용된다.

전기방식은 주로 염화물의 침투에 의해 철근부식이 진행하기 시작한 콘크리트 구조물의 수명연장을 목적으로 적용된다. 전기방식에 의해 철근의 부식을 회복시키는 것은 불가능하다. 전기방식에 있어서 부재 내부에 전류의 흐름을 방해하는 요인, 예를 들어 슬래브 층상 균열 및 콘크리트의 건조상태 등을 체크하거나 전기방식 개시 후에 콘크리트 내부의 균열 발생 및 양극재의 단선에도 유의할 필요가 있으며 방식전류는 영구적으로 공급하여야 한다.

4.3 알칼리골재반응

4.3.1 개요

알칼리골재반응이라 함은 시멘트 속에 포함되어 있는 일정 한도를 넘은 알칼리분(Na_2O와 K_2O)과 골재 속에 있는 어떤 종의 반응성 성분이 화학적으로 반응하여 콘크리트에 유해한 팽창을 일으키는 현상을 말한다. 알칼리골재반응을 일으키는 암석은 주성분으로서 실리카(SiO_2)를 포함하고 있는 것이 많기 때문에 일반적으로 알칼리 실리카 반응(alkali-silica reaction)이라고 불린다. 알칼리 실리카 반응에 의해 발생하는 콘크리트의 주요 열화현상은 1. 팽창에 의한 균열, 2. 강도와 탄성계수의 저하, 3. 구조물의 변형, 4. 철근의 인장파단 등이 있다. 이러한 열화현상이 구조물에 현저히 나타나는 시기는 열화요인이 되는 시멘트 및 골재 등의 사용 재료, 배합, 환경, 수분의 공급조건, 구조물의 종류 등에 의해 크게 달라지지만, 건설 후 수년에서 수십 년에 걸쳐 변화형상이 나타나는 경우가 많다고 하나 우리나라에서는 대규모로 발생하여 사회적으로 문제가 된 경우는 없을 정도로 그리 위험한 것은 아니다. 열화는 급격히 진행하여 강도 및 탄성계수가 현저히 저하하는 경우가 있는 반면, 십수 년에 걸쳐 완만히 진행하는 경우도 있고, 조기에 발생한 균열의 진행이 그 후 정지상태로 되는 경우도 있다. 또한 강도 저하가 거의 일어나지 않는 경우도 있고, 건전한 부분의 1/3 정도로 저하하는 경우도 있다. 구조물의 단면형상도 열화와 관계가 있다. 예를 들어 직경 5m 정도의 원형교각 및 높이가 수m에 이르는 원자력발전소와 같은 대형 구조물에서 알칼리골재반응은 치명적인 손상을 유발하기 쉽다. 이러한 구조물에서는 균열이 발생한 표면부에 알칼리 실리카 반응이 일어난 경우는 거의 없으며, 그 내부에서 현저히 열화가 발생한 예가 많다. 일반적으로 높은 알칼리 시멘트가 시장에 출하된 시기에 건설된 구조물에서 알칼리 실리카 반응이 발생한 예가 많다.

4.3.2 알칼리 실리카 반응의 메커니즘

알칼리 실리카 반응을 일으키는 메커니즘에 대해서는 미해명된 부분이 많다. 예를 들면, 알칼리 실리카 반응의 진행과 함께 발생하는 콘크리트의 팽창기구가 완전히 해명되지 않았기 때문이다. 따라서 이하의 팽창기구는 하나의 추상적 해석이라 할 수 있다. 실리카(SiO_2)는 석회암 이외의 암석 중에 40~80% 포함되어 있는 아주 일반적인 광물로서 석영과 같은 결정질의 경우에는 안정되어 있지만, pH10이 넘는 고알칼리 용액에서는 100ppm 정도 용해한다. 이것이 비결정질로 되면 알칼리 용액에 대하여 상당히 용해되기 쉬우며, pH10의 경우의 용해도는 1,000ppm에 도달한다. 이것은 실리카를 포함하고 있는 모든 암석은 콘크리트 속의 알칼리 농도가 어느 한계를 넘으면 녹기 시작한다는 것을 의미한다. 그러나 이 속도는 암석 중의 실리카의 결정도 및 입경 또는 다른 원소 등의 관계 여부 등에 좌우된다. 알칼리에 의한 실리카의 용해과정을 설명하면 아래와 같다.

용해한 실리카는 pH값에 의해 실리게이트 이온[$Si(OH)_2$], 또는 $Si(OH)_4$라고 하는 모노머 상태가 된다. 이 모노머는 콘크리트의 세공용액 중의 Na^+ 및 Ca^{2+} 등이 촉매가 되어 겔을 형성한다. 이 겔이 그림 4.31에 나타내는 바와 같이 흡수해서 팽창한다고 하는 이론이다. 그러나 이 설에는 문제점이 있다. 겔의 생성량이 아주 적기 때문이다. 알칼리 실리카 반응이 발생한 콘크리트 속에서 겔을 검출하기는 곤란하지만, 다량의 에트링가이트가 검출되는 예는 많다. 알칼리골재반응을 일으키는 고알칼리 시멘트에는 고농도의 알칼리 황산염을 포함하고 있는 경우가 많다. 32분자의 결정수를 가지는 에트링가이트의 생성이 알칼리 실리카 반응에 의한 팽창에 관여한다고 하는 이론도 근거가 된다. 알칼리 실리카 반응은 시멘트에 기인하는 과잉의 알칼리분에 의해 알칼리반응성의 골재가 용해해 가는 현상으로써, 여기서 주의해야 할 것은 과잉의 알칼리분을 포함한 시멘트의 사용에 기인하는 콘크리트 조직의 취약화이다. 이러한 시멘트를 사용한 콘크리트는 사용골재와는 무관하게 강도 저하를 일으킬 뿐만 아니라 중성화, 탄산화 및 철근부식을 일으키기 쉽다.

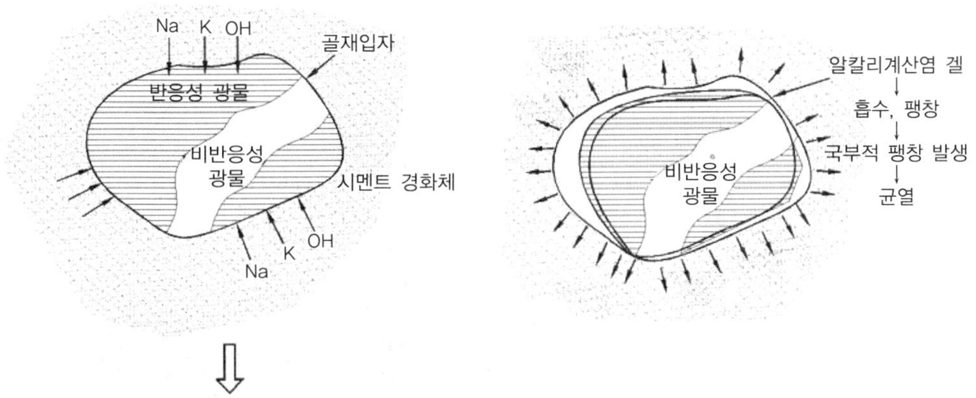

그림 4.31 **알칼리 실리카 반응에 의한 콘크리트의 팽창과정**

4.3.3 알칼리 실리카 반응이 발생하는 조건

1) 개요

알칼리 실리카 반응에 의한 콘크리트의 유해한 열화 발생 여부는 다음과 같은 환경에 따라 결정된다.

1. 콘크리트 속의 알칼리양
2. 알칼리 반응성 골재와 그 존재형태
3. 콘크리트 구조물에의 수분의 공급상황

한편, 해수비말 및 동결방지제로서 암염이 살포되는 것과 같은 염해환경에 건설된 콘크리트 구조물에 반응성 골재를 사용한 경우에도 알칼리 실리카 반응이 발생한다. 2)에서 기술하는 것과 같이 염화나트륨이 알칼리 농도를 증가시키기 때문이다.

2) 콘크리트 속의 알칼리양

콘크리트 속의 알칼리양은 시멘트 속에 포함된 알칼리양의 영향이 지배적이다. 시멘트 속의 알칼리양은 다음의 식 (4.6)에 나타난 등가 $Na_2O(R_2)$양으로 표현된다.

$$R_2O\,[\%] = Na_2O\,[\%] + 0.658\,K_2P\,[\%] \qquad \text{식 (4.6)}$$

이 값이 1%를 넘으면 유해한 팽창이 일어나기 쉽다. 해사 등의 재료를 통하여 유입된 염화나드륨도 곤크리드의 일길리 농도를 높인다. 염화나드륨은 이온 결징이기 때문에 수분의 존재하에서는 Na^+과 Cl^-으로 이온화하지만, 시멘트 속의 알루민산 삼석회(C_3A)는 시멘트 질량의 약 0.4%까지의 Cl^-과 결합해서 프리델씨염($3CaO\ Al_2O_3\ 10H_2O$)을 생성한다. 이 때문에 감소한 Cl^-에 상응하는 양의 음이온이 필요하게 되므로 고체상태로 존재하는 수산화칼슘이 용출된다. C_3A의 Cl^-의 고정화 능력 한도 내에서는 Cl^-양의 증대와 함께 수산기이온의 농도가 상승하게 된다. 그림 4.32는 모르타르 공시체를 이용한 염화나트륨의 첨가량과 수산기이온(OH^-) 농도 간의 관계를 조사한 결과이다. 이 그림에 따르면 염화나트륨의 증가에 따라 OH^-농도가 증가하나 첨가량이 일정 농도에 도달하면 OH^-농도는 더 이상 증가하지 않는 점 등을 알 수 있다. 게다가 이 그림은 보통 포틀랜드 시멘트의 경우 시멘트 알칼리양(R_2O)과 수산기이온 농도와의 관계에 대해서도 나타내고 있다

그 외의 콘크리트의 알칼리 농도를 높이는 재료로는 나트륨염과 칼륨염으로 되어 있는 혼화제나 어떤 종의 플라이애쉬 등이 있다. 콘크리트의 알칼리 농도는 사용 재료의 알칼리양뿐만 아니라, 이들의 사용량에 의해서도 좌우된다. 프리스트레스트 콘크리트와 같이 시멘트양이 많은 배합의 경우 알칼리 실리카 반응이 일어날 가능성이 크다. 콘크리트에 사용한 전 재료의 알칼리양의 총합이 알칼리 실리카 반응에 관여한다. 건축공사 표준시방서와 콘크리트표준시방서에서는 콘크리트 속의 알칼리 총량의 상한을 Na_2O 환산으로 $3kg/m^3$ 이하로 규정하고 있다.

3) 알칼리골재반응과 그 존재형태

알칼리 실리카 반응을 일으키는 암석은 화산유리 및 미소석영 등의 유해성분을 유해량 포함하는 암석이다.

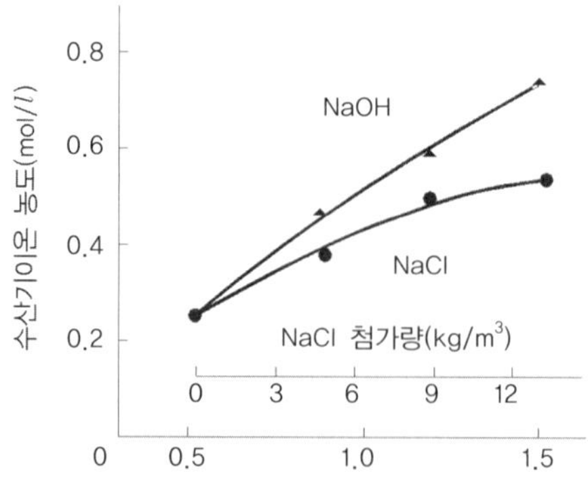

그림 4.32 **염화나트륨의 첨가가 수산기이온 농도에 미치는 영향**

① 화산재

비결정질로 일정한 화학조성을 가지고 있지 않다. 일반적으로 화산암 속에 존재하지만 사암 및 점판암 등의 퇴적암에도 포함되어 있다. 우리나라에서는 사례가 부족하여 일본의 사례를 조사해본 결과, 일본에서 화산암계 골재에 기인하는 알칼리 실리카 반응의 대부분이 안산암 골재 속의 화산유리에 의한 것이었다.

② 미소석영

석영은 15mm 이하의 미결정 집합체로 결정입자 간에 1㎛ 이하의 세공을 가진다. 미소석영은 Chert, 사암, 점판암, 혈암 등이 많이 확인되고, 잠정질석영이라 불린다. 석영은 화학적으로 안정된 광물이지만, 미세결정으로 이뤄진 석영은 표면적이 현저히 크고, 게다가 내부에 세공이 있기 때문에 알칼리에 대한 반응성을 가진다고 설명되고 있다. 또 Chert와 같이 결정도가 낮은 미소석영은 특히 알칼리 반응성이 높다. 결정격자에 변형을 가지는 석영은 열변성작용, 동력변성작용 등에 의해 암석 중에 석영의 결정에 변형이 생긴다. 편마암, 편암, 사암, Chert, 점판암 등으로 나타난다.

레디믹스트 콘크리트 공장에서는 산지가 다른 골재를 혼합하여 사용하는 예가 많다. 그림 4.33과 같이 반응성 암석과 비반응성 암석의 혼합비가 특정의 비율이 될 경우 반응속도가 최대가 되는데, 이를 알칼리 실리카 반응에서는 페시맘 현상이라 불린다. 페시맘 현상을 유발하는 암석의 혼합비는 반응성 암석 및 그 속에 포함되어 있는 유해성분의 종류에 따라 달라진다. 같은 유리질 안산암이라도 팽창량이 최대가 되면 혼합비가 달라진다. 예를 들어 (a)의 가와가와(Kagawa)현의 도시마(Toshima)산에서는 15~20%, (b)의 야마가가타(Yamagata)현의 쓰루오카(Tsuruoka)산에서는 50% 부근이다. 이 혼합비를 페시맘량이라 부르며, 이렇게 안산암과 같이 알칼리 반응성 암석을 100% 사용해도 팽창이 거의 발생하지 않는 경우도 있다는 점에 유의할 필요가 있으며, (c)에 나타낸

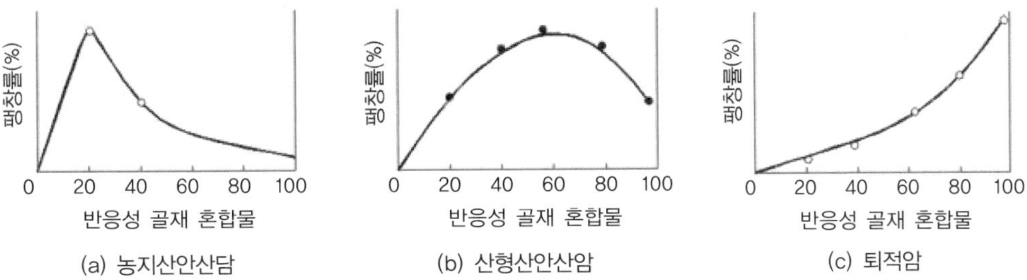

그림 4.33 **알칼리 실리가 반응에 있어서의 페시맘 현상**

퇴적암계의 반응성 암석과 같이 페시맘 현상이 명확하지 않은 경우도 있다.

4) 수분의 공급상황

알칼리 실리카 반응이 진행하기 위해서는 수분의 존재가 반드시 필요하다. 단면이 큰 구조물에서는 외부에서 수분의 공급이 없더라도 내부의 수분만으로 반응이 진행된다. 그러나 통상의 단면치수를 가지는 구조물에서는 외부에서 수분이 공급되어 열화가 현저하게 되는 경우가 대부분이다. 내진보강을 위해 강판으로 기둥을 에워싼 경우에는 포수상태에서 팽창하여 강판이 변형된 예도 있다.

4.3.4 알칼리 실리카 반응에 의한 콘크리트의 열화성상

1) 균열의 발생

알칼리 실리카 반응에 의한 균열의 형상은 철근 등의 팽창 구속체의 유무, 구조물 및 부재의 형상치수와 외부구속과의 관계 등에 의해 달라진다. 일반적으로 포장판과 같은 무근콘크리트, 철근 사용량이 적은 교량판 등의 구조물에서는 그림 4.34에 보이는 바와 같은 그물망 형상의 균열이 발생하며, 교량의 보와 같은 철근콘크리트 부재에서는 주철근과 평행한 방향으로 균열이 발생한다(그림 4.35). 호안 및 건물기초의 지상부분과 같이 지중기초의 구속을 받는 구조물에서는 수평방향으로 큰 균열이 발생하기 쉽다. 소규모 철근콘크리트 구조물에서는 균열이 깊은 부분에까지 이르는 경우가 많아 건물이 파괴되는 경우가 많은데, 철근콘크리트 부재에 발생하는 균열은 폭이 큰 반면 깊이는 얕은 경우가 많고, 내부의 콘크리트는 강도와 탄성계수 모두 현저히 저하되는 경우가 많다.

그림 4.34 **교대에 발생한 그물눈 모양의 균열**

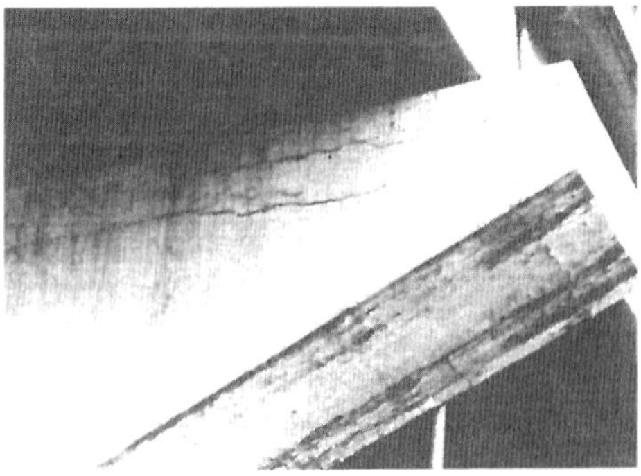

그림 4.35 **고가교 교각의 보부분에 발생한 주철근 방향의 균열**

2) 강도 및 탄성계수의 저하

알칼리 실리카 반응에 기인하는 콘크리트 열화 레벨에는 큰 차이가 있다. 가장 심각한 열화가 발생한 경우에는 동시에 제조된 건전한 콘크리트에 비하여 압축강도가 1/2, 탄성계수가 1/5 정도까지 저하한다. 일반적으로 알칼리 실리카 반응이 발생한 콘크리트는 압축강도에 비하여 탄성계수 저하가 현저한 것이 특징이다. 직경이 수m에 이르는 대단면의 교각에 알칼리 실리카 반응이 발생한 경우, 표층부에 비해 내부 콘크리트의 열화가 현저하다. 직경이 3.5m 교각의 예를 들면, 표층부 콘크리트 압축강도가 35N/mm^{2}였음에 비해 내부에서는 21N/mm^{2}로 표층부의 약 60%까지 저하하였고, 탄성계수의 저하는 더욱 현저해 표층부의 약 30% 정도였다. 알칼리골재반응이 발생한 콘크리트의 강도 저하는 시멘트의 영향도 무시할 수 없다. 비반응성 골재를 이용한 경우에도 고알칼리 시멘트를 이용하면 그림 4.36에 나타낸 것처럼 상당히 강도 저하가 발생하고 있을 뿐만 아니라, 시멘트 경화체 조직의 세공경을 증대시켜 다공질을 유발한다(그림 4.37).

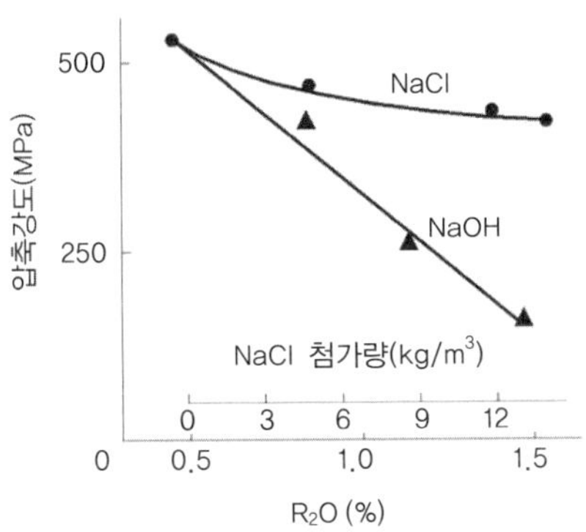

그림 4.36 **알칼리양과 압축강도와의 관계**

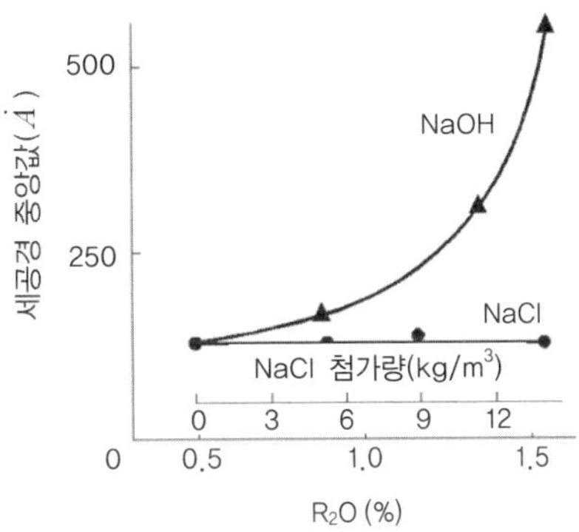

그림 4.37 **알칼리양과 세공경과의 관계**

3) 팽창에 의한 변형, 파손, 어긋남

높은 철근콘크리트 옹벽의 줄눈부분에서는 팽창에 의해 줄눈재가 벽면과 직각방향으로 밀려 폐색상태가 되는 경우가 많다. 이것이 과도하게 진행되면 줄눈부분을 기점으로 팽창력이 작용하고 있는 방향(즉 줄눈방향과 직각방향)으로 큰 균열을 발생시킨다.

4) 철근 또는 PC강재에서의 인장응력 발생과 파단

알칼리 실리카 반응에 의한 콘크리트의 이상팽창은 철근 및 PC팽창재에 대해서 실계에서는 상정하지 않았던 인장응력을 발생시켜 어떤 한계에 도달하면 강재가 파단된다. 서일본에서는 T형 고가교 교각의 PC보 부분의 콘크리트가 팽창하여 팽창재에 과대 인장응력이 발생하여 파단한 예도 많다. 이 경우, 보 부분에는 수평방향의 균열이 발생한다. 최근 철근콘크리트 부재에서 나타난 철근 파단의 사례도 대부분이 굽힘 가공부에서 발생한다는 것이 규명되었다.

4.3.5 알칼리 실리카 반응의 진단과 대책

1) 알칼리 실리카 반응의 진단

외관 관찰에서 균열이 발견되었을 때, 그것이 알칼리 실리카 반응에 기인한 것인가를 확인하기 위해서는 다음의 2단계 실험을 실시할 필요가 있다. 제1단계의 시험이 촉진팽창시험과 압축재하시험이다. 압축재하시험은 채취한 코어의 압축강도와 탄성계수를 구해서 알칼리 실리카 반응에 의한 열화의 진행도를 조사하는 시험이다. 건전한 콘크리트의 압축강도와 탄성계수에 대한 압축강도의 비(E/σ_c) 사이에는 그림 4.38의 점선에 나타낸 바와 같은 관계가 있다. 알칼리 실리카 반응에 의한 열화가 진행하면 압축강도에 대한 탄성계수의 저하의 비율이 현저해진다. 열화의 정도에 따라 탄성계수/압축강도의 값은 점선에서 아랫방향으로 벗어나기 때문에 이러한 현상을 이용하여 열화의 정도를 진단한다.

이상의 제1단계의 시험을 통하여 알칼리 실리카 반응에 의한 열화가 발생했다고 판단된 경우에는 채취한 코어에서 채취한 시료에 대하여 편광현미경 관찰을 실시하여 골재의 알칼리 반응을 확인한다. 단, 이것을 실시할 수 있는 암석광물의 전문가는 수는 상당히 적다는 점을 유의해야 한다. 알칼리골재반응이 일어난 구조물에서 반응생성물인 겔을 검측하기는 상당히 어렵다. 비교적 용이하게 검측가능한 것은 일부의 반응성 암석에 한정되어 있을 뿐 아니라 이것이 반응생성물인 것을 입증하는 수법도 확립되어 있지 않다. 겔의 검출이 알칼리골재반응의 진단에 필요조건은 아니다.

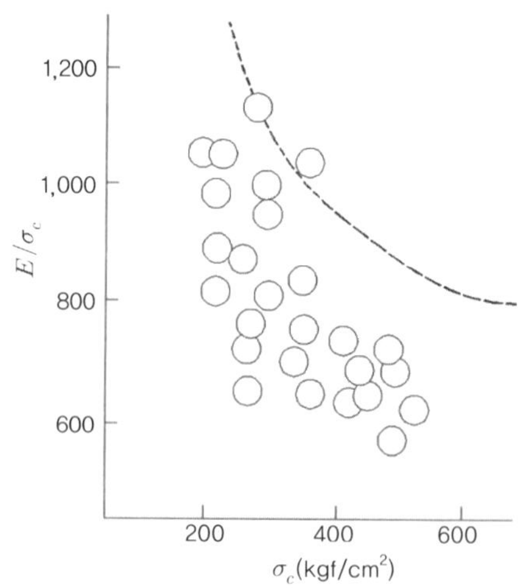

그림 4.38 **채취한 코어에 의한 E/σ_c과 σ_c와의 관계**

2) 알칼리 실리카 반응의 대책

① 신설 구조물

규정되어 있는 알칼리의 총량규제(3kg/m^3)가 준수되는 한 어떤 골재를 사용하더라도 알칼리 실리카 반응은 발생하지 않는다. 단위시멘트양이 많은 프리스트레스트 콘크리트 또는 초고강도 콘크리트에서는 상기의 규정값을 넘을 가능성이 높기 때문에 사용골재에 유의할 필요가 있다. 해수비말을 받는 환경 및 동결방지제가 살포된 지역의 구조물에서는 슬래그양 40% 이상의 고로 시멘트 사용 또는 철근의 에폭시 도장 등의 대책이 필요하다. 현재 레미콘 공장에서 산지가 다른 골재의 혼합사용 등의 현황을 볼 때 골재의 체크만으로는 대응이 곤란할 수 있음에 유의할 필요가 있다.

② 기존 구조물

구조물에 수분의 공급을 방지하는 것 이외의 유효한 대책은 없다. 열화의 증상에 따라 보수 보강을 실시하게 되지만 유지관리를 위한 비용이 많아지게 되면 갱신이 불가결하게 되는 경우도 있는데, 일반적으로는 외부에서의 염분공급에 기인하는 열화는 표층부에 한정되며 대책도 세우기 쉽다. 또 알칼리골재반응이 일어난 콘크리트는 중성화가 상당히 빠르게 진행되기 때문에 철근부식도 가속된다는 점에 유의할 필요가 있다.

4.4 산성수, 미생물 부식, 황산염, 화학물질의 영향

4.4.1 산성수

산성수의 영향이 고려되는 환경은 온천지대, 산성하천, 산성비, 화학공장 및 식품공장 등이다. 온천지대 및 산성하천에서 문제가 되는 산성수는 주로 황산이며, 산성비는 황산과 초산이 문제가 된다. 여기서는 일반적인 온천지대와 산성하천, 산성비에 대하여 검토하기로 한다.

1) 온천지대

온천지대에서 콘크리트의 열화에 영향을 미치는 요인은 온천수, 온천가스, 온천토양을 들 수 있다. 온천의 종류에 따라 각각 관여하는 화학물질은 달라지지만, 음이온은 주로 탄산수소이온, 염화물이온, 황산이온이며, 산성온천의 경우에는 산으로 작용을 초래하는 수소이온, 가스의 경우에는 황화수소가 있다. 그중에서도 현저히 열화를 유발하는 것이 산성수나 산성토양의 경우이며, 황산이온을 많이 포함하는 경우에는 황산염 열화를 동반하는 경우도 많다. 또 온천수 및 온천토양에서는 수온 및 토양온도가 고온의 경우에 더욱 열화를 촉진하게 된다. 산으로 작용하는 산성수에 의한 열화는 콘크리트 열화 메커니즘과 같다. 콘크리트를 구성하는 시멘트 경화체는 기본적으로 산에 대한 저항성이 약하고, 우선 수산화칼슘이 산에 의해 용해하는 다음의 식 (4.7)에 의한다.

$$Ca(OH)_2 + 2H^+ \rightarrow Ca^{2+} + 2H_2O \qquad 식\ (4.7)$$

이것과 병행하여 또는 이것에 연속하여 칼슘실리게이트 수화물 및 에트링가이트, 모노설페이트, 프리델씨염 등의 복염도 산에 의해 용해한다. 수산화칼슘의 반응과 비교하면 이 반응의 속도는 현저히 늦다.

이들의 반응에 의해 콘크리트의 페이스트부분이 취약화하여 떨어지고 굵은골재가 노출된다. 게다가 반응이 진행되면 굵은골재를 유지할 수 없게 되고 굵은골재가 탈락하여 열화가 내부로 진행해 간다.

그림 4.39에 나타낸 바와 같이 열화의 진행속도는 콘크리트에 접촉하는 산성수의 pH에 의존하며, 또 열화는 시간의 제곱근에 비례하여 진행하지만 그림에서와 같이 산과 반응한 시멘트 경화체가 그대로 부착하여 산성수의 내부확산이 지배속도가 되는 경우나 흐르는 물이나 산성수의 흐름에 접해 반응 후 바로 떨어져 나가는 경우는 열화의 속도가 더욱 빠르게 된다.

토양의 산성수가 콘크리트 내부로 빨려 올려와 공기 중으로 증발하기 때문에 토양과 접촉부분의 열화가 현저하다. 또 그림에서 보여지는 것과 같이 산성토양에 황산이온이 포함되는 경우에는 동시에 황산염 열화도 받는다. 게다가 그림 5.40과 같이 황산염 열화와 함께 산성열화가 발생하는 경우에는 내황산염 포틀랜드 시멘트를 사용해도 유효한 대책이 되지 않는 경우가 많다.

앞에서 진술한 것과 같이 시멘트의 수화반응에 의해 생성된 수산화칼슘이 산에 대해 매우 약하기 때문에 내산성을 필요로 하는 경우에는 포졸란재 등의 병용에 의해 경화체 내부의 수산화칼슘을 소비시켜 치밀한 경화체로 할 필요가 있으며, 경우에 따라서는 수지 등 더욱 내산성을 가지는 재료에 의한 코팅도 검토할 필요가 있다.

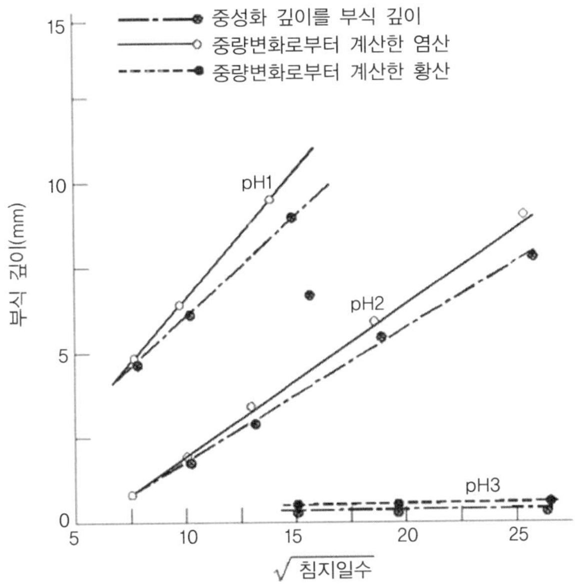

그림 4.39 **산에 의한 시멘트 모르타르의 부식속도**

2) 산성하천

산성하천의 근원은 온천 및 광천, 광산에서의 폐수이다. 온천 및 광천에 포함되어 있는 황화분 또는 광산의 황화철 및 유황이 산화되어 황산을 생성하고, 이것이 흘러내리면 산성하천을 형성한다. 황화철 및 유황의 산화는 자연환경하에서 진행하지만 미생물의 작용에 의해 현저히 진행이 빨라진다. 이 황산 생성에 관여하는 미생물은 철산화세균(Thilbacillus Ferooxidans) 및 유황산화세균(Thiobacillus Thiooxidans)이며, 이하의 반응에 의해 황산을 생성한다.

[황화철의 산화]

$$FeS_2 + 7/2O_2 + H_2O \rightarrow FeSO_4 + 2H_2O \quad \text{식 (4.8)}$$

$$4FeS_2 + 2H_2SO_4 + O_2 \rightarrow 2Fe_2(SO_4)_3 + 2H_2O \quad \text{식 (4.9)}$$

$$FeS_2 + 7Fe_2(SO_4)_3 + 8H_2O \rightarrow 15FeSO_4 + 8H_2SO_4 \quad \text{식 (4.10)}$$

[유황의 산화]

$$S + 3/2SO_2 + H_2O \rightarrow H_2SO_4 \quad \text{식 (4.11)}$$

콘크리트의 열화 메커니즘은 온천지대의 경우와 마찬가지다. 산화하천의 경우에 있어서도 음이온으로 황산이온을 다량 포함한 경우에 콘크리트는 산성열화와 함께 황산열화를 받게 되며 열화가 급속히 진행하는 경우가 많다.

3) 산성비

공장 및 발전소, 자동차 등에서 배출되는 유황산화물 및 질소산화물이 대기 중의 비에 녹아들어 산성비가 된다. 미국 및 중국 등에서는 산성비가 대리석 및 석회석 석조상을 녹여 큰 문제가 되고 있으며 콘크리트도 예외는 아니다. 건축물을 포함하여 구조물의 표면침식 등 산성비에 의한 피해사례도 보고되고 있다. 일본에서 콘크리트에 미치는 산성비의 영향이 문제화되기 시작한 것은 "콘크리트 고드름"부터이다(그림 4.40). 콘크리트 고드름 속에는 적지 않은 질소의 함유가 확인되고 있으며, 콘크리트 고드름이 산성비에 의해 초래되었다는 것은 명백한 사실이다.

산성비에 의한 피해는 유황산화물 및 질소산화물이 녹아들어 황산 및 초산이 된 산성의 비가 콘크리트를 표면에서부터 침식하는 것에 의한 것으로, 기본적으로는 산성수에 의한 열화와 같은 메커니즘이다. 단, 통상의 산성열화와 비교하면 그다지 pH가 낮지 않기 때문에 열화의 진행은 늦지만, 비에 의해 발생하기 때문에 지속적으로 열화가 발생한다는 점이 특징이다. 또 콘크리트 고드름에서 보이는 것처럼 산성비가 문제가 되는 열화에서는 균열을 통하여 우수가 침투하여 시멘트 경화체를 유리시킨 후 그 성분이 외부로 유출해 나오는 경우가 있다. 이러한 경우에는 균열부를 통하여 조직이 다공질화될 수 있으므로 주의한다.

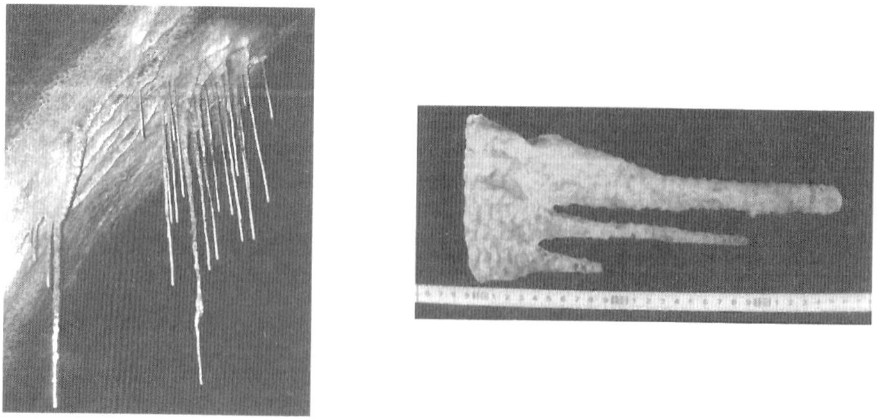

그림 4.40 **콘크리트 고드름**

4.4.2 미생물 부식

대표적인 열화는 하수도 관련 시설에서 보이는 열화이다. 해외에서는 일찍이 열화가 발생하기 시작하였으며, 당초는 하수 중에 포함되어 있는 화학성분에 의해 발생하는 열화라 생각했었다. 그 후 이 열화가 미생물이 관여한다는 것을 알고 난 후 열화 메커니즘이 규명되었다.

미생물 부식이라고 칭하지만 미생물 그 자체가 콘크리트를 침식시키지는 않고 미생물의 대사산물인 황산이 콘크리트를 침식시킨다. 따라서 다르게 표현한다면, 그 열화는 미생물이 관여하는 황산침식이다.

1) 열화 메커니즘

하수 중에는 음식물 찌꺼기 및 배설물, 세제 등에 기인하는 함황아미노산 및 유산균 등의 유황을 포함하는 물질이 많이 포함되어 있다. 이러한 물질이 하수 중에 퇴적하면 내부에는 산소가 없든지 부족한 상태인 염기상태가 되며, 이것에 대해 질소가 많은 상태를 호기상태라 부른다. 상기의 염기상태에서는 호기성 미생물이 생식할 수 없기 때문에 염기성 미생물이 번식하는데, 염기성 미생물 중에서 황산을 환원함으로써 에너지를 획득하는 황산염 환원 세균은 함황아미노산 및 황산이온을 환원하여 황화수소를 생성한다. 이 황화수소가 하수 중에 용해되어 고농도로 되어 하수관에서 단차별로 경사가 변화하는 장소, 월류조(越流槽) 등에서는 하수가 흩어져 속에 용해해 있던 황화수소가 대기 중으로 방산된다. 이렇게 확산한 황화수소가 하수도 관련 시설 내의 기상부에 존재하는 결로수에 용해하여 거기서 호기성 미생물인 유황산화세균에 의해 산화되어 생성된다. 황산이 콘크리트를 침식한다. 결로는 대류에 의해 천장부에 많고, 또 결로수는 벽면을 흘러내리기 때문에 물에 잠기는 부위에 있어서도 황산농도가 높게 된다. 이 때문에 천장부 및 물에 잠기는 부위의 열화가 특히 현저하다.

2) 열화의 사례, 열화의 특징

미생물 부식에서는 우선 염기적 환경하에서 황화수소가 생성된다. 이 때문에 이러한 열화가 염려되는 구조물에서는 유익하지 않은 냄새가 주변환경에 영향을 주지 않도록 대개 밀폐되어 있는 경우가 많고 하수관 등도 마찬가지다. 환기를 실시하여 유독가스 농도가 규정값 이하인 것을 확인한 후가 아니면 점검을 실시할 수 없기 때문에 점검은 쉽지 않고 일상점검은 실시되고 있지 않는 게 현실이다. 이 때문에 열화를 발견하기 어렵고, 특별한 사태의 발생 후에 긴급점검을 실시한 결과 심각한 열화가 처음으로 확인되는 예도 적지 않다.

하수도 처리시설에 있어서 미생물 부식의 사례는 그림 4.41과 같다. 이 사례에서는 피복 콘크리트가 부식에 의해 모두 없어졌고, 철근 내부까지 콘크리트가 이미 백색화되어 강도를 잃고 있다. 또 천장부의 철근은 종횡으로 배근되어 있는 철근의 내부 피복측에 배근되어 있는 철근이 거의 없어졌고, 남은 철근의 일부도 처져서 기능을 잃고 있다.

그림 4.41 **미생물 부식에 의해 피복이 없어진 하수처리시설 내부**

3) 열화의 대책과 보수

미생물 부식에 있어서 일반적으로 이용하고 있는 열화의 대책 또는 보수방법은 수지 등의 내산성을 가진 코팅을 하는 것 등이다. 단, 수지도 장기에 걸쳐 산에 조금씩 손상을 입고 수지의 종류에 따라 그 정도가 크게 다르기 때문에, 열화의 대책과 보수와 관련하여 그 구조물이 처해 있는 황산환경에 따라 적절한 재료를 선정하는 것이 중요하다.

또한 수지에 의한 보수 후 수년 후에 다시 열화가 발생한 예도 적지 않다. 이러한 사례 중에는 수지코팅의 핀홀부분 또는 모서리부분의 코팅이 충분히 시공되지 않은 부분에서 열화가 발생한 사례가 많은 것은 시공의 양부가 보수효과를 크게 좌우한다는 점에 유의해야 한다.

4.4.3 황산염

황산염에 기인한 열화의 사례는 미국 및 중동에서 많이 나타나는 심각한 열화였지만, 국내에서는 광산의 물이 유입된 토지 등에 한정되어 있다. 단, 이것은 황산염 열화가 광산의 물이 유입된 토지에 한정된다는 뜻이 아니라 그 외에는 열화가 발생하였지만 현저하지 않다는 것이며, 또는 열화요인이 황산염에 한정할 수 없는 경우가 많기 때문이다. 황산염은 광산의 물이 유입된 토지 이외에도 토양 중에 많이 포함된 지역이 있으며, 앞에서 말한 산성수에 의한 열화를 받는 환경에서도 황산이온을 다량 포함하는 경우가 많다. 또한 해수 중에도 많이 포함하고 있지만 동시에 마그네슘 등도 포함하고 있기 때문에 팽창성 파괴 등의 열화가 발생했다고 하더라도 복합적 작용에 의한 발생한 것으로 사료된다.

황산염에 의한 열화의 메커니즘은 다음과 같이 생각할 수 있다. 외부에서 침입한 황산염은 수산화칼슘과 반응하여 석고를 생성하고, 그 석고가 다시 시멘트 경화체 속의 미수화 칼슘 알루미네이트 광물 또는 칼슘 알루미네이트 수화물과 반응하여 팽창성의 에트링가이트를 생성한다. 이 에트링가이트의 팽창압에 의하여 균열이 발생하고 결국 파괴에 이르게 된다.

그림 4.42는 생탄을 이용하여 조성된 토양에 축조된 주택의 콘크리트 기초가 황산염에 의해 열화한 사례이다. 토양에서 빨아들인 황산염이 농축반응하여 에트링가이트의 생성으로 조직이 취약해짐과 동시에 콘크리트 표면 부근에서 다량의 석고가 석출되어 있다.

재료면에서 이러한 열화를 방지하기 위해서는 에트링가이트를 생성하는 C_3A의 함유량을 저하시킬 목적으로 내황산염 포틀랜드 시멘트를 이용하든지, 고로슬래그나 플라이애쉬 등의 혼화재 사용에 의해 경화체를 치밀화시키는 것을 고려할 수 있다. 단, 혼화

(a) 구석 (b) 독립기초 (c) 기초

그림 4.42 **황산염에 의한 주택 콘크리트 기초의 열화붕괴 현황**

재를 사용하는 경우 치밀한 경화체로 하기 위해서는 충분한 양생도 중요하다.

4.4.4 화학물질의 영향

상기한 것 외에도 콘크리트를 침식하는 화학물질은 다양하게 존재하는데 식품공장이나 화학공장 등 특수한 환경하에서의 콘크리트 사용에서도 문제가 된다.

1) 염류의 고농도 용액에 의한 열화

염화물 및 초산염 등의 고농도 용액은 콘크리트를 빠르게 침식시킨다. 이것은 시멘트 수화물인 수산화칼슘이 염화물 및 초산염과 반응하여 가용성 칼슘염을 생성하기 때문이며, 이것에 의하여 경화체가 다공화되어 콘크리트의 강도 저하를 유발한다. 고농도 탄산을 함유하는 경우에도 마찬가지이며, 탄산은 중성 부근에서 탄산수소이온으로서 존재하는 비율이 높고 탄산수소이온의 칼슘염은 녹기 쉬워 수용액으로서밖에 존재하지 않는다. 이러한 고농도의 탄산을 침식성 탄산이라고 한다.

2) 강알칼리 용액에 의한 열화

콘크리트는 본래 강알칼리성을 나타내지만, 상당히 고농도의 알칼리 용액에 의해 침식한다고 알려져 있다. 열화 메커니즘이 정확히 규명되어 있지는 않지만, 1. 시멘트 수화물 중의 하나인 알루미네이트 수화물 및 시멘트 속의 석고가 강알칼리 용액 속에서는 용해도가 높아지기 때문, 2. 고농도의 수산화나트륨 용액이 대기 중의 이산화탄소에 의해 탄산화하여, 다시 건조에 의해 석출할 때 결정이 결합수와 더불어 팽창하기 때문이라는 등이 제기되고 있다.

3) 유기산 및 동식물유에 의한 열화

유기산은 해리도가 낮기 때문에 산의 강도로서는 약산이지만 중화반응에 의해 산이 소비되면 유기산이 이온해리하면서 산으로서 작용하기 때문에 유기산 농도가 높은 경우에는 장기에 걸쳐 산으로서 콘크리트에 작용하여 심하게 침식하는 경우가 있다.

동식물유에 의한 콘크리트의 열화에는 유리지방산에 의한 가용성 칼슘염의 생성에 의한 화학적 열화의 경우 및 기름의 침투에 의해 시멘트 경화체와 골재, 또는 콘크리트와 철근의 결합 및 부착을 저하시킴으로써 기계적으로 열화하는 경우가 있다.

4.5 동해 및 동결융해

4.5.1 동결융해 작용에 의한 열화

기온이 영하가 되면 콘크리트 내부의 수분은 동결하고, 그 후 기온이 상승하면 일사에 의해 융해한다. 콘크리트가 이 반복작용을 장기간에 걸쳐 받게 되면 균열이 발생하고 스케일링 등의 열화가 발생하는데 이를 동결융해라 하며, 또 이에 대한 저항성을 내동해성이라고 한다. 한편 콘크리트 타설 후 양생과정에서 기온이 낮아져 얼게 됨에 따라 초기강도가 확보되지 못하는 피해인 동해가 있는데, 여기서는 동결융해만을 대상으로 한다.

콘크리트 동결융해가 문제될 수 있는 지역은 월평균 기온이 2도 이하가 되는 지역이다. 따라서 우리나라에서는 제주도와 남해안의 일부 지역을 제외한 전국이 대상지역이 되며, 실제로 동결융해 사례가 보고되고 있으므로 적절한 대책을 취할 필요가 있다.

4.5.2 동결융해의 형태와 그 발생 메커니즘

1) 균열

콘크리트 동결융해의 초기 징조는 대부분의 경우가 미세한 균열의 발생이다. 비교적 넓은 면적에 나타나는 균열로는 콘크리트 표면 전체에 지도의 문양과 같은 균열 및 구조물의 줄눈, 단부 또는 구조균열에 따라 나타나는 균열 등이 있다.

균열은 연수의 경과와 함께 넓어지며, 최종적으로는 후술하는 스케일링 발생으로 이어지는 경우가 많다. 그림 4.43은 옥외계단을 아래에서 올려다본 사진인데, 백화현상과 함께 문양모양의 균열이 명확하게 발견되고 있다.

그림 4.43 **문양 균열**

균열은 일반적으로 시멘트 페이스트 및 골재 공극 중의 수분의 동결팽창에 의해 발생한다. 특히 균열은 수분이 콘크리트에 침입하기 쉬운 줄눈 및 구조균열 등을 따라 발생한다.

2) 스케일링

그림 4.44 **스케일링**

동결융해의 가장 일반적인 형태가 스케일링이며, 콘크리트 표면에 얇게 시멘트 페이스트막이 벗겨지는 가벼운 형상을 필링이라고 한다. 스케일링은 콘크리트 표층의 시멘트 페이스트, 모르타르의 박리로 시작하여, 굵은골재 사이의 모르타르를 거쳐 굵은골재의 박락으로 진행한다. 그림 4.44는 방파제의 상부가 심하게 스케일링을 받은 예다. 이처럼 햇볕 좋은 부분에 서 수분공급이 발생하면 스케일링이 발생하기 쉽다.

시멘트 페이스트는 완전히 수화하더라도 겔공극이나 모세관공극을 비롯한 각종 공극을 가지고 있으며, 이러한 공극 속의 수분동결이 스케일링에 영향을 미치지만, 겔공극의 크기는 1~3nm 정도로 상당히 작기 때문에 통상 대기의 기온 범위에서는 그 속의 수분은 동결하지 않는다. 겔의 집합체와 집합체의 간극인 모세관공극은 콘크리트의 배합 및 수화도 등에 따라 양과 크기는 달라지지만, 물-결합재비가 클수록 양생일수가 작을수록 많아지게 된다. 크기의 범위는 2nm~10㎛, 평균 0.5㎛ 정도이다. 모세관공극은 대부분이 수분으로 채워져 있지만 모세관공극의 크기에 따라 그 속의 수분 동결점은 달라지게 되고, 큰 모세관공극 속의 수분은 상대적으로 높은 온도에서 동결한다. 스케일링이 발생하는 주요 원인은 시멘트 페이스트 속의 모세관수이다. 수분이 동결하면 약 9%의 체적팽창이 발생하고, 이 체적팽창이 미동결수를 모세관공극에서 외부로 이동시키는데, 이때 발생하는 압력에 의해 시멘트 페이스트가 파괴되어 스케일링이 발생한다.

3) 굵은골재의 노출

그림 4.45는 해안옹벽 상부의 측면으로, 굵은골재 외부의 모르타르가 박리되어 있는 것이 큰 특징이다. 앞에서 말한 스케일링과는 다르며, 박리된 모르타르는 건전하다. 또 노출된 굵은골재도 일부를 제외하고는 손상이 없고 후술할 팝아웃과도 다르다. 경과연수에 따라 박리면적은 넓어지지만 굵은골재가 박리하는 경우는 없다. 따라서 일반적으로 구조물의 기능에 손상을 입힐 정도에는 이르지 않지만, 시공 후 한 번의 겨울을 지나는 동안 여러 번 발생하는 사례도 적지 않고 콘크리트의 신뢰도 및 미관을 손상시킨다.

굵은골재 노출의 주요 원인은 모르타르와 굵은골재 경계의 박리에 의한 것이라 생각된다. 골재와 시멘트 페이스트 사이의 계면의 부착강도는 타설 직후 조기에 형성되기 때문에 조기에 건조시키면 그 후 습윤양생을 실시하더라도 부착강도는 쉽게 회복되지 않는다. 특히 여름철 건조는 골재와 모르타르의 부착강도를 저하시키며, 굵은골재와 모르타르의 계면에 침투한 수분이 겨울철의 동결작용에 의해 팽창되면서 박리를 발생시킨다고 판단된다.

그림 4.45 **굵은골재의 노출**

4) 팝아웃

그림 4.46은 콘크리트 표층 부근의 강도가 낮은 다공질의 골재가 동결팽창하여 외측의 모르타르부분을 박락시켜 크레이트 형상에 움푹 패인 곳을 만든 예로서, 팝아웃이라 불린다. 팝아웃 초기의 단계에서는 가는 균열로 에워싸인 원추상의 모르타르가 잔존하고, 수년간 경과하면서 골재의 손상이 진행되고, 최종단계에서는 골재는 완전히 손실하여 구멍만이 남는다.

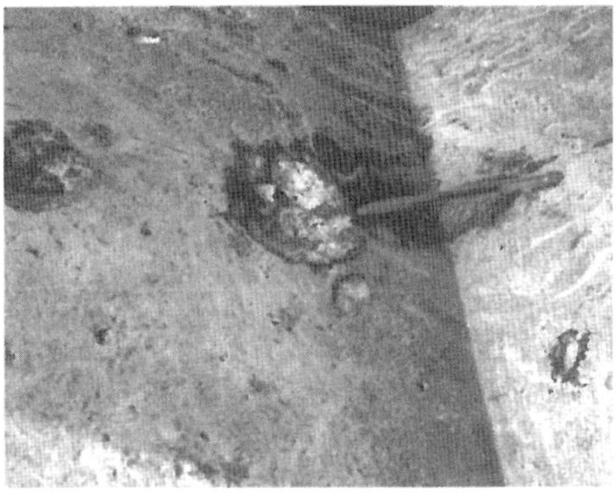

그림 4.46 **팝아웃**

공극 속의 수분이 동결팽창하고 발생한 수압이 골재의 강도보다 커지면 파괴된다. 콘크리트의 표층부에 있는 골재가 동결팽창하면 팽창에 대한 저항이 적은 외측을 향하여 골재가 파괴되고, 이 팽창압에 의해 골재 외측의 모르타르가 떨어져 나가는 팝아웃이 발생한다.

4.5.3 동결대책

1) 배합

균열 및 스케일양을 적게 하는 방법에는 모세관공극량을 적게 하여 콘크리트 속의 수분을 줄이는 것이며, 이를 위해 물-결합재비를 가능한 적게 하는 것이 바람직하다. 그림 4.47은 공기량이 내구성 지수와 단위수량에 미치는 영향을 나타낸 것이지만, 공기량이 5% 정도가 되면 내동해성을 확보하게 된다.

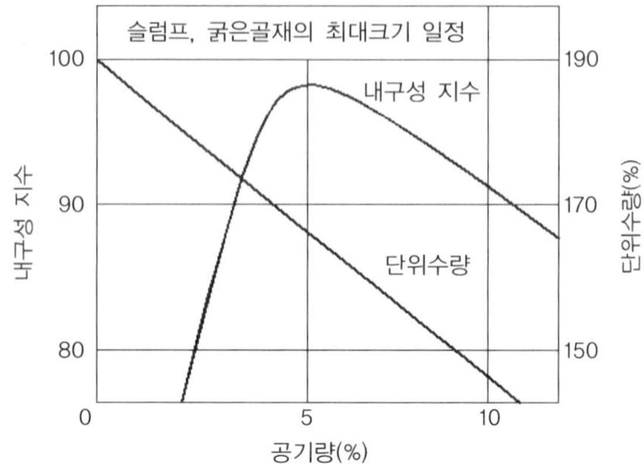

그림 4.47 **공기량과 내구성 지수, 단위수량의 관계**

2) 재료

양호한 기포조직을 형성하는 것이 확인된 AE제는 콘크리트의 내동해성의 확보에 필수적이다. 엔트레인 공기의 평균적인 간격인 기포간격계수는 200~250㎛ 이하가 추천되고 있으며, 이 기포간격을 얻기 위해서는 필요한 공기량이 5% 정도가 된다.

콘크리트 용적의 약 70%를 점하고 있는 골재의 품질은 콘크리트의 품질에 큰 영향을 미치지만, 잔골재가 콘크리트 손상의 원인이 되는 경우는 적다. 팝아웃의 방지를 포함하여, 내동해성의 확보에는 흡수율이 낮은 굵은골재를 사용하면 좋다.

굵은골재의 노출을 방지하는 방법은 아직 충분히 확립되어 있지 않지만, 동결융해작용을 받는 기간까지 굵은골재와 모르타르의 부착강도를 증가시킬 목적으로 혼합 시멘트보다 보통 포틀랜드 시멘트를 사용하는 것이 유리하다.

3) 시공

줄눈의 시공이 부적절하면 콘크리트 속으로 수분이 침투하기 쉽게 되어 동결융해작용에 의한 균열 발생의 기점이 된다. 모세관공극의 양은 시멘트의 수화도에 좌우되기 때문에 충분히 양생시켜 모세관공극이 적고 스케일링에 대한 저항성이 뛰어난 콘크리트를 만들어야 한다.

참/고/문/헌

1. 한국콘크리트학회, 최신콘크리트 공학, 기문당, 2011.
2. 국토해양부 제정, 콘크리트 표준시방서, 한국콘크리트학회, 2009.
3. 小林 一輔 外 7人, 콘크리트 실무편람, Ohmsha, 2004.
4. 日本土木學會, 콘크리트표준시방서, 日本土木學會, 2003.
5. 정재동, 콘크리트 재료공학, 기문당, 1998.
6. 정상진 외, 건축재료학, 기문당, 2002.
7. 윤재환, 포틀랜드 시멘트 및 콘크리트, 기문당, 1990.

연/습/문/제

1. 콘크리트의 대표적인 열화요인들에 대해 서술하시오.
2. 콘크리트의 중성화에 대하여 간략히 서술하시오.
3. 콘크리트의 탄성화에 대하여 간략히 서술하시오.
4. 철근부식의 정의와 부식에 영향을 미치는 원인들에 대하여 서술하시오.
5. 알칼리 골재반응이란 무엇이고, 그 대책은 무엇인지에 대하여 서술하시오.

05 굳지 않은 콘크리트의 성질

5.1 워커빌리티(Workability) · 컨시스턴시(Consistency)

5.1.1 워커빌리티(Workability)

굳지 않은 콘크리트(Fresh Concrete)란 용어는 이전에는 '아직 굳지 않은 콘크리트'를 의미하였다. 콘크리트 공학적으로는 '굳다'라는 단어에는 두 가지의 의미가 있다. 비벼진 콘크리트가 시멘트의 수화에 따라 액체에서 고체로 변화됨을 의미하는 '응결'과 응결한 콘크리트의 강도가 반응의 진행과 함께 증가하는 과정을 의미하는 '경화'이다. 따라서 '굳지 않은'이란 '경화' 전이 아니라 '응결' 전이라는 것이며, 비빔 직후로부터 소정의 거푸집 내에서 응결에 이르기까지를 의미한다. 경화 콘크리트의 품질을 확보하기 위해서는 결함부가 적고 편차가 적은 균질하여 굳지 않는 콘크리트가 용이하게 시공될 수 있는 성질을 갖추어야 한다. 이와 같이 시공작업에 대한 굳지 않은 콘크리트가 가지는 성능을 워커빌리티라고 한다.

워커빌리티는 콘크리트의 변형 및 변동에 대한 저항성으로 컨시스턴시(반죽질기)와 재료분리에 대한 저항성을 합친 성질로 굳지 않은 콘크리트의 성질 중에서 가장 포괄적인 성질이다. 워커빌리티는 콘크리드의 비빔에서 타설, 마삼까지 일련의 작업에 관한 콘크리트의 시공특성을 나타내는 것으로 판정기준은 구조물의 종류나 시공부위, 시공방법에 따라 다르다. 이 때문에 워커빌리티는 '좋다', '나쁘다', '작업에 적합하다' 등 정성적인 동시에 상대적인 평가가 된다.

또한 워커빌리티는 대상으로 하는 구조물의 종류, 단면형상, 치수, 배근상태, 시공방법 등에 따라 다르고, 단면이 크고 철근의 배근이 적은 부위에 타설하는 경우와 단면이 작고 밀실하게 배근되어 있는 부위에 타설하는 경우에 따라 굳지 않은 콘크리트의 워커빌리티의 평가는 달라진다.

일반적으로 워커빌리티의 양부는 콘크리트의 연도(묽은 정도)에 좌우되는 경우가 많다. 보통 묽을수록 워커빌리티가 좋다고 하는 경우가 많으나 너무 연도가 좋아도 재료분리라는 측면에서 워커빌리티가 나빠진다.

이와 같이 워커빌리티의 평가에는 유동성과 점성의 서로 상반된 개념을 동시에 표현해야 하므로 최근에는 레올로지적인 개념을 이용하여 유동속도, 소성점도 및 항복값을 사용하여 정량화하려는 시도가 나타나고 있다.

그림 5.1은 워커빌리티와 대단히 관계가 깊은 굳지 않은 콘크리트의 성질을 보여주고 있다. 시공단계별 성질로써 성형성(Plasticity)이란 거푸집에 쉽게 다져 넣는 것이 가능하고, 거푸집을 제거하면 천천히 형상이 변하지만 허물어지거나 재료분리가 나타나지 않는 성질이다. 마감성(Finishability)이란 마감의 용이성, 다짐성(Compactability)

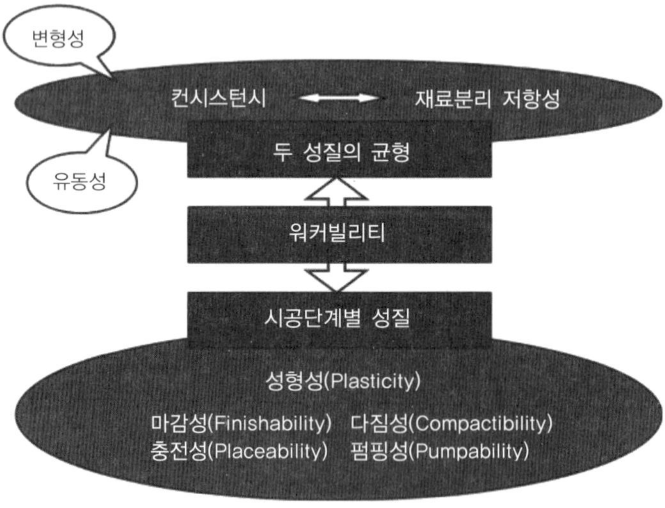

그림 5.1 **워커빌리티를 둘러싼 각각의 성질**

이란 다짐의 용이성, 충전성(Placeability)이란 부어넣기의 용이성, 펌핑성(Pumpability)이란 펌프압송의 적정성을 나타내는 성질이다.

5.1.2 컨시스턴시(Consistency)

1) 컨시스턴시 측정방법의 개념

일반적으로 Consistency라는 영어는 '점조도(粘稠度)' 또는 조도 등의 의미를 가지며 굳지 않은 콘크리트의 유동이나 변형에 대한 저항성의 정도를 나타낸다. 따라서 컨시스턴시란 어느 외력에 대하여 콘크리트가 변형하는 양 또는 유동하는 양을 측정하는 것에 의해 정량적으로 평가할 수 있다. 이 경우 외력의 크기와 변형량, 유동량은 1대1로 대응하는 것이 바람직하지만 콘크리트라는 고체와 액체가 복합된 혼합재료에서는 물리량으로써 명확한 지표를 선택하는 것은 곤란하다. 그 때문에 물리량이 아니라 공학량에 관한 지표를 이용한다.

일반적인 측정방법은 외력을 일정하게 하는 경우와 변형량 또는 유동량을 일정하게 하는 경우가 있다. 그림 5.2에 컨시스턴시의 측정방법으로 대별되는 외력과 변형량 · 유동량과 각 시험방법의 관계를 나타냈다. 슬럼프시험은 외력을 일정하게 해서 변형량을 측정하는 시험방법으로써 가장 널리 보급된 컨시스턴시 평가시험이다. 한편, 진동대식 컨시스턴시시험은 변형량을 일정하게 해서 작업량(외력×변형량)을 측정하는 시험방법이다.

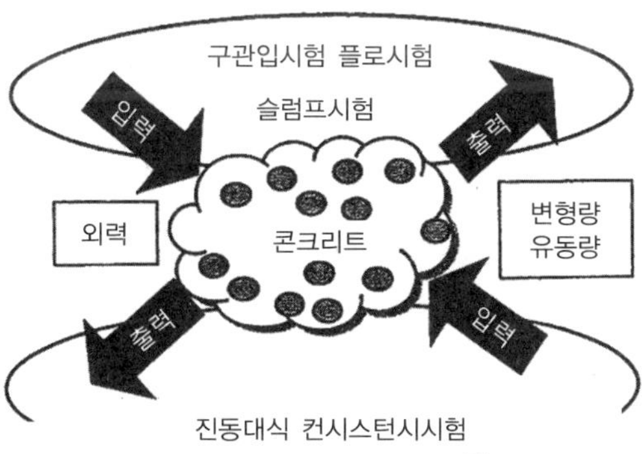

그림 5.2 **컨시스턴시 측정방법**

2) 슬럼프시험

슬럼프시험(KS F 2402)은 보통 콘크리트의 컨시스턴시를 정량적으로 평가하는 가장 일반적인 시험이다. 그림 5.3에 콘크리트 슬럼프 시험방법의 개요를 나타냈다. 윗면의 지름 100mm, 아랫면의 지름 200mm, 높이 300mm의 원추대형 슬럼프 콘에 콘크리트 시료를 용적으로 균등하게 3층으로 나누어 부어 넣고 각층을 다짐봉으로 25회 다짐을 실시한다. 콘크리트를 채워 넣기 시작해서 3분 이내에 다지며, 슬럼프 콘을 들어 올리는 시간은 높이 300mm에 대하여 2～3초로 한다. 원래의 높이 300mm에서 변형 후 시료 중앙부의 낮아짐을 5mm 단위로 계측한 값을 슬럼프값(Slump Value)이라 한다. 장치나 시험방법이 매우 간단함에도 불구하고 콘크리트가 무너지거나 과도한 재료분리를 일으키지 않는 한, 슬럼프 50～180mm의 범위에 있으면 예민한 컨시스턴시를 평가할 수 있다. 또한 슬럼프시험은 컨시스턴시의 평가뿐만 아니라 슬럼프시험 종료 후 콘크리트 시료의 측면을 다짐봉으로 가볍게 두드려 본 후에 시료가 변형하는 상황을 눈으로 관찰하는 것으로부터 워커빌리티를 판정하는 것도 가능하다.

슬럼프값은 사용부위에 따라 표 5.1과 같은 표준값이 정해져 있다. 또한 콘크리트 컨시스턴시는 대상 구조물의 종류, 형상, 치수, 배근간격, 시공조건에 따라 결정하지만 일반적으로 작업이 가능한 범위에서는 될 수 있는 한 작게 선정하는 것이 원칙이다.

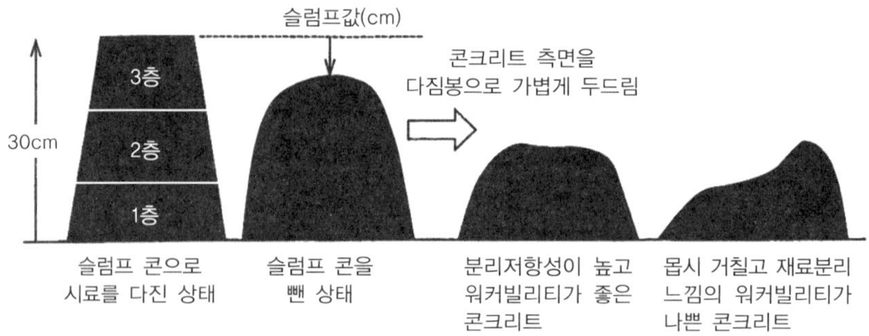

그림 5.3 **슬럼프 시험방법 및 워커빌리티 판정방법**

표 5.1 **소요 슬럼프의 표준범위**

타설부위	슬럼프(mm)	
	진동다짐이 아닌 경우	진동다짐인 경우
기초, 슬래브, 보	150～180	50～100
기둥, 벽	180～210	100～150

3) 슬럼프 플로시험

슬럼프 180mm 이상의 보통 콘크리트나 수중불분리성 콘크리트, 고유동 콘크리트나 고성능 AE감수제를 사용한 고강도 콘크리트는 슬럼프시험만으로는 컨시스턴시를 측정할 수 없다. 이 경우 원형상으로 넓어진 원형 콘크리트의 큰 지름과 그것에 수직하는 지름을 측정하여 평균값을 구하고 5mm 단위로 표시한다. 이것을 슬럼프 플로라고 한다. 또한 500mm 플로 도달시간 및 유동정지시간을 계측하여 플로속도에 관한 공학량을 구하는 것도 가능하다. 이 시험을 굳지 않은 콘크리트의 슬럼프 플로시험(KS F 2594)이라고 한다. 그 밖에 간극통과성시험, O 로트시험, V 로트시험, L형 로트시험 등이 있다.

4) 진동대식 컨시스턴시시험

단위수량이 140kg/m^3 이하에서의 된비빔한 경우는 중력에 의한 외력으로 콘크리트를 변형시키기 어렵다. 슬럼프 50mm 이하의 된비빔 콘크리트는 진동상태에서 콘크리트의 다진 상태로부터 컨시스턴시를 평가하는데, 이 시험을 포장용 콘크리트의 컨시스턴시 시험방법이라고 한다(KS F 2427).

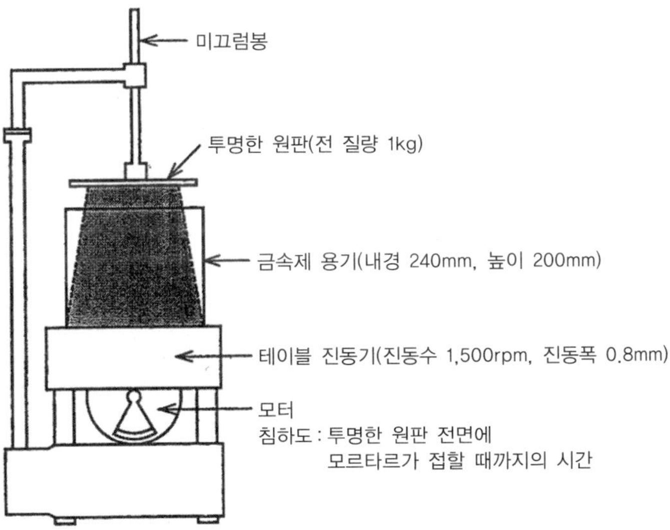

그림 5.4 **진동대식 컨시스턴시 시험장치**

시험방법은 그림 5.4에 나타낸 바와 같이 혼합 직수의 콘크리트를 2층으로 나누어 내부의 콘에 채운 후, 각층을 다짐봉으로 고른 후 35회 균등하게 다지는데, 다짐봉의 삽입깊이는 전 층에 약간 닿을 정도로 한다. 그리고 콘크리트를 채우고 윗면을 콘의 상단에 맞추어 고른 직후 콘을 위로 올리고 축에 붙어 있는 투명한 원판을 콘크리트의 상부에 얹은 후 테이블 진동기를 운전한다.

진동에 의해 콘크리트가 다져지면 변형을 일으키며 이 때문에 투명한 원판이 내려가기 시작하며, 진동을 계속하면 콘크리트의 표면에 모르타르가 떠오르고 원판의 밑면에 접해진다. 즉 진동을 시작해서 원판 밑면 전체에 모르타르가 접해질 때까지 필요한 진동시간을 초단위로 측정하는데 이것을 침하도라 하며, 30초(슬럼프는 25mm)를 표준으로 하고 있다.

5) 진동식 컨시스턴시시험(Vibration Flow Test)

진동식 컨시스턴시시험은 KS F 2428에 준하여 실시하며, 시험방법은 그림 5.5에 나타낸 바와 같이 용기에 채운 콘크리트를 진동시키면 콘크리트가 배출구멍에서 테이블로 흘러나와 테이블상의 칸막이를 채우면서 이동한다. 15초 동안의 진동시간에 콘크리트가 흘러나와 용기 내의 콘크리트면으로 내려가는 정도에 따라 동적인 유동성을 측정하는 방법이다. 프리스트레스트 콘크리트용의 비교적 된배합의 콘크리트나 PC강재의 시스(sheath), 배근이 복잡한 간격을 통과하면서 진동다짐되는 경우에 적합한 시험방법이다.

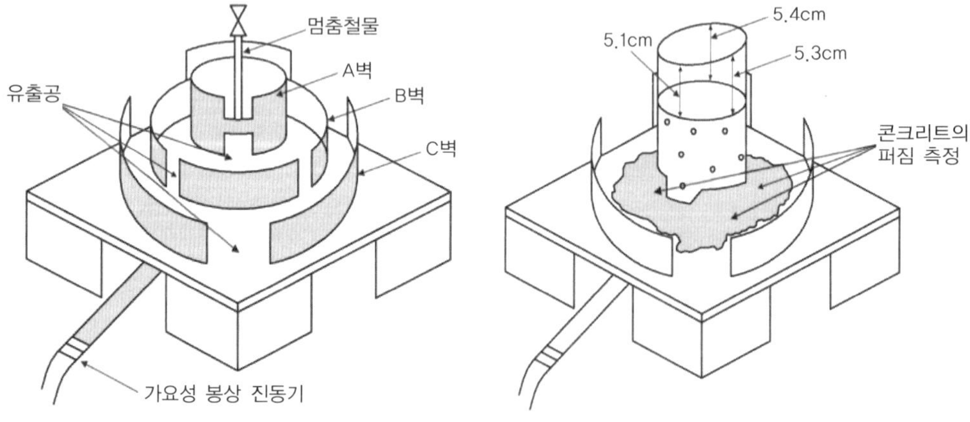

그림 5.5 **진동식 컨시스턴시 시험기**

6) 다짐계수시험

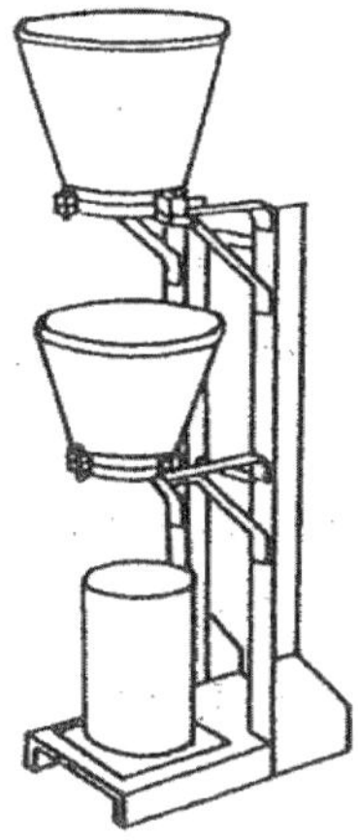

그림 5.6 **다짐계수 측정장치**

다짐계수 시험방법은 진동다짐을 해야만 하는 된배합 콘크리트의 컨시스턴시시험에 유효하며 된배합에서는 슬럼프시험보다 정확하다. 이 시험방법은 BS 1881에 규정된 시험방법으로 그림 5.6과 같은 시험기를 사용하며, 상부의 용기에 콘크리트를 다져 넣은 후 차례로 하부의 용기에 낙하시켜 하부의 용기에 채워진 콘크리트의 중량과 별도로 하부 용기에 콘크리트를 채웠을 때의 중량의 비를 구하여 이 비율을 다짐계수로 한다.

7) 컨시스턴시에 영향을 미치는 인자

① 단위수량

동일한 양의 골재를 사용한 콘크리트에서는 물의 양을 줄이면 되고 늘리면 질어진다. 콘크리트는 모르타르 속에 굵은골재가 들어가 있는 것이므로 물이 너무 많으면 굵은골재와 모르타르가 분리되어 콘크리트의 타설이 곤란해지거나 잔골재까지 분리되어 표면 마무리가 나빠진다.

물을 적게 하면 시멘트 페이스트의 유동성이 나빠지고 일정 한도 이하로 줄이면 혼합이 잘 이루어지지 않아 운반, 타설, 다짐이 곤란하게 된다. 즉 콘크리트의 워커빌리티 확보가 어려워지게 된다.

컨시스턴시를 슬럼프로 나타낸 경우의 단위수량과 슬럼프의 관계는 그림 5.7에 나타낸 것과 같다. 극단적으로 된비빔 또는 묽은비빔의 콘크리트가 아닌 경우 단위수량과

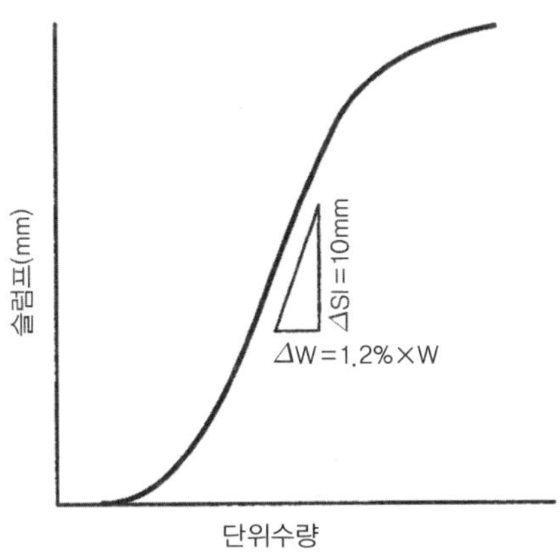

그림 5.7 **단위수량과 슬럼프의 관계**

슬럼프에는 비례관계가 있고 일반적으로 단위수량이 1.2% 증가하면 슬럼프가 거의 10mm 정도 증가한다.

② 단위시멘트양

시멘트의 종류나 분말도 및 풍화의 정도에 따라 콘크리트의 워커빌리티가 영향을 받게 된다. 분말도가 크면 콘크리트의 블리딩양이 적고 워커빌리티가 좋으나 분말도가 큰 시멘트의 경우에는 시멘트 페이스트의 점성이 높아지게 되므로 컨시스턴시는 작아진다.

또한 단위시멘트양이 많아질수록 그 콘크리트의 가소성(Plasticity)은 증가하므로 일반적으로 부배합의 경우는 빈배합의 경우보다 워커빌리티가 좋다고 할 수 있다.

③ 골재의 입도 및 입형

단위수량을 일정하게 할 때 물-결합재비의 변화에 따라 잔골재율을 적절히 선정하게 되면 물겹합재비가 변화할 경우에도 컨시스턴시를 거의 일정하게 유지하는 것이 가능하다.

굵은골재의 최대치수를 크게 하면 같은 컨시스턴시의 콘크리트를 얻는 데 단위수량 및 단위시멘트양을 줄이는 것이 가능하다. 입자모양 판정 실적률과 슬럼프 사이에는 직선 관계가 있어 단위수량이 일정한 경우 실적률이 증가하면 슬럼프가 증대한다. 또한 단위수량 및 단위시멘트양이 같을 때, 잔골재의 조립률이 낮거나 잔골재율이 높을수록 슬럼프는 작게 된다. 이것은 골재의 표면적이 커지고 필요한 시멘트 페이스트양이 증가하기 때문이다.

골재 중의 미립분, 특히 0.3mm 이하의 미분은 콘크리트에 점성을 주므로 가소성을 좋게 한다. 그러나 미분이 많으면 반죽질기가 묽게 되므로 골재는 굵은 것으로부터 가는 것에 걸쳐 적당한 비율로 혼합되어 있을 필요가 있다.

그리고 굵은골재의 최대치수는 콘크리트 타설부위의 단면치수나 배근상태에 따라 적당한 크기가 결정된다. 둥근 강자갈의 경우는 워커빌리티가 좋고 편평하거나 가늘고 긴 입형의 골재는 분리되기 쉽고, 모가 난 것이나 굴곡이 큰 골재는 유동성이 나빠져 워커빌리티가 불량하게 된다.

쇄석을 사용하게 되면 이상의 이유로 워커빌리티가 나빠지므로 잔골재율을 높이고 AE나 AE감수제를 사용하여 워커빌리티를 개선할 필요가 있다.

④ 공기량

AE제나 AE감수제를 사용하여 콘크리트 중에 연행된 미세한 공기포는 볼베어링(Ball bearing) 작용에 의해 콘크리트의 워커빌리티를 개선한다.

콘크리트 중의 공기는 변형에 대한 저항으로 작용되지 않기 때문에 공기량이 늘면 슬럼프는 크게 된다. 일반적으로 공기량이 1% 증가하면 슬럼프는 약 25mm 증가하게 되고 슬럼프를 일정하게 하면 단위수량을 약 3% 저감할 수 있다. 공기량의 워커빌리티 개선효과는 빈배합의 경우 더욱 현저하게 나타난다.

⑤ 온도

컨시스턴시는 콘크리트의 온도에 의해서도 변화하게 된다. 그림 5.8은 콘크리트의 슬럼프에 미치는 온도의 영향을 나타낸 것이며, 일반적으로 콘크리트의 비빔온도가 10℃ 높으면 슬럼프가 20～30mm 감소한다. 따라서 더운 기온에서는 일정한 워커빌리티를 유지하기 위해서 콘크리트의 단위수량을 증가시켜주어야 함을 알 수 있다. 그림 5.9는 콘크리트의 온도가 상승함에 따라 슬럼프를 25mm 증가시키는 데 필요한 단위수량을 나타내고 있다.

이와 같이 레미콘에서 운반시간이나 현장 대기시간이 길어질 경우 온도가 높으면 요구하는 성능의 워커빌리티를 얻는 데 필요한 단위수량이 증가하게 된다. 특히 온도 40℃ 이상 상대습도 20% 이하에서는 급격한 슬럼프의 저하가 발생한다.

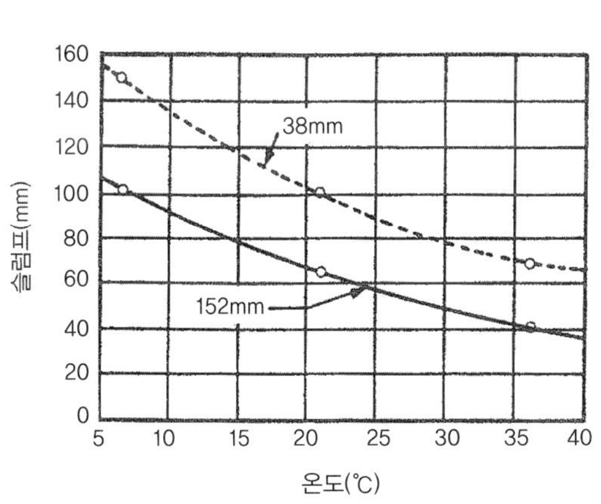

그림 5.8 **슬럼프에 미치는 온도의 영향**

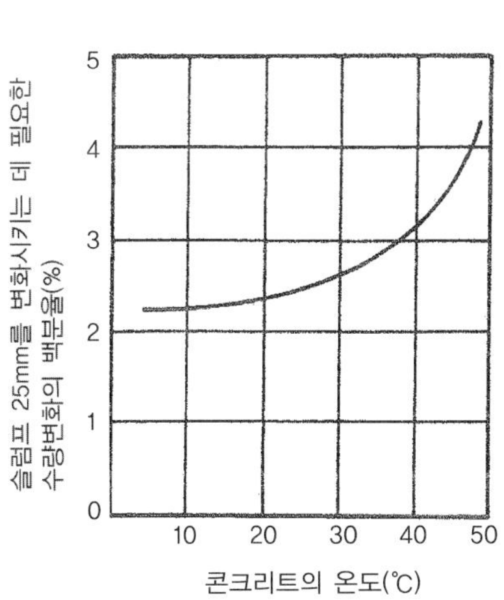

그림 5.9 **단위수량에 미치는 온도의 영향**

5.2 굳지 않은 콘크리트의 레올로지

5.2.1 컨시스턴시 곡선과 레올로지 정수

앞 절에서 컨시스턴시의 측정방법에 있어서 굳지 않은 콘크리트는 혼상(混相)유체이기 때문에 외력과 변형량 또는 유동량의 관계를 물리량으로 측정하는 것은 곤란하다고 설명하였다. 굳지 않은 콘크리트의 레올로지(Rheology)라고 하는 연구 분야는 이 난해한 테마에 도전해 왔다. 레올로지란 물질의 힘과 유동 · 변형의 관계를 물리적으로 기술하는 학문영역이다. 1960년대 이후 굳지 않은 콘크리트의 레올로지적 성질을 명확히 하려는 연구는 국내외에서 다양하게 행해져 왔다. 그 결과 반드시 정답이 얻어졌다고는 말하기 어렵지만 시멘트 페이스트 수준, 모르타르 수분 및 고유동 콘크리트나 슬럼프 180mm 이상의 묽은비빔 콘크리트에 있어서는 콘크리트 시료를 빙햄(Bingham) 유체로써 모델화하는 것에 의해 전단응력 τ과 전단변형속도 γ라는 물리량으로 콘크리트의 구성식, 즉 컨시스턴시 곡선을 나타내는 것이 가능하게 되었다.

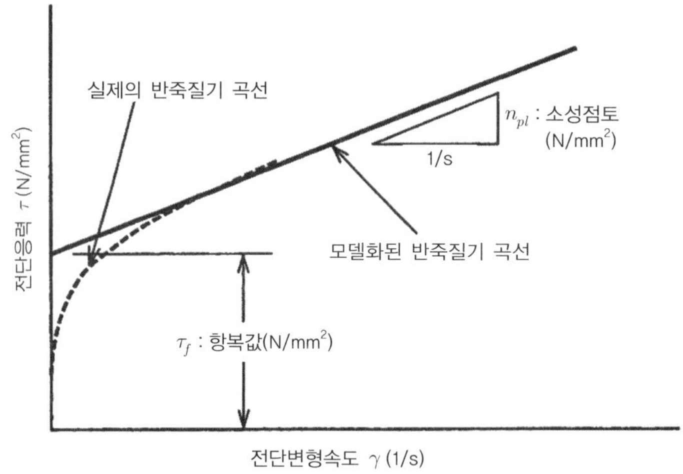

그림 5.10 **전단응력 τ와 전단변형속도 γ의 관계**

그림 5.10에 굳지 않은 콘크리트의 컨시스턴시 곡선의 예를 나타냈다. 이 곡선을 결정하기 위해서는 항복값와 소성점도라는 레올로지 정수를 구해야 한다. 레올로지 정수를 간단하게 이해하기에는 우선 물을 떠올리는 것이 바람직하다.

물은 강도는 없지만 우리가 물로 뛰어들 때에 물로부터 큰 힘을 받아서 몸, 특히 가슴에서 배에 걸쳐 아픔을 경험한 일은 누구든지 있을 것이다. 물에서는 변형속도가 증가하면 저항하는 힘이 커진다. 말하자면 변형속도에 비례해서 저항하는 힘이 크게 되는데, 이 경우의 변형속도란 압축이나 인장방향이 아니라 어긋난 방향, 즉 전단응력을 의미한다. 이것은 경화 콘크리트에 대한 응력-변형관계와 아주 비슷하다. 콘크리트의 구성재료 중 변형할 수 있는 것은 액체인 물과 기체인 공기뿐이다. 그 때문에 콘크리트에서도 전단변형속도 γ와 함께 전단응력도 τ가 증가한다. 이것을 식으로 나타내면 $\tau = \eta_{pl} \times \gamma$로 된다. 이 비례정수 η_{pl}를 소성점도라 한다. 그러나 물과 다른 점은 슬럼프시험에서도 이해할 수 있는 것처럼, 콘크리트는 그 자체로 어느 정도 변형에 대하여 저항할 수 있는 강도를 가지고 있다. 그리고 그 강도 τ_f에 도달할 때까지는 거의 변형하지 않는다. 이 τ_f를 항복값이라고 한다. 따라서 콘크리트가 전단변형속도 γ에서 변형할 때 발생하는 전단응력 τ은 τ_p와 τ_f의 합계로 나타나게 된다. 이와 같은 거동을 나타내는 모델을 빙햄유체라 칭하며 이 곡선을 컨시스턴시 곡선이라 한다. 다만, 실제의 콘크리트 컨시스턴시 곡선은 변형속도 수준이 작은 범위에서는 그림 5.10에 나타낸 파선과 같이 된다.

한편, 상기의 설명이 이해하기 어려운 경우의 항복값은 콘크리트가 정지한 상태에서 저항하는 힘을 나타내고 소성점도는 콘크리트가 변형하는 속도가 증가할 때에 저항하는 힘이 크게 되는 정도로 생각해도 좋다.

5.2.2 레올로지 정수 측정장치 및 각종 콘크리트의 컨시스턴시 곡선

굳지 않은 콘크리트의 레올로지 정수를 측정하는 시험장치로는 이중원통형 회전점도계, 구인상 점도계, 평행판 플라스토미터, 회전익형 점도계 및 전단박스형 시험장치 등이 있다. 그림 5.11에 구인상 점도계의 일례를 나타냈다.

이 시험장치는 슬럼프시험 등의 컨시스턴시 평가시험과 달리 레올로지 정수라고 하는 명확한 물리량을 구하는 시험장치이다. 원래 고분자 재료와 같이 대단히 균질한 재료에 적용되었던 시험장치를 굳지 않은 콘크리트에 적용하기 위하여 개량되었기 때문에 시험장치 자체가 크고 콘크리트 실험실에서 자세하게 연구하기 위해 개발되었으므로 현장에서 사용되는 것은 없다. 고유동 콘크리트, 고강도 콘크리트나 수중불분리성 콘크리트의 출현에 의해 그림 5.12에 나타낸 바와 같이 컨시스턴시 곡선이 교차하였으며, 전단응력이나 전단변형속도의 범위에 따라 겉보기 콘크리트의 유동저항이 역전할 가능성이 있어 왔다. 슬럼프시험이나 슬럼프 플로시험에서는 정량화가 곤란했던 굳지 않은 콘크리트의 성상을 레올로지 정수를 이용하는 것에 따라 정량적으로 평가하는 것이 가능해졌다. 또한 슬럼프 로스나 혼화재료의 첨가에 의한 점성의 증대 등 컨시스턴시의 변화에 관해서도 슬럼프보다도 정확하게 정량적으로 평가할 수 있게 되었다.

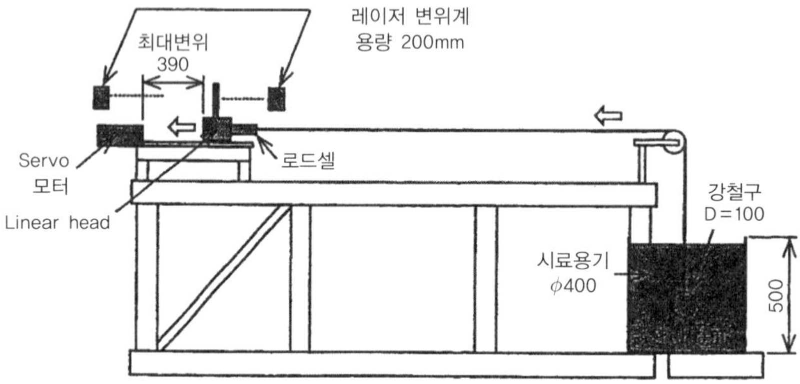

그림 5.11 **구인상 점도계 장치의 일례**

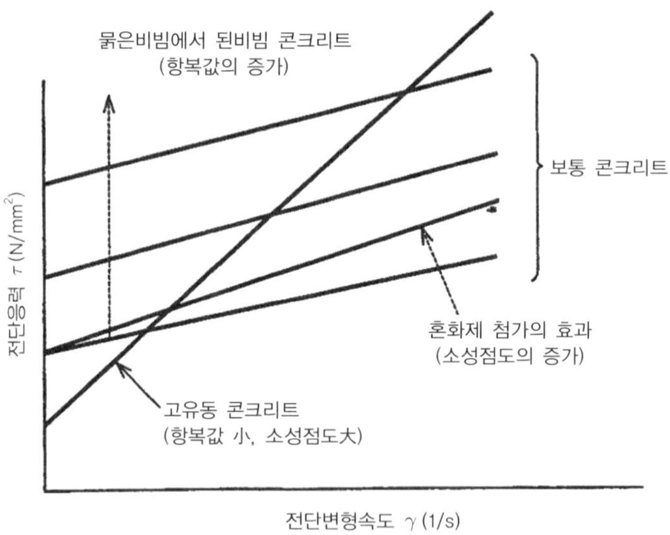

그림 5.12 **각종 콘크리트의 반죽질기 곡선**

또한 레올로지적 해석 수단 중 회전원통을 이용하는 방법을 그림 5.13에 나타냈다. 그림과 같이 원통형의 용기에 유체(모르타르나 콘크리트)를 넣고 그 내측의 내부 원통을 회전축과 일치시켜 자유롭게 회전할 수 있게 해둔다. 이 상태에서 어느 한쪽의 원통을 회전시키면 고정된 원통에 유체로부터의 힘이 작용하게 되며, 유체의 유동성이 클수록 원통에 전달되는 힘은 적다. 따라서 원통의 회전속도와 내측이나 외측의 원통에 가해지는 유체로부터의 저항과의 관계를 비교하면 이 유체의 유동성을 판단할 수 있다.

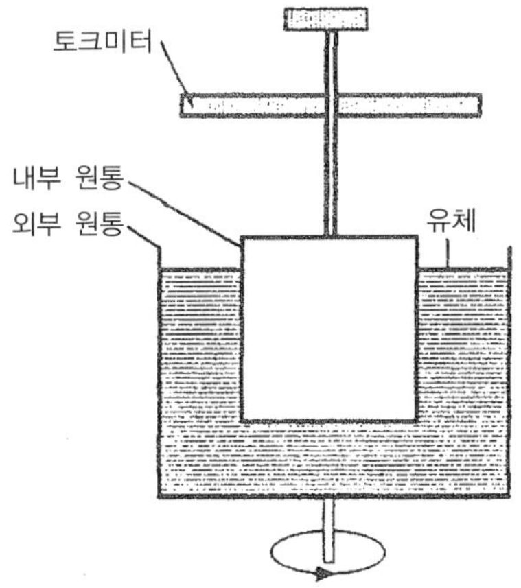

그림 5.13 **회전점도계의 원리**

5.2.3 시공설계에의 전개 및 문제점

굳지 않은 콘크리트의 워커빌리티는 부재형상, 배근 등의 설계조건과 환경조건, 운반방법, 다짐방법 등 시공조건과의 대응을 자세하게 고려한 뒤에 요구되는 것이다. 그렇지만 워커빌리티와 이러한 조건의 관계를 정량적으로 관련짓는 수단이 매우 한정되어 있기 때문에 굳지 않은 콘크리트의 요구성능은 과거의 사례나 경험을 바탕으로 선정되고 있다. 시공에 관해서는 '세심한 주의를 기울인 시공'의 실시가 전제로 되고 있다.

최근에는 콘크리트 배합과 이러한 특성치와의 관계에 관한 연구나 그 밖의 수중 콘크리트, 고성능 콘크리트 등의 분야에서 레올로지를 굳지 않은 콘크리트에 적용하여 워커빌리티를 과학적으로 해석하려는 연구가 행해지고 있고, 레올로지 정수와 콘크리트의 시공특성과의 관계도 어느 정도는 밝혀져 있으나 아직 완전한 적용에 이르지 못하고 있는 실정이다.

5.3 재료분리 · 블리딩

5.3.1 재료분리와 블리딩

재료분리(Segregation)란 굳지 않은 콘크리트의 상태에서 구성성분의 분포가 불균일하게 되는 현상을 말한다. 경화 콘크리트가 소요의 성질을 가지고 균등질로 있기 위해서는 굳지 않은 콘크리트의 재료분리 발생을 가능한 억제하는 것이 요구된다. 이 재료분리는 크게 두 가지로 대별되며 굵은골재와 모르타르의 분리, 물과 시멘트 페이스트의 분리가 있다. 전자는 주로 운반이나 타설 중에 생기며 후자는 타설 후에 생긴다. 특히 후자처럼 거푸집에 부어 넣은 후 콘크리트 윗면으로 물이 상승하는 현상을 블리딩(Bleeding)이라 한다.

재료분리가 발생하는 원인은 콘크리트를 구성하는 재료의 밀도차이다. 즉 콘크리트에는 수㎛에서 (20~40)nm까지의 입경을 가진 고체와 액체의 혼상유체로 있고, 그러한 성분의 밀도는 각각 (1.0~3.15) g/cm^{3}의 범위에서 큰 차이를 나타내고 있다.

5.3.2 굵은골재의 재료분리

1) 메커니즘

골재를 분리시키려고 하는 힘은 중력이기 때문에 입자반경의 3승에 거의 비례한다. 또한 분리를 방해하는 힘은 입자가 주위에서 받는 점성저항으로 있고 이것은 반경의 2승에 거의 비례한다. 따라서 골재입자경이 클수록 분리하기 쉬운데, 특히 작은 입자일수록 입자간 모르타르의 가교가 형성되어 골재입자군으로써의 점성저항이 증대하고 보다 재료분리저항성이 증대한다. 반대로 입자직경이 커질수록 입자군으로써의 모르타르 가교가 형성되기 어렵기 때문에 분리저항성을 기대할 수 없다. 실제의 타설에서는 항상 바이브레이터를 이용한 진동하에서의 재료분리현상이 발생한다. 따라서 모르타르 점성에 의한 분리저항력이나 가교에 의한 분리저항력은 정적인 상태와는 다르게 작게 된다. 그 때문에 골재직경의 영향이 증폭될 것이라 생각되지만 명확히 밝혀졌다고는 말하기 어렵다. 그림 5.14는 입자직경의 차이가 굵은골재 입자군에 작용하는 힘의 영향을 보여준다.

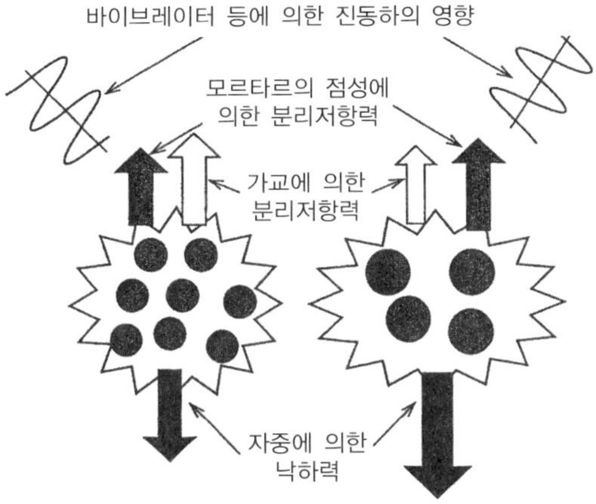

그림 5.14 **굵은골재 입자군에 작용하는 힘**

특히 굵은골재는 입자분포를 가지기 때문에 단일 입경에서의 중력과 점성저항으로 의논할 수 있을 정도로 간단하지 않다. 또한 펌프압송에 있어서 테이퍼(Taper)관이나 벤트(Vent)관 등의 변형관 내를 콘크리트가 유동할 때에는 굵은골재 입자군이 재료분리하여 관내 폐색이 발생한다. 이 경우 재료분리는 전술한 구성재료의 밀도차에 의한 것이 아니라 골재의 에칭(Etching)에 의한 것이다. 이 굵은골재 입자군의 에칭에 의한 재료분리 메커니즘에 관해서는 일본 하시모토의 가시화 실험에 의한 연구성과가 있다. 그림 5.15에 테이퍼관 및 벤트관에 대한 가시화 모델 콘크리트의 압송실험에서 촬영된 굵은골재의 에칭을 나타냈다. 백색의 모르타르 추적자(Tracer) 입자가 하얀 실을 당기듯이 촬영되고 있는 개소가 에칭에 의해 골재와 모르타르 간의 분리가 발생하고 있는 상태를 나타낸다.

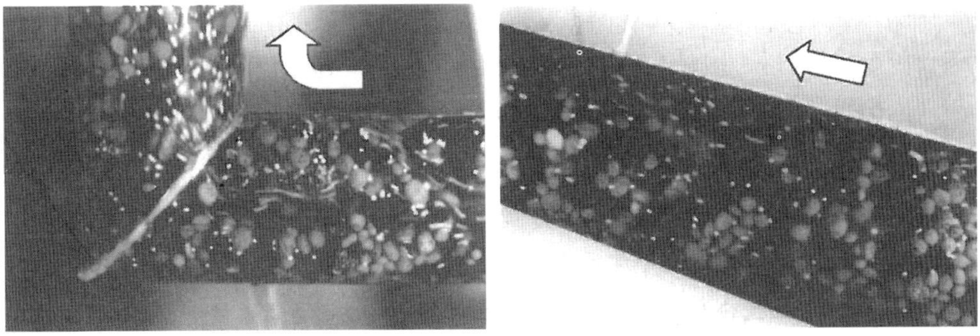

(a) 테이퍼관 (b) 벤트관

그림 5.15 **테이퍼관과 벤트관에서의 굵은골재 입자군의 에칭**

2) 시공불량

굵은골재의 분리가 생기면 곰보, 벌집, 굵은골재의 국부적 응집 등의 타설 결함부가 생긴다. 그림 5.16에 실제의 기둥 부재에 대한 굵은골재의 재료분리에 의해 발생한 곰보의 상황을 나타냈다. 이와 같은 부분의 콘크리트는 당연히 강도를 기대할 수 없기 때문에 내구성이나 수밀성이 떨어지고 철근의 부식도 발생하기 쉽다.

(a) (b) (c)

그림 5.16 **곰보 발생의 일례**

굵은골재의 재료분리 과정은 사용하는 콘크리트가 동일하여도 시공방법에 따라 현저히 다르다. 긴 슈트나 경사 슈트를 이용해서 콘크리트를 운반하면 배출될 때에 분리되기 쉽다. 그 때문에 타설위치가 배출구에서 먼 경우에는 배출 후에 한 번 용기에 받아 이동하여 타설하거나 경사 슈트의 각도를 작게 하는 등의 재료 분리가 생기지 않도록 하는 배려가 필요하다.

3) 재료분리에 영향을 미치는 인자

단위수량이 많고 슬럼프가 큰 콘크리트는 재료분리가 쉽다. 반대로 단위수량이 극단적으로 적은 콘크리트는 모르타르의 점성이 부족하여 역시 재료분리가 쉬워진다. 보통 콘크리트(슬럼프 50~180mm 정도)는 비교적 분리하기 어렵다. 또한 물-결합재비가 극단적으로 높은 경우도 재료분리가 쉽게 된다. 둥근 모양을 띤 굵은골재 입자는 편평한 것이나 세장한 것에 비해 골재입자 주위의 모르타르와의 부착성이 양호하게 되기 때문에 재료분리의 저항성이 커진다. AE제나 AE감수제, 플라이애쉬나 고로슬래그 미분말 등의 혼화재료의 사용은 모르타르의 점성을 증대시키는 동시에 단위수량을 저감하는 것이 가능하기 때문에 재료분리의 저항성을 증대시킨다. 굵은골재의 분리 정도를 측정하는 시험방법으로는 굳지 않은 콘크리트의 씻기분석 시험방법(KS F 2411)이 있다.

4) 재료분리의 방지

재료분리의 종류나 원인은 복합적이기 때문에 분리의 방지에 대해서도 다방면에서의 대책이 필요하다.

기본적으로 요구되는 것은 시멘트 페이스트 내지는 모르타르의 고점착력 및 점성이다. 단위수량이 적고 물-결합재비가 낮은 저슬럼프의 콘크리트가 재료분리에 대한 저항성이 크다. 그러나 콘크리트의 워커빌리티에는 재료분리에 대한 저항성뿐만 아니라 유동성 및 다짐성 등도 요인으로 포함되어 있다. 재료분리에 대한 저항성을 크게 하면 유동성이나 다짐성능을 저하시키는 경향이 있다. 또한 콘크리트의 재료분리 정도는 부재의 종류나 위치, 거푸집의 단면형상이나 배근상태, 수송운반방법, 타설, 다짐방법 등에 따라서 현저하게 다르다. 그러므로 재료분리 방지대책은 배합뿐만 아니라 콘크리트 공사에 관한 모든 사항을 종합적으로 고려한 후에 결정되어야 한다.

재료분리 방지상 원칙적인 주의사항을 열거하면 다음과 같다.

① 재료분리가 어려운 배합으로 한다. AE제 등의 혼화제를 사용하여 단위수량이 적은 된 비빔의 콘크리트로 하고 또한 시멘트양이 너무 적지 않도록 한다.

② 골재의 입도분포가 양호한 것을 사용하고, 특히 잔골재의 미립분이 너무 적지 않은 것을 사용한다. 굵은골재의 최대치수는 피복두께나 철근의 배근간격을 고려해 너무 크지 않도록 선택한다.

③ 거푸집은 시멘트 페이스트의 누출을 방지하고 충분한 다짐작업에 견디도록 수밀성이 높고 견고한 것을 사용한다.

④ 재료분리를 일으킨 콘크리트를 그대로 타설하지 않으며 재료분리가 확인된 것은 균일하게 다시 비벼서 타설한다.

⑤ 타설에 이르러서는 콘크리트를 부어 넣을 최종위치에 정치하도록 타설하는 것이 이상적이다. 높은 곳에서의 자유낙하, 거푸집 내에서 장거리 흘러내림, 특히 횡방향으로 속도를 주어 거푸집 속으로 부어 넣어서는 안 된다. 펌프나 슈트를 사용해서 타설할 때에는 먼저 용기에 받아 정지시킨 후 타설해야 한다.

⑥ 운반, 타설방법에 주의를 기울여도 거푸집 내를 낙하, 유동할 때에 얼마간의 재료분리는 피하기 곤란하다. 굵은골재의 분리는 그 정도가 경미하면 바이브레이터로 충분히 다짐함으로써 균질한 콘크리트로 할 수가 있다. 그러나 과도한 진동은 더욱 재료분리를 일으키게 하는 경우가 있으므로 주의해야 한다.

5.3.3 블리딩

1) 메커니즘 및 콘크리트에 미치는 영향

블리딩은 굳지 않은 콘크리트에서 나타내는 재료분리의 하나이며 블리딩이 발생하는 콘크리트는 콜드조인트 및 침하균열 등의 초기 결함이 발생할 가능성이 높다. 따라서 블리딩수에 의해 콘크리트의 하자 발생 가능성을 정량적으로 평가하는 것이 가능하며, 블리딩수가 많은 콘크리트일수록 재료분리에 대한 저항성이 적고 각종 잠재적 초기 결함이 발생하기 쉬워진다. 블리딩은 콘크리트가 타설 직후부터 응결할 때까지 고체입자가 수중으로 침강하거나 유효응력차에 의해 하부의 입자골격이 압밀되는 것에 의해 일어난다. 그림 5.17에 블리딩의 발생 기구를 나타냈다. 적절한 블리딩은 타설 상면의 마감을 용이하게 하지만 일반적으로 경화 콘크리트의 성질에는 유해하다. 과도한 블리딩에 의해 상면이 침하하고 부상한 미립물이 얇은 피막을 형성하여 레이턴스(Laitance)를 발생시킨다. 콘크리트 상면의 침하는 단지 상면이 목표 타설높이에 도달하지 않는다고 하는 결함뿐만 아니라 철근 상면과 철근이 없는 상면과의 사이에 상대적 침하를 발생시켜 침하균열을 발생시킨다. 블리딩양이 많은 콘크리트일수록 침하균열 발생이 현저하다. 블리딩은 콘크리트 상면뿐만 아니라 거푸집면과 콘크리트 사이에 물길을 남기고 콘크리트 표면의 미관을 해치게 된다.

그림 5.18에 침하균열 및 물길 발생 상황의 일례를 나타냈다. 또한 철근콘크리트 부재의 내부에서 발생한 블리딩수는 굵은골재나 수평으로 배근된 철근의 하면에 수막 및 공극을 형성한다. 굵은골재 하면의 공극은 골재와 시멘트 페이스트의 부착력 저하나 수밀성 저하를 초래하고 콘크리트 이방성의 원인이 될 수 있다. 수평철근의 하면에 생기는 공극은 철근의 부착강도를 저하시키기 때문에 대한건축학회의 철근콘크리트 구조계산규준에서는 이형철근을 이용한 경우에 상단근(그 철근 밑에 30cm 이상 콘크리트가 타설된 경우의 수평철근)의 허용부착응력도를 일반 철근의 80%로 저감하도록 규정하고 있다.

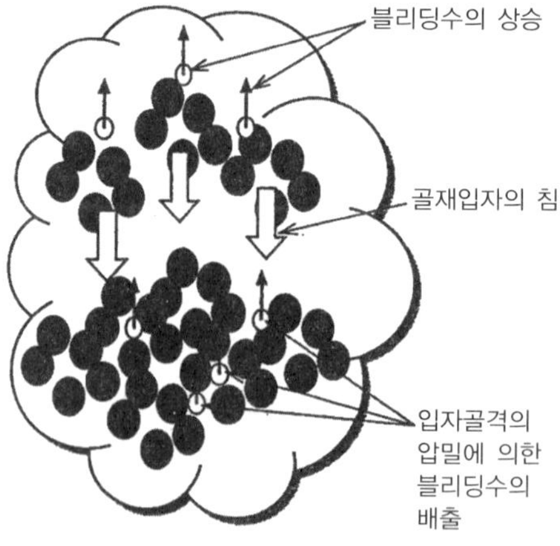

그림 5.17 **블리딩 발생 기구**

(a) 침하균열 (b) 물길

그림 5.18 **블리딩에 의해 생긴 결함의 일례**

한편, 표면마감이나 펌프압송 등 시공에 있어서 어느 정도 블리딩수의 존재가 불가결하다. 펌프압송에 있어서 압송배관과 콘크리트의 경계면에 어느 정도의 블리딩수가 발생하지 않는 경우는 관내마찰저항력이 증대하여 펌핑성(Pumpability)에 악영향을 미치며, 최악의 경우 계획대로의 토출량을 확보할 수 없다. 일직선으로 나 있는 배관 내의 굳지 않은 콘크리트의 흐름은 관벽에 대한 미끄러짐에 의해 마찰력이 생기고 있다. 이 미끄럼은 관벽방향에 수분이나 시멘트 페이스트 등이 이동하는 것에 의해 윤활층의 형성과 밀접한 관계가 있다. 이 윤활층의 형성이 불충분하여 굵은골재가 직접 관벽에 접촉하여 큰 저항이 생기는 상태에서는 콘크리트에 부드러운 흐름이 형성되지 않는다. 이 윤활층은 가압 상태하에서 반경방향으로의 물의 탈수가 중요하며 이것을 가압 블리딩수라고 한다. 그림 5.19에 가압 블리딩수와 윤활층의 관계를 나타냈다.

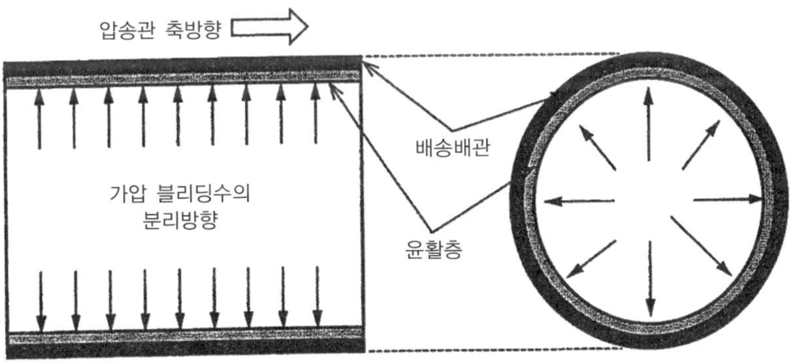

그림 5.19 **가압 블리딩수와 압송관 내의 콘크리트**

2) 블리딩에 미치는 요인의 영향

블리딩에 미치는 각종 요인의 영향은 아래와 같다. 블리딩의 발생 억제를 위해서는 이러한 요인의 영향을 고려해서 재료 · 배합 및 시공상 유효한 대책을 논해야 한다.

① 사용 재료의 영향

- 비표면적이 큰 시멘트일수록 블리딩이 적다.
- 응결시간이 빠른 시멘트일수록 블리딩이 적다.
- 실리카 퓸이나 고로슬래그 미분말 등 비표면적이 큰 혼화재의 사용은 블리딩을 감소시킨다.
- 잔골재의 입도가 작을수록 블리딩이 적다.
- 지연형의 혼화제는 블리딩의 시간이 길고 발생량이 증대한다.

② 배합의 영향

- 시멘트나 혼화재 등의 분체량이 많을수록 블리딩이 적다.
- 물-결합재비가 클수록 블리딩이 많다.
- 슬럼프가 클수록 블리딩이 많다.
- AE제나 AE감수제 등에 의한 연행공기는 블리딩을 적게 한다.

③ 시공조건의 영향

- 온도가 낮을수록 블리딩 시간이 길고, 발생량이 증가한다.
- 과도한 진동다짐은 블리딩을 증대시킨다.
- 타설높이가 클수록 블리딩이 증대한다.

5.4 공기량

5.4.1 공기량

공기량은 건축공사표준시방서에서는 '아직 굳지 않는 콘크리트 속에 포함된 공기용적의 콘크리트 용적에 대한 백분율로써 골재 내부의 공기는 포함하지 않음'이라고 정의되고 있다.

이러한 콘크리트 내부의 공기에는 혼화제를 첨가하지 않아도 1% 전후의 공기가 포함되어 있는 갇힌 공기와 인위적으로 AE제를 혼입하여 발생시키는 연행공기로 구별된다. 콘크리트 내부에는 그림 5.20과 같이 형상과 크기에 따라 공극이 구별되고 있다.

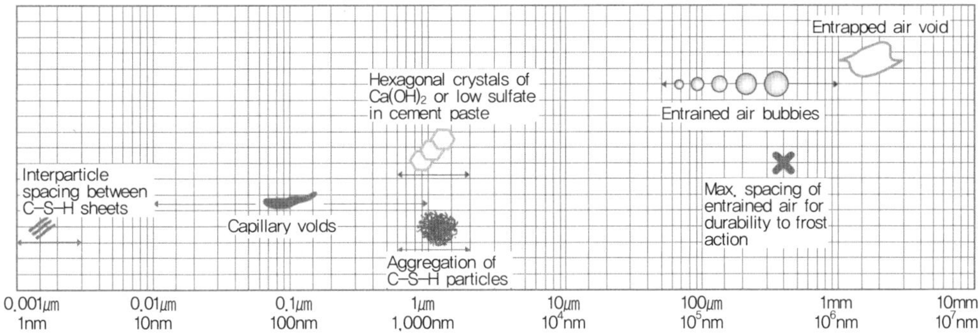

그림 5.20 **콘크리트의 공극 크기 및 형상**(Mehta, 2006)

5.4.2 갇힌 공기(Entrapped Air)와 연행공기(Entrained Air)

1) 갇힌 공기(Entrapped Air)란

'혼화제를 사용하지 않더라도 콘크리트 속에 자연적으로 포함되는 공기'라고 정의된 것으로 콘크리트의 혼합과정에서 콘크리트 속에 자연적으로 들어가 갇히는 불규칙한 형상의 비교적 큰 공기포를 말한다. 공기포 주위에 있는 골재 알갱이 상태에 따라 다양한 형상을 이루어 불규칙하게 분포하고 있으며, 그 양은 사용 재료, 배합, 온도 등에 따라서 다르지만 일반적으로 갇힌 공기량은 1~2%이며 기포간격계수는 300~700㎛이고, 기포의 개수는 시멘트 페이스트 1cm^{3}당 500~3,000개 정도이다. 이러한 갇힌 공기는 기포 지름이 크고 분산되어 있지 않기 때문에 워커빌리티나 콘크리트 품질개선에는 기여하지 않으며, 공기를 연행하지 않은 플레인 콘크리트에는 갇힌 공기로만 이루어지게 된다. 또한 이러한 갇힌 공기는 콘크리트 표면의 작은 허니컴이나 동결융해작용에 불리하므로 충분히 진동을 가하여 제거하는 것이 바람직하다.

2) 연행공기(Entrained Air)란

콘크리트표준시방서에서는 '공기연행제 또는 공기연행작용이 있는 혼화제를 사용하여 콘크리트 속에 연행시킨 독립된 미세한 기포'라고 정의하고 있다.

연행공기는 AE제 단독, 또는 AE감수제나 고성능 AE감수제와 같은 AE조제를 이용하여 계획적으로 콘크리트에 연행시킨 미세한 독립된 공기포(수십~100μ 정도, 기포간격계수 150~200μ 정도)이다. 구의 형상을 이루고 각각이 독립적으로 균등하게 분산하고 있다.

공기를 연행하면 강도는 저하되지만 워커빌리티가 향상되고 동결융해작용에 대한 저항성이 현저하게 개선되는 장점을 가지고 있어, 최근에는 이러한 AE제로 연행시킨 AE 콘크리트가 광범위하게 사용되고 있다. 하지만 과도한 공기연행을 통해 강도 저하 및 재료분리의 문제점이 야기될 수 있으므로 요구성능 범위 내에서 공기를 연행시킬 수 있도록 사전시험을 통해 적정 범위를 설정해야 한다.

5.4.3 공기량이 콘크리트 품질에 미치는 영향

AE콘크리트 중의 기포는 구 형태의 기포가 마치 볼베어링과 같은 작용을 하여 콘크리트의 워커빌리티를 크게 개선하고 재료분리를 억제하는 효과가 있으며, 단위수량의 감소와 함께 블리딩도 감소시킬 수 있다. 일반적으로 AE콘크리트로 동일 워커빌리티의 콘크리트를 만드는 경우 공기량 1% 증가에 대하여 잔골재율을 약 1%, 단위수량은 약 3% 저감할 수 있으며, 이로 인하여 블리딩도 감소하게 된다. 이것은 물-결합재비 및 단위수량이 일정한 콘크리트에서 공기량을 증가시키면 콘크리트 중에서 유체(流體)의 비율이 크게 되고 반죽질기가 증가하기 때문이다. 따라서 동일 반죽질기의 콘크리트를 만드는 데 필요한 단위수량 W(m^3/콘크리트 1m^3)는 공기량 A(m^3/콘크리트 1m^3)가 증대하면 감소한다.

W와 A와의 사이에는 직선 관계

$$W = W_0 - kA \ (\mathrm{m^3/m^3}) \qquad \text{식 (5.1)}$$

가 성립하는 것으로 알려져 있다. W_0는 원래의 단위수량이고 k는 감수계수라고 하며 0.34~0.38 정도의 값을 나타낸다. 한편, 단위수량은 kg/m^3, 공기량은 %로 표시하면 위의 식은

$$W = W_0 - 3.6A \qquad \text{식 (5.2)}$$

로 되어 공기량 1%당 3.6kg/m^{3}의 단위수량 감소를 나타내는 식으로 된다.

공기량을 증가시킬 경우 콘크리트의 워커빌리티가 개선되는 것을 고려하면 잔골재율과 단위수량을 감소시킴으로써 블리딩을 적게 할 수 있는 좋은 결과를 나타내게 된다.

하지만 굳지 않은 콘크리트에서 물-결합재비가 일정한 경우, 일반적으로 공기량 1% 증가에 대해서 압축강도는 4~6%, 휨강도는 2~3% 감소하게 된다(그림 5.21 참조).

일반적인 강도범위에서 단위시멘트양과 슬럼프가 일정하다면 공기가 들어간 콘크리트는 공기량 1% 증가에 슬럼프가 약 25mm 증가되므로 단위수량을 감소시킬 수 있으며, 물-결합재비를 작게 할 수 있으므로 강도 저하가 작아질 수 있다(그림 5.23 참조).

공기량은 일반적으로 굵은골재의 최대치수에 따라 3~6%가 표준적이며, 굵은골재의 최대치수가 작을수록 콘크리트의 공기량을 많이 필요로 한다. 이러한 굵은골재의 최대치수가 작은 콘크리트는 모르타르양이 많기 때문에 내구성이 큰 콘크리트가 되기 위해서는 모르타르의 기포간격계수를 일정한 값 이하가 되도록 공기를 연행할 필요가 있다(그림 5.22 참조).

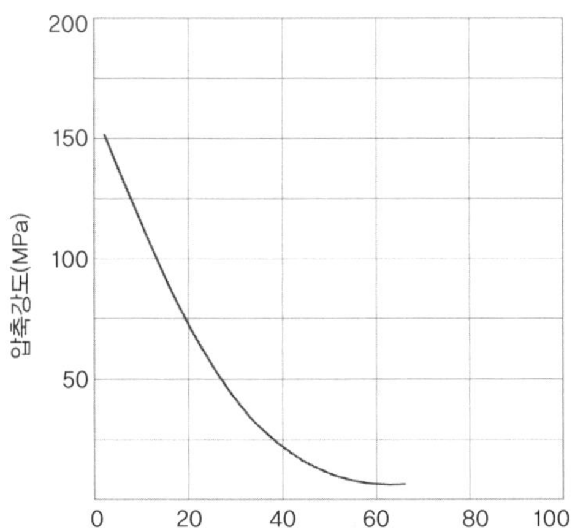

그림 5.21 **공극량에 따른 압축강도 관계**

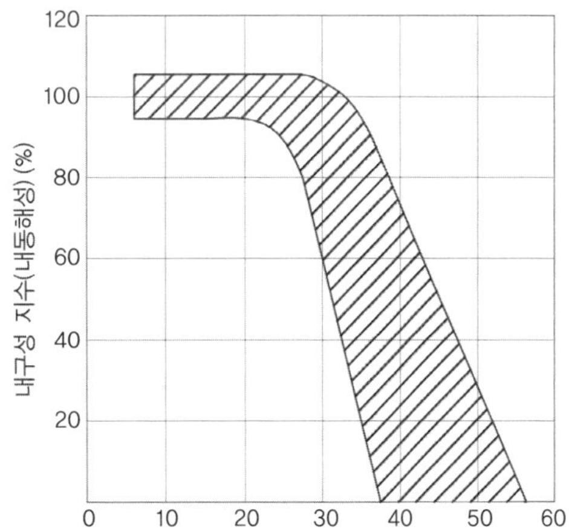

그림 5.22 **공극간격과 내구성지수(내동해성) 관계**

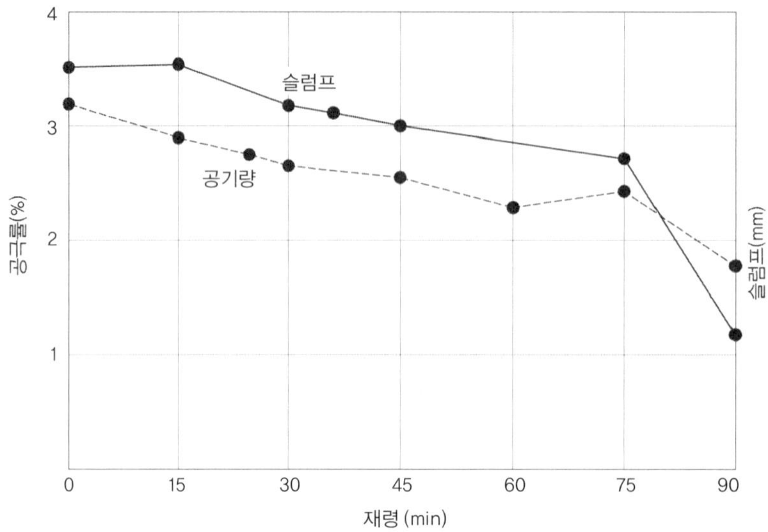

[조건] W/C = 41%, W = 141kg/m^3, 외기온 : 22℃
혼화제 : 고성능감수제(C×1%)

그림 5.23 **공극률에 따른 슬럼프 및 공기량의 관계**

5.4.4 공기연행성에 영향을 주는 요인

1) AE제의 종류와 첨가량

AE제 첨가량을 증대시키면 공기연행성이 높아져 공기량이 증대하고, 그 연행 공기량은 AE제의 종류에 따라 차이가 있기 때문에 미리 시험 비빔을 통하여 '첨가량–공기량'의 관계를 확인한다. 또한 콘크리트 온도가 낮으면 공기량은 증가하므로 비빔온도에 따라 그림 5.24의 관계로부터 AE제량을 증가할 필요가 있다.

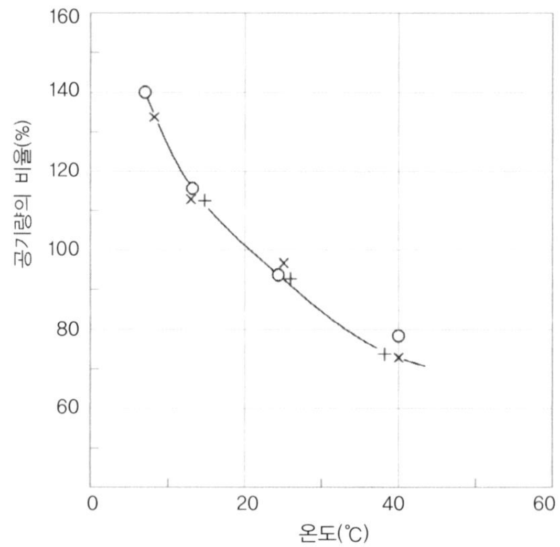

× 0.008% AE제 + 0.020% AE제
○ 31.1cc DAREX(50kg당) 시멘트 307kg/m^3

그림 5.24 **온도와 공기량의 관계**

2) 콘크리트 재료의 성질과 배합

① 시멘트의 종류 및 양 : 고로 시멘트와 플라이애쉬 시멘트 및 조강 시멘트를 사용했을 경우 공기량이 감소한다. 단위시멘트양이 늘어날수록 또는 분말도가 높아질수록 공기량은 감소하여 소요 AE제량은 증가한다.

② 혼화재의 양 및 분말도 : 포졸란이나 그 외에 미분말질 혼화재의 사용량 및 분말도가 커지면 공기량이 감소한다.

③ 잔골재의 입도와 입경 : 잔골재 중의 0.15~0.6mm의 입도가 클수록 공기량은 많아지고, 잔골재의 미분말이 많을수록 공기는 들어가기 어려워진다.

④ 골재의 최대치수 : 슬럼프 및 시멘트양 혹은 물-결합재비가 일정한 조건에서 굵은골재의 최대치수가 커질수록 공기량은 감소하게 된다.

3) 비빔조건

① 콘크리트 비빔온도 : 콘크리트 온도가 낮으면 공기량은 증대한다.

② 믹서의 형상, 1배치의 혼합량과 혼합시간 : 강제식 믹서를 이용하는 경우보다 중력식 믹서나 콘크리트 1축형 또는 2축형 믹서를 이용하는 편이 공기량이 많아지는 경향이 있다. 믹서에 따라 다르지만, 일반적으로 공기량은 혼합개시 후 1~2분 사이에서는 커지고 3~5분에 최대치를 나타내며 이후 서서히 감소한다.

③ 재료의 투입순서 등에 따라서도 영향이 있다.

4) 콘크리트의 운반, 타설, 양생 등

믹서로 콘크리트로 혼합하고 거푸집에 타설할 때까지 일반적으로 약간의 시간이 경과하게 된다. 콘크리트를 혼합하고 나서 시간이 흐르면 슬럼프는 감소함과 동시에 공기량도 감소한다. 연행공기는 시멘트 페이스트에 가해진 전달속도가 증가할수록 빨리 연행되므로 비빔방법 및 1배치 콘크리트양에 따라 연행공기의 도입방법도 달리할 필요가 있다.

또한 AE콘크리트의 공기량은 비빔 후의 취급에 따라서 다음과 같이 감소한다.

① 진동다짐에 따른 공기량의 감소는 콘크리트의 슬럼프가 클수록, 부재단면이 작을수록, 콘크리트양이 적을수록 빠르다.

② 버킷이나 콘크리트 펌프에 의한 운반 중의 공기량 감소는 그다지 많지 않다.

③ 취급 중에 손실되는 공기량은 대부분이 기포의 직경이 큰 것이고, 작은 것은 잘 감수하지는 않는다.

AE제의 양이 일정한 조건에서도 공기량이 감소하는 원인은 아래와 같다.

① 플라이애쉬 중의 미연소 탄소가 많이 함유되었을 때

② 잔골재에 0.15mm 이하의 미분이 많을 때

③ 비빔온도가 높을 때

④ 믹서의 공칭 용량보다 소량이 되었을 때

⑤ 믹서의 혼합성능이 저하했을 때

⑥ 혼합시간이 길 때

⑦ 존치되어 있는 시간이 길 때 등이다.

5.4.5 공기량의 측정

1) 굳지 않은 콘크리트

① 질량법(KS F 2409, 굳지 않은 콘크리트의 단위용적중량 및 공기량에 의한 시험방법) : 콘크리트 배합에서 계산된 단위용적질량과 실측되어진 단위용적질량과의 차이는 공기에 의한 것으로 보고 산출한다.

② 용적법(KS F 2449, 굳지 않은 콘크리트 용적에 의한 공기량 시험방법) : 용기 뚜껑에 주수하여 수면을 표선에 일치시키고 캡을 씌워 용기를 굴리고 쳐서 내부의 공기를 위쪽으로 모아 한층 더 주수하고 그 양을 측정하여 공기량을 물로 치환 산출한다.

③ 공기실 압력법(KS F 2421, 굳지 않은 콘크리트의 압력법에 의한 공기함유량 시험방법) : 일반적인 방법으로, 콘크리트 시료를 용기에 다져 넣고 펌프로 공기실의 압력을 올려 지침이 소정의 시작점을 나타내고 나서 공기밸브를 열어 공기실에 압축공기가 콘크리트 시료를 가압하여 균형을 이루어 압력계의 지침이 정지한 눈금을 통해 공기량을 구할 수 있다.

2) 경화 콘크리트

콘크리트가 경화하고 나서 공기량을 측정하려면 콘크리트의 절단면을 현미경으로 관찰하는 방법과 굳지 않은 콘크리트의 공기량을 측정하는 방법과 같이 가압하여 측정하는 방법이 있으며 전자가 일반적인 방법이다. 또한 포러스 콘크리트에서는 공극을 용적으로 구하는 방법과 질량으로 구하는 방법으로 규정하고 있다.

① 현미경에 의한 방법 : 경화한 콘크리트 표면을 연마하여 가상 직선이 기포를 횡단하는 길이를 계측하여 공기량을 산출하는 것으로, 기포의 개수나 기포 크기의 분포로부터 구할 수 있다. Linear Traverse Method와 수정 Point Count Method가 있다.

② 압력을 사용하여 측정하는 방법 : 케네디(Kennedy)가 워싱턴형 에어 미터를 고안했다는 기록이 있지만 현재는 사용되고 있지 않다. 덧붙여 콘크리트를 진공상태로 한 후 물을 사용하여 포수상태로 하여 그 차이로부터 공극을 구하는 콘크리트의 내동해성을 평가하는 방법으로 한계포수도 시험방법도 있다

③ 포러스 콘크리트의 공극률 시험방법 : 용적법과 질량법이 있다.

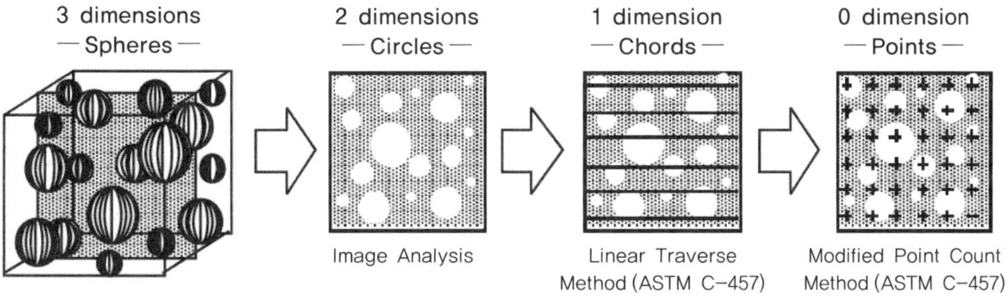

그림 5.25 **경화 콘크리트의 공극구조 분석방법**(Richard Pleau et al, 2001)

5.5 응결 시의 성상

5.5.1 응결

응결은 '시멘트에 물을 더해 비빔하여 일정 시간을 경과한 후 수화반응에 의해 점차 유동성을 잃어 경화되는 것'으로 정의할 수 있으며, 이러한 콘크리트의 응결은 표면마감 및 탬핑(Tamping) 시기의 결정과 밀접한 관계가 있으므로 콘크리트 표면의 형상을 결정하는 중요한 요소 중 하나이다.

콘크리트 응결 경화시간은 시멘트의 종류, 사용한 혼화제의 종류와 그 사용량, 기상조건 등에 따라서 다르다. 일반적으로 콘크리트의 응결시간은 KS F 2436, 관입저항침에 의한 콘크리트 응결시간 시험방법에 따라 측정한다. 이것은 콘크리트를 호칭 5mm

체로 굵은골재를 제거한 모르타르를 시료로 하여 경화의 진행에 따라 굵은 바늘에서부터 가는 바늘로 25mm 관입하여 3.5MPa에 도달하였을 때를 진동한계인 초결이라 하고 28.0MPa에 도달한 시간을 종결로 정한다. 이러한 응결시간은 콘크리트용 화학혼화제의 성능을 평가하는 중요한 지침이 되기도 한다. 화학혼화제 응결시간에 대한 규격은 KS F 2560 콘크리트용 화학혼화제에 "화학혼화제 성능"이라는 것으로 표 5.2와 같이 제시되어 있다.

일반적으로 응결의 시작은 콘크리트를 취급할 수 있는 한계의 시간을 타나내며, 종결은 역학적 강도가 증가하는 시간을 나타낸다. 콘크리트의 유동성 변화, 변형 및 강도 등의 상호관계를 요구하여 한층 더 많은 연구나 실험을 통해 프록터로 관입저항을 조사하여 초결 0.1MPa 종결 3.5MPa을 경화 시작으로 정의하는 연구도 있으며, 시간과 프록터 관입저항의 변화에 대한 그래프는 그림 5.26과 같다.

표 5.2 **화학혼화제 성능**

항목		AE제	감수제			AE감수제			고성능 AE감수제	
			표준형	지연형	촉진형	표준형	지연형	촉진형	표준형	지연형
감수율(%)		6 이상	4 이상	4 이상	4 이상	10 이상	10 이상	8 이상	18 이상	18 이상
응결시간의 차(Min.)	초결	−60~ +60	−60~ +90	+60~ +210	+30 이하	−60~ +90	+60~ +210	+30 이하	−30~ +120	+90~ +240
	종결	−60~ +60	−60~ +90	+210 이하	0 이하	−60~ +90	+210 이하	0 이하	−30~ +120	+240 이상

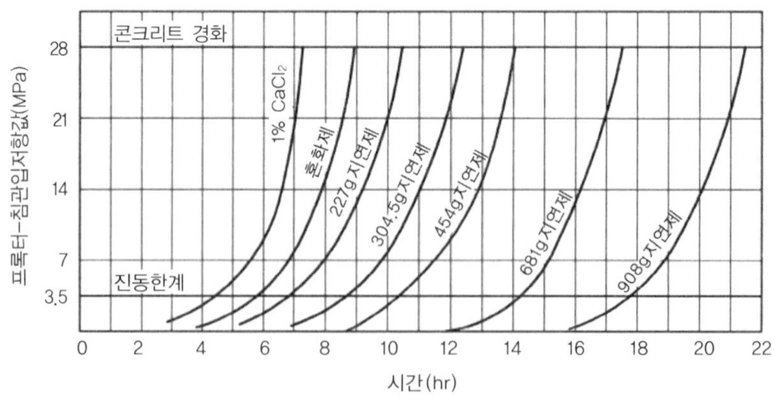

그림 5.26 **시간과 프록터 관입저항의 변화**

5.5.2 응결성상과 영향

1) 보통 시멘트를 기준으로 조강 시멘트는 초결이 빠르고 혼합 시멘트는 약간 늦은 경향이 있다.

2) 동일한 시멘트양일 때, 슬럼프가 작거나 물-결합재비가 적은 경우 응결이 빠른 경향이 있다.

3) 골재와 비빔수에 포함되어 있는 성분 중 해사와 해수 중에 포함되어 있는 염분은 응결을 빠르게 하고 당류 등의 유기물은 응결을 늦게 한다.

4) 고온, 저습, 일사, 바람 등은 응결을 빠르게 한다.

5) 유동화제를 이용하여 유동화하면 약간의 응결이 지연된다.

6) 고성능 AE감수제를 사용하면 AE감수제를 사용했을 때보다 응결은 조금 늦어진다.

7) 응결시간을 제어하는 방법에는 응결지연제나 응결촉진제를 이용하는 방법이 있으나, 일반적으로 감수제의 지연형, 촉진형이나 AE감수제의 지연형, 촉진형을 이용한다. 또한 초지연제를 이용하고 그 첨가량을 조정하는 것으로 응결시간을 수 시간부터 며칠 정도까지 시간을 늦추는 것도 가능하다.

5.5.3 재진동(再振動)과 콜드조인트(Cold Joint)

타설 후 일부 굳기 시작한 콘크리트에 적당한 시간에 재진동을 가하면 10% 정도 강도를 높이는 효과가 있다. 그러나 재진동의 시기를 잘못 선정하면 오히려 강도의 저하를 초래한다.

이러한 재진동의 시기는 콘크리트의 타설 후 약 4시간 정도이며, 이 시간의 판정에는 관입저항값이 이용되어 3.5MPa에 도달할 때까지의 시간이 콘크리트에 다시 진동을 줄 수 있는 한계이다. 이러한 이유에서 관입저항값 3.5MPa을 진동한계(Vibration Limit)라 부른다.

또한 이미 타설된 콘크리트의 응결이 진행되고 있는 경우 그 위에 새로운 콘크리트를 타설하면 콜드조인트라 불리는 일체가 되지 않는 이음매가 생기는 경우가 있다. 지금까지 콜드조인트의 발생을 방지하기 위해서는 일반적으로 재진동다짐이 가능한 진동한계라고 불리는 관입저항침 저항값이 3.5MPa 초결시간 이내에 콘크리트를 타설하는 것을 목표로 하고 있다. 그러나 콜드조인트는 하부층 콘크리트의 관입저항침 저항값이 0.1~1.0MPa을 초과하면 발생한다고 하는 보고도 다수 있다. 따라서 콜드조인드를 방지하기 위해서는 초결시간보다도 상당히 빠른 시기에 타설하는 것이 필요하다. 또한 콜드조인트가 생길 우려가 있는 경우에는 적당한 지연제를 사용하여 하층의 콘크리트 응결을 지연시켜 이어치기 시간을 연장시키는 것이 유효하다(표 5.3 참조).

표 5.3 **경과시간과 콘크리트의 성상**

경과시간 / 요인	온도 20℃, 보통 포틀랜드 시멘트 사용 시 (시간)										
	0	1	2	3	4	5	6	7	8	9	10
응결				초결		종결		경화 개시			
유동성	유동영역				유동성이 급격히 떨어지는 영역		거의 유동성이 없는 상태		초기 취성영역		
초기변형					초기변형이 급속히 감소하는 영역				인장변형이 최소인 시기		
초기강도							⇐ 강도발현 개시				

참/고/문/헌

1. 한국콘크리트학회, 최신콘크리트 공학, 기문당, 2011.
2. 국토해양부 제정, 콘크리트 표준시방서, 한국콘크리트학회, 2009.
3. 小林 一輔 外 7人, 콘크리트 실무편람, Ohmsha, 2004.
4. 日本土木學會, 콘크리트표준시방서, 日本土木學會, 2003.
5. 정재동, 콘크리트 재료공학, 기문당, 1998.
6. 정상진 외, 건축재료학, 기문당, 2002.
7. 윤재환, 포틀랜드 시멘트 및 콘크리트, 기문당, 1990.

연/습/문/제

1. 굳지 않은 콘크리트의 워커빌리티(Workability) 대하여 서술하시오.
2. 굳지 않은 콘크리트의 컨시스턴시(Consistency)에 대하여 서술하시오.
3. 콘크리트의 재료분리 및 블리딩 현상에 대하여 간략히 서술하시오.
4. 공기량이 콘크리트의 품질에 미치는 영향에 대하여 간략히 서술하시오.
5. 콘크리트의 응결현상에 대하여 서술하시오.

06 콘크리트의 배합설계

6.1 콘크리트의 품질 및 사양의 등급

최근 레디믹스트 콘크리트(레미콘)나 콘크리트 펌프공법이 보급됨에 따라 콘크리트공사가 분업화되어, 일반적으로는 콘크리트 제조업자 외에는 배합설계에 대한 관심이 저하되고 있는 현실이다. 그러나 배합의 좋고 나쁨은 구조물의 강도, 내구성, 미관 및 경제성 등에 큰 영향을 미치므로 콘크리트의 설계·시공에 관계하는 모든 사람은 배합설계를 충분히 이해해야 할 필요가 있다.

일반적인 경우 콘크리트에 요구되는 성능 중 가장 중요한 것은 보통 콘크리트에서는 압축강도, 중량 콘크리트 및 경량 콘크리트에서는 압축강도 및 단위용적중량이다. 그 밖의 성능, 즉 내구성이나 건조수축률 등이 중요한 경우에는 특기사항으로 규정한다.

콘크리트의 품질은 고급, 보통 및 간이의 3종류로 구분하고, 특별히 언급되지 않는 경우에는 상용(常用)으로 한다. 그리고 특수한 콘크리트 중에서 고강도 콘크리트, 프리스트레스트 콘크리트는 특기사항으로 지정되지 않은 경우에는 고급으로 한다.

콘크리트 품질의 등급에 상응하는 설계기준강도, 재료에 관한 사양의 등급 및 시공에 관한 사양의 등급은 표 6.1을 표준으로 하고 특기사항으로 규정한다. 재료에 관한 사양에는 콘그리트 제조, 운반, 타실, 양생, 거푸집, 철근의 가공과 조립 및 검사에 관한 것을 포함하여 A, B, C 등급으로 각각 구분한다. 또한 콘크리트의 종류에 따른 품질 및 등급은 표 6.2와 같다.

표 6.1 **콘크리트 품질의 등급**

콘크리트 품질 등급	콘크리트의 설계기준 강도(MPa)		사용 재료	시공등급 (종)	사용대상 구조물
	보통 콘크리트	경량 콘크리트			
고급	270 이상 240 225 210	240 이상 225 210	1급	A	특히 신뢰성이 높은 콘크리트를 필요로 하는 RC조, SRC의 구체
보통	240 225 210 180 150	225 210 180 150	2급	B	일반적인 RC조, SRC조의 구체 블록조의 기초, 보, 슬래브, 기둥
간이	135	135	-	C	목구조물의 기초, 소규모의 문, 담장, 주거용이 아닌 소규모 구조물, 간이 기계설치대 등

표 6.2 **대상으로 하는 콘크리트와 슬래그시멘트의 종류**
(○ 표는 특기사항 없이 사용할 수 있고, * 표는 특기에 의해 사용할 수 있다.)

대상으로 하는 콘크리트	콘크리트 품질 등급	종류		
		A종	B종	C종
일반 구조용 콘크리트	보통	○	○	*
한중 콘크리트	보통	○	○[1]	-
서중 콘크리트	보통	○	○	*
간이 콘크리트	간이	○	○	○[2]
고강도 콘크리트	고급	○	-	-
매스 콘크리트	보통	○	○	○
수밀 콘크리트[3]	-	○	○	*
해수의 작용을 받는 콘크리트	고급	○	○	*
차폐용 콘크리트	고급	*	*	*
프리팩트 콘크리트	보통	*	*	*
프리스트레스트 콘크리트	고급	○	○	-
무근콘크리트	보통	○	○[4]	○

(일본건축학회의 지침안을 인용함)

주 : 1) 슬래그 함유량 40% 이하의 것
2) 동절기에는 원칙적으로 사용금지
3) 시공등급을 A종 선택
4) 그라우트용
5) 표에서는 언급하지 않으나 황산염이나 열의 작용을 받는 콘크리트 등에는 슬래그시멘트가 적합

6.2 배합설계의 기본원칙

콘크리트의 배합설계(Mix Design)란 콘크리트를 만들기 위한 각 재료의 비율 또는 사용량을 적절히 결정하는 것을 말한다. 콘크리트의 배합설계는 단순히 시멘트, 물, 잔골재, 굵은골재 및 혼화재료 등 구성 재료를 취합하는 개념이 아니라 콘크리트가 제기능을 충분히 발휘하도록 하는 기법으로 소요 워커빌리티와 강도, 내구성, 경제성, 그리고 설계 및 시공상 요구되는 콘크리트의 특성을 균형 있게 만족할 수 있도록 최적화하는 것이 관건이며, 이를 위해서는 콘크리트의 성능을 저해하는 제요건을 파악하고 이를 감안하여 배합설계를 수행할 필요가 있다.

또한 콘크리트에 요구되는 각종 성능을 실현하기 위해서는 사용재료의 적절한 선택과 더불어 재료들의 혼합비율, 즉 콘크리트의 배합을 결정하는 것이 매우 중요하다. 이를 위한 배합 선정의 기본원칙을 정리하면 다음과 같다.

1) 충분한 강도를 확보할 것

콘크리트의 압축강도는 콘크리트의 품질을 표시해 가장 보편적인 수단으로서 충분한 강도의 확보문제는 재하되는 외력에 저항해야 하는 측면에서도 지극히 당연하지만, 내구성이나 내투수성, 내마모성 등 콘크리트의 다른 여러 특성들에도 영향을 크게 미치기 때문에 충분한 강도를 확보할 수 있도록 배합설계를 실시할 필요가 있다.

워커빌리티(Workability)는 타설의 용이성, 반죽질기, 재료분리 저항성 등에 의해 결정되는 작업의 난이도를 의미하는 것으로서 물-결합재비, 단위시멘트양 또는 단위수량, 시멘트와 혼화재료의 품질, 골재의 종류, 입형, 거칠기, 입도분포, 잔골재율, 공기량의 다소 등 많은 인자에 의해 영향을 받는다(그림 6.1). 따라서 배합설계에 있어서는 이러한 영향인자를 종합적으로 고려하여 설계 및 시공상 요구되는 워커빌리티 소요를 만족하는 범위에서 경제적인 배합이 되도록 해야 한다.

따라서 배합설계의 목표 슬럼프는 주어진 재료에 대해 설계 및 시공조건(부재 종류, 철근간격) 등을 고려하여 최소의 슬럼프 수치를 선정하고 이 목표 슬럼프에 대해 물-결합재비, 단위수량, 공기량, 잔골재율, 혼화제의 종류 등을 결정해야 한다.

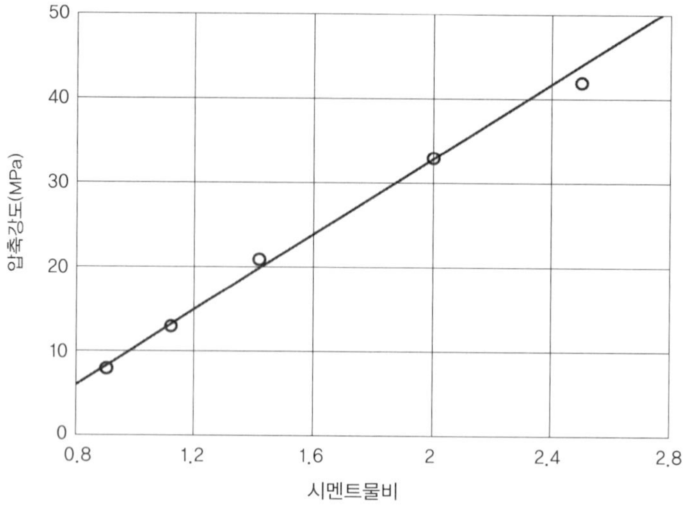

그림 6.1 **시멘트물비와 콘크리트 압축강도의 관계**

2) 내구성

콘크리트의 내구성 저하를 유발하는 유해작용에는 동결융해, 황산염해, 알칼리골재반응, 철근부식, 중성화, 온도변화, 건습작용 등 매우 다양하다. 이러한 유해작용에 대한 콘크리트의 저항성 또한 매우 많은 영향인자에 의해 좌우되는데, 동결융해 저항성은 적절한 공기를 연행하는 것이 필수적이고 알칼리골재반응의 경우에는 반응성 골재를 배제하는 것이 중요하다. 또한 다양한 혼화재료를 적절히 사용함으로써 내구성을 효과적으로 높일 수 있다.

무엇보다도 콘크리트의 내구성 향상을 위해 근본적으로 고려해야 할 요소는 내투수성의 증진이다. 투수성이 낮은 콘크리트는 유해물질의 침투가 줄어들어 내구성이 향상되기 때문이다. 내투수성은 슬래그나 플라이애쉬와 같은 광물질 포졸란 혼화재를 사용하여 효과적으로 개선할 수 있겠지만, 배합설계에 있어서는 물-결합재비를 낮추는 것이 내투수성의 증진을 위한 기본적인 방안이라 할 수 있다.

결국 물-결합재비는 강도뿐 아니라 내구성도 함께 고려하여 선정되어야 한다. 이 때문에 콘크리트표준시방서에서는 수밀콘크리트를 제조할 때 물-결합재비는 50% 이하를 표준으로 하며, 해양콘크리트 구조물에 대해서는 표 6.3과 같이 최대 물-결합재비를 규정하고 있다.

표 6.3 **내구성으로 정해진 AE콘크리트의 물-결합재비(%)**

시공조건 \ 환경구분	일반 현장시공의 경우	공장제품 또는 재료의 선정 및 시공에서 공장제품과 동등 이상의 품질이 보증될 때
(a) 해중	50	50
(b) 해상대기 중	45	50
(c) 물보라 지역	45	45

3) 기타 고려사항

콘크리트에 사용되는 혼화재료에는 AE제, AE감수제, 고성능감수제 등의 화학혼화제와 고로슬래그 미분말, 플라이애쉬, 실리카 퓸 등과 같은 광물질 혼화재가 있다. 최근에는 거의 대부분의 콘크리트에 혼화재료가 사용되고 있고, 특히 화학혼화제는 워커빌리티 등 굳지 않는 콘크리트의 물성에 큰 영향을 미치기 때문에 배합설계에서는 반드시 혼화재료의 영향을 고려해야 한다.

또한 방사능 차폐콘크리트나 방음벽 등 특정 구조물에서는 콘크리트의 비중이 중요한 경우가 있는데, 이런 경우에는 특수한 골재를 사용하여 비중을 높일 필요가 있다. 또 매스 콘크리트에서는 수화열의 발열량과 발열속도가 매우 중요하므로 초기 타설온도와 대기온도, 배합수온도, 콘크리트 표면의 열방출 특성, 구속조건 등을 고려해야 하며, 이에 따라 적절한 단위결합재량과 혼화재료의 양 등을 결정해야 한다.

6.3 배합설계방법

6.3.1 개요

배합설계법은 국내의 배합설계법과 일본, 미국 등의 배합설계법이 각각 상이하며, 토목과 건축도 약간 상이하다. 또한 배합에는 시방배합과 현장배합이 있는데 이들 또한 상이하다.

시방배합은 시방서 또는 책임기술자에 의해 표시된 배합이다. 골재는 표면건조포화상태이며 규격으로는 잔골재가 5mm체를 전부 통과하고 굵은골재는 5mm체를 전부 잔류하는 것을 사용했을 때의 배합을 말한다. 현장배합은 시방배합을 현장의 재료상태 및 계량방법에 따라 정해지는 배합을 말한다.

콘크리트의 배합설계는 기본적으로 강도, 워커빌리티, 내구성을 모두 만족하면서 가장 경제적인 배합을 결정해야 하며, 다음과 같은 순서로 진행된다.

① 재료 선정 및 재료물성 산정

② 배합강도의 결정

③ 굵은골재 최대치수의 결정

④ 강도와 내구성 등을 고려한 물-결합재비의 결정

⑤ 목표 슬럼프 및 공기량의 결정

⑥ 물-결합재비와 슬럼프, 공기량을 고려한 단위수량, 잔골재율 결정

⑦ 시방배합의 산정

⑧ 실험실 및 현장배합의 시험배치를 통한 배합의 수정

재래식 배합방법은 시멘트, 잔골재 및 굵은골재의 비율을 1 : 2 : 4나 1 : 3 : 6과 같이 정하는 방법으로 간단하게 표현되었기 때문에 널리 사용되어 왔다. 이것은 비록 어느 정도 이론적인 근거는 있으나 품질관리상 한계가 많아 지금은 소규모 공사 이외에는 사용되지 않고 있다.

현재 콘크리트표준시방서에서는 표 6.4와 같이 콘크리트 $1m^3$에 포함되는 각 재료의 양을 중량으로 나타내도록 규정하고 있으며, 콘크리트의 성질과 깊은 관계가 있는 물-결합재비, 잔골재율, 단위수량, 공기량 및 굵은골재 최대치수 등이 언급되어 있다.

콘크리트표준시방서에서는 명확한 배합설계 순서를 제시하고 있지 않지만, 소요성능(슬럼프, 압축강도, 공기량 등)을 얻기 위한 배합설계방법을 제시하고 있으며, 콘크리트의 배합은 소요 강도, 내구성, 수밀성, 균열 저항성, 철근 또는 강재를 보호하는 성능 및 작업에 필요한 워커빌리티를 갖는 범위 내에서 단위수량이 최소가 되는 배합설계를 하도록 규정하고 있다.

표 6.4 **콘크리트 배합의 표시법**

굵은골재 최대치수 (mm)	슬럼프 범위 (cm)	공기량 범위 (%)	물-시멘트비 W/B (%)	잔골재율 S/a (%)	단위량 (kg/m^3)						
					물 W	시멘트 C	잔골재 S	굵은골재 G		혼화재료[3]	
								mm ~mm	mm ~mm	혼화재[1]	혼화제[2]

주 : 1) 배합표에는 구조물의 종류, 설계기준강도, 배합강도, 시멘트 종류, 잔골재 조립률, 굵은골재 종류, 굵은골재 공극률, 혼화제 종류, 운반시간, 시공시기 등에 대해서도 병기하는 것이 바람직하다.
2) 포졸란 반응성 및 잠재수경성을 갖는 혼화재를 사용할 경우 물-결합재비로 표시한다.
3) 같은 종류의 재료를 여러 가지 사용할 경우에는 각각의 난을 나누어 표시한다.
이때 사용량에 대해서는 mℓ/m^3 또는 g/m^2로 표시하며, 희석시키거나 녹이거나 하지 않은 것을 나타낸다.

6.3.2 재료 선정

콘크리트의 배합은 주어진 재료를 가장 경제적으로 사용하여 소정의 강도와 내구성을 가지도록 선정해야 한다. 가장 적합한 배합을 찾는 데 지침이 되는 기본적인 관계는 이미 확립되어 있으나 그 최종결정은 실제로 시험배합을 통하여 결정해야 하고, 이를 다시 현장실정에 맞도록 수정해야 한다.

콘크리트는 본질적으로 물, 시멘트 및 골재로 이루어지며, 특히 골재 및 시멘트의 산지와 종류는 콘크리트의 강도 및 내구성에 영향을 미친다. 또한 콘크리트를 타설하는 데 필요한 배합수량에도 상당한 영향을 미친다.

1) 시멘트

현재 KS규격에 규정되어 있는 시멘트는 포틀랜드 시멘트로서 보통, 중용열, 조강, 저열 및 내황산염 등 5종류가 있고, 혼합 시멘트로는 고로슬래그, 플라이애쉬 및 포졸란 시멘트 등이 있다. 이들 시멘트는 각각의 특징이 있고 품질에도 많은 차이가 있다(표 6.5 및 6.6). 따라서 공사에 사용할 시멘트를 선정할 경우에는 구조물의 종류, 단면치수, 위치, 기상조건, 공사의 시기와 공사기간 및 시공방법 등에 따라 소요품질의 콘크리트를 경제적이고 안정하게 얻을 수 있는 시멘트를 선정할 필요가 있다(일반적으로 보통 포틀랜드 시멘트를 사용하는 경우가 많다).

중용열 포틀랜드 시멘트는 수화작용에 따르는 발열이 적기 때문에 매스 콘크리트에 적당하고, 조강 포틀랜드 시멘트는 조기강도가 크기 때문에 급속 공사나 한중 콘크리트 공사에 주로 쓰인다. 조강 포틀랜드 시멘트를 사용한 콘크리트의 7일 강도는 보통 포틀랜드 시멘트를 사용한 콘크리트의 28일 강도와 거의 비슷하다. 또한 경화 시멘트 중에서 칼슘 알루미네이트 수화물은 콘크리트의 외부로부터 황산염과 반응하는데, 그 결과 칼슘 설포 알루미네이트의 생성물이 수화된 시멘트 페이스트의 골조 내에 형성되어 체적이 증가함으로써 콘크리트가 서서히 붕괴될 수 있으므로 주의해야 한다. 이 반응을 황산염에 의한 침식이라 하며, 이에 대한 대책으로 C_3A의 양이 적은 시멘트가 있는데 이와 같은 시멘트가 내황산염 포틀랜드 시멘트이다.

시멘트에 함유되어 있는 Na나 K 등과 같은 알칼리 이온은 조건에 따라 골재 중의 특수한 광물과 반응하여 팽창성의 물질이 생성되는데 이것을 알칼리골재반응이라고 한다. 이 반응이 진행되면 콘크리트의 팽창에 기인된 각종 균열이 발생하고 콘크리트의 열화가 진행된다.

이와 같은 알칼리골재반응을 억제하기 위한 방법으로 알칼리양(전 알칼리 = N_a2O + $0.658K_2O$)이 0.6% 이하인 시멘트를 사용하거나 혼합재의 혼합비율이 큰 플라이애쉬 시멘트나 고로슬래그 시멘트를 사용하고 있다.

표 6.5 **포틀랜드 시멘트의 규격(화학성분)**

(단위 : %)

구분		1종	2종	3종	4종	5종
실리카(SiO_2)			20.0 이하			
산화알루미늄(Al_2O_3)			6.0 이하			
산화제2철(Fe_2O_3)			6.0 이하		6.5 이하	
산화마그네슘(MgO)		5.0 이하	5.0 이하	5.0 이하	5.0 이하	5.0 이하
무수황산	C_3A 이하일 때	3.0 이하	3.0 이하	3.5 이하	2.3 이하	2.3 이하
	C_3A 초과할 때	3.5 이하		4.5 이하		
강열감량		3.0 이하	3.0 이하	3.0 이하	2.5 이하	3.0 이하
C_3S					35 이하	
C_2S					40 이상	
C_3A			8 이하	15 이하	7 이하	5 이하
C_4AF+C_3A			58 이하			
$C_4AF+2(C_3A)$ 혹은 (C_4AF+C_3S) 고용체						25 이하

표 6.6 **포틀랜드 시멘트의 규격(물리 성능)**

구분			1종	2종	3종	4종	5종
분말도	비표면적(Blaine) (cm^2/g)		2,800 이상	2,800 이상	3,300 이상	2,800 이상	2,800 이상
안정도	오토클레이브 팽창도(%)		0.8 이하	0.8 이하	0.8 이하	0.8 이하	0.8 이하
응결시간	길모어시험	초결(분)	60 이상	60 이상	60 이상	60 이상	60 이상
		종결(시)	10 이하	10 이하	10 이하	10 이하	10 이하
	비카시험	초결(분)	45 이상 375 이하	45 이상 375 이하	45 이상 375 이하	45 이상 375 이하	45 이상 375 이하
수화열 (cal/g)	7일			7.0 이하		7.0 이하	
	28일			8.0 이하		8.0 이하	
압축강도 (MPa)	1일				13.0 이상		
	3일		13.0 이상	11.0 이상	25.0 이상		9.0 이상
	7일		20.0 이상	18.0 이상	28.0 이상	7.5 이상	16.0 이상
	28일		29.0 이상	28.5 이상	31.0 이상	18.0 이상	21.0 이상

2) 배합수

물은 기름, 산, 유기불순물, 혼탁물 등 콘크리트나 강재의 품질에 나쁜 영향을 미치는 유해물질을 기준치 이상 함유해서는 안 되고 철근콘크리트에는 해수를 배합수로 사용할 수 없다.

배합수는 특별한 맛, 냄새, 빛깔, 탁도 등이 없는 음료수 정도로 깨끗한 물이어야 한다. 공장폐수 등으로 오염된 하천수, 저류수 등에는 황산염, 유화물, 인산염, 붕산염, 탄산염, 아연, 동, 주석, 망간 등의 화합물이나 무기물 및 당류, 펄프 폐액, 부식물질 등의 유기불순물이 함유되어 있는 경우가 있는데, 미량이라도 이와 같은 물질이 함유된 물을 배합수로 사용하면 콘크리트의 응결변화, 강도발현, 체적변화, 워커빌리티 등에 나쁜 영향을 미치는 경우가 있다. 따라서 배합수의 품질을 확인하기 위하여 수질시험을 하여 유해물의 함유량을 조사하고, 기존의 시험 결과와 비교하여 사용여부를 판단해야 한다.

배합수에 염화물이나 초산염, 황산염 등을 함유한 물을 사용하면 강재의 부식을 촉진시킬 우려가 있다. 특히 프리스트레스트 콘크리트용의 긴장재는 항상 높은 응력을 받고 있기 때문에 응력부식을 일으키기 쉽다.

레디믹스트 콘크리트 공장이나 프리캐스트 콘크리트 공장에서 믹서 또는 트럭 애지테이터 등을 씻은 물의 윗부분은 콘크리트의 강도나 워커빌리티 등에 나쁜 영향을 주지 않는 것이 확실하다면 배합수로 사용해도 좋다. 또 사용하고 남은 콘크리트나 모르타르에서 골재를 회수한 시멘트 등의 미분말이 혼탁되어 있는 슬러지수는 콘크리트에 나쁜 영향이 없다는 것을 확인한 후 혼탁농도나 혼탁물질의 단위시멘트양에 대한 비율 등을 충분히 관리할 수 있는 것이라면 이 물을 배합수로 사용해도 좋다. 다만, 회수수 중에는 염화물이나 알칼리가 함유될 수도 있으므로 사용 시 이들을 고려해야 한다.

양생수에 대해서는 배합수만큼 엄격한 판정기준을 적용하지 않지만 기름, 산, 염류 등 콘크리트의 표면을 해칠 물질의 유해량을 함유해서는 안 된다.

해수는 강재를 부식시킬 염려가 있으므로 철근콘크리트, 프리스트레스트 콘크리트 및 철골철근콘크리트에서는 배합수로 사용할 수 없다.

물 속에 함유되어 있는 염소이온의 양이 3,000ppm 정도를 넘으면 철근이 녹슬 염려가 많고, pH값이 낮은 산성의 물도 철근 등을 부식시키는 경우가 있으므로 기존의 경험 또는 적절한 시험의 결과를 바탕으로 사용해야 한다. 하지만 장기강도의 증가를 적게 하고, 내구성을 저하시키며, 백화현상(Efflorescence)이 생기기 쉬운 점 등의 실험결과도 있으므로 주의해야 한다.

3) 골재

골재란 콘크리트나 모르타르를 만들 때 물, 시멘트와 함께 혼합하는 모래, 자갈 및 부순돌 기타 유사한 재료를 말한다.

콘크리트나 모르타르의 강도는 주로 시멘트 페이스트 경화 후의 강도에 의하여 지배된다(왜냐하면 시멘트 페이스트의 경화 후 강도가 일반적으로 암석의 강도보다 약하기 때문이다.). 즉 골재의 강도가 어느 한도 이상이면 콘크리트나 모르타르의 강도에 영향을 주지 않는다는 뜻이다. 그러나 천연모래나 자갈에는 푸석돌이 섞여 있는 경우가 있는데, 이것의 비율이 커질수록 콘크리트의 강도는 크게 저하된다.

골재의 이상적인 성질은 사용목적에 따라 다르지만 일반적으로 다음의 성질을 갖추어야 한다.

① 시멘트 페이스트보다 강도가 클 것.

② 적절한 입도를 가질 것.

③ 물리적으로 안정하고 내구성이 클 것(수분흡수, 온도변화에 따른 체적변화 등).

④ 화학적으로 안정(알칼리골재반응, 가용성 물질의 용출 등)할 것.
⑤ 시멘트 페이스트와 잘 부착하는 표면형상일 것.
⑥ 입형이 입방체나 구형에 가까울 것.
⑦ 밀도가 크며 마모저항이 클 것.
⑧ 청정하고 실트, 점토, 석탄, 유기물, 염류 등이 유해할 만큼 포함되지 않을 것.

골재는 입자의 크기에 따라 잔골재와 굵은골재로 나누어지는데 각각의 특성은 다음과 같다.

(1) 잔골재

잔골재란 10mm체를 전부 통과하고, 5mm체를 중량비로 85% 이상 통과하며, 0.08mm체에 거의 다 남는 골재 또는 5mm체를 다 통과하고, 0.08mm체에 다 남는 골재를 말한다. 또한 잔골재는 깨끗하고 강하고 내구적이며 알맞은 입도를 가지며 먼지, 흙, 유기불순물, 염화물 등의 유해량을 함유해서는 안 된다.

최근에는 골재의 고갈로 인하여 양질의 강모래를 얻기가 점차 어려워지고 또 강모래의 고갈로 인하여 해사를 사용하는 빈도가 증가하는 추세이다. 이와 같이 해사를 쓰는 경우에는 함유되어 있는 염화물에 의한 철근의 부식이 특히 문제되기 때문에 해사를 사용함에 있어서 주의해야 한다.

① 입도

잔골재는 대소의 알이 알맞게 혼합되어 있는 것으로서, 그 입도는 다음 표 6.7의 범위를 표준으로 하며, 체가름시험은 KS F 2502에 따른다.

잔골재의 조립률이 콘크리트 배합을 정할 때 가정한 잔골재의 조립률에 비하여 0.20 이상 차이를 나타내면 배합을 변경해야 한다.

품질이 좋은 콘크리트를 만들기 위해서는 일반적으로 표 6.7의 입도범위 내에 있고 조립률이 2.3~3.1인 잔골재를 사용하는 것이 바람직하다. 조립률이 이 범위를 벗어난 잔골재를 쓰는 경우에는 입도 조정용 잔골재를 혼합하여 사용하는 것이 좋다.

표 6.7 **잔골재의 입도 표준**

체의 호칭치수	체를 통과한 것의 중량 백분율(%)
10mm	100
5mm	95~100
2.5mm	80~00
1.2mm	50~85
0.6mm	25~60
0.3mm	10~30
0.15mm	2~10

② 유해물 함유량의 허용값

잔골재의 유해물 함유량의 허용값은 표 6.7과 같다. 표에 나타나지 않은 유해물에 관해서는 발주자 등의 승인을 받아야 한다.

표 6.8 **잔골재의 유해물 함유량의 한도(중량 백분율)**

종류	최대값(%)
점토 덩어리	3.0
No.200체(0.08)의 통과량 - 콘크리트의 표면이 마모작용을 받는 경우 - 기타의 경우	 3.0 5.0
석탄, 갈탄 등으로 비중 2.0의 액체에서 뜨는 것 - 콘크리트 외관이 중요한 경우 - 기타의 경우	 0.5 1.0
염화물(염화물이온양)	0.02

③ 내구성

골재의 내구성은 그와 똑같은 골재를 시용한 과거의 경험으로부터 판단하는 것이 바람직하지만 과거의 경험이 없는 경우에는 골재의 안정성시험 또는 그 골재를 사용한 콘크리트의 동결융해시험 등의 촉진 내구성시험을 통하여 판단하도록 한다.

골재의 안전성 시험 결과와 동결융해시험 결과 사이에는 상관관계가 반드시 있는 것은 아니기 때문에 후자의 시험 결과로부터 판단하면 좋다.

골재의 내구성을 조사하기 위한 동결융해시험 결과에는 골재의 흡수량, 모르타르와 굵은골재의 팽창계수의 차이 등의 영향이 포함되는 동시에 물-결합재비, 공기량, 기포의 조직, 콘크리트의 건습 등의 영향도 포함되므로 적절한 판단이 필요하다.

(2) 굵은골재

굵은골재란 5mm체에 중량비로 85% 남는 골재를 말한다. 콘크리트의 중량을 가볍게 할 목적으로 특이한 경량골재를 사용할 때와, 역으로 콘크리트의 중량을 무겁게 하기 위하여 자철광과 같은 무거운 골재를 쓸 때도 있는데, 굵은골재는 깨끗하며 강하고 내구적이고 적당한 입도를 가지며, 얇거나 석편, 가느다란 석편 및 유기물질의 유해량을 함유해서는 안 된다. 특히 내화성을 요하는 경우에는 내화적인 굵은골재를 사용해야 한다.

콘크리트의 내화성은 사용 재료의 암석류에 의한 영향이 크다. 화강암이나 석영질 사암 등은 내화성에 약하기 때문에 내화적이면서 강도 및 내구성 등을 필요로 하는 콘크리트에서는 고로슬래그 굵은골재나 내구적인 안산암, 현무암, 경질응회암 등을 사용하는 것이 좋다.

① 입도

굵은골재의 입도는 콘크리트의 워커빌리티에 미치는 영향이 잔골재의 입도보다 크지는 않지만, 잔골재와 마찬가지로 크고 작은 골재가 적당히 혼합되어 있는 것이 좋다.

골재의 크기가 고르면 공극률이 높아지기 때문에 같은 양의 콘크리트를 만드는 데 다량의 페이스트가 필요하게 되므로 콘크리트의 단가가 높아진다. 표 6.9는 굵은골재의 입도 표준을 나타낸 것이다.

표 6.9 **굵은골재의 입도 표준**

골재의 공칭치수 (mm)	각 체를 통과하는 골재의 백분율											
	100	90	75	65	50	40	25	20	15	10	5	2.5
90~0	–	90~00	–	25~60	–	0~5	–	0~5	–	–	–	
65~0	–	–	100	90–100	35~0	0~5	–	0~5	–	–	–	–
50~	–	–	–	100	95~00	–	35~0	–	10~0	–	0~5	–
40~	–	–	–	–	100	95~00	–	35~0	–	10~0	0~5	–
25~	–	–	–	–	–	100	95~00	–	25~0		0~10	0~5
20~	–	–	–	–	–	–	100	90~00	〃	25~5	0~10	0~5
15~	–	–	–	–	–	–	–	100	90~00	40~0	0~5	0~5
50~5	–	–	–	–	–	–	0~5	–	0~5	–	–	–
40~0	–	–	–	–	–	–	20~5	0~5	–	0~5	–	–

② 유해물 함유량의 한도

굵은골재의 유해물 함유량의 한도는 표 6.10에 따른다. 제시하지 않은 유해물에 관해서는 책임기술자의 지시를 받아야 한다.

표 6.10 **굵은골재 유해물 함유량의 한도(중량 백분율)**

종류	최대값
점토 덩어리	0.25
연한 석편	5.0[1)]
0.08mm체 통과량	1.0[2)]
석탄, 갈탄 등으로 비중 2.0의 액체에서 뜨는 것	
콘크리트 외관이 중요한 경우	0.5[3)]
기타의 경우	1.0[3)]

주 : 1) 교통량이 많은 슬래브 또는 경도가 특히 요구되는 경우에 적용.
2) 부순돌의 경우, 0.08mm체 통과량(씻기시험에서 없어지는 것)이 돌가루인 경우에는 최대값을 1.5%, 고로슬래그 굵은골재 경우에는 최대값을 5.0%로 함.
3) 고로슬래그 굵은골재에는 적용하지 않음.

4) 혼화재료

혼화재료란 콘크리트를 구성하는 시멘트, 물, 골재 이외의 재료로서 콘크리트의 물성을 개선하거나 특별한 성질을 가지도록 하여 레디믹스트 콘크리트의 제조원가를 절감하고 콘크리트 재료의 응용 분야를 넓히기 위해 콘크리트에 첨가하는 재료를 말한다.

혼화재료는 그 사용량의 많고 적음에 따라 혼화제(混和劑)와 혼화재(翻和材)로 구별된다. 혼화제는 사용량이 비교적 적고 자체의 용적이 배합설계에 있어 무시할 수 있을 정도이며 그 종류에는 유동화제, 급결제 등이 있다. 또 혼화재는 혼화재료 중에서 그 사용량이 비교적 많고 그 자체의 용적이 콘크리트의 배합설계에 산입되는 것으로, 예를 들면 플라이애쉬, 실리카 퓸, 고로슬래그 미분말, 팽창재 등이 있다.

혼화재료로는 혼화제 및 혼화재는 품질이 확인된 것이 아니면 사용해서는 안 되며 그 사용목적에 알맞게 사용해야 하고, 실제 콘크리트 제품에 첨가하여 사용하기 전에 반드시 전문가가 그 성능과 최적 첨가량을 실험하여 사용량, 사용방법, 사용하는 콘크리트의 물성을 파악한 뒤 실제 콘크리트 제품에 적용해야 한다.

혼화재료의 사용목적은 다음을 포함하여 다양하게 사용된다.

① 동일 단위수량에서 작업성의 개선 혹은 동일 작업성에서 단위수량 감소
② 초기강도 발현 촉진
③ 응결시간의 조절
④ 수화 발열의 지연 또는 감소
⑤ 최종 강도의 증가
⑥ 블리딩 억제
⑦ 내구성 또는 제설용 염류의 사용을 포함해서 추위가 혹독한 폭로조건에 대한 저항성 증대
⑧ 알칼리골재반응에 의한 팽창억제
⑨ 물의 모세관류 감소
⑩ 투수성 저감
⑪ 기포 콘크리트의 제조
⑫ 관입력과 펌프압송력 향상
⑬ 재료분리, 특히 그라우트에 있어서 분리감소
⑭ 강재에 대한 콘크리트의 부착력 증대
⑮ 신·구 콘크리트의 부착력 증대
⑯ 착색 콘크리트 혹은 착색 모르타르의 제조
⑰ 콘크리트 또는 모르타르에 항진균, 방충성 등의 생물학적 성질 부여
⑱ 매설된 부식성 금속의 부식 억제
⑲ 레디믹스트 콘크리트의 제조원가 절감

혼화재료를 용도별로 분류하면 표 6.11과 같다.

표 6.11 **혼화재료의 분류**

분류		품명
혼화제	• 계면활성 작용에 의해 워커빌리티, 동결융해에 대한 내구성 등을 개선시키는 재료	* AE제, 감수제 * 감수촉진제
	• 응결, 경화시간을 조절하는 재료	* 지연제 * 촉진제, 급결제
	• 방수효과를 부여하는 재료	* 방수제
	• 기포작용에 의해 충전성 개선 또는 중량을 경감하는 재료	* 기포제, 발포제
	• 보수효과를 부여하는 재료 • 접착효과를 부여하는 재료 • 알칼리골재반응을 억제하는 재료 • 철근부식을 억제하는 재료 • 생물작용에 대한 저항성을 향상시키는 재료	* 보수제 * 접착제 * 방청제
혼화재	• 포졸란작용이 있는 재료 • 경화작용에 있어 팽창을 일으키는 재료 • 착색되는 재료	* 플라이애쉬 고로슬래그 미분말 * 석고, 팽창재 * 착색재

(1) 혼화제

혼화제의 사용목적은 크게 콘크리트의 품질개선, 시공성의 개선, 구조물의 내구성 개선 등 의 세 가지로 분류가 가능하며 세분화하면 다음과 같이 나눌 수 있다.

① 콘크리트 작업성의 개선 : AE제, AE감수제, 감수제, 고성능감수제, 유동화제

② 동결융해 반복작용에 대한 저항성의 증가 : AE제, AE감수제

③ 콘크리트의 응결 및 경화시간의 조절 : 지연제, 촉진제, 급결제

④ 방수효과의 부여 : 방수제, 발수제

⑤ 충전성의 개선, 중량조절 : 기포제, 발포제

⑥ 기타 : 보수제, 착색제, 방청제 등

이와 같이 분류되는 각종 혼화제는 여러 제조회사로부터 다양한 상품이 시판되고 있어, 그 선택에 있어서 사용자가 어려움을 겪을 수 있다. 감수제 또는 AE감수제의 효과는 사용하는 시멘트의 품질, 골재의 품질, 콘크리트의 배합, 시공방법 등에 따라 다르다. 또 공기량이 같더라도 기포의 지름이나 분포가 다르면 그 효과도 달라진다. 따라서 그

성능이나 균일성은 상당히 다르기 때문에 공사에 사용할 AE제, 감수제 및 AE감수제의 품질은 KS F 2560 『콘크리트용 화학혼화제』의 규정에 적합한 것을 사용해야 하고, 그 밖의 혼화제에 대해서는 그 품질을 확인하고 사용방법을 충분히 검토해야 한다.

AE제, AE감수제, 감수제, 고성능감수제, 유동화제는 화학적으로 모두 계면활성제에 속하며 계면활성제의 성질인 기포작용, 분산작용, 습윤작용 등의 다소에 따라 기포작용이 우수하면 AE제, 기포작용 및 분산작용, 습윤작용이 우수하면 AE감수제, 분산작용과 기포작용이 우수하면 감수제, 고성능감수제, 유동화제를 사용한다. 특히 고성능감수제는 기포작용이 매우 적고 감수제보다 분산 및 습윤작용이 매우 뛰어난 혼화제로 감수성능이 탁월하다.

이러한 성질은 보통, 계면활성제의 종류, 분자구조, 분자량, 제조법에 의해 좌우된다. 한편 이러한 계면활성제는 대부분이 유기물로서 그 특성상 시멘트에 첨가되면 시멘트 수화반응에 영향을 끼치는 경우가 많고, 원료에 포함되어 있는 불순물들이 악영향을 끼치지 않도록 소량의 화학물질(수화 촉진제, 소포제 등)을 혼합 · 첨가하거나 정제과정을 거쳐 혼화제로 사용해야 한다.

일반적으로 혼화제의 선정은 배합조건에 의해 어느 정도 종류가 결정될 수 있다. 예를 들면 동결융해작용에 대하여 내구성을 필요로 하는 경우는 AE제를 사용하고, 건조수축 및 온도응력에 의한 균열을 저감하려고 할 경우에는 감수제, AE감수제, 유동화제를 사용하여 단위수량이나 시멘트의 양을 줄이게 된다. 따라서 시공상의 입장에서 혼화제를 선정하는 경우에는 시공계획에서 요구되는 성능을 보유하는 혼화제의 종류에서 실적이나 가격 등을 참조하여 선정하게 된다. 그러나 감수제와 AE감수제 중에서 염화물을 포함하는 경우도 있기 때문에 사용에 있어서는 제조사로부터 시험성적서를 제출받아 검토하는 것이 좋다.

혼화제의 선정은 콘크리트의 품질을 좌우하고 경제성에도 영향을 미치는 매우 중요한 과정이기 때문에 기술자료, 실적데이터, 비교실험 등을 참조하여 검토하는 것은 물론이고, 현장에서의 시공조건, 기온, 바람, 일조조건 등의 환경조건, 시멘트의 제조회사, 콘크리트의 운반방법 및 운반시간, 타설방법 등을 충분히 고려하여 시험을 실시한 혼화제를 결정하는 것이 원칙이다. 한편, 최근에는 레디믹스트 콘크리트를 활용하여 콘크리트를 타설하는 것이 일반적이기 때문에 특별한 혼화제를 사용할 경우에는 시공자와 생산자 사이에 충분히 검토 · 협의하여 결정한다. 그러나 각각의 레디믹스트 콘크리트 공장에서 그때까지 사용한 혼화제와 다른 종류의 재료를 사용하면 콘크리트의 배합 결정에 있어 과거 데이터가 참고되지 않아 혼화제의 저장설비 등의 문제가 발생하는 경우가 많다. 이와 같은 경우에는 일반적인 레디믹스트 콘크리트로 사용할 수 없기 때문에 시공자와 생산자가 충분히 검토한 뒤 사용하는 것이 바람직하다.

따라서 특별한 조건이 아닐 경우에는 각각의 레디믹스트 콘크리트 공장에서 제출하는 실적이 있는 혼화제를 사용하는 것이 현명하다. 시공조건에 따라 특별한 혼화재료를 사용해야만 하는 상황에서는 사전에 충분히 검토하는 것이 중요하다.

(2) 혼화재

혼합재로는 다음과 같은 것들이 주로 사용되고 있다.

① 포졸란 활성과 잠재수경성을 가지고 있으며, 주로 시멘트의 대체로 사용하는 것 : 포졸란(플라이애쉬, 규산백토, 실리카 퓸 등), 고로슬래그 미분말

② 경화과정 중 팽창을 일으키게 하는 것 : 팽창재

③ 기타 : 광물질, 미분말 등.

혼화재는 품질, 성능, 실적, 균등성이나 가격 등에 대하여 조사함과 동시에 그 혼화재가 콘크리트의 워커빌리티, 강도, 내구성, 수밀성, 체적변화, 강재를 보호하는 성능, 경제성 등에 미치는 영향을 검토한 후 사용해야 한다.

고로슬래그는 고로에서 선철 제조 시 발생하는 부산물로 1,450~1,500℃의 고온용융 상태에서 선철과의 비중 차이에 의해 배출되며, 그 종류는 용융상태로부터 냉각하는 방법에 따라 서냉시킨 괴재슬래그와 고압의 물로 급랭시킨 수재슬래그로 크게 구별할 수 있다. 괴재슬래그는 고온의 액상슬래그를 냉각장에서 대기 중에 서서히 냉각시킨 것으로 결정구조가 형성되면서 단단한 암석상태의 슬래그가 되는데 이것을 나중에 파쇄하여 입도구분을 하게 된다. 수재슬래그는 용융상태의 고로슬래그를 고압의 냉각수를 사용하여 빠른 속도로 냉각시킨 것으로서, 결정질이 거의 형성되지 않고 비정질상의 모래와 유사한 입상으로 생성된다.

현재 우리나라에서 발생하는 고로슬래그는 연간 약 1,000만 톤(2012년) 정도이며, 그중 급랭슬래그가 전체 슬래그 중의 약 80%를 차지하고 있다.

고로슬래그 미분말은 고로 수재슬래그를 미분쇄한 혼화재료로서 일반적으로 "고로슬래그란 급랭시킨 것을 사용하고 이의 염기도는 1.4 이상이어야 한다."라고 규정하고 있다. 또한 이탈리아, 미국, 캐나다 등에서는 고로슬래그 미분말의 콘크리트 혼화재로서의

이용법이 확립되어 있으며 사용실적도 많다. 고로슬래그 미분말은 현재 표 6.12와 같이 KS F 2563(콘크리트용 고로슬래그 미분말)에 규격화되어 있다.

표 6.12 **콘크리트용 고로슬래그 미분말** ≪KS F 2563≫

품질 \ 종류		고로슬래그 미분말 3종	고로슬래그 미분말 2종	고로슬래그 미분말 1종
밀도(g/cm^3)		2.80 이상	2.80 이상	2.80 이상
비표면적(cm^3/g)		3,000~5,000	5,000~7,000	7,000~10,000
활성도	재령 7일	55 이상	75 이상	95 이상
지수(%)	재령 28일	75 이상	95 이상	105 이상
	재령 91일	95 이상	105 이상	105 이상
플로값(%)		95 이상	95 이상	90 이상
산화마그네슘(MgO)(%)		10.0 이하	10.0 이하	10.0 이하
삼산화황(SO_3)(%)		4.0 이하	4.0 이하	4.0 이하
강열 감량(%)		3.0 이하	3.0 이하	3.0 이하
염화물이온(%)		0.02 이하	0.02 이하	0.02 이하

주 : 1) 이 값은 인수, 인도 당사자 간의 협약에 의해 변경할 수도 있다.

한편, 플라이애쉬란 미분탄 연소보일러의 굴뚝에서 집진기로 연소가스로부터 채취한 재로서 콘크리트의 혼화재로 적절하게 사용하면 콘크리트의 워커빌리티를 개선하여 단위수량을 감소시키고, 수화열로 인한 온도상승을 감소시키며 장기강도의 증가, 수밀성 증대 및 화학적 침식에 대한 내구성 증대효과를 기대할 수 있다.

그러나 플라이애쉬의 품질은 미분탄의 품질, 보일러의 연소방법, 포장방법에 따라 크게 달라지므로 표 6.13의 KS L 5450 (플라이애쉬)에 적합한 것이어야 한다.

최근에는 플라이애쉬 사용량이 증대하는 경향에 따라 양질의 플라이애쉬를 지속적으로 대량 입수하기는 곤란하여 국내산보다 품질이 떨어지는 외국산을 수입하여 사용하기도 하므로, 현장에서 사용할 경우에는 그의 공급량은 물론 품질을 확인해둘 필요가 있다.

표 6.13 **플라이애쉬 품질기준**

항목 \ 종류		플라이애쉬 I종	플라이애쉬 II종
이산화규소 %		45.0 이상	45.0 이상
수분 %		1.0 이하	1.0 이하
강열 감량[1] %		3.0 이하	5.0 이하
밀도 g/cm^3		1.95 이상	1.95 이상
분말도	45μm체 잔분(망체방법) %	10 이하	40 이하
	비표면적(브레인방법) cm^2/g	5,000 이상	2,500 이상
플로값비 %		105 이상	95 이상
활성도 지수 %	재령 28일	90 이상	80 이상
	재령 91일	100 이상	90 이상

주 : 1) 강열 감량을 대신하여 미연 탄소 함유율은 KS E 3712 또는 E 3318에 규정하는 방법으로 대체가능.

6.4 시방배합

시방배합이란 시방서 또는 책임감리자에 의하여 지시된 배합을 말하는 것으로서 콘크리트의 반죽이 된 $1m^3$의 재료 사용량으로 나타낸다. 표 6.14는 시험횟수별 표준편차의 보정계수를 보여주고 있다.

표 6.14 **시험횟수가 29회 이하일 때 표준편차의 보정계수**

시험횟수	표준편차의 보정계수
15	1.16
20	1.08
25	1.03
30 이상	1.00

주 : 위 표에 명시되지 않은 시험횟수에 대해서는 직선 보간한다.

1) 배합강도의 결정

구조계산에서 기준으로 하는 콘크리트의 압축강도를 설계기준강도라 하며 일반적으로는 재령 28일을 기준으로 24, 27MPa을 많이 사용하고 있다. 배합강도 F는 설계기준강도 F_C에 콘크리트 타설 후 재령 28일까지의 기간의 예상 평균 기온에 따른 콘크리트 강도의 보정값 T 및 콘크리트 강도의 표준편차 σ를 고려하여 할증한 강도이다.

(1) 배합강도를 결정하는 조건

보통 콘크리트 배합강도 F는 다음의 식 (6.1)과 식 (6.2)를 만족하도록 결정한다.

$$F \geq F_C + T + \sigma \ \ (\mathrm{kgf/cm^2}) \qquad \text{식 (6.1)}$$

$$F \geq 0.7(F_C + T) + 3\sigma \ \ (\mathrm{kgf/cm^2}) \qquad \text{식 (6.2)}$$

식 (6.1)은 설계기준강도 혹은 지정강도보다 낮아지는 비율이 1/6 이상 되어서는 안된다는 조건식이며 이 식에서의 불량률은 약 16% 이하가 된다. 식 (6.2)는 설계기준강도 혹은 지정강도의 70% 미만의 강도가 나타날 확률이 0.135%라는 의미이다.

(2) 콘크리트 강도의 표준편차 레디믹스트 콘크리트 공장에서 제조하는 경우에는 콘크리트의 품질이 고급의 경우와 같으나 공사현장 비빔 콘크리트의 경우 공사 초기에 그 현장에 있어서의 σ를 알 수 없는 경우에는 3.5MPa을 사용하고, 그 현장에서 σ의 추정치가 구해진 경우에는 그 값을 사용한다.

(3) 예상 평균 기온에 의한 보정값 T

레디믹스트 콘크리트의 경우 표 6.15에 의해 시멘트의 종류나 예상 평균 기온의 범위에 따른 보정값을 결정한다.

표 6.15 **콘크리트 강도의 기본에 따른 보정값 T의 표준값(현장수중양생의 경우)**

시멘트의 종류	콘크리트 부어넣은 날로부터 28일간의 예상 평균 기온의 범위(℃)				
조강 포틀랜드 시멘트	18 이상	15 이상 18 미만	7 이상 15 미만	4 이상 7 미만	2 이상 4 미만
보통 포틀랜드 시멘트 플라이애쉬 시멘트 A종 고로슬래그 시멘트 특급	18 이상	15 이상 18 미만	9 이상 15 미만	5 이상 9미만	3 이상 5 미만
플라이애쉬 시멘트 B종	18 이상	15 이상 18 미만	10 이상 15 미만	7 이상 10 미만	5 이상 7 미만
고로슬래그 시멘트 1급	18 이상	16 이상 18 미만	14 이상 16 미만	12 이상 14 미만	10 아상 12 미만
콘크리트 강도의 기온에 따른 보정값(kgf/cm^2)	0	15	30	45	60

콘크리트 압축강도의 표준편차를 알지 못할 때 또는 압축강도의 시험횟수가 14회 이하인 경우 콘크리트의 배합강도는 표 6.16과 같이 정한다.

표 6.16 **압축강도의 시험횟수가 14회 이하인 경우의 배합강도**

설계기준강도 f_{ck}(MPa)	배합강도 f_{cr}(MPa)
21 미만	f_{cr}+7
21 이상 35 미만	f_{cr}+8.5
35 초과	f_{cr}+10

2) 강도 및 내구성에 따른 물-결합재비(W/B)의 결정

물-결합재비는 소요 강도와 내구성을 고려하여 정하고 수밀을 요하는 구조물에서는 콘크리트의 수밀성에 대해서도 고려해야 한다.

(1) 콘크리트의 압축강도를 기준으로 해서 물-결합재비를 정할 때

콘크리트표준시방서에서는 콘크리트의 압축강도를 기준으로 물-결합재비를 정할 경우에 대해 다음과 같이 규정하고 있다.

① 압축강도와 물-결합재비와의 관계는 시험에 의하여 정하는 것을 원칙으로 한다. 이때 공시체는 재령 28일을 표준으로 한다.

② 배합에 사용할 물-결합재비는 기준 재령의 시멘트물비와 압축강도의 관계식에서 배합강도에 해당하는 시멘트물비의 역수로 한다.

(2) 콘크리트의 내동해성을 기준으로 하여 물–결합재비를 정할 때 그 값은 표 6.17의 값을 초과하지 않도록 해야 한다.

표 6.17 **콘크리트의 내동해성을 기준으로 물–결합재비를 정할 때 콘크리트의 최대 물–결합재비(%)**

A. 콘크리트의 내동해성을 기본으로 물–결합재비를 정하는 경우의 AE콘크리트 최대 물–결합재비(%)

기상조건 / 단면 / 구조물의 노출상태	기상작용이 심하거나 동결융해가 자주 반복되는 경우		기상작용이 심하지 않는 경우 또는 가끔씩 기온이 영하로 내려가는 경우	
	작은 경우[1]	일반의 경우	작은 경우[2]	일반의 경우
연속되거나 자주 물에 포화되는 부분	55	60	55	65
2. 보통의 노출상태이며, 1.에 속하지 않는 경우	60	65	60	70

B. 콘크리트의 화학작용에 대한 내구성을 기본으로 하여 물–결합재비를 정하는 경우

(a) 0.2% 이상의 황산염을 포함하는 흙이나 물에 접하는 콘크리트에 대해서는 표 6.18의 황산염 노출 정도(심함)에 나타낸 값 이하로 한다.

(b) 융빙제(融氷劑)의 사용이 예상되는 콘크리트에 대해서는 B에 나타낸 값 이하로 한다.

C. 콘크리트의 수밀성을 기본으로 물–결합재비를 정하는 경우에는 55% 이하를 표준으로 한다.

주 : 1) 수로, 수조, 교대, 교각, 옹벽, 터널 북극 등에서 수면에 가까운 부분 및 이러한 구조물 이외의 보, 바닥판 등의 수면에서 떨어져 물보라 등에 의해 물에 포화되는 부분

2) 단면의 두께가 20cm 정도 이하의 구조물의 부분

(3) 콘크리트의 황산염에 대한 내구성을 기준으로 물–결합재비를 정할 때 그 값은 표 6.18의 값을 초과하지 않도록 해야 한다.

표 6.18 **황산염을 포함한 용액에 노출된 콘크리트의 최대 물–결합재비(%)**

황산염 노출 정도	토양 내의 수용액 중 황산염의 질량(mP)	물속의 황산염(mP)	시멘트 종류	물–결합재비
무시할 수 있음	0.00~0.10	0~150		
보통[1]	0.10~0.20	150~1,500	보통 포틀랜드 시멘트+포졸란[2] 플라이애쉬 시멘트 중용열 포틀랜드 시멘트 고로슬래그 시멘트	50
심함	0.20~2.00	1,500~10,000	내황산염 포틀랜드 시멘트	45
매우 심함	2.00 초과	10,000 초과	내황산염 포틀랜드 시멘트+포졸란[3]	45

주 : 1) 바닷물에 노출된 경우

2) 포졸란이란 플라이애쉬, 고로슬래그 미분말 등의 혼화재를 말한다.

3) 황산염에 대한 저항성을 개선시킬 수 있다는 입증된 자료가 있거나 실험에 의해 그 효과가 증명된 포졸란을 의미한나.

(4) 제빙화학제가 사용되는 콘크리트의 물-결합재를 정할 때

그 값은 45% 이하로 해야 한다.

(5) 콘크리트의 수밀성을 기준으로 물-결합재비를 정할 때

그 값은 50% 이하로 해야 한다.

(6) 해양콘크리트 구조물에서 내구성을 기준으로 물-결합재를 정할 때

물-결합재비의 최대값은 표 6.19의 값을 표준으로 한다.

(7) 콘크리트의 중성화 저항성을 고려해야 하는 경우

물-결합재비는 55% 이하로 해야 한다.

표 6.19 **내구성을 기준으로 정해진 AE콘크리트의 최대 물-결합재비(%)**

환경구분 \ 시공조건	일반 현장시공의 경우	공장제품 또는 재료의 선정 및 시공에서 공장제품과 동등 이상의 품질이 보증될 때
(a) 해중	50	50
(b) 해상 대기 중[1]	45	50
(C) 물보라 지역[2]	45	45

주 : 1) 해상 대기 중이란 물보라의 위쪽에서 항상 조풍을 받으며 파도의 물보라를 가끔 받는 열악한 환경을 말함.
2) 물보라 지역은 평균 간조면에서 파고의 범위에 있으므로 조석의 간만, 파랑의 물보라에 의한 건습의 반복 작용을 받는 내구성 면에서 가장 열악한 환경이기 때문에 콘크리트 속의 강재 부식, 동해, 화학적 침식 등의 손상을 받을 가능성이 큼.
3) 실적, 연구성과 등에 의하여 확증이 있을 때는 물-결합재비를 위 값에 5~10% 정도 더한 값으로 할 수 있음.

3) 굵은골재의 최대치수 결정

(1) 굵은골재의 최대치수는 부재 최소치수의 1/5, 철근피복 및 철근의 최소 순간격의 3/4을 초과해서는 안 된다.

(2) 굵은골재의 최대치수는 표 6.20의 값을 표준으로 하며, 단면이 크고 철근량이 적으며 철근간격이 넓은 철근콘크리트 부분에서는 감독의 승인을 받아서 표 6.18에 나타낸 치수보다 큰 골재를 사용할 수 있다.

표 6.20 **구조물의 종류에 따른 굵은골재 최대치수**

구조물의 종류	굵은골재 최대치수(mm)
일반적인 경우	25
단면이 큰 경우	40
무근 콘크리트	40 부재 최소치수의 1/4을 초과할 수 없음

표 6.21 **사용부위에 따른 굵은골재 최대치수**

사용부위	굵은골재 최대치수(mm)		
	자갈	쇄석, 슬래그골재	경량골재
기둥, 보, 옥상 슬래브, 천장 슬래브, 벽	20, 25	20	15, 20
기 초	20, 25, 30, 40	20, 25, 30, 40	15, 20

4) 슬럼프의 결정

(1) 콘크리트의 슬럼프는 운반, 타설, 다지기 등의 작업에 알맞은 범위 내에서 가능한 작은 값으로 정한다.

(2) 콘크리트를 타설할 때의 슬럼프값은 표 6.22를 표준으로 한다.

표 6.22 **슬럼프의 표준값(mm)**[1),2),3),4)]

콘크리트의 종류		슬럼프값(mm)
철근콘크리트	일반적인 경우	80~150
	단면이 큰 경우	60~120
무근콘크리트	일반적인 경우	50~150
	단면이 큰 경우	50~100

주 : 1) 여기에서 제시된 슬럼프값은 구조물의 종류에 따른 슬럼프의 범위를 나타낸 것으로 실제로 각종 공사에서 슬럼프값을 정하고자 할 경우에는 구조물의 종류나 부재의 형상, 치수 및 배근상태에 따라 알맞은 값으로 정하되 충전성이 좋고 충분히 다질 수 있는 범위에서 되도록 작은 값으로 정해야 한다.

2) 콘크리트의 운반시간이 길 경우 또는 기온이 높을 경우에는 슬럼프가 크게 저하하므로 운반 중의 슬럼프 저하를 고려한 슬럼프값에 대하여 배합을 정해 두어야 한다.

3) 콘크리트의 슬럼프시험은 KS F 2402에 따른다.

4) 된반죽의 콘크리트에 대해서는 슬럼프시험 대신에 KS F 2427, 2428과 KS F 2452의 규정에 따라 시험할 수 있다.

5) 공기량, 잔골재율, 단위수량의 결정

(1) 공기량

적당량의 AE공기를 갖고 있는 콘크리트는 기상작용에 대한 내구성이 매우 우수하므로 심한 기상작용을 받는 경우에는 AE콘크리트를 사용하는 것이 좋다. AE공기는 콘크리트의 워커빌리티를 크게 개선하므로 AE공기에 의한 소요 워커빌리티를 얻는 데 필요한 단위수량을 크게 감소시킬 수 있다. 그러나 콘크리트의 강도는 공기량이 증가하면 작아지며 또 콘크리트의 품질 변동은 공기량이 증가할수록 현저한 경향이 있다. 그래서 기상작용이 심하지 않은 곳에서 AE콘크리트를 사용하는 경우에는 소요 워커빌리티를 얻는 범위 내에서 최대한 적은 공기량으로 하는 것이 좋다.

표 6.23은 수분이나 제빙 화학제에 대한 노출 정도를 심한 노출과 보통 노출로 구분하고 각 각의 경우에 대하여 운반 후의 콘크리트 공기량의 표준값을 나타낸 것이다. 또한 AE콘크리트의 공기량은 같은 단위 AE제량을 사용하는 경우라도 여러 조건에 따라 상당히 변화하므로 AE콘크리트 시공에서는 반드시 KS F 2409 또는 KS F 2421 등에 따라 공기량시험을 해야 한다.

표 6.23 **AE콘크리트 공기량의 표준값**

굵은골재 최대치수(mm)	공기량(%)	
	심한 노출[1)]	보통 노출[2)]
10	7.5	6.0
15	7.0	5.5
20	6.0	5.0
25	6.0	4.5
40	5.5	4.5

주 : 1) 동절기에 수분과 지속적인 접촉이 이루어져 결빙이 되거나 제빙화학제가 사용되는 경우
2) 동절기에 가끔 수분과 접촉하여 결빙이 되지만 제빙화학제가 사용되지 않는 경우

그리고 해양콘크리트 구조물에 쓰이는 AE콘크리트의 공기량은 표 6.24의 값을 표준으로 한다. 해양콘크리트는 해수 중의 염화물의 작용을 받아 내동해성이 감소되므로 물보라가 생기는 지역 또는 해상 대기 중에서도 눈이 녹은 물의 영향을 가끔 받는 부재에서는 굳지 않은 콘크리트의 공기량은 표 6.24(a)의 값을 표준으로 한다.

표 6.24 **콘크리트 공기량의 표준값(%)**

환경조건		굵은골재 최대치수(mm)	
		25	40
동결융해작용을 받을 염려가 있는 경우	(a) 물보라	6	5.5
	(b) 해상대기 중	5	4.5
동결융해작용을 받을 염려가 없는 경우		4	4

주 : 동결융해작용을 받을 염려가 없는 경우란 항상 해중에 있는 구조물로서 기온이 0℃ 이하로 되는 일이 거의 없는 경우를 말한다.

(2) 잔골재율

일반적으로 잔골재율을 작게 하면 소요 워커빌리티의 콘크리트를 얻기 위해 필요한 단위수량이 감소되고 단위결합재량이 줄어 경제적이다. 따라서 콘크리트의 배합설계에 있어서는 잔골재율을 적절하게 정해야 할 필요가 있다. 그러나 잔골재율을 어느 정도보다 작게 하면 콘크리트는 거칠어지고 재료의 분리가 일어나는 경향이 커지며 워커빌리티가 나쁜 콘크리트가 된다. 따라서 잔골재율은 소요 워커빌리티를 얻을 수 있는 범위 내에서 단위수량이 최소가 되도록 시험에 의해 정해야 한다.

(3) 단위수량

단위수량은 소요 워커빌리티가 얻어지는 범위 내에서 가능한 한 적게 하고 일반적인 경우 200kg/m^{3}를 넘지 않는 것이 바람하다. 특히 건조수축이 작은 콘크리트를 만들어야 하는 경우에는 AE제, AE감수제 등을 사용하여 단위수량을 기능한 한 적게 할 필요가 있다.

보통 포틀랜드 시멘트를 사용하는 하천골재 콘크리트의 단위수량의 표준값은 표 6.25와 같다. 배합계획으로부터 필요로 하는 물-결합재비와 슬럼프값에 대응하는 단위수량은 사용하는 (굵은골재 최대치수와 잔골재의 조립률)을 기준으로 표 6.25로부터 직접 혹은 보간법으로 구할 수 있다. 그러나 소정의 슬럼프를 얻기 위한 콘크리트의 단위수량은 사용 재료의 종류, 품질 등에 따라 달라지므로 이것에 대한 단위수량의 보정이 필요하다.

표 6.25 **보통 포틀랜드 시멘트 사용 콘크리트 단위수량의 표준값(kg/m³)**

물-결합재비 (%)	슬럼프값 (mm)	굵은골재 최대치수 25mm			굵은골재 최대치수 20mm		
		잔골재 조립률			잔골재 조립률		
		3.3 (5mm)	2.8 (2.5mm)	2.2 (1.2mm)	3.3 (5mm)	2.8 (2.5mm)	2.2 (1.2mm)
40	8	170	171	176	172	173	180
	12	181	182	186	183	187	190
	15	192	193	195	194	197	202
	18	201	205	206	205	209	212
	21	219	221	222	222	225	227
45	8	165	168	173	168	171	196
	12	176	179	183	179	183	186
	15	185	188	191	187	192	195
	18	196	199	201	201	203	205
	21	212	215	217	216	219	221
50	8	162	167	171	165	170	174
	12	172	176	180	175	178	182
	15	180	183	186	184	187	190
	18	191	194	197	195	197	195
	21	206	209	212	210	213	216
55	8	161	166	170	164	169	173
	12	171	174	178	173	177	180
	15	177	180	184	181	184	188
	18	188	191	194	192	195	198
	21	203	206	209	207	210	213
60~70	8	161	165	169	163	168	172
	12	169	173	176	172	175	179
	15	176	179	182	180	183	186
	18	186	189	192	190	193	196
	21	201	204	207	205	208	211

주 1 : 표에 없는 값은 보간법에 의해 구한다.

주 2 : 이 표에 사용한 골재의 단위용적중량 및 실적률의 값은 다음과 같다.

일반적으로 단위수량은 콘크리트의 공기량 등에 따라 다르므로 실제의 시공에 사용되는 재료에 관해서 시험을 실시하여 정한다.

특별히 단위수량을 감소시키기 위해서는 AE제, 감수제, AE감수제, 고성능 AE감수제 등을 사용한다. 이때의 감수율은 공기량, 혼화재료의 종류, 콘크리트의 배합 등에 따라 다르지만 KS F 2560 콘크리트용 화학혼화제에 적합한 AE제의 경우 표준 사용량에서 6~10%, AE감수제의 표준형 또는 지연형의 경우 10~14%, 촉진형의 경우 8~12%, 고성능 AE감수제의 경우는 16~20% 정도가 보통이다.

부순돌이나 고로슬래그 굵은골재를 사용할 경우의 단위수량은 입형에 따라 다르지만 자갈을 사용했을 경우에 비하여 약 10% 증가한다.

6) 잔골재율 및 단위수량의 보정

잔골재율은 소요 워커빌리티를 얻을 수 있는 범위 내에서 단위수량이 최소가 되도록 정해야 한다. 잔골재율은 사용하는 잔골재의 입도, 콘크리트의 공기량, 단위결합재, 혼화재료의 종류 등에 따라 다르므로 시험에 의해 정해야 한다.

공사 중에 잔골재의 입도가 변하여 조립률이 0.20 이상 차이가 있을 경우에는 소요 워커빌리티를 가지는 콘크리트를 얻을 수 있도록 잔골재율이나 단위수량을 변경해야 하며, 콘크리트 펌프 시공의 경우 콘크리트 펌프의 성능, 배관, 압송거리 등에 따라 잔골재율의 값을 결정한다.

유동화콘크리트의 경우에는 슬럼프 증대량을 고려하여 잔골재율의 값을 결정하며 배합의 결정 및 수정은 여러 가지 방법이 적용되고 있으므로 콘크리트의 생산 및 시공조건을 충분히 반영하여 가장 합리적인 방법을 이용해야 한다. 배합을 결정 또는 수정할 때 특별히 방법이 규정되어 있는 경우를 제외하고는 표 6.26을 적용한다.

표 6.26 **잔골재율 및 단위수량의 보정**

구분	잔골재율의 보정(%)	단위수량의 보정(kg)
모래의 조립률이 0.1만큼 클(작을) 때마다	0.5만큼 크게(작게) 한다.	보정하지 않는다.
슬럼프값이 10mm만큼 클(작을) 때마다	보정하지 않는다.	1.2%만큼 크게(작게) 한다.
공기량이 1%만큼 클(작을) 때마다	0.5~1.0만큼 작게(크게) 한다.	3%만큼 작게 (크게) 한다.
물-결합재비가 0.05 클(작을) 때마다	1만큼 크게 (작게) 한다.	보정하지 않는다.
S/a가 클(작을) 때마다	보정하지 않는다.	1.5kg만큼 크게(작게) 한다.
자갈을 시용할 경우	3~5만큼 작게 한다.	9~15kg만큼 작게 한다.
부순모래를 사용할 경우	2~3만큼 크게 한다.	6~9kg만큼 크게 한다.

주 : 단위굵은골재 용적에 의하는 경우에는 모래의 조립률이 0.1만큼 커질(작아질) 때마다 단위굵은골재 용적률만큼 작게(크게) 한다.

7) 단위시멘트양 및 혼화재료량 결정

(1) 단위시멘트양

골재의 품질과 입도가 적당하면 어느 정도까지는 단위시멘트양을 적게 해도 수밀하고 내구적인 콘크리트를 만들 수 있으나, 골재들을 충분히 부착시킬 만한 시멘트 페이스트가 부족할 만큼 단위시멘트양을 적게 하면 강도는 물론 수밀성과 내구성이 큰 콘크리트를 만들 수 없다. 그러므로 단위시멘트양을 어느 정도 이상 적게 하면 소요의 반죽질기에 대하여 시멘트 페이스트가 너무 묽어서 굳은 콘크리트의 공극이 커진다.

단위시멘트양은 소요 강도, 내구성 및 수밀성 등을 갖는 콘크리트를 얻도록 시험에 의해 정해야 하는데, 이들의 시험을 할 경우에는 단위시멘트양과 강도, 수밀성 및 내구성 등과의 관계를 정하는 것보다는 물-결합재와 강도, 수밀성 및 내구성 등과의 관계를 정하는 것이 편리하다. 그래서 시험 결과에서 정한 물-결합재비와 단위수량으로부터 단위시멘트양을 정하도록 규정한 것이다.

해양환경에 접하게 될 경우 단위시멘트양은 구조물의 규모, 중요성, 환경조건 등을 고려하여 소요의 내구성이 얻어지도록 정하며 표 6.27을 이용하는 것이 바람직하다. 단, 플라이애쉬나 고로슬래그 미분말을 혼화재로 사용할 경우 이것을 시멘트의 일부로 계산한다.

표 6.27 **내구성을 고려한 단위시멘트양(kg/m^3)**

환경구분 \ 굵은골재의 최대치수(mm)	25	40
물보라 지역 및 해상 대기 중[1, 2]	330	300
해중[3]	300	280

주 : 1) 물보라의 곳은 조수의 간만, 파도거품에 의한 건습의 되풀이를 받는 대단히 가혹한 환경이어서 콘크리트 속의 강재부식, 동해, 화학적 침식 등의 손상을 일으킬 가능성이 크다. 파랑의 영향을 받는 콘크리트 타설과 같이 시공조건이 나쁠 때는 일반 현장시공의 경우 W/B를 5% 정도 적게 하는 것이 좋다.

2) 해상 대기 중이라는 것은 물보라의 뒤쪽에서 상시 조풍을 받으며 파도거품을 이따금 받는 환경이며 물보라 다음 가는 혹독한 환경이다. 육상에 있어서도 조풍의 작용을 심하게 받는 구조물에서는 이 환경에 준하여 W/B를 적용시킨다.

3) 해중은 상시 해중에 있고 해수의 화학작용, 마모작용을 받는데 콘크리트 속의 강재 부식작용은 물보라, 해상대기 중에 비하여 완만하다.

(2) 혼화재료량

AE제, AE감수제 및 고성능 AE감수제 등의 단위량은 소요 공기량을 얻을 수 있도록 시험에 의해 정한다. 소요 공기량을 얻는 데 필요한 단위AE제량(AE감수제를 포함)은 시멘트의 분말도, 단위수량, 단위시멘트양, 혼화재의 종류 및 사용량, 골재의 입도 및 입형, 비비기 시간, 슬럼프, 콘크리트의 온도 등에 따라 다르므로 시험에 의해 정해야 한다.

같은 재료를 사용하고 같은 배합으로 콘크리트 작업을 진행하는 경우에도 골재의 입도 등이 조금 변화하면 AE콘크리트의 공기량이 상당히 변화하는 경우가 있다. 그러므로 AE콘크리트의 시공에서는 공기량의 시험 결과를 바탕으로 소요 공기량을 얻을 수 있도록 단위AE제량을 가감시켜야 한다. 특히 사용하는 혼화재의 종류에 따라서는 소요 공기량의 콘크리트를 만들기 위해 필요로 하는 단위AE제량이 많아지든가 공기량의 변화 등이 현저하게 증가될 수도 있으므로 주의한다. 이외의 혼화재료의 단위량은 시험 결과나 경험 등을 바탕으로 해서 소요 효과를 얻을 수 있도록 정한다.

혼화재료의 효과는 각 혼화재료의 특성뿐만 아니라 콘크리트의 배합, 시공조건, 환경조건 등에 따라서 다르므로, 이들의 조건에 따라 사용목적에 알맞은 시험을 하거나 기존의 경험을 참고하여 그 사용량을 정해야 한다.

8) 굵은골재량 및 잔골재량의 결정

잔골재율은 콘크리트가 적정 워커빌리티를 얻는 데 있어서 매우 중요한 요소이다. 또 잔골재율이 적당하면 경화한 콘크리트도 양호한 결과를 얻을 수 있다. 최근에 콘크리트를 펌프로 압송하는 경우 압송성을 좋게 하기 위해서 잔골재율을 크게 하는 경향이 있지만, 지나치게 크게 하는 것은 단위수량의 증가에 의해 경화 콘크리트의 내구성 저하와 건조수축의 증대에 의한 균열이 발생할 가능성이 있기 때문에 피해야 한다.

일반적으로 적절한 잔골재율은 보통 35~45% 정도의 범위이며 골재의(입도와 입형), 굵은골재 최대치수, 물-결합재비, 단위수량(슬럼프) 등에 의해 영향을 받으므로 일정한 법칙으로 이를 정의하기는 힘들다. 그러나 워커빌리티가 좋고 잔골재율이 가능한 한 작은 콘크리트에서 굵은골재량을 용적으로 나타내면 굵은골재의 종류와 입형 또는 물-결합재비에 관계없이 거의 일정한 값을 나타내는 것으로 알려져 있다.

단위수량, 단위시멘트양이 결정되고 콘크리트의 소요 성능으로부터 공기량이 결정되면 나머지가 골재량이 된다.

일반적인 콘크리트의 배합에서 시멘트, 잔골재, 굵은골재의 비중을 각각 ρ_C, ρ_S, ρ_G라 하면 콘크리트의 1m^{3}당의 단위잔골재량 및 단위굵은골재량은 다음의 계산에 의해 구할 수 있다.

단위골재량의 절대용적 ;

$$V_A\,(\mathrm{m^3}) = 1 - (V_W + V_G + V_a) \qquad \text{식 (6.3)}$$

$$= 1 - \left(\frac{W}{1000} - \frac{C}{\rho_C \times 1000} + \frac{Air(\%)}{100} \right)$$

단위잔골재량의 절대용적 ;

$$V_S\,(\mathrm{m^3}) = V_A \times S/a \qquad \text{식 (6.4)}$$

단위잔골재량 ;

$$S\,(\mathrm{kg}) = V_S \times \rho_S \times 1{,}000 \qquad \text{식 (6.5)}$$

단위굵은골재량의 절대용적 ;

$$V_G\,(\mathrm{m^3}) = V_A - V_S \qquad \text{식 (6.6)}$$

단위굵은골재량 ;

$$G(\text{kg}) = V_G \times \rho_G \times 1{,}000 \qquad \text{식 (6.7)}$$

여기서, W_w : 단위수량 절대용적　　V_a : 단위공기량 절대용적

W : 물의 질량　　C : 시멘트 질량

S/a : 잔골재율

9) 시험배치 및 결과분석

시방배합은 시방서 또는 책임기술자에 의해 지시된 배합을 말하는 것으로서, 그 표시 방법을 앞서 기술한 표 6.4와 같이 규정한 것은 보통의 공사현장에 있어서의 편리성과 많은 현장에서 시공되는 콘크리트의 배합을 비교할 때의 편리성 등을 고려하였기 때문이다. 각 재료의 비율뿐만 아니라 굵은골재의 최대치수나 슬럼프의 범위 등을 기입하기로 한 것은 이들의 배합을 정할 때의 핵심요소가 되기 때문이다. 플라이애쉬, 기타의 혼합재료를 사용할 경우에는 그 양도 기입해야 한다.

배합표에는 구조물의 종류, 설계기준강도, 배합강도, 시멘트의 종류, 잔골재의 조립률, 굵은골재의 공극률, 혼화제의 종류, 운반시간, 시공시기 등에 대해서도 병기하는 것이 바람직하다.

6.5 현장배합

현장배합이란 시방배합의 콘크리트가 얻어지도록 현재 사용하는 원재료의 품질특성 중에서 잔골재의 5mm체 잔류율, 굵은골재의 5mm체 통과율, 골재의 표면수율, 혼화제 희석비, 회수수의 고형분율 등을 고려하여 배합설계하는 것을 말한다.

시방배합을 현장배합으로 고칠 경우에는 잔골재의 표면수로 인한 부풀음(Bulking), 현장에서의 골재계량방법과 KS F 2505에서 규정한 방법과의 차이로 인한 용적의 차를 고려해야 한다.

시방배합 시에는 골재의 표면건조포화상태의 것으로 5mm체를 통과하는 것과 5mm체에 남은 것을 정확하게 구별하지만, 현장의 골재는 이러한 상태가 아니기 때문에 시방배합을 현장배합으로 고쳐야 한다.

따라서 시방배합을 현장배합으로 고칠 경우에는 골재의 함수상태, 잔골재 중 5mm체에 남는 양과 5mm체를 통과하는 굵은골재의 양 및 혼화재의 물에 희석한 양을 고려해야 한다.

① 입도 보정

$$X = (100S - b(S+G))/(100-(a+b)) \quad \text{식 (6.8)}$$

$$Y = (100G - a(S+G))/100-(a+b)) \quad \text{식 (6.9)}$$

② 표면수 보정

$$X' = (X(100+c))/100 \quad \text{식 (6.10)}$$

$$Y' = (Y(100+d))/100 \quad \text{식 (6.11)}$$

③ 단위수량 보정

$$Z = (100W - (cX + dY))/100 + ((c \times e) \times (f-g))/100 \quad \text{식 (6.12)}$$

여기서, S : 시방배합의 잔골재량(kg)
G : 시방배합의 굵은골재량(kg)
X : 입도보정에 의한 잔골재량(kg)
Y : 입도보정에 의한 굵은골재량(kg)
X' : 표면수를 고려한 잔골재량(kg)
Y' : 표면수를 고려한 굵은골재량(kg)
W : 시방배합에 의한 단위수량(kg)
Z : 단위수량보정에 의한 단위수량(kg)
a : 잔골재 중의 5mm체의 잔류율(%)
b : 굵은골재 중의 5mm체 통과율(%)
c : 잔골재의 표면수율(%)
d : 굵은골재의 표면수율(%)
e : 회수 후의 고형분률(%)
f : 굵은골재의 표면수율(kg)
g : 혼화제량(kg)

6.6 특수 콘크리트의 배합설계

현재 각국의 시방서에서는 특수 콘크리트에 대한 배합설계방법을 간략하게 제시하고 있다. ACI에서는 211 Committee에서 발표한 「ACI211.1-91」(Reapproved 1998), 「ACI 211.2-98」 「211. 3R-97」, 「ACI 211.4R-93」에서 고강도 콘크리트, 경량 콘크리트, 매스 콘크리트 등에 대해서 자세히 언급하고 있다. 또한 일본과 우리나라의 시방규정에서도 특수 콘크리트에 대한 배합설계방법을 보통 콘크리트에 대한 배합설계방법과 차이가 나는 점에 대해서 별도로 규정하고 있다.

본 절에서는 대표적인 특수 콘크리트인 고강도 콘크리트의 배합설계방법에 대해서 간단히 기술한다.

6.6.1 고강도 콘크리트의 배합설계

고강도 콘크리트의 배합강도를 구하는 방법은 원칙적으로 일반 콘크리트와 같은 방법으로 소요 강도, 내구성 및 작업에 적합한 워커빌리티를 가지는 범위 내에서 시험에 의해서 정한다. 그러나 고성능감수제를 이용하는 경우 감수제의 첨가량에 따라 콘크리트의 워커빌리티가 변화하거나 얻어지는 압축강도가 서로 다른 경우가 있기 때문에 감수제의 첨가량도 시공자료 또는 제조업자의 추천 값들을 참고하여 시험배합을 시행한 후 그 결과에 의해서 배합을 보정한다.

고강도 콘크리트는 오차의 허용한계가 상대적으로 작으며, 일반 콘크리트에서는 무시될 수 있는 특별한 고려사항이 존재하므로 품질관리에 있어 세심한 주의가 필요하다.

1) 물-결합재비

고강도 콘크리트의 물-결합재비는 소요 강도와 내구성을 고려하여 정하되 가능한 한 작게 정한다. 물-결합재비(W/B) 0.45~0.6% 이상이 되면 고성능감수제를 사용할 때 재료분리현상의 가능성이 크기 때문에 타설한 콘크리트에 결점이 생기기 쉽다. ACI 363 보고서에서는 물-결합재비를 0.27~0.50 범위로 언급하고 있다. 여기서 B는 혼화재료인 플라이애쉬 등을 포함한 결합재의 중량이다.

2) 단위시멘트양

단위시멘트양은 소요 워커빌리티와 강도가 얻어지는 범위 내에서 가능한 한 적게 되도록 시험에 의해 정해야 한다. 고강도 콘크리트의 경우는 일반 콘크리트와 비교하여 다량의 시멘트를 필요로 한다. 실험에 의하면 단위시멘트양 500kg/m^3 이하에서는 단위시멘트양이 증가할수록 물-결합재비는 감소하고 압축강도는 증가하지만, 500kg/m^3 이상에서는 단위시멘트양이 증가할수록 압축강도의 증가폭은 줄어든다.

소요 워커빌리티가 얻어지는 단위시멘트양은 시멘트의 품질, 감수제의 단위량, 잔골재율, 굵은골재의 형상과 입도에 따라서도 달라지므로 시험배합에 의해 최소의 단위시멘트양이 되도록 정하는 것이 좋다.

국내에서는 시멘트의 품질이 각 회사 및 산지별로 다르거나 편차가 심하여 다소의 시멘트양의 증가에 따라서 압축강도도 증가한다는 보고도 있으므로 주어진 여건에 따른 시험배합에 따라 결정할 필요가 있다.

3) 잔골재율

적합한 성형성을 가지고 작업이 가능한 콘크리트를 만들 수 있도록 잔골재율은 물-결합재비, 굵은골재의 입형, 단위시멘트양 등이 고려되어야 하며, 고성능감수제를 이용한 경우의 잔골재율은 감수제의 단위량에 의해서도 달라지기 때문에 시험배합을 통해 결정하는 것이 좋다. 기존의 시공경험에 의하면 골재 최대치수가 20~25mm인 경우에는 50MPa의 고강도 발현이나 원활한 워커빌리티를 위하여 잔골재율 30~40%의 범위가 좋은 결과를 보여주고 있다. 이때 사용되는 잔골재의 조립률이 2.5 이하의 경우 다지기가 어려우므로 대부분 3.0 이상으로 채용되고 있다.

4) 혼화제 사용량

혼화제 등 고성능감수제의 단위사용량은 소요 강도에 적합한 워커빌리티를 얻도록 정해져야 하며, 이는 시험배합에 의해 결정되어야 한다. 단위수량 및 단위시멘트양을 일정하게 한 경우 사용한 감수제량에 의해 슬럼프값은 크게 달라진다. 감수제량을 증가시키면 슬럼프값이 크게 되며, 이때 과도한 사용은 골재분리를 일으키므로 주의해야 한다.

감수제의 단위사용량은 시멘트의 종류, 콘크리트의 온도, 감수제의 종류 등에 따라 달라지기 때문에 시험배합에 의해서 고성능감수제를 결정하는 것이 좋다. 50MPa 정도의 압축강도 발현을 위해서 사용되는 고성능감수제 사용량은 시멘트 중량의 0.5~2.0%

사이가 추천되고 있다.

궁극적으로 고강도 콘크리트 구조물의 시공성 및 내구성을 향상시키기 위해서는 다짐작업이 필요 없는 자기 충전성 콘크리트의 개발이 반드시 필요하다. 또한 이러한 연구의 배경은 고성능 AE감수제의 개발, 수중불분리 콘크리트의 기술 확보, 고로슬래그 미분말 등과 같은 혼화재의 상품화와 이에 대한 기초기술의 기반이 확보되었기 때문이며, 또한 증점제와 같은 특수혼화제가 개발되어 재료분리 저항성 및 자기 충전성을 콘크리트에 부여할 수 있는 여건이 조성되었기 때문이다.

고유동 개념이 강조된 고성능 콘크리트는 일반 콘크리트와 다른 특성이 요구되기 때문에 사용하는 재료 및 배합설계방법에 약간의 차이가 있다. 고유동 개념이 강조된 고성능 콘크리트의 배합설계상 주요한 특징을 정리하면 다음과 같다.

① 강도 및 유동성의 향상을 위하여 기존의 콘크리트에 비해 결합재량이 비교적 많다.
② 콘크리트의 장기 내구성 및 유동성 등을 향상시키고 수화열 발생에 의한 온도균열 발생을 억제하기 위하여 고로슬래그 미분말이나 플라이애쉬와 같은 포졸란 재료를 혼합재로 사용하고 있다.
③ 유동성을 향상시키고 배합 시의 단위수량을 줄이기 위하여 고성능감수제의 사용량이 비교적 많다.
④ 재료분리 저항성 또는 점성을 향상시키기 위하여 증점제를 사용하거나 결합재량이 많다.
⑤ 유동성 및 충전성을 향상시키기 위하여 기존의 콘크리트에 비해 굵은골재량이 적다.
⑥ 시멘트는 수화열 발생을 줄이기 위하여 중용열 포틀랜드 시멘트나 저열 포틀랜드 시멘트 등을 사용하기도 한다.
⑦ 수화열 과다발생에 따른 온도균열 발생을 억제하기 위하여 석회석 미분말을 사용하기도 한다.

이상과 같이 고성능 콘크리트는 여러 가지 많은 장점을 가지고 있는 반면에, 이에 따른 요구성능을 얻기 위해서 고성능감수제의 사용량 증가, 증점제의 사용 또는 결합재량의 증가로 인해 콘크리트의 제조비용이 상승하고 아울러 콘크리트 제조자 입장에서 표면수관리 등 품질관리가 매우 까다롭다는 현실적인 어려움이 있기 때문에 이에 대한 충분한 이해 및 사회적인 여건조성이 필요하다.

참/고/문/헌

1. 정상진외, 건축재료학, 기문당, 2013.
2. 한국콘크리트학회, 콘크리트표준시방서, 2009.
3. 정재동, 콘크리트재료공학, 기문당, 1998.
4. 한국콘크리트학회, 최신콘크리트공학, 2005.

연/습/문/제

1. 시방서의 배합 기준표에서 표준 잔골재율 $S/a=42\%$는 조립률이 2.8일 때를 기준으로 한다. 실제로 사용하는 모래의 조립률이 2.99일 경우의 S/a값은 얼마인가?

정답 42.95%

해설 $\dfrac{2.99-2.8}{0.1}\times 0.5=0.95\%$

$\therefore S/a=42+0.95=42.95\%$

2. 콘크리트 $1m^3$를 만드는 데 필요한 골재의 절대용적이 $0.689m^3$라면 단위굵은골재량은? (단, 잔골재율은 41%, 굵은골재의 밀도는 $2.65g/cm^3$이다.)

정답 1,077kg

해설 단위굵은골재의 용적$=0.689\times 0.59=0.40651m^3$

∴ 단위굵은골재량$=0.40651\times 2.65\times 1{,}000=1{,}077kg$

3. 콘크리트 배합설계에서 단위굵은골재 $0.448m^3$로서 비중이 2.65이고, 잔골재 $0.262m^3$로써 비중이 2.60이라면 가) 단위절대골재 부피, 나) 잔골재율(S/a), 다) 단위잔골재량, 라) 단위굵은골재량을 구하시오.

정답 **가)** $0.710m^3$, **나)** 36.90%, **다)** 661kg, **라)** 1,187kg

해설 **가)** $S_V+G_V=0.262+0.448=0.710m^3$

나) $S/a=\dfrac{S_V}{S_V+G_V}\times 100=\dfrac{0.262}{0.262+0.448}\times 100=36.90\%$

다) $S=S_V\times S_G\times 1{,}000=0.262\times 2.60\times 1{,}000=681.2\fallingdotseq 681kg$

라) $G=G_V\times G_G\times 1{,}000=0.448\times 2.65\times 1{,}000=1{,}187.2\fallingdotseq 1{,}187kg$

4. 단위골재의 절대부피가 0.837m^3인 콘크리트에서 잔골재율이 36%이고 잔골재의 비중이 2.60, 굵은골재의 비중이 2.65일 때 가) 단위잔골재량, 나) 단위굵은골재량을 구하시오.

정답 **가)** 783.43kg/m^3, **나)** 1,420.4kg/m^3

해설 **가)** $S = 0.837 \times 0.36 \times 2.60 \times 1{,}000 = 783.43\text{kg/m}^3$

나) $G_V = 0.837 - (0.837 \times 0.36) = 0.536\text{m}^3$

$G = 0.536 \times 2.65 \times 1{,}000 = 1{,}420.4\text{kg/m}^3$

5. 콘크리트의 시방배합 결과와 현장골재 상태가 아래와 같을 때 시방배합률을 현장배합으로 고치시오. (단, 소수 1자리에서 반올림)

물	시멘트	잔골재	굵은골재
170	360	740	1,100

■ 현재 골재의 상태

– 잔골재의 표면수량 : 2%

– 굵은골재의 표면수량 : 1%

– No.4체에 남은 잔골재량 : 5%

– No.4체에 통과하는 굵은골재량 : 2%

해설 ① **입도보정**

a) $S + G = 740 + 1{,}100 = 1{,}840$

b) $0.95S + 0.02G = 740$

a) 식에 0.95를 곱하여 b) 식과 연립하여 계산하면,

$\therefore\ G = 1{,}048\text{kg},\ S = 756\text{kg}$

② **표면수 보정**

a) 잔골재 표면수 : $756 \times 0.02 = 15\text{kg}$

b) 굵은골재 표면수 : $1{,}084 \times 0.01 = 11\text{kg}$

③ **계량할 재료의 양**

a) 계량할 단위잔골재량 : $756 + 15 = 771\text{kg}$

b) 계량할 단위굵은골재량 : $1{,}084 + 11 = 1{,}095\text{kg}$

계량할 단위수량 : $170 - (15 + 11) = 144\text{kg}$

④ **현장 배합표(kg/m^3)**

물	잔골재	굵은골재
144	771	1,095

07 콘크리트의 제조·관리 및 검사

7.1 콘크리트의 제조

7.1.1 개요

현재, 우리나라에서 사용되고 있는 콘크리트의 대부분은 레디믹스트 콘크리트 공장에서 제조되고 있으며, 일부 토목용의 특수 구조물 등에서는 현장에 콘크리트 배처플랜트를 설치하여 제조되고 있다. 또한 프리캐스트 콘크리트 제품처럼 공장에서 콘크리트 제품을 제조하는 경우에는 콘크리트 제품 공장에 배처플랜트를 설치하여 운영하는 경우도 있다. 콘크리트 제조에 있어서는 균일한 품질의 콘크리트가 정상적으로 공급되는 것이 매우 중요하며, 우리나라에서는 이를 확보하기 위하여 KS F 4009「레디믹스트 콘크리트」 규격을 만족하는 KS 콘크리트 제품을 사용하도록 하고 있다.

본 장에서는 콘크리트 제조에서 필요한 재료의 저장과 관리, 계량, 믹싱에 관하여 서술함과 동시에 현재 KS F 4009의 내용 및 품질관리와 검사에 대하여 개괄함으로써 건설현장에서 사용되는 콘크리트 특히 레디믹스트 콘크리트 제품에 대한 이해를 돕고자 한다.

7.1.2 재료의 저장과 관리

1) 시멘트 및 혼화재

시멘트나 혼화재의 저장 및 관리에서의 중점사항은 방습적인 구조를 갖는 사일로나 창고에 품종별로 저장을 실시하는 것이다. 시방서 해설에서는 사일로 용량이 1일 평균 사용량의 3배 이상인 것이 바람직하다고 하며, 사일로 형상으로는 시멘트 등이 바닥에 뭉쳐 나오는 부분이 없는 구조로 하는 것이 중요하다고 지적하고 있다. 포대 시멘트의 경우에는 지면에서부터의 습기를 피하는 것이 중요하며, 또한 중량에 의해 하부의 시멘트가 굳는 것을 피하기 위하여 시멘트 포대의 쌓기 높이는 13포 이하로 하는 것이 좋다.

2) 골재

골재의 저장 및 관리에서는 종류와 입도가 다른 골재는 구별하여 별도로 저장하고, 대소입자의 분리, 이물질의 혼입, 굵은골재의 파손 등이 생기지 않도록 하며, 또한 저장설비는 배수처리를 하여 표면수가 일정하게 유지되는 것이 중요하다. 잔골재의 표면수를 안정한 상태로 사용하기 위해서는 1일 이상 보관한 후 사용하는 것이 바람직하므로 골재의 저장설비가 충분한 용량을 가져야 한다. KS F 4009에서는 골재의 저장설비는 콘크리트의 최대출하량의 1일분 이상에 해당하는 골재를 저장할 수 있도록 하라고 기술되어 있다. 골재의 저장방법에는 스톡야드 방식에 의한 것과 사일로 방식에 의한 것이 있는데, 최근에는 사일로 방식이 압도적으로 많이 사용되고 있다. 전자의 경우는 지붕을 설치하여 강우에 의한 미립분의 표면수 변동이나 일사에 의한 골재온도의 상승 등을 막는 대책이 필요하다. 물론 KS F 4009에서는 고강도 콘크리트 제조에 사용하는 골재의 저장설비에는 반드시 지붕을 설치하도록 하고 있다.

또한 인공경량골재를 옥외에 저장하는 경우에는 함수율이 변화되지 않도록 주의가 필요하고 KS F 4009에서는 살수설비를 설치하는 것이 필요하다고 기술하고 있다. 고로슬래그 골재에 대해서는 살수설비를 설치하는 것이 바람직하고 또한 고로슬래그 골재는 잠재수경성을 갖기 때문에 일평균 기온이 20℃를 넘는 시기에는 굳을 염려가 있으므로 장기간의 저장을 피하는 것이 바람직하다.

3) 혼화제

쓰레기, 불순물의 혼입 방지, 액상 혼화제에서는 분리 · 변질 · 동결 방지, 그리고 분말상의 것에는 흡습 · 고결 방지에 유의할 필요가 있다. 또한 액상혼화제의 저장설비는 침전에 의한 분리를 방지하기 위해 교반장치나 순환장치를 갖는 것이 바람직하다.

7.1.3 계량

1) 계량설비

계량설비에는 기계식과 전기식이 있지만 현재는 전기식 로드셀에 의한 것이 거의 대부분이다. 계량설비의 포인트는 각 재료를 소정의 계량오차 내로 계량할 수 있는 정밀도를 갖는 것이 중요하므로 정기적으로 점검·조정을 실시하해야 한다. KS F 4009 개별 심사 항목에서는 계량공정의 검사로서 동하중시험 또한 계량기 자체의 검사로서 정하중 시험을 각각 월 1회 이상, 6개월 1회 이상 실시하고, 표 7.1에 나타내는 오차범위 내로 규정하고 있다.

표 7.1 **재료의 계량오차(KS F 4009)**

재료의 종류	측정 단위	1회 계량 분량의 한계 오차
시멘트	질량	−1%, +2%
골재	질량	±3%
물	질량 또는 부피	−2%, +1%
혼화재	질량	±2%
혼화제	질량 또는 부피	±3%

2) 계량

계량은 현장배합에 의해 실시하고 골재의 계량값은 입도 측정과 표면수율 측정의 결과에 따라 보정을 실시한다. 특히 잔골재의 표면수율은 변동의 폭이 크고 콘크리트 품질에 미치는 영향도 크기 때문에 그 변동을 신속하게 탐지하여 배합보정에 연결시키는 것이 중요하다. KS F 4009에서는 계량기의 표면수율에 의한 계량값의 보정이 용이하도록 하는 장치를 설치해야 할 필요가 있다고 규정하고 있다(단, 굵은골재의 경우에는 계산에 의해 실시해도 좋다). 표면수율의 최근 측정방법은 골재수분계를 골재저장조 출구 부근에 설치하여 골재수분량을 자동적·연속적으로 측정하여 표면수 보정장치와 연동시킴으로써 각 믹싱 배치에 배합보정을 신속하고 자동적으로 실시하는 것이 가능하게 되었다. 수분계의 종류에는 다양한 것이 있지만 현재는 마이크로파 방식이 주로 이용되고 있다.

계량은 1배치 분씩 질량으로 실시하는 것이 원칙이다. 단 시방서에서는 물 및 혼화제 용액의 계량 및 연속믹서를 사용하는 경우는 용적도 좋다고 하고 있다. 또한 계량오차는 콘크리트 품질에 직접적으로 영향을 미치므로 이것을 소정의 범위로 제한하는 것이 중요하며, 시방서와 KS F 4009에서 표 7.1과 같이 지정하고 있다.

7.1.4 믹싱

1) 믹서

(1) 믹서의 종류

국내에서 주로 사용되는 레디믹스트 콘크리트 제조용 믹서는 「KS F 8008, 8009(가경식 믹서, 강제 혼합믹서)」에 규정되어 있다. 믹서의 종류는 그림 7.1과 같이 분류 할 수 있으며 현재는 강제 혼합형 2축믹서가 가장 널리 사용되고 있다.

그림 7.1 **믹서의 분류**

(a) 경동형(가경식) 믹서

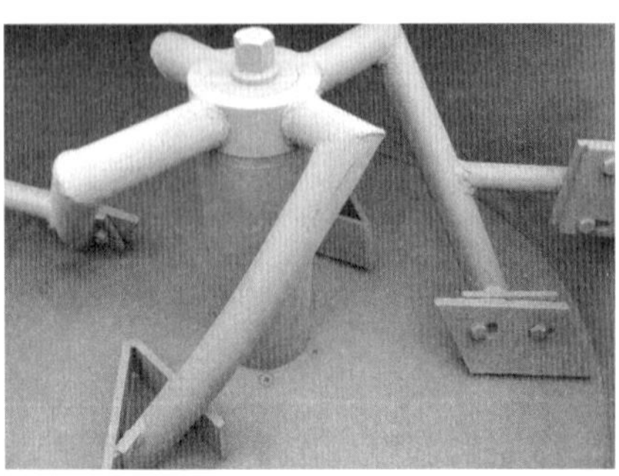

(b) 팬형(강제 혼합식) 믹서

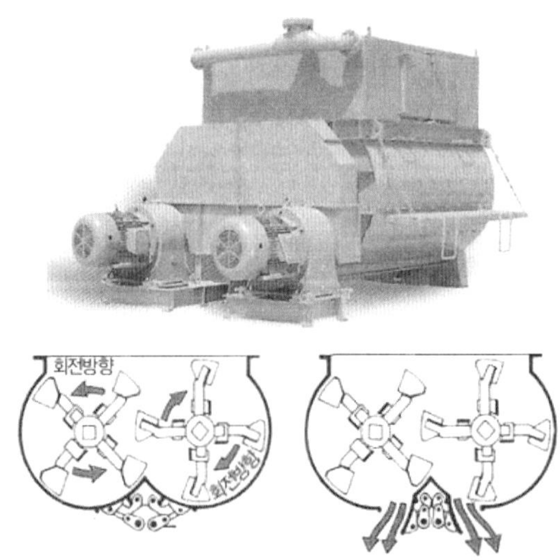

(c) 수평 2축형(강제 혼합식) 믹서

그림 7.2 **믹서의 종류**

배처플랜트의 콘크리트 생산능력은 믹서의 시간당 혼합능력으로 표시되는데, 일반적으로 $60m^3/hr$ 이하의 것은 소형 플랜트에 속하며 대개 $90\sim140m^3/hr$의 것이 많다. 강제식 믹서는 용량이 $0.25\sim4m^3$의 범위인데, 이 가운데 $1.5\sim3m^3$를 주로 사용하고 있으나, 일부 공장에서는 생산성 증대를 위하여 $4.5m^3$, $6.0m^3$의 대용량 2축형 믹서를 사용하는 예도 있다. 믹서 양식을 보면, 1950년대에는 믹서기의 동체를 회전시켜 혼합하는 틸팅믹서가 일반적이었으나, 1960년대에는 믹서 내에 암이나 블레이드와 같은 장치를 강제로 회전시켜 혼합하는 팬형 믹서가 보급되었고, 1980년대에는 싱글 샤프트믹서 그리고 1990년대에는 유지·보수가 용이하고 혼합성능이 뛰어난 트윈 샤프트믹서가 널리 보급되었다.

이와 같이 레디믹스트 콘크리트 공장의 혼합믹서는 역사적으로 경동형, 팬형, 2축형 순으로 보급되었지만, 최근 레디믹스트 콘크리트 공장에서는 혼합 효율을 높이고 고강도 콘크리트 등 믹서에 걸리는 부하가 큰 콘크리트를 혼합하기 위하여 강제식의 수평 2축믹서를 사용하는 것이 대부분이다. 최근에는 혼합성능의 향상을 목적으로 유압 또는 인버터에 의한 가변속식 2축형 믹서와 강제 교반을 가진 경동 2축믹서도 출현하고 있다.

(2) 믹서의 규격

배치식 콘크리트 믹서는 KS F 8008, 8009「가경식 및 강제 혼합믹서」에 규격화 되어 있다. 이 가운데 중력식 믹서는 경동형, 강제비빔믹서는 수평 1축형, 수평 2축형 및 팬형으로 규정되어 있다. 공칭 용량은 표 7.2와 같다. 또한 믹서의 성능으로서 혼합성능, 재기동성능 및 배출성능이 규정되어 있다. 한편, 일본토목학회에서는 연속믹서에 대해 "연속믹서의 현장비빔콘크리트 시공지침(안)"을 규정하고 있고, 토목학회규준 JSCE-I 501-1999 "연속식 믹서의 계량·공급성능 시험방법" 및 JSCE-I 502-1999의 "연속믹서의 비빔성능 시험방법" 등이 규정되어 있다.

표 7.2 **믹서의 종류와 공칭 용량**

종류		관련 규격	공칭용량(m^3)
가경식 믹서	경동형	KS 8008	6종 : 0.2~0.8
강제 혼합믹서	수평 1축형	KS 8009	11종 : 0.25~3.0
	수평 2축형		
	팬형		

(3) 믹싱 성능

믹서는 고정식 믹서를 원칙으로 하며, KS F 2455에 의해 비비기 성능시험을 실시하여 콘크리트 중 모르타르의 단위질량차, 굵은골재의 단위질량차, 압축강도, 공기량, 슬럼프시험을 실시한 후 표 7.3에 제시한 사항을 만족시키면 소요 혼합성능을 지니는 것으로 판단한다.

표 7.3 **배치믹서의 혼합성능(KS F 8009 강제 혼합믹서, 콘크리트표준시방서 2009)**

항목		콘크리트의 혼합량(%)	
		공칭용량의 경우	공칭용량의 1/2
콘크리트 중 모르타르의 단위질량 차이		0.8 이하	0.8 이하
콘크리트 중 굵은골재의 단위질량 차이		5 이하	5 이하
평균값이 차이	압축강도	7.5 이하	-
	공기량	10 이하	-
	슬럼프	15 이하	-

(4) 믹서의 선정

믹서를 선정할 때에는 제조할 콘크리트의 종류, 시간당 제조량, 초기비용(믹서뿐만 아니라 플랜트의 전반적 내용 검토 포함)이나 운용비용 등의 경제성을 통합적으로 감안하여 믹서의 형식 및 용량을 선정한다. 믹서는 고정믹서로 하고 소정 슬럼프의 콘크리트를 KS F 2455에 따른 용량으로 혼합할 때 각 재료를 충분히 혼합시켜 균일한 상태로 배출할 수 있어야 한다고 정하고 있다.

2) 믹싱

콘크리트의 믹싱에 있어서 가장 중요한 점은 혼합성능이 우수한 믹서를 사용하여 적절한 재료 투입순서와 혼합시간 동안에 충분히 비벼지는 것이다. 적절한 재료 투입순서는 믹서의 형식, 혼합시간, 콘크리트의 사용 재료 · 배합 등에 따라 다르기 때문에 상기 믹서의 혼합성능이나 콘크리트의 블리딩시험 결과, 또는 실적률을 참고하여 결정하는 것이 좋다. 최근에는 물, 시멘트, 잔골재를 거의 동시에 투입하여 균질한 모르타르를 제조하고 이후 굵은골재를 투입하는 방법이 일반적으로 행해지고 있다. 굵은골재의 투입을 늦추는 것은 혼합시간의 단축과 믹서의 과부하 방지 효과를 이용하기 위해서이다. 재료 투입에 따른 믹싱 상황과 믹서의 부하전류 변화의 일례를 그림 7.3에 나타냈다.

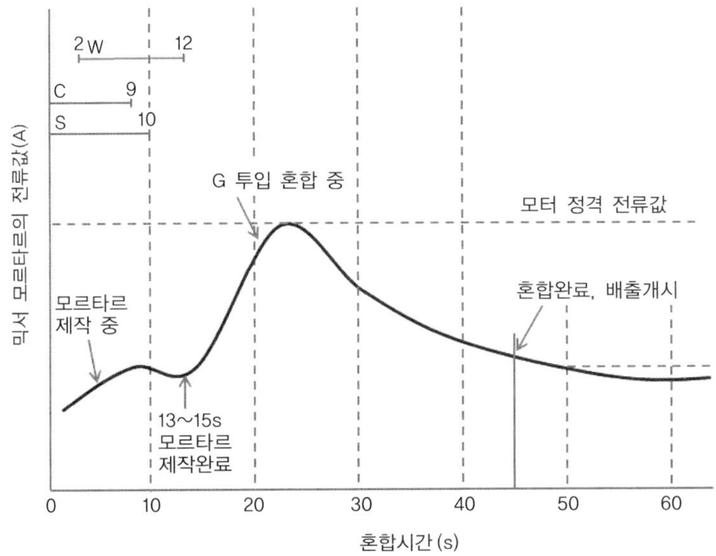

그림 7.3 **혼합 시 믹서 부하전류의 이상적인 예**

충분한 비빔이 진행되기 위하여 필요한 혼합시간은 믹서의 형식 · 용량, 비빔량, 콘크리트용 사용 재료 · 배합 등에 따라 상이하고, 또한 재료 투입순서와도 밀접하게 연관되어 있기 때문에 시험 결과에 따라 결정하는 것을 원칙으로 한다. 시방서 해설에서는 혼합시간을 결정하기 위한 예비실험을 실시하지 않는 경우 최소혼합시간을 가경식 믹서의 경우 1분 30초, 강제 혼합믹서의 경우 1분을 표준으로 하고 있다. 그림 7.3에서 볼 수 있듯이 믹서 부하전류의 변화를 관찰한 후 거의 일정하게 되는 시점을 혼합 완료의 표준으로 삼는 것이 효과적이다. 경반죽 콘크리트, 고강도, 고유동 콘크리트, 경량골재나 혼화재를 사용한 콘크리트 등의 경우에서는 혼합시간을 길게 하는 것이 적절한 경우가 많다. 단, 혼합시간이 너무 길어지는 경우에는 견고하지 않은 굵은골재가 파쇄되어 미분량의 증대 등의 폐해가 생긴다. 이 때문에 시방서에서는 확실하게 결정된 혼합시간을 3배 이상 초과하지 않도록 규정하고 있다.

또한 일반적으로 고성능감수제는 물과 시멘트가 접하여 어느 정도 혼합이 진행된 후 첨가되는 경우에 그 효과가 커지기(후첨가 효과) 때문에 고성능감수제는 첨가하는 편이 효율적이다.

믹싱에 있어서 그 외의 유의점으로는 최초의 혼합배치에서는 믹서 내의 모르타르가 부착되어 소정 배합의 콘크리트를 얻을 수 없는 경우가 있다. 그 때문에 시방서에서는 혼합개시에 있어서 확실하게 믹서 내에 모르타르를 부착시키는 것을 원칙으로 하고 있다. 또한 같은 시방서에서는 연속믹서를 사용하는 경우에는 혼합개시 후, 최초 배출된 콘크리트는 사용하지 않는 것으로 하고 있다.

믹싱이 종료된 콘크리트는 신속히 배출시킬 필요가 있다. JIS A 8603에서는 혼합된 콘크리트의 배출시간은 경동형 믹서 및 팬형 믹서에서는 25초 이내, 수평 1축 및 수평 2축믹서에서는 15초 이내로 규정하고 있다. 또한 사용 재료나 배합이 다른 콘크리트를 연속적으로 비비는 경우는 전 배치의 콘크리트를 완전히 배출시켜야 한다는 데에 주의하고, 필요에 따라 믹서 내부의 물세척을 실시한다.

7.1.5 현장플랜트에 의한 콘크리트 제조

콘크리트를 공사현장에서 제조할 수 있는 현장플랜트에는 정치식 플랜트, 차량 적재 플랜트, 콘크리트 플랜트선(CP선) 등이 있다. 정치식 현장플랜트에 의한 콘크리트공사 사례로는 댐, 터널, 원자력발전소 등의 현장을 들 수 있다. 댐 건설에 있어서는 원석의 채굴에서부터 콘크리트용 잔골재, 굵은골재의 제조 및 수송, 콘크리트 제조, 운반, 타설까지 일괄하여 실시하는 것이 가장 큰 특징이다. 차량적재 플랜트에 의한 제조는 초속경 콘크리트에 의한 상판의 보수보강공사 등 콘크리트공사의 특수성에 의해 일반 레미콘공장에서는 대응이 곤란한 경우에 시공현장에 근접한 장소에 차량을 설치하여 실시한다. 차량탑재 믹서의 형식은 연속식과 배치식의 방식이 있고, 제조능력은 강섬유 혼입 초속경 콘크리트의 경우에서 수 m^3/h에서부터 $20m^3/h$ 정도까지 각종의 용량이 있다. 콘크리트플랜트선(CP선)에 의한 콘크리트 공급의 주된 용도는 호안, 방파제, 교량기초, 침매터널 등의 해양구조물이다. CP선에는 여러 가지 규모가 있지만 대규모인 것은 용량

(a) 현장플랜트(정치형)　　(b) 현장플랜트(차량적재형)

그림 7.4 **현장플랜트의 종류**

2.5m³이나 3.0m³의 수평 2축믹서를 2기 탑재하여 200m³/h 이상의 제조능력을 가진 것도 있다. 이들 CP선의 대부분은 콘크리트 펌프를 탑재하고 콘크리트 제조에서 타설까지 일괄적으로 실시하는 것이 가능하다. CP선을 필요로 하는 콘크리트공사에서는 매스 콘크리트 대책이 필요하거나 고유동 콘크리트, 수중불분리성 콘크리트 등 특수 콘크리트가 사용되는 예도 많고, 이들에 대응하기 위하여 제빙장치를 탑재하여 콘크리트 온도의 조절이 가능하게 하고 잔골재 표면수를 안정시키는 장치를 설치한 CP선도 있다.

7.2 레디믹스트 콘크리트

7.2.1 레디믹스트 콘크리트란?

레디믹스트 콘크리트란 「정비된 콘크리트 제조설비를 갖는 공장에서부터 공사현장 배출지점까지 품질을 지정하여 구입할 수 있는 것이 가능한 굳지 않은 콘크리트(Fresh 콘크리트)」로 정의된 용어이며, 통칭하여 레미콘이라고 한다. 레미콘은 1903년 독일에서 처음 탄생하였으며, 우리나라에서는 1965년에 쌍용양회의 서빙고 공장이 시초이며, 1960년대 후반부터 본격적으로 사용하게 되었다. 그 후, 각 지방에서 공장이 설립되어 새로운 공업을 육성하는 의미로 ASTM C 94-48과 JIS A 5308의 규격을 기초로 하여 1967년 11월에 KS F 4009(레디믹스트 콘크리트)의 규격이 제정되었다. 2013년 12월 현재 전국에 약 930여 개 공장이 가동되고 있으며, 5억m³가 넘는 레미콘이 생산능력을 확보하고 있다.

그림 7.5 KS F 4009-2011

레미콘은 ① 제조설비가 기계화되어 재료 계량이 정확하며 균질의 콘크리트가 제조 될 것 ② 전문기술자에 의해 재료, 배합에 관한 제반시험이 실시되며, 더욱이 적절한 품질관리가 실시되기 때문에 소요 품질이 확보될 것 ③ 시공자 자신이 제조설비를 설치하거나 제조관리를 실시하지 않고 필요한 때에 필요한 양의 콘크리트를 입수할 수 있기 때문에, 시공의 합리화가 가능해지는 등 많은 장점이 있어 콘크리트 시공의 주류가 되어 있다.

7.2.2 KS F 4009의 개요

1) 적용범위

이 표준은 레미콘 공장에서 제조되어 주문자에게 운반되는 굳지 않은 콘크리트에 대하여 규정한다. 다만, 운반 후의 타설 및 양생에 대하여는 규정하지 않는다. 한편, KS F 4009 해설에서는 일반 콘크리트 구조물에 사용되는 보통, 경량, 포장, 고강도 콘크리트를 대상으로 규정한 것으로서 이 규격에 규정된 수준과 다른 특수 수준을 필요로 하는 콘크리트에 대한 특별한 고려는 하지 않는다. 또한 배출지점에 배달된 시점의 레디믹스 콘크리트에 대하여 규정한 것으로 운반 후 구입자에 의해 실시된 운반, 타설, 양생 등 시공에 관한 사항 및 공사현장에서의 유동화에 대해서는 규정하지 않는다.

2) 콘크리트의 종류

레디믹스트 콘크리트의 종류는 보통 콘크리트, 경량 콘크리트, 포장 콘크리트, 고강도 콘크리트로 하고, 굵은골재의 최대치수, 호칭강도, 슬럼프 또는 슬럼프 플로를 조합한 표 7.4에 표시한 것으로 한다.

또한 다음 사항은 구입자와 생산자가 협의하여 지정한다.

① 시멘트의 종류
② 골재의 종류 및 사용량
③ 굵은골재의 최대치수
④ 3)-(3)에서 정한 염화물 함유량의 상한값과 다른 경우는 그 상한값
⑤ 호칭강도를 보증하는 재령
⑥ 표 7.7에 정한 공기량과 다른 경우는 그 값
⑦ 경량 콘크리트의 경우는 콘크리트의 단위용적질량
⑧ 콘크리트의 최고 또는 최저온도
⑨ 물/결합비의 상한값

⑩ 단위수량의 상한값

⑪ 단위결합재량의 하한값 또는 상한값

⑫ 유동화 콘크리트인 경우 유동화 이전의 베이스 콘크리트에서 슬럼프 증대량

표 7.4 **레디믹스트 콘크리트의 종류**

콘크리트의 종류	굵은골재의 최대치수 mm	슬럼프 또는 슬럼프 플로 mm	호칭강도 MPa(=N/mm^2)[a]												
			18	21	24	27	30	35	40	45	50	55	60	휨 4.0[b]	휨 4.5[b]
보통 콘크리트	20, 25	80, 120, 150, 180	○	○	○	○	○	○	-	-	-	-	-	-	-
		210	-	○	○	○	○	○	-	-	-	-	-	-	-
		500C, 600C	-	-	-	○	○	○	-	-	-	-	-	-	-
	40	50, 80, 120, 150	○	○	○	○	○	○	-	-	-	-	-	-	-
경량 콘크리트	15, 20	80, 120, 150, 180, 210	○	○	○	○	○	○	○	-	-	-	-	-	-
포장 콘크리트	20, 25, 40	25, 65	-	-	-	-	-	-	-	-	-	-	-	○	○
고강도 콘크리트	15, 20, 25	120, 150, 180, 210	-	-	-	-	-	-	○	○	○	-	-	-	-
		500C, 600C, 700C	-	-	-	-	-	-	○	○	○	○	○	-	-

a 종래 단위의 시험기를 사용하여 시험할 경우 국제 단위계(SI)에 따른 수치의 환산은 1kgf=9.8N으로 환산한다. 즉 1MPa≒10kgf/cm^{2}가 된다.

b 휨 4.0, 휨 4.5는 포장용 콘크리트에서 휨 호칭강도를 의미한다.

c 슬럼프 플로값을 의미한다.

3) 품질

레디믹스트 콘크리트의 강도, 슬럼프, 슬럼프 플로 및 공기량은 콘크리트 운반차의 배출지점에서 다음 조건을 만족해야 한다. 다만, 인수·인도 당사자 간의 협의에 따라 검사지점을 조정하여 생산공장에서 시료를 채취하여 시험해도 좋다.

(1) 강도

레디믹스트 콘크리트의 압축강도시험[1)]은 KS F 2403 (콘크리트의 강도 시험용 공시체 제작 방법) 및 KS F 2405 (콘크리트 압축강도 시험방법), 휨강도시험은 KS F 2403 (콘크리트의 강도 시험용 공시체 제작 방법) 및 KS F 2408 (콘크리트의 휨강도 시험 방법)에 규정하는 강도시험을 한 경우, 다음 규정을 만족해야 한다.

1) 강도 실험에서의 재령은 공시체의 지정이 없는 경우 28일, 지정이 있는 경우는 구입자가 지정한 일수로 한다.

호칭강도값은 유효숫자 3단위로 파괴하중을 구한 후 시험체 단면적으로 나누어 호칭강도에 소수점을 붙여 소수점 1자리를 0으로 하여 MPa(=N/mm^2)로 표시하도록 하였고 휨 4.0과 4.5는 4.00MPa(=N/mm^2), 4.50MPa(=N/mm^2)로 한다.

① 1회의 시험 결과라도 호칭강도의 값보다 매우 낮은 결과가 되거나, 또 과도하게 높은 배합강도가 얻어지는 결과가 되지 않도록 종합적인 관점에서 최소보증 강도를 호칭강도값의 85%로 정한다.

② 3회의 시험 결과 평균값은 구입자가 지정한 호칭강도값 이상이어야 한다.

(2) 슬럼프 또는 슬럼프 플로 및 공기량

슬럼프 또는 슬럼프 플로 및 공기량은 각각 다음 표에 따른다.

표 7.5 **슬럼프의 허용오차**

슬럼프(mm)	슬럼프의 허용오차(mm)
25	±10
50 및 65	±15
80 이상	±25

표 7.6 **슬럼프 플로 허용오차**

슬럼프 플로(mm)	슬럼프 플로의 허용오차(mm)
500	±75
600	±100
700[a]	±100

a 굵은골재의 최대치수가 15mm인 경우에 한하여 적용한다.

표 7.7 **공기량의 허용오차**

콘크리트의 종류	공기량(%)	공기량의 허용오차(%)
보통 콘크리트	4.5	±1.5
경량 콘크리트	5.5	
포장 콘크리트	4.5	
고강도 콘크리트	3.5	

(3) 염화물 함유량

레디믹스트 콘크리트의 염화물 함유량은 염소이온(Cl^-)양으로서 0.30kg/m^3 이하로 한다. 다만, 구입자의 승인을 얻은 경우에는 0.60kg/m^3 이하로 할 수 있다. 이 값은 잔골재 이외의 재료로부터 기인한 염화물이온양을 0.1kg/m^{3}로 하였을 때 종래의 잔골재의 염분 규정 0.04%와 0.1%에 각각 대응한 것이다.

$$\text{염화물 함유량(kg/m}^3) = Cl^- \times 1/100 \times W$$

여기서, Cl^- : 여과액 또는 블리딩수의 염소이온 농도(%)

W : 배합 보고서에 기재된 단위수량(kg/m^3)

4) 사용 재료

(1) 시멘트

시멘트는 다음에 나타내는 표준에 적합한 것 또는 이와 동등 이상의 것을 사용한다.

KS L 5201 (포틀랜드 시멘트)
KS L 5210 (고로슬래그 시멘트)
KS L 5211 (플라이 애쉬 시멘트)
KS L 5401 (포틀랜드 포졸란 시멘트)

(2) 골재

골재는 깨끗하고 단단하며 내구적인 것으로 적당한 입도를 가지며 점토덩어리, 유기물, 가늘고 긴 돌조각 등이 유해 함량 이상 포함되어서는 안 되며, 다음에 나타내는 표준에 적합한 것 또는 이와 동등 이상의 것을 사용한다.

KS F 2526 (콘크리트용 골재)
KS F 2527 (콘크리트용 부순 골재)
KS F 2534 (구조용 경량골재)
KS F 2543 (콘크리트용 동(銅) 슬래그 골재)
KS F 2544 (콘크리트용 고로 슬래그 골재)
KS F 2573 (콘크리트용 순환 골재)
KS F 2583 (콘크리트용 연슬래그 골재)

① 천연골재(잔골재)는 염분(NaCl)의 한도가 KS F 2515(골재 중의 염화물 함유량 시험방법)에 따라 시험하였을 때, 0.04% 이하여야 하고, 0.04%를 초과한 것에 대해서는 주문자의 승인을 얻어야 한다. 다만, 그 한도는 0.1%를 초과할 수 없다.

② 2종 이상의 골재를 혼합해서 사용하는 경우의 혼합 입도는 KS F 2526(콘크리트용 골재), 혼합 입형은 KS F 2527(콘크리트용 부순 골재)에 적합해야 하고, 혼합 전 각 골재의 품질은 해당 KS 표준의 품질규정을 만족해야 한다.

* KS F 2573(콘크리트용 순환 골재)은 사용 경험이 적고 순환 골재의 품질이 안정되어 있지 않기 때문에 사용 전에 사용자와 생산자 간의 충분한 협의를 거쳐 사용하도록 하며, 골재 사용량의 20~30% 이하를 사용하는 것이 콘크리트의 품질관리상 바람직하다.

(3) 물

물은 상수도물, 상수도물 이외의 물 및 회수수의 3종류로 구분하여 사용한다. 단, 고강도 콘크리트의 경우 회수수를 사용하면 안 된다.

표 7.8 **상수도물의 품질**

시험항목	허용량
색도	5도 이하
탁도(NTU)	0.3 이하
수소이온 농도(pH)	5.8~8.5
증발 잔류물(mg/L)	500 이하
염소이온(Cl^-)양(mg/L)	250 이하
과망간산칼슘 소비량(mg/L)	10 이하

표 7.9 **상수도물 이외의 물의 품질**

시험항목	품질
현탁물질의 양(g/L)	2 이하
용해성 증발 잔류물의 양(g/L)	1 이하
염소이온(Cl^-)양(mg/L)	250 이하
시멘트 응결시간의 차	초결은 30분 이내, 종결은 60분 이내
모르타르의 압축강도비	재령 7일 및 재령 28일에서 90% 이상

표 7.10 **회수수의 품질**

시험항목	품질
염소이온(Cl^-)양(mg/L)	250 이하
시멘트 응결시간의 차	초결은 30분 이내, 종결은 60분 이내
모르타르의 압축강도비	재령 7일 및 재령 28일에서 90% 이상

(4) 혼화재료

혼화재료는 다음에 나타내는 표준에 적합한 것 또는 이와 동등 이상의 것으로 콘크리트 및 강재에 해로운 영향을 주지 않는 것이어야 한다.

KS F 2560 (콘크리트용 화학 혼화제)
KS F 2561 (철근콘크리트용 방청제)
KS F 2562 (콘크리트용 화학 팽창제)
KS F 2563 (콘크리트용 고로슬래그 미분말)
KS F 2567 (콘크리트용 화학 실리카 퓸)
KS L 5405 (플라이 애쉬)

또한 혼화재료를 사용하는 경우에는 종류 및 사용량에 대하여 구입자의 승인을 얻어야 한다.

5) 배합

7.2.2(3) a의 조건을 만족하기 위한 배합강도는 식 (7.1)과 식 (7.2)에서 산출된 값 중 큰 것을 적용한다.

$$m \geqq 0.85SL + 3\sigma \text{ 또는 } m \geqq 0.85SL / (1 - 3V/100) \quad \text{식 (7.1)}$$

$$m \geqq SL + 3\sigma\sqrt{3} \text{ 또는 } m \geqq SL / (1 - \sqrt{3}V/100) \quad \text{식 (7.2)}$$

여기서, m : 배합강도(N/mm^2), SL : 호칭강도의 강도치(N/mm^2)
σ : 표준편차(N/mm^2), V : 변동계수(%)

생신자는 콘크리트 납품 시 레디믹스트 콘크리트의 배합보고서를 제출해야 하며, 구입자의 요구가 있다면 배합설계 등의 기초자료를 제시해야 한다. 한편, 구입자는 재료 품질 및 지정사항, 물-결합재비 설정 근거 등을 충분히 검토한 후 필요한 경우 시험믹싱 등을 통해 소정의 품질 확보 가능 여부를 확인해야 한다.

6) 레디믹스트 콘크리트의 제조 및 운반

그림 7.6은 레디믹스트 콘크리트의 제조설비의 일례이다.

(1) 제조설비

배처플랜트는 재료의 저장설비 및 계량장치, 혼합장치로 구성된다. 계량기는 상이한 배합의 콘크리트 재료를 연속해서 계량할 수 있어야 하며 골재의 표면수율을 보정할 수 있는 보정장치가 설치되어 있어야 한다.

(2) 계량

각 재료는 각각의 계량기를 이용하여 질량으로 계량한다. 단, 물과 혼화제와 같은 용액은 용적으로 계량할 수 있다.

계량오차는 시멘트와 물은 1회 계량분량의 1% 내외, 혼화재는 2% 내외(단, 고로슬래그 미분말은 1% 내외), 골재와 혼화제 용액은 3% 이내가 되도록 계량한다.

계량기의 계량상 정확성을 확보하기 위해서는 동하중검사 또는 정하중검사를 정기적으로 실시하거나 계량기에 재료를 공급하는 센서의 개폐동작을 사전에 충분히 검사관리해야 한다.

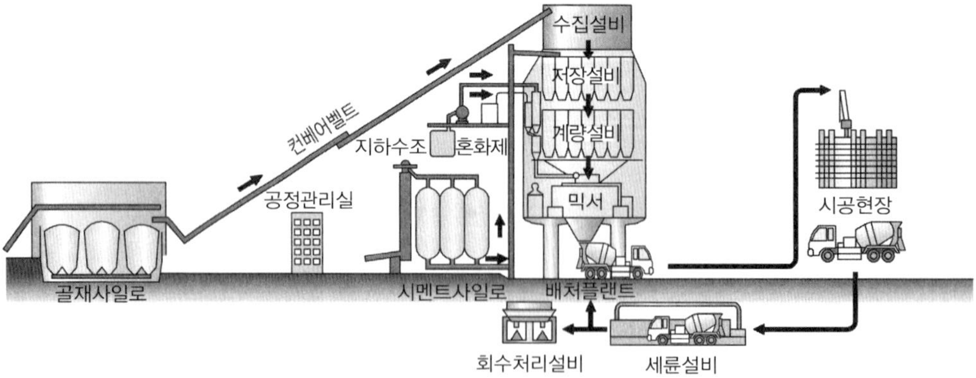

그림 7.6 **레디믹스트 콘크리트 제조설비 예**

(3) 비비기

레디믹스트 콘크리트는 믹서를 이용하여 균일하게 비벼야 하며 비비기의 용량과 시간은 KS F 2455 「믹서로 비빈 콘크리트 중의 모르타르와 굵은 골재량의 변화율 시험방법」에 의해 정한다.

(4) 운반

트럭 에지테이터(Truck Agitator)를 이용하는 경우 믹싱개시 후 1.5시간 이내에 타설이 가능하도록 운반한다. 단, 구입자와 협의하여 운반시간을 변경하는 것은 가능하다. 한편, 덤프트럭을 이용하는 경우의 운반시간은 믹싱개시 후 1시간 이내로 한다.

(5) 품질관리

레디믹스트 콘크리트 공장에서는 레디믹스트 콘크리트의 품질보증을 위해 필요한 품질관리(사용 재료의 품질검사, 제조시의 공장검사, 제품검사)를 실시하고 있다. 또한 생산자는 구입자의 요구가 있을 시 품질관리시험의 결과를 제시해야 한다.

7) 레디믹스트 콘크리트의 검사

레디믹스트 콘크리트 검사는 KS F 2401 「굳지 않은 콘크리트의 시료 채취 방법」에 준하여 채취된 시료로 시험하여 7.2.2(3)의 규정을 만족하면 합격으로 한다.

강도의 시험횟수는 보통 콘크리트, 경량 콘크리트 또는 포장 콘크리트는 150m^{3}당 1회, 고강도 콘크리트의 경우는 100m^{3}에 대해서 1회를 표준으로 한다. 슬럼프 또는 슬럼프 플로 및 공기량 검사는 필요에 따라 시험을 실시하며 표 7.5~표 7.7의 규정을 만족하면 합격으로 한다. 염화물 함유량의 시험은 필요한 경우 KS F 2713 「콘크리트 및 콘크리트 재료의 염화물 분석 시험방법」에 준하여 실시한다.

7.3 레디믹스트 콘크리트 공장의 선정

콘크리트공사에서는 레디믹스트 콘크리트가 보편적으로 사용된다. 레디믹스트 콘크리트를 선정함에 있어서 요구되는 성능의 콘크리트가 얻어질 수 있도록 충분히 조사를 실시한다. 조사항목으로는 공장에서 현장까지의 운반거리, 제조 및 운반능력, 품질관리(조직)체계, 공장설비, 계량장치, 시험설비, 출하실적, 사용 재료, 배합표 등이 있다.

1) 공장의 위치와 현장까지의 운반거리

레디믹스트 콘크리트는 공장에서 비빔 후 타설할 때까지의 시간이 규정되어 있기 때문에 공장에서 현장까지의 거리, 도로사정을 조사하고, 규정시간 이내에 타설할 수 있도록 하는 것이 중요하다. 도로는 계절, 요일, 시간에 따라서 혼잡상태가 크게 다르기 때문에 이에 대한 검토 및 대응이 필요하다.

2) 제조와 운반능력

제조능력의 조사는 수량, 종류, 성능에 대한 능력을 조사할 필요가 있다. 1일에 다량의 콘크리트 타설이 필요한 경우는 믹서의 혼합성능, 재료 저장장치의 크기, 운반차량의 대수를 조사해야 하며, 다량의 시멘트를 사용하는 경우 또는 특수한 혼화재료를 사용하는 콘크리트가 필요한 경우에는 시멘트사일로의 수, 혼화재를 적재할 사일로 수, 혼화제용의 저장탱크의 수를 조사할 필요가 있다.

3) 품질관리체제

안정된 품질의 콘크리트 제조를 위해서는 콘크리트에 대해 전문지식을 갖춘 기술자의 상주가 필요하므로, 이러한 콘크리트 전문가의 상주 여부 등의 품질관리체제를 조사해야 한다. 특수한 콘크리트가 필요한 경우에는 설비뿐만 아니라 콘크리트에 대한 전문지식을 가진 기술자가 있어야 하므로 기술자 확보 여부의 조사와 더불어 과거 제조실적을 조사할 필요가 있다.

4) 공장설비

제조설비는 KS F 4009「레디믹스트 콘크리트」에서 정한 제조방법에 의한 레디믹스트 콘크리트의 생산이 가능한 설비여야 하며 다음의 사항을 만족하는 것이 바람직하다.

① 잔골재의 적재설비는 지붕이 있을 것

② 슬럼프 모니터를 설치하고 있을 것

③ 5~20mm 굵은골재에 대해서는 대소입자가 분리되지 않도록 중간규격(13 또는 15mm)으로 분리하여 저장하고 있을 것

5) 계량장치

계량장치는 굳지 않은 콘크리트의 품질을 좌우하는 주요 장치이므로 다음과 같은 항목을 조사하도록 한다.

① 계량방식은 개별계량방식인가, 골재별 누적계량방식인가.

② 계량 기록장치의 유무, 계량 기록장치는 있는 것이 바람직함.

③ 골재표면수 보정장치의 유무와 보정 가능한 범위

④ 표면수 연속측정장치의 유무

⑤ 용량 변환설비의 변환 스텝

⑥ 배합 설정장치의 방식

⑦ 슬럼프 모니터의 유무

⑧ 조작방식

6) 시험설비

배합설계와 품질관리를 위한 시험설비가 필요하다. 시험설비에 대해서는 다음과 같은 것을 조사할 필요가 있다.

① 압축시험기의 대수와 최대용량

② 양생실의 규모와 수급본수

③ 시험실의 규모

7) 출하실적

플랜트의 제조능력과 품질관리능력은 출하실적을 조사하는 것에 의해 대략적으로 알 수 있다.

8) 사용 재료

콘크리트 용량의 대부분을 차지하는 골재의 품질은 콘크리트 품질을 크게 좌우하므로 요구되는 품질의 골재를 안정적으로 입수 가능한지 조사할 필요가 있다.

9) 배합표

레디믹스트 콘크리트의 종류는 보통 콘크리트, 경량 콘크리트, 포장 콘크리트로 구분하고 굵은골재의 최대치수, 호칭강도, 슬럼프의 순서로 표시하도록 되어 있다. 한편, 레디믹스트 콘크리트의 배합은 레디믹스트 콘크리트 생산업체의 생산실적에 근거하여 설정되기 때문에 과거의 배합보고서를 분석하는 것으로 레디믹스트 콘크리트에 대한 생산업체의 품질관리방식 및 재료의 품질편차에 대한 조사가 가능하다.

7.4 품질관리와 검사

레디믹스트 콘크리트의 품질관리는 생산자가 요구성능을 만족하는 제품을 안정적으로 생산하기 위한 행위이다. 생산자는 주문된 제품이 요구성능을 만족하도록 제조설비의 관리, 콘크리트 재료의 검사, 제조공정을 관리해야 한다. 또는 생산자는 구입자가 요구 시 품질관리 시험 결과를 제시해야 한다.

검사란, 구입자가 구입한 제품이 요구성능을 만족하고 있는가를 평가하는 행위이다. 콘크리트가 타설된 후 강도 등의 검사결과가 불합격으로 판정된다면 불량 콘크리트의 제거 및 재시공 또는 구조체 보강 등으로 인한 매우 큰 손실이 발생할 수 있다. 또한 경우에 따라서는 시공 시의 안정성이 저하될 가능성도 있기 때문에 구입자는 시공현장에 투입되는 굳지 않은 콘크리트의 요구성능 만족 여부를 평가해야 한다. 우선, 콘크리트 품질을 확인하기 위해서는 굳지 않은 콘크리트의 배합을 확인할 필요가 있는데, 단위수량을 추정하는 방법 등 다양한 방법이 제안되어 있으나 아직 일반적인 검사법이 제안되어 있지 않은 실정이다. 일반적으로 입하검사에서는 슬럼프와 공기량 그리고 염화물이온양 등의 일반적인 성능평가 정도이며, 이와 같은 현장에 반입된 굳지 않은 콘크리트 반입 시의 검사만으로는 경화 콘크리트 품질의 판단이 용이하지 않기 때문에 콘크리트의 제조상황에 대한 검사가 필요하다. 검사항목은 제조설비의 검사, 콘크리트 재료의 반입검사, 제조공정의 검사가 있다.

7.4.1 제조설비의 검사

생산자는 소정의 품질이 확보된 안정적인 제품 생산이 가능한 설비인지를 확인하기 위해서 적절한 빈도와 방법으로 시험을 실시한다.

구입자가 실시하는 제조설비검사는 대상으로 하는 플랜트가 소정의 품질이 확보된 제품을 안정하게 제조가능한 설비인지, 또한 생산자의 품질관리체제가 충분하게 검토된 것인지 확인하기 위한 것으로 설비의 정기적인 시험 결과의 확인과 현장검사를 통해 실시한다.

7.4.2 콘크리트 재료의 입하검사

레디믹스트 콘크리트 생산자는 시멘트, 물, 골재, 혼화재료 등의 콘크리트 재료가 소정의 품질인지 여부를 콘크리트의 반입 시 검사해야 한다.

7.4.3 제조공정의 검사

레디믹스트 콘크리트의 생산자는 콘크리트의 압축강도 관리 데이터를 조사하여 요구되는 강도 이상의 제품이 생산되는지의 여부 및 생산된 제품이 오차범위 내에 있는지의 여부를 확인하여 제조공정의 검사 및 관리를 실시해야 한다.

구입자는 생산자로부터 제출된 콘크리트의 압축강도 관리 데이터에 따라 제조공정의 검사를 실시한다.

7.4.4 레미콘의 입하검사

레디믹스트 콘크리트 구입자는 현장에서 투입된 굳지 않은 콘크리트가 워커빌리티, 강도, 내구성 등 소정의 성능을 만족하는 콘크리트인지의 여부를 확인하기 위해 입하검사를 실시해야 한다. 워커빌리티 검사를 통해 슬럼프와 공기량이 설정값을 만족하는지의 여부를 확인함과 동시에 재료분리성을 육안으로 확인한다. 강도의 검사 시에는 콘크리트 배합조사를 실시하는 것을 표준으로 하되 배합검사를 실시하지 않은 경우에는 압축강도에 의한 검사를 실시한다. 내구성의 검사에서는 염화물이온양을 측정하는 것 외에 알칼리골재반응에 대해서는 배합표에서 대책이 설정되어 있는가를 확인한다.

7.4.5 경화 콘크리트 검사

1) 일반

콘크리트의 강도검사는 소정의 콘크리트 구조물이 얻어졌는지의 여부를 최종적으로 판정하는 가장 중요한 검사이다. 콘크리트의 제조상황의 확인은 생산자의 품질관리 결과의 확인과 현장검사에서의 콘크리트 품질검사에 의해서 각각 실시되고 있다.

강도시험은 재령 28일에서 실시하거나 기준이 되는 재령을 별도로 지정한 경우는 지정된 재령으로 실시한다.

2) 경화 콘크리트 검사

경화 콘크리트의 시험은 표 7.11에 따라 실시한다.

(1) 압축강도시험

압축강도시험은 배합이 다를 때마다 1일 타설량마다 KS F 4009 또는 해당 공사 시방서에 따라 압축강도시험을 실시하여 품질을 확인하도록 하고 있다.

또한 공시체의 크기는 원칙적으로는 굵은골재 최대치수가 20이나 25mm의 경우는 ϕ100×200mm로 하고, 40mm의 경우는 ϕ150×300mm 또는 ϕ125×250mm로 한다. 공시체는 콘크리트 타설 위치에 따라 1일 현장양생을 실시한 후 공시체 번호를 기입하고 표준양생(20℃±3℃, 수중양생)을 실시하는 것으로 한다.

표 7.11 **경화 콘크리트의 시험과 규정값**

시험항목	시험방법	시험빈도	규정값
압축강도	KS F 4009	배합이 다를 때마다 1일 타설량마다	7.4.5[3]에 따름

(2) 시험체의 수

① 시험체의 제작개수는 1회에 3개(재령 28일)로 하거나 콘크리트 종류별로 타설 개시로부터 3주간은 1회에 6개(재령 7일, 28일 각각 3개)로 하여 콘크리트의 품질관리가 정상적으로 되는 것을 확인하는 것이 좋다.

② 프리스트레스트 콘크리트 구조물에 사용하는 콘크리트의 경우는 상기의 (1) 외에 프리스트레스 도입 시 콘크리트 강도의 확인을 위해 6개의 시험체(재령 3, 4일 각각 3개, 현장양생)를 제작하는 것으로 한다.

3) 판정

(1) 재령 7일 강도의 시험값

배합설계에 의해 얻어진 7일 강도와 28일 강도의 관계로부터 강도상의 이상이 확인된 경우에는 그것을 불합격으로 가정하고, 28일 강도 시험값의 판정결과를 다음의 (b)에 의해서 판정한 후 정식으로 합격, 불합격을 판정한다.

(2) 재령 28일 강도의 시험값

공시체 3개 1조의 평균값을 1회의 시험값으로서, 다음의 2조건을 만족하는 경우에는 합격으로 한다.

① 각 1개의 시험체는 호칭강도의 85% 이상일 것

② 연속한 3개 시험값의 평균값이 호칭강도 이상일 것

4) 불합격의 처리

(1) 재령 7일 강도에 이상이 있는 경우

① 원인이 판명되어 소정의 품질이 확보된 것이 명확한 경우에는 그 원인을 제거하고 콘크리트의 타설을 재개한다. 또한 이 경우에도 재령 28일에 의한 강도시험을 통해 정식의 합격, 불합격을 판정한다.

② 원인이 판명되지 않은 경우에는 해당 콘크리트의 사용을 일시 중지하고 원인을 조사해야 하며 재령 28일에서의 강도에서 정식의 합격, 불합격을 판정한다.

(2) 재령 28일 강도가 불합격이 된 경우

신속히 구입자와 협의하여 불합격된 시험값이 얻어진 구조체는 구입자의 지시에 의해서 적절한 조치를 취한다. 또한 신속히 원인을 조사하며 원인이 제거될 때까지 해당 콘크리트의 사용을 일시 중지한다.

참/고/문/헌

1. 한국콘크리트학회, 최신콘크리트 공학, 기문당, 2005.
2. 콘크리트표준시방서, 한국콘크리트학회, 2009.
3. 日本土木學會, 콘크리트 표준시방서, 日本土木學會, 2003.
4. 정재동, 콘크리트 재료공학, 기문당, 1998.
5. 정상진 외, 건축재료학, 기문당, 2002.

연/습/문/제

1. 레미콘 공장에서 계량설비로 계량하는 경우, KS F 4009에 다른 시멘트의 계량오차는 어느 정도인가?

   답 시멘트 1회 계량분량의 한계오차 : −1%, +2%

2. 우리나라 레미콘 공장에서 주로 사용되는 믹서의 종류는?

   답 강제 혼합형 2축믹서

3. 레미콘 공장에서 가장 경제적인 콘크리트의 믹서 시간은 ?

   답 1분~1분 30초

4. 레디믹스트 콘크리트의 염화물 함유량은 염소이온(Cl^-)양은 얼마 이하가 되도록 해야 하는가?

   답 $0.30kg/m^3$ 이하

5. 레미콘 공장에서 콘크리트를 제조하는 설비로 저장설비, 계량설비, 혼합장치로 구성되어 있는 설비의 명칭은 무엇인가?

   답 배처플랜트

08 시공

8.1 시공 개요

8.1.1 개요

콘크리트공사는 건축시공에서 가장 중요한 공사 중 하나이다. 오늘날 대규모 건축물의 대부분이 철근콘크리트조 또는 철골철근 콘크리트조로서, 건축공사비 중 콘크리트공사비가 차지하는 비율은 15~20%이고 부수되는 거푸집 및 철근공사비를 합하면 건축공사비의 30~40%에 이를 정도로 그 비중이 매우 크다.

콘크리트공사에서 소정 품질의 구조체가 얻어질 수 있도록 가장 합리적인 시공계획을 세우기 위해서는 콘크리트 타설, 철근조립, 거푸집공법을 알맞게 선정하고 이들 작업이 삼위일체가 되어 원활하게 시행되도록 검토하며, 동시에 급·배수시설, 운반계획, 다짐방법, 조명 등의 전기설비, 인원계획도 검토해야 한다.

또한 콘크리트 공사기간은 다양한 공사, 공정, 건물규모, 시공의 난이도, 시방의 등급, 콘크리트·철근·거푸집의 총량, 일기와 계절 등을 고려하여 검토한다. 그리고 콘크리트의 동별, 층별, 개소별 타설계획을 결정하여 각각의 콘크리트 타설량을 구하고 철근과 거푸집공사의 공정을 고려하여 콘크리트 타설 공정을 결정한다. 콘크리트공사의

1개층분 사이클 공정의 예는 그림 8.1과 같으며, 이러한 공정을 체계적으로 압축시켜 초고층에서는 3~4day 사이클로도 운영되고 있다.

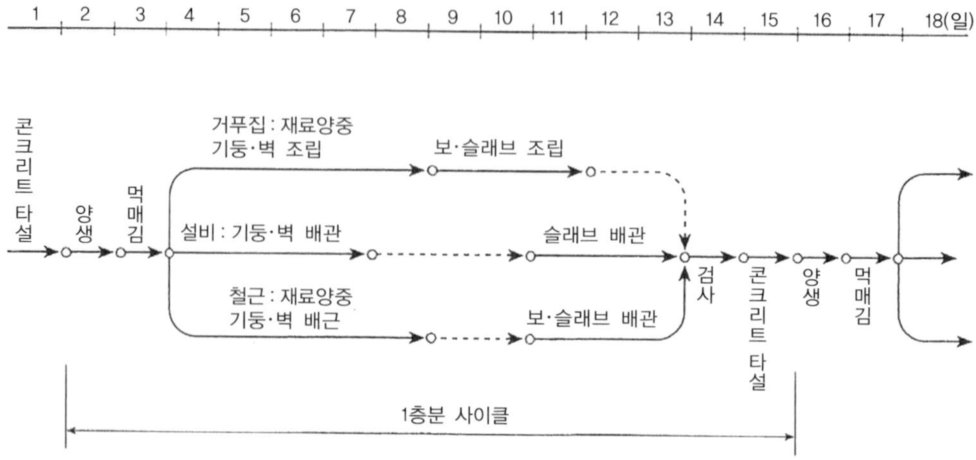

그림 8.1 **콘크리트공사의 1층분 사이클(15일) 공정의 예**

8.1.2 시공계획

1) 사전조사 사항

콘크리트공사는 현장마다의 조건에 따라 달라지는 것이 일반적이다. 고도의 품질이 요구되거나, 짧은 공기로 시공하지 않으면 안 된다거나, 주변상황이 안전과 공해에 특히 신경 쓰지 않으면 안 된다거나 등등, 해당 공사에 주어지는 조건이 매우 다양하다. 다음과 같은 현장의 다양한 요구조건을 확인하고 제조건에 대해서 신중히 검토하여 조건에 맞는 시공계획을 세워야 한다.

① 설계도서 설계도면 및 시방서 확인

② 주변 현황 인접건축물, 진입로, 주변의 교통상황 등 조사

③ 전체 공사기간 및 콘크리트 시공기간

④ 레미콘 공장 생산능력, 품질관리능력 등 현황

⑤ 레미콘 운반거리, 경로 및 운반시간

⑥ 건축물의 규모나 구조상의 특수성

⑦ 요구 품질이나 정밀도의 수준

2) 품질관리 중요항목 파악

공사계획을 세울 때 어떤 공사결함이 발생하기 쉬운지 잘 파악해 두도록 한다. 일반적인 콘크리트공사에서는 표 8.1에 표시한 공사결함이 가장 많이 발생하므로 사전에 충분한 대책을 강구할 필요가 있다.

표 8.1 **콘크리트공사에서 발생하기 쉬운 공사결함의 종류와 대책**

결함의 종류	주로 영향을 받는 품질	사전대책
곰보, 허니콤, 공동	강도(부재내력), 수밀성, 내구성	배합계획, 타설, 다짐계획의 점검
균열(콜드조인트, 이어치기 부위 포함)	수밀성(누수), 내구성	배근설계, 배합계획, 양생계획, 타설계획의 점검
강도 부족	강도, 강성	배합계획, 양생계획의 점검
피복두께 부족	내구성	배근설계의 점검, 스페이서 배치간격의 검토

3) 시공계획 작성

품질 · 공정 · 예산 · 노무 · 기계 · 안전관리 등을 염두에 두고 설계도서를 확인하면서 시공계획을 작성한다. 시공계획에서 다루어야 할 대부분의 항목은 설계자 혹은 감리자의 승인을 얻어야 하는 사항이며 구체적 항목은 다음과 같다.

① 공법(수직 · 수평분리타설 등)
② 사이클 공정표(타 작업과의 관련도 포함)
③ 레디믹스트 콘크리트(이하 레미콘이라고 함)의 수송경로 및 시간
④ 현장 내의 운반방법(펌프압송의 방법 및 기종)
⑤ 타설계획(타설순서 및 구획나누기)
⑥ 양생계획(날씨변화도 포함)
⑦ 콘크리트 시공도
⑧ 노무계획(작업원의 적정 배치)
⑨ 관리조직 및 관리체제
⑩ 기타

8.1.3 재료공법의 검토

1) 재료 2) 공법 3) 관련공사

8.1.4 공정계획

1) 단위작업공정 2) 일정공정

8.1.5 가설 및 설비계획

본 공사의 시공을 지원하는 "가설시설물을 설치하고 해체, 철거하는 공사"라고 정의할 수 있으며, 가설계획이란 가설공사를 수행하기 위한 계획이라고 할 수 있다.

가설시설물이란 건축공사의 작업을 지원하기 위해 일시적으로 사용되는 장비나 건물, 혹은 장소, 시설 등을 의미한다.

표 8.2 **가설시설물의 분류**

분류	가설시설물
양중장비	타워크레인, 승강기(Hoist, Lift)
콘크리트공사 장비	CPB(Concrete Placing Boom), 고압펌프
가설건물	현장사무실, 실험실, 안전교육장, 식당 등
현장시설	야적장, 작업장, 통로, 출입구, 세륜시설, 울타리

8.1.6 품질관리계획

(1) 시공자는 공사 목적물이 요구사항을 충족하고 있다는 것을 검증하기 위하여 투입자재, 시공공정 및 공사 목적물과 관련된 특성을 검사 및 시험, 모니터링해야 한다.

(2) 품질관리계획은 다음 사항을 포함하여 검사 및 시험, 모니터링에 대한 관리업무가 기술되어야 한다.

① 적절한 단계에서 검사 및 시험계획의 수립

② 각 단계에서의 검사 및 시험항목, 합격 판정기준, 빈도, 사용되는 장비 및 기법, 책임자

③ 필요한 경우, 발주자 또는 감리자의 입회와 검증의 시기, 장소 및 방법 등

8.1.7 안전위생계획

1) 거푸집 및 동바리

(1) 붕괴재해 위험 분석

① 공사단계별 붕괴위험 요인 분석

- 붕괴위험 장소, 형태, 수량 등을 파악하여 목록 작성
- 붕괴위험 요인별 안전대책 제시

② 붕괴위험 장소를 평면도, 종·횡단면도 등 도면상에 표기

(2) 안전시공계획

① 거푸집 및 동바리의 각 단위공정별 안전시공 절차 및 주의사항

② 거푸집 및 동바리 조립·해체계획 수립

③ 특수공법에 대한 공법 개요 및 안전작업계획

특수 거푸집이나 Horny Beam 등의 공법 적용 시 안전대책 등

④ 콘크리트 타설계획 수립

- 타설순서, 타설방법, 장비투입계획, 콘크리트 진동기의 사용방법 등

⑤ 유해위험 요인 및 재해예방계획 수립

- 거푸집 설치·해체작업 중 추락에 따른 작업발판 및 안전난간 설치, 개구부 덮개 설치, 개인보호구 착용(부착설비 사전검토) 등의 재해예방계획 수립
- 각종 개구부 상부 작업발판 붕괴에 따른 안전한 구조의 작업발판 설치, 작업발판 내에 자재 과적 금지 등의 재해예방계획 수립

(3) 구조 안전성 검토

① 거푸집의 안전성 검토

- 콘크리트 시공 시의 하중, 콘크리트 측압, 타설할 때의 진동 및 충격 등에 대한 사전검토

② 거푸집 동바리의 구조검토

- 거푸집 동바리에 작용하는 수직하중, 좌굴, 비틀림, 전단력 등에 대한 검토

2) 철근

① 철근의 가공 및 조립 시 안전시공 절차 및 주의사항 등

② 유해위험 요인 및 재해예방계획 수립

- 철근조립 중 철근 전도에 따른 전도방지용 버팀대 설치, 작업계획 사전 수립(장척철근 분할 등) 등의 재해예방계획 수립
- 철근조립 작업 중 근로자 추락에 따른 안전한 구조의 작업발판 설치, 작업발판 단부에는 안전난간 설치 등의 재해예방계획 수립

3) 콘크리트

① 콘크리트 타설, 다짐, 양생, 사용장비 등 단위공정별 작업방법

② 유해위험 요인 및 재해예방계획 수립

- 타설 중 추락 방지를 위한 안전난간 설치 등 유해위험 요인 및 재해예방계획
- 타설 중 거푸집 동바리 붕괴 방지를 위한 사전 구조검토 실시, 타설 중 거푸집동바리 변형 여부 점검, 콘크리트 타설순서 준수, 감시자 배치

8.1.8 환경관리계획

(1) 작업 도중 발생할 수 있는 환경영향을 점검하고 조치하기 위해 환경영향 점검표에 따라 점검한다(착공 전, 중, 준공 시를 구분하여 점검).

(2) 점검결과 법, 기준 또는 점검기준을 벗어난 환경영향이 발생할 경우 즉시 조치한다.

(3) 경미한 사항에 대해서는 현장에서 즉시 시정조치하며, 중요한 사항에 대해서는 부적합 사항 보고서를 발행하여 시정 및 예방조치를 한 후 기록, 관리한다.

8.2 운반

8.2.1 개요

콘크리트의 운반에는 운반차, 버킷(Bucket), 콘크리트 펌프, 콘크리트 플레이서(Concrete Placer), 벨트 컨베이어, 손수레, 트롤리 차(Trolley Car), 슈트(Chute) 등

을 단독 또는 병행하여 사용한다. 어느 것이든 재료분리, 슬럼프 및 공기량의 감소 등이 적게 일어날 수 있는 방법으로 빨리 운반하여 타설하는 것이 중요하다. 혼합 후 타설이 끝날 때까지의 시간한도는 콘크리트의 배합, 사용 재료, 온도, 습도, 운반방법 등에 따라 변화하며, KS F 4009와 콘크리트 표준시방서(2009)에서는 표 8.3과 같이 각각 운반시간의 한도를 정하고 있다. 다만, 콘크리트 표준시방서(2009)에는 혼합으로부터 타설완료 때까지의 전체 시간을 규정한 데 반해 KS F 4009는 혼합으로부터 타설현장에서 레디믹스트 콘크리트를 내릴 때까지의 시간으로 규정하고 있다. 한편, 양질의 지연제 등을 사용하여 응결을 지연시키는 등의 특별한 조치를 강구하는 경우에는 콘크리트의 품질변동이 없는 범위 내에서 주문자 또는 책임기술자의 승인을 받아 시간제한을 변경할 수 있다.

레디믹스트 콘크리트의 경우 혼합개시로부터 타설완료까지의 과정은 일반적으로 그림 8.2와 같다.

표 8.3 **운반시간의 한도**

KS F 4009	콘크리트표준시방서	
90분	기온 25℃ 이상	90분
	기온 25℃ 미만	120분

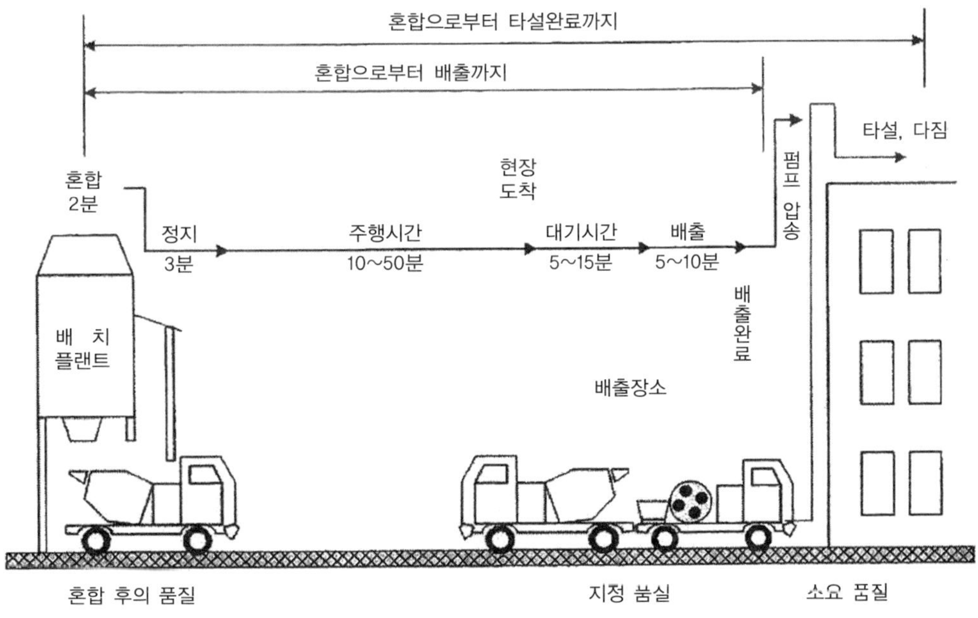

그림 8.2 **레디믹스트 콘크리트의 운반경로**

8.2.2 현장까지의 운반

1) 운반차

콘크리트 운반차의 종류로는 장거리 운반이나 슬럼프가 큰 콘크리트의 운반에 적합한 트럭믹서(Truck Mixer) 또는 트럭 애지테이터(Truck Agitator)를 비롯하여 덤프트럭 등이 있다.

트럭믹서와 트럭 애지테이터의 차이는 일반적으로 전자가 운반차의 드럼 내의 혼합용 날개(Blade)를 회전시킴으로써 혼합성능을 가지도록 한 것인 데 반해, 후자는 드럼 내에 날개를 붙여 드럼의 저속 회전에 의해 혼합성능보다는 운반 중의 재료분리와 응결의 진행을 막는 기능을 가지고 있다는 점이다.

(1) 트럭 에지테이터

트럭 에지테이터(Truck Agitator)는 배치 플랜트(Batch Plant)에서 혼합하여 실은 레디믹스트 콘크리트가 분리되지 않도록 교반하면서 주행할 수 있도록 만든 것으로, 일반적으로 믹서로서의 혼합능력을 가지지는 않는다.

레디믹스트 콘크리트의 운반에는 트럭 에지테이터를 사용하는 것이 보통이지만 배치 플랜트의 믹서에서 충분히 혼합한 다음에 실어야 하는데, 슬럼프 50mm 이하의 된반죽 콘크리트는 배출이 어렵고 드럼에 콘크리트가 부착하는 문제점이 발생하기 쉽다.

KS F 4009에 따르면, 트럭 에지테이터는 레디믹스트 콘크리트를 시공현장까지 운반한 후 전체 콘크리트의 약 1/4과 3/4의 위치에서 시료를 채취, 시험을 실시했을 때 양쪽의 슬럼프 차이가 30mm 이내로 되는 교반성능을 가져야 한다.

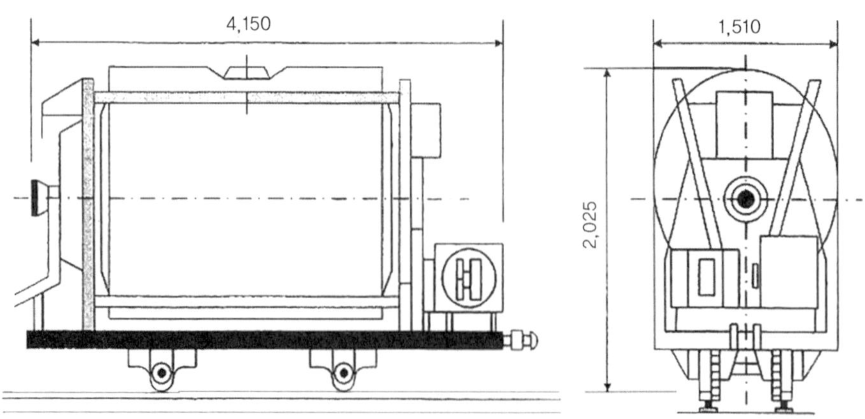

그림 8.3 **터널용 에지테이터 차의 구조(3m^3 식)**

(2) 덤프트럭

슬럼프 50mm 이하의 된반죽 콘크리트를 10km 이내로 운반하거나 1시간 이내에 운반가능한 경우 재료분리가 심하지 않으면 덤프트럭을 이용하거나 버킷을 자동차에 실어서 운반해도 좋다. 덤프트럭의 짐받이는 평탄하고 방수성이 있어야 하며 건조를 방지하고 바람과 비를 막기 위해 보호덮개를 갖추고 있어야 한다.

덤프트럭은 일부 포장용 콘크리트의 운반에 사용되고 있는 외에 콘크리트 댐의 시공법으로 개발된 롤러다짐 콘크리트공법(RCD공법)에 사용되는 제로(0)슬럼프 콘크리트의 운반에도 사용된다. 그러나 덤프트럭으로 운반하는 경우는 재료분리가 일어나기 쉽기 때문에 주의가 필요하다.

8.2.3 현장 내의 운반

현장 내의 운반장비로는 콘크리트 버킷, 콘크리트 타워, 손수레, 콘크리트 펌프, 벨트 컨베이어 및 슈트 등이 있으며, 이들의 특징을 비교하여 정리하면 표 8.4와 같다.

표 8.4 **콘크리트 운반장비**

운반장비	운반 방법	최대 운반거리 (m)	운반량 (m^3/대)	동력	적용 범위	비교
콘크리트 버킷	수평 수직	25 50	0.5~1.0	크레인	일반적	재료분리가 적어 현장 내 운반에 적합
콘크리트 플레이서	수평 (경사)	100	0.5~1.0	압축공기 (전동)	터널공사 아치공사	터널 등의 좁은 곳에 콘크리트를 운반하는 데 편리
콘크리트 타워	수직	60	0.5~1.0	전동	높은 장소	수평방향은 손수레, 펌프, 벨트 컨베이어 등의 조합방식으로 운반
손수레	수평	50	0.5~1.0	인력	소규모 공사 특수공사	평탄한 운반로가 필요
콘크리트 펌프	수평 수직	200 40	0.5~1.0	기관	높은 장소	적합한 기종을 선택하고 타설속도에 주의하면 된반죽에도 사용가능
벨트 컨베이어	수평 (경사)	60	0.5~1.0	전동	된반죽용	재료분리 발생 용이
슈트	수직 (경사)	20	0.5~1.0	중력	지하구조물 보조수단	묽은 반죽에 사용하면 좋지만 재료분리 발생 용이

1) 버킷

버킷(Bucket)에 의한 운반은 혼합 후 콘크리트를 적당한 구조의 버킷에 받아 케이블 크레인, 집 크레인 등의 운반설비로 타설장소까지 운반하는 방법으로 콘크리트에 진동을 적게 주며, 타설장소의 상하, 수평 어느 방향으로도 운반이 용이하다.

그러나 버킷 중에 장시간 콘크리트를 넣어두면 재료분리나 시공연도의 변화가 생기므로 주의할 필요가 있다. 버킷의 구조는 배출구의 개폐가 쉽고, 닫았을 때 콘크리트나 모르타르가 새지 않아야 한다. 배출구가 한쪽으로 치우쳐 있으면 배출 시 재료분리가 일어나기 쉬우므로 중앙부의 아래쪽에 배출구가 있는 것이 좋다.

버킷의 용량에는 여러 가지가 있으며, 크레인의 크기에 따라 그 용량이 결정된다.

2) 콘크리트 플레이서

콘크리트 플레이서(Concrete Placer)는 수송관 내의 콘크리트를 압축공기로 압송하는 것으로 콘크리트 펌프와 같이 좁은 곳에 콘크리트를 운반하는 데 편리하다(그림 8.4 참조).

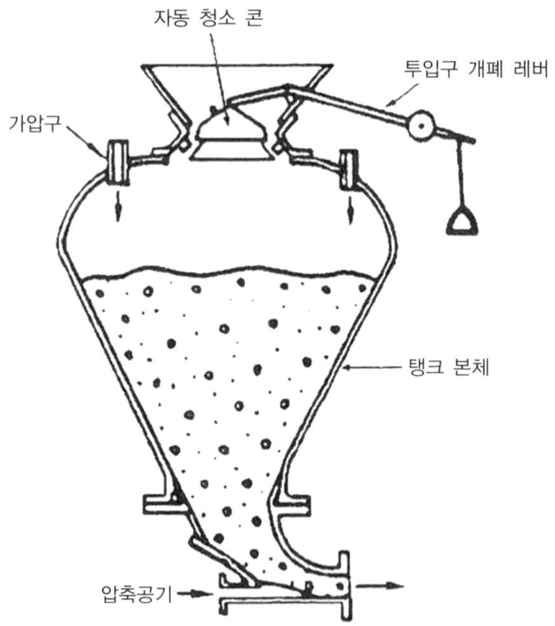

그림 8.4 **콘크리트 플레이서**

구조가 비교적 간단하고 통상 현장에서 사용되는 컴프레서를 이용할 수 있으며, 배치 수송이 가능한 특성이 있다. 수송관의 배치는 굴곡을 적게 하고 수평 또는 상향으로 설치하며, 하향 경사가 되지 않도록 주의한다. 조건에 따라 다르지만 압송능력은 25~34m^3/h이며, 수송거리는 수평으로 환산하여 약 150~200m가 압송의 한계이다.

최근 터널공사에서 사용되고 있는 콘크리트 플레이서는 에지테이터가 부착된 것이 보통이다. 일반적으로 에지테이터가 부착된 플레이서에 적합한 콘크리트의 배합조건은 슬럼프 120mm 이상, 굵은골재 최대치수 40mm 이하, 단위시멘트양은 250kg/m^3 이상이다.

배관 선단에서는 콘크리트의 급속 분출, 압력의 급격한 변화를 일으키기 때문에 내압재료를 사용하며 재료분리를 일으키지 않도록 하는 것이 중요하며, 재료분리를 막기 위해서는 현장의 배관조건, 콘크리트의 배합조건에 맞도록 압축공기를 조정해야 한다.

콘크리트 플레이서의 결점은 관의 선단이 항상 콘크리트 중에 매립되지 않으면 큰 힘으로 분사되고, 이 충격에 의하여 굵은골재가 분리되는 점과 콘크리트의 분사에 의해 슬럼프의 감소가 커지는 점이다. 따라서 미리 시멘트 페이스트의 양을 늘릴 필요가 있으므로 일반적으로 단위시멘트양을 20kg 정도 증가시키는 것이 좋다.

3) 슈트(Chute)

콘크리트표준시방서에서는 슈트를 사용하는 경우 원칙적으로 연직슈트를 사용하도록 규정하고 있는데, 이것은 경사슈트로 운반된 콘크리트는 재료분리를 일으키기 쉽기 때문이다. 더욱이 콘크리트가 잘 유하하도록 하기 위하여 슬럼프가 큰 콘크리트를 사용하는 경우에는 재료분리가 더욱 심하게 일어날 우려가 있으므로 경사슈트는 될 수 있는 한 사용하지 않는 것이 좋다. 그러나 부득이하게 경사슈트를 사용할 경우 슈트의 경사는 콘크리트가 재료분리를 일으키지 않을 정도로 하며, 일반적으로 수평 대 연직의 비는 2 : 1 정도가 적당하다.

콘크리트가 원활하게 슈트에서 유하하지 않을 때는 경사도를 높이거나 콘크리트의 배합을 수정해야 한다. 경사슈트의 출구에서는 조절판(Baffle Plate) 및 깔때기를 설치해서 재료분리를 방지하는 것이 좋다(그림 8.5 참조). 이때 깔때기의 한쪽은 될 수 있는 한 콘크리트를 치는 표면 가까이에 둘 필요가 있으며, 그 간격은 1.5m 이하로 한다.

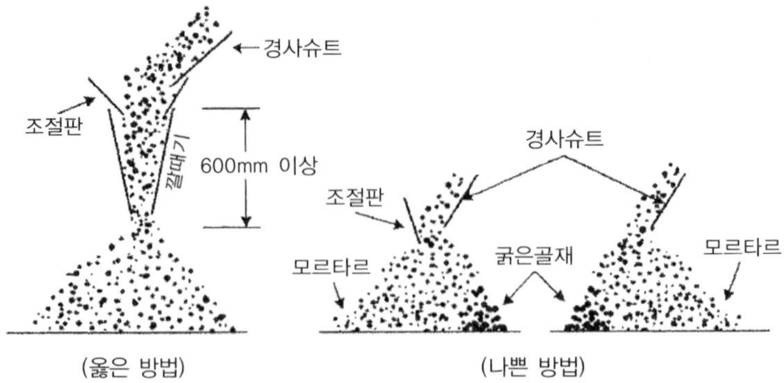

그림 8.5 **경사슈트에 의한 콘크리트의 운반**

4) 벨트 컨베이어

벨트 컨베이어(Belt Conveyor)는 된반죽의 콘크리트를 수평에 가까운 방향으로 연속적으로 운반하는 데 편리하다. 운반거리가 길면 햇빛이나 공기에 노출되는 시간이 길어져 콘크리트가 건조하거나 변화하므로 컨베이어를 적당한 위치에 배치하고, 벨트 컨베이어에 덮개를 설치하는 등의 조치를 강구한다. 컨베이어의 기울기는 콘크리트의 반죽질기 등에 따라 달라지지만 보통 포터블 컨베이어(Portable Conveyor)는 20~25°까지, 그리고 특수 컨베이어는 45° 정도까지 가능하다.

슬럼프가 25mm 이하 또는 180mm 이상인 콘크리트의 경우는 컨베이어의 운반능력을 현저히 저하시키며, 100mm를 넘는 굵은골재가 사용되는 경우 분리되어 나오는 경향이 있기 때문에 이러한 경우는 벨트 컨베이어의 허용 각도를 크게 낮추어야 한다. 가장 효과적인 능력을 발휘하기 위해서 콘크리트의 슬럼프는 50~80mm의 범위가 적당하다. 벨트 컨베이어의 선단에서 돌아오는 벨트에 모르타르가 붙어서 콘크리트 중의 모르타르분이 부족하게 되는 것을 방지하기 위한 사전조치를 취할 필요가 있고, 또 조절판 및 깔때기를 설치하는 것은 재료분리를 방지하는 데 효과가 있다. 벨트 컨베이어로부터 거푸집 내의 1개소로만 콘크리트를 부으면 그곳에 쌓인 콘크리트를 횡방향으로 이동시키는 과정에서 재료분리가 우려되므로 컨베이어의 끝을 적당히 이동시킬 필요가 있다.

5) 콘크리트 펌프

(1) 콘크리트 펌프의 종류

콘크리트 펌프는 정치식과 트럭 탑재식(콘크리트 펌프카)으로 구분된다. 정치식 콘크리트 펌프는 한 현장에서 장시간 사용하는 경우에 적합하며, 압송 시 또는 높은 곳으로 압송할 때의 중계용으로도 사용된다. 이에 반해 콘크리트 펌프카는 기동성이 좋고 현장 사이의 이동이 용이하며, 붐(Boom)이 있는 것과 붐이 없는 것이 있는데 현재 사용되고 있는 것은 대부분 붐이 있는 것이다. 붐이 없는 펌프카는 현장에서 배관을 접속시켜 사용하며 장거리 압송이나 높은 곳의 압송에 적합하다. 붐이 장치된 펌프카는 지상 배관 작업의 생략 또는 압송관의 진동에 의한 거푸집과 철근의 교란방지, 현장에서 타설장소를 쉽게 바꿀 수 있는 등 취급 및 경제적인 면에서 큰 장점이 있다.

콘크리트 펌프를 압송방법에 따라 분류하면 기계식 피스톤 펌프, 수압식 또는 유압식 피스톤 펌프 및 스퀴즈식 펌프(Squeeze Type Pump) 등이 있다. 현재 사용되고 있는 대부분의 콘크리트 펌프는 유압식으로, 스퀴즈식은 압송압력이 작고 압송 중에 콘크리트의 품질변화가 비교적 적으며 피스톤식은 장거리 수송에 적합하다.

스퀴즈식 펌프와 피스톤식 펌프의 구조는 그림 8.6과 같다.

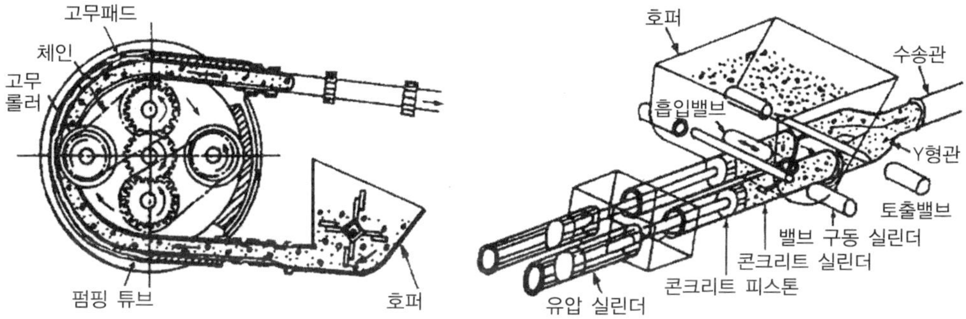

그림 8.6 **콘크리트 펌프의 구조**

(2) 콘크리트 펌프의 이용방법

콘크리트 펌프는 압송관의 배관이 가능할 경우 건물 내는 물론 수중이나 협소한 장소 또는 높은 장소로의 콘크리트의 운반이 가능하여 널리 쓰이고 있다.

사용할 콘크리트 펌프의 기종은 콘크리트의 배합조건, 타설장소까지의 운반경로, 1회의 타설량 등을 고려하여 선정한다. 만약 이들 계획이 부적당하면 압송관이 막히거나 시공능률의 저하를 발생시키기 때문에 주의해야 한다.

압송관의 지름은 콘크리트의 종류, 품질, 굵은골재의 최대치수, 압송조건 등을 고려하여 정하며, 일반적으로 100~150mm 정도인 것이 많이 사용된다. 콘크리트표준시방서에서는 굵은골재의 최대치수가 20mm(또는 25mm) 및 40mm인 보통 콘크리트의 경우 압송관의 지름은 각각 100mm 이상 및 125mm 이상의 것을 사용하도록 하고 있다. 또한 ACI 지침서에는 압송관의 지름은 부순돌을 사용하는 경우 굵은골재 최대치수의 3배 이상, 강자갈을 사용하는 경우는 2.5배 이상을 사용할 것을 제시하고 있다. 일반적으로 보통 콘크리트를 펌프 압송할 경우 굵은골재의 최대치수는 40mm 이하를 표준으로 하며, 슬럼프는 80~180mm의 범위가 적적하다. 일반적으로 압송 후의 슬럼프는 압송 전에 비교하여 10~25mm 정도 감소된다.

압송관의 배치는 가능한 굴곡이 적게 되도록 하고 기울기는 수평 또는 상향으로 하며 최단거리를 선택한다. 압송능력은 배합이나 기종 등에 따라 다른데, 일반적으로 수평 200m, 수직거리로 40m이지만 초고층으로 개발된 것은 100층 이상까지 압송할 수 있으며 압송량은 20~90m^3/h의 범위이다.

콘크리트 펌핑 시의 소요 압력은 펌프의 허용 최대압송압력 이하여야 한다. 펌핑 시의 최대소요압력은 유사한 현장의 실적이나 펌핑시험을 통해 결정하는데, 일반적으로 다음의 식을 적용할 수 있다.

$$P_{max} = (\text{수평관 1m당 관내 압력의 손실}) \times (\text{수평 환산거리})$$

수평관 1m당 관내 압력의 손실은 슬럼프값이 작을수록 압송관의 직경이 작을수록, 토출량이 많을수록 커진다. 관내의 압력손실과 수평 환산거리는 표 8.5 및 표 8.6과 같으며, 계산된 최대압력이 콘크리트 펌프의 최대이론 토출압력의 80% 이하이면 압송

표 8.5 **펌프 콘크리트의 관내 손실압력 10^{-1}(N/mm^2/m)**

토출량 (m^3/h)	관의 지름(mm) / 슬럼프값(mm)					
	150/120	150/80	125/120	125/80	100/120	100/80
10	0.050	0.065	0.085	0.100	0.120	0.150
20	0.065	0.080	0.105	0.125	0.160	0.195
30	0.080	0.100	0.125	0.155	0.200	0.240
40	0.100	0.120	0.150	0.185	0.245	0.290
50	0.120	0.145	0.180	0.215	0.290	0.340
60	0.140	0.170	0.215	0.250	0.340	0.390

표 8.6 **펌프 콘크리트의 관내 손실압력 10^{-1}(N/mm²/m)**

항목	단위	호칭 치수(mm)	환산 수평거리
상향 수직관	1m당	100 125 150	3m 4m 5m
테이퍼관 (1m)	1개당	175~150mm 150~125mm 125~100mm	3m
곡관	1개당	90° γ = 0.5m γ = 1.0m	6m
가요성 호스	길이 5~8m 한 개당		20m

이 가능하다고 판단한다.

그 밖의 콘크리트 펌프를 사용하는 경우에는 콘크리트의 배합설계 및 시공상 다음 사항을 고려할 필요가 있다.

① 시멘트양이 적으면 관내저항이 증가하여 압송성이 저하한다. 그림 8.8은 굵은 골재 최대치수 20~25mm, 슬럼프 80~120mm, 공기량 약 4%의 콘크리트에 대한 압송관으로서 125mm 또는 150mm를 사용하고 압송거리 약 100m인 경우의 실적으로부터 얻은 결과로써 단위시멘트양은 290kg/m³ 이상이 필요하다는 것을 나타낸다. 또 부순 모래를 사용하는 경우는 단위시멘트양을 300kg/m³ 이상, 경량 콘크리트의 경우 340kg/m³ 이상으로 하는 것이 좋다.

② 슬럼프가 작으면 관내저항 증가와 펌프 흡입성능의 저하에 의해 압송성이 저하한다.

③ 잔골재 및 굵은골재의 입도분포가 불연속인 경우 또는 잔골재 중의 미립분이 부족한 경우에 관이 막히는 경우가 있다. ACI 지침서는 잔골재의 입도 중 0.3mm 이하의 부분 15~30%, 0.15mm 이하의 미립분 5~10%를 추천하고 있다.

④ 펌프를 사용하는 콘크리트의 잔골재율은 펌프를 사용하지 않는 경우에 비하여 2~5% 정도 크게 하는 것이 일반적이다. 그리고 굵은골재로서 부순돌의 실적률은 60% 이상인 것을 사용할 필요가 있다.

⑤ 조강성이 있는 레디믹스트 콘크리트는 관 내에 장시간 머무르지 않도록 하며, 특히 여름철에는 응결경화가 빠르기 때문에 주의한다.

⑥ 인공경량골재는 골재 내부에 공극이 많기 때문에 콘크리트 압송 중 골재가 가

압 흡수하여 배관 내에서 콘크리트가 막힐 우려가 있으므로 충분한 프리웨팅(Pre-wetting)을 실시한다.

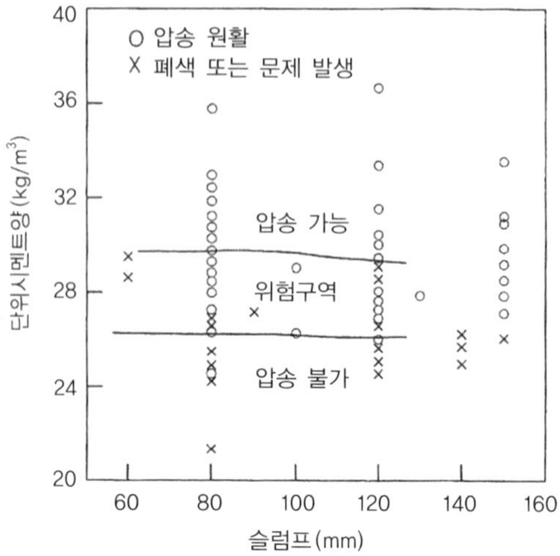

그림 8.7 **압송의 여부와 단위시멘트양과의 관계**

8.3 타설, 다짐, 마무리

8.3.1 개요

콘크리트 타설에서 가장 중요한 사항은 콘크리트의 운반, 타설 및 다지기가 연속된 작업으로 이루어져 콘크리트가 거푸집 속에 밀실하게 채워져서 결함 없는 콘크리트 구조물을 만드는 것이다.

8.3.2 타설 전 준비사항

콘크리트는 재료의 계량과 혼합이 정확해도 타설방법이 적절하지 않으면 좋은 구조물이 될 수 없기 때문에 사전에 충분히 검토된 계획에 따라 타설작업이 이루어져야 한다. 타설계획을 세울 때는 구조물의 종류, 콘크리트의 시공연도, 타설순서, 혼합 플랜트, 운반설비의 능력, 타설속도, 기상조건 등을 충분히 고려하여 계획을 세우고 그에 따라 작업인원, 기계배치, 타설방법 등을 정해야 한다.

콘크리트의 타설계획을 세우는 것 외에 타설작업 전에 다음의 사항에 대한 확인과 준비가 필요하다

① 재료 및 레디믹스트 콘크리트의 확보

② 타설 직전의 콘크리트 품질검사방법

③ 철근의 피복두께, 거푸집 조립의 정확도 확인 및 매설물 확인

④ 타설장비, 운반장비, 플랜트 가동 등 기계 기구의 준비와 정비

⑤ 급수 및 배수의 처리방법

⑥ 거푸집 내의 청소 및 거푸집의 지지 강성 확인

⑦ 일기의 예측과 대비 등

8.3.3 타설 시 주의사항

콘크리트 타설에서 가장 중요한 사항은 콘크리트의 운반, 타설 및 다지기가 연속된 작업으로 이루어져 콘크리트를 거푸집 속에 밀실하게 채워서 결함 없는 콘크리트 구조물을 만드는 것이다.

1) 타설 전의 준비사항

① 철근이 제대로 배근되었는지, 거푸집 및 그 밖의 것이 정해진 대로 되어 있는지 확인한다.

② 거푸집 안의 먼지 이물질 등을 제거하기 위해 청소한다.

③ 타설장비를 설치하고 운송배관 등을 조립 완료한다.

④ 타설인원을 배치하고 타설순서를 결정한다.

⑤ 타설구획 및 이음부분을 확인한다.

⑥ 진동기는 예비용을 미리 준비한다.

2) 콘크리트 타설

콘크리트는 생산하는 과정보다는 시공하는 과정, 특히 타설하는 과정에서 품질에 결함이 생기는 경우가 많이 발생하므로 타설 시 다음과 같은 점을 특히 주의해야 한다.

① 레미콘의 배치간격을 타설속도에 맞추어 적절하게 조정한다.

② 철근 및 매설물의 배치나 거푸집이 변형되지 않도록 한다.

③ 타설한 콘크리트를 거푸집 안에서 횡방향으로 이동시켜서는 안 된다.

④ 한 구획 내의 콘크리트는 타설이 완료될 때까지 연속해서 타설한다.

⑤ 콘크리트 타설 시 한 곳에 대량으로 타설해서는 안 되며 타설속도에 따라 타설면이 수평이 되도록 이동하면서 타설한다.

⑥ 콘크리트 타설의 1층 높이는 다짐능력을 고려하여 결정해야 하나 일반적으로 진동기의 길이 이하로 한다.

⑦ 콘크리트를 2층 이상으로 나누어 타설할 경우 상층의 콘크리트는 하층의 콘크리트가 굳기 시작하기 전에 타설해야 하며 상층과 하층의 콘크리트 사이에 콜드조인트가 발생하지 않고 일체가 되도록 한다.

⑧ 콘크리트 이어치기 허용시간 간격은 25℃ 초과 시에는 2.0시간, 25℃ 이하일 경우는 2.5시간을 넘지 않도록 한다. 여기서 이어치기 허용시간 간격은 콘크리트를 비비기 시작하여 하층 콘크리트 타설을 완료한 후 정지시간을 포함하여 상층 콘크리트가 타설되기까지의 시간이다.

⑨ 콘크리트 타설 중에 재료분리가 일어나지 않도록 한다.

⑩ 거푸집 높이가 높을 경우 재료분리를 막고 상부의 철근 또는 거푸집에 콘크리트가 부착하여 경화하는 것을 막기 위해서 거푸집에 투입구를 설치하는 등의 조치를 하여 콘크리트 배출구를 타설면 가까운 곳까지 내려서 타설한다.

⑪ 콘크리트의 배출구와 타설면까지의 높이는 1.5m 이하로 한다(그림 8.8 참고).

그림 8.8 **콘크리트 슈트의 높이**

8.3.4 다짐

1) 다지기 방법

콘크리트의 다짐은 공극을 적게 하고 철근이나 매설물 등과 잘 밀착시키며 거푸집의 구석구석까지 콘크리트를 균일하고도 치밀하게 채움으로써 구조물로써 요구되는 성능을 만족시키도록 철저히 실시한다. 일반적인 다짐방법으로는 다짐봉이나 나무망치에 의한 방법 및 진동다짐이 있다. 또 특수한 방법으로는 진공매트를 이용해서 슬래브 콘크리트를 치밀하게 하는 방법도 사용된다.

다짐에는 콘크리트 내부 진동기(KS F 8004)가 가장 널리 사용되며, 특히 슬럼프가 작은 된반죽 콘크리트에 사용할 경우 충전성이 좋고 콜드 조인트를 방지하는 효과가 우수하다. 그러나 벽이나 기둥의 밑부분 및 프리캐스트 부재와 같이 내부 진동기의 사용이 곤란한 경우에는 거푸집 진동기(KS F 8005), 다짐봉 또는 나무망치 등을 적당히 병행하여 사용한다.

2) 내부 진동기에 의한 다지기

내부 진동기는 봉형의 진동체를 가지는 것으로 전동기 또는 공기 모터를 동력으로 하며, 콘크리트 속에 삽입시켜 진동 에너지를 방사상으로 전달한다.

내부 진동기의 진동시간은 콘크리트의 슬럼프, 진동기의 종류 및 성능에 따라 적절하게 정한다. 특히 한 장소에서 진동을 지나치게 오래 주면 콘크리트가 분리되기 때문에 진동시간은 상태를 관찰하면서 다지기를 실시하는데, 일반적으로는 한 장소에서 5~15초간 진동시키는 것이 보통이다.

진동의 효과는 봉의 지름, 진동수, 진폭 및 중량 등에 따라 다르며 진동 가속도에 비례하기 때문에 진동수가 많을수록 다짐의 효과가 크다. 진동수는 일반적으로 7,000~8,000rpm 이상의 것이 사용된다. 내부 진동기의 능력은 소형 진동기의 경우 4~8m^3/h, 대형 진동기의 경우 15m^3/h 정도이다.

내부 진동기로 다지기를 할 때에는 봉을 연직으로 아래층의 콘크리트 속으로 0.1m 정도 찔러 넣는다. 또 진동기는 콘크리트에 구멍을 남기지 않도록 약 80mm/s의 속도로 서서히 빼내는 것이 좋다.

진동기의 삽입간격은 내부 진동기의 진동이 유효하다고 인정되는 범위의 지름 이하로 하는데, 일반적으로 50cm 이하로 하는 것이 좋다.

표 8.7은 내부 진동기에 의한 영향범위를 나타낸 것이며, 표 8.8에는 지름 27mm의 진동기를 사용했을 때의 진동시간과 진동의 유효반지름을 나타냈다.

표 8.7 **진동의 영향범위**

분류	봉 지름 (mm)	진동수 (rpm)	진폭 (mm)	진동의 영향범위					
				보통 콘크리트			인공경량골재 콘크리트		
				슬럼프(mm)			슬럼프(mm)		
				150	100	50	150	100	50
소형	38	8,000	2~3	150	120	100	200	150	100
대형	60	8,000	1.8~2.0	250	200	170	300	250	200
	60	12,000	0.2~1.5	500	350	220	600 이상	600	400

표 8.8 **콘크리트의 슬럼프, 진동시간 및 진동 유효반지름의 관계(지름 27mm의 내부 진동기)**

슬럼프(mm)	0~30	40~70	80~120	13~0170	180~200	200 이상
진동시간(초)	22~28	17~22	13~17	1~013	7~10	5~7
진동 유효 반지름(mm)	250	250~300		300~350	350~400	

8.3.5 마무리

콘크리트의 표면 마무리는 외관뿐만 아니라 구조물의 내구성, 수밀성 등의 기본적인 성능 확보를 위하여 중요하며, 이 작업은 콘크리트 표면에 스며 나온 물을 완전히 제거한 후 실시하고, 소요의 마무리 면이 얻어지는 범위 내에서 최소한으로 하는 것이 중요하다. 지나치게 마무리 작업을 계속하면 표면에 시멘트 페이스트가 몰려 수축균열을 발생시킬 수 있고, 레이턴스(Laitance)가 생겨 마모저항성을 감소시키는 경우가 있으므로 오히려 역효과를 가져온다.

마무리 작업 후 콘크리트가 굳기 시작하기까지 발생한 균열은 다짐(Tamping) 또는 마무리 작업을 반복하여 제거한다. 이러한 균열은 철근 위치의 콘크리트가 침하함으로써 생기는 경우가 많은데 탬핑 등의 처리에 의해 균열을 제거하면 균열이 다시 발생하는 경우는 적다. 또한 단면의 크기가 다른 부분의 콘크리트를 동시에 타설하면 단면 침하량의 차이 때문에 단면이 변하는 경계면에서 균열이 발생하는 경우가 많다. 이 때문에 콘크리트는 단면이 변하는 위치에서 치기를 중지하고 콘크리트의 침하가 끝나기를 기다린 다음 위층의 콘크리트를 타설하는 등의 조치를 해야 한다. 콘크리트의 침하가 끝나는 시간은 콘크리트의 배합, 사용 재료, 온도 등에 의해 영향을 받기 때문에 일정하지 않으나 일반적으로 1~2시간 정도이다.

그밖에 마모를 받는 면의 마모저항성을 증가시키기 위해서는 물-시멘트비를 낮추거나 슬럼프가 작은 콘크리트를 잘 다져서 매끈하게 마무리하는 것이 중요하다.

8.3.6 콘크리트 타설장비

1) 콘크리트 타설장비

콘크리트 타설방법은 주로 콘크리트 타설장비에 따라 결정되며, 콘크리트의 타설장비는 다시 콘크리트를 압송하는 장비와 타설하는 장비로 구분된다.

(1) 버킷

그림 8.9와 같이 타워크레인에 연결하여 버킷에 콘크리트를 담아 운반하면서 타설하는 방법이다. 근래에도 적은 양의 콘크리트를 타설할 때 사용하고 있다.

그림 8.9 **버킷타설(좌)과 트럭일체형 펌프카(우) 타설**

(2) 트럭일체형 펌프카

트럭일체형 펌프카는 콘크리트 압송펌프, 압송배관과 트럭이 일체형으로 되어 있어서 이동이 간편하여 가장 많이 사용되는 타설장비이다. 그러나 콘크리트 압송거리에 한계가 있으므로 주로 수직높이 13층 이하에 많이 적용된다. 콘크리트 압송거리는 장비의 종류

에 따라 다르지만 일반적으로 수평 및 수직거리 20~52m까지 가능하다(그림 8.9)

(3) 트럭 견인형 펌프

트럭 견인형 펌프는 콘크리트 압송장비를 트럭으로 견인해서 이동하는 형태의 타설장비이다. 압송을 위한 배관을 별도로 설치해야 하는 번거로움이 있으나 배관의 길이를 길게 할 수 있어서 수직높이 10층 이상의 건물에 많이 사용된다. 또한 고압용 장비와 배관을 사용할 경우 수직높이 500m까지 가능하여 초고층건물의 공사에 사용된다(그림 8.10).

그림 8.10 **트럭 견인형 펌프(좌)와 트럭형 펌프카(우)**

(4) 트럭형 펌프카

콘크리트 압송펌프와 트럭이 일체형으로 되어 있어서 이동성이 좋다. 그러나 트럭형 펌프카는 트럭 견인형 펌프와 마찬가지로 압송을 위한 연결관을 별도로 설치해야 하는 번거로움이 있으나, 배관의 길이를 길게 할 수 있어서 주로 트럭일체형 펌프카로는 타설이 불가능한 수직높이 10층 이상의 건물에 많이 사용된다(그림 8.10).

(5) 주름관

트럭 견인형 펌프나 트럭형 펌프카처럼 압송을 위한 배관을 별도로 설치할 경우, 콘크리트를 타설하기 위해서는 바닥으로 끌면서 작업해야 하는 주름관(Flexible Hose)이 필요하다.

주름관은 가장 보편적인 타설방법으로 간단한 작업도구와 주름관만 있으면 되므로 초기 투자비용이 적게 든다. 그러나 콘크리트 타설 시 무거운 주름관을 인력으로 이동시켜야 하므로 작업효율이 떨어지고, 주름관을 끌 때 배근된 철근이 휘어지거나 고임재가 파손되어 구조적으로 품질이 저하될 우려가 있다(그림 8.11).

그림 8.11 **주름관을 사용한 콘크리트 타설**

(6) 콘크리트분배기

콘크리트분배기(Concrete Distributor)는 철근배근에 영향을 주지 않고 콘크리트를 타설할 수 있도록 만든 콘크리트 타설장비이다. 콘크리트 타설부위에 철제로 된 레일을 깔고 콘크리트분배기를 설치한 후 일정 구역을 타설한 다음 레일을 이용하여 분배기를 이동하면서 콘크리트를 타설한다.

콘크리트분배기는 주름관에 비해 적은 인원으로 작업할 수 있다. 그러나 콘크리트분배기를 이동하기 위해서는 타워크레인의 용량을 사전에 검토하여 장비를 구입해야 하므로 초기투자비가 증가한다(그림 8.12).

그림 8.12 **콘크리트 분배기(좌)와 콘크리트분배기(우)를 이용한 콘크리트 타설**

(7) C.P.B

초고층건물에서는 콘크리트를 타설하기 위해 주름관이나 콘크리트분배기 대신에 C.P.B (Concrete Placing Boom)를 사용한다. 초고층건물에서는 고강도의 콘크리트를 타설하며 층당 소요되는 공기를 최단시간으로 관리해야 하므로 콘크리트 품질과 공정관리를 위해서 C.P.B를 많이 적용한다(그림 8.13 참고).

그림 8.13 **C.P.B를 이용한 콘크리트 타설**

C.P.B는 수직상승을 위해 마스트를 별도로 설치하고 콘크리트 타설 붐을 연결하여 콘크리트를 타설하므로 철근배근에 전혀 영향을 주지 않고 매우 적은 인원으로 빠르게 콘크리트를 타설할 수 있다. 그러나 C.P.B는 초기 구입비나 임대비가 매우 고가이다.

C.P.B는 이동이 불가능하므로 건물 전체가 붐이 미치는 작업반경 내에 들어오는 위치에 설치한다. 붐의 길이는 20~50m로 다양하게 설치할 수 있으나 붐의 길이가 길어지면 타워크레인과 간섭이 생길 수 있으므로 주의한다.

2) 콘크리트 타설장비 관련 주의사항

① 콘크리트 타설장비는 건물의 규모, 높이, 수평·수직 타설거리, 1회 콘크리트 타설량 등을 고려하여 선정한다.

② 콘크리트 압송장비의 위치는 콘크리트 운반차량 2대가 동시에 접근이 가능하도록 계획하면 타설의 연속성을 확보하는 데 유리하다.

8.4 양생

8.4.1 개요

콘크리트의 양생이란 타설 후의 콘크리트가 저온, 건조, 급격한 기온변화에 의한 유해한 영향을 받지 않도록 하고, 또 경화 중에 진동·충격 및 하중을 받지 않도록 보호하는 것을 말한다. 특히 초기에 습윤상태를 유지하는 것은 매우 중요한데, 초기에 건조가 진행되면 충분한 수화반응이 얻어지지 않게 되어 장기강도의 증진을 기대할 수 없기 때문이다. 그림 8.14는 이와 같은 현상을 나타내는 실험결과의 일례이다. 초기재령에서의 급격한 건조는 콘크리트 표면의 균열을 발생시키는 요인이 되기도 한다.

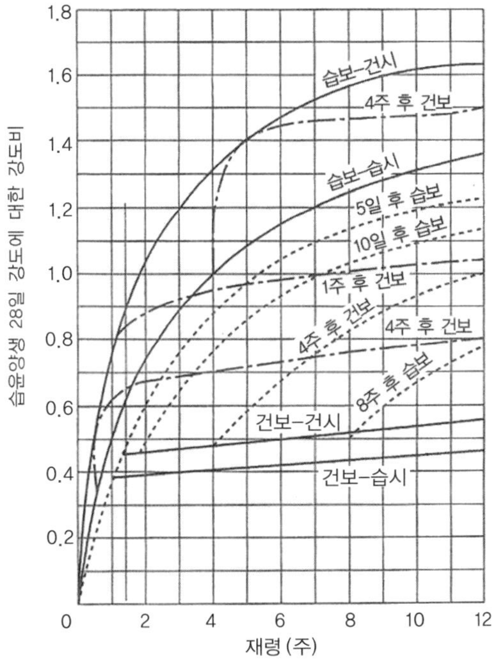

그림 8.14 **습윤양생 28일 강도에 대한 각종 양생방법을 행한 경우의 강도비**

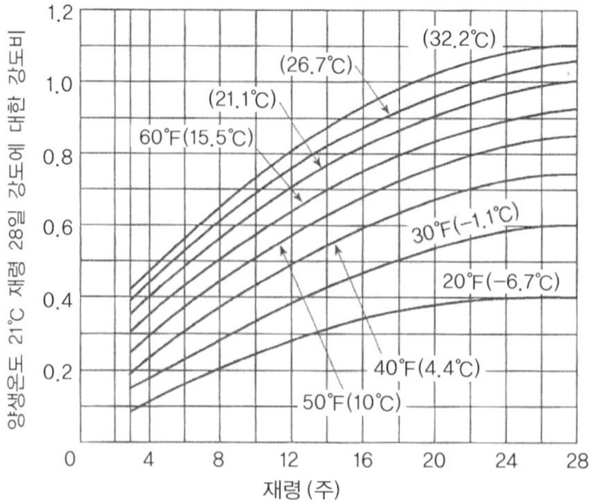

그림 8.15 **양생온도와 압축강도와의 관계(Mcdamieal의 시험 결과)**

시멘트의 수화는 화학반응이기 때문에 그림 8.15와 같이 양생온도에 따라 콘크리트의 강도발현이 좌우된다. 따라서 온도가 낮은 동기에는 보온양생을 행할 필요가 있다. 특별한 보온양생을 행하지 않는 경우에도 강도발현의 부족분을 보상하기 위해 건축공사표준시방서에서는 배합설계 시 배합계획상의 할증(기온에 의한 강도보정값)을 규정하고 있다.

거푸집 · 지주의 철거는 콘크리트의 강도가 충분히 발현된 것을 확인한 후에 한다. 거푸집의 철거시기에 대한 기온과 재령과의 관계는 표 8.9와 같이 건축공사표준시방서에 규정되어 있다.

표 8.9 **거푸집널 존치기간을 정하기 위한 콘크리트의 재령(일)**

시멘트의 종류 / 평균 기온	조강포틀랜드 시멘트	보통 포틀랜드 시멘트 고로슬래그 시멘트 특급 포틀랜드 포졸란 시멘트 A종 플라이애쉬 시멘트 A종	고로슬래그 시멘트 1급 포틀랜드 포졸란 시멘트 A종 플라이애쉬 시멘트 B종
20℃ 이상	2	4	5
20℃ 미만 10℃ 이상	3	6	8

8.4.2 양생방법

양생방법은 양생의 목적에 따라 표 8.10과 같이 분류할 수 있다.

실제로 이용되고 있는 양생방법은 현장의 조건이나 부재의 치수, 형상, 위치 등에 따라 다르기 때문에 여기서는 여러 가지 양생방법의 각각에 대하여 개요만을 논하기로 한다.

체적에 비해 표면적이 작은 대형 단면 부재의 경우 콘크리트를 치기 전에 거푸집을 기름이나 물로 적셔 양생효과를 높이기도 한다. 경화 중에 거푸집을 적셔도 좋지만 거푸집을 탈형한 후에는 콘크리트에 살수한 후 폴리에틸렌 시트 등의 적당한 덮개로 덮어 주는 것이 좋다. 그리고 타설 콘크리트의 표면적이 넓은 경우에는 태양열 등에 의해 건조가 빨리 일어나 표면에 균열이 생길 우려가 있으므로 이를 방지하기 위하여 응결하기 전에 표면을 덮개로 덮어 물의 손실을 막아 주어야 하는데, 이 시점에서 콘크리트는 역학적으로 약하기 때문에 덮개는 콘크리트 표면에서 이격시켜 지지시킬 필요가 있다.

콘크리트는 일단 응결이 끝난 후에는 물을 직접 뿌려서 습윤양생을 할 수 있다. 이것은 분무 혹은 살수해도 좋고 젖은 모래나 흙 또는 톱밥이나 짚으로 콘크리트를 덮어도 좋다. 또는 젖은 마포나 면포 등의 매트(Mat)로 정기적으로 덮든지 이것 대신으로 급수할 수 있는 흡습성의 커버를 콘크리트 위에 깔아도 좋다. 이때 급수는 단속적인 것보다는 연속적으로 하는 것이 훨씬 효율적이다.

표 8.10 **양생방법**

<table>
<tr><td rowspan="7">습윤양생</td><td colspan="2">수중</td></tr>
<tr><td colspan="2">담수</td></tr>
<tr><td colspan="2">살수</td></tr>
<tr><td colspan="2">젖은 포(양생매트, 가마니 등)</td></tr>
<tr><td colspan="2">젖은 모래</td></tr>
<tr><td rowspan="2">막양생</td><td>유지계(용제형, 유제형)</td></tr>
<tr><td>수지계(용제형, 수지형)</td></tr>
<tr><td rowspan="4">온도제어양생</td><td colspan="2">매스 콘크리트 – 파이프 쿨링, 연속살수 등</td></tr>
<tr><td colspan="2">한중 콘크리트 – 단열, 가열, 증기, 전열</td></tr>
<tr><td colspan="2">서중 콘크리트 – 살수, 햇빛 덮개 등</td></tr>
<tr><td colspan="2">촉진양생 – 증기, 급열 등</td></tr>
<tr><td colspan="3">유해한 작용에 대한 보호</td></tr>
</table>

1) 습윤양생

습윤양생은 양생용 매트나 모포 등을 적셔서 덮거나 살수를 하여 습윤상태를 유지하도록 하는 방법으로, 강도발현 및 균열을 최소화하는 가장 좋은 양생방법이다(그림 8.16).

그림 8.16 **양생용 매트를 이용한 습윤양생**

거푸집이 건조될 우려가 있는 경우에는 거푸집에도 살수하여 충분히 습윤상태를 유지하도록 한다. 습윤상태로 유지해야 하는 기간은 표 8.11을 표준으로 한다.

표 8.11 **습윤양생 기간의 표준**

일평균 기온	보통 포틀랜드 시멘트	고로슬래그 시멘트 플라이애쉬 시멘트 B종	조강 포틀랜드 시멘트
15℃ 이상	5일	7일	3일
10℃ 이상	7일	9일	4일
5℃ 이상	9일	12일	5일

막양생제를 뿌려 콘크리트 표면에 수밀한 막을 만들어 수분증발을 방지하는 막양생은 사용 전에 살포량과 시공방법 등에 관해 충분히 검토한다. 막양생제는 콘크리트 표면의 물 빛(水光)이 없어진 전후에 실시하며, 만약 살포가 지연되는 경우에는 막양생제를 살포할 때까지 콘크리트 표면을 습윤상태로 유지한다.

2) 온도제어양생

온도제어양생은 콘크리트 경화가 충분히 진행될 때까지 경화에 필요한 온도조건을 유지하여 저온, 고온, 급격한 온도변화, 콘크리트 내·외부의 온도차이 등에 의한 영향을 받지 않도록 온도를 제어하는 양생방법이다.

온도제어양생을 실시할 경우 온도제어방법, 양생기간, 관리방법 등은 콘크리트의 종류, 구조물의 형상 및 치수, 시공방법, 환경조건을 종합적으로 고려하여 선택해야 한다.

3) 증기양생

콘크리트 타설 후 거푸집을 조기에 제거하고 소요강도를 짧은 시간에 얻기 위해 고온이나 고압증기로 양생하는 방법이다. 주로 프리캐스트 콘크리트(PC, Precast Concrete) 제품을 생산할 때 많이 사용된다. 특히, 고온 고압의 포화증기를 이용하여 양생하는 방법을 오토클레이브 양생이라고 한다.

4) 급열양생

현장에서 인위적으로 콘크리트의 표면이나 콘크리트 주변의 공기에 열을 가하여 양생하는 방법이다.

5) 전기양생

콘크리트에 저압교류를 흐르게 하여 콘크리트의 전기저항에 의해 발생하는 열을 이용하여 양생하는 방법이다.

8.4.3 양생 시 주의사항

① 직사광선, 풍우, 눈 등에 대해서 노출면을 보호한다.

② 콘크리트가 충분히 경화할 때까지 충격 및 하중을 가하지 않게 보호한다.

③ 콘크리트는 초기양생이 부족하면 구조물에 균열이 발생할 우려가 있으므로 타설 후 24시간 이내인 초기양생기간에는 반드시 습윤상태를 철저히 유지한다.

④ 우천 시에는 시멘트가 유실되거나 물이 첨가되어 물-결합재비가 높아져 강도의 저하가 우려되므로 먼저 마무리되는 부분부터 비닐로 덮어야 한다(그림 8.17 참고).

그림 8.17 **우천 시 비닐을 이용해 콘크리트를 보호하여 양생**

8.5 콘크리트 이음

8.5.1 이음의 개요

콘크리트 구조물은 기온의 변화나 건조수축 등에 의해 균열이 발생하므로 이에 대한 대책으로 이음을 설치한다. 이음은 설치하는 목적에 따라 시공이음, 신축이음, 균열유발줄눈 등으로 구분할 수 있다.

8.5.2 이음의 종류

1) 시공이음

콘크리트 시공상 필요에 의해서 콘크리트 타설 후 일정 기간이 경과한 후 새로운 콘크리트를 이어치기 위해 계획적으로 만든 이음면이 시공이음(시공줄눈, Construction Joint)이다. 시공이음은 구조 강도상 취약점이 되고 방수층의 누수 발생 원인이 되며 마감재의 균열 등의 원인이 될 수 있으므로 충분히 고려한다.

(1) 시공이음의 위치

시공이음을 설치해야 하는 경우가 발생하면 구조적으로 전단력이 적은 위치에 설치하고, 부재의 압축력이 작용하는 방향과 직각이 되도록 설치하는 것이 원칙이다. 그러나 현실적으로는 콘크리트 타설량, 거푸집 및 동바리 강도, 철근배근 상황 등을 종합적으로 고려하여 끊어치기가 용이한 곳에 설치한다.

만약 불가피하게 전단력이 큰 위치에 시공이음을 설치할 경우에는 시공이음에 장부 또는 홈을 두거나 적절한 강재를 배치하여 보강한다.

① 슬래브 및 보의 시공이음은 경간 중앙부 부근에 두어야 한다.

② 바닥판의 중간에 작은 보가 있는 경우 작은 보폭의 약 2배만큼 떨어진 곳에 시공이음을 설치하고, 시공이음을 통하는 경사진 인장철근을 배근하여 전단력에 대해 보강한다.

③ 바닥판과 일체로 된 기둥 및 벽의 시공이음은 바닥판과의 경계 부근에 설치한다.

④ 캔틸레버로 된 부재는 시공이음을 설치해서는 안 된다.

⑤ 아치의 시공이음은 아치축에 직각방향으로 설치한다.

(2) 시공이음 설치 시 주의사항

① 수평 시공이음부위의 거푸집이 접하는 선은 되도록 직선이 되게 한다.

② 이미 타설된 콘크리트 표면은 레이턴스 등 이물질을 완전히 제거한다.

③ 시공이음부위는 콘크리트 경화가 시작될 때 표면을 거칠게 만든 후 충분히 습윤양생한다.

④ 새 콘크리트를 타설할 때 이미 타설된 콘크리트와 충분히 밀착되도록 잘 다진다.

⑤ 이음부위는 밀실하게 막아 콘크리트가 흘러내리거나 새지 않게 한다.

⑥ 지하부위에 시공이음을 설치할 경우에는 지수판 등을 설치하여 누수를 방지한다.

2) 신축이음

신축이음(신축줄눈, Expansion Joint)은 구조물이 장대한 경우 기온변화에 따른 수축이나 팽창에 대한 변위를 흡수하고 부등침하 및 진동 등을 방지하기 위하여 구조물을 구속되지 않게 구조적으로 분리하여 시공할 때 생기는 이음이다. 콘크리트의 경우 온도변화가 50℃ 정도이면 10m당 약 2.5mm의 변형이 일어나므로 4계절이 뚜렷한 우리나라에서는 여름철 오후에 타설할 경우 겨울철에 큰 수축이 발생할 수 있으므로 타설 시 온도를 최대한 낮추고, 신축이음부위는 필요에 따라 줄눈재나 지수판 등을 설치해야 한다.

3) 균열유발줄눈

콘크리트의 건조수축으로 인해 발생하는 균열을 제어하기 위해 균열유발줄눈을 설치한다. 균열유발줄눈(조절줄눈, Control Joint)을 설치할 경우에는 구조물의 강도 및 기능에 영향이 없도록 구조 및 위치를 정해야 하는데, 특히 미관이 고려되는 부위에 단면의 변화 등으로 균열이 예상되는 곳에는 균열유발줄눈을 설치한다.

구조물의 균열이 발생하면 균열 사이에는 구속이 완화되어 다른 곳의 균열 발생이 어려우므로 미리 줄눈을 설치하면 줄눈 이외의 균열 발생이 억제될 수 있다. 다만, 콘크리트의 경화 후 균열 발생이 나타나기 전에 실시해야 효과적이다.

8.6 거푸집공사

8.6.1 개요

굳지 않은 콘크리트는 유동성이 있기 때문에 설계도면대로 정확한 치수와 위치에 구조물을 만들기 위해서는 콘크리트를 부어넣기 위한 형틀로써 거푸집이 필요하다. 거푸집은 콘크리트를 부어넣어 강도가 발현될 때까지 일정한 형상과 치수를 유지시켜 주는 가설구조물로써 콘크리트에 직접 면하는 거푸집널, 부속자재(멍에, 장선, 띠장, 긴결재, 스페이서 등)와 이것을 정확한 위치로 유지하는 동바리, 즉 지지틀을 총칭한다.

거푸집 계획에 있어서 가장 중요한 것은 콘크리트 부어넣기 시의 하중에 저항할 수 있는 강도와 강성을 가질 수 있도록 거푸집널의 두께, 멍에 · 장선 · 동바리 부재의 크기 및 간격을 검토하는 것이다.

1) 거푸집의 역할

① 콘크리트 부어넣기 시의 충격과 압력에 견디고, 일정한 형상과 치수로 유지
② 경화에 필요한 수분의 누출 방지
③ 외기의 영향 방지
④ 콘크리트를 적절히 양생

2) 거푸집의 요구조건

거푸집공사는 전체 건축공사비의 10~15%, 철근콘크리트 공사비의 1/3 내외를 차지하는 중요한 공사이며, 마감공사를 포함한 건물 전체의 품질, 공정 및 비용에 많은 영향을 미친다.

① 강도 : 거푸집은 콘크리트를 부어넣기 시의 고정하중, 작업하중 및 콘크리트 측압에 대하여 파괴되지 않고 일정 이상의 변형이 발생하지 않는 구조적 강도를 가져야 한다. 또한 작업 중의 형틀은 강우, 풍압, 적설 등에 견딜 수 있어야 한다.

② 정확성 : 거푸집은 콘크리트의 형틀이기 때문에 경화된 콘크리트의 설계상 치수 정확도가 유지되어야 한다. 따라서 거푸집이 치수 오차 허용범위 내에서 조립되고 동바리에 의해 콘크리트 부어넣기 후의 이동 및 변형이 발생하지 않도록 강성을 가지고 있어야 한다.

③ 콘크리트 표면 : 경화된 콘크리트가 그 자체로 마감면이 되는 노출콘크리트의 경우와 미장 바탕면이 되는 경우에는 요구조건이 다르다. 그러나 어떠한 경우에도 밀실하고 기포와 곰보가 없는 콘크리트 표면이 요구된다. 목적에 따라 적절한 거푸집널 및 박리제의 선정이 중요하다.

④ 전용성 : 거푸집 패널과 동바리의 재사용은 경제성에 영향을 미치는 중요한 요소이다. 거푸집과 동바리의 전용횟수를 늘리고 조립인력을 적절히 편성함으로써 공사비를 절감할 수 있다.

8.6.2 거푸집 및 동바리 설계

거푸집과 동바리는 소정의 강도와 강성을 확보하여 완성된 구조물이 위치, 형상 및 치수가 정확하게 확보되도록 설계, 시공해야 한다. 거푸집과 동바리는 관련 상세도면 및 구조계산서를 작성하고 콘크리트의 타설방법, 거푸집 동바리의 떼어내기, 설계서에 제시된 요구사항, 전용횟수 등 시공계획에 따라 시공도를 작성하고 이에 따라 시공하는 것을 원칙으로 한다. 철근콘크리트 구조물에서 골조공사가 후속 공사에 미치는 영향은 절대적이며 실제적으로는 훨씬 더 많은 비중을 차지할 수 있으므로, 거푸집 설계의 중요성을 깨닫고 재료의 품질기준이나 거푸집 제작에 대한 상세도 등이 충분히 갖추어진 거푸집 설계를 해야 한다.

1) 거푸집 설계시스템의 구성

선진국에서는 골조공사의 중요성이 강조되면서 거푸집 작업을 위한 효과적인 설계시스템을 구축하여 여러 문제점들을 개선하고 있으며, 이는 공사의 규모나 조직체계에 따라 다음과 같은 형태를 갖추고 있다.

(1) 전문 컨설팅 엔지니어(Consulting Engineer)에 의한 설계

정부 공사나 공공 분야의 대규모 공사에서는 거푸집 설계를 전문으로 하는 컨설팅 엔지니어가 지명되고, 이들이 콘크리트 작업에 관련된 모든 계획을 세우게 된다. 이들은 거푸집공사에 대한 설계뿐만 아니라 자재조달, 시공에 대한 감리, 더 나아가 공사에 필요한 장비수급계획과 같은 세부사항도 다룸으로써 콘크리트공사의 효율을 극대화한다. 그러나 전문 컨설팅 엔지니어가 없는 경우의 거푸집 설계는 수급자(Contractor)의 회사 내에 있는 거푸집 설계팀에서 담당하게 되거나 또는 전문 건설업체의 팀들이 맡게 된다.

(2) 수급자에 의한 거푸집 설계

수급자의 회사 내에 거푸집 설계를 전담하는 팀이 있는 경우, 이 팀은 다양한 거푸집의 시공상세도를 작성할 뿐만 아니라 거푸집이나 지보공의 표준화, 거푸집 부재를 타 현장으로 전용하는 등의 문제를 조정함으로써 상당한 비용절감효과를 거둘 수 있다. 또한 어느 공사에서 개발된 공법을 다른 공사에 적용하거나 현장 간의 아이디어 및 인적 자원의 교환 등을 추진하여 문제점을 개선하는 등의 일도 가능하게 되므로 거푸집에 관한 기술력을 향상시키는 효과를 가져 온다.

(3) 하수급자에 의한 거푸집 설계

수급자가 전문 하수급업체를 고용하여 거푸집의 설계나 시공을 맡기는 경우, 공사에 사용되는 시스템 설계나 거푸집 제작방법 등은 하수급자 측 설계팀이 수급자 측의 담당 엔지니어와 협의하여 실행한다. 이 경우 수급자는 기본적인 사항만을 감독하게 된다.

(4) 현장 설계

선진국 건설현장에서도 현장 설계는 큰 비중을 차지한다. 위와 같이 미리 계획된 설계와는 달리 현장에서 직접 수행되는 설계는 매우 실제적이며 융통성을 가지게 되는데,

이 단계에서 나온 아이디어나 기술을 적용함으로써 상당한 비용절감의 효과를 가져 올 수 있다. 그러나 현장에서의 설계조정은 반드시 상호합의로 이루어져야 하는데, 이는 구조적 안전성을 확실히 하기 위해서 뿐만 아니라 작업의 일관성을 유지하기 위해서도 꼭 필요하다.

2) 거푸집 설계과정

(1) 콘크리트 구조체도(構造體圖) 작성

구조체도는 구조체공사를 하는데 기본이 되며, 설계도와 각종 공사의 중간자로서의 역할을 한다. 또한 설계의도를 실현하도록 표준적인 표기방법으로 작성해야 한다. 가장 먼저 작성되는 콘크리트의 붓기 치수도인 구조체도(Skeleton)에는 고정용 철물, 매설철물, 나무벽돌, 인서트(Insert), 볼트, 거멀철물 또는 관통구멍 내기의 위치 등을 명시한다. 그림 8.18과 같이 콘크리트 구조체도는 설계도와 타일분할도, 창호도 등의 마감공사 시공도와 엘리베이터 등의 설비공사 시공도와의 조정을 통해서 결정한 구조체 치수를 도면으로 표현한 것이다.

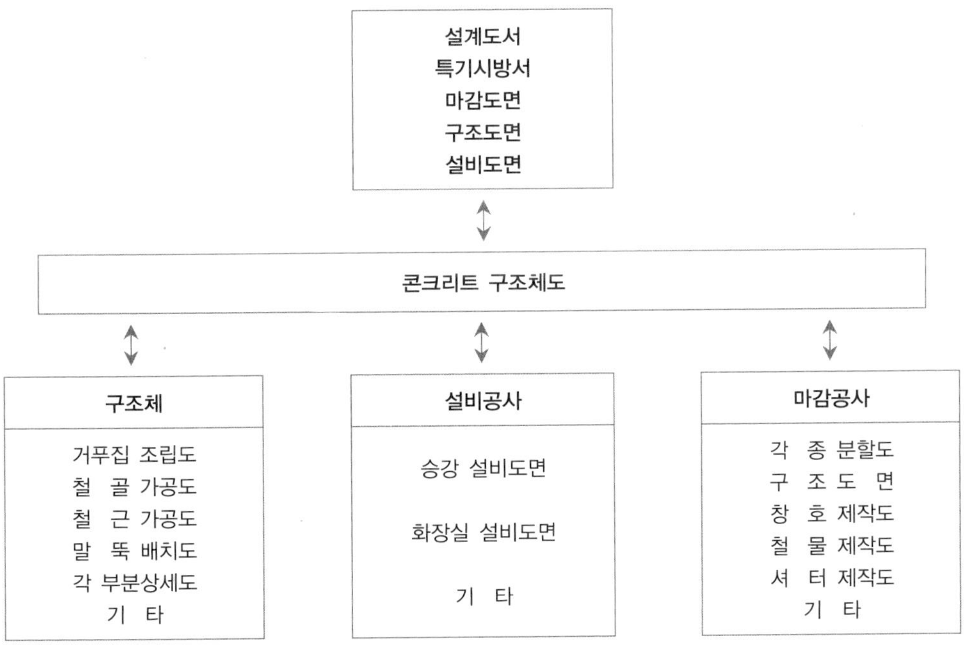

그림 8.18 **콘크리트 구조체도의 역할**

(2) 거푸집 계획도

구조체도를 기준으로 하여 패널 등 거푸집의 실시 공작도, 거푸집 단면상세도, 버팀대 조립도 등의 작업에 필요한 거푸집의 계획도를 작성한다.

(3) 거푸집 조립도

콘크리트의 구조체도를 검토하여 각 시공부위의 특징을 파악하면서 거푸집 조립도를 작성한다. 멍에 · 지보공 · 긴결재 등의 배치를 기입하고 최후에 거푸집 조립 전체의 균형을 고려하면서 보강방법을 기입한다. 기둥 · 벽 · 보 · 바닥부위 등의 경우는 표준 거푸집 조립도가 있으면 좋고, 계단 · 발코니나 특수한 형태를 가진 부위에 대해서는 시공부위마다 거푸집 조립도를 작성할 필요가 있다. 거푸집 조립도를 작성할 때 주의할 점은 다음과 같다.

① 사용할 재료의 종류를 가능한 한 줄이고 호환성과 융통성을 높이도록 고려한다.
② 거푸집널의 형태 및 치수, 동바리의 종류, 관련된 재료 등은 최대한 통일하고 표준화하는 편이 좋다.
③ 거푸집널과 동바리의 전용계획 수립 시 불필요한 소운반을 피하도록 한다.
④ 복합된 응력이 거푸집과 동바리에 생기지 않는 단순한 구조형식으로 하고 관리가 간편하게 한다.

3) 거푸집의 조립순서

거푸집은 보통의 경우 기둥→벽→보→바닥의 순서로 조립이 행해진다. 즉 거푸집은 밑에서 위의 순차로 짜 세우므로 보통 다음 순서로 되고, 그 다음 층은 ⑤~⑪의 순서로 한다.

① 기초 옆(기초보) 거푸집, ② 기초판 · 기초보 철근배근, ③ 기둥 철근을 기초에 정착, ④ 기초판(지하실 바닥판, 기초보) 콘크리트 부어넣기, ⑤ 기둥 철근배근, ⑥ 기둥 거푸집 · 벽의 한편 거푸집, ⑦ 벽의 철근배근, ⑧ 벽의 맞은편 거푸집, ⑨ 보 밑창판 · 옆판 및 바닥판 거푸집, ⑩ 보 및 바닥판 철근배근, ⑪ 콘크리트 부어넣기

거푸집 계획도 및 조립도에 따라 거푸집 세우기에 필요한 먹매김을 한다. 먼저 심먹을 내고 줄보기먹, 단면표시먹, 비킴먹 등을 기준이 되는 바탕에 정확하고 명료하게 표

시한다. 기둥이나 벽의 하부에는 거푸집 고정에 필요한 규준 모르타르 붙임을 하고 굳은 다음 거푸집을 세운다.

거푸집 세우기에 앞서 기둥 심먹 · 벽심먹만을 제위치에 표시하면 기둥에 가려 내다보지 못하게 되므로, 기둥심에서 1m 정도 떨어지게 치는 것을 비킴먹이라 한다. 밑층의 기준심먹을 위층에 옮겨보기 위하여 비킴심먹과 일치하는 위치(바닥)에 10cm 정도의 구멍을 내두는 것도 현장에서는 실용적이다. 거푸집 설치에서는 고정용 철물, 매설철물, 나무벽돌 · 인서트 · 볼트 · 거멀철물 · 배관함 또는 관통구멍 내기 등을 조립도에 표시된 위치에 정확히 설치한다. 거푸집 박리제는 거푸집 조립 전 또는 거푸집을 조립한 후 철근배근 전에 도포한다.

그림 8.19 **먹매김 작업**

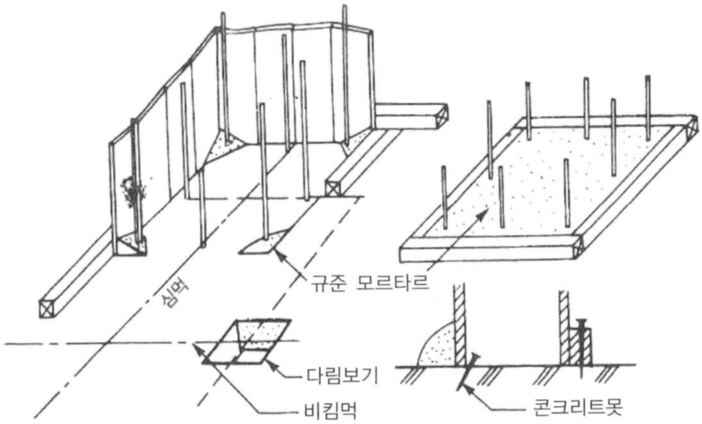

그림 8.20 **규준 모르타르**

4) 부위별 거푸집의 제작

거푸집 설계에는 단계적인 분석이 필요하며, 합판널이나 다른 거푸집 부재들의 설계순서는 대부분 전체계획에 따라 결정된다. 전형적인 설계순서는 합판널부터 차례로 다른 거푸집 부재들을 설계하여 마지막으로 폼타이(Form Tie)나 동바리를 필요한 지점에 설치하는 것이다.

(1) 기초 거푸집

기초판 옆은 패널 또는 두꺼운 널을 쓰면 편리한데, 먼저 기초 밑창 콘크리트 윗면의 먹매김에 따라 짜 대고 외부에는 이동이 없도록 버팀대 등을 써서 튼튼히 고정한다. 기초판 윗면의 경사가 6/10 이상이 되면 옆판만이 아니라 위 경사면에도 거푸집널을 대야 한다. 이것은 콘크리트가 가득 채워짐에 따라 거푸집이 위로 떠오르게 되므로 철선으로 기초판 철근에 당겨 죄어 고정하라는 것이다. 기초판에 접합되는 기초보는 보의 거푸집공법에 준한다.

(2) 기둥 거푸집

독립기둥 옆에 철근콘크리트 벽이 없는 경우는 거푸집면을 4면에 세워 대고 띠장은 모서리에서 상하로 교차시켜 내밀어, 여기에 기둥멍에를 세워 대고 볼트조임 또는 긴장철선을 두 줄로 감고 탕개 틀어 조인다. 기둥 위는 연결보의 물림자리를 따내고 밑은 청소구멍을 내두었다가 손쉽게 막을 수 있도록 뚜껑을 설치해둔다.

(3) 벽 거푸집

기둥에 벽이 붙을 때에는 기둥과 일체로 벽의 거푸집널을 짠다. 벽의 거푸집은 보통 먼저 외벽의 안쪽에 패널을 짜 대고 철근배근을 병행하며 보 · 바닥판의 거푸집을 그 위에 접속시키고, 배근이 완료되면 검사를 받고 맞은쪽 거푸집널을 짜 댄다. 패널은 가로대기와 세로대기가 있으나 멍에받이를 가로대는 패널세우기 방법이 작업하기 쉽다.

수직멍에는 간격 90cm로 대고, 그 바깥에 전체의 줄 바로잡기 및 뒤틀림과 변형을 막기 위하여 가로멍에받이를 댄다. 멍에 대기의 간격은 일반적으로 밑에서 75cm, 위에서 90~110cm 정도, 철선 조임 간격은 하부 75cm, 중앙 90cm, 상부 100~110cm 정도로 배치한다. 벽에 요철이 없는 넓은 벽에는 패널을 크게 짜 대는 것이 유리하다.

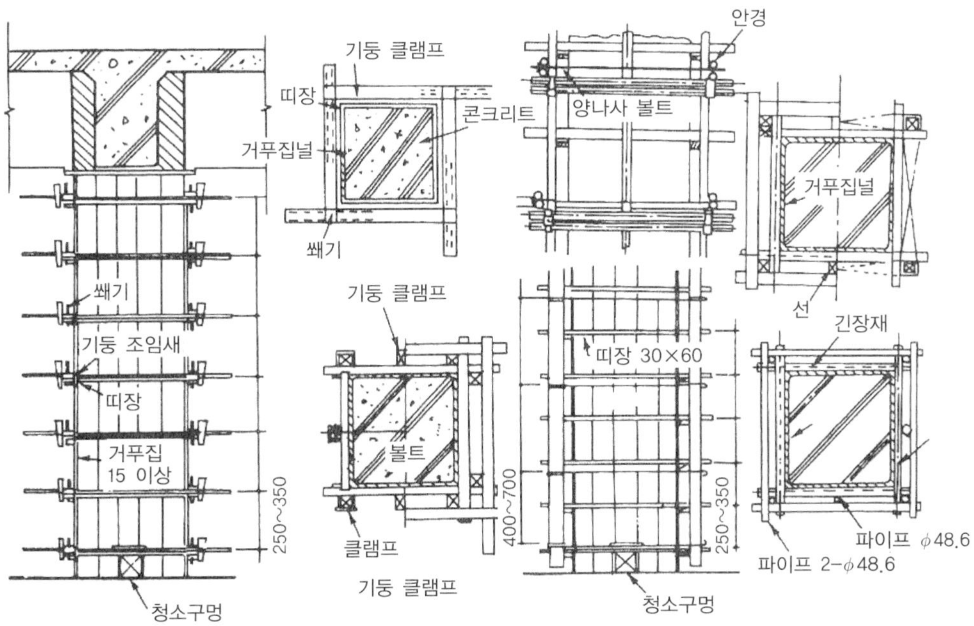

그림 8.21 **기둥 거푸집**

그림 8.22 **기둥 거푸집의 설치 예**

그림 8.23 **벽 거푸집의 설치 예**

벽에도 밑에 청소구멍을 내고 문꼴부는 벽의 한쪽 거푸집을 짠 다음 소요 치수로 가설문틀 또는 두꺼운 널 등으로 갓둘레를 막고 가새를 대어 변형을 방지한다. 창문 밑은 그냥 두어도 좋지만 콘크리트가 위로 밀려 오르게 될 우려가 있을 때에는 거푸집을 설치해야 한다.

벽 거푸집 설계 시 수평보강재와 폼타이는 거푸집 상단에서 최대측압이 낮아지는 것을 고려하여 그 간격을 작게 할 수 있다. 그러나 시공성과 탈형 후의 미관을 고려하여 보강재의 간격은 일반적으로 전체 높이에 걸쳐 균등하게 배치한다.

(4) 보의 거푸집

보의 단면치수는 다양하므로 보의 거푸집에 패널을 사용하기는 불편하다. 일반적으로 거푸집은 밑판과 옆판을 분리 제작하거나 일체식 제작으로 조립한다. 보의 거푸집은 밑판을 먼저 받침기둥·보밑 멍에로 받쳐 짠 다음 옆판을 설치하며, 옆판은 밑판보다 먼저 떼어낼 수 있게 짜야 한다. 보의 폭이 클 때 멍에는 원칙적으로 두 줄로 하고 폭이 작고 경미한 것은 한 줄로 한다. 보 거푸집은 바닥 거푸집과 같이 연직하중을 지지하는 동시에 벽 거푸집과 같이 콘크리트 측압을 받는다. 바닥과 보가 일체가 되는 부분은 바닥 거푸집 하중의 일부가 보 거푸집을 통하여 보를 지지하고 있는 동바리까지 전달된다.

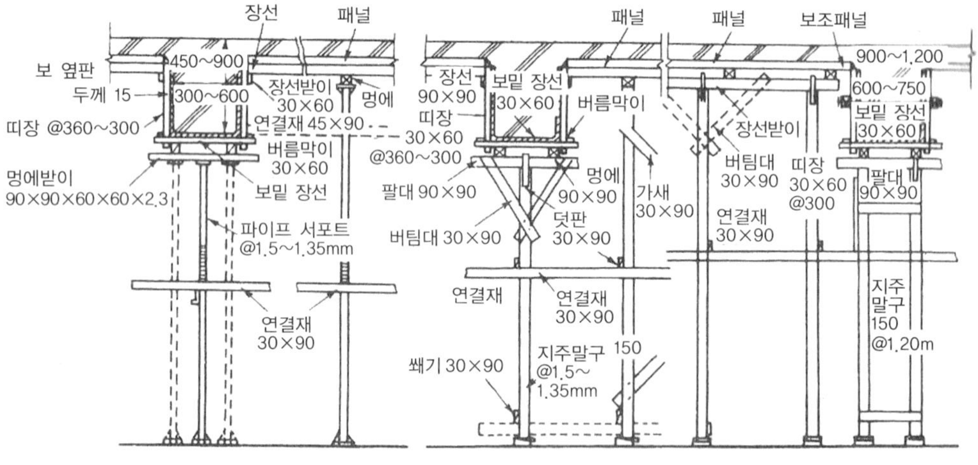

그림 8.24 **보·바닥판의 지지방법**

(5) 바닥 거푸집

바닥 거푸집은 패널을 쓸 때가 많다. 먼저 받침기둥 위에 멍에를 걸고 벽 옆, 보 옆에는 장선받이를 대고 여기에 장선을 패널의 크기에 맞추어 대고 패널을 짠다. 바닥 거푸집의 설계 시에 예상 하중이 정해지면 여러 부재 중 어느 것부터 시작해도 된다. 일반적인 바닥 거푸집의 설계과정을 나타내면 다음과 같다.

① 설계하중 산정 : 거푸집의 설계에 필요한 고정하중, 충격하중, 작업하중을 포함한 총하중을 결정한다.

② 합판의 두께 또는 장선의 간격 결정 : 설계조건, 재료의 효율성 및 경제성을 고려하여 두 가지 중 하나를 먼저 결정하면 다른 하나는 이에 따라서 설계한다.

③ 장선의 단면크기 또는 멍에의 간격 결정 : 두 가지 중 하나는 임의로 선택하고 다른 하나는 이에 따라서 설계한다. 장선이 동바리에 의해 직접 지지되는 경우도 있으나 보통 장선의 최대허용스팬은 멍에의 간격이 된다.

④ 멍에의 단면크기 또는 동바리의 간격 결정 : 설계조건에 따라 동바리의 간격과 멍에의 단면크기 중 어느 하나를 먼저 결정하면, 다른 하나는 이에 따라 설계한다. 실제로 멍에는 장선을 통하여 집중하중을 받지만 대부분의 경우 등분포 하중으로 설계를 해도 무방하다. 그러나 짧은 스팬의 보가 큰 하중을 받는 경우에는 집중하중에 대한 전단검토를 하는 것이 바람직하다.

⑤ 멍에를 지지하는 동바리의 설계 : 동바리의 설계(간격과 단면크기)는 멍에보다 먼저 할 수도 있고 다른 거푸집 부재들이 결정된 후에 할 수도 있다. 만약 동바리의 허용응력이 멍에를 지지하기에 부적당할 경우 동바리의 간격을 수정해야 하는데, 이때 다른 부재들의 설계변경이 필요한 경우도 있다.

(6) 받침기둥

간격은 그 크기(굵기)와 하중을 고려하여 정한다. 하중은 1개의 받침기둥이 받는 면적 콘크리트 무게의 2배의 값을 취하고, 기둥은 단면과 좌굴길이를 검토하여 산출한다. 받침기둥 밑은 2개의 쐐기를 쳐서 높이를 조절한다. 지면에 세울 때에는 받침기둥 밑의 땅을 평평하게 하고 다진 위에 넓은 판을 받침기둥 밑에 놓아 침하하지 않게 해야 한다. 보 · 바닥판 등의 거푸집의 지주는 될 수 있는 대로 통재를 쓰고, 승인을 얻은 것이나 특별히 긴 것 외에는 3단 이상 이어 쓰지 않는다. 지주는 중간에서 수평으로 서로 연결하거나 가새나 연결대 등을 대어 지주의 옆휨을 방지한다. 특히 9m 이상 긴 지주는 특히 유의하거나 시스템 거푸집을 사용해야 하는데, 주구조체가 철골일 때에는 철골보에서 볼트 등으로 밑창판을 달아매면 지주는 생략할 수 있다. 보 및 바닥판의 거푸집은 중앙에서 간사이의 1/300~1/500 정도로 치켜 올려 타설할 콘크리트의 하중에 의한 처짐에 대비하는 것이 필요하지만 지나치게 할 필요는 없다.

5) 거푸집 조립 시 주의사항

거푸집 조립에 있어 주의사항은 대체로 다음과 같다.

① 거푸집은 콘크리트 시공 시의 하중 · 측압 · 진동 · 충격 등의 외력에 견딜 수 있는 구조로 하고 필요에 따라 강도와 강성에 대해 구조계산을 한다. 거푸집재의 허용응력도는 원칙적으로 장기와 단기의 허용응력도의 중앙값으로 한다.

② 거푸집 조립치수는 정확해야 한다.

③ 거푸집널은 시멘트 페이스트의 누출이 없는 구조로 한다.

④ 거푸집은 용이하게 해체할 수 있는 구조로 하고 거푸집의 전용률을 높일 수 있도록 한다.

⑤ 동바리는 하층 동바리의 바로 위에 세우되 밑받침판 위에 세워야 한다.

8.6.3 거푸집, 동바리 시공

1) 거푸집 구조계산

거푸집은 타설된 콘크리트가 소정의 강도를 발현하면 해체하는 일종의 가설구조물이기 때문에 응력이 가해지는 시간(벽 · 기둥 거푸집은 콘크리트가 경화될 때까지 수시간, 보 · 슬래브 거푸집은 1~3주간) 동안 품질과 안전상 필요한 기능을 만족해야 한다. 따라서 구조계산을 실시하여 구조상의 안전성, 작업성, 경제성 등을 종합적으로 판단해야 한다.

(1) 거푸집에 작용하는 하중

거푸집 구조계산에서 고려해야 하는 하중은 연직하중과 동바리, 옹벽과 같은 거푸집에 대한 횡방향 하중, 콘크리트 측압 등이 있다.

① 연직방향 하중

연직방향 설계하중은 고정하중 및 공사 중 발생하는 활하중으로 다음의 값을 적용한다.

고정하중은 철근콘크리트와 거푸집의 중량을 고려하여 합한 하중이며, 철근콘크리트(철근+콘크리트) 단위하중은 보통 콘크리트 경우 24kN/m^2, 거푸집 하중은 최소 0.4 kN/m^2 이상을 적용하며, 특수 거푸집의 경우에는 실 중량을 적용하여 계산한다.

활하중은 작업원, 경량의 장비하중, 기타 콘크리트 타설에 필요한 자재 및 공구 등의 시공하중, 충격하중을 포함한다. 활하중은 건축물의 수평투영면적(연직방향으로 투영시킨 수평면적)당 최소 2.5kN/m^2 이상으로 하며, 진동식 카트 장비를 이용하여 타설할 경우는 3.75kN/m^2 이상으로 한다.

상기의 고정하중과 활하중을 합한 연직하중은 슬래브 두께에 관계없이 최소 5.0kN/m^2 이상으로 하며, 진동식 카트 장비를 사용할 경우는 6.25kN/m^2 이상으로 한다.

② 콘크리트 측압

콘크리트의 측압은 수압과 같이 콘크리트의 높이에 따라 상부에서 아래로 갈수록 커진다. 다만, 콘크리트는 시간의 경과와 함께 경화하기 때문에 부어넣기 속도가 늦을 경우에는 일정 한계 이상 작용하지 않는다. 여기서 최대측압이 생기는 콘크리트의 높이를 콘크리트 헤드(Concrete Head)라고 한다. 묽은 콘크리트의 헤드가 4m를 넘을 때는 측압이 높아지기 때문에 안전성에 주의한다. 최근에는 콘크리트 펌프에 의한 타설이 대부분을 차지하여 부어넣기 속도가 빠르기 때문에 그림 8.25와 같이 삼각형 모양인 경우가 많다.

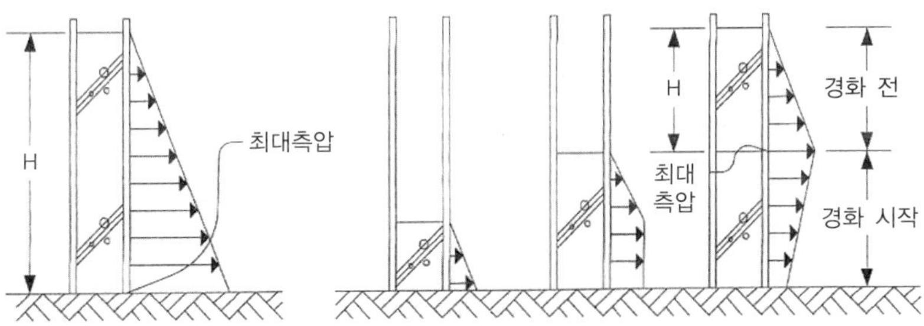

그림 8.25 **거푸집에 작용하는 측압 및 콘크리트 헤드**

콘크리트 측압의 특성은 다음과 같다.

- 경화속도가 늦을수록(기온이 낮을수록) 측압이 높다.
- 묽은 콘크리트일수록(슬럼프값이 클수록) 측압이 높다.
- 부어넣기 속도가 빠를수록 측압이 높다.
- 다짐이 많을수록 측압이 높다.

– 부어넣기 수평면적이 넓을수록 측압이 높다.
– 배근량이 적을수록 측압이 높다.

③ 동바리의 횡방향 하중

고정하중의 2% 이상 또는 동바리 상단의 단위길이당 15MPa 이상 중에서 큰 쪽의 하중이 동바리 상부에 횡방향으로 작용하는 것으로 한다.

옹벽과 같은 거푸집의 경우에는 거푸집 측면에 대하여 5MPa 이상의 횡방향 하중이 작용하는 것으로 본다.

(2) 거푸집의 구조계산

① 일반사항

– 거푸집 휨재에 작용하는 하중은 등분포 하중으로 가정하여 적용한다.
– 두 개 이상의 스팬으로 구성된 휨재는 단순지지 휨재로 가정하여 적용한다.
– 틀비계 및 체결형 강관비계의 보 하부 멍에와 같은 조건은 근사식을 사용하여 검토한다.
– 강관받침기둥과 같은 동바리는 압축재로서 사용조건에 따른 부재의 허용하중 또는 허용응력도 이하가 되도록 한다.

② 거푸집의 변형기준

표 8.12 **변형기준**

구분		변형기준
거푸집널 설계 시	노출콘크리트 마감, 견출마감	0.15cm
	미장 등 마감	0.3cm
	강제갑판 사용 시	1.5cm

③ 거푸집의 휨재(거푸집널, 장선, 멍에, 수직 부재, 수평 부재)

등분포 하중이 작용하는 단순보로서 휨, 처짐 및 전단(멍에의 재료가 목재인 경우)에 대한 검토

– 휨에 대한 검토식

$$M = \frac{w \cdot l^2}{8} \le f_b \cdot Z \qquad l_m = \frac{\sqrt{8 \cdot f_b \cdot Z}}{w}$$

– 처짐에 대한 검토식

$$\delta_{max} = \frac{5 \cdot w \cdot l^4}{384 \cdot E \cdot I} \qquad l_\delta = \frac{\sqrt{0.3 \cdot 384 \cdot E \cdot I}}{5 \cdot w}$$

④ 압축재의 검토(강관받침기둥)

– 2.4m 이하인 경우는 허용압축하중을 2,000kg으로 적용한다.

– 2.4m 초과 3.5 이하인 경우는 한계세장비를 넘으므로 Euler식을 적용한다.

– 3.5m 초과할 경우는 다음 조건을 충족해야 하며, 강관받침기둥의 허용압축하중을 2,000kg으로 적용한다.

- 수평연결재는 2m 이내마다 설치
- 수평연결재는 강관받침기둥의 직각 양방향으로 설치
- 강관받침기둥과 수평연결재의 결속은 파이프 클램프로 100% 체결
- 가새 설치

표 8.13 **강관받침기둥의 허용압축하중**

사용길이(m)	허용하중(ton)	
	수평연결재와 가새를 사용하지 않은 경우	수평가설재와 가새를 사용한 경우
2.4 이하	2.0	2.0
2.5	1.9	
2.7	1.6	
2.9	1.4	
3.1	1.2	
3.3	1.1	
3.5	1.0	
3.5 초과 5.0 미만	사용불가	

표 8.14 **틀비계(1,219×1,700) 허용압축하중(ton)**

구분	1	2	3	4	5
하중 위치	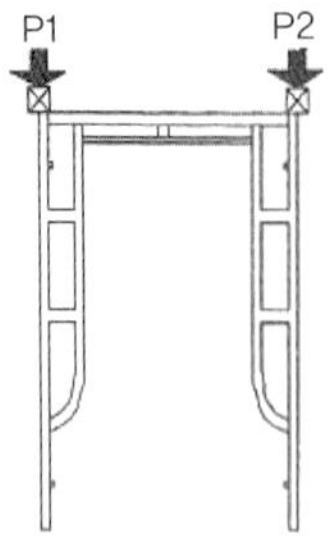	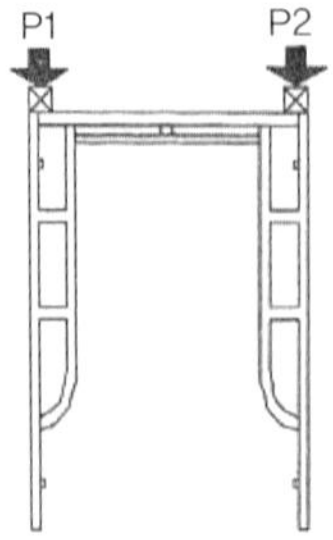	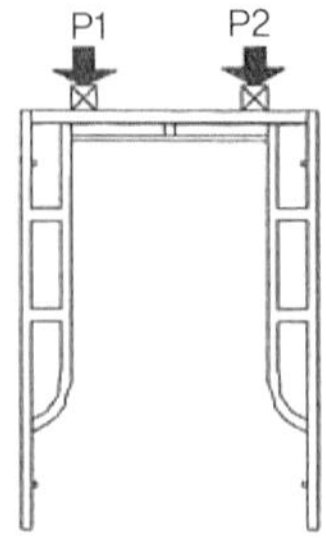	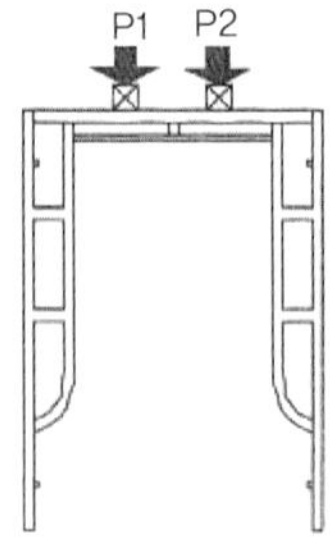	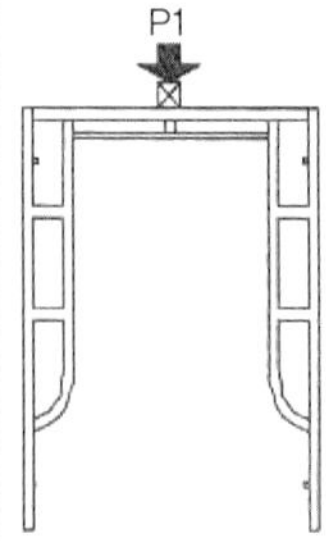
허용 하중	5	3.5	3	2	1.2

2) 거푸집 가공 및 조립

거푸집 조립의 순서는 표 8.15와 같다.

표 8.15 **거푸집 조립의 순서**

순서	사진	설명
기초철근 배근 및 콘크리트 부어넣기		• 매트기초의 철근조립 • 기초의 철근배근에는 상부근의 높이를 일정하게 유지하기 위해 우마근이라고 하는 철근을 사용한다. 우마근의 물량이 많을 경우에는 철근물량 산출 시 반드시 고려되어야 한다.
먹매김 및 수평목 설치		• 콘크리트를 타설한 후 도면 치수에 따라 먹매김을 한다. • 먹매김 위치에 맞추어 기둥·벽 철근의 위치를 수정한다. • 레벨기를 이용하여 콘크리트 타설면의 수평 정도를 확인한 후 거푸집의 높이를 일정하게 유지하기 위해 먹매김 기준선으로 수평목을 설치한다.
기둥 철근의 조립		• 기둥의 주근을 세우기 전에 하부에 미리 띠철근을 설치하고 주근을 세운 후 하부에 띠철근을 상부로 끌어올려 정해진 위치에 고정한다.

순서	사진	설명
벽 철근 조립		• 벽 철근은 벽체 거푸집을 세우기 전이나 외부면 거푸집을 세운 후에 배근한다. • 벽체 철근의 경우 하층의 Dowel Bar의 위치가 어긋나는 경우가 자주 발생하며, 이때 Dowel Bar를 무리하게 구부려 철근을 결속할 필요는 없다.
기둥 및 벽체 거푸집 설치		• 기둥 및 벽체 철근배근이 완료되면 거푸집을 설치한다.
동바리 설치 및 큰보, 슬래브 거푸집 설치		• 기둥과 벽 거푸집 설치가 완료되면 동바리를 세우고 보와 슬래브 거푸집을 설치한다. • 기둥 거푸집 하부에는 쓰레기가 모이기 쉬우므로, 거푸집 하부에 점검구를 설치하고 콘크리트를 타설하기 전 물청소를 실시한다.
보 철근 조립		• 보 철근의 설치순서는 다음과 같다. 1) 상부 모서리 부위 철근 설치(스터럽의 위치를 분필 등으로 미리 표시) 2) 스터럽을 양 모서리 철근에 걸침 3) 하부에 스페이서 및 철근 내림 4) 하부근 설치 5) 상부 Cap Tie 설치 6) 상부근 나머지 설치
슬래브 철근 조립		• 슬래브 철근의 설치가 완료되기 전 전기 및 설비배관공사가 완료되어야 한다.

거푸집 조립작업 중 또는 조립완료 후 철근작업이 진행되는데 그 전에 각종 배관, 전기박스, 매입철물을 못 등으로 확실하게 고정한다.

(1) 먹매김

① 기준먹의 이동

– 경화된 콘크리트에 미리 묻어둔 슬리브(Sleeve) 구멍을 이용하여 아래층 기준

먹의 위치를 위층으로 이동시킨다. 이 때 내림추와 트랜싯 등을 사용한다.

- 기준먹을 기준으로 도면에 있는 기둥과 벽의 위치와 치수를 바닥면에 그대로 먹매김한다.
- 기준선 먹의 수평 및 수직오차는 ±2mm 이내로 한다.
- 거푸집용 먹의 수평 및 수직오차는 ±2mm 이내로 한다.

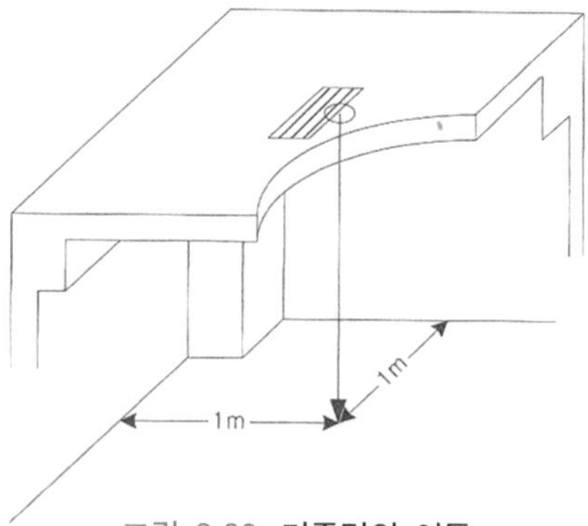

그림 8.26 **기준먹의 이동**

② 수평 맞추기

슬래브 콘크리트를 부어넣은 후의 표면은 높이가 일정하지 않기 때문에 벽 및 기둥 거푸집의 높이를 일정하게 맞추기 위한 조치가 필요하다. 통상적으로 먹매김한 후에 레벨기를 이용하여 바닥의 높이차를 측정한 후 먹선을 따라 수평목 등을 설치하여 높이를 조절한다. 수평목 등은 콘크리트를 부어넣을 때 이동이나 파괴가 없도록 견고하게 고정시켜야 하며, 콘크리트가 하부로 흘러나오지 않도록 틈새 없이 밀실한 구조로 만들어야 한다.

그림 8.27 **먹매김 후 철재 수평목 설치**

(2) 부재별 거푸집 조립

① 기초

기초 거푸집은 합판이나 유로폼 등의 거푸집널을 이용하여 조립되며 상부나 측면부에 지지틀이 설치된다.

② 기둥

- 기둥의 모서리 철근에 일정한 높이로 먹매김을 하고 테이프 등으로 기준높이를 표시한다.

– 철근에 표시한 기준높이에 맞추어 수평목 등을 설치하여 높이를 맞춘 후 거푸집을 설치한다.

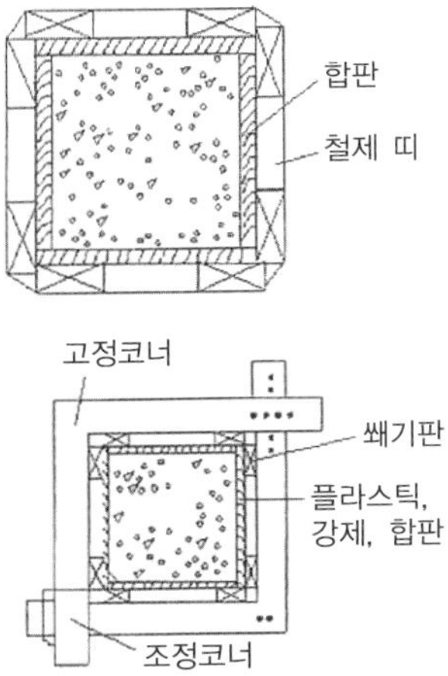

그림 8.28 **기둥용 일반 및 시스템 거푸집 예**

③ 벽

– 벽체 먹매김에 맞추어 수평목 등을 설치하고 그 위에 거푸집을 세운다.

– 한쪽 거푸집을 세우고 세퍼레이터를 부착한 후에 벽 철근을 조립한다. 혹은 벽 철근을 배근한 후에 거푸집을 세운다.

– 배근이 완료되면 남은 거푸집을 부착한다.

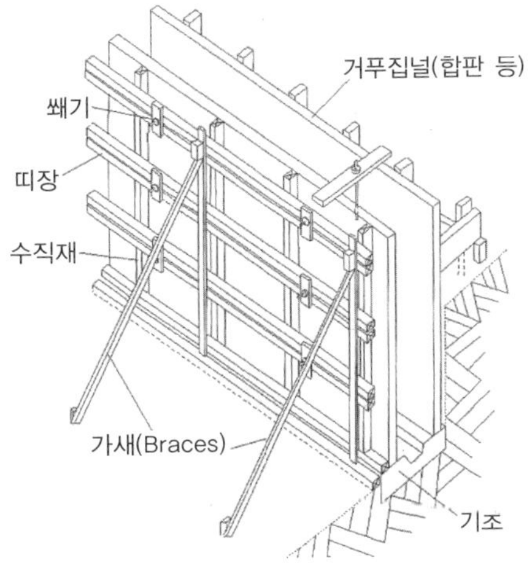

그림 8.29 **벽체 거푸집과 벽체 거푸집 설치**

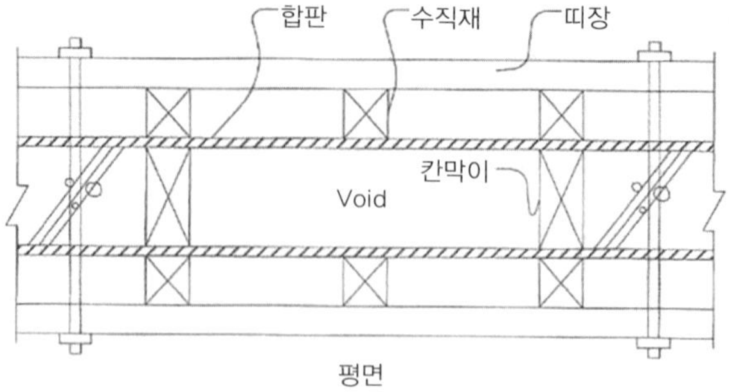

그림 8.30 **벽체 개구부 거푸집 설치**

④ 보

보 거푸집은 하부 거푸집널(보폭과 동일한 크기)과 2개의 측면 거푸집널(보높이로 결정)로 구성된다. 측면 거푸집널은 하부 거푸집널보다 빨리 해체될 수 있는 구조로 조립되어야 한다.

- 기둥 거푸집(또는 벽 거푸집)이 세워지면 기둥 거푸집에 보 하부 거푸집널을 걸친다.

그림 8.31 **기둥, 보 슬래브 거푸집 연결부위 예**

- 못으로 측면 거푸집널을 가조립한다. 보 측판 하단의 수평각재에 사용하는 못은 측압의 영향을 많이 받는데, 측압이 커서 못의 간격이 30mm 이하가 되는 경우는 수평 부재 및 폼타이를 설치한다.
- 배근이 완료되면 간격재(세퍼레이터)를 부착한다.

  일반적으로 보 깊이가 750mm 이하이면 보 측판 수직보재의 설치를 생략하고 수평 부재와 폼타이로 설계해도 가능하나, 무지주 슬래브(철재 트러스 조립보, 철근일체형 강재갑판)를 지지하는 거푸집일 경우는 반드시 수직 부재를 설치하도록 한다.

⑤ 슬래브

장선, 멍에, 동바리의 설치간격은 구조계산에 의해 구한다.

- 보 거푸집의 가조립이 끝나면 보로 둘러싸인 슬래브 중앙부에 동바리를 세운다.
- 장선(파이프 또는 각재로 약 900mm 간격과 멍에(각재 등)를 설치한다.
- 합판 또는 바닥 거푸집널을 깐다. 슬래브 거푸집널은 가능한 한 장선의 중앙부에 못으로 고정한다(못의 간격 300mm).
- 장선, 멍에 밑에 900~1,200mm 간격으로 동바리를 세운다.
- 바닥판 및 보 중앙부는 1/300~1/500 정도 치켜 올리도록 한다.
- 슬래브 거푸집이 조립되면 파이프나 폼타이 등으로 거푸집 전체를 완전히 체결한다.

그림 8.32 **계단 거푸집 예**

(3) 동바리 설치

① 강관받침기둥의 설치

- 동바리를 지반에 설치할 경우에는 침하되지 않도록 두께 50mm 이상의 깔목을 설치하여 콘크리트를 타설한다.
- 높이가 3,500mm 이상인 경우 2,000mm 이내마다 수평연결재를 2방향으로 설치한다.
- 강관받침기둥과 멍에 또는 장선의 연결부는 못으로 고정한다.
- 깔판 EH는 깔목은 2단 이상 끼우지 않도록 하고 이탈하지 않도록 고정한다.
- 강재와 강재와의 접속부 및 교차부는 볼트나 클램프 등 전용철물을 사용하여 단단히 연결한다.

② 수평연결재의 설치

- 수평연결재의 역할은 다음과 같다.
  · 수평하중의 분산

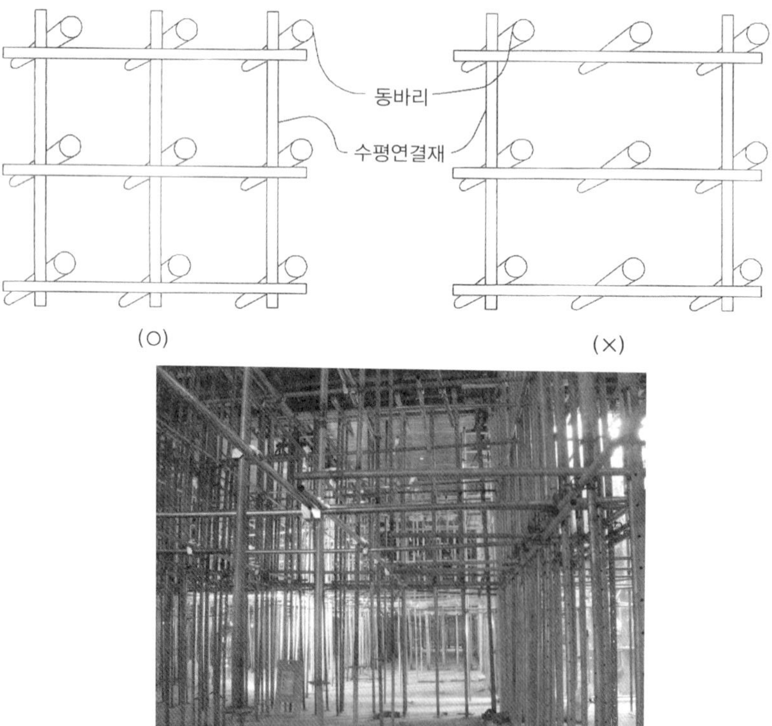

그림 8.33 **수평연결재 설치방법(평면도)**

· 수평하중에 대한 동바리 시스템의 일체식 거동 유도

· 동바리의 수직도 유지

· 좌굴길이를 짧게 하여 동바리의 내력감소를 방지한다.

– 수평연결재는 동바리마다 직교방향으로 2개소 이상 연결한다.

– 교차부마다 볼트나 클램프와 같은 전용철물을 사용하여 단단히 연결한다.

③ 가새의 설치

– 단일부재 사용을 원칙으로 하며, 단일부재 사용이 불가능할 경우에는 이어지는 가새의 각도가 같도록 하고 가새간 순간격은 100mm 이내로 한다.

– 가새의 기울기는 수평면과의 각도가 60° 이내로 한다.

– 수평연결재의 수평변위 방지용 가새는 바닥에서 최상의 수평연결재까지 설치해도 무방하나 슬래브의 수평하중 저항용 가새는 바닥에서 동바리 상단부까지 설치되어야 한다. 단, 동바리 상단부까지 설치되는 경우 해당 동바리 상부는 멍에에 못으로 두 곳 이상 고정한다.

④ 틀비계 설치

– 강관틀과 강관틀 사이의 측면에는 교차가새를 설치한다.

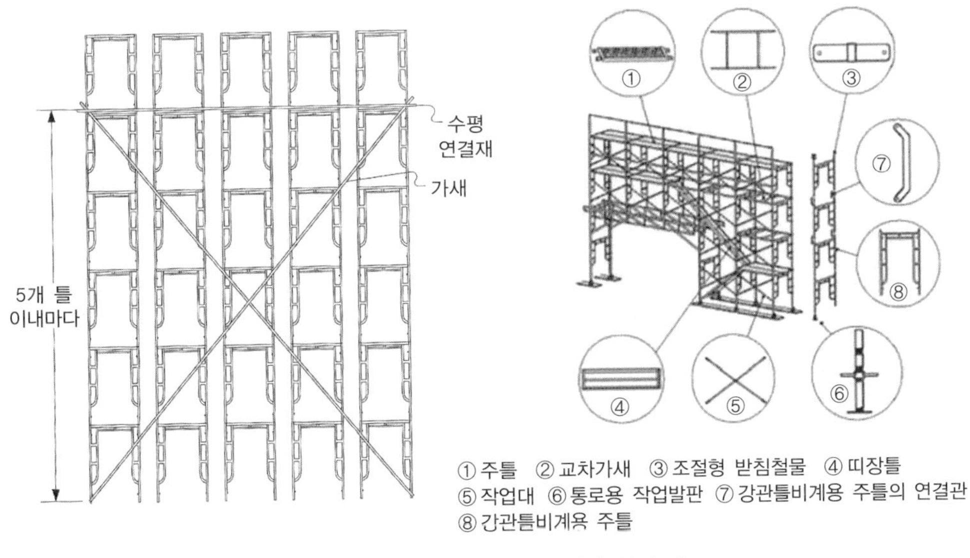

그림 8.34 **틀형 비계식 동바리 설치 예**

– 최상층 및 5개틀 높이 이내마다, 그리고 강관틀의 측면과 도리방향에서 5개 틀 이내마다 수평연결재를 설치한다.
– 수평연결재를 설치한 틀면방향의 동일 수직면은 교차가새와 별도로 5개 틀 이내마다 가새를 설치한다.
– 수평연결재와 수직틀과의 긴결은 반드시 파이프 클램프를 사용한다.

8.6.4 거푸집, 동바리 철거

1) 거푸집 존치기간

부어넣기 후의 콘크리트는 진동 및 충격으로부터 보호해야 하며, 동시에 건조되지 않도록 해야 하기 때문에 거푸집의 존치기간은 양생에 큰 영향을 미친다. 거푸집의 존치기간은 콘크리트 강도가 완전히 발현될 때까지로 정하는 것이 원칙이지만 공사의 진행과 경제성을 고려하여 최소한의 존치기간을 규정하고 있다.

(1) 압축강도를 시험할 경우

① 일반적으로 콘크리트를 지탱하지 않는 부위, 즉 보 옆, 기둥, 벽 등 측면의 경우 10℃ 이상의 온도에서 24시간 이상 양생하여 콘크리트 압축강도가 5MPa 이상이면 거푸집널을 해체할 수 있다.

② 슬래브 및 보의 밑면, 아치 내면의 거푸집널 존치기간은 콘크리트의 압축강도 시험에 의해 설계기준강도(f_{ck})의 2/3 이상 값에 도달한 것이 확인되면 해체가 가능하다. 다만, 14MPa 이상이어야 한다.

표 8.16 **압축강도를 시험할 경우 거푸집 존치기간**

위치	콘크리트 압축강도	부재
수직거푸집	5MPa	기초, 보 옆, 기둥, 벽 등의 측면
수평거푸집	설계기준강도 f_{ck} (2/3) 단, 14MPa 이상	슬래브와 보의 밑면, 아치 내면

표 8.17 **압축강도를 시험하지 않을 경우 거푸집 존치기간**

시멘트 종류 / 평균 기온	조강 포틀랜드 시멘트	보통 포틀랜드 시멘트 고로슬래그(특급) 포틀랜드 포졸란(A종) 플라이애쉬(A종)	고로슬래그 포틀랜드 포졸란(B종) 플라이애쉬(B종)
20℃	2일	4일	5일
20℃ 미만 10℃ 이상	3일	6일	8일

2) 압축강도시험을 하지 않을 경우

보 옆, 기둥과 벽 등의 측벽의 경우 거푸집널 존치기간 중의 평균 기온이 10℃ 이상인 경우는 콘크리트 재령이 표 8.17에 주어진 재령 이상 경과하면 압축강도시험을 하지 않고도 해체할 수 있다.

표 8.18 **거푸집의 최소존치기간**(formwork for concrete 10-15, ACI)

위치		존치기간		비고
기초, 보 옆, 기둥, 벽 등의 수직거푸집		12시간		존치기간은 10℃ 이상의 누적시간 (1일은 24시간)
Pan Joist 거푸집	폭 76cm 이하	3일		
	폭 76cm 초과	4일		
설계 적재하중이 고정하중보다		적을 경우	큰 경우	
아치 중앙부		14일	7일	
보 하부 (Span별)	3m 이하	7일	4일	
	3m~6m	14일	7일	
	6m 초과	21일	14일	
슬래브 하부 (Span별)	3m 이하	4일	3일	
	3m~6m	7일	4일	
	6m 초과	10일	7일	

8.6.5 특수 거푸집공법

기둥, 벽, 보 거푸집 등을 지상에서 제작한 다음 시공위치에서는 조립만 하며, 탈형 시 대형 유닛으로 해체하여 다음 상소에서 그대로 전용할 수 있는 거푸집을 말한다.

1) 갱폼(Gang Form)

타워크레인 또는 별도의 장비를 이용하여 1개 층씩 인양하여 설치하는 공법으로, 구조체는 Channel 또는 ㅁ자형 형강으로 하고 절곡된 강재 널(Steel Plate)을 구조체에 접목시켜 옹벽 등을 일체식으로 제작한 거푸집이다.

공동주택에 사용하는 갱폼의 제작은 다음에 따른다.

① 철판두께는 6층 이하의 벽체에서 0.5mm, 7층 이상의 벽체에서 1.2mm, 16층 이상의 벽체에서 1.6mm 이상으로 한다.

② 절곡부위는 선명하게 접으며 이음새는 합판이 닿는 오목부분에 오도록 하고 평나사못을 150mm 이내의 간격으로 박아 들뜨지 않게 한다. 철판과 합판의 고정은 평나사못을 200mm 이내의 간격으로 박아 고정한다.

③ 합판 뒷면 장선은 45×90mm 이상의 각재를 300mm 이내의 간격이 되게 배치한다.

④ 장선 뒤의 띠장은 45×90mm 이상의 각재 2개를 사용한다.

그림 8.35 **공동주택 갱폼(Gang Form)**

2) 슬립폼(Slip Form, Sliding Form)

1.2~1.5m 높이로 조립된 거푸집을 잭(Jack)과 지지 로드(Rod)로 설치하고 요크(York-거푸집을 끌어올리는 기구)로 서서히 끌어올려 연속적으로 상승시키면서 배근과

콘크리트 치기를 연속적으로 실시한다. 거푸집의 끌어올리기와 콘크리트 타설속도는 1일에 3~5m 정도로 주야 병행작업이 가능하여 연속 타설하므로 콘크리트의 일체성을 확보할 수 있다.

(1) 특징

① 시공정밀도가 우수하다.

- 코어벽체의 수직오차가 ±3cm 내외로 우수하다.
- 코어벽체의 배부름과 이음 Joint가 발생하지 않는다.
- 단면변화 구조물 처리나 다양한 평면형태 구성이 가능하다.
- 상승과 멈춤이 자유로운 시스템이다.

② 안전관리

- 코어부위 개구부에 의한 사고를 방지할 수 있다.
- 중량 구조물의 대소에 무관하게 안전하게 이동하여 설치가능하다.

③ 공기단축, 원가절감

- 공사용 비계가 불필요하여 안전성이 증가하고 공사비가 감소한다.
- 중량물의 고공 설치 시 동바리가 불필요하여 가설공사의 절감 자재비와 노무비가 절감된다.

3) 오토클라이밍폼(Auto Climbing System Form : ACS공법)

벽체용 거푸집으로 거푸집과 벽체 마감공사를 위한 비계틀을 일체로 조립하고 유압 잭 등을 이용하여 인양시켜 거푸집을 설치하는 공법이다.

(1) 장점

① 골조 공기가 단축된다.
② 유압 잭 등으로 자체 인양 가능하므로 타워크레인 부하가 경감된다.
③ 형틀 복공 인원이 축소된다.
④ 비계틀이 일체화되므로 안전관리가 유리하다.
⑤ 콘크리트의 품질편차 최소화가 가능하며 품질관리가 용이하다.

그림 8.36 ACS(Auto Climbing System) Form

(2) 적용 시 주의할 점

① 측량에 대한 세심한 주의가 필요하다.

② 초기투자비가 많이 소요된다.

③ 두께변화에 대한 시공계획이 필요하다.

④ 벽체 단면이 철근 등의 Dowel-Box 매입으로 인해 정밀한 시공이 필요하다.

⑤ 완료 후 시스템 해체 시 양중량을 검토해야 된다.

표 8.19 슬립폼(Slip Form)과 ASC폼

구분		슬립폼	ACS폼
시스템 개요		유압 잭(Hydraulic Jack)과 로드(Rod)를 이용하여 1.2m 거푸집을 연속하여 수직 상승시키면서 계속해서 타설하는 공법	하이드롤릭 유닛(Hydraulic Unit)과 레일(Rail)을 이용하여 층별로 타설하는 공법
투입장비	양중장비	타워크레인 1대 별도 추가 투입 필요	철골과 겸용 사용 가능
	타설장비	소형 배전기(Distributor) 및 호퍼(Hop-per) 필요	CPB 필요
배합설계 시 고려사항		4~6시간 내에 초결이 발현	16시간 내에 8MPa 발현
품질관리	시공성	콘크리트가 끌려 올라가는 현상 발생	Cold Joint가 발생할 수 있음
	수직도	잭 공의 숙련도에 의해 좌우됨.	층별로 관리해야 하며 비교적 양호함.
	레벨관리	순간적으로 측정해야 하므로 오류 발생 가능	재검토가 가능

구분		슬립폼	ACS폼
공정관리	전체공정	공사속도가 빠름(1 Day Cycle가능)	상대적으로 느림(2.5Day Cycle가능)
	동절기	작업효율이 떨어짐	보양이 용이하며 작업효율이 높음
	하절기	우기의 영향이 적어 작업효율이 높음	우기의 양향을 많이 받음
안전관리		비교적 안전하나 작업공간이 협소하여 소형 사고율이 높음	추락 및 낙하에 대한 주의 필요
원가관리		ACS폼 대비 10% 정도 원가 상승	전기, 설비 공정에 미치는 원가부담이 적음

4) 테이블폼(Table Form)

거푸집 패널, 장선, 멍에, 받침기둥 등을 일체로 제작하여 슬래브 거푸집을 시스템화한 공법이다.

그림 8.37 **테이블폼 시공**

(1) 장점

① 시공성이 좋다.
② 인력이 절감된다.
③ 동바리와 전용도가 우수하다.
④ 일체식에 따른 품질확보가 가능하다.

(2) 단점

① 타워크레인의 의존도가 높다.
② 초기투자비가 높다.
③ 폼 해체 시 낙하우려가 있으므로 별도의 안전망이 필요하다.
④ 건물변형에 대한 범용성 낮다.
⑤ 인양시 출구폭 확보가 필요하다.

5) 트래블링폼(Travelling Form)

트래블러라 불리는 비계틀 또는 가동골조에 지지된 이동 거푸집공법으로 한 구간의 콘크리트를 부어넣은 후 거푸집을 낮추고 다음에 콘크리트를 부어넣는 구간까지 구조물을 따라 거푸집을 이동시키면서 콘크리트를 계속적으로 부어넣는 방식이다.

6) 와플 거푸집(Waffle Form)

장선 슬래브의 장선(Joist)을 직교하여 우물반자 형태로 된 2방향 장선 슬래브 구조를 이루는 특수한 모양으로 된 기성제 거푸집으로 보통 합성수지(F.R.P)나 철판으로 제작되며 장스팬의 구조물에 유리하다. 일반적으로 치수는 깊이 200, 300, 400mm와 500mm에 사방 800과 1,200mm로 되어 있다.

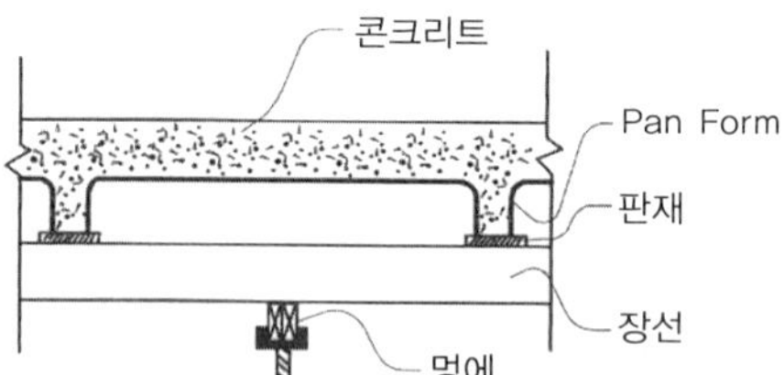

그림 8.38 **와플 슬래브용 거푸집**

8.7 철근공사

8.7.1 개요

철근콘크리트구조는 철근과 콘크리트가 일체로 결합한 하나의 복합구조체로서 철근은 주로 인장강도인 콘크리트는 주로 압축강도에 유효하게 작용하여 양자의 장점을 발휘하게 하는 이상적 구조체이다.

철근과 콘크리트의 결합체인 철근콘크리트구조는 콘크리트가 경화함으로써 철근과 견고히 부착하고 피복되어 철근의 내화성 및 내구성을 높여주고, 철근과 콘크리트는 열에 대한 팽창수축률이 거의 일치하므로 온도변화에 대해서도 유리하다.

이러한 철근콘크리트공사는 철근공사, 거푸집공사, 그리고 콘크리트공사로 대별할 수 있으며, 철근콘크리트 구조체는 내구성 · 내화성 · 내진성이 우수할 뿐만 아니라 유지비가 적게 들므로 오늘날 많은 각광을 받고 있다. 철근의 사용목적은 인장력이 약한 콘크리트를 보완하여 구조내력상 또는 구조역학상 구조체를 보강하기 위한 것이다. 철근이 구조내력상 유효하게 작용하기 위해서는 그 치수나 위치가 정확해야 하므로 배근의 적합성 여부는 극히 중요한 것이다. 양호한 배근을 행하기 위해서는 설계단계에서 그러한 배려가 필요하다.

8.7.2 철근가공

① 철근의 구부리기는 이형철근의 경우 D28 이하는 상온, D32 이상은 적당히 가열하여 굽힘기로 정확히 구부린다.

② 이형철근은 부착력이 크므로 말단의 갈고리를 생략할 수 있으나 다음의 경우에는 반드시 갈고리를 설치한다.

- 스터럽(Stirrup) 및 띠철근(Hoop)
- 기둥 및 보(지중보는 제외) 돌출부분의 철근
- 굴뚝의 철근
- 단순보의 지지단, 캔틸레버보, 캔틸레버 슬래브 상단부의 선단

③ 철근은 냉간가공으로 하고 단부의 구부림 형태 및 치수는 표 8.20, 중간부의 형태는 표 8.21에 따른다.

표 8.20 **철근 단부의 구부림 형상 및 치수**

철근의 구부림 각도	그림	철근의 종류	철근의 구부림 안치수(D)	철근의 여장	비고
180°	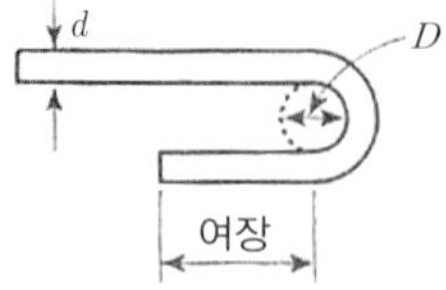	SD 30 SD 35 (D41 이하)	4d 이상	4d 이상	
		SD 35 (D51) SD 40	5d 이상		
135°	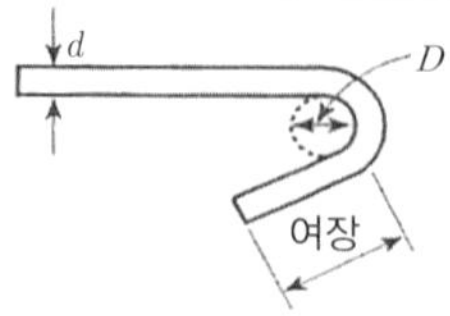	SR 24	4d 이상	6d 이상	
		SD 30 SD 35 (D41 이하)			
		SD 35 (D51)	5d 이상		
90°	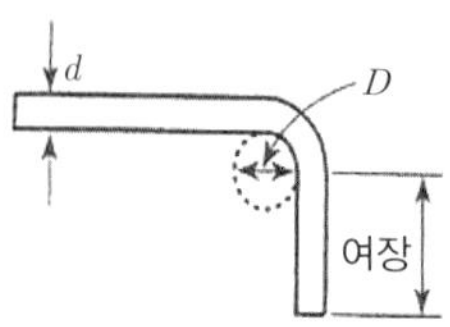	SD 30 SD 35 (D41 이하)	4d 이상	8d 이상 (4d 이상)	• 슬래브근, 벽근의 단부 또는 슬래브와 동시에 타설한 T형 및 L형 보의 캔틸레버에 사용 • 4d : 캔틸레버 슬래브 선단의 상단근과 벽의 자유단에 사용
		SD 35 (D51) SD 40	5d 이상		

주 : ① d는 이형철근에서는 공칭지름
② 구조용 철근이 아닌 경우에는 이 표를 적용하지 않는다.

표 8.21 **철근 중간부의 구부림 형상 및 치수**

철근의 구부림 각도	그림	철근의 사용 장소에 따른 호칭	철근지름	철근의 종류	철근의 구부림 안치수(D)
90° 이하	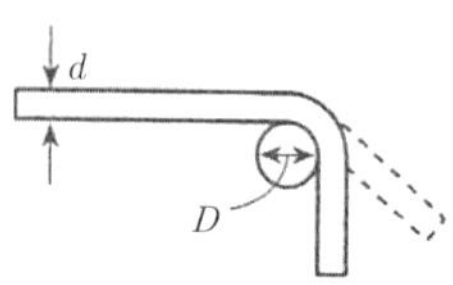	i 스터럽 띠철근 나선철근	각종	SD 30 SD 35	4d 이상
		ii 슬래브철근 및 철근	16mm 이하	SD 30 SD 35 SD 40	5d 이상
			19mm 이상		iii에 의함
		iii i, ii 이외의 철근	이형철근 D25 이하		6d 이상
			이형철근 D 29 이상, D 41 이하	3D 30 3D 35 3D 40	8d 이상
			D51		10d 이상

주 : d는 이형철근의 공칭지름

8.7.3 철근조립

① 철근은 도면에 따라 정확하게 배근하고 콘크리트 부어넣기를 완료할 때까지 이동하지 않도록 견고하게 조립한다.

② 철근 지지물 및 Insert 등은 도면에 따라 배치하고 철근과 거푸집판과의 소요 간격 및 철근간격 등을 정확히 유지한다.

③ 도면에 지시가 없는 철근과 철근의 순 간격은 굵은골재 최대치수의 1.25배 이상이고, 25mm 이상 또는 철근 공칭지름의 1.5배 이상으로 한다. 겹이음의 경우 이음철근과 인접철근과의 간격은 위의 값 이상으로 한다.

④ 작업이 중단되어 연속성에 문제가 발생하지 않도록 하고, 치수조정을 위해 가열굽힘 가공이 필요한 경우에는 담당원의 승인을 받아야 한다.

8.7.4 철근이음과 조사

1) 이음 일반

① D35를 초과하는 철근은 겹침이음을 하지 않아야 한다.

② 휨 부재에서 서로 직접 접촉되지 않게 겹침이음된 철근은 횡방향으로 소요 겹침이음길이의 1/5 또는 150mm 이내에 위치해야 한다.

2) 인장철근의 이음

① 겹침이음(l_d : 최소 300mm 이상)

- A급 이음 : $1.0l_d$ 이상
- B급 이음 : $1.3l_d$ 이상

3) 압축철근의 이음(최소 300mm 이상)

① 겹침이음

- 설계기준항복강도(f_y) $\leq$ 400MPa : $0.072f_y d_b$ 이상
- 설계기준항복강도(f_y) $\geq$ 400MPa : $(0.132f_y - 24)d_b$ 이상
- 설계기준강도 < 21MPa : 겹침이음 길이 1/3 증가시킴

- 다른 크기의 철근이음 : 크기가 큰 철근의 정착길이와 크기가 작은 철근의 겹침 이음길이 중 큰 값 이상

② 용접이음 및 기계적 이음

- 용접이음과 기계적 이음(Coupler) 철근의 설계기준항복강도(f_y)의 125% 이상의 인장강도를 확보해야 한다.

4) 철근 가스(Gas)압접

(1) 개요

1축상에 연속시켜 세트된 2개의 철근 단부를 가스버너에 의해 가열 · 가압하여 접합하는 방법으로 D25mm 이상의 철근에서는 겹침이음보다 경제적이다.

(2) 시공순서

면처리 → 맞댐 → 가열 · 가압

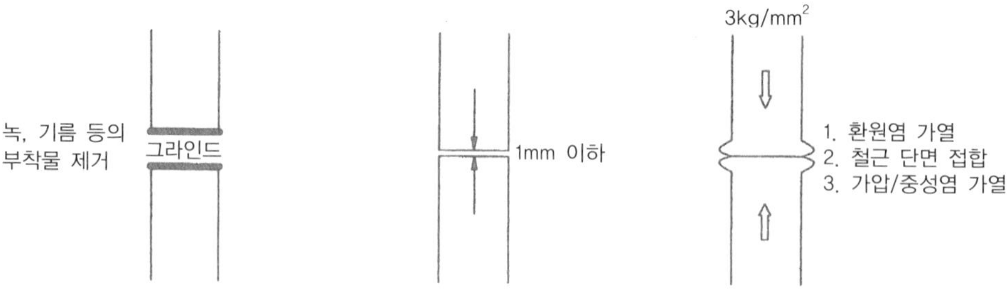

(3) 압접부의 형상 기준

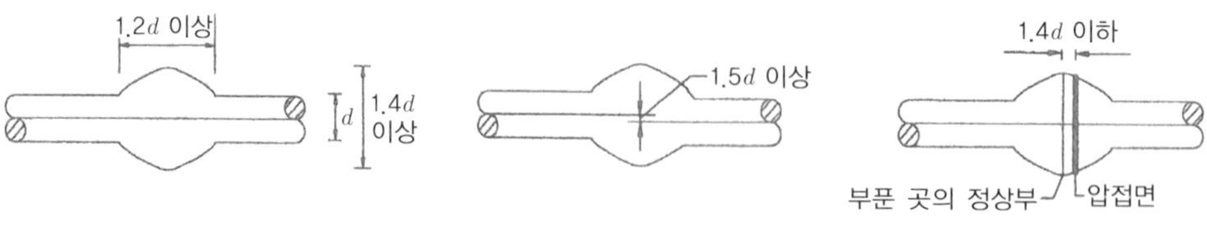

(4) 주의사항

① 자격증을 보유한 기능공이 시공하도록 한다.

② 지름의 차는 7mm 이하로 한다.

③ 압접부 구부림 가공을 금지한다.

④ 강우 시 및 강풍 시, 0℃ 이하에서는 원칙적으로 작업을 금지한다.

(5) 압접부의 검사

<table>
<tr><th>항목</th><th>시험방법</th><th>시기, 횟수</th><th>불합격 개수</th><th>판정기준</th></tr>
<tr><td>외관 검사</td><td>육안 및 자에 의한 측정</td><td>압접작업 완료시 전부</td><td></td><td>압접부의 부푼 형태, 치수, 철근중심축의 편심량, 압접면의 차이 등의 기준에 적합할 것</td></tr>
<tr><td rowspan="4">샘플링 검사</td><td rowspan="2">초음파탐사법 KD D 0273</td><td rowspan="2">1검사 로트에 20개소 이상</td><td>1</td><td>20개소 이상 검사하고 전부 합격일 것</td></tr>
<tr><td>2 이상</td><td>로트 전체를 불합격 처리</td></tr>
<tr><td rowspan="2">인장시험법 KS D 0244</td><td rowspan="2">1검사 로트에 3개소 이상의 시험편</td><td>1</td><td>6개 이상의 시험편에 대한 검사를 시행하고 전부 합격할 것</td></tr>
<tr><td>2 이상</td><td>로트 전체를 불합격 처리</td></tr>
</table>

※ 주1 : 판정기준에 따라 불합격된 경우→압접부 제거 후 재압접 실시

주2 : 돌출부 규정 미달의 경우→재가열, 가압처리

참/고/문/헌

1. 한국콘크리트학회, 최신콘크리트 공학, 기문당, 2005.
2. 콘크리트 표준시방서, 한국콘크리트학회, 2009.
3. 정상진 외, 건축시공학, 기문당, 2013.
4. 정상진 외, 건축재료학, 기문당, 2013.
5. 정상진 외, 건축시공 신기술공법, 기문당, 2002.
6. 日本土木學會, 콘크리트표준시방서, 日本土木學會, 2003.
7. 정재동, 콘크리트 재료공학, 기문당, 1998.

연/습/문/제

1. 시공계획에 포함되는 주요 항목에 대해 간략히 서술하시오.
2. 콘크리트 타설 전 준비사항 및 주의사항에 대해 서술하시오.
3. 콘크리트의 타설 장비에는 어떠한 것들이 있는지 간략히 서술하시오.
4. 콘크리트의 양생방법과 주의사항에 대하여 간략히 서술하시오.
5. 콘크리트의 측압현상에 대하여 서술하시오.

09 특수 환경에서 시공한 콘크리트

9.1 한중 콘크리트

9.1.1 시공의 요점

시멘트의 경화는 온도가 낮아짐에 따라 지연되고 5℃ 이하가 되면 이러한 경향은 더욱 뚜렷하게 나타난다. 따라서 온도가 낮아져 동해를 입게 되면 강도 증진은 거의 정지된다. 또한 굳지 않은 콘크리트 또는 경화의 초기단계에서 동결이 발생하면 빙압 때문에 콘크리트 조직이 파괴되어 그 후 어떠한 양생을 실시해도 이미 콘크리트로서 강도를 회복하는 것은 어렵다. 이것이 초기동해이다.

한중 콘크리트 규정은 콘크리트표준시방서에서는 일평균 기온이 4℃ 이하가 되거나 예상될 때에 시공하는 콘크리트, 건축공사표준시방서에서는 28일간 적산온도가 420°D · D(평균 기온 5.0℃) 이하로 예상되는 시간으로 하고 있다.

한중 콘크리트의 목표는 다음과 같다.

① 초기동해를 받지 않는 압축강도까지 양생 실시

② 양생종료 후 동해 유해작용에 대한 내동해성을 확보하여 강도기준 재령에서 압축강도 만족

③ 양생에 따른 콘크리트의 온도가 증가됨에 따라 급격한 온도변화와 건조에서 콘크리트의 균열 발생 제어

동절기에 콘크리트공사를 실시하는 이유는 서중기에 집중된 공사의 집중을 분산하여 연중 노동력을 일정하게 유지하고, 하천의 갈수기 등을 이용하거나 조기의 공사완성을 목표로 하기 때문이다. 이러한 경우 한중 콘크리트에 의한 전체적인 공사비의 절감은 발생하지만 콘크리트 자체의 비용은 증대한다.

이 때문에 지역의 기상조건, 공사조건, 구조물의 구조형식과 규모를 상세하게 조사하여 현장에 적절한 장비와 인원배치, 양생대책을 수립하고 기상조건의 변화에도 대응할 수 있는 계획을 수립하는 것이 중요하다.

또한 기상조건이 생각과 다른 경우 그 조건과 해결대책을 사전에 정해야 한다. 근로자의 양호한 작업환경을 확보하는 것도 명심해야 된다.

9.1.2 재료 및 배합

일반적으로는 보통 포틀랜드 시멘트의 사용이 표준이지만, 한중 콘크리트에 대해서는 조강성이 있는 시멘트가 유리하다. 이러한 상황에 대응한 조강시멘트와 속경시멘트의 사용도 검토된다. 한편, 매스 콘크리트에서는 수화열에 의한 부재 중심온도의 상승으로 온도균열 발생이 우려되므로 혼화재료의 치환율을 고려하여 사용되어야 한다.

한중 콘크리트의 특수 혼화제로서 무염화물 · 무알칼리형 내동(촉진)제의 사용이 통용되고 있다. 내동(촉진)제의 주성분은 질산화합물 또는 아질산화합물로서 감수작용의 유무에 따라 Ⅰ형(감수작용형)과 Ⅱ형(무감수작용형)이 있다. Ⅱ형은 공기연행감수제(Air Entraining 감수제) 등과 조합하여 이용하지만, 유독가스를 발생시킬 가능성이 있어 혼화제로의 적용을 사전에 검토해야 한다.

내동(촉진)제에 의한 굳지 않은 콘크리트의 강도 촉진은 첨가량 증가 없이 가능하지만 어는점을 내리는(빙점 강하) 효과는 없다.

배합에서는 구조물에 필요한 강도까지는 내구성에서 정하는 물-시멘트비(W/C)를 만족하고, 한중 콘크리트에서는 이에 더하여 아래의 조건이 요구된다.

① 초기양생 종료 후의 압축강도가 $3.5N/mm^2 \sim 5N/mm^2$를 만족할 것

② AE콘크리트로 할 것

③ 블리딩수와 동결이 가능한 수분의 저감을 위하여 단위수량을 최소화 할 것

이를 위해서 단위수량을 줄이는 골재입도의 선택, 감수제의 효과적 이용 등의 연구가 필요하다. 또한 건축에서는 표준양생한 28일 압축강도를 24Nmm^2 이상으로 한다. 저온에 의한 강도 증진을 고려하여 물-시멘트비를 낮추는 보정이 필요하다.

9.1.3 제조

골재는 빙설이 혼입되지 않은 것으로 하고 혼화제는 동결되지 않은 것을 적재해야 한다. 재료의 가열은 우선 열용량이 큰 물, 다음으로 골재에 대해서 실시한다. 골재는 직접 가열하지 않고 될 수 있는 한 항상 편차가 적으며, 국부적으로 함수가 변화하지 않도록 한다.

시멘트의 경화는 온도가 낮아짐에 따라 지연되는데 5℃ 이하가 되면 이러한 경향은 더욱 뚜렷하게 나타난다. 따라서 온도가 낮아져 동해를 입게 되면 강도 증진은 거의 정지된다. 또한 굳지 않은 콘크리트 또는 경화의 초기단계에서 동결이 발생하여 빙압 때문에 콘크리트 조직이 파괴되어 그 후 어떠한 양생을 실시하여도 이미 콘크리트로서 강도를 회복하는 것은 어렵다.

콘크리트의 비빔 시 온도는 타설온도와 우발적인 온도저하를 고려하여 정한다. 콘크리트의 비빔 시 온도, 콘크리트의 온도저하에 관한 추정식은 다음과 같다.

$$T_2 = T_1 - 0.15(T_1 - T_0)\ \Delta t$$

여기서, T_0 : 주위의 온도(℃)
T_1 : 비빔 시 온도(℃)
T_2 : 타설완료 때의 콘크리트 온도(℃)
Δt : 비빔 후에서 타설완료까지의 시간(hr)

타설온도는 단면두께와 기상조건 등을 고려하여 정한다. 일반적으로 외기온이 -10℃ 이하의 저온 시와 두께가 얇은 부재(300mm 이하)에서 콘크리트 온도는 10℃, 두꺼운 부재(300mm 이상)의 경우는 온도균열을 방지하기 위하여 5℃ 이하가 되지 않도록 관리한다. 또한 비빔 시 온도가 30℃를 초과하거나 슬럼프 플로가 큰 경우 조기응결의 부적합이 발생할 수 있으므로 주의를 요한다. 그러나 스웨덴 등에서는 적극적으로 30℃~40℃ 정도까지 가열한 콘크리트를 사용하고 있다.

9.1.4 운반 및 타설

콘크리트는 동결된 지반, 동결된 콘크리트의 면에 타설하지 않는다. 따라서 콘크리트에 접하는 노반과 거푸집 등의 표면온도는 동결온도 이하가 되지 않아야 하며 선시공한 거푸집 및 철근에 부착한 빙설을 완전히 제거해야 한다. 동해에는 열기를 공급하는 방법을 이용하는 것이 좋다.

타설에 있어서는 콘크리트가 급격하게 냉각되는 것에 주의한다. 블리딩이 발생하는 구간은 표면에 발생한 블리딩을 제거하며 타설한 콘크리트를 장시간 외기와 바람에 노출되지 않도록 한다. 콘크리트 펌프 사용 시 압송관이 냉각되어 있어 최초의 콘크리트를 압송하기 전에 모르타르로 먼저 보내는 선유도 모르타르가 동해될 우려가 있으므로 보온과 온수에 의한 예열의 조치도 필요하다.

9.1.5 양생

1) 양생기간

양생을 어느 정도 행하는가는 경제성에도 큰 영향을 미치는 중요한 문제이다. 콘크리트의 내동해성은 강도, 연행공기(Entrained Air), 흡수율, 폭로조건 등의 많은 요인에 의한 영향을 받는다.

그림 9.1은 동결융해 실험에서의 압축강도와 내구성지수의 관계를 나타내고 있다.

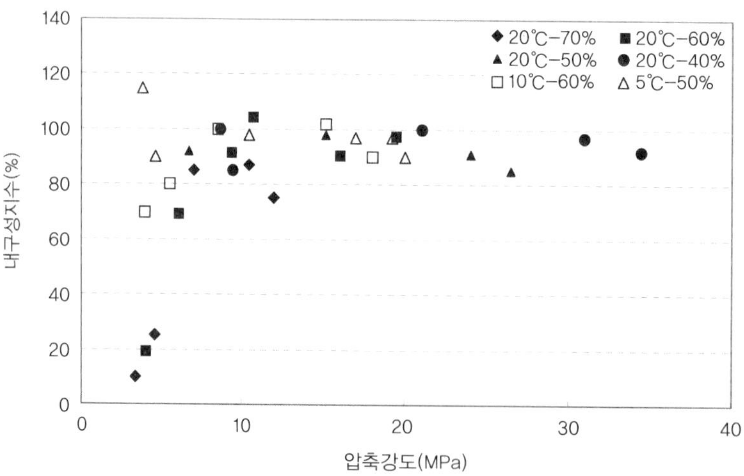

그림 9.1 **동결융해 실험에서의 물-결합재별 압축강도와 내구성지수**

일반적으로는 3.5MPa 압축강도에 도달할 때까지 초기양생을 실시하고 그 후는 소요의 재령에서 강도를 얻을 때까지 양생을 실시한다. 또한 구조물의 폭로상태와 부재의 두께에 따라 표 9.1을 고려하여 결정한다.

표 9.1 **양생종료 시의 압축강도 표준(MPa)**

폭로상태	얇은 경우	보통의 경우	두꺼운 경우
1) 계속해서 또는 자주 물로 포화되는 부분	15	12	10
2) 보통의 노출상태에 있고 1)에 속하지 않는 부분	5	5	5

양생온도는 콘크리트의 배합, 외기온, 구조물의 단면두께, 양생방법 등을 고려하여 선정한다.

콘크리트 타설 시 콘크리트 온도가 0℃까지 저하되는 기간에 초기강도가 얻어지는 양생방법(단열양생, 피복재 선택 등)과 양생온도의 규정은 없다(일반적으로 최저 양생온도는 2℃로 한다). 가열양생 시의 목표 온도는 5℃로 한다.

매스 콘크리트의 경우 온도균열의 발생을 방지하기 위하여 양생종료 후 콘크리트의 내부온도와 외기온과의 차이가 줄어들 때까지 탈형을 하지 않는다.

일반적으로 콘크리트 표면온도가 20℃를 초과되거나 급격한 온도변화와 내외부 온도차는 균열 발생의 원인이 되므로 양생종료 후 급랭(급속히 얼리거나 식힘)이 되지 않도록 주의가 필요하다. 또한 안전을 위하여 콘크리트의 급랭을 방지하려면 양생종료 후 2일간 콘크리트의 온도가 0℃ 이상으로 유지되도록 한다.

2) 양생관리

한중 콘크리트에서는 온도관리가 중요하므로 비빔 및 타설 시 온도, 양생 중 온도, 주변 온도, 외기온을 기록하는 것이 필요한데, 특별히 높은 온도이거나 소정 온도에 도달하지 않는 경우에는 적절한 대책을 강구한다. 양생종료, 거푸집의 제거, 작업개시의 확인은 구조물과 동일 조건에서 양생한 공시체의 강도시험 또는 적산온도로부터 판정한다.

구조물과 현장공시체에서는 단면두께가 다르게 되면, 공시체를 얇은 구조체와 동일한 장소에 두어 동일한 온도상태가 되게 한다. 구조물의 온도에 공시체 온도를 이력한 온도이력양생과 구조물 온도와 공시체 온도차를 적산온도에 따라 보정하는 방법 등이 제시되어 있다. 특히 온도이력양생은 구조물과 공시체 강도와의 관계가 있는 것으로 판단된다.

적산온도는 다음 식에 의해 계산한다. 일반적으로 대상으로 하는 콘크리트의 적산온도와 강도의 관계를 미리 구해두면 편리하다.

$$M = \sum(\theta + A) \cdot \Delta T$$

여기서, M : 적산온도(℃ · Day) 또는 (℃ · Hour)

θ : 콘크리트의 온도(℃)

A : 정수로 통상 10℃

ΔT : 일(Day) 또는 시간(Hour)

실제 기온이 예상한 평균 기온보다 낮고 소정의 재령에서 요구 강도가 확보되지 않은 경우는 강도를 확보할 수 있는 탈형시기 및 양생기간의 연장을 실시한다. 강도 확인을 위하여 현장공시체는 많이 제작하는 것이 좋다.

3) 양생방법

(1) 보온양생(단열양생)

단열성이 있는 재료로 콘크리트 표면을 덮어 시멘트의 수화열을 이용하여 소정의 강도 발현까지 보온한 방법으로 최저기온 −3℃ 이상의 비교적 경미한 동절기에 적합하다. 최저온도가 낮아지게 되면 단열재 등에 의해 보온성을 높인 거푸집의 사용이 필요한데, 단열거푸집의 경우 수화열이 손실되기 어렵기 때문에 거푸집 탈형, 콘크리트 표면의 온도가 급속하게 저하될 가능성이 있을 경우나 매스 콘크리트의 온도균열 발생이 높을 경우에는 주의해야 한다. 보온양생에서는 0℃로 저하되면 콘크리트온도가 강도에 크게 영향을 주기 때문에 적절한 타설온도를 유지해야 하는데 최저기온 −15℃ 정도까지는 내동(촉진)제의 이용도 유효하다. 콘크리트를 시트 또는 보온시트로 덮고 0℃로 될 때까지 시간을 12시간 이상으로 해야 그 후의 강도 증진을 기대할 수 있기 때문이다.

(2) 급열양생(가열양생)

외기온이 낮거나 구조체 단면이 얇은 경우 수화열에 의한 콘크리트 강도가 확보되기 어려울 때 급열에 의한 양생이 필요하다. 급열에는 콘크리트의 주변이나 내부를 난방기, 열풍기, 전열선, 발열시트, 적외선램프 등으로 콘크리트 표면에 열을 가하는 방법 및 콘크리트 내부에 전열선을 매립하는 방법이 있다.

표 9.2 **풍속에 따른 열손실계수 및 환기횟수**

풍속	시트 열손실계수 (W/m^2hr)	환기횟수 (회/hr)
무풍	–	10
유풍 (3m/s)	10	20
강풍 (10m/s)	–	30

9.2 서중 콘크리트

9.2.1 시공의 요점

서중 콘크리트는 기온이 높은 시기에 시공하는 콘크리트를 말하며, 그 시기에 비빔, 운반, 타설 및 양생 등의 공정에서 콘크리트의 품질이 고온에 의해 부적합이 발생하지 않도록 해야 한다.

서중 콘크리트는 일평균 온도 25℃를 초과하는 기간에 적용하게 된다. 그 적용 시기에 대해 건축공사표준시방서에서는 일평균 기온 값을 사용하고 있다.

서중 콘크리트는 기온의 상승 외에 습도, 바람, 일사 등의 영향이 더해져 콘크리트의 품질이 저하되는 경우가 많다. 또한 국내의 기상조건이 고온다습하고 콘크리트의 타설 환경도 열악하기 때문에 타설작업의 효율이 저하되고, 그 외에도 제조, 운반 및 마감작업에서도 연쇄적인 영향을 미치고, 결과적으로는 콘크리트의 품질에 중대한 결함을 생기게 하는 것이다.

표 9.3은 서중 콘크리트에 발생하는 부적합 현상과 작업에 미치는 영향을 나타내고 있다. 콜드조인트는 서중 콘크리트에 가장 많이 발생하는 부적합 현상이다. 이것은 선타설한 콘크리트의 응결이 진행된 후 이어치기할 때 후타설 콘크리트와 일체화가 되지 않는 현상으로서, 교통체증에 의해 생기는 도착시간의 혼란, 펌프배관의 변경 또는 폐색 등의 콘크리트 타설의 중단에 따라 일정 시간 경과한 후 콘크리트를 타설하면서 생기는 현상이다.

바닥 슬래브에서는 소성수축균열(Plastic Shrinkage Crack)도 서중 콘크리트에 많이 발생하는 부적합이고, 고온에 의한 수분증발과 콘크리트의 응결 진행에 따른 신장능력 저하의 상호작용에 의해 생기는 것이다.

그러므로 서중 콘크리트의 시공에 있어서는 서중환경에 발생하기 쉬운 부적합 현상을 충분히 고려하고 제조, 운반, 타설 및 양생 등의 전반적인 공정과의 관계를 고려하여 시공계획을 작성하는 것이 중요하다.

표 9.3 **서중 콘크리트에 발생하기 쉬운 부적합 현상**

공정	부적합 현상	품질 작업에 미치는 영향
제조 압송	단위수량 증가	• 시멘트양의 증가 – 수화열에 의한 균열
	공기연행성의 저하	• 공기량의 변동
	슬럼프 플로의 증대	• 펌프의 폐색 – 콜드조인트의 발생 • 타설작업 효율의 저하 – 콜드조인트의 발생 • 경화불량
운반 타설	응결의 촉진	• 마감불량 • 콜드조인트의 발생
	펌프 압송관의 폐색	• 콜드조인트의 발생
	콜드조인트의 발생	• 철근의 부식 • 타일 등의 마감재의 박리
	철근, 거푸집, 타일 등의 부착 콘크리트의 드라이 아웃	• 철근의 부착강도 저하 • 콘크리트의 박리 • 타일의 박리
마감 양생	수분의 증발	• 강도 저하 • 마감 불량
	소성수축균열	• 철근의 부식

9.2.2 재료 및 배합

서중 콘크리트에 있어서 부적합 현상은 표 9.3에 나타난 것과 같이 콘크리트공사 공정과 밀접한 관계가 있다. 재료 및 배합에 있어서 고려해야 되는 사항은 콘크리트의 슬럼프 로스, 응결, 콘크리트 온도의 세 가지이지만, 공사과정과 종합적으로 검토해야 그 효과가 충분히 발휘될 수 있다. 최근 지역에 따라 설계도서에 나타난 재료와 배합을 얻을 수 없는 경우가 많이 나타나고 있다. 이러한 경우 공사과정 전체에 대한 종합적인 검토와 현장이 요구하는 콘크리트의 품질을 확보하기 위해 적극적인 배합실험과 설계변경 등의 최선의 노력을 다해야 한다.

(1) 슬럼프 로스 저감대책

서중 콘크리트에 있어서 슬럼프 로스의 증가는 현장의 시공성에 영향을 미친다. 이를 해결하기 위한 대책 중 하나가 지연형의 혼화제를 사용하여 콘크리트의 슬럼프 로스를 저감시키는 것이다. 그림 9.2는 화학혼화제를 이용한 콘크리트의 슬럼프 플로 개념도를 나타낸 것이다. 현장의 운반 및 타설시간을 고려하여 화학혼화제를 선정한다.

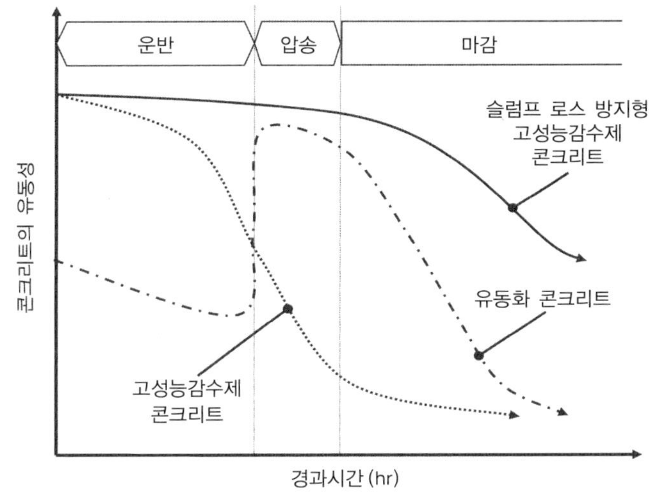

그림 9.2 **화학혼화제를 이용한 콘크리트의 슬럼프 플로 개념도**

9.2.3 제조

1) 압송시간과 출하 시의 콘크리트 온도

서중 콘크리트는 타설 시의 콘크리트 온도를 35℃ 이하로 하는 것이 가장 중요하다.

건축공사표준시방서 및 콘크리트학회의 콘크리트표준시방서에는 서중 콘크리트는 일평균 기온이 25℃ 이상의 경우 콘크리트의 비빔에서 타설까지의 시간의 한도를 90분으로 하고 콘크리트의 펌프차 투입에서 타설까지 30분 이내가 되어야 하며, 레미콘 공장은 60분 이내에서 운반이 가능한 업체를 선정해야 한다고 제시하고 있다.

그림 9.3은 서중 콘크리트에 있어서 콘크리트의 운반 및 압송 시 온도상승의 실적값을 나타낸 것이다. 여기에 따르면 압송시간이 60분이면 2~3.5℃ 정도의 온도상승이 있다. 콘크리트 반입 시 온도를 35℃ 이하로 하기 위해서는 디설일의 온도변동을 고려하여 출하 시 콘크리트의 온도는 30℃ 정도를 목표로 해야 한다.

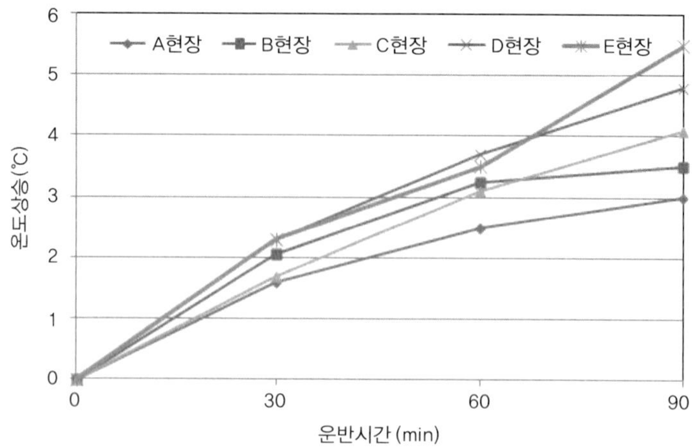

그림 9.3 **서중기의 운반 및 압송 시의 온도상승의 실측값**

2) 제조관리

서중 콘크리트의 제조관리에 있어서는 콘크리트의 온도저하에 대한 관리가 중요하다. 표 9.4는 서중 콘크리트의 제조상 품질관리의 요점을 나타낸 것이다.

관리사항, 관리방법, 검사방법 등에 대해서는 사전에 생산자와 시공자간의 협의가 필요하며, 콘크리트표준시방서의 품질검사 기준은 표 9.5와 같다.

표 9.4 **서중 콘크리트의 제조관리 요점**

관리사항	관리의 요점
사용 재료의 온도	• 믹서 투입 전 재료의 온도 측정 • 일일 온도 변동의 파악과 콘크리트의 비빔온도 반영
골재의 표면수 및 입도	• 골재의 분할계량에 의한 표면수, 입도변동의 저감 • 표면수, 입도변동에 의한 현장보정배합 기준 작성
출하 시의 콘크리트 온도	• 운반시간, 외기온에 의한 온도상승을 고려한 비빔온도 설정
출하 시의 공기량	• 운반에 의한 공기량 손실의 변동 파악, 공기량의 조정기준 작성 (AE제의 사용량, 계량 등)
출하 시의 슬럼프	• 압송에 의한 슬럼프 손실을 시험배합을 통하여 설정 • 현장배합의 수정 기준 작성
운송	• 믹서차 드럼의 세척에 의한 잔수 배출 • 운송시간 관리와 드럼의 온도상승 방지대책 • 가수 방지
피드백	• 운반시간, 타설 시의 콘크리트 품질변동 파악, 제조 반영 (골재의 입도, 워커빌리티 등 표시)

표 9.5 **서중 콘크리트의 품질검사(콘크리트표준시방서 2009)**

항목	시험, 검사방법	시기, 횟수	판단기준
외기온	온도측정	공사시작 전 및 후	일평균 기온 25℃를 초과하는 경우
재료온도		계획한 온도범위 내	
비빔온도		계획한 온도범위 내	
타설온도		공사 중	35℃ 이하 및 계획한 온도의 범위 내, 계획하는 온도범위는 「3.2 타설」에 적합할 것, 매스콘크리트의 경우는 제18장 「3 시공」에 준할 것
운반시간	시간의 확인	공사시작 전 및 후	비비기로부터 타설종료까지의 시간은 1.5시간 이내 및 계획한 시간 이내일 것

9.2.4 운반 및 타설

1) 작업환경 개선

서중 콘크리트의 적용 시기는 평균 기온이 25℃를 초과하는 시기이지만, 콘크리트공사를 실시하는 주간에는 기온이 30℃, 상대습도가 80%를 초과하는 혹서기로써 운반 및 타설은 가혹한 작업이다. 이와 같은 작업환경에서 작업자는 땀을 흘리고 체력소모가 많아져 주의력이 산만하게 된다. 그 결과 작업이 고르지 못하고 작업효율의 저하를 초래하여 콘크리트공사가 원활하게 진행되지 않고 콘크리트의 품질에서도 중대한 영향을 미치게 된다. 따라서 서중기공사에 있어서는 콘크리트 타설장소에서는 직사광선의 차단, 냉방설비를 갖춘 임시휴게소, 냉수 및 간식의 공급시설 등을 타설장소 근처에 설치하는 등 작업환경의 개선에 있어서도 충분한 검토가 필요하다. 또한 샤워시설을 갖춘 재충전 공간을 제공하는 등 작업종료 후 작업원의 건강관리에 대한 대응도 필요하다.

2) 운반 및 타설의 요점

콘크리트는 초기에 기후의 악영향을 받으면 원상회복이 불가능하므로 운반, 타설, 양생 등에 철저한 대책을 세워야 한다.

타설 시의 콘크리트 온도는 35℃가 원칙이므로 30℃ 이하를 유지하는 것이 좋다. 이를 위해서 레미콘사는 현장과 가까운 곳을 선정하여 운반시간을 짧게 하고 가능한 한 아침이나 야간에 타설을 실시한다.

양생은 살수 등으로 콘크리트의 표면이 습윤상태가 유지되도록 하여 증발에 의한 표면균열을 방지하도록 하며 양생 시 진동, 충격, 적재 등을 금지한다.

참/고/문/헌

1. 정상진 외, 건축시공학, 기문당, 2013.
2. 정상진 외, 건축시공 신기술공법, 기문당, 2002.
3. 콘크리트 표준시방서, 한국콘크리트학회, 2009.
4. 한국콘크리트학회, 최신콘크리트 공학, 기문당, 2005.
5. 日本土木學會, 콘크리트표준시방서, 日本土木學會, 2003.

연/습/문/제

1. 한중 콘크리트란 무엇인지 간략히 서술하시오.
2. 한중 콘크리트의 제조에 있어 주의해야 될 사항은 무엇인지 서술하시오.
3. 한중 콘크리트의 양생관리에 있어 주요 사항에 대해 간략히 서술하시오.
4. 서중 콘크리트의 재료 및 배합 선정에 있어 고려해야 하는 세 가지 주요 요인은 무엇인지 서술하시오.
5. 서중 콘크리트 타설 시 슬럼프 로스의 저감대책에 대하여 간략히 서술하시오.

10 특수한 기능을 가지는 콘크리트

콘크리트에서 얻을 수 있는 일반적인 기능에는 강도, 탄성, 내구성, 수밀성 등이 있다. 그러나 이들 기능 이외에 고유동성, 경량성 균열저항성, 인성, 방사선 차폐성 등의 특수한 기능이 필요한 경우가 있다. 본 장에서는 특수한 기능을 갖는 콘크리트의 제조 방법과 특징 및 적용 분야를 소개하고, 7종류의 콘크리트에 대해 알아보도록 한다.

- 고유동성 : 고유동 콘크리트
- 경량성 : 경량 콘크리트
- 균열저항성 : 팽창 콘크리트, 섬유보강 콘크리트
- 소성 : 섬유보강 콘크리트, 유리섬유보강 시멘트
- 방사선 차폐성 : 방사선 차폐 콘크리트
- 내식성 · 방수성 : 폴리머 콘크리트, 및 모르타르

10.1 고유동 콘크리트

10.1.1 개요

고유동 콘크리트란 진동이나 다짐작업을 하지 않아도 재료분리가 생기지 않고 거푸집 구석구석까지 충전이 가능한 자기 충전성을 가진 콘크리트를 의미한다(그림 10.1).

이러한 자기 충전성을 가진 고유동 콘크리트의 특징은 공사현장의 기계화나 합리화를 꾀하는 것이다. 철근이 과밀하게 배치된 구조물, 강철 · 콘크리트 합성부재나 CFT 등의 협착부로의 충전공사, 대형 교량이나 댐 시설로의 합리화 시공을 시작으로 고강도 지하 연속벽의 시공, 내진보강용 콘크리트나 단면보수 등 다종다양한 용도에 적용되고 있다.

표 10.1은 시공대상이 되는 구조물의 형상, 치수나 배근상태 등을 고려한 자기 충전성의 레벨을 3분류로 설정하여 각각의 성능을 규정하고 있다. 여기서, 일반철근 콘크리트 구조물이나 부재에서는 자기 충전성의 레벨로써 레벨 2를 표준으로 하고 있으며 레벨 1은 이들보다 엄격한 조건으로 강재의 최소지름이 35~60mm이거나 복잡한 단면의 경우 등의 조건에 해당하는 경우이다.

이러한 자기 충전성 레벨로 만족하기 위한 배합설계방법이나 제조 · 가공방법에 대해서는 대한건축학회의 고유동 콘크리트공사 부분과 한국콘크리트학회의 콘크리트표준시방서에 상세히 명시되어 있다. 고유동 콘크리트는 보통 콘크리트와 비교하여 굳지 않은

그림 10.1 **고유동 콘크리트의 유동상황**

표 10.1 **자기 충전성 등급(콘크리트표준시방서 : 2009)**

자기 충전성 등급		등급 1	등급 2	등급 3
구조 조건	최소철근 순간격 (mm)	35~60 정도	60~200 정도	200 이상
	강재량 (kg/m^2)	350 정도 이상	100~350 정도	100 미만
자기 충전성		복잡한 단면형상, 단면 수치가 작은 부재 또는 낮은 곳에서 자기 충전성을 가지는 성능	일반철근 콘크리트 구조물 또는 부재로서 자기 충전성을 가지는 성능	단면치수가 크고 배근량이 적은 부재 또는 부위나 무근의 구조물에 있어 자기 충전성을 가지는 성능

콘크리트의 성상이 상당히 다르기 때문에 취급 시 유의해야 할 점이 많다. 여기에서는 고유동 콘크리트의 제조·시공방법에 대해 언급한다.

고유동 콘크리트의 자기 충전성 등급은 거푸집에 타설하기 직전의 콘크리트에 대하여 타설대상 구조물의 형상, 치수, 배근상태를 고려하여 적절히 설정한다. 고유동 콘크리트의 자기 충전성은 다음과 같이 세 가지 등급으로 나눈다.

① 1등급 : 최소철근 순간격 35~60mm 정도의 복잡한 단면형상, 단면치수가 작은 부재 또는 부위에서 자기 충전성을 가지는 성능

② 2등급 : 최소철근 순간격 60~200mm 정도의 철근콘크리트 구조물 또는 부재에서 자기 충전성을 가지는 성능

③ 3등급 : 최소철근 순간격 200mm 이상으로 단면치수가 크고 철근량이 적은 부재 또는 부위, 무근 콘크리트 구조물에서 자기 충전성을 가지는 성능

일반적인 철근콘크리트 구조물과 부재는 자기 충전성 등급을 2등급으로 정하는 것을 표준으로 한다.

10.1.2 배합

1) 배합 및 재료

고유동 콘크리트는 사용하는 재료의 종류나 양 등의 차이에 따라 분체계, 증점제계 및 병용계 3종류로 크게 구별되고 있다. 각각의 특징은 모두 고성능감수제를 첨가하여 높은 유동성을 확보한다는 공통점이 있지만, 재료분리 저항성을 부여하는 방법에는 차이가 있다. 배합설계방법은 일반적으로 콘크리트의 요구성능, 제조상의 제약조건이나 경제

성 등을 고려하여 이들 세 가지 계열 중에서 적절한 종류를 선정한 후 사용 재료를 선정한다. 그리고 요구된 자기 충전성의 등급이나 경화 콘크리트의 성능을 만족하도록 각 사용 재료의 단위량을 결정하는 순서로 진행된다.

(1) 분체계

증점제를 사용하지 않고 주로 분체량의 증가를 통해 적정한 재료분리 저항성을 부여하는 것으로 고성능감수제를 사용함으로써 고유동성을 부여하여 소요의 자기 충전성을 만족시키는 고유동 콘크리트이다. 배합상으로는 고강도 콘크리트의 범주이기 때문에 이와 유사한 수준의 고품질을 얻을 수 있는 반면, 경화 시에는 자기수축이나 수화발열량이 커지기 때문에 각종 혼화재나 석회석 미분말을 병용하거나 저열 포틀랜드 시멘트를 사용하는 것이 일반적이다.

(2) 증점제계

분체계와 비교했을 때 분체량이 적고, 증점제를 사용함에 따라 재료분리 저항성이 높아지며 고성능감수제를 사용함에 따라 고유동성을 확보할 수 있어 소요의 자기 충전성을 만족시키는 고유동 콘크리트이다. 증점제나 고성능감수제를 사용하는 것 외에는 일반적인 콘크리트와 유사한 배합과 품질을 가지지만 증점제를 사용함에 따른 응결지연의 증대나 단위수량의 증가 등에 대한 고려가 필요하다.

(3) 병용계

물-결합재비를 감소(분체량의 증가)시키면서 보다 많은 증점제를 사용하여 재료분리 저항성을 한층 높인 후, 고성능감수제를 사용하여 고유동성을 확보하고 소요의 자기 충전성을 만족시키는 고유동 콘크리트이다. 배합적으로는 분체계와 동등하고 골재의 표면수나 입도의 변동 등 사용 재료의 품질변동에 대해 굳지 않은 콘크리트의 품질변동을 최소화하여 안정된 자기 충전성의 확보를 목적으로 한다. 또한 소량의 증점제를 사용한다는 점에 있어서 증점제계와 다르게 분류되고 있다.

2) 자기 충전성의 확인

콘크리트표준시방서에서 고유동 콘크리트의 자기 충전성은 원칙적으로 진동을 해야 할 필요가 없고 콘크리트를 부어넣는 것만으로 작업이 간단하게 완료되어야 한다. 시방서에서는 실제 구조물과 유사한 구조 및 시공조건을 가진 실물대 모형으로 확인한 후 사용해야 한다고 명시되어 있다.

일반적으로 슬럼프 플로가 600mm 이상인 경우에는 다짐작업 없이 타설이 가능하고, 600mm 이하인 경우에는 유동성이 부족하여 충전성에 문제가 발생할 수 있으며, 700mm 이상일 경우에는 펌프압송이나 타설 중에 재료분리가 발생하기 쉽기 때문에 주의할 필요가 있다.

고유동 콘크리트의 재료분리 저항성을 평가할 때, 현장에서 손쉽게 측정이 가능하면서 비교적 정확한 방법은 KCI CT103에 의한 것으로, 슬럼프 플로 500mm에 도달하는 시간이 자기 충전성 등급 1의 경우 5~20초, 등급 2 및 등급 3의 경우 3~15초 범위를 만족해야 한다.

표 10.2 자기 충전성 등급에 대응하는 평가시험값 및 표준적인 배합

<table>
<tr><th colspan="3">자기 충전성 등급</th><th>등급 1</th><th>등급 2</th><th>등급 3</th></tr>
<tr><td rowspan="11">평가시험
목표값</td><td rowspan="2">충전장치를 사용한
간극통과성시험</td><td>장해조건</td><td>R1</td><td>R2</td><td>장해 없음</td></tr>
<tr><td>충전높이(mm)</td><td>300 이상</td><td>300 이상</td><td>300 이상</td></tr>
<tr><td rowspan="3">슬럼프 플로
(mm)</td><td>분체계</td><td>600~700</td><td>600~700</td><td>500~650</td></tr>
<tr><td>증점제계</td><td colspan="2">550~700</td><td>500~650</td></tr>
<tr><td>병용계</td><td>650~750</td><td>600~700</td><td>500~650</td></tr>
<tr><td rowspan="3">깔때기 유하시간
(s)</td><td>분체계</td><td>9~20</td><td>7~13</td><td>4~11</td></tr>
<tr><td>증점체계</td><td>10~20</td><td>7~20</td><td>7~20</td></tr>
<tr><td>병용계</td><td>10~25</td><td>7~20</td><td>7~20</td></tr>
<tr><td rowspan="3">500mm 플로
도달시간
(s)</td><td>분체계</td><td>5~20</td><td>3~15</td><td>3~15</td></tr>
<tr><td>증점제계</td><td>5~25</td><td>3~15</td><td>3~15</td></tr>
<tr><td>병용계</td><td>5~20</td><td>3~15</td><td>3~15</td></tr>
<tr><td rowspan="9">배합
표준값</td><td rowspan="3">굵은골재
단위절대용적
(m^3/m^3)</td><td>분체계</td><td>0.28~0.30</td><td>0.30~0.33</td><td>0.32~0.35</td></tr>
<tr><td>증점제계</td><td>0.28~0.31</td><td>0.30~0.33</td><td>0.30~0.36</td></tr>
<tr><td>병용계</td><td>0.28~0.30</td><td>0.30~0.33</td><td>0.30~0.36</td></tr>
<tr><td rowspan="3">단위수량
(kg/m^3)</td><td>분체계</td><td colspan="3">155~175</td></tr>
<tr><td>증점제계</td><td colspan="3">155~190</td></tr>
<tr><td>병용계</td><td colspan="3">155~175</td></tr>
<tr><td rowspan="3">단위분체량
(m^3/m^3)</td><td>분체계</td><td colspan="3">0.16~0.19</td></tr>
<tr><td>증점제계</td><td colspan="3">0.10~0.18</td></tr>
<tr><td>병용계</td><td colspan="3">0.15~0.19</td></tr>
</table>

3) 표준배합

배합강도에서 정한 값과 고유동 콘크리트의 자기 충전 등급에서 설정된 자기 충전성을 만족할 수 있는 물-결합재비로부터 산정된 압축강도를 비교하여 큰 값으로 정한다.

10.1.3 제조와 시공

고유동 콘크리트는 그 기능상 배근이 촘촘하여 다짐작업에 막대한 노력을 필요로 하는 부재나 작업자가 들어와서 다짐작업을 하는 것이 곤란한 폐쇄공간에 주로 적용된다. 이러한 시공조건에서는 일반적으로 굳지 않은 콘크리트의 상태에 따라 진동다짐의 상태를 가감하는 방식의 대처는 곤란하다. 따라서 제조단계에 있어서 자기 충전성이 요구되는 굳지 않은 콘크리트의 품질을 확실하게 확보하는 것이 필요하다. 게다가 외기온이나 습도 등의 환경조건, 펌프압송조건 등 시공조건의 변화에 대해서 제조 · 운반 · 타설까지 작업이 완료되기까지 소요의 성능을 반드시 유지할 필요가 있다. 본 장에서는 제조 · 시공 면에서 유의할 점에 대해서 서술한다.

1) 제조

① 굳지 않은 콘크리트에서 요구 품질을 얻을 수 있도록 설비가 갖추어진 배치플랜트에서 계량과 혼합 등의 공정이 적절히 실시되어야 한다.

② 각종 품질변동 중에서도 특히 잔골재 표면수의 변동이 가능한 한 적게 되도록 지붕이 있는 골재저장설비를 가진 플랜트를 사용한다. 또 필요에 따라 시공일의 수일 전부터 골재를 저장설비에 보관해 두고, 전체에 걸쳐 표면수율은 잔골재에서 5% 정도 이하, 굵은골재에서 1% 정도 이하가 되도록 저장 · 관리한다.

③ 고유동 콘크리트는 보통 콘크리트와 비교하여 점도가 크기 때문에 배합 시 믹서에 부하가 증가하므로 믹싱능력이 큰 장비를 사용할 필요가 있다. 배합은 원칙적으로 배치식 강제반죽믹서를 사용하도록 하고, 1배치당 믹싱양을 믹서 최대용량의 80~90%로 하여 90초 이상 믹싱하도록 한다.

④ 제조에서 타설완료까지의 작업시간을 고려한 소요 작업시간 동안 요구되는 자기 충전성이 확보될 수 있도록 제조해야 한다. 또 공사시작 전까지 시공에 사용하는 플랜트의 믹서 및 사용 재료를 이용하여 미리 반죽을 해보며, 실제 적용에 있어 소정의 품질을 얻을 수 있는지 확인하고 필요에 따라 적절한 시방배합으로 수정

한다.

또한 고성능감수제가 종류별로 외기온이나 콘크리트 온도 등의 차이에 의해 품질에 변동이 생겨 슬럼프 플로가 작게 되는 경우도 있다. 따라서 공사가 장기화 된다면 외기온이나 콘크리트 온도가 고온에서 저온으로 될 가능성이 있는 경우에는 그 온도에 있어 소요 유동성, 재료분리 저항성, 자기 충전성이 있는지를 확인해 둘 필요가 있다.

⑤ 제조 중에는 항상 믹서의 믹싱부하를 확인함과 동시에 적절한 주기로 유동성(슬럼프 플로), 재료분리 저항성(500mm 플로 도달시간 또는 깔때기 유하시간), 자기 충전성(간극통과성시험)의 시험을 실시한다.

2) 운반, 타설, 표면공정, 양생, 이음매

① 고유동 콘크리트는 보통 콘크리트와 비교하여 펌프압송 시 압력손실이 큰 경향이 있다. 따라서 펌프압송을 하는 경우에는 압송거리나 토출속도, 수송관리 등을 고려하여 충분히 여유가 있는 콘크리트 펌프의 기종과 대수를 선정한다. 또한 펌프압송에 따라 슬럼프 플로 등의 유동성이 극단적으로 저하하는 경우도 있기 때문에, 특히 장거리 압송이나 고소압송을 하는 경우에는 사전에 실제 시공조건을 모의한 압송시험을 실시하도록 한다.

② 슈트를 이용하는 경우는 원칙적으로 세로 슈트로 한다. 모르타르의 부착 등에 대해 특별한 대책을 강구하지 않는 한 벨트 컨베이어를 사용하면는 안 된다.

③ 고유동 콘크리트의 배합, 구조조건이나 시공조건을 고려하여 사전에 허용가능한 낙하높이나 유동거리를 설정해 둔다. 타설 시의 최대 자유낙하높이는 5m 정도, 최대 수평유동거리는 8~15m 정도로 한다.

④ 폐쇄공간에 타설하는 경우에는 콘크리트의 유동경사가 커지지 않도록 배합을 선정하며, 동시에 타설속도를 적절히 정하는 것이 중요하다. 소정의 자기 충전성을 확보할 수 있는 시간 내에 시공할 수 있도록 적절한 타설속도를 결정한 후 연속적으로 타설한다.

⑤ 블리딩양이 극히 적어서 표면이 건조되기 쉽기 때문에 플라스틱 수축균열이 발생하기 쉽다. 타설 후에는 신속히 시트나 양생매트 등으로 콘크리트 표면을 덮고 바람이나 직사광선에 의해 표면이 건조되지 않도록 유의하고, 블리딩이 적어서 표면 마무리 작업을 하기 어려우므로 공정시기를 놓치지 않도록 주의한다.

⑥ 이어치기의 처리는 원칙적으로 보통 콘크리트의 경우와 같다. 단, 고유동 콘크리트는 블리딩이 적어 이어 칠 때 발생하는 레이턴스양이 적기 때문에 이어치기가 소요 성능을 가지고 있다는 점을 확인한 경우에는 이어치기의 처리를 간략화하거나 생략할 수 있다.

3) 거푸집

① 거푸집에 작용하는 콘크리트의 측압은 원칙적으로 액체형태의 압력이 작용하는 것으로 고려하여 설계한다.

② 세퍼레이터의 고정력이 균일하게 되도록 거푸집의 조립 정도나 세퍼레이터의 고정력관리를 유념함과 동시에 필요에 따라 설계 시의 안전율을 기존의 경우보다 크게 하는 것이 좋다.

③ 폐쇄공간에 타설을 하는 경우에는 타설개소의 형상이나 타설방법을 고려하여 거푸집 상부의 적절한 위치에 공기빼기 구멍을 설치한다.

10.1.4 검사

고유동 콘크리트의 검사는 일반 콘크리트와 같지만 특히 자기 충전성에 관해서는 표 10.3에 나타낸 검사가 필요하다. 제조 시에 고려된 콘크리트 품질변동의 요인에 대해서는 충전장치를 사용한 간극통과성시험이나 간극통과장치를 가진 전량 시험을 실시하여 합격 여부를 반드시 확인하며 다른 간이시험방법(슬럼프 플로시험, 500mm 플로 도달시간 또는 깔때기 유하시간의 조합)이 있다면, 이것을 검사시험으로 대신해도 좋다.

표 10.3 **고유동 콘크리트의 자기 충전성의 검사**

자기 충전성 등급	시험 · 검사방법	시기 · 횟수	판정기준
등급 1	충전장치를 사용한 간극통과시험	50m^{3}당 1회 이상	충전높이 300mm 이상일 것
등급 2 및 등급 3	충전장치를 사용한 간극통과성시험	50m^{3}당 1회 이상	충전높이 300mm 이상일 것
	간극통과장치를 갖는 전량시험 및 품질관리 담당자의 관찰	전량 대상	시험장치를 전량의 콘크리트가 통과할 것, 또는 관찰에 의해 재료분리가 확인되지 않을 것

10.2 경량 콘크리트

10.2.1 경량 콘크리트의 종류

일반적으로 경량골재를 사용한 콘크리트나 내부에 다량의 기포를 혼입하여 제조된 콘크리트를 경량 콘크리트라고 한다. 전자를 경량 콘크리트(경량골재 콘크리트)라고 하고, 후자는 기포 콘크리트 또는 발포 콘크리트라고 하여 구분하는 경우도 있다.

경량골재 콘크리트에 사용되는 경량골재는 KS F 2534에 적합한 것으로 한다. 경량골재는 가벼우며 강한 경량골재 콘크리트를 얻을 수 있는 팽창성 혈암, 고로광재, 팽창성 점토, 규조토암 등을 주원료로 하여 소성한 인공경량골재를 대상으로 하고 있다. 또 최근 플라이애쉬를 주원료로 하고, 이것에 벤토나이트나 팽창혈암분말 등을 증점재로 첨가한 뒤 고온 소성하여 제조된 플라이애쉬 소성인공경량골재가 개발되어 고강도 경량콘크리트로의 실용화가 기대되고 있다.

표 10.4 **인공경량골재의 표준적인 밀도와 흡수율**

골재의 종류	원석밀도 (g/cm^3)	절건밀도 (g/cm^3)	공극률 (%)	24시간 급수 (%)	포수율 (%)
팽창혈암 비조립형	2.4	1.2~1.3	50~46	7~12	15~25
팽창혈암 조립형	2.4	1.2~1.4	50~42	2~10	15~25
소성 플라이애쉬 경질	2.4	1.2~1.3	50~46	3~4	5~10
소성 플라이애쉬 중질	2.4	1.5~1.6	38~33	3~4	5~10

표 10.5 **경량골재를 사용한 경량 콘크리트의 종류의 예**

사용한 골재에 따른 콘크리트의 종류	사용 골재	
	굵은골재	잔골재
경량골재 콘크리트 1종	경량골재	모래, 부순 모래, 고로슬래그 잔골재
경량골재 콘크리트 2종	경량골재	경량골재나 혹은 경량골재의 일부를 모래, 부순 모래, 고로슬래그 잔골재로 대치한 것

일반적으로 구조용 경량 콘크리트에 사용되는 경량골재는 인공경량골재이고, 천연경량골재는 비구조용 콘크리트 제품에 사용되는 경우가 많다. 콘크리트표준시방서에서는 표 10.5와 같이 경량 콘크리트를 경량골재의 종류와 굵은골재 및 잔골재에 사용하는 조합에 의해 1종과 2종으로 구분하고 있다.

10.2.2 인공경량골재 콘크리트의 성능

1) 배합 및 굳지 않은 콘크리트의 성상

(1) 배합

경량 콘크리트의 배합은 기본적으로 보통 콘크리트의 배합과 같지만 골재 자체의 강도 및 겉보기밀도가 작고 흡수율이 매우 크다는 점을 고려할 필요가 있다. 특히 이들 골재의 품질은 콘크리트의 강도, 단위용적질량, 시공성(특히 펌프 압송성) 등의 콘크리트에 요구되는 중요한 성능에 크게 영향을 주기 때문에 배합 시 매우 중요하다.

콘크리트표준시방서에서는 설계기준강도, 기건단위용적질량 외에 경량 콘크리트의 배합상의 중요한 목표를 표 10.6과 같이 정하고 있으며 단위수량, 단위굵은골재용적은 함께 요구되는 슬럼프나 강도, 내구성에서 정해진 물-시멘트비(W/C), 사용하는 혼화제의 종류 등에 의해 정한다.

표 10.6 **경량 콘크리트의 배합 시 유의사항**

공기량의 표준값	5% (일반골재를 사용한 콘크리트보다 1% 크게)
단위수량	185kg/m^3 이하
슬럼프	50~150mm
단위시멘트양	320kg/m^3 이상 (설계기준강도가 27N/mm^2를 넘는 경우는 340kg/m^3 이상)
물-시멘트비	55% 이하 (설계기준강도가 27N/mm^2를 넘는 경우는 50% 이하)

또한 경량 콘크리트의 강도와 물-시멘트비의 관계는 보통 콘크리트와 거의 같다고 생각해도 좋지만, 골재강도의 차이로 인하여 보통 콘크리트와 같은 강도를 얻기 위해 물-시멘트비는 약간 작게 하는 경우가 있다. 최근에는 경량 콘크리트의 고강도화가 진행되어 낮은 물-시멘트를 사용하여 36N/mm^2가 넘는 것도 제조가 가능하게 되었다.

(2) 슬럼프

경량 콘크리트는 단위용적질량이 작기 때문에 슬럼프를 작게 하여 된비빔으로 하면 거푸집 내에서의 충전성이 보통 콘크리트보다 약간 떨어진다. 일반적으로 슬럼프를 크게 하면 유동성은 늘어나지만 점성이 낮아지고 골재와 시멘트 페이스트와의 재료분리가 발생하기 쉬워진다. 경량골재의 경우 보통 사용되는 굵은골재의 최대치수는 원칙적으로 20mm로 한다. 보통골재보다도 작고 입형도 좋기 때문에 보통 콘크리트보다 큰 슬럼프로 해도 분리되지 않고 적절한 유동성 · 충전성을 얻을 수 있다. 일반적으로 경량 콘크리트의 슬럼프는 180mm 이하로 한다.

슬럼프의 경시변화에 대해서는 AE감수제를 사용하면 반죽을 다한 후에 180mm에서 60분 후의 변화량은 −(60~65mm), 고성능감수제를 사용하면 −(5~30mm) 정도가 된다.

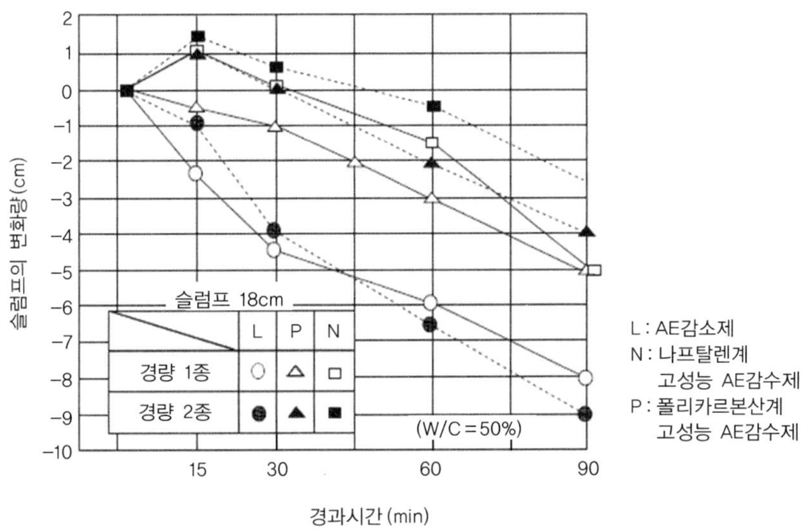

그림 10.2 **경과시간과 슬럼프의 변화량**

(3) 블리딩

블리딩 성상은 사용하는 화학혼화제의 종류, 슬럼프, 물−시멘트비에 따라 다르지만 블리딩의 종료시간은 4~6시간이고 블리딩양은 1.5~2cm^3/cm^2 정도가 일반적인 경향이다. 슬럼프가 같은 경우에는 단위수량이 적을수록, 단위수량이 같은 경우에는 슬럼프가 작을수록 블리딩양이 감소한다.

2) 경화 콘크리트의 성상

(1) 강도

경량 콘크리트의 압축강도는 동일한 물−시멘트비에서 보통 콘크리트보다 낮은 경향이 있다. 이것은 사용하는 경량골재의 강도가 보통골재에 비해 작기 때문에 고강도가 될수록 물−시멘트비의 감소에 따른 압축강도 증대의 비율이 보통 콘크리트에 비해 작아지기 때문이다.

최근에는 고성능감수제나 고강도 인공경량골재의 개발 등을 통하여 보통 콘크리트와 강도적으로 손색이 없는 강도가 우수한 경량 콘크리트를 제조하는 것이 가능하게 되어 구조부재로의 사용범위도 확대되고 있다. 경량골재 콘크리트는 설계기준압축강도가 15MPa 이상 24MPa 이하로써 기건단위질량이 1,400~2,000kg/m^{3}의 범위에 해당한 것으로 한다. 경량골재 콘크리트의 강도가 24MPa을 초과하면 고강도 경량골재 콘크리트라 한다.

경량 콘크리트의 압축강도 발현은 보통 콘크리트와 같은 경향을 보이지만, 경량 콘크리트는 골재의 함수량이 매우 많기 때문에 기건상태로 두어도 압축강도의 저하는 커지지는 않는 것이 특징이다.

압축강도에 대한 인장강도의 비는 1/9~1/15 정도, 휨강도의 비는 1/6~1/10 정도로 보통 콘크리트(인장은 1/9~1/13, 휨은 1/5~1/7)의 경우와 거의 같은 정도이지만, 고강도 영역에 있어서는 보통 콘크리트보다 약간 작아진다.

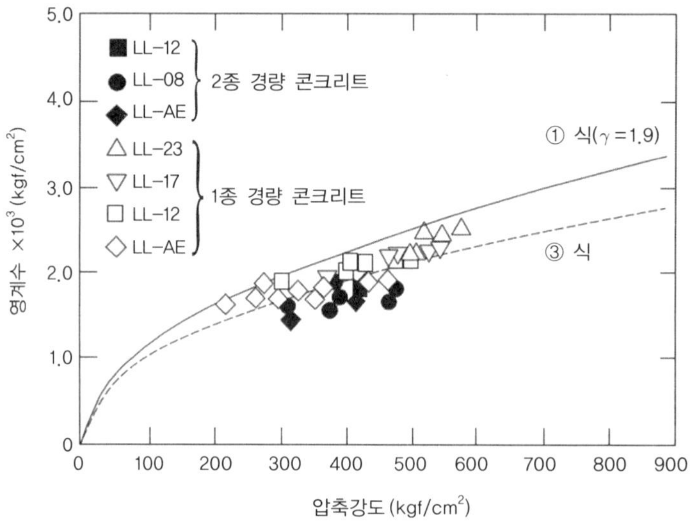

① 식 : $E=2.1\times10^5\,(1.9/2/3)^{1.5}\times(F_c/200)^{1/2}$
③ 식 : $E=5.37\times F_c^{\ 1/3}$ (도모자와 노구치의 $\gamma=1.9$, $k_1=1$, $k_2=1$로 한 경우)

그림 10.3 **압축강도와 영계수**

(2) 탄성계수

경량골재 콘크리트의 탄성계수는 보통 콘크리트의 40~70% 정도이며, 압축강도(f_{ck}') 및 콘크리트의 단위용적질량(r)은 대한건축학회의 철근콘크리트 구조계산규준에서 $E_c = 2.1 \times (r/2.3)^{1.5} \times \sqrt{f_{ck}/200}$ 의 관계식이 규정되어 있다. 그리고 경량기포 콘크리트에서 ALC(Autoclaved Lightweight Concrete)의 탄성계수는 보통 콘크리트보다 작다.

(3) 건조수축량(길이변화율)

건조수축량(길이변화율)은 건조 초기에는 보통 콘크리트에 비해 수축속도가 약간 늦지만 이 상태가 비교적 길게 지속되기 때문에 최종 수축량은 거의 보통 콘크리트와 같은 정도가 된다(그림 10.4). 또한 물-시멘트비가 작을수록 수축량은 적어지며, 1종 경량 콘크리트의 경우 W/C 45%, 재령 6개월 시 $6.5 \sim 7 \times 10^{-4}$ 정도이다. 또한 경량 콘크리트의 자기수축에 대해서는 경량골재의 흡수량이 크기 때문에 보통 콘크리트에 비해 자기수축은 낮아진다는 연구보고가 있다.

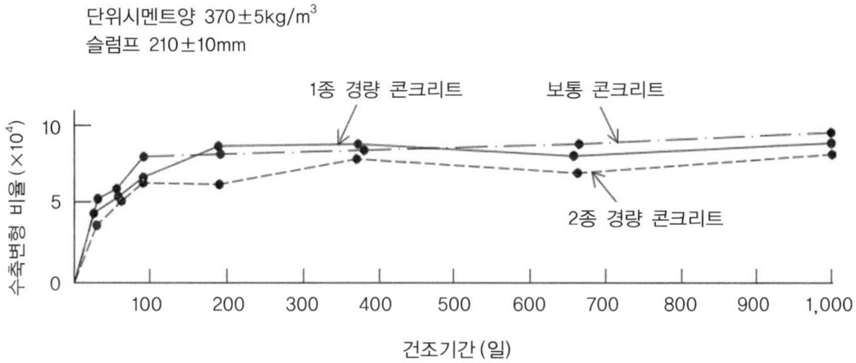

그림 10.4 **건조기간과 건조수축**

(4) 동결융해 저항성

경량 콘크리트의 경우 페이스트 중의 수분과 함께 골재 중의 수분도 동결팽창하기 때문에 보통 콘크리트에 비해 동결융해 저항성은 떨어진다. 그러나 콘크리트 중에 미세한 공기를 균질하게 한다면 동결팽창압을 완화시키는 것이 가능하다는 사실이 알려져 있고 AE제나 AE감수제 등에 의해 4~6%의 공기를 연행하기도 한다. 또한 그림 10.5에 나타냈듯이 골재 중의 수분을 줄여 내농해성을 개선할 수 있다는 섬에서, 최근에는 경량 콘크리트를 사용한 2차 제품의 제조 시에는 절건상태의 골재를 사용하기도 한다.

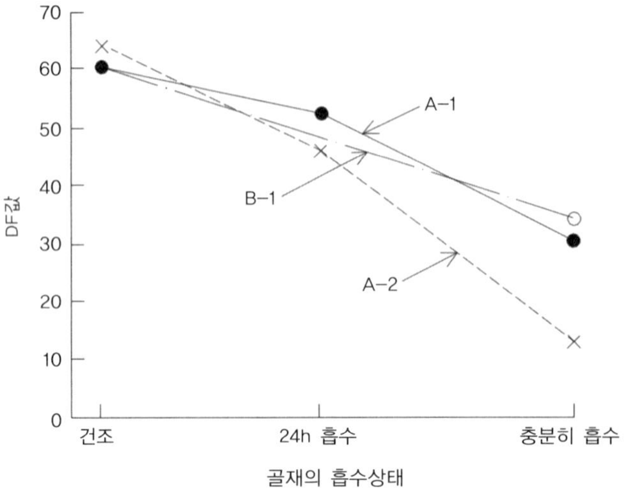

그림 10.5 **골재의 흡수상태와 내구성지수(DF치)**

(5) 중성화

경량 콘크리트의 경우 옥내폭로에 있어서 재령 3년에서는 보통 콘크리트와 유사한 수준의 중성화 깊이를 보이지만 재령 15년이 되면 보통 콘크리트에 비해 중성화 깊이는 커지게 된다. 그러나 옥외폭로의 경우에는 재령 15년에서 보통 콘크리트와 큰 차이가 없다는 결과도 있다. 경량 콘크리트는 골재 중의 수분이 장기간 콘크리트 중의 수산화 칼슘을 용해하기 때문에 낮은 물-시멘트비의 경우는 중성화의 진행이 매우 늦어진다.

(6) 기건단위용적질량

경량 콘크리트의 가장 중요한 요구성능 중 하나는 기건단위용적질량이다. 일반적으로 경량 콘크리트는 골재의 흡수율이 크기 때문에 장기간을 필요로 하고, 보통 콘크리트보다도 건조에 의한 질량의 변화가 크다. 기건단위용적질량은 물-시멘트비가 작을수록 무겁지만 정상상태가 되기까지의 기간은 늦어진다.

기건단위용적질량은 콘크리트의 제조에 있어서 배합계획 시의 각 재료값에 근거하여 추정하고 있다. 대한건축학회의 건축공사표준시방서에서는 식 (10.1)에 의해 얻을 수 있는 추정값이 요구되는 기건단위용적질량에 가능한 한 가까운 값이 되도록 고려하여 배합을 조정하도록 하고 있다.

$$W_d = G_0 + S_0 + S_0' + 1.25 C_0 + 120(\mathrm{kg/m^3}) \qquad \text{식 (10.1)}$$

여기서, W_d : 기건단위용적질량의 추정값($\mathrm{kg/m^3}$)

G_0 : 계획배합에서의 경량굵은골재의 기건단위용적질량($\mathrm{kg/m^3}$)

S_0 : 계획배합에서의 경량잔골재의 기건단위용적질량($\mathrm{kg/m^3}$)

S_0' : 계획배합에서의 보통잔골재의 기건단위용적질량($\mathrm{kg/m^3}$)

C_0 : 계획배합에서의 시멘트양의 기건단위용적질량($\mathrm{kg/m^3}$)

표 10.7에 표준적인 경량 콘크리트 반죽 시의 단위용적질량과 기건단위용적질량과의 관계를 나타낸다.

표 10.7 **굳지 않은 콘크리트의 단위용적질량과 기건용적질량과의 관계**

구조물	굳지 않은 콘크리트의 단위용적질량비 (t/m^3)	기건용적질량 (t/m^3)	골재의 조합	
			잔골재	굵은골재
건축 구조물	1.95~2.0	1.85	보통골재	인공경량골재
	1.85~1.90	1.75	보통골재+ 인공경량골재	인공경량골재
	1.75~1.80	1.65		
	1.60~1.65	1.55	인공경량골재	인공경량골재
토목 건축물	2.0 이하	—	인공경량골재 또는 이것에 보통골재를 더한 것	인공경량골재 또는 이것에 보통골재를 더한 것
	1.70	—	인공경량골재	인공경량골재

10.2.3 경량 콘크리트의 시공

1) 펌프 압송성

경량 콘크리트의 펌프 압송성은 보통 콘크리트와 크게 다르다. 그 주요 원인은 사용되는 경량골재의 큰 흡수율 때문이다. 경량 콘크리트를 펌프로 압송하면 페이스트 중의 수분이 콘크리트 중의 골재 안에 가압흡수(압력흡수라고 한다)되므로 일시적으로 콘크리트의 유동성이 저하된다. 압력흡수가 발생하면 압송관 안에서 콘크리트가 유동하지 않게 되고 마개가 되어 관을 폐색시키는 일이 있다. 따라서 압력흡수현상을 저감시키기 위해서는 콘크리트 제조 시 골재의 흡수상태를 관리하는 것이 매우 중요하다.

경량골재는 믹싱할 때 골재가 떠오르는 것과 함께 압송할 때 골재 내부로의 수분압력 흡수량을 매우 정밀하게 제어하는 것을 목적으로 프리웨팅(또는 프리서킹) 후 표건상태에서 사용하는 것이 일반적이다. 그러나 경량골재를 표건상태에서 사용하면 경량 콘크리트의 내동해성이 저하하는 경우가 있기 때문에 시공방법이나 경화 콘크리트의 요구성능(한중 콘크리트나 2차제품의 제조 등)에 따라 골재의 함수량을 조정하는 경우도 있다.

일반적으로 경량 콘크리트의 펌프압송 전후 성상의 차이는 슬럼프 측정 시 사용하는 화학제품 혼화제와 목표 슬럼프에 따라 표 10.8과 같이 변화하고 목표 슬럼프가 클수록 저하량이 감소하는 경향이 있다.

한편, 강도가 높은 경량 콘크리트(물-시멘트비가 45% 정도)의 경우, 슬럼프 플로값은 약 70~80mm 정도 저하하고 단위용적질량도 약 0.6t/m^3 정도 커진다. 경량 콘크리트의 압송 중 관내 압력손실은 수평관보다도 수직관 쪽이 크고 슬럼프가 클수록, 시간당 압송량(압송속도)이 클수록 큰 값이 된다. 그 크기는 조건에 따라 다르지만 약 0.01~0.03N/mm^2/m 정도이다.

공기량은 그림 10.6에서 보는 바와 같이 불규칙하게 분포하지만 전체적으로 압송에 의해 약간 저하한다. 압축강도는 압송 전은 변화가 적고 강도의 분포상태도 거의 변화하지 않는다고 생각해도 좋다.

표 10.8 **펌프압송 시의 슬럼프 변화**

구조물	인공경량골재 콘크리트의 종별	압송 전 슬럼프(mm)	압송 후 슬럼프(mm)
건축구조물	일반 AE콘크리트	180	140~150
		190	150~160
		200	170~180
		210	190~200
		220	210~220
	유동화 콘크리트	150 → 210~220	180~190
		180 → 210~220	200~210
토목구조물	유동화 콘크리트	80 → 150	100~140
		120 → 180	160~180

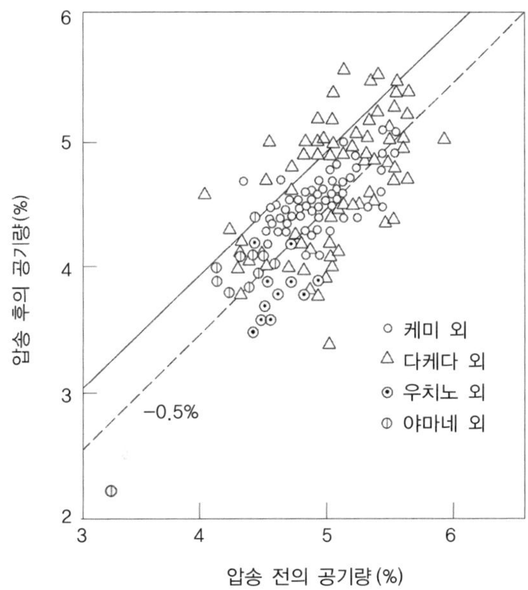

그림 10.6 **압송 전후 공기량의 변화**

10.3 팽창 콘크리트

10.3.1 팽창 콘크리트의 정의와 종류

1) 팽창 콘크리트란

팽창 콘크리트는 팽창재를 시멘트, 물, 잔골재, 굵은골재 및 기타의 혼화재료와 같이 혼합하여 경화한 후에도 체적팽창을 일으키는 모든 콘크리트를 의미한다. 이 팽창재를 시멘트 및 물과 함께 섞은 경우에는 수화반응에 의한 에트링가이트 또는 수산화칼슘 등의 결정 생성에 의해 시멘트 경화의 개시 후에도 미소한 체적팽창이 발생한다.

2) 팽창 콘크리트의 종류

팽창 콘크리트는 팽창력의 크기에 따라 수축보상용 콘크리트와 케미컬 프리스트레스용 콘크리트로 크게 구별된다(그림 10.7). 전자는 팽창력이 작은 콘크리트로써 철근콘크리트에 사용한 경우에 건조수축 등에 의해 발생하는 인장응력을 상쇄 혹은 저감시키는 정도의 팽창력을 가진다. 후자는 팽창재를 다량으로 사용한 콘크리트로써 철근콘크리트에 도입한 케미컬 프리스트레스 및 케미컬 프리스트레인이 건조수축 등에 의해 감소하더라도 여전히 잔존하는 정도의 큰 팽창력을 가진다.

팽창 콘크리트나 팽창 모르타르는 무수축성과 함께 적당한 유동성을 가지며 블리딩이 적고 주변의 콘크리트와 동등 또는 그 이상의 품질을 가져야 한다.

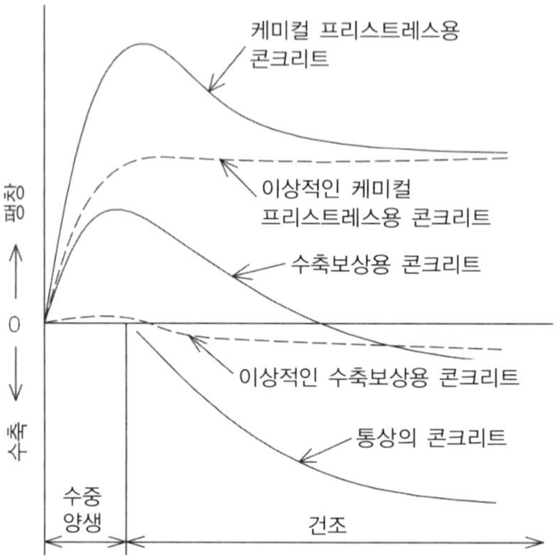

그림 10.7 **팽창 콘크리트의 팽창 특성**

10.3.2 팽창 콘크리트의 사용효과

1) 케미컬 프리스트레스트 콘크리트 부재의 역학적 성상

팽창 콘크리트의 사용목적은 그 분류에서도 서술했듯이 건조수축변형의 경감, 케미컬 프리스트레스와 케미컬 프리스트레인의 도입 혹은 무수축성의 유지를 위해 사용한다. 즉 팽창 콘크리트의 팽창작용에 의해 건조수축변형 등의 영향을 경감하는 것과 함께 그 팽창을 철근 등의 구속체로 구속하는 것에 의해 콘크리트에는 압축응력이 전달되고, 철근 등의 구속체에는 초기 인장변형이 발생하게 된다. 그 압축응력을 케미컬 프리스트레스라고 하며, 초기 인장변형을 케미컬 프리스트레인이라 하는데 각각이 팽창 콘크리트의 사용효과의 지표가 되는 것이다.

팽창 콘크리트를 사용한 철근콘크리트 부재인 케미컬 프리스트레스 콘크리트 부재(이하, CPC 부재)에 휨모멘트가 작용하는 경우의 역학적 성상을 보통 철근콘크리트 부재와 비교한 것의 예를 그림 10.8에 나타냈다.

① 케미컬 프리스트레스의 도입에 의해 휨균열모멘트가 증가하기 때문에 균열면을 계산할 수 있는 범위가 넓어진다.

② 외력모멘트에 의한 철근의 변형은 휨균열 발생 후에도 작아지며, 그 정도는 인장철근에 발생한 케미컬 프리스트레인과 거의 같다.

③ 균형철근비 이하의 부재가 인장파괴할 때의 모멘트는 콘크리트의 강도가 팽창작용에 의해 뚜렷하게 저하하지 않는 한 흡사하다.

따라서 CPC 부재의 휨균열폭은 일반적으로 팽창작용에 의해 인장철근에 발생한 케미컬 프리스트레인에 상당하는 정도만 발생하며, 보통철근 콘크리트 부재에 비교하여 작아지며 휘는 정도도 작아진다.

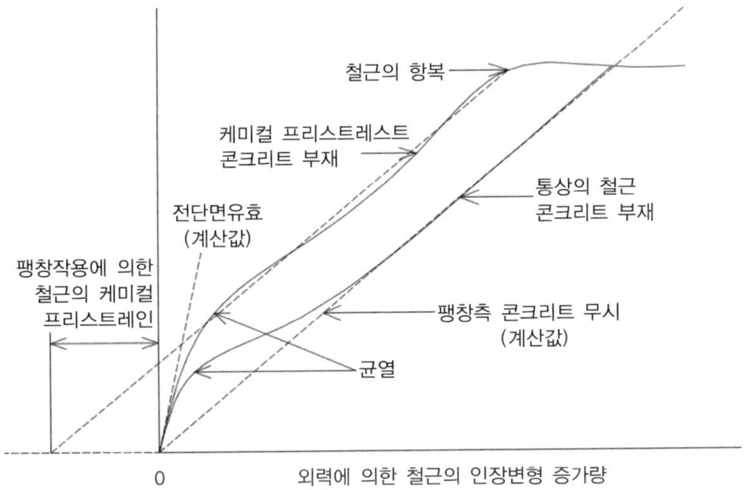

그림 10.8 **케미컬 프리스트레스트 콘크리트 부재의 휨 성상**

2) 케미컬 프리스트레스 및 케미컬 프리스트레인의 산정

팽창 콘크리트의 사용에 도입된 케미컬 프리스트레스 및 케미컬 프리스트레인은 콘크리트의 배합, 철근의 배치방법을 포함한 팽창 콘크리트의 구속상태, 부재의 형상 · 치수, 양생방법 및 시공방법 등의 영향을 받는다. 따라서 실제 구조물에 팽창 콘크리트를 적용하는 경우에는 이들의 영향을 고려하여 적절하게 정할 필요가 있다.

같은 팽창 콘크리트를 사용하더라도 그림 10.9 및 그림 10.10에서와 같이 콘크리트에 도입되는 케미컬 프리스트레스와 구속철근에 도입되는 케미컬 프리스트레인은 구속철근비의 영향을 받는다.

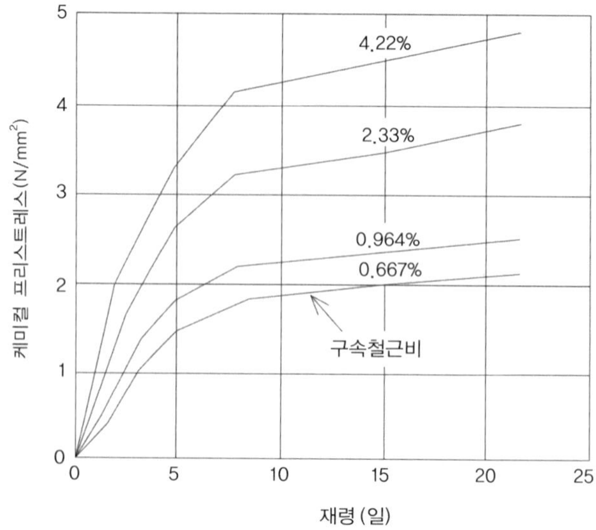

그림 10.9 **케미컬 프리스트레스의 시간적 변화**
(그림 10.10의 철근의 팽창률에서 산출한 값)

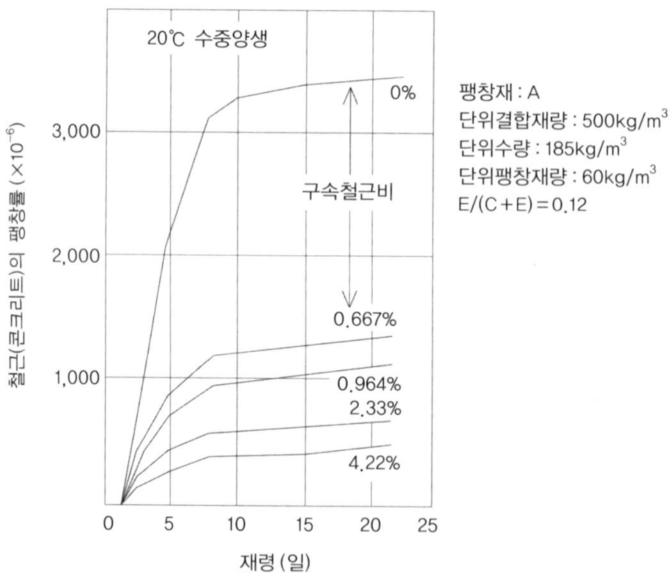

그림 10.10 **철근의 팽창률의 시간적인 변화**

10.3.3 팽창 콘크리트를 사용한 부재의 기능별 종류

팽창 콘크리트를 사용한 철근콘크리트를 기능에 따라 분류하면 수축보상 콘크리트와 케미컬 프리스트레스트 콘크리트로 크게 구별할 수 있다.

1) 수축보상 콘크리트

압축강도에 비해 인장강도가 약 1/10로 매우 작은 보통 콘크리트에서 균열은 본질적으로 피할 수 없다. 팽창 콘크리트는 이러한 균열의 큰 원인 중 하나인 건조수축이나 경화수축 등을 미리 고려하여 발생되는 균열을 저감하는 목적으로 사용된다.

그러나 그림 10.11에서와 같이 팽창이 과대해지면 압축강도 등의 성능에 악영향을 미친다. 따라서 구조물에 필요로 하는 팽창률은 그 구조물이 놓이는 환경조건이나 단면의 형상, 치수 등에 따라 다르므로 이것을 일률적으로 정하기는 어렵다. 기존의 사례를 바탕으로 단위팽창재량은 수축보상 콘크리트의 경우 30kg/m^3 정도, 케미컬 프리스트레스트 콘크리트의 경우에는 35~50kg/m^3 정도, 공장제품에 사용할 경우에는 30~60kg/m^3 정도이다.

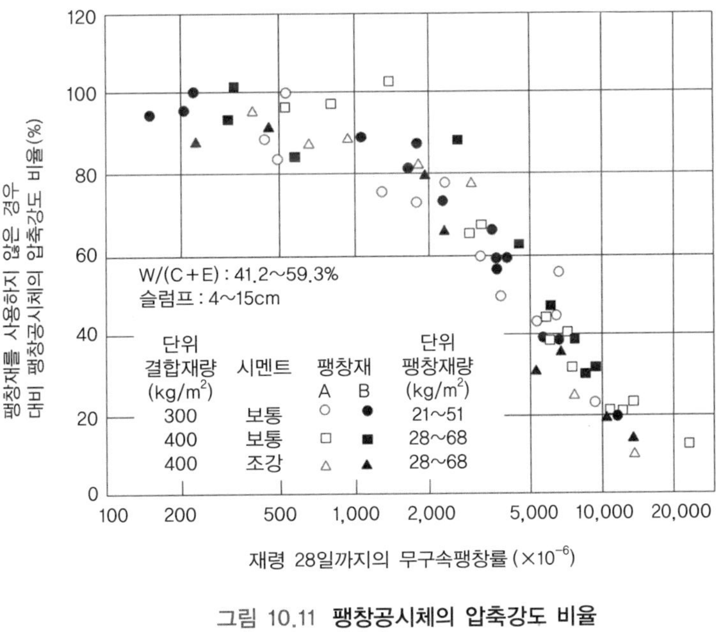

그림 10.11 **팽창공시체의 압축강도 비율**

단면이 두꺼운 매스 콘크리트는 시멘트의 수화열에 따른 온도균열이 발생하는 경우가 많다. 이 온도균열을 감소시키기 위해서는 수화열 억제형의 팽창재가 사용되며 포틀랜드 시멘트와 수화열 억제형 팽창재의 조합은 온도균열 제어에 유용하다.

2) 케미컬 프리스트레스트 콘크리트

케미컬 프리스트레스트 콘크리트는 철근 등에 팽창변형의 케미컬 프리스트레인을 발생시킴으로써 동시에 그 반력이 콘크리트에 케미컬 프리스트레스를 도입할 수 있는 콘크리트를 말한다. 앞에서 서술했듯이 CPC 부재는 휨균열모멘트나 경사균열 발생 하중이 증가함과 함께 휨균열폭, 경사균열폭 및 휨이 감소할 수 있다. 이것에 의해 부재의 고성능화 혹은 단면의 축소가 가능하다.

10.3.4 팽창 콘크리트의 품질

1) 팽창률

팽창 콘크리트는 보통 콘크리트와 마찬가지로 소요 강도, 내구성, 수밀성 및 작업에 적합한 워커빌리티를 가짐과 동시에 팽창 콘크리트를 사용하는 목적인 건조수축 등의 보상에 의한 균열의 저감, 혹은 케미컬 프리스트레스의 도입에 의한 균열내력 등의 증대, 또는 무수축성의 확보 등을 위해 필요한 팽창률을 가져야만 한다. 팽창률은 KS F 2562 「콘크리트용 팽창재」의 참고 1 「팽창 콘크리트의 구속 팽창 및 수축시험방법」에 규정된 A법에 의해 구하는 1축 구속 팽창률에 따른다.

팽창성상에 가장 큰 영향을 주는 것은 팽창재의 종류, 팽창재의 사용량, 수분의 공급상태 및 철근 등에 의한 구속조건이다.

팽창재의 사용방법은 시멘트에 대한 비율(혼화율 혹은 치환율)로 나타내는 방법이 있지만, 이 경우는 시멘트양에 따라 팽창재의 사용방법도 변화되고 팽창률도 달라진다. 그 때문에 단위팽창재량으로 표시하는 것이 팽창률과의 관련성을 파악하는 데 유용하다. 또한 팽창률이 너무 크게 되면 강도 등의 품질저하를 초래하기 때문에 철근 등에 의한 구속의 방법과 목적에 따른 경제성도 고려하여 소요의 단위팽창재량을 정할 필요가 있다.

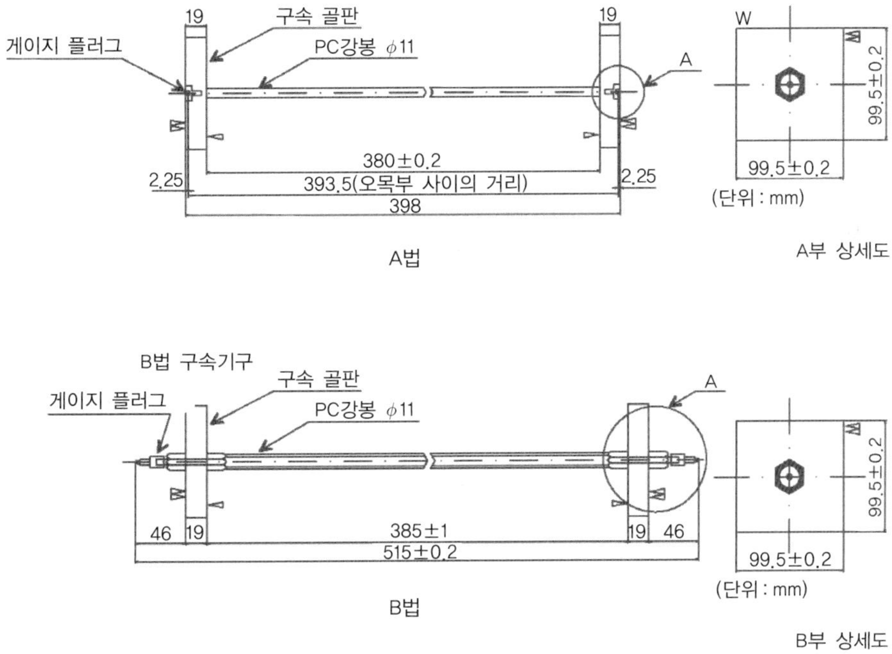

그림 10.12 **A법 및 B법 구속기구(KS F 2562)**

2) 강도와 팽창률

팽창 콘크리트의 강도시험은 팽창률이 비교적 작은 경우, 즉 A법의 팽창률이 250 $\times 10^{-6}$ 이하, 혹은 단위팽창재량이 30kg/m^3(저첨가형은 20kg/m^3) 이하의 경우는 무구속이라도 팽창에 의한 강도 저하는 거의 없기 때문에, 보통 콘크리트와 마찬가지로 무구속 공시체에 대해서 시험을 실시하고 있다.

팽창률 혹은 단위팽창재량이 큰 경우는 실제로 타설되는 구조물의 구속조건을 고려하여 이 방법 이외의 방법으로 시험하는 것이 필요한 경우도 있으며, 강도에 따른 배합설계에 있어서 팽창재는 플라이애쉬나 고로슬래그 미분말과 마찬지로 혼화재 및 결합재로 취급하는 경우가 많다.

3) 건조수축 및 크리프

팽창 콘크리트의 팽창작용은 재령 7일 정도에서 최대에 달하고, 그 후 건조상태로 두게 되면 보통 콘크리트와 마찬가지로 수축한다. 이 수축 정도는 단위팽창재량이나 구속상태 등에 의해 다르지만 보통 콘크리트에 비해 작다.

팽창 콘크리트의 크리프는 단위팽창재량, 양생조건, 구속상태 및 재하재령 등에 따라 다른 결과를 얻을 수 있다. 그러나 단위팽창재량이 $30kg/m^3$ 정도의 수축보상용 콘크리트는 보통 콘크리트와 같은 정도의 크리프 특성을 나타낸다고 생각해도 좋다.

케미컬 프리스트레스트 콘크리트의 크리프변형은 재령의 극초기에 재하되면 보통 콘크리트에 비해 커진다는 보고와는 달리 작아진다는 보고도 있다. 그러나 재령이 경과함에 따라 보통 콘크리트와의 차이는 줄어든다.

4) 내구성 등

내동해성은 단위팽창재량, 구속조건 및 배합 등의 영향을 받는다. 동일한 단위팽창재량이라면 구속철근비가 클수록 일반적으로 내동해성은 향상된다. 그러나 단위팽창재량이 $30kg/m^3$(저첨가형은 $20kg/m^3$) 정도라면 구속철근의 유무에 관계없이 일반적인 콘크리트와 같다. 또한 단위팽창재량을 $50kg/m^3$ 이상 사용하면 구속이 부적절한 경우에는 내동해성이 저하하는 경우가 있다.

수밀성은 단위팽창재량, 구속조건 및 양생조건 등의 영향을 받는데 일반적으로 구속된 상태에서는 보통 콘크리트에 비하여 투수계수는 작아진다. 내산성은 유산마그네슘용액에 침지한 공시체의 길이변화율과 질량변화의 결과에 의하면 보통 콘크리트와 거의 같으며, 중성화 역시 보통 콘크리트와 거의 같다.

10.4 섬유보강 콘크리트

10.4.1 개요

섬유를 콘크리트 중에 균등히 분산시킴으로써 균열에 대한 저항성, 인성, 인장강도, 전단강도, 내충격성 등을 대폭으로 개선한 콘크리트를 섬유보강 콘크리트(Fiber Renforced Concrete, 이하 FRC라 함)라고 한다. 이러한 효과를 발휘하는 주요 재료는 강섬유이지만 탄성계수가 콘크리트보다 큰 합성섬유도 유사한 효과를 가진다.

한편, 유리섬유와 같이 그 직경이 5~20㎛ 정도의 가는 섬유를 사용하고 모르타르와의 동시 분무식도장에 의해 만든 것은 섬유보강 시멘트라고 부르고 상기의 섬유보강 콘크리트와는 구별된다. 섬유보강 시멘트의 대표적인 것이 유리섬유보강 시멘트(Glassfiber Reinforced Cement, 이하 GRC라 함)이다. GRC에 대해서는 10.5절에서 기술하도록 한다.

섬유보강 콘크리트는 보통 콘크리트와 거의 같은 방법으로 제조 · 시공하는 것이 가능하고 적용대상도 30mm 정도의 얇은 단면에서 두께 수백 mm에 미치는 묵직한 구조물까지 광범위하다. 여기에서는 섬유보강 콘크리트로써 많은 실적을 가지는 강섬유보강 콘크리트(Steel Fiber Reinforced Concrete, 이하 SFRC라 함)를 중심으로 서술한다.

10.4.2 섬유보강 콘크리트의 휨파괴 특성

그림 10.13은 섬유보강 콘크리트의 휨하중-변형곡선을 나타낸 것이다. 하중을 P_0까지 증가시키면 보통 콘크리트는 균열이 발생하며 동시에 급격히 파단한다. 한편, 섬유보강 콘크리트는 하중을 증가시켜 P_A에 도달할 때까지 균열이 발생하지 않고 균열강도가 상승한다. 게다가 하중을 증가시키면 균열을 연결(Bridge)하고 있는 섬유에 인장력이 전달되기 때문에 섬유량과 그 부착강도 여하에 따라 내력을 더욱 증가시켜 최대하중 P_S에 도달한다. 여기까지가 그림 안의 영역(Ⅰ)이다. 그리고 더욱 하중을 가하면 균열은 확대되지만 내력은 보통 콘크리트처럼 급격히 저하하지 않는다. 이것은 섬유가 어느 정도의 하중에 견디면서 점차적으로 내려갈 수 있기 때문이며 이는 그림 안의 영역(Ⅱ)의 과정이다. 이것이 섬유보강 콘크리트가 뛰어난 인성을 발휘하는 메커니즘이다. 이러한 특성은 콘크리트에 비하여 탄성계수가 현격히 높은 강섬유를 사용한 경우에서 뚜렷하게 관찰된다.

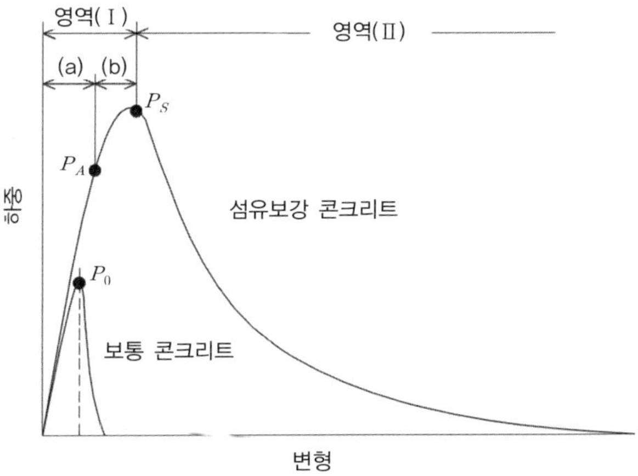

그림 10.13 **섬유보강 콘크리트의 휨하중-변형곡선**

10.4.3 강섬유의 종류

강섬유는 일반적으로 강섬유보강 콘크리트에서는 길이가 30mm 이상인 강섬유를 사용하는 것이 좋다. 강섬유의 제조방법에는 박판절단법, 강선절단법, 후판절삭법 및 용강추출법 4종류가 있다. 강섬유는 KS F 2564의 표준에 적합한 것이어야 한다. 현재 일반적으로 사용되고 있는 강섬유는 강선절단법에 의한 것이다. 용강추출법에 의한 섬유는 스테인리스 강제로써 주택 미장모르타르의 균열 방지 목적으로 사용되고 있다.

10.4.4 강섬유보강 콘크리트의 배합

강섬유를 콘크리트에 혼입하면 컨시스턴시가 커지고, 그 경향은 섬유량을 증가시킴에 따라 뚜렷해진다. 이 때문에 소요 컨시스턴시(슬럼프)를 얻기 위해 잔골재율과 단위수량을 증가시킬 필요가 있다. 굵은골재의 최대치수는 강섬유 길이의 1/2 정도를 목표로 하는 것이 바람직하다. 예를 들면, 길이 30mm의 강섬유를 사용하는 경우에는 굵은골재의 최대치수를 15mm로 한다. 섬유보강 콘크리트에 있어서는 섬유의 혼입량을 콘크리트 1m^3당 용적혼입률로 나타낸다. 섬유혼입률이 1%(약 78kg/m^3) 이하의 경우에는 만족하는 보강효과를 기대할 수 없다. 또한 섬유혼입률을 2% 이상으로 하면 믹싱에 지장을 초래함과 동시에 콘크리트 안으로의 균일한 분산이 어려워진다. 강섬유보강 콘크리트의 배합설계는 콘크리트표준시방서에 따른다.

10.4.5 강섬유보강 콘크리트의 제성질

1) 역학적 성질

인장강도, 휨강도, 전단강도 및 인성은 섬유혼입량에 비례하여 증대한다. 섬유혼입률이 2%인 경우의 인장강도, 휨강도 및 전단강도는 섬유를 혼입하지 않는 경우의 1.5~1.7배 정도이다. 그림 10.14 및 그림 10.15에 각각 인장강도 및 휨강도와 섬유혼입률과의 관계를 나타냈다. 단, 압축강도는 섬유를 혼입해도 거의 변화하지 않는다. 인성은 섬유의 형상이나 강도에 따라 상당한 차이가 있다. 강섬유를 2% 혼입한 경우의 인성은 섬유를 혼입하지 않은 경우의 60~80배 정도이다. 그림 10.16과 같이 섬유보강 콘크리트의 에너지 흡수능력은 매우 크고 폭발하중이나 충격력 등의 동적하중에 대한 저항성은 섬유를 혼입하지 않은 경우의 5~10배에 달한다. 그림 10.17은 강섬유보강 콘크리트의 파괴상황을 나타낸 것이다.

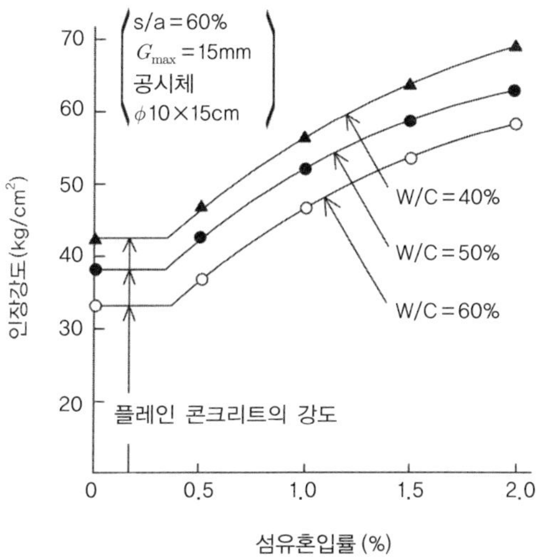

그림 10.14 **강섬유보강 콘크리트의 인장강도와 섬유혼입률 및 W/C와의 관계**

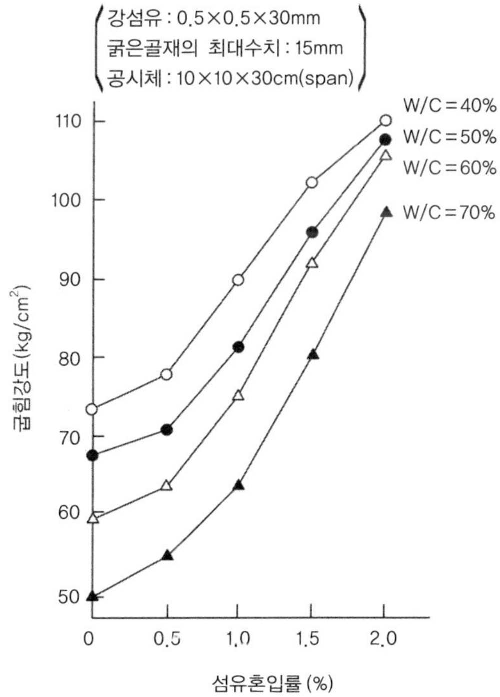

그림 10.15 **강섬유보강 콘크리트에 있어서 섬유혼입률과 휨강도와의 관계**

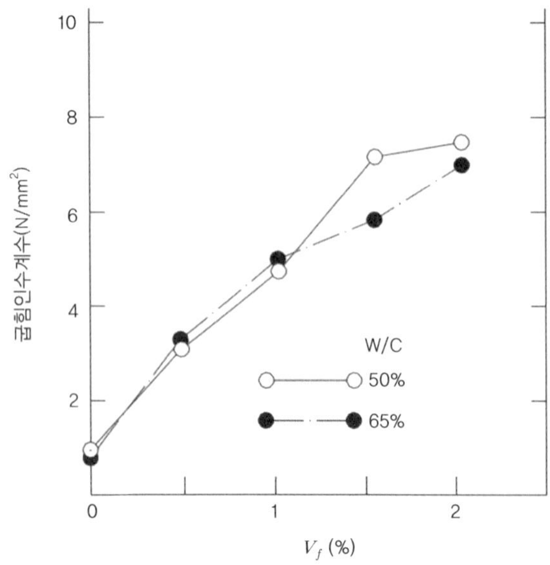

그림 10.16 **강섬유보강 콘크리트의 섬유혼입률과 휨인성계수**

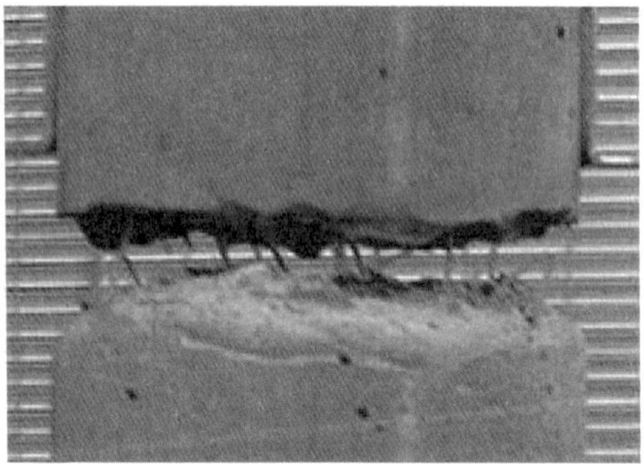

그림 10.17 **강섬유보강 콘크리트의 파괴상황**

2) 강섬유의 분산과 배향이 역학적 성질에 미치는 영향

강섬유보강 콘크리트와 같이 단섬유를 보강재로 사용하는 복합재료는 콘크리트 중에 있어서 강섬유의 분산과 배향상태가 강섬유보강 콘크리트의 품질에 큰 영향을 준다. 우선 믹싱 시에는 강섬유를 콘크리트 중에 균일하게 분산시키도록 유의할 필요가 있다. 강섬유가 한 방향으로 분산되어 강섬유 콘크리트의 기본 성질을 극도로 잃어버린 상태가 파이버볼의 형성이며, 다수 형성되면 강섬유를 혼입한 효과를 잃는다. 섬유의 분산에 영향을 미치는 주요 원인은 섬유의 혼입방법, 믹서의 구조, 섬유혼입률, 다짐방법 및 배합 등에 있다. 게다가, 강섬유가 똑같이 분산하고 있는 경우라도 시공방법에 따라서는 강섬유가 특정 방향으로 배향한다. 예를 들면, 강섬유보강 콘크리트의 분무식도장 시공을 실시할 경우 콘크리트 중의 강섬유는 분무식도장면과 평행한 면에 2차원 랜덤상태로 배향하는 경향을 나타낸다. 2차원 랜덤상태로 배향한 경우, 그 인장내력이나 절단저항력은 3차원 랜덤상태로 배향한 경우에 비해 약 30% 증대한다. 강섬유의 배향에 미치는 주요 원인은 ① 콘크리트의 다짐방법, ② 부재 수치, ③ 섬유의 길이, ④ 콘크리트의 운반방법 등이 있다.

3) 강섬유보강 콘크리트의 내구성

콘크리트의 동결융해작용에 대한 저항성은 강섬유를 2% 정도 혼입하는 것에 의해 개선된다. 이 효과는 물-시멘트비가 적은 콘크리트에 있어서 뛰어나다. 또한 철근콘크리트 부재에 강섬유를 혼입하면 철근을 방식하는 효과가 있다는 것이 해양폭로시험에서 확인되고 있다. 강섬유 자체가 콘크리트 중에서 부식한 사례는 거의 없다.

10.4.6 강섬유보강 콘크리트의 시공

강섬유보강 콘크리트의 시공은 콘크리트표준시방서 3절에 따른다. 강섬유보강 콘크리트의 시공에 있어서 최대의 과제는 믹싱과 운반이다. 레미콘공장에서 강섬유의 믹서로의 투입작업에는 다소의 노력과 시간을 필요로 하는데, 이들을 피하기 위해서 연속믹서를 사용하는 시공방법이 상판의 보강공사 등에 사용되고 있다. 강섬유보강 콘크리트는 분무식도장 콘크리트에 다용되고 있다. 분무식도장 콘크리트에 사용되는 강섬유의 수치는 20mm 정도로, 섬유혼입량은 1% 정도이다.

10.4.7 섬유보강 콘크리트의 시험방법

강섬유와 같은 단섬유에 의해 보강된 콘크리트의 시험방법은 KS F 2566 "강섬유보강 콘크리트의 휨인성 시험방법"에 규정되어 있다. 인성을 구하는 방법은 일반적으로 하중-변형곡선에 있어서 소정의 변형량에 달할 때까지의 곡선과 가로축에 둘러싸인 면적의 크기로 나타내고 있다. KS F 2566에서는 휨인성 지수를 I5, I10, I20으로 정의

한다. $f_b(f_r)$는 그림 11.18에 나타낸 바와 같이 재하점의 처짐이 지간(스팬) l의 1/150이 되기까지의 하중-처짐 곡선 아래의 면적(T_b)를 유효숫자 3자리까지 구한다.

$$f_b = (T_b/\delta_{tb}) \cdot (l/bh^2) \qquad \text{식 (10.2)}$$

여기서, f_r' : 등가 휨강도(MPa)

δ_{tb} : 지간의 1/150의 처짐(mm)

T_b : 그림 10.18에 나타낸 δ_{tb}까지의 면적

l : 지간(mm)

b : 5.6으로 구한 파괴면적의 평균 폭(mm)

h : 5.7로 구한 파괴면적의 평균 높이(mm)

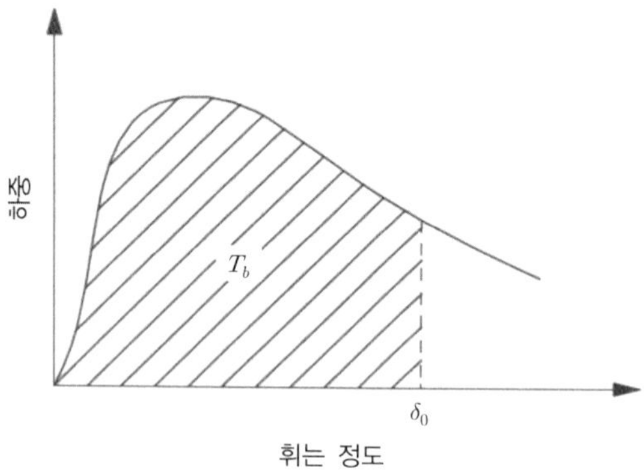

그림 10.18 **휨하중-휨곡선**

10.5 유리섬유보강 시멘트

10.5.1 개요

유리섬유에 의해 보강된 두께 5~25mm의 시멘트계 공장제품은 일반적으로 GRC(Glassfiber Reinforced Cement, 이하 GRC라 함)가 있으며 건물의 커튼월과 같은 비구조물재로 용도가 한정되어 있다.

10.5.2 GRC에 사용되는 유리섬유

유리섬유는 직경이 10~20㎛의 단섬유를 100~200개 집속한 strand형으로 사용된다. strand를 소정의 길이 25~40mm로 절단한 소프트 strand와 strand 수십 개를 모아 실뭉치와 같이 감아 놓은 로빙이 일반적으로 사용되는 유리섬유의 형상이다. FRP 등에 사용되는 유리섬유(E유리섬유)는 알칼리에 침해되기 때문에 GRC용의 유리섬유는 산화지르코늄(ZrO_2) 성분을 더하여 내알칼리성을 개선시켜 사용하고 있다.

10.5.3 GRC의 형성방법

GRC의 형성방법은 기본적으로 스프레이법과 프리믹스법으로 크게 구별되며, 연속섬유의 상태에서 형성하는 방법도 있다.

1) 스프레이법

유리섬유를 짧게 절단하면서 시멘트 모르타르와 동시에 거푸집면에 분무하는 방법이다. 이 경우, 섬유는 2차원 랜덤의 배향상태가 된다. 이와 같은 방법으로 박판상의 GRC를 제조하는 방법이 스프레이법이며, 한 층씩 만드는 다이렉트식 스프레이법과 스프레이섹션법으로 나뉘게 된다. 전자는 거푸집면에 분사식으로 도장한 채로 양생 · 경화시켜 제품화 하는 방법으로 상당히 복잡한 형상의 거푸집에도 자유로운 두께로 분사할 수 있다. 한편, 후자는 거푸집 자체가 감압할 수 있는 구조로 되어 있고, 거푸집면에 창호지를 발라 분사한다.

2) 프리믹스법

시멘트 모르타르와 유리섬유를 전용믹서 등으로 믹싱한 것을 성형한 것으로 ① 거푸집에 타설성형하는 방법, ② 프레스성형하는 방법, ③ 추출성형하는 방법 등이 있다. GRC 중의 유리섬유는 3차원 랜덤 배향상태가 된다.

3) 연속섬유 GRC의 성형법

유리섬유를 연속섬유인 채로 성형하는 방법으로 FRP를 사용하여 압력용기 등을 성형하는 경우에는 필라멘트 와인딩법(FW법), 원심성형법, 추출성형법 등이 사용된다.

10.5.4 GRC의 역학적 성질

GRC는 내알칼리성 유리섬유를 사용하고 있지만 내알칼리성을 계속해서 유지하는 것이 아니기 때문에 성형 후부터 점차 강도가 저하된다. 강도 저하의 정도는 습도의 조건에 따라 좌우되고 습도가 높을수록 강도 저하의 속도가 빠르다. 따라서 GRC는 성형 후 그 표면에 방습막을 형성시키는 처리를 실시하고 있다. 그러나 최근에는 시멘트를 저알칼리 시멘트로 사용함에 따라 10년 정도는 안정된 강도를 얻을 수 있게 되었다(그림 10.19).

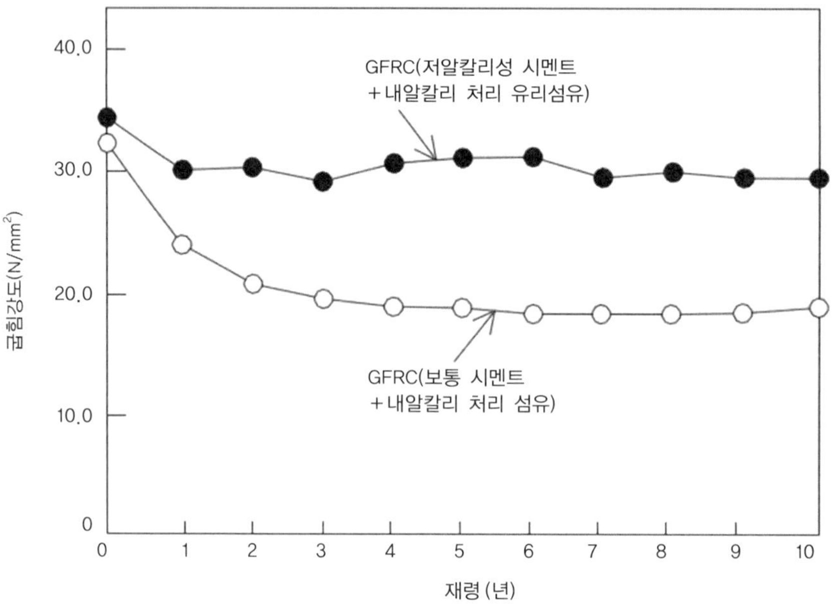

그림 10.19 **GRC의 휨강도의 경시변화**

10.5.5 GRC의 용도

GRC는 FRP의 매트릭스를 합성수지에서 시멘트 경화체로 바꿔놓고 내화성을 부여한 복합재료임과 동시에 슬레이트의 섬유를 유리섬유로 바꿔놓고 내충격성을 부여한 대체 제품으로 볼 수도 있다. 그 주요 용도는 커튼월, 외벽패널, 지붕재, 스팬드럴 등 여러 가지이다. 최근에는 휨강성을 높인 OA 플로어나 조음패널(Acoustic Conditioning Panel) 등에 채용되고 있다.

10.6 방사선 차폐 콘크리트

10.6.1 개요

1) 대상

방사선 차폐 콘크리트란 γ선, X선, 및 중성자선을 차폐하는 것을 목적으로 한 콘크리트이다. γ선과 X선은 모두 전자파이고, 중성자선은 중성자라고 불리는 입자의 흐름이다. 어느 쪽이든 물질 중에서 강한 투과력을 가지는 것이 특징이다. 방사선이라고 불리는 것에는 헬륨원자핵의 입자선인 α선, 전자선인 β선도 포함되지만, 모든 물질의 투과능력이 적기 때문에 통상적으로 차폐 콘크리트의 대상이 되지 않는다.

원자력발전소는 운전 중의 연료봉에서 γ선과 중성자선이 발생한다. 게다가 γ선은 정지 중의 연료봉과 일차 냉각계 등에서도 발생한다. 이러한 점에서 방사선 차폐 콘크리트는 원자력발전소에서 사용할 수 있는 부분이 많지만 방사선 관련 연구시설과 X선을 사용하는 시설에서 사용되는 경우도 있다.

2) 방사선 차폐의 기초

γ선에 대한 차폐성능은 차폐재료의 두께와 밀도의 곱에 거의 비례한다고 알려져 있다. 즉 같은 밀도일 경우 두꺼울수록 차폐성능이 높고, 두께가 같은 밀도가 큰 차폐체일수록 차폐성능이 높다. 마찬가지로 전자파인 X선에 대해서도 거의 같은 관계가 있지만 X선의 경우는 차폐체의 구성재료의 종류에 의해 성능이 달라지고 납 등의 무거운 물질을 포함한 경우가 차폐성능이 높아진다.

중성자선의 차폐는 입자의 속도에 따라 유효한 재료가 다르다. 고속의 중성자선을 감속시키기 위해서는 납 등의 무거운 물질이 유효하며, 중속 혹은 저속의 중성자선을 감속하고 쉽게 흡수시키기 위해서는 물 등의 수소함유물이 유효하다. 저속의 중성자선을 흡수하는 데에는 수소, 카드뮴, 붕소 등이 유효하다. 또 중성자선을 흡수할 때에는 γ선이 2차적으로 발생하기 때문에 이들의 차폐도 검토해 두어야만 한다.

콘크리트는 차폐에 필요한 물질을 포함한 재료로서, 필요에 따라서 그들을 증감시키는 것이 가능하다는 점, 그리고 구조체로서 필요한 강도와 내구성을 가지고 있다는 점 등에서 차폐재료로 널리 사용되고 있다.

10.6.2 재료 · 배합

방사선 차폐 콘크리트의 재료 · 배합에 대해서는 콘크리트표준시방서 해설 제13장의 2.1과 2.2절의 규정을 따른다.

1) 시멘트

콘크리트표준시방서에서 시멘트에 대해 특별히 정한 바가 없을 때에는 KS L 2501 또는 KS L 5210, KS L 5211, KS L 5401에 규정한 시멘트로 한다. 시멘트 종류는 특기시방서에 의하며, 시멘트는 강도가 큰 것보다 수화열 발생이나 경화건조수축이 적은 시멘트를 선정한다. 즉 중용열 포틀랜드 시멘트나 내황산염 포틀랜드 시멘트를 사용하는 것이 바람직하며 보통 포틀랜드 시멘트, 고로 시멘트, 실리카 시멘트, 플라이애쉬 시멘트를 선정해도 무방하다. 그리고 시멘트의 알칼리 농도가 높으면 골재와 반응할 우려가 있으므로 사용 전에 시멘트와 골재와의 반응성시험을 거쳐 안정성을 확인한 후에 시멘트를 사용해야 한다.

2) 골재

골재에 대해서는 차폐에 필요한 콘크리트의 단위용적질량을 만족시킬 수 있는 밀도를 가진 골재를 사용하게 된다. 벽 두께가 큰 경우에는 보통골재로도 차폐성능을 만족할 수 있는 경우도 있다. 일반 밀도의 골재로 요구되는 단위용적질량을 얻을 수 없는 경우에는 밀도가 큰 중량골재를 사용하게 된다.

대표적인 중량골재로는 철, 자철광, 사철, 갈철광, 중정석 등이 있다. 자철광은 밀도가 5.2g/cm^{3}의 자성을 가지고 금속광택이 있는 철흑색의 산화철에 의한 광물이다. 사철은 밀도가 4.0~5.0g/cm^{3}이고, 화성암 중의 자철광 등이 유수나 파랑의 작용으로 파쇄 되어 퇴적층 안에 모인 것이다. 갈철광은 밀도가 2.7~4.0g/cm^{3}의 암갈색, 황색의 덩어리 모양이나 흙 모양을 이루는 비정질의 함수산화철광물이다. 중정석은 영어명이 바라이트이고, 밀도가 4.5g/cm^{3}의 유산발륨을 주성분으로 하는 광석이다. 밀도가 80g/cm^{3}에 가까운 철을 굵은골재로 하고 자철광을 잔골재로 하여 기건단위용적질량이 5.0t/m^3 정도의 콘크리트를 제조하는 것이 가능하다.

그밖에도 비교적 밀도가 높은 골재로써 페로니켈 슬래그 잔골재(절건밀도 2.8~3.1g/cm^3), 강슬래그 잔골재(절건밀도 3.4~3.8g/cm^3) 및 전기로 산화 슬래그 골재(절건밀도

2.5~3.8g/cm^3) 등의 슬래그 골재가 있다. 차폐 콘크리트의 골재 특성에서 밀도는 매우 중요하여, 이 유해물질이나 유기불순물, 염분을 규정값 이하로 해야 하고 밀도의 평균값은 규정한 최소값 이상으로 한다. 또한 중량골재는 보통골재보다 약간 잔입자가 많은 입도로 규정하고 있으며, 마모감량은 50% 이하가 되도록 정한다. 보통 콘크리트 골재의 경우와 거의 동일하게 취급하고 있으며, 굵은골재의 최대치수는 40mm로 제한하는 경우가 많은데, 최대치수가 너무 크면 재료가 분리될 우려와 함께 있고 매설물이 많이 나오기 때문이다.

중성자선의 차폐를 위해서는 물의 존재가 중요하다. 원자력시설 등에서는 고온환경하에 사용되는 것이 많아 자유수의 상태에서는 증발해 버리고 차폐효과를 기대할 수 없다. 이를 위해 결정수의 형태로 물을 많이 포함하는 골재가 유효하게 된다. 이러한 골재로는 사문암이 알려져 있는데, 사문암은 녹색 혹은 흑색으로 감람석과 휘석에 많은 암석이 저온에서 변질·변성한 일종의 변성암이고, 밀도는 2.4~2.7g/cm^3로 결정수는 10~14% 포함하고 있다. 이것은 가열하면 자유수는 100℃에서 방출되지만 이 결정수는 일반적으로 600~800℃의 고온에서 방출된다. 또한 사문암을 골재로 사용한 콘크리트는 일반골재를 사용한 경우에 비해 강도가 낮아지므로 주의가 필요하다.

또한 중성자선을 흡수하기 위해서는 수소나 붕소를 포함한 골재를 사용하는 경우가 있다. 붕소를 포함한 암석으로는 회붕석과 보로캘사이트 등이 있다.

3) 화학혼화제

일반적인 콘크리트와 마찬가지로 방사선 차폐 콘크리트에 있어서도 화학혼화제는 콘크리트의 단위수량과 단위시멘트양을 적게 하기 위해 AE감수제 등의 사용이 권장된다.

4) 배합

콘크리트의 배합은 필요한 차폐성능 및 콘크리트로서 필요한 강도와 내구성을 얻을 수 있도록 계획하고 시험반죽에 의해 정한다.

밀도가 큰 골재를 사용하는 경우는 골재가 분리될 위험성이 높아지기 때문에 슬럼프를 작게 설정할 필요가 있다. 차폐 콘크리트는 배근이나 매설물이 많은 곳에서 타설이 가능하며 온도응력에 의한 균열 방지를 위해 단위시멘트양의 감소 등을 고려하여 슬럼프를 150mm 이하로 규정하고 있지만, 가능하면 100mm 이하로 하는 것이 좋다.

원자력시설 등에서 콘크리트가 고온이 되는 경우는 고온에 의한 강도, 정탄성계수, 형상, 밀도 등이 허용범위에 있다는 것을 확인해 두는 것이 중요하다.

5) 단위용적질량

차폐를 위해 필요한 콘크리트의 단위용적질량은 건조상태의 값으로 규정되는 것이 일반적이다. 그 수치는 통상 2.10t/m^3 이상을 사용하지만 원자력발전소 공사에는 2.15t/m^3 이상의 값을 사용한 예가 많다. 콘크리트의 건조단위용적질량을 예측하기 위한 식이 대한건축학회의 건축공사표준시방서에는 아래와 같이 제시되어 있다.

$$W = G_o + S_o + 1.2C_o + w \quad \text{식 (10.3)}$$

여기서, W : 콘크리트의 건조단위용적질량(kg/m^3)

G_o : 계획배합에 있어서 굵은골재량(건조)(kg/m^3)

S_o : 계획배합에 있어서 잔골재량(건조)(kg/m^3)

C_o : 계획배합에 있어서 시멘트양(kg/m^3)

w : 콘크리트 중의 함수량(kg/m^3)

(주 : w는 0으로 하면 안전값이 된다)

또 건조단위용적질량이 목표값을 만족하기 위해서는 굳지 않은 콘크리트의 단위용적질량의 목표값을 아래와 같이 정하도록 하고 있다.

$$P_w \geqq P_s + 3O_d + \Delta p$$
$$\Delta p = P_w - p_d \quad \text{식 (10.4)}$$

여기서, P_w : 굳지 않은 콘크리트의 단위용적질량의 평균값

P_s : 건조단위용적질량의 규정값

O_d : 건조단위용적질량의 표준편차

p_d : 건조단위용적질량의 평균값

굳지 않은 콘크리트의 단위용적질량 목표값의 계산에 필요한 Δp와 O_d는 사용 재료나 제조설비에 의해 다르므로 Δp는 약 0.1t/m^3 정도, O_d는 0.01~0.025t/m^{3}의 범위

로 한다. 만약 P_s를 2.15t/m^3, Δp를 0.1t/m^3, O_d를 0.02t/m^{3}라고 한다면, 생콘크리트의 단위용적질량의 평균값은 2.15+3×0.02+0.1=2.31t/m^3 이상이면 만족할 수 있다.

10.6.3 시공

1) 제조

중량골재 등의 특수한 재료를 사용하는 경우에는 다른 일반골재가 혼입되지 않도록 별도의 저장 및 계획 설비를 가지는 레디믹스트 콘크리트 공장이나 제조설비를 사용하도록 한다. 또한 중량골재 중에서도 철과 같이 중량이 더욱 큰 골재를 사용하는 경우에는 믹싱부하가 커지기 때문에 더욱 주의가 필요하다.

2) 타설

밀도가 높은 골재를 사용한 콘크리트를 타설할 경우에는 골재가 분리되지 않도록 주의한다. 일반적으로 슬럼프를 작게 하여 된반죽의 콘크리트를 사용하기 때문에 확실한 타설과 다짐을 위해서는 철저한 시공계획을 세울 필요가 있다. 차폐성을 확보하기 위해서는 콘크리트의 균질성과 일체성이 중요하고 균열이나 충전 불량부 등이 생기지 않도록 해야만 한다.

중량 콘크리트는 측압이 커지기 때문에 거푸집의 설계 시 유의해야 하며, 이어치기는 차폐의 결함이 될 가능성이 있어 되도록 만들지 않도록 한다. 부득이 이어치기를 해야 할 경우에는 이어치기 면을 평면이 아니라 요철면으로 한다.

3) 품질관리

일반 콘크리트의 품질관리에 덧붙여 방사선 차폐 콘크리트는 콘크리트의 단위용적질량의 관리와 알칼리골재반응성의 관리가 중요하다. 콘크리트의 단위용적질량의 시험방법은 KS F 2409에 규정되어 있다.

원자력발전소에서 사용되는 차폐 콘크리트는 부재 수치가 크고 내부가 건조하기 어렵다는 점이나 비교적 고온환경에서 사용이 많은 것 등 알칼리골재반응이 일어나기 쉬운 조건이 갖춰져 있으므로 특히 주의한다.

10.7 폴리머 콘크리트

10.7.1 개요

폴리머 콘크리트(Polymer Concrete, 이하 PC라 함)는 시멘트 콘크리트의 결합재 전부를 폴리머(Polymer, 중합체 또는 고분자라고도 함)로 대체한 것으로, 결합재에 폴리머를 사용하여 잔골재와 굵은골재를 결합한 콘크리트이다. 마찬가지로 결합재에 폴리머를 사용하여 잔골재만을 결합한 것을 폴리머 모르타르(Polymer Mortar)라 한다. 결합재로서의 폴리머는 액상레진(Liquid Resin)이라 부르기도 한다. 종래부터 우리나라는 폴리머 콘크리트 및 폴리머 모르타르는 레진 콘크리트(Resin Concrete) 및 레진 모르타르(Resin Mortar)라고도 했지만, 국제적으로 통일된 용어인 폴리머 콘크리트 및 폴리머 모르타르를 사용하는 것이 바람직하다.

표 10.9 **폴리머 시멘트 모르타르의 성질(JIS A 6203에 의한 시험데이터)**

모르타르의 종류		폴리머 시멘트비 (%)	강도(MPa)		흡수율 (%)	투수량 (g)
			휨	압축		
미혼입		10	10.5	63.3	5.7	5
폴리머	SBR 혼입	10	12.7	56.1	0.7	1
	EVA 혼입	10	11.8	44.6	1.8	1
	PAE 혼입	10	10.6	38.8	1.7	1
재유화형 분말수지	EVA 혼입	10	12.2	50.3	3.3	1
	PAE 혼입	10	11.0	43.4	3.0	2

10.7.2 폴리머 시멘트 모르타르의 시험방법

우리나라에서는 폴리머 시멘트 모르타르의 보급을 위하여 시멘트혼화용 폴리머와 그것을 사용한 작업공정, 제품의 품질 및 폴리머 시멘트 모르타르의 시험방법에 대해서 KS F 2476에 명시하고 있다.

10.7.3 폴리머 시멘트 모르타르의 용도

폴리머 시멘트 모르타르는 우리나라에서는 이미 일반적인 건축재료이고, 표 10.10에 나타난 바와 같이 광범위하게 사용되고 있다. 최근에는 철근콘크리트 구조물의 조기열화가 큰 사회적 문제로 대두되면서 보수 · 보강용 재료로서의 폴리머 시멘트 모르타르의 이용이 확대되고 그 수요가 증가하고 있다.

표 10.10 **폴리머 시멘트 모르타르의 용도**

용도	시공장소
바닥재 및 포장재	일반가옥, 창고, 사무소, 점포 등의 마루, 체육관의 마루, 공장의 마루, 통로, 계단, 플랫폼, 도로 (특히, 반휨성 포장의 표층재), 차고, 공항, 모노레일 등
방수재 (도막방수재를 포함)	지붕슬래브, 모르타르 및 콘크리트 블록 벽체, 저수탱크, 풀장, 소화전, 사일로 등
접착재	타일용 접착제, 바닥재, 벽재 및 단열재의 접착재, 신구콘크리트(모르타르)의 이어치기 등
표면 마무리재	얇은 마무리재, 복층마무리재, 두꺼운 마무리재, 경량골재 마무리재, 지하조정재 등
보수재 · 개수재	철근콘크리트 구조물의 균열 및 층박리의 그라우트, 그 외의 손상부 단면수복, 부식한 철근의 방청코팅 등
방식재	화학공장 바닥, 내산타일의 측면재, 소화전, 기계고정 기초, 화학실험실 바닥, 약품 선반, 온천욕조, 강판을 사용한 루핑이나 사일로의 방청코팅 등
데크 커버링재	선박의 내 · 외부 데크, 교량상판, 육교바닥, 전차 · 열차 등의 바닥
프리캐스트 제품	영구거푸집 등

참/고/문/헌

1. 한국콘크리트학회, 최신콘크리트 공학, 기문당, 2011.
2. P.Kumar Metha, CONCRETE Microstructure, Property and Materials, McGraw-Hill, 2006.
3. 콘크리트 표준시방서, 한국콘크리트학회, 2009.
4. 정재동, 콘크리트재료공학, 보성각, 1998
5. 한국콘크리트학회, 콘크리트 혼화재료, 2001.
6. 小林一輔, 最新コンクリート工学, 森北出版, 2002.
7. V. S. Ramachandran, R. F. Feldman, J. J. Beaudoin, Concrete Science, Heyden, 1981.
8. 한국콘크리트학회, 특수콘크리트 공학, 기문당, 2004.
9. 한국레미콘공업협회, 2009년도 레미콘 통계연보, 2010.
10. 신성우, 고강도 고성능 콘크리트 설계, 기문당, 2011.
11. 이창수, 경량콘크리트 및 일반콘크리트의 수분관련 수축에 대한 다중물리 모델, 콘크리트학회지 Vol.22, No.2, pp.159~169. 2010.
12. 오영훈 외 2인, 강섬유 콘크리트와 형강을 사용한 합성 복근보의 강도 특성, 콘크리트학회지 Vol.20, No.6, pp.755~763. 2008.
13. 김재온 외 2인, 원전시설용 방사선 차폐콘크리트의 VE기법 적용에 관한 실험연구, 대한건축학회지 Vol.10, No.1, pp.458~461. 1990.04.
14. 양근혁 외 1인, 원전용 중량콘크리트의 배합설계 및 역학적 특성, 한국건축시공학회 특집기사, Vol.12, No.3, pp.9~14. 2012.06.
15. 김희규 외 4인, 유리섬유와 칸소섬유로 보강한 합성보의 실험 및 비교분석 연구, 대한건축학회지, Vol.17, No.2, pp.971~977. 1997.10.
16. 김선원 외 2인, 폴리머를 이용한 시멘트 모르타르의 특성에 관한 실험적 연구, 대한건축학회지, Vol.12, No.1, pp.397~400. 1992.04.
17. 소양섭 외 3인, 폴리머 시멘트 모르타르의 개발에 관한 기초적 연구, 대한건축학회지, Vol.7, No.5, pp.353~364. 1991.10.
18. 김정진 외 4인, 단위팽창재량 변화에 따른 팽창콘크리트의 특성분석, 대한건축학회지, Vol.19, No.2, pp.613~618. 1999.10.

연/습/문/제

1. 고유동 콘크리트의 제조 · 시공 방법에 대하여 기술하시오.

2. 경량 콘크리트 배합 시 유의할 사항에 대하여 기술하시오.

3. 팽창 콘크리트에 대하여 설명하시오.

4. 강섬유 콘크리트에 사용되는 섬유의 종류에 대하여 기술하시오.

5. 유리섬유 보강 시멘트(GRC)의 강도발현 메커니즘을 설명하시오.

6. 방사선 차폐 콘크리트 시공 시 유의사항을 기술하시오.

7. 폴리머 시멘트 모르타르의 시험방법을 설명하시오.

11 특수 시공법

11.1 매스 콘크리트

콘크리트 구조물의 대형화와 대량 급속시공에 따라 시멘트의 수화에 의한 콘크리트의 온도변화로 발생하는 온도응력이 구조물에 균열을 발생하거나 구조물의 설계에 무시할 수 없는 영향을 미치는 경우가 종종 나타난다. 기존에는 콘크리트댐 및 교량보 등의 부재 크기가 매우 큰 구조물 고유의 문제로 인식되어 왔으나 콘크리트 구조물의 품질확보 관점 및 내구성 확보의 관점에서 초기결함의 방지 등의 인식이 높아지는 것을 반영하여 일반 구조물의 구축에 있어서도 고려 및 대응조치가 필요하게 되었다.

본 절에서는 매스 콘크리트의 정의, 온도응력의 평가방법, 온도균열대책의 종류와 평가, 수화열 외의 콘크리트의 용적변화에 의한 균열 발생 요인 등에 관하여 설명한다.

11.1.1 개요

매스 콘크리트로서 취급해야 할 구조물의 부재 크기는 구조형식, 사용 재료, 시공 조건에 따라 다르기 때문에 일률적으로 정의할 수 없으나 '넓이가 있는 슬래브에서는 800mm, 하단이 구속된 벽에서는 두께 50cm 이상'으로 고려된다. 그러나 프리스트레스트 콘크리트 구조물 및 고강도 콘크리트, 고유동 콘크리트 등과 같은 부배합 콘크리트가 사용되는 경우에는 보다 얇은 부재에서도 구속조건에 따라 온도균열이 발생하므로 주의가 필요하다. 또한 단면이 얇은 부재에도 구속도가 크거나 주어진 온도변화가 큰 경우 온도응력의 영향을 상당히 받는 경우가 있다. 대표적인 구조물로는 터널복공 콘크리트 및 정수시설의 벽체 등이 있다. 또한 상대적으로 단면이 두껍지 않은 부재에 있어서도 시멘트 수화에 따른 콘크리트 온도변형이 구속된 원리를 잘 이해해서 온도균열 발생 상태를 예측하여 매스 콘크리트에 준하는 대응을 준비할 필요가 있다.

11.1.2 수화열에 의한 균열 발생의 메커니즘

매스 콘크리트에 있어서 온도균열의 발생 원리를 개략적으로 나타내면 그림 11.1과 같다. 초기재령을 포함한 경화과정에서 수화열에 의한 온도변화와 그에 따른 용적변화가 발생하여 그 용적변화가 구속된 경우에 발생하는 온도응력이 콘크리트의 인장강도를 상회할 경우 균열이 발생한다. 온도응력을 발생시키는 응력은 내부구속응력과 외부구속

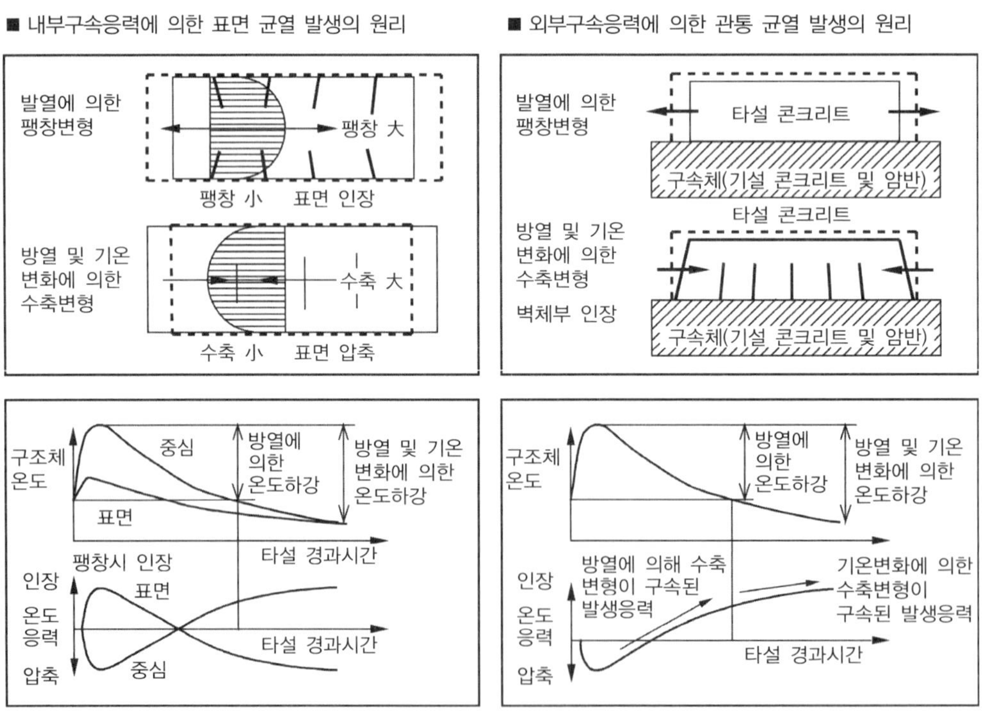

그림 11.1 **온도응력 및 온도균열의 발생원리**

응력 2종류로 나눠 생각하는 것이 일반적이다.

먼저 내부구속응력은 콘크리트 단면 내에 발생하는 온도차에 의해 발생하며 일반적으로 콘크리트 온도상승 시의 표면부에 인장응력 온도하강 시에 내부에 인장응력이 발생하며, 이로 인해 발생하는 균열은 일반적으로 표면부분에 발생한다. 반면에 외부구속응력은 콘크리트의 용적변화를 외부로부터 구속할 때 발생하는 응력으로 구속체는 암반 및 기설 콘크리트이다. 파일(말뚝) 및 자갈층, 견고한 실트층 등의 구속은 적다. 이 밖에 불구속응력에 의한 균열이 온도하강 시에 구속면에 대해 직각방향으로 발생한다. 또한 이 응력은 부재의 두께방향으로 일정하게 전달되므로 부재를 관통하여 균열되는 경우가 대부분이다. 그림 11.2와 같이 벽을 층상으로 연속타설 시에 상부의 팽창변형이 하부에 구속을 주어 동시 타설한 단면의 부재 크기가 서로 다른 경우 동시 타설 부재의 내부에 구속을 발생시키는데, 구속이 균열형태로 나타난 방법은 단순하지 않으므로 주의해야 한다.

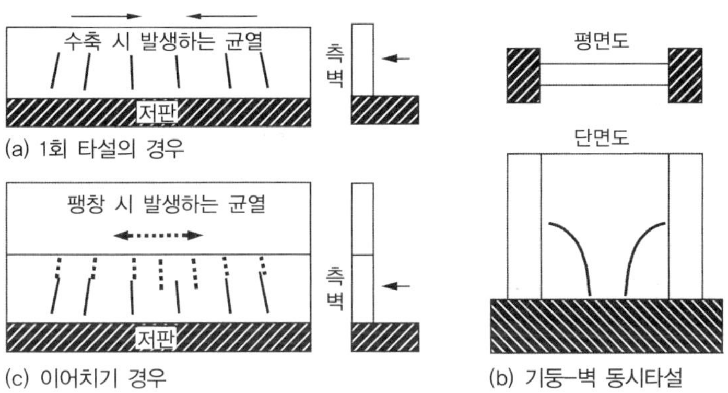

그림 11.2 **연속타설 및 동시 타설에 의해 발생하는 구속균열**

구속도의 크기는 피구속체와 구속체의 형상 크기 및 강성의 차에 따라 다르다. 그림 11.3은 ACI에서 제시한 구속도와 구속도의 수정계수 식을 표시한 것으로 부재높이에 대한 부재길이의 비(L/H)가 클수록 구속도가 크게 되며 부재의 하단일수록 구속도가 큰 것을 알 수 있다. 또한 피구속체의 단면적 및 강성이 클수록 구속도가 커지는 것도 알 수 있다. 슬래브 등의 강체 위의 벽에 온도균열이 발생하기 쉬우며, 벽길이가 짧으면 온도균열은 발생하지 않으나 일정 길이 이상의 벽에 등간격으로 균열이 발생하는 것은 이러한 원리에 의해 설명된다.

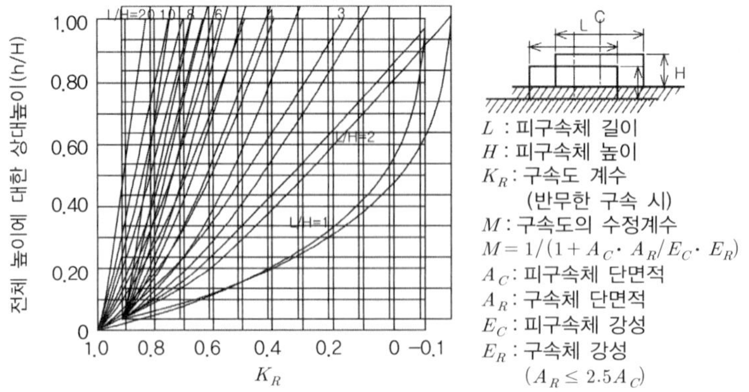

그림 11.3 **외부구속도의 산출 예**

타설 후 구조물 중에는 부재의 크기에 따라 온도분포가 발생하기 때문에 실제적으로 내부구속응력과 외부구속응력이 복합적으로 발생한다. 또한 콘크리트 자체의 강성은 시간에 따라 변화하기 때문에 온도응력의 발생 상황은 온도 및 시간 의존성을 가지고 있다. 아울러 발열하는 구조물 중에는 영계수의 발현속도가 구조물 온도에도 의존하며 또한 콘크리트에 의한 겉보기상의 저감작용도 받게 된다. 온도응력의 평가가 용이하지 않은 것은 이러한 이유이다. 온도변화량, 시간, 온도, 구속도, 크리프 특성에 의존하는 온도응력의 발생 상태를 간단히 식 (11.1)에 나타냈다.

$$\sigma_i = \Sigma(\Delta\sigma_{Ii} + \Delta\sigma_{Ri}) \qquad \text{식 (11.1)}$$

여기서, $\Delta\sigma_{Ii} = K_c \cdot 1(1-\nu) \cdot E_{ei} \cdot \alpha_c \cdot \Delta T_{g,i}$ (내구구속응력 성분)

$\Delta\sigma_{Ri} = K_R \cdot E_{ei} \cdot \alpha_c \cdot \Delta T_{m,i}$ (외부구속응력 성분)

여기서, K_c : 온도분포 형상에 따른 계수
(포물선 분포 시, 표면은 2/3이며 내부는 1/3)

ν : 푸아송비

E_{ei} : 재령 $i-1$~재령 i에 있어서 유효탄성계수

α_c : 선팽창계수(10×10^{-6}/℃)

K_R : 외부구속도 계수(수정계수 M을 포함)

$\Delta T_{g,i}$: 재령 $i-1$~재령 i에 있어서 단면 내 온도차

$\Delta T_{m,i}$: 재령 $i-1$~재령 i에 있어서 단면 평균 온도변화량
(단, $E_{ei} = E_{ci}/(1+\phi_i)$

E_{ci} : 재령 $i-1$~재령 i에서의 크리프를 고려하지 않은 탄성계수

ϕ_i : 재령 $i-1$~재령 I에서의 상대 크리프 계수
(일반적으로 온도하강 시에 0.5~0.6이며 온도상승 시에는 2~3배)

11.1.3 온도균열의 평가방법

온도균열의 발생 정도를 평가하는 방법으로는 현재 균열지수에 의한 방법이 일반적이다. 온도균열지수와 균열 발생 확률의 관계는 [균열지수 I_{cr}]와 [온도 균열지수]의 두 가지 방법이 사용되고 있다. [균열지수]의 정의는 식 (11.2), 균열지수(안전계수)와 균열 발생 확률의 관계는 그림 11.4와 같다.

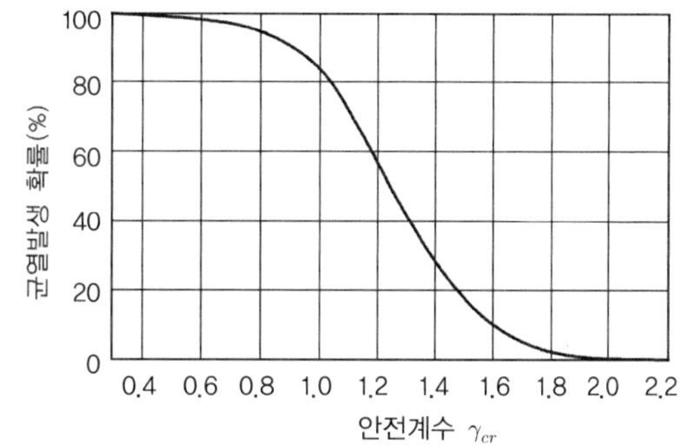

그림 11.4 **안전계수와 균열 발생 확률의 관계**

$$I_{cr}(t) \geq f_{ck}(t)/\sigma_t(t) \qquad \text{식 (11.2)}$$

여기서, $f_{ck}(t)$: 재령 t일에서의 콘크리트 인장강도

$\sigma_t(t)$: 재령 t일에서의 콘크리트 최대 주인장응력도

균열을 방지하고 싶은 경우, 안전계수 1.75 이상

균열 발생을 가능한 한 제한하고 싶은 경우, 안전계수 1.45 이상

균열 발생을 허용하나 균열폭이 과대하지 않도록 제한하고 싶은 경우, 안전계수 1.0 이상

11.1.4 온도균열의 유해 정도의 평가방법

균열 발생을 방지하기 위해서는 안전계수(균열지수)를 1.75 이상으로 하는 것이 바람직하나 일반 콘크리트의 경우 이 균열제어 목표값은 상당히 높은 수준이다. 따라서 실제로 발생하는 균열의 유해 정도를 평가해서 균열제어 목표를 1.0~1.75의 범위로 판단하는 것이 일반적이다. 온도균열의

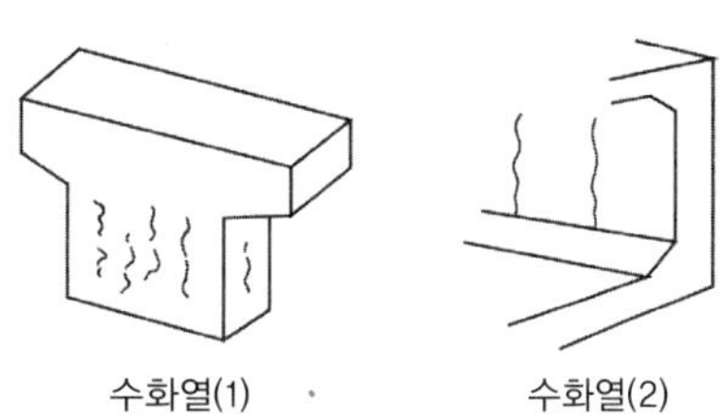

그림 11.5 **시공 시 발생하는 균열의 예**

대표적인 발생 예를 그림으로 나타내면 그림 11.5와 같다.

수화열(2)에 나타난 균열에서는 구조물의 형상으로부터 발생하는 것을 피할 수 없는 균열이지만 (구조) 기능상으로는 문제가 없는 것으로 인식된다. 완성한 구조물에 발생한 온도균열은 모든 것이 문제가 되는 균열이 아니라 구조물의 종류 및 사용환경 조건으로부터 유해 정도에 관한 평가기준이 다르게 된다. 균열의 유해 정도는 표 11.1을 참조하여 판단할 수 있다.

표 11.1 **보수가 필요한 판단에 관한 균열폭 한도**

구분	사용환경 / 기타 요인	내구성 관점에서 본 경우 나쁨	내구성 관점에서 본 경우 보통	내구성 관점에서 본 경우 좋음	방수 관점에서 본 경우
(가) 보수가 필요한 균열폭(mm)	대	0.4 이상	0.4 이상	0.6 이상	0.2 이상
	중	0.4 이상	0.6 이상	0.8 이상	0.2 이상
	소	0.6 이상	0.8 이상	1.0 이상	0.2 이상
(나) 보수가 불필요한 균열폭(mm)	대	0.1 이하	0.2 이하	0.2 이하	0.05 이하
	중	0.1 이하	0.2 이하	0.3 이하	0.05 이하
	소	0.2 이하	0.3 이하	0.3 이하	0.05 이하

주) 기타 요인(대, 중, 소)은, 콘크리트 구조물의 내구성 및 방수성에 미치는 유해성이 정도를 나타내고, 균열깊이, 균열패턴, 피복두께, 표면피복의 유무, 재료, 배합 등을 종합하여 판단함. 사용환경은 주로 철근의 부식발생 조건의 관점으로 본 환경조건임.

온도균열폭을 계산으로 구하는 방법은 많으나 균열폭을 정확하게 산정하기는 어렵다. 일반적으로 실험결과를 기초로 작성한 균열폭~온도균열지수~(배력) 철근비와의 관계(그림 11.6)가 벽상구조물의 균열폭 추정에 이용된다(적용범위 : L/H가 10~15, 벽높이 중앙에 있어서 구속도계수 0.5~0.7, 평균 온도 강하량 20~54℃).

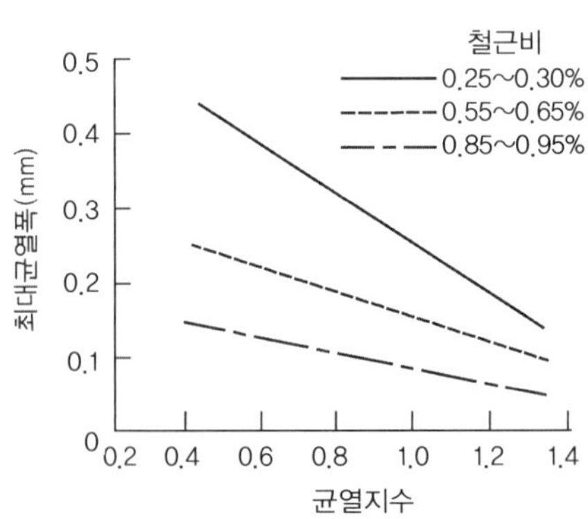

그림 11.6 **균열폭과 균열지수와의 관계**

그림 11.7은 철근비가 0%일 때 균열폭이 무한대로 서서히 접근하도록 수정하여 배근 철근량이 균열폭에 미치는 영향을 표시한 것이다. 슬래브상 구조물 등에 발생하는 표면 균열폭을 추정하기 위해서는 표면부에 있

어서 균열지수가 최소가 되는 경우의 응력분포를 구해 균열 발생에 의해 해방된 응력이 (인장강도/1.75를 넘는 부위 고려) 표면부분의 철근에 작용한 경우의 철근응력으로부터 그림 11.8에 나타난 관계를 이용하여 균열폭을 산정하는 등의 방법이 행해진다.

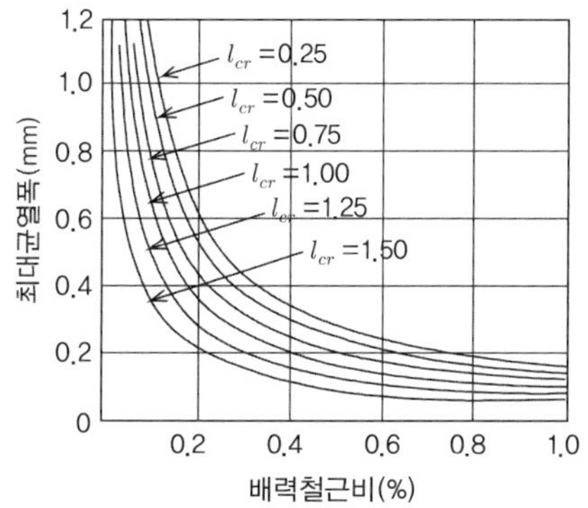

그림 11.7 **철근비와 균열폭과의 관계**

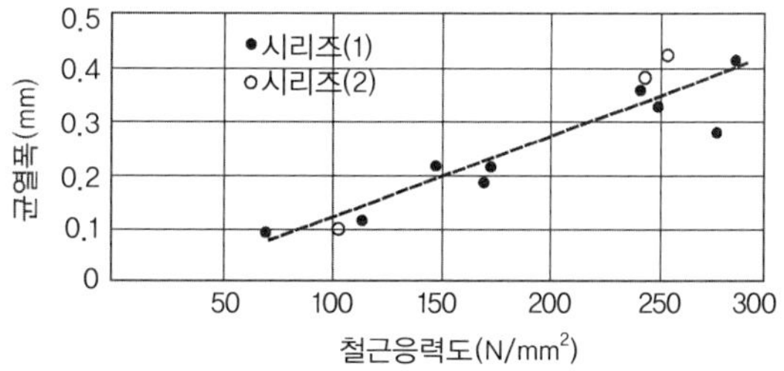

그림 11.8 **철근응력과 균열폭과의 관계**

11.1.5 온도균열 제어대책의 종류

온도균열의 발생 원리를 고려한 경우, 그 제어대책으로는 (1) 발생하는 응력 그 자체를 저감하는 방법, (2) 발생한 응력을 어떠한 형태로 보상하는 방법, (3) 응력 그 자체를 저감하는 것이 아닌 균열의 위치 및 폭을 제어하는 방법이 유효하다. 그림 11.9는 이러한 관점에서 각종 온도균열 제어대책을 분류한 것이다.

온도균열의 원인은 콘크리트의 수화발열에 의한 용적변화이므로 콘크리트의 발열량 그 자체를 저감하는 것이 가장 유효한 방법이며, 지금까지 시공되어온 매스 콘크리트의 대부분에 저발열 시멘트를 적용하여 그 효과를 얻고 있다. 한편, 타설온도를 저하시키는(프리쿨링), 콘크리트 내부에 방열경계를 설치해 강제적으로 냉각시키는(파이프쿨링) 것으로 온도균열의 발생에 영향을 미치는 온도차를 저감하는 방법이 있다. 보온형틀 등으로 표면을 온도제어양생함으로써 구조체 전체의 냉각속도를 천천히 하는 방법, 상변화물질 등을 이용하여 구조물 내·외부의 온도차를 적게 하는 방법도 하나의 대책이다.

또한 콘크리트의 발열특성 자체는 제어하지 않고 구조물에 균열이 발생하지 않도록 작업블록 분할 및 리프트 분할을 제어하는 것도 행해지고 있으나, 이것으로 구속도를 제어하는 데에는 한계가 있다. 균열유발줄눈을 설치하는 방법도 균열을 소정의 위치에 발생시키므로 줄눈 간에 실질적인 구속도를 저감하는 의미를 갖는 것이다.

발생한 응력을 제거하는 방법으로 PC강재 등으로 적절한 프리스트레싱된 PC구조물, 특히 탱크구조물 등에 적용된다는 점은 잘 알려져 있는 것이다. 이와 달리, 물리적인 프리스트레스 힘의 도입 대신에 팽창재에 의한 화학적인 팽창력에 의해 인장응력을 보상하는 방법이 행해지고 있는데, 합성바닥판 등에는 일반적으로 계속되는 방법이다. 또한 벽상구조물에는 비교적 부재두께가 얇은 것에서 적용하는 효과가 있는 것으로 알려져 있다. 이처럼 온도균열의 억제대책에는 많은 방법이 있으나 대상 구조물에 의해 적용범위에는 한계가 있기 때문에 각 방법의 효과, 경제성, 시공성을 고려하여 적절한 대책을 선정하는 것이 필요하다. 표 11.2에는 각 대책방법의 비교 검토의 예를 나타냈다.

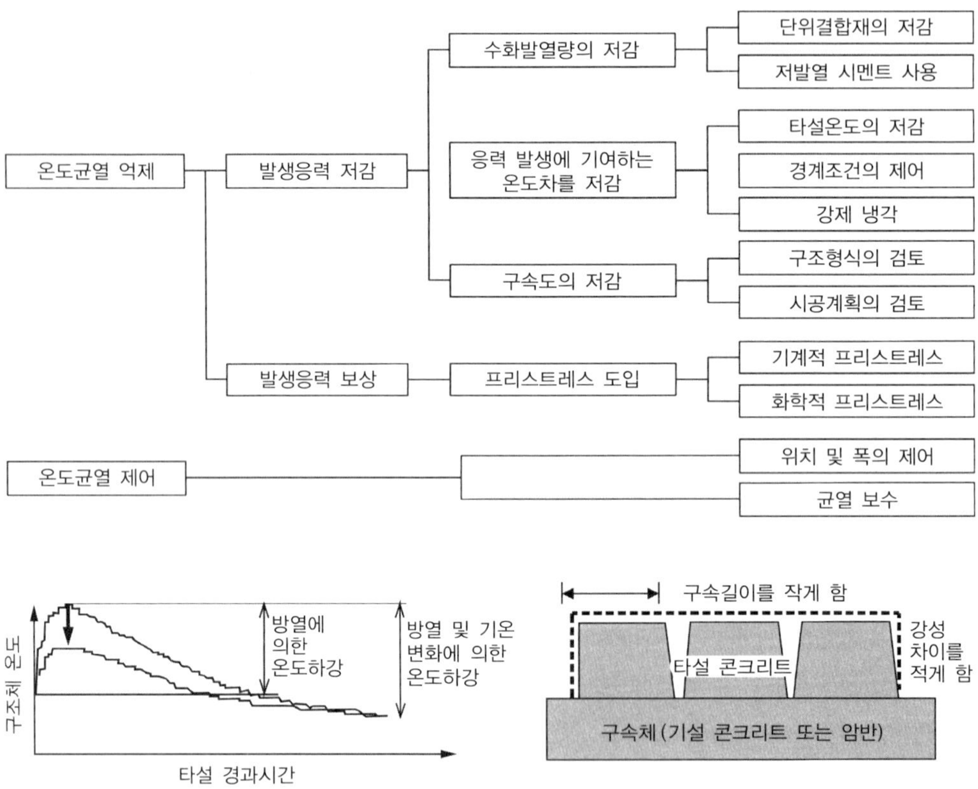

1) 콘크리트 자체의 발열량을 작게 함.
2) 응력의 발생에 기여하는 온도 저하량을 적게 함.
3) 타설 콘크리트가 구속되기 어렵게 함.
4) 발생한 응력을 물리적 또는 화학적으로 해소함.

그림 11.9 **온도균열 제어대책의 종류**

표 11.2 **온도균열 대책의 비교 검토 예(도심지 탱크구조물에 적용성을 평가한 경우)**

항목	단위결합재량 감소	저발열 시멘트 사용	타설온도 저감	거푸집재료에 의한 저감	파이프 쿨링	블록 길이의 변경	연속타설 간격의 변경	구속도 변화	프리스트레스 (팽창성 혼화재)	균열제어 철근	균열 유발 줄눈 설치	균열 보수
수법	고성능 AE감수제 사용을 통하여 시멘트양을 저감	보통 고로시멘트B, 저발열 포틀랜드 시멘트, 3성분계 시멘트로 수화열을 저감	비빔용수의 냉각 얼음조각 사용 액체질소의 직접투입 등	방풍보온 형틀의 사용 시트설치 등에 의한 보온	구체 내에 쿨링배관을 설치하고 냉각수를 순환	일정 길이로 블록을 분할하여 시공함	이어치기 높이를 작게 하여 시공	구속체와의 관계를 고려하려 구속없이 변형 가능하도록 함.	팽창재를 첨가하여 화학적 프리스트레스를 작용시킴.	표면철근을 설치	일정 간격으로 균열제어줄눈을 설치	발생한 균열에 충전
효과	보통의 경우에도 충분히 작음. 시공성 확보관점에서 최저량으로 하는 것이 가능	콘크리트 자체의 발열량이 확실하게 저감	타설온도를 저하시킴. 구체의 온도 상승이 작게 되고 확실하게 온도 응력이 감소함.	동절기 시공에 있어서 초기의 표면온도 저하 대책에 효과가 있음	상당히 엄밀한 배관과 냉수 공급으로 효과가 있음. 지나치게 급격하면 내부에 균열이 발생	블록을 적절하게 작게 하면 온도균열은 발생하지 않지만 블록간의 지수가 필요함	1회 타설높이를 극단적으로 작게 하면 균열발생이 사라지지만, 현실적으로 불가능	구속이 없으면 온도응력이 발생하지 않음 무엇보다 확실한 효과.	철근량이 극단적으로 적으면 프리스트레스의 작용 예측이 어려움. 적절하게 도입하면 효과가 있음	철근비를 극단적으로 크게 하면 균열폭이 작아지지만 균열 발생은 제어되지 않음	제어줄눈 간격을 적절하게 하면 균열이 확실하게 발생하지 않음	확실한 주입충전이 가능함 균열제어대책으로 볼 수 없음.
	보통	매우 우수	매우 우수	보통	보통	우수	보통	우수	보통	보통	매우 우수	–
경제성	비교적 낮은 비용 가능한 한 시멘트양 확보가 중요	비교적 낮은 비용 지역에 따라 비용이 상이	비용이 막대함	비교적 저비용으로 가능	파이프 재료 및 설치와 냉수관리에 비용이 상당함	이어치기 부위의 거푸집 방수처리 및 콘크리트 타설 횟수 증가에 따른 비용 증가	이어치기 부위 처리와 콘크리트 타설횟수 증가에 따른 비용 증가	시트나 방수층 등을 시공	비교적 저비용으로 가능하지만 저발열 시멘트 사용의 경우보다 비용이 높음	균열폭 제어에 상당한 배근량이 필요	줄눈재, 줄눈처리비용이 발생함	균열발생의 횟수에 따라 비용이 변함
	보통	매우 우수	매우 낮음	매우 우수	매우 낮음	보통	보통	우수	우수	우수	우수	우수
시공성	펌프시공이 가능한 시멘트양 확보가 중요		액체질소 투입의 경우 시공효율이 저하	동절기에는 필요한 경우가 있음 효과파악이 중요함	파이프 설치에 시간이 걸리고 공정에 영향을 끼침	이어치기 부위 거품집 지수처리와 콘크리트 타설 횟수 증가에 따른 품이 발생	이어치기 부위 처리와 콘크리트 타설횟수 증가에 따른 품이 발생	간단하지만 구조적 설계변경이 고려되어야 함	구조조건이나 배근 등에 효과가 크게 변함. 상당히 다루기 어려운 재료	배근에 따른 품이 증가함 표면균열대책으로서 효과가 있음	줄눈재, 줄눈처리에 따른 품이 증가함	균열 발생 정도에 따라 변화
	우수	우수	보통	우수	보통	보통	보통	보통	보통	우수	우수	우수
종합	보통 시멘트양을 충분히 적게 함.	매우 우수 현실적으로 콘크리트 발열량을 저감시키는 가장 확실한 수법	현실성 부족	보통	현실성 부족	본체 구조물에 적용불가	본체 구조물에 적용불가	본체 구조물에 적용불가	우수 효과가 확실하지만 그 예측이 어려움	우수	매우 우수 벽체 두께가 큰 부재에서는 줄눈이 대규모로 됨.	판단영역 외

11.1.6 저발열 시멘트와 프리쿨링

여기에서는 온도균열 억제대책 중 저발열 시멘트의 종류와 프리쿨링의 검토방법을 기술한다. 그림 11.10에는 저발열 시멘트의 종류와 특징을 나타낸다.

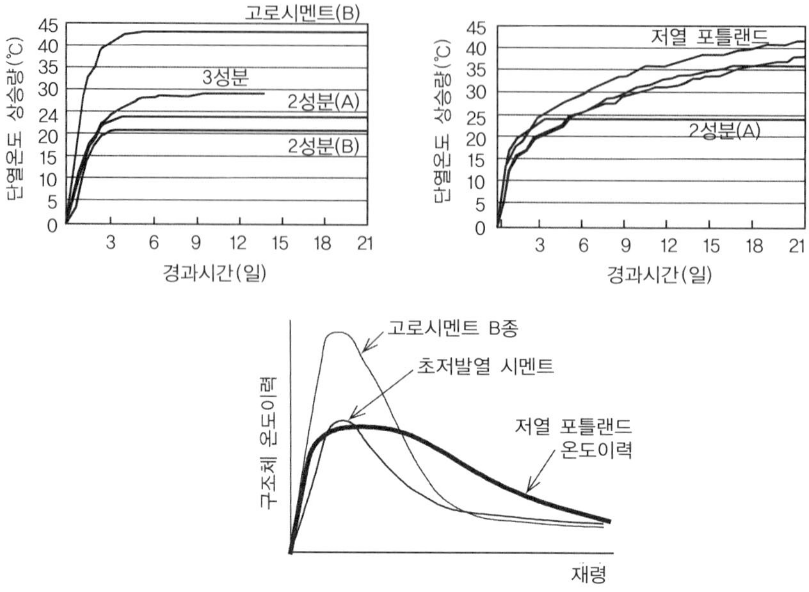

시멘트 종류	고로 시멘트 B종	저발열 혼합 시멘트				저열 포틀랜드 시멘트
		2성분계		3성분계		
		저발열	초저발열	저발열	초저발열	
특징		고로슬래그 미분말 60% 이하	고로슬래그 미분말 70% 이하	시멘트 35% 이상 플라이애쉬 20% 정도	시멘트 30% 이하 고로슬래그 대량 사용	클링커 조정
종국단열 온도상승	매우 큼	큼	상당히 작음	작음	상당히 작음	큼
온도상승 속도	매우 큼	큼	상당히 큼	작음	매우 큼	상당히 작음
장기강도 증가	보통	매우 큼	매우 큼	매우 큼	매우 큼	큼
단기(탈형) 강도	보통	고로 시멘트에 비교하여 작음	고로 시멘트와 동등	저발열 포틀랜드 보다 작음	고로 시멘트와 동등	고로 시멘트 보다 작음
고온하 강도발현	보통	고로 시멘트와 동등	고로 시멘트와 비교하여 작음	고로 시멘트와 동등	고로 시멘트보다 약간 작음	고로 시멘트 보다 양호
내구성	우수함	우수	고로 시멘트 보다 떨어짐	우수	고로 시멘트보다 떨어짐	우수
자기수축	큼	고로 시멘트와 동등	고로 시멘트 보다 매우 큼	고로 시멘트와 동등	고로 시멘트보다 약간 큼	고로 시멘트 보다 작음

그림 11.10 **저발열 시멘트의 종류 및 특성**

여러 종류의 대규모 구조물에 사용되어온 혼합시멘트계의 저발열 시멘트는 고로 시멘트 B종 등의 일반 시멘트에 비해 1/2 정도의 발열속도 및 1/2~2/3 정도의 종국 단열온도 상승량을 나타낸다.

이에 반해 저열 포틀랜드 시멘트는 초기발열속도가 높지만 2~10일 정도까지 천천히 발열이 증가하여 종국의 단열온도 상승량이 비교적 크게 되는 특징을 갖는다. 이러한 발열특성의 콘크리트를 구조물에 타설할 경우 최대온도가 제어되면서 더불어 최대온도 재령을 지연시켜 온도강하속도를 천천히 하는 효과가 있어 이 특성이 온도강하와 함께 인장응력의 발생 정도를 완화해 가는 특징이 있다. 아울러 자기수축이 지극히 작은 것도 균열저감에 기여한다.

또한 통상의 고로 시멘트 B종은 고로슬래그 미분말의 치환율이 40~50%로 보통 포틀랜드 시멘트와 동등의 강도발현을 얻도록 조정되는 경우가 많다. 특히 여름철 현장에서는 발열속도가 빨라지는 경향이 있어 온도균열을 억제하기에는 불리하므로 주의해야 한다.

프리쿨링의 방법으로는 혼합수 및 굵은골재를 냉수기 또는 냉수 살수에 의해 냉각하든지 혼합수의 일부를 얼음으로 치환하는 방법, 또는 액체질소로 잔골재를 냉각시켜 콘크리트에 직접 혼합하는 방법 및 감압에 의한 기화열에 의해 골재를 냉각하는 방법 등이 행해지고 있다. 프리쿨링에서 중요한 것은 콘크리트의 혼합 타설온도를 정확히 예상하여 환경조건에 적합한 냉각설비를 선택하는 것이다.

식 (11.3) 및 식 (11.4)는 타설온도의 산정에 불가결한 것으로 여름철 현장에 있어서의 콘크리트 온도관리 이외에 동절기 한중 콘크리트의 온도관리에도 유효하다.

$$T = \left[C_s(T_a W_a + T_c W_c) + T_{m\,W_m} \right] / \left[C_s(W_a + W_c) + W_m \right] + T_b \quad \text{식 (11.3)}$$

여기서, W_a, T_a : 골재 질량 및 온도

W_c, T_c : 시멘트 질량 및 온도

W_m, T_m : 비빔에 사용된 물의 질량 및 온도

C_s : 골재 및 시멘트의 비열(0.2)

T_b : 비빔 시의 온도상승+기계 발생열(일반적으로 2~3℃)

얼음 사용의 경우 얼음의 융해열(334J/g)을 고려(레미콘트럭)하면서 운반시간 동안의 온도변화는 식 (11.4)에 따라 계산된다.

$$T_2 = T_1 + 0.15(T_0 - T_1)t \qquad \text{식 (11.4)}$$

여기서, T_2 : 타설종료 시의 온도

T_1 : 비빔 시의 온도

T_0 : 외기온도

t : 비빔에서 타설종료까지 소요시간(h)

액체질소의 경우 투입량에 따라 콘크리트의 온도가 변화한다(그림 11.11).

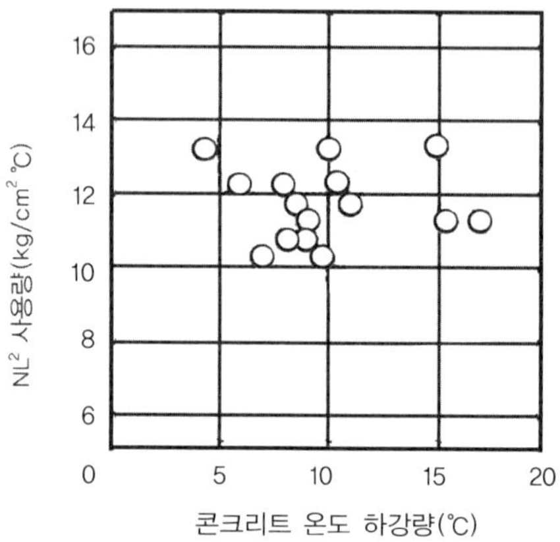

그림 11.11 **액체질소에 의한 냉각효율**

11.1.7 균열유발줄눈의 활용

칼바트(culvert, 암거)구조 등 구조적으로 균열을 피할 수 없는 구조부재에는 온도균열을 제어하는 대책 대신에 일정 간격으로 유발줄눈을 설치하는 방법이 있다. 유발줄눈의 구조로는 그림 11.12에 나타내는 방법 등이 있으나 최근에는 가소성의 강제에 부틸고무를 점착함으로써 지수성을 확보할 수 있게 한 제품도 증가하고 있다(그림 11.13). 또한 확실한 균열유발줄눈 효과를 얻는 단면결손율은 비교적 벽두께가 큰 부재에는 30% 이상이 요구된다. 유발줄눈의 이용에 관해서는 그 간격을 적절히 정하는 것이 중요하다. 그림 11.14는 적절한 유발줄눈에 관한 조사된 결과이다. 유발줄눈의 효과를 확실히 하기 위해서는 구조조건에 맞는 최소의 균열간격이 존재하는 것을 알 수 있다. 줄눈간격은 계산으로 산출 가능하나 일반적으로 4~5m 이내로 또한 L/H가 0.9 이하로 하는 것이 좋다.

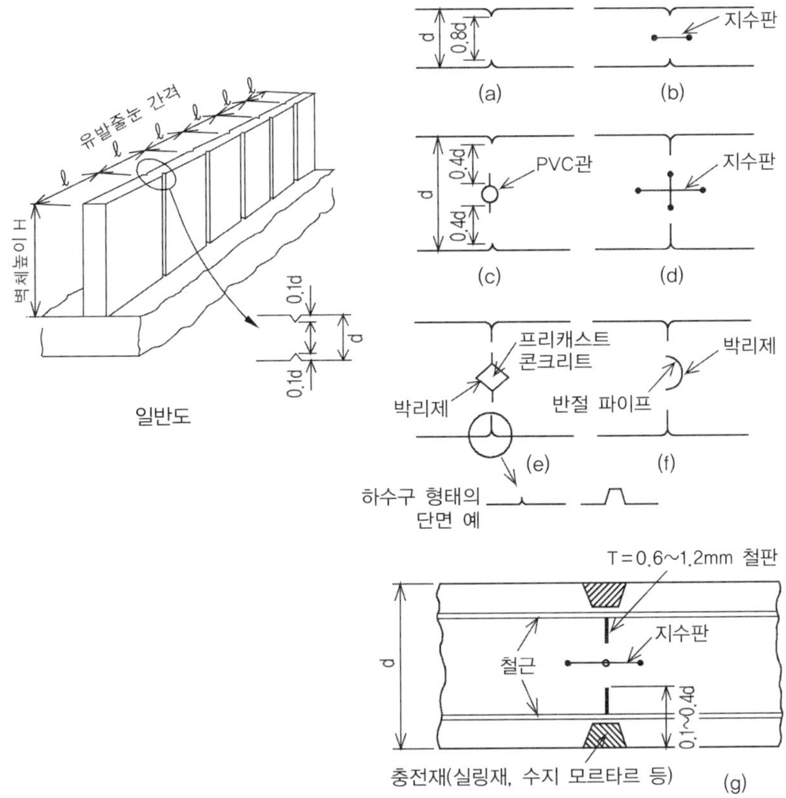

그림 11.12 **균열유발줄눈의 설치 예**

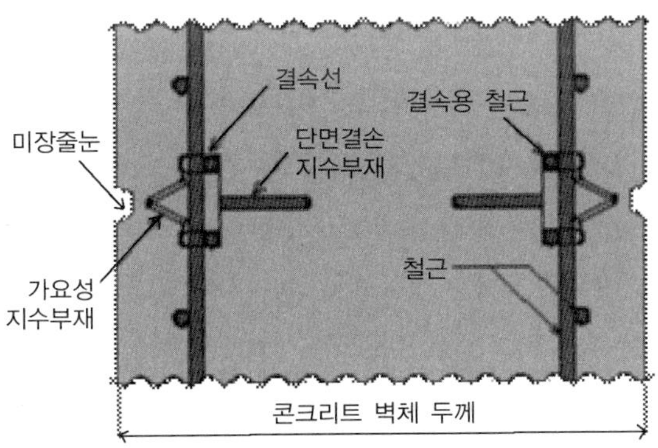

그림 11.13 **지수성을 고려한 균열유발줄눈**

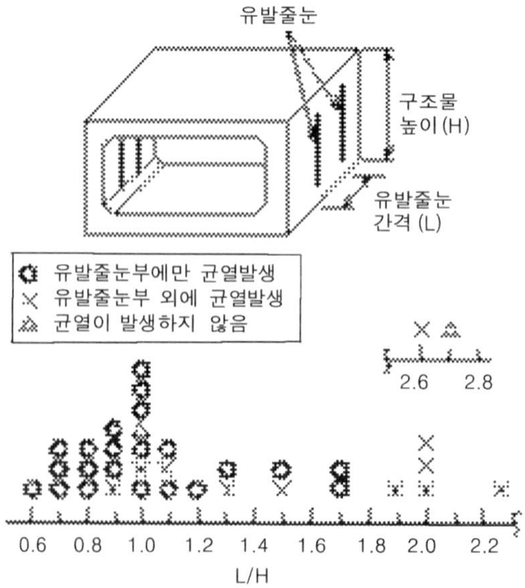

그림 11.14 **최적의 유발줄눈 간격의 설정**

11.2 수중 콘크리트

11.2.1 개요

담수, 해수 또는 안정액 환경에서 직접적으로 콘크리트를 타설하는 공법을 수중 콘크리트라 한다. 수중 콘크리트에는 해양 및 하천 등의 수면하의 넓은 공간 중에 콘크리트를 타설할 경우와 현장타설말뚝 또는 지하연속벽의 시공에 같은 지중의 좁은 공간에 콘크리트를 타설하는 경우가 있다. 수중 콘크리트를 타설하는 공법으로 가장 일반적으로 이용되고 있는 것은 트레미공법과 콘크리트펌프공법이다. 항만공사에 있어서 수면하 또는 감조부의 콘크리트 구조물 및 부재, 해협 횡단교의 해중교각 등을 만들 경우에는 프리팩트 콘크리트도 많이 사용된다.

11.2.2 트레미 또는 콘크리트 펌프를 이용한 공법

1) 트레미공법

그림 11.15와 같이 호퍼 및 연직관으로 구성된 트레미관에 의해 콘크리트를 자중에

의해 수저로 내려 보내어 물과 치환하며 타설하는 공법이다. 타설 전 콘크리트가 연직관을 낙하해서 분리하는 것을 방지하기 위해 각종 장치가 개발되어 현재에도 수중 콘크리트의 기본적인 공법이 되어 있다. 트레미관은 직경이 25~30cm의 강관으로 콘크리트 타설과 함께 트레미관을 끌어올린다. 이 과정에는 물이 혼입하지 않도록 그 하단에 항시 콘크리트 내에 30cm 이상 매설해 놓을 필요가 있다.

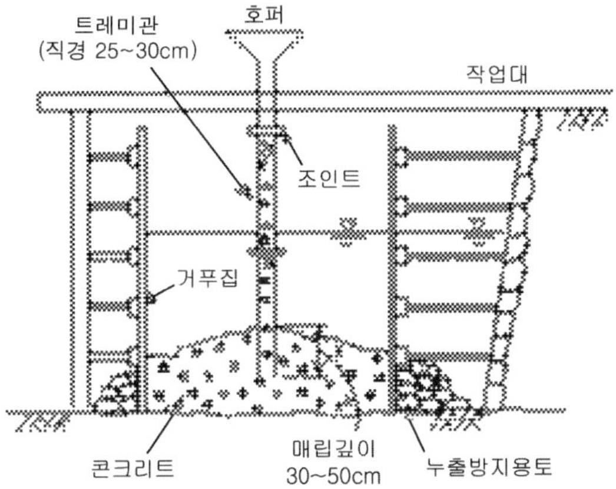

그림 11.15 **트레미공법**

2) 콘크리트펌프공법

콘크리트의 배관을 통해 콘크리트를 수저로 흘려보내 물과 치환하여 타설하는 공법이다. 트레미공법이 직관을 이용하여 콘크리트를 자중으로 타설하는 것에 대해 펌프로 압송하기 위해 장거리의 운송이 가능하며 또한 휨성이 있는 관을 사용하여 직관에서 시공이 곤란한 장소 및 방향도 시공할 수 있는 이점이 있다. 그러나 저지점으로 압송되므로 배관 내가 부압이 되는 경우가 있어 배관이 수밀하지 않으면 주위의 물이 침투할 우려가 있다.

3) 시공원칙

시공 중에 있어서 재료분리와 물의 접촉에 의한 콘크리트의 품질저하를 방지하는 것은 중요하다. 따라서 다음과 같은 점에 주의한다.

1. 콘크리트는 수중(물의 유속이 5cm/s 이하)에 타설
2. 콘크리트를 수중에 낙하하지 않음
3. 콘크리트의 면은 되도록 수평을 유지하며 소정의 높이까지 연속해서 타설

4. 타설 중 콘크리트를 섞지 않음
5. 1구획의 콘크리트를 타설한 후 물에 접한 표층 및 레이턴스를 완전히 제거한 후 다음 콘크리트를 타설

4) 콘크리트 배합

분리가 적은 유동성이 풍부한 콘크리트를 얻기 위해서는 다음과 같은 배합의 콘크리트를 사용한다.

1. 물-시멘트비는 50% 이하를 표준으로 한다.
2. 단위시멘트양은 370kg/m^3 이하를 표준으로 한다.
3. 잔골재율을 크게 한다(40~50%).
4. 슬럼프는 130~180mm로 한다.

11.2.3 수중불분리성 콘크리트

1) 개요

수중불분리성 혼화제를 사용하여 재료분리에 대한 저항성을 높인 콘크리트를 수중불분리성 콘크리트라 한다. 수중불분리성 콘크리트 시공은 트레미관 또는 콘크리트펌프에 의해 수행되며 비교적 좁은 공간의 충진 등의 목적에 적합하다. 수중불분리성 콘크리트는 낙하높이가 60cm 정도 이하이면 수중낙하시켜도 시멘트분의 유출은 적다(그림 11.16).

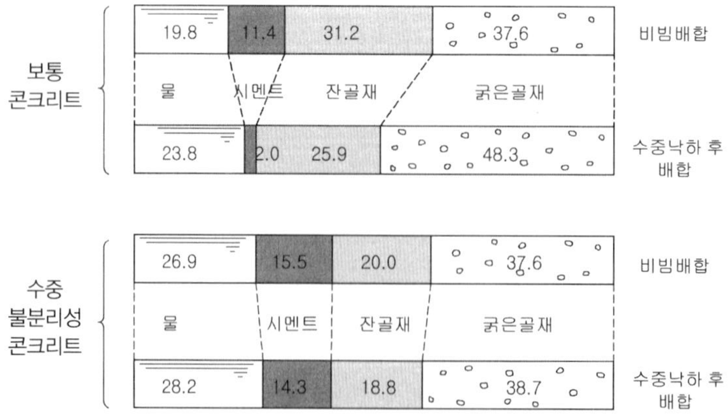

주) 그림상의 수치는 각 재료의 용적백분율임.

그림 11.16 **60cm 수중자유낙하시킨 콘크리트의 분석시험 결과**

2) 배합

수중불분리성 콘크리트 배합의 최대 특징은 단위수량이 높다는 점이다. 슬럼프 플로가 500mm 정도의 경우 단위수량은 일반적으로 210~230kg/m^{3}이며, 잔골재율은 40%, 공기량은 4% 이하를 표준으로 한다. 수중불분리성 혼화제의 사용량은 일반적으로 단위수량에 대한 질량비로 1.0~1.5%(단위량으로 2~4kg/m^3) 정도이다. 고성능감수제를 미리 혼입한 수중불분리성 혼화재의 경우에는 7kg/m^3 정도가 된다. 또한 수중불분리성 혼화재와 고성능혼화제는 그 종류별로 적합성 여부를 판단해야 하며, 적합성이 부족한 경우에는 유동성 감소, 응결시간의 이상 증가 등의 악영향이 있다. 통상 사용되고 있는 수중불분리성 혼화제와 고성능감수제의 배합은 표 11.3과 같다.

표 11.3 **혼화제 조합**

수중불분리성 혼화제	고성능감수제
셀룰로오스계	멜라민술폰산염계(트리아진계)
아크릴계	나프탈렌술폰산염계
	멜라민술폰산염계(트리아진계)
	아크릴계
	폴리카르본산계

3) 플래시콘크리트의 성질

수중불분리성 콘크리트는 보통 콘크리트와 비교하여 유동성과 점성이 현저히 뛰어나므로 유동성은 슬럼프가 아닌 슬럼프 플로로 평가 관리한다. 슬럼프 플로의 크기는 350mm 정도(급사면의 장석고정용 등)부터 650mm 정도(대교 기초와 같이 타설면적이 넓고 셀프레벨링이 요구되는 경우) 등 목적에 따라 결정된다. 셀룰로오스계의 혼화제를 사용할 경우 응결시간이 5~12시간 정도 지연된다. 또한 대량시공의 경우 콜드조인트의 발생 방지를 목적으로 응결시간을 30시간 정도까지 지연시키는 경우도 있다.

4) 경화 콘크리트의 성질

(1) 압축강도

수중불분리성 콘크리트의 압축강도는 수중제작공시체의 압축강도를 기준으로 평가한다. 수중제작공시체란 수심 100mm의 위치에 상단이 오도록 설치한 형틀 내에 콘크리트를 수면으로부터 낙하시켜 제작한 공시체이다. 제작방법은 KCI-CT102에 규정되어 있다. 수중제작공시체의 기중제작공시체에 대한 압축강도비(수중기중강도비라 함)와 수중불분리성 첨가제의 첨가량과의 관계를 그림 11.17에 나타냈다. 수중기중강도비는 수중불분리성 혼화제의 증가와 함께 증가한다. 일반적으로 수중불분리성 혼화제의 첨가율이 일정할 경우 물-시멘트비가 낮을수록 단위시멘트양이 많을수록 수중기중강도비는 높아진다. 수중기중강도비는 일반적으로 0.7 이상으로 하나 철근콘크리트와 같이 높은 품질을 요구하는 경우에는 0.8 이상으로 하는 것이 좋다.

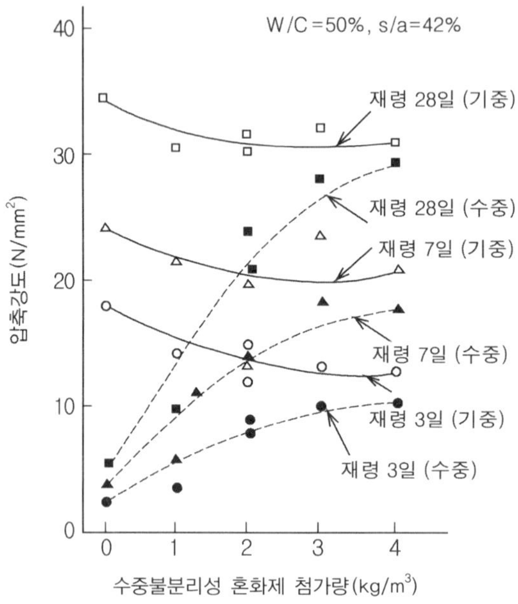

그림 11.17 **혼화제 첨가량과 압축강도**

(2) 내구성

건조수축은 보통 콘크리트보다 20~30% 정도 크게 된다. 내동해성이 부족하므로 한랭지에서는 평균 간조면 이하에서 사용한다.

5) 수중불분리성 콘크리트 시공상의 유의점

(1) 비빔

점성이 크므로 믹서의 비빔량을 보통 콘크리트의 80% 정도로 하여 비빔시간도 길게 한다(90~180초).

(2) 펌프압송성

펌프압송 시의 압송저항은 보통 콘크리트의 2~4배가 되므로 타설속도를 보통 콘크리트의 1/2~1/3로 시공한다.

(3) 거푸집

수중불분리성 콘크리트는 유동성이 크고 응결시간이 늦으므로 측압이 올라가며 타설속도가 늦은 경우를 제외하고 콘크리트를 유체로 본 액압분포(측압=콘크리트 단위용적질량*속도)에 가까운 값을 나타내는 경우가 많다. 따라서 형틀의 설계는 콘크리트를 유체로 가정한 측압이 작용하는 것으로 설계할 필요가 있다. 저감한 측압을 설계에 이용하는 경우는 신뢰할 수 있는 자료, 실적 및 시험데이터를 근거로 결정된다.

11.2.4 현장타설말뚝 지하연속벽

1) 현장타설말뚝

지반을 여러 종류로 굴삭한 구멍 내에 철근망을 삽입한 후 콘크리트를 흘려보내 만든 철근콘크리트말뚝을 현장타설말뚝이라 한다. 현장타설말뚝의 주된 시공방법으로는 올케이싱공법, 어스드릴공법(말뚝경 : 80~200cm), 리버스공법(말뚝경 : 80~120cm)이 있다. 이 중에서 공벽에 특별한 보호공을 설치하지 않은 어스드릴공법 및 리버스공법에서 콘크리트 타설은 벤토나이트 용액 및 오수 등의 안정액을 사용하는 수중 콘크리트가 되는데. 이러한 안정액은 형성된 불투수막에 의해 굴삭한 공벽을 안정화시킨다. 어스드릴공법은 사층으로 지하수가 있는 경우 케이싱 파이프에 의해 지반의 표층부를 보호하여 그 이후는 안정액(벤토나이트 및 폴리머)으로 보호하면서 굴삭을 행하며 회전버킷에 의해 굴삭 배토한다. 리버스공법은 20kN/m^2 이상의 수압과 자연오수에 의해 불투수막으로 공벽을 보호해가며 드릴핀트를 회전시켜 지반을 굴삭한다. 굴삭토는 드릴파이프 내를 통상의 볼링굴삭과 역방향으로 순환하는 오수와 함께 지상으로 배출한다. 굴삭종료 후에 미리 망상으로 조립한 철근망을 공 내에 삽입한 후 계속해서 트레미관을 이용하여 수중 콘크리트를 타설한다.

2) 지하연속벽

지상으로부터 소정의 두께와 길이의 벽상의 홀을 굴삭한 후 수중 콘크리트를 시공하여 만든 철근콘크리트 지중벽의 일반 명칭으로 연속지중벽을 말한다. 지반굴삭 시에 안정액을 사용하여 미리 조립한 철근을 매설한 후에 길이방향에 일정 간격으로 배치한 트레미관으로 수중 콘크리트를 타설하는 등 그 시공법은 기본적으로 현장타설말뚝과 거의 같다. 벽체의 두께는 40cm부터 2m, 깊이 100m 전후, 길이도 100m 정도까지의 것이 시공된다.

3) 슬라임 처리

현장타설말뚝 및 지하연속벽을 시공하는 공 내에는 안정액이 가득 차 있다. 굴삭토사는 오수 중에 잔존 부유하다가 구멍 바닥면으로 침전하는데 이것을 슬라임이라 한다. 슬라임을 구멍 바닥면에 남긴 상태로 콘크리트를 타설하면 말뚝 바닥에 연약층을 갖는 말뚝이 되므로 소요 지지력을 얻지 못한다. 이 때문에 콘크리트를 타설 시에도 안정액이 섞이면서 말뚝의 국부적인 강도 저하가 발생하므로 철근틀 주위의 콘크리트 충진이 불충분하지 않도록 주의한다. 따라서 재료분리저항성이 있는 배합이 필요하게 된다.

4) 배합과 슬럼프

표 11.4에 사용되는 수중 콘크리트의 배합과 슬럼프의 표준을 나타낸다.

표 11.4 **현장타설말뚝 및 지하연속벽에 사용되는 콘크리트 배합 표준**

	토목	건축	
	현장타설말뚝 및 지하연속벽	현장타설말뚝	지중벽
슬럼프(mm)	150~200	210 이하	
물-시멘트비(%)	55 이하	60 이하	55 이하
단위시멘트양(kg/m^3)	350 이상 (가설의 경우 300 이상)	330 이상	360 이상
단위수량(kg/m^3)		200 이하	

11.2.5 프리팩트 콘크리트

1) 개요

미리 시공개소에 특정의 입도를 갖는 굵은골재를 채워 놓고 그 간격에 주입 모르타르를 충진해서 얻는 콘크리트를 프리팩트 콘크리트라 한다. 프리팩트 콘크리트는 대규모

해양 콘크리트 구조물 및 광범위 철근콘크리트 구조물의 시공에 적합하다. 프리팩트 콘크리트는 트레미공법 및 펌프공법 등의 유입방식의 수중 콘크리트공법에 비해 강도 및 품질의 균일성이 뛰어나며 육상과 거의 동등한 품질의 콘크리트 구조물을 수중에서 만드는 것이 가능하다.

2) 굵은골재와 주입 모르타르에 요구되는 조건

미리 형틀에 충진된 굵은골재는 최소 15mm 이상의 골재를 사용한다. 주입 모르타르는 모르타르펌프에 의한 압송이 쉽고 굵은골재의 공극부를 완전히 충진할 수 있도록 양호한 유동성을 갖추어야 한다. 유동성은 P자형 유동성 테스트의 유하시간이 16~20초가 되도록 정한다. 주입작업 중에는 재료분리가 적고 적절한 팽창성을 갖는 것이 좋으며, 아울러 모르타르는 팽창률이 5~10%의 것을 사용하여 경화 후의 콘크리트에 소요강도와 내구성이 확인되도록 한다.

3) 주입 모르타르의 사용 재료와 배합

일반적으로 결합재는 보통 포틀랜드 시멘트에 플라이애쉬를 10~30% 정도 치환한 것을 사용하는데, 플라이애쉬 B종, C종 및 고로슬래그 B종을 그대로 사용하는 경우도 있다. 또한 재료분리를 일으키지 않기 위해 통상의 콘크리트용 잔골재보다도 더 작은 입도의 골재를 사용하는데, 입경 2.5mm 이하, 입도율 1.4~2.2 범위의 것이 적당하다. 주입 모르타르에 유동성, 보수성, 팽창성, 응결지연성을 부여하기 위해 콘크리트용 감수제에 적량의 알루미늄분말을 첨가한 혼화제를 사용한다. 알루미늄분말은 모르타르 내에서 알칼리와 화학반응해서 수소가스의 작은 기포를 발생하며, 그 결과 모르타르는 수 시간에 걸쳐 팽창하므로 블리딩에 의한 침하수축을 방지하면서 모르타르를 굵은골재 사이까지 침투시킨다. 이 메커니즘에 의해 모르타르와 굵은골재의 부착이 강화되어 보통 콘크리트에 비해 균질한 콘크리트를 얻게 된다.

알루미늄분말에 의한 주입 모르타르의 팽창효과는 프리팩트 콘크리트공법 성립의 전제조건이 된다. 주입 모르타르의 팽창성상은 알루미늄분말의 품질, 사용하는 보통 포틀랜드 시멘트 사양과 온도 등에 따라 다르다. 알루미늄분말의 품질은 시판의 도료용(분말도 88)으로써 첨가량은 일반 결합재 질량의 0.015% 전후이며, 잔골재와 결합재의 비율(S/C+F)은 1.0 정도로 하는 것이 좋다.

4) 프리팩트 콘크리트의 특성

프리팩트 콘크리트의 강도는 원칙적으로 재령 28일 또는 재령 91일의 압축강도를 규준으로 하며, 물-결합재비(W/B)와 혼화재의 치환율 등에 따라 결정된다. 그림 11.18은 물-결합재비가 일정한 경우 혼화재 치환율과 압축강도와의 관계를 나타낸다. 영계수는 동일 압축강도 보통 콘크리트의 100~115% 정도이다. 인장강도 및 휨강도와 압축강도와의 관계는 보통 콘크리트와 거의 같고 철근과의 부착강도는 보통 콘크리트와 비교해서 현저히 우수하다.

표 11.5는 ASTM-C-234에 의한 부착강도 시험 결과로 철근은 직경 19mm이고 매입길이는 2″이다. 이 표에 의하면 프리팩트 콘크리트는 보통 콘크리트에서 일반적으로 인정되어 온 수평근 상부에서의 현저한 부착강도 저하가 발생하지 않는다. 기존 콘크리트와의 이음매 부착강도는 보통 콘크리트보다 크다. 프리팩트 콘크리트와 굵은골재가 접촉한 상태로 충진되므로 건조수축은 보통 콘크리트의 약 60% 정도이다. 주입 모르타르는 혼화제에 포함된 알루미늄분말과 시멘트의 알칼리 성분과 반응해서 발생한 수소기포에 의해 AE콘크리트와 동등의 내동해성을 갖는다.

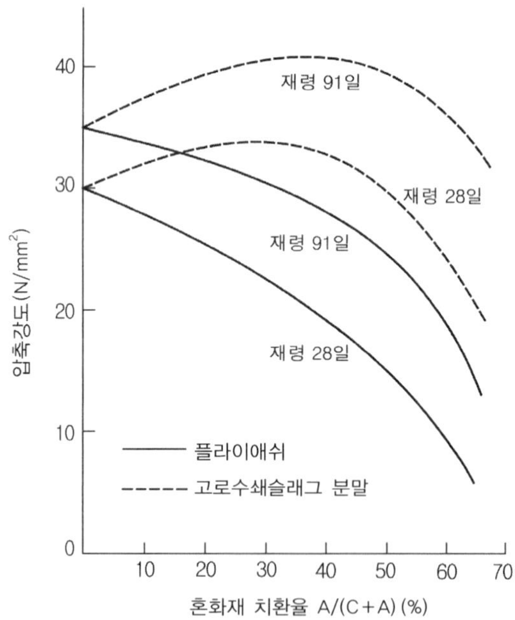

그림 11.18 **프리팩트 콘크리트의 압축강도와 혼화재의 치환율**

표 11.5 **철근의 부착강도**

	프리팩트 콘크리트		보통 콘크리트	
	재령 28일 (σ_c=132kgf/cm^2)	재령 91일 (σ_c=19kgf/cm^2)	재령 28일 (σ_c=275kgf/cm^2)	재령 91일 (σ_c=393kgf/cm^2)
연직	39.8	53.2	42.1	56.4
수평 상부	27.4	46.7	4.0	10.4
수평 하부	32.6	55.7	31.3	10.3

5) 프리팩트 콘크리트의 시공

프리팩트 콘크리트의 시공상 주된 유의점은 다음과 같다.

(1) 형틀

수중 콘크리트 및 측압이 큰 공사에서는 강제의 형틀을 사용하는 것이 원칙이다. 형틀은 굵은골재의 투입 시의 충격압과 모르타르압 등에 충분히 견딜 수 있는 구조로 하며, 주입 모르타르의 누수를 완전히 방지할 수 있는 구조로 할 필요가 있다. 또한 보수 보강공법 등의 소규모 공사에는 목제 형틀을 많이 사용한다.

(2) 주입관 및 검사관

주입관은 일반적으로 직경 25~38mm 정도의 것이 사용되며 그 배치는 연직관이 수평간격 2m 정도, 수평관이 수평간격 2m 정도, 연직간격 1.5m 정도가 표준이다. 검사관은 일반적으로 직경 38~65mm 정도로 주입 모르타르가 외측으로부터 검사관 내부에 유입하도록 슬립 또는 다수의 원공을 설치한 것이다. 주입관 및 검사관은 굵은골재 투입 전에 설치해 놓는다.

(3) 시공기계

재료의 저장, 계량, 주입 모르타르의 혼합, 교반, 압송, 주입 등 일련의 공정이 순조롭게 시공될 수 있도록 하는 설비가 필요하다. 수중 콘크리트에 적용할 경우의 표준적인 시공기계의 배치 예를 그림 11.19에 나타냈다.

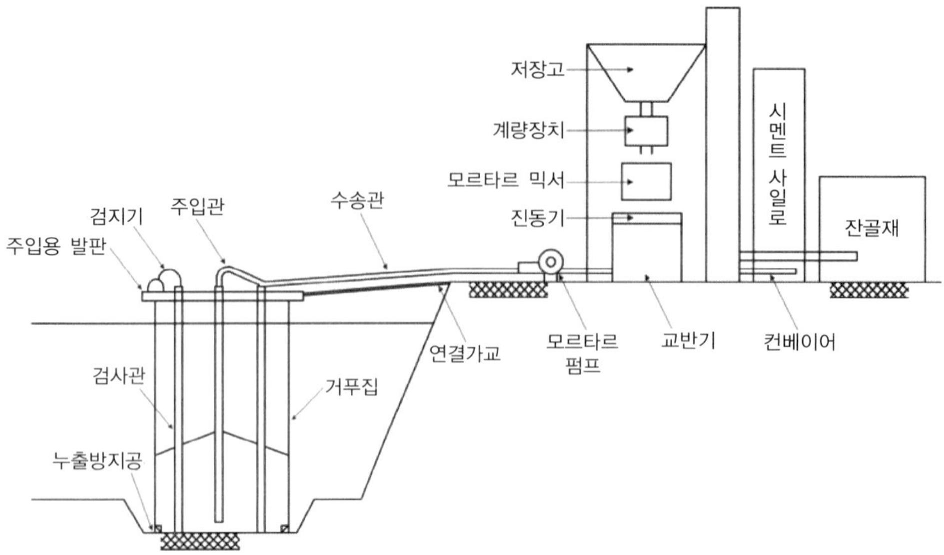

그림 11.19 **모르타르 주입 시의 시공기계 배치 예**

(4) 모르타르의 주입

모르타르의 주입량은 최하부로부터 시작해서 상향으로 진행한다. 수중에서의 이음매는 구조상 중대한 약점이 되므로 절대적으로 피해야 하며, 상승속도가 너무 빠르면 블리딩수 및 기포가 빠져나가기 어려우며 반대로 상승속도가 너무 느리면 콜드조인트를 형성시킬 수 있으므로 모르타르 주입 상승속도는 0.3~2.0m/h 정도로 한다. 또한 주입관의 선단은 모르타르 중에 0.5~2.0m 매입한 상태로 주입하여 모르타르의 수중낙하를 방지하며, 모르타르의 대략 투입량은 굵은골재의 공극률 측정결과를 기초로 산정할 필요가 있다. 예정된 주입량에 달하여도 모르타르가 표면에 나타나지 않을 경우에는 모르타르가 수중에 누수될 가능성이 있으므로 조사하여 처리한다.

11.3 뿜칠 콘크리트

11.3.1 개요

뿜칠 콘크리트공법은 압축공기 등을 이용하여 비교적 부배합의 콘크리트를 고속으로 수직 또는 경사진 면에 충돌 부착시킴으로써 형틀을 설치하지 않은 상태로 얇은 콘크리트를 시공하는 특수한 공법이며 숏크리트라 불린다. 지금까지 터널라이닝, 굴삭법면의 보호 및 보강, 콘크리트 구조물의 보수보강 등에 넓게 사용되어 왔다. 그러나 적용 구조물별로 시공조건 및 요구되는 품질이 크게 다르므로 콘크리트 재료, 배합, 뿜칠기술 등도 각각 다르게 된다. 본 절에서는 터널라이닝 적용에 대해 주로 설명한다.

뿜칠 콘크리트에서는 뿜칠할 때 콘크리트의 일부가 반발하여 튀어나오는 리바운드는 콘크리트의 재료 및 배합 외에 뿜칠노즐을 조작하는 기능공, 뿜칠기계의 작동기량에 크게 영향을 미친다. 따라서 완성된 뿜칠 콘크리트의 상황이 설계도서와 부합되는 데에 지극히 큰 영향을 미치게 되며, 소요의 품질을 확보하기 위해서는 상세한 시공계획을 세움은 물론 그에 따른 시공관리가 중요해진다. 최근 뿜칠 콘크리트의 기술 동향으로는 자동화나 로봇화 등 뿜칠기계 및 시스템은 물론 급결제 및 실리카 퓸, 강섬유 등의 재료적 측면으로부터의 연구개발도 진행되어 고강도 고성능 콘크리트 등 신뢰성이 높은 뿜칠 콘크리트가 시공되고 있다. 이러한 상황으로 인해 지금까지는 가설구조 부재에 주로 적용되었으나 점점 영구구조 부재로의 적용이 증가하고 있다.

11.3.2 뿜칠방식

뿜칠방식은 크게 건식과 습식으로 구분된다(그림 11.20). 건식은 시멘트와 골재를 믹싱한 것에 급결제를 첨가하여 압축공기로 노즐까지 압송하여 노즐부에서 별도로 보내져온 압력수를 더한 뿜칠방식이다. 이 방식은 재료의 압송거리를 길게 할 수 있고 (150~200m), 혼합부터 뿜칠까지의 시간을 길게 가질 수 있는 장점과 분진 및 리바운드양이 많고, 콘크리트의 품질이 노즐 기능공의 기량에 의해 좌우되기 쉬운 점 등의 결점이 있다. 또한 시공능력은 5~12m^3/h로 그리 크지 않다.

습식은 급결제를 제외한 전 재료를 혼합한 후 압축공기 또는 펌프로 노즐까지 압송하여 노즐부에서 급결제를 첨가하여 뿜칠하는 방식이다. 시공능력이 크고(8~20m^3/h) 분진 및 리바운드양이 적으며 콘크리트의 품질이 안정되어 있는 점 등의 장점이 있으나, 재료의 압송거리가 짧고(100m 이하) 콘크리트 혼합시간의 제한, 호스 내에서 막힐 위험이 큰 단점이 있다. 최근의 터널공사에는 단면이 대형화 되어 비교적 시공능력이 뛰어난 펌프압송방식의 습식뿜칠이 일반적으로 이용된다. 이 방식은 시공능력을 확보하기 위해 50~75mm 정도의 비교적 굵은 직경의 압송호스가 이용된다. 이 때문에 노즐 기능공이 호스를 유지해 뿜칠하기가 쉽지 않으므로 자동뿜칠기계를 이용하는 것이 일반적이다.

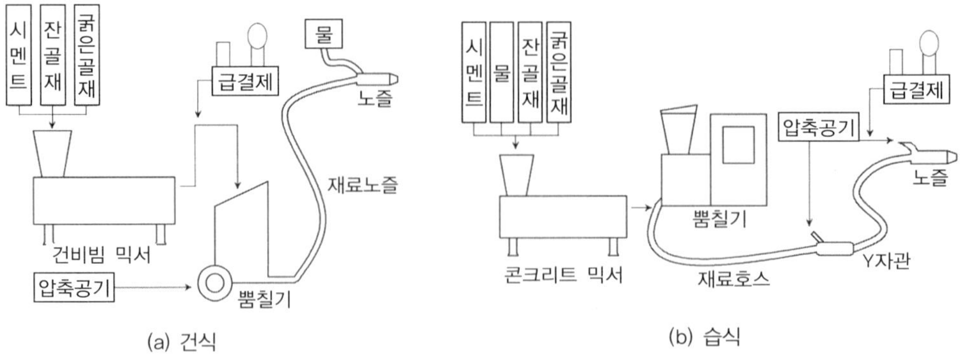

그림 11.20 **뿜칠방식의 일반적인 방식도**

11.3.3 배합 및 재료

1) 요구되는 품질

뿜칠 콘크리트는 일반콘크리트에 요구되는 강도 내구성 이외에 뿜칠작업 시의 리바운드 및 분진을 적게 하고, 뿜칠 후 콘크리트는 직접 자립해야 되는 점 등이 요구된다. 터널라이닝에 이용되는 경우 뿜칠 콘크리트의 뿜칠성능을 분진농도와 초기강도로 설정하여 각각 표 11.6과 표 11.7의 값을 표준으로 제시하고 있으며, 설계기준강도에 관해 재령 28일로 설정하여 18MPa 이상으로 하고 있다. 또한 터널공사에는 일련의 작업주기의 일부로서 뿜칠 콘크리트를 시공하기 위해 정해진 시간 내에 소정량을 시공하는 능력(시공능력)이 필요하다.

뿜칠작업 중에 리바운드 및 분진이 많이 발생하면 재료의 손실 및 시공시간의 증대 등 시공상의 악영향뿐만 아니라 뿜칠기계로부터 뿜어져 나오는 배합(분출배합)과 뿜칠면에 부착하는 배합(부착배합)이 다르게 된다. 따라서 뿜칠 콘크리트를 영구구조물로 사용할 경우 부착배합의 품질을 보증해야 하며, 리바운드 및 분진을 최소화하는 것이 중요하다. 이러한 요구품질을 만족시키기 위해 재료적 측면에서는 급결제 및 분진방지제를 사용하게 되며 배합면에서는 굵은골재의 크기를 작게 하고 잔골재율을 크게 하는 것 등이 일반적으로 행해진다.

표 11.6 **분진농도의 표준값**

터널 내 환기, 측정방법, 측정위치	분진농도(mg/m^3)
터널 내 환기를 정지한 환경, 뿜칠작업 개시 5분 후부터 원칙적으로 2회 측정, 뿜칠작업 지점에서 5m 지점	5 이하

표 11.7 **뿜칠 콘크리트의 초기강도 표준**

재령	초기강도(MPa)
24시간	5.0~10.0
3시간(고강도 뿜칠 콘크리트의 경우)	1.5~2.0

2) 급결제

터널라이닝에 사용되는 뿜칠 콘크리트는 부착한 콘크리트가 탈락하지 않도록 하기 위해 응결을 빠르게 할 필요가 있다. 또한 지지부재로서의 필요 강도를 초기단계에서 확보하기 위해 대부분의 경우 급결제가 사용된다. 급결제의 종류로는 분체 및 액체 무기염계, 시멘트광물계, 칼슘 알루미네이트계 등이 있고 뿜칠방식에 따라 선택적으로 사용되고 있다. 습식에는 시멘트광물계의 분체급결제가 많이 사용된다. 급결제의 첨가량을 증가시키면 그림 11.21과 같이 응결시간이 현저히 짧아지며 초기강도도 증가한다. 그러나 일정량을 초과하면 그 이상 응결시간을 짧게 할 수 없으며, 장기강도가 저하하는 등 악영향이 현저하다. 또한 급결제 효과는 종류 및 첨가량 외에 시멘트 및 혼화재료의 성상, 물-시멘트비, 온도 등에 따라 다양하게 변화하므로 사전시험에 의한 첨가량 검토가 필요하다.

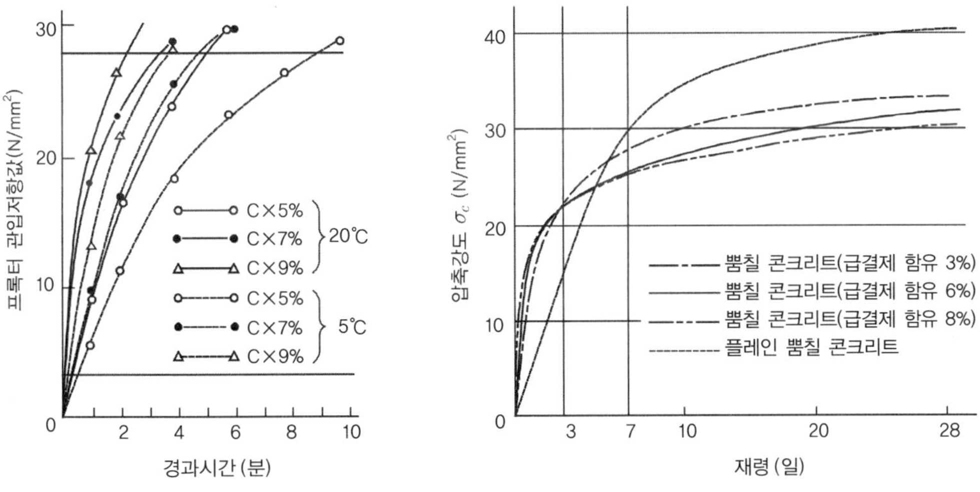

그림 11.21 **급결제 첨가량과 압축강도의 관계 예**

3) 골재

골재의 최대크기 및 입도는 뿜칠 콘크리트의 시공성에 크게 영향을 미치며, 최대크기가 클수록 압송호스 내에 막힘현상이 발생하기 쉽고 리바운드양이 많아지기 때문에 골재 최대크기는 일반적으로 10~15mm의 것이 사용된다. 잔골재 입도는 굵을수록 리바운드양이 많아지며 반대로 미세할수록 압송호스 안에 저항이 증가하여 막히기 쉽다. 조립률로는 2.3~3.1 정도의 것이 일반적으로 사용된다.

4) 실리카 퓸

뿜칠 콘크리트를 고강화하거나 고내구성화하는 혼화재로 실리카 퓸이 주목되고 있다. 실리카 퓸을 시멘트의 5~10%를 치환 사용하면 강도 증대, 수밀성 및 내구성 향상, 리바운드 및 분진량 감소, 압송성 개선 등의 효과가 인정되므로 뿜칠 콘크리트를 영구 구조부재에 사용할 경우를 중심으로 그 사용실적이 증가되고 있다.

5) 보강재

뿜칠 콘크리트와 자연 그대로의 지반과의 충분한 부착을 확보하는 경우 및 뿜칠 콘크리트 자체의 전단강도와 인성 등을 향상시킬 필요가 있는 경우 등에는 철제 그물망이 보강재로 사용된다. 일반적으로 망목 크기는 100×110mm나 150×150mm로 직경은 3.2~6.0mm 정도이다. 뿜칠 콘크리트에 강섬유를 혼입하면 휨강도 및 전단강도가 증가하고 휨 강성이 현저하게 향상되는 효과가 있다. 이 때문에 큰 변형에 대해 저항성이 요구되는 팽창성 지반 및 커다란 응력이 예상되는 폭이 넓은 부분 등의 터널라이닝에 강섬유 뿜칠 콘크리트가 종종 사용된다. 강섬유는 섬유길이 40mm 이하, 강섬유 직경 0.3~0.6mm 정도로 용적비 혼입률 0.5~1.0%로 사용하는 것이 일반적이다.

6) 배합

앞서 제시한 각각의 요구품질을 만족하기 위해 배합설계를 행하지만 뿜칠 콘크리트의 성질은 사용기계나 현지 입수된 골재의 성질 등에 의해 크게 좌우된다. 일반적으로 동등의 구조물에 있어서 지금까지의 경험을 참고로 배합을 검토하지만 시공조건에 따라 배출배합과 부착배합이 크게 다른 경우가 있다. 따라서 최종적인 배합은 공사에 앞서 같은 조건에서의 시험시공하거나 공사 초기에 행한 시험 등을 참고하여 결정한다. 건식 및 습식에서 뿜칠 콘크리트의 평균적 배합을 표 11.8과 표 11.9에 나타냈다.

표 11.8 **건식배합**

배합항목	굵은골재 최대치수	잔골재율	단위시멘트양	물-시멘트비	급결제 첨가량
값	10~15mm	61.6%	359kg/m^3	53%	6.7% (시멘트 중량대비)

표 11.9 **습식배합**

배합항목	굵은골재 최대치수	잔골재율	단위시멘트양	물-시멘트비	급결제 첨가량
값	10~15mm	62.0%	360kg/m^3	56%	5.9% (시멘트 중량대비)

11.3.4 시공

뿜칠 콘크리트 혼합은 현장에 10~20m^3/h 정도의 소규모 배처 플랜트(Batcher Plant)를 설치하여 행하는 경우가 많다. 또한 혼합능력과 기계의 간편성 등으로 인해 연속믹서를 이용하는 경우도 있다. 건식에는 잔골재의 표면수가 많으면 급결제의 효과가 저하하며, 반대로 현격히 표면수가 적으면 분진이 많아진다. 따라서 표면수의 관리가 중요하며 일반적으로 2~6%의 범위에서 관리하는 것이 좋다. 뿜칠된 콘크리트의 품질을 확보하기 위해서는 혼합부터 뿜칠까지의 시간을 가능한 한 짧게 할 필요가 있다. 그러기 위해 배처 플랜트, 운송장치, 뿜칠기계 등의 능력 밸런스를 얻을 필요가 있다. 특히 급결제는 일반적으로 정량 이송장치에 의해 공급되나 콘크리트의 공급속도와의 밸런스를 얻는 것이 중요하다. 작업의 안정성 확보와 함께 지산과 뿜칠 콘크리트와의 부착을 향상시키기 위해 뿜칠면의 돌출석 및 표면에 부착된 분진 등은 미리 제거해야 한다. 또한 터널 등에 용수가 있는 경우 급결시멘트를 사용하며 배수파이프를 설치하는 등 적절한 배수처리를 수행한 후 뿜칠작업을 수행한다. 뿜칠 콘크리트의 품질과 시공능률 등은 뿜칠작업의 적절성에 의해 크게 영향을 받으므로 사전에 작업표준을 작성하며, 뿜칠작업은 특히 다음과 같은 점에 유의해야 한다.

리바운드양을 적게 하기 위해서 노즐은 항상 뿜칠면에 직각이 되도록 하며 뿜칠압력에 따라 뿜칠면과 적절한 거리를 유지하도록 하고 리바운드된 재료가 뿜칠할 재료와 혼합되지 않도록 주의한다. 1회의 뿜칠 콘크리트 층두께는 한 번 부착된 콘크리트가 탈락하지 않을 정도로 하며 소정의 뿜칠 두께를 확보하기 위해서는 반복해서 뿜칠한다. 다음 층을 뿜칠할 경우는 먼저 뿜칠한 콘크리트층이 다음 층의 뿜칠압력 및 충돌에 견딜 수 있을 때까지 충분히 경화한 후 뿜칠한다. 층두께의 관리를 위해 검측 핀을 적당한 간격에 설치하도록 권장하며, 뿜칠기, 호스, 노즐 등의 막힘 현상이 발생하지 않도록 적절한 관리가 필요하다.

11.3.5 검사

뿜칠 콘크리트는 일반 콘크리트공사에 사용되는 원주형 공시체가 아닌 현장에서 패널형틀 내에 뿜칠된 콘크리트로부터 코어를 채취하여 압축강도시험을 한다. 품질의 기준은 일반 콘크리트와 같이 재령 28일 압축강도이나 시공상 필요한 초기재령의 강도발현을 시험하는 경우에는 재령 3일 또는 24시간에서의 관입시험의 결과로부터 압축강도를 추정하는 방법이 이용된다. 뿜칠두께의 측정방법으로는 검측 핀을 매설해 놓는 방법, 뿜칠 직후의 뿜칠 층에 검측 핀을 꽂아 검측하는 방법, 뿜칠 후 홀을 뚫어 검측하는 방법 등이 있다.

11.3.6 굴삭법면 보호 및 콘크리트 구조물의 보수·보강에의 적용

굴삭법면의 보호 보강공으로는 보호하는 전면을 뿜칠 콘크리트 감싸는 방법, 법면형틀을 설치하여 그 안에 뿜칠 콘크리트를 시공하는 방법의 2종류가 있다. 두 종류 모두 급격한 지형에서 시공되며 사용기계 등도 제한되므로 시공조건 및 안전성 확보에 충분한 배려를 통해 시공할 필요가 있다. 뿜칠기는 건식·습식의 양 방식이 이용되나 최근에는 습식뿜칠이 많이 이용된다. 험준한 장소에서 작업성을 확보하기 위해 호스직경은 38~50의 것이 사용되며 시공능력은 3 이하로 한다. 배합은 콘크리트의 경우 시멘트 : 잔골재 : 굵은골재(20 이하)=1 : 4 : 1~2 정도로 물-시멘트비 55~60%, 급결제는 사용하지 않는다.

넓은 면적에 걸쳐 얇은 콘크리트로 시공될 수 있으며 뿜칠면과의 부착이 양호한 점 등의 이점이 있으므로 구조물의 보수·보강에도 뿜칠 콘크리트가 적용되고 있다. 예부터 피해를 입은 터널라이닝의 보수나 최근 염해 등으로 피복부분이 광범위하게 박락된

교량 보 바닥판의 단면복구에 이용되고 있다. 보수·보강용으로는 모르타르 뿜칠이 대부분으로 건식에서는 초속경 시멘트 모르타르, 습식으로는 폴리머 시멘트 모르타르가 많이 사용되며 보강효과의 향상 및 탈락 방지를 위해 여러 종류의 단섬유를 혼입하는 경우가 많다. 소정의 보수효과를 확보하기 위해서는 철근의 배면까지 열화한 콘크리트를 제거하는 것이 중요하며 최근에는 고압수의 분사를 이용한 워터제트공법이 채용되고 있다.

11.4 슬립폼공법

슬립폼공법이란 콘크리트의 경화반응이 초기단계에서도 시간의 경과와 함께 자립해 가는 성질을 이용한 특수형틀에 의해 급속시공방법이다. 이 공법에는 구조물의 단면형상에 맞춰 조립된 작업발판과 일체형의 연동형틀인 슬립폼을 사용하여 콘크리트를 타설하며 타설방향을 향해 연속적으로 형틀을 연동시켜 간다. 건축구조물로는 사일로 및 굴뚝 등의 구축에 이용되나, 유럽에서는 장대교의 주탑 등의 시공에 다수 이용되었으며 미국에서는 예부터 포장구조에 적용되었고 일본에서는 도로의 보호벽 등의 구축에 이용되고 있다. 본 절에서는 슬립폼공법의 설비와 요구성능 및 필요한 콘크리트의 시공성능에 관해 기술한다.

11.4.1 장치 및 원리, 요구성능

형틀을 연직방향으로 연동하는 시공 예로서 사일로에서의 형틀설비와 시공방법의 예를 그림 11.22, 굴뚝에서의 형틀설비와 단면형상의 예를 그림 11.23에 나타냈다. 벽 부재 중심에 설치된 로드에 의해 지지된 요크(형틀과 작업대의 일부를 지지하는 문형태의 프레임 부재)에 부착된 형틀패널이 콘크리트가 타설될 부위를 끼워 넣는 형태로 배치된 통상의 슬립폼구조이다. 형틀의 길이는 타설속도에 따라 변화하며 일반적으로 1.5~1.8m이다. 상부작업대는 철근배근 등 콘크리트 타설 전 준비작업, 중간 작업대는 콘크리트 타설작업, 하부작업대는 콘크리트 마감처리, 면처리, 양생작업을 동시에 수행하며 장치 전체가 콘크리트 타설속도에 맞춰 상승한다.

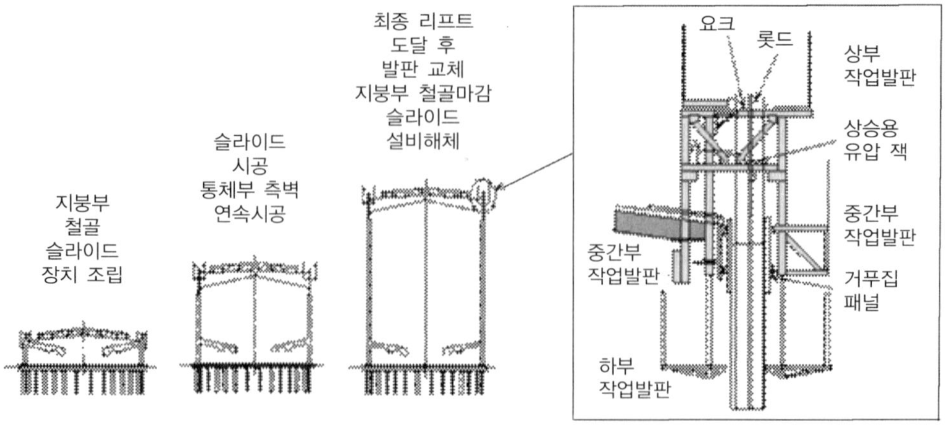

그림 11.22 **사일로에 있어서 슬립폼 시공방법과 시공설비 예**

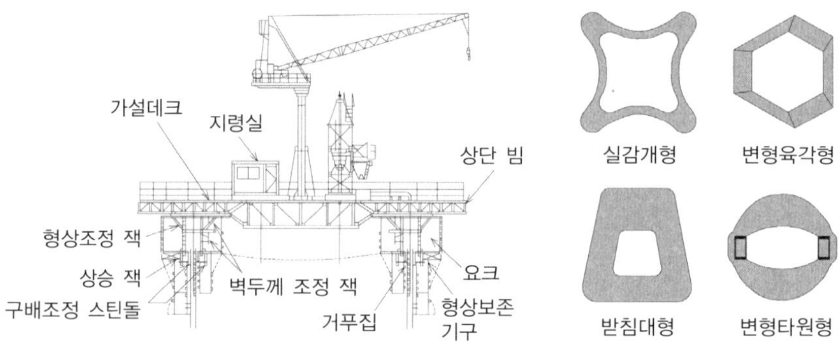

그림 11.23 **굴뚝에 있어서 슬립폼 시공설비와 단면형상의 예**

사일로의 경우 그림 11.22와 같이 지붕부분의 일부가 중간작업 바닥이 되나 굴뚝 등의 상부구조가 없는 경우에는 그림 11.23과 같이 가설데크가 설치된다. 또한 그림 11.24와 같이 가동 요크의 이용으로 특수한 형상의 굴뚝을 구축하는 것도 가능하다.

형틀에는 연동조작 중에 구조물이 허용값 이상 변형하지 않도록 충분한 강성이 필요하다. 요크는 콘크리트의 측압에 저항할 수 있고 형틀 및 부속하는 디딤판 데크의 전체 질량을 잭에 충분히 전달할 수 있어야 하며, 상승하는 콘크리트 중에 설치하는 매설물은 정확한 위치에 배치될 수 있도록 할 필요가 있다. 연직 로드를 지지하는 잭은 연직하중이 균등하도록 또한 잭의 안전하중을 넘지 않도록 배치하고, 형틀 전체가 소정의 속도로 일정하게 이동할 수 있는 시스템이 필요하다. 높이방향의 위치와 나사방향 회전에 관해서는 레이저에 의한 광파측정 상시 모니터링에 의한 관리가 일반적이다. 재래공법과 같이 리프트별의 형틀조립 · 해체 없이 철근조립도 연속적으로 행함으로써 공기단축이 가능해지고, 또한 높은 곳에서 디딤판의 조립 · 해체가 적은 점 및 강풍의 영향을 받지 않는 점 등 작업의 안전성 향상이 뛰어난 공법이다.

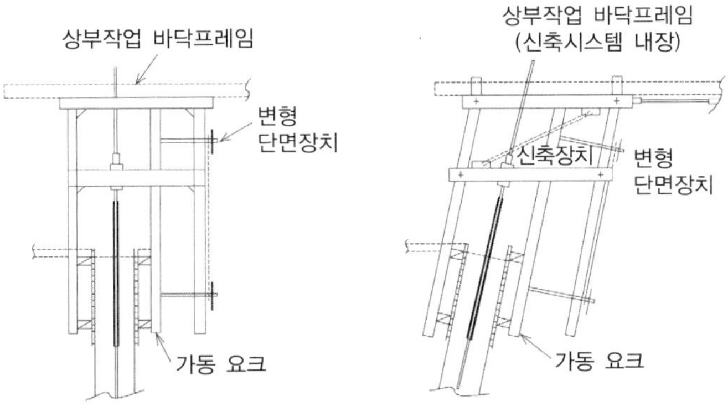

(a) 단면두께가 변화하는 경우 (b) 단면이 경사져 있는 경우

그림 11.24 **변형단면을 구축하는 요크구조 예**

11.4.2 형틀의 연동속도와 콘크리트 탈형강도

형틀의 연동속도는 탈형 직후의 콘크리트 강도가 그 부분에 작용하는 전 하중에 견딜 수 있도록 콘크리트의 품질 및 시공조건에 따라 결정하나 일반적으로 그림 11.25와 같이 타설 1개 층의 높이를 30cm 정도로 하여, 이것에 대응하여 1회의 형틀 슬라이드를 30cm 정도로 하는 것이 일반적이다. 이상적인 슬립폼공법에서는 구조물이 완성될 때까지 연속해서 형틀을 연동시키지만 현실적으로는 심야에 타설을 휴지(休止)하는 경우도 많은데, 이 경우 소정의 높이까지 타설한 후 일정 시간을 경과한 후부터 절연 슬라이드를 행한다. 또한 시공 재개 전에는 이음면의 레이턴스 처리를 행할 필요가 있다.

탈형 직후의 콘크리트에 요구되는 압축강도는 일반적으로 작용 전 하중에 의한 응력의 2배 이상이 필요하다. 대략 0.04~0.06MPa의 제어가 일반적으로 적용되며, 그 이하의 강도에서는 흐름과 자국이 많아지고 경화 후 콘크리트의 미관뿐만 아니라 내구성에 악영향을 미친다. 또한 이 이상의 강도에서는 슬립저항력이 커지고 잭의 능력을 초과하는 위험이 나타난다. 그림 11.26에 나타난 시험 결과에는 탈형속도가 0.2MPa까지는 부착응력 상승이 발생하지 않는 결과를 나타내고 있다.

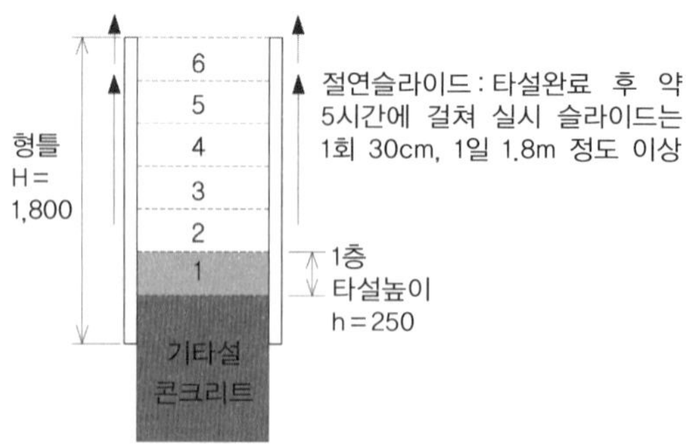

그림 11.25 **형틀(거푸집)의 당겨 올림 패턴**

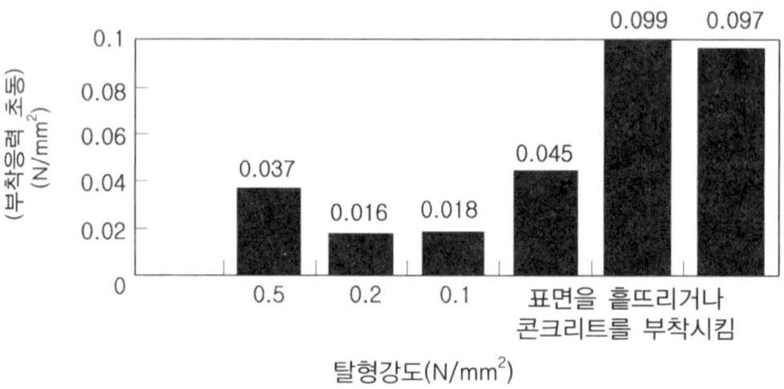

그림 11.26 **형틀의 당겨 올림 저항력의 측정결과**

11.4.3 시공성능과 제어

콘크리트의 시공성능은 일반적으로 시공연도, 압송성, 응결특성, 강도특성에 의해 정의되나 슬립폼용의 콘크리트에 있어서는 이 모든 성능이 중요하다. 즉 1층씩 타설된 콘크리트는 워커블하며, 콜드조인트를 생성하지 않은 상태로 타설되어야 하며, 일정 시간 후에는 유동성을 잃고 자립해야 하며, 응결이 시작되어 탈형에 필요한 압축강도를 얻어야 한다. 또한 일반적으로 고소압송 중에 양호한 압송성이 필요하다.

그림 11.27은 단위시멘트양 340kg/m^3(보통 포틀랜드 시멘트), 물-시멘트비 50%로 슬럼프 150mm의 AE콘크리트에 있어서 초기강도발현과 압축강도와 프록터 관입저항값의 관계를 표시한 것이다. 제조 후 5시간 정도에서 0.04~0.06MPa의 강도가 되는데 압축강도 0.06MPa일 때 관입저항값은 대략 3.5MPa로 응결시작과 동 시기에 있는 것을 알 수 있다. 응결 시작에 있어서 경화(자립)작용은 시멘트의 응집 등과 함께 화학반응이 일어나므로 그림 11.28에 나타난 시멘트의 종류별로 강도의 발현상태가 다르다. 종래에 슬립폼용의 콘크리트에는 주로 AE감수제를 사용한 콘크리트가 사용되어 유동성

의 조정을 위해 유동화제가 사용되어 왔다. 그러나 최근에는 단위수량을 저감하여 콘크리트 자체의 품질을 높이고 다양한 시멘트 사용 및 환경조건에의 대응을 고려하여 고성능 AE감수제(경우에 따라 이것에 첨가한 응결조정제)가 사용되고 있다.

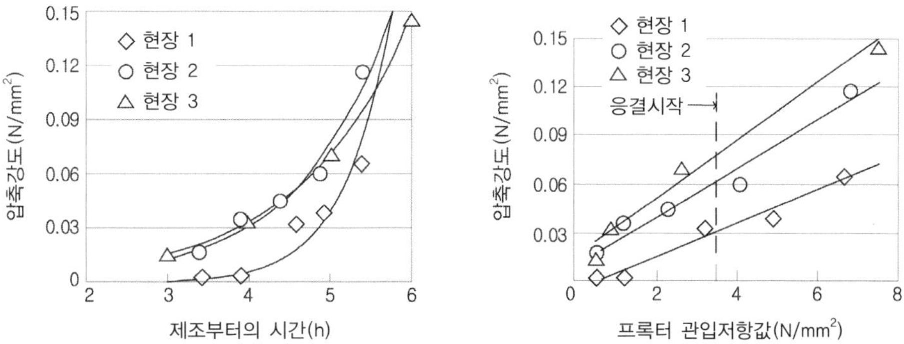

그림 11.27 **슬립폼용 콘크리트 초기강도발현과 응결성상**

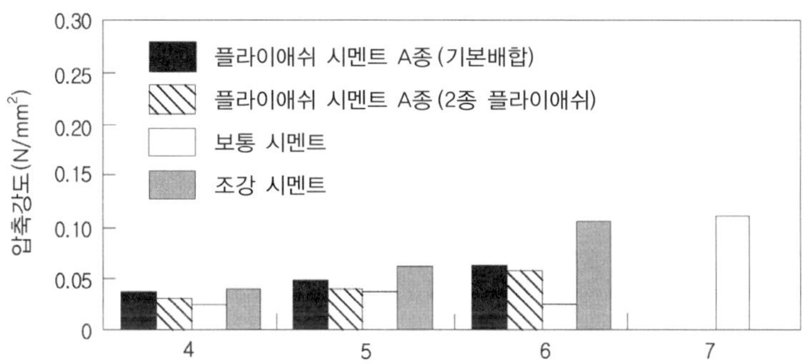

그림 11.28 **시멘트 종류별 강도 차이**

그림 11.29 및 그림 11.30은 고성능 AE감수제의 사용량과 콘크리트 온도가 콘크리트의 슬럼프 유지성과 압축강도발현에 미치는 영향을 나타낸 것이다. 이러한 슬립폼용 콘크리트의 특성을 파악해두면 온도환경이 변화할 경우에도 그림 11.31과 같이 고성능 AE감수제 중의 지연성분의 조정으로 소정의 유동성과 강도발현성을 제어할 수 있게 된다.

슬립폼용의 콘크리트 강도발현성에 영향을 미치는 온도의 영향에 관해서는 토목학회에서 규정한 적산양생온도에 의한 방법(식 11.5) 또는 가상양생온도와 재령의 곱에 의한 방법이 있으며 두 가지 모두 본질적으로 시간과 온도의 곱이 되는 것이다. 그림 11.32는 적산온도의 적합성을 나타낸 결과이다.

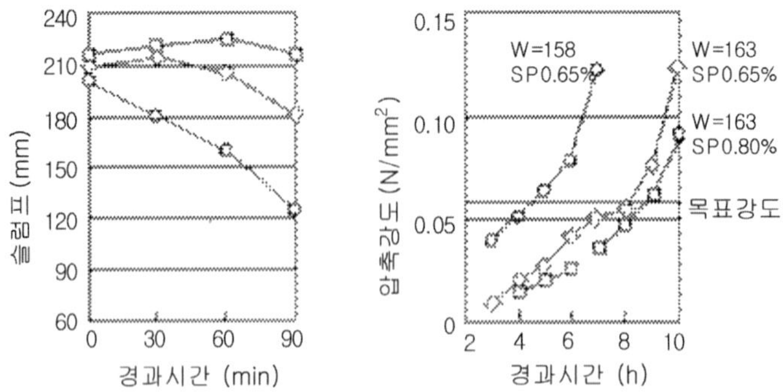

그림 11.29 **단위수량 W와 고성능 AE감수제량 SP의 영향**

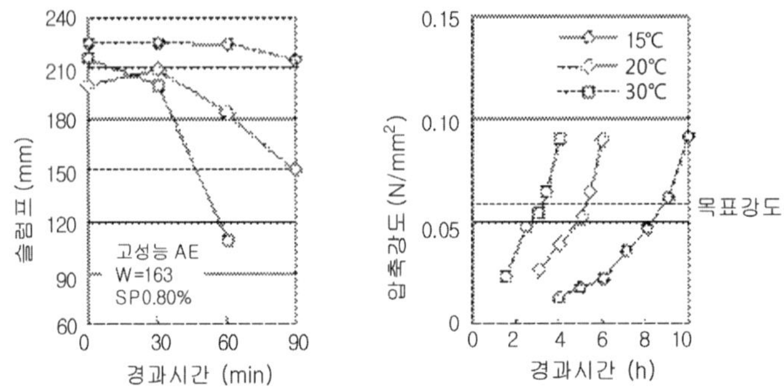

그림 11.30 **콘크리트 온도의 영향**

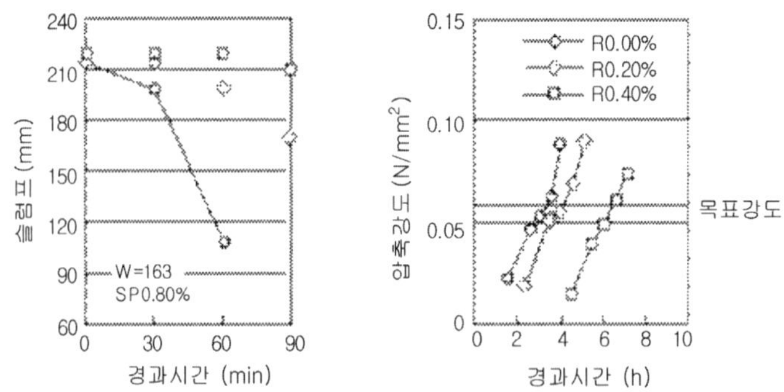

그림 11.31 **지연제 R에 의한 조정효과(30℃의 경우)**

$$M = (\theta + A)\,\Delta t \qquad \text{식 (11.5)}$$

여기서, M : 적산온도(℃ · 일) 또는 (℃ · 시간)

θ : Δt 시간 중 콘크리트 온도(℃)

A : 정수로서 일반적으로 10℃에서 사용

Δt : 시간(일 또는 시간)

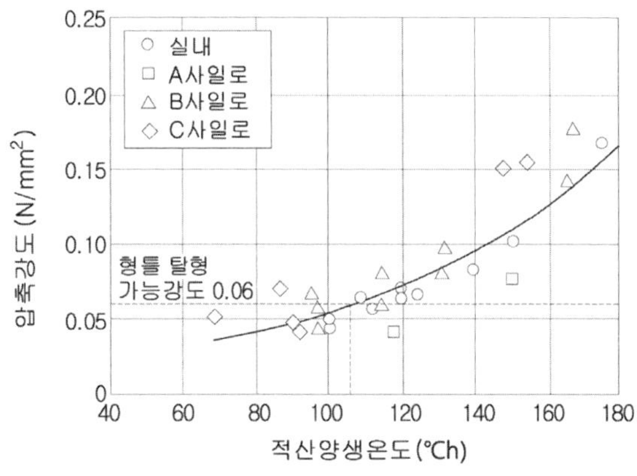

그림 11.32 **적산온도에 의한 형틀 탈형 강도관리**

11.4.4 품질관리와 마감

슬립폼 상승 시 콘크리트의 자립 상황은 타설한 콘크리트를 테스트피스로 미리 채취한 후 타설로부터 경과시간에 맞추어 약재령 압축강도시험을 행하여 확인하거나, 구조물 내에 벽체에 철근봉을 관입시켜 그때의 관입깊이로 경험적으로 판단한다. 슬립폼에 의한 시공에는 극초기재령에서 탈형해야 하며, 양생이 어려우므로 내구성을 확보하기 위해 양생방법을 미리 충분히 검토할 필요가 있다. 일반적으로 탈형 후 곧 탈형면에 프라이머 바탕처리를 수행해 수지모르타르를 도장해서 솔질마감하고 마감 후 즉시 도막양생제를 도포하기도 한다.

11.4.5 도로구조물과 수리구조물에의 적용

도로용 방호벽에는 슬럼프 20~50mm의 부배합 콘크리트를 전용의 타설성형 장치로 다짐하고 즉각 탈형한다. 댐담수층의 슬립폼은 사면의 상방향부에서 윈치로 감싸 끌어올리므로 콘크리트의 측압을 슬립폼의 자중으로 저항한다. 콘크리트는 슬럼프 80mm 정도의 AE콘크리트가 사용되고 내부진동기로 다짐한다.

11.5 매설형틀공법

매설형틀은 타설형틀이나 영구형틀, 콘크리트의 경화 후에도 제거하지 않는 형틀 등으로 불린다. 매설형틀은 사용상 현장타설 콘크리트의 형틀 제거 공정을 생략하여 시공속도의 향상 등의 목적으로 채용한다. 최근에는 소위 고내구성 프리캐스트형틀로 부르며 콘크리트 구조물의 내구성을 높이는 것을 목적으로 설계·제조된 매설형틀을 콘크리트 구조물의 장수명화의 목적 및 고품질의 보수·보강에 적용하는 사례가 증가하고 있다. 본 절에서는 이러한 종류의 목적으로 사용되는 매설형틀공법에 관해 기술한다.

11.5.1 고내구성 프리캐스트형틀의 종류와 성능

고내구성 프리캐스트형틀은 1980년대 후반부터 사회문제화 되어 온 콘크리트 구조물의 염해, 동해 등의 방지기술 또는 삭감 방지기술 등을 모색하는 중에 개발되었으며, 이후(이하 Polymer Znpregnated Concrete ; PIC라 함)가 폴리머 함침에 의한 고내구성 형틀로서 1990년대에 최초로 인정되었다. 그 후 형틀 탈형을 필요로 하지 않는 콘크리트공사의 생력화 추구와 함께 미관과 내구성이 뛰어난 프리캐스트형틀 기술로써 표 11.10에 나타난 7종류의 형틀이 대표적으로 인정되고 있다.

이러한 형틀에는 폴리머 함침 콘크리트, 폴리머 콘크리트, 고강도 모르타르(콘크리트) 및 고반응성 분체재료 등을 이용해 열화인자의 침입을 방지하는 보강재료로 스테인리스제 및 유기섬유계의 단섬유망 등이 사용되고 있다. 경량화를 위해 형틀두께는 15~50mm 정도로 제약되고 있다. 이러한 형틀에 사용되는 재료 중 폴리머 함침 콘크리트 및 고강도 모르타르에 대해 수행된 염화물이온 침투에 대한 저항성의 시험 결과를 그림 11.33 및 그림 11.34에 나타냈다. 폴리머 함침 콘크리트의 경우 심각한 염해환경하에서도 염화물이온이 거의 침투하지 않고, 고강도 모르타르에도 내염화물 이온 침투성이 상당히 향상된다.

마찰저항성 시험 결과를 나타낸 그림 11.35에 따르면 고내구성 형틀의 사용에 의해 화학적 내구성과 물리적 성질이 상당히 향상되는 것을 분명하게 보여준다. 형틀 자체의 성능 향상과 함께 현장에서 타설된 내부 콘크리트의 일체성 및 프리캐스트형틀 간의 줄눈 처리방법을 확실히 하여 구조물 전체의 내구성이 보증되도록 하는 것이 중요하다. 표 11.10에 나타난 형틀은 모두 형틀 내를 거칠게 하거나 앵커를 적절히 설치할 수 있도록 처리되어 있고 또한 형틀 간의 줄눈도 수지계 접착제에 의해 일체화 되어 있다. 그러나 현장타설 콘크리트와의 일체화 및 패널 간 접착은 공장에서가 아닌 현장에서의 작업이 되므로 일정 성능이 확보될 수 있도록 시공 · 관리하는 것이 중요하다.

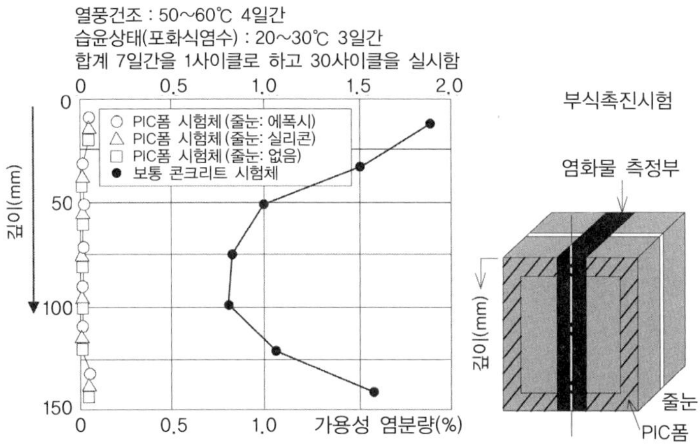

그림 11.33 **염화물이온 침투성(PIC폼)**

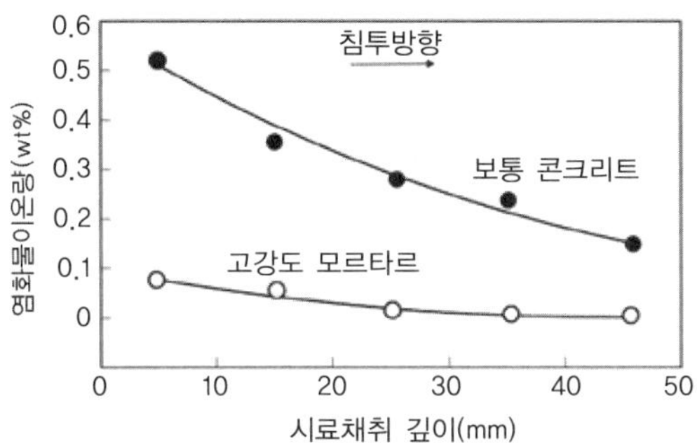

그림 11.34 **염화물이온 침투성(고강도 모르타르)**

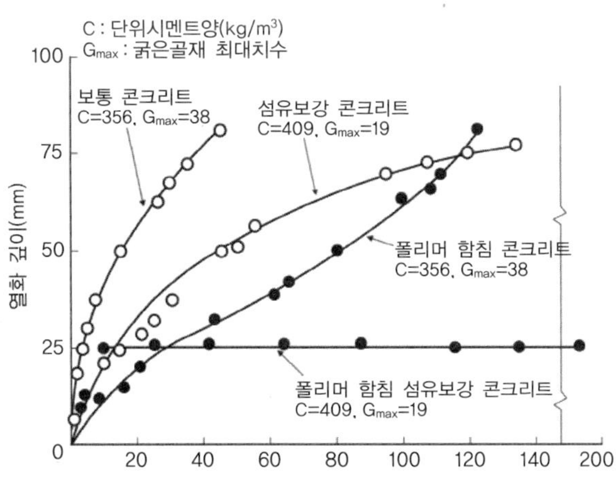

그림 11.35 **내마모성 실험결과**

표 11.10 고내구성 프리캐스트형틀의 종류 및 특징과 성능

명칭 및 일반단면	특징				표준형상/치수	표준 최소두께	재료 주요 설계강도	시공성능	줄눈
	구조재료	내구성	일체화	표면					
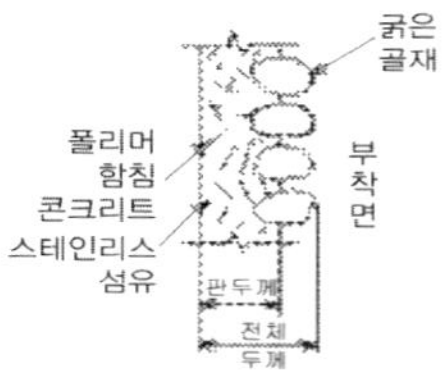 PIC 폼	스테인리스 단섬유로 보강한 콘크리트 판에 폴리머를 함침시켜 제조됨	미세공극까지 폴리머가 충진되어, 부식인자 차단, 고강도 및 고내구성의 장점이 있음	현장타설 콘크리트와는 시멘트를 바른 굵은골재에 의해 일체화. 앵커와의 병용에도 문제없음	표면은 보통 콘트리트면과 동등. 고무제 형틀을 사용하는 경우에 표면에 다양한 바탕이 가능. 곡면 및 채색도 가능	치수 : 1×2m 두께 : 20~50mm	판두께 17mm	휨강도 22.5MPa 탄성계수 35~40GPa	단위중량에 대한 휨인장강도가 크기 때문에 경량화가 가능하여 현장에서 설치 및 조정이 간단. (50~70kg/m^2) 현장에서 절단하여 현장 조정이 가능	줄눈재에는 구조물의 특징에 따라서 실리콘수지 또는 에폭시수지를 사용함. 줄눈구조는 V컷 처리방향에 따라서 내측 또는 외측부터 설치. 시공성이 좋음.
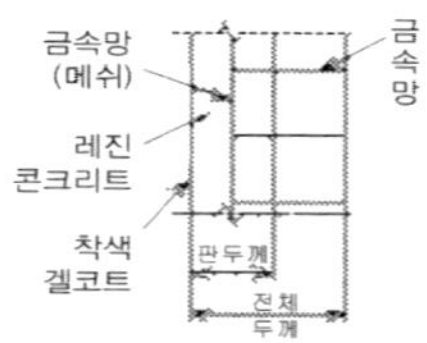 AS 폼	비닐에스테르 수지를 주재료로 한 레진 콘크리트	레진 콘크리트로서 내구성 보유. 표면은 겔코팅되어 있으나 열에 약함.	현장타설 콘크리트와 일체화 시켜 입체화된 에폭시수지 철근을 사용하고 있음	표면이 겔코팅되었기 때문에 채색이 가능. 곡면 및 슬릿이 들어간 것은 별도의 고안이 필요함.	치수 : 0.9×1.8m 두께 : 20~30mm 전체두께 45mm 정도까지 가능	판두께 20mm	휨강도 20MPa 탄성계수 20~30GPa	단위중량에 대한 휨인장강도가 크기 때문에 경량화가 가능하여 현장에서 설치 및 조정이 간단. (50~70kg/m^2) 현장에서 절단하여 현장 조정이 가능	백업재와 배면측에 유연성 에폭시수지(내염해성), 유연성 폴리머 시멘트모르타르(균열추종성)에 의한 피복을 설치하고 실링재를 주입.
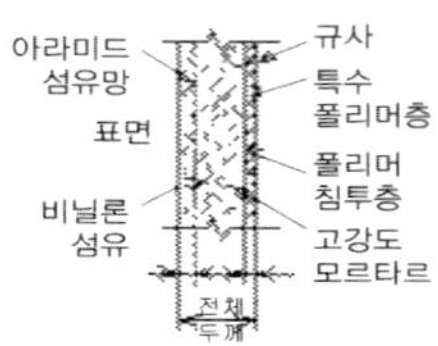 PCA 폼	비닐론 섬유보강 모르타르로, 실리카 퓸 및 고로슬래그미분말을 사용. 아라미드섬유로 보강되어 있음.	부식인자를 찻잔하기 위해 뒷면을 에폭시수지로 코팅.	현장타설 콘크리트와의 일체화는 앵커로 이루어짐	표면은 보통 콘트리트면과 동등. 고무제 형틀을 사용하는 경우에 표면에 다양한 바탕이 가능. 곡면 및 채색도 가능	치수 : 1.5×3m 두께 : 28~53mm	판두께 28mm	휨강도 7MPa 탄성계수 30GPa	120kg/m^{2}로 무거움. 상대적으로 휨강도가 작기 때문에 취급 시에 파손에 주의가 요구됨.	형틀내부로 V컷하고, 백업재를 부착하여 2성분계 실리콘을 주입. 부틸고무로 실링.

표 11.10 **고내구성 프리캐스트형틀의 종류 및 특징과 성능(계속)**

명칭 및 일반단면	특징				표준형상/치수	표준 최소두께	재료 주요 설계강도	시공성능	줄눈
	구조재료	내구성	일체화	표면					
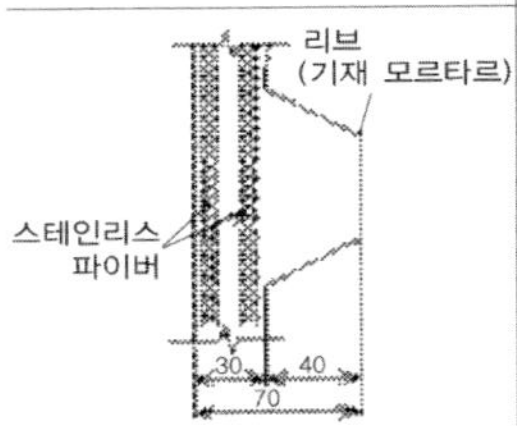 SEED 폼	스테인리스 단섬유로 보강된 고강도 모르타르로서 단섬유 층이 2층구조로 되어 있음.	고강도 모르타르로서 내구성이 확보.	현장타설 콘크리트와 일체화는 이어치기 줄눈 처리와 40 mm 높이의 리브에 의해 형성.	표면은 보통 콘트리트면과 동등. 고무제 형틀을 사용하는 경우에 표면에 다양한 바탕이 가능. 곡면 및 채색도 가능	치수 : 0.9×1.8m 두께 : 30mm 전체두께 : 70mm	판두께 30mm	휨강도 12MPa 탄성계수 35GPa	거의 100kg/m²로 무겁고, 리브 설치에 삽입 인서트를 이용하여 여러 판을 1개 유닛으로 함. 취급에 주의가 요구.	서로 마주보는 구조로서, 에폭시수지계 접착제로 접착함. 줄눈부폭은 3mm 이하가 적당
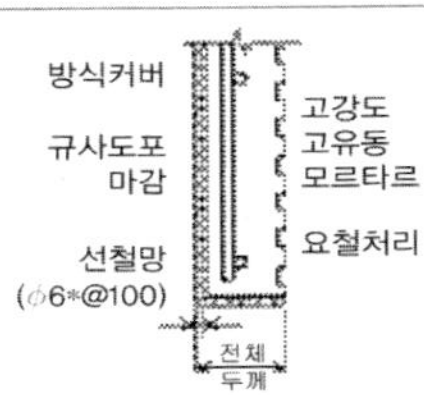 HR 폼	불포화 폴리에스테르 수지제 FRP판 방식커버와 메쉬로 보강된 고강도 모르타르 복합.	불포화 폴리에스테르 수지제 FRP판 커버로 내구성이 향상	현장타설 콘크리트와 일체화는 모르타르에 매립된 인서트 너트와 요철면에 의함.	표면이 FRP이기 때문에, 깊은 요철을 부착하는 것이 복잡함. 채색은 용이.	치수 : 1×1m 두께 : FRP 3mm 모르타르 37mm 전체두께 40mm	판두께 40mm	휨강도 15MPa 탄성계수 40GPa	약간 무거운 편(95kg/m²). 1개 유닛의 크기는 표준적으로 2×6m로서 줄눈처리는 유닛 사이에만 있음. 현장절단이 어려움.	유닛간 접합줄눈은 부틸 고무와 변성 실리콘계 줄눈으로 이중방수구조.
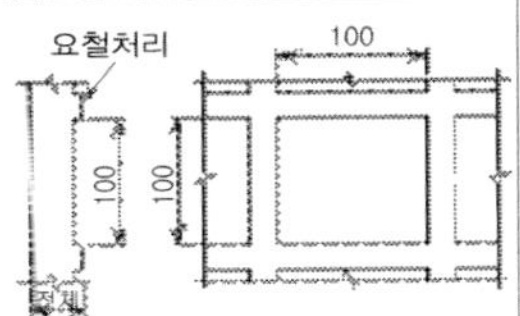 AQ 폼	스테인리스 단섬유 보강모르타르. 고밀도를 위하여 에트링가이트계 혼화재를 혼입.	고강도 모르타르로서 내구성이 확보.	현장타설 콘크리트와의 일체화는 격자형 리브로 이루어짐	표면은 보통 콘트리트면과 동등. 고무제 형틀을 사용하는 경우에 표면에 다양한 바탕이 가능. 곡면 및 채색도 가능	치수 : 1×2m 두께 : 30~50mm	판두께 30mm	휨강도 10MPa 탄성계수 35GPa	80kg/m²로 약간 무거움. 상대적으로 휨강도가 작기 때문에 취급 시에 파손에 주의가 요구됨.	서로 마주보는 구조를 원칙으로 하고, 에폭시수지계 접착제로 접착하고 실리콘 충진
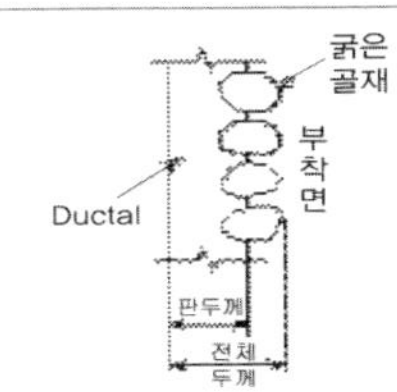 Ductal 폼	시멘트를 기재로 한 프리믹스타입의 고강도 모르타르에 강섬유 또는 유기섬유를 보강한 모르타르	고반응성 분체재료에 의해 고내구성을 확보. 고인성 보유	현장타설 콘크리트와의 일체화는 요철 또는 조골재 매립 표면형상.	표면은 보통 콘트리트면과 동등. 고무제 형틀을 사용하는 경우에 표면에 다양한 바탕이 가능. 곡면 및 채색도 가능	치수 : 1×2m 두께 : 15~30mm 전체두께 23~40mm	판두께 15mm	휨강도 10MPa (유기섬유) 15MPa (강섬유) 탄성계수 35GPa	단위중량에 대해 휨인장강도가 크기 때문에 경량화 가능. 현장설치 및 조정이 간단. 50~75kg/m²로 가벼운 편.	줄눈재에는 구조물 특성에 따라 실리콘수지 또는 에폭시수지를 사용. 줄눈구조는 V컷 처리방향에 대해서 내측 또는 외측부터 실시함. 단순하여 시공성이 우수.

11.5.2 고내구성 프리캐스트형틀의 용도

프리캐스트형틀은 염분의 침투성 및 중성화의 방식성능 향상과 미관 확보에 기대하여 해양환경하의 중요 구조물에 다수 적용되어 왔다. 신설 구조물만이 아니라 양호한 시공성을 살려 염해에 의해 열화한 기존구조물의 보수공사 등에 사용한다. 또한 내마모성 향상 효과를 살려 수로터널의 보수 및 돌 지지 콘크리트에도 활용되고 있으며(그림 11.36), 사장교의 주탑 등의 교량보 상부구조물에도 많이 적용되고 있다.

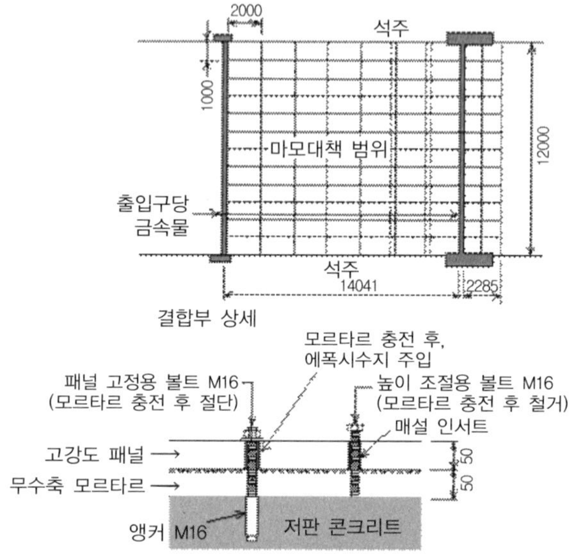

그림 11.36 **수로에 적용**

11.5.3 고내구성 프리캐스트형틀의 설계 · 시공상의 유의점과 시공수순

고내구성 프리캐스트형틀의 특성을 살려 설계를 행하는 데 있어서 사용하는 형틀의 특성을 고려한다. 고내구성 프리캐스트형틀의 종류와 구조물의 조합에 따라 구조부재의 유효단면에 고려될 수 있는 범위가 다르다. 형틀의 강도 및 탄성특성에 적당한 설계를 행하고 조인트를 일체화해 고려하면서 균열억제 설계를 수행할 것인가를 명확히 하며, 내구성 설계에 관련해서는 피복의 최소값과 유효피복범위를 확인하고, 또한 조인트부의 구조와 재료를 결정하도록 한다. 시공에 있어서는 형틀의 분할, 형틀로서의 설계, 지지 구조를 결정한 후에 운반 시의 취급방법, 접합 조립, 보강재에 의한 고정 등의 수순을 명확히 한다. 구조물로서의 내구성 확보를 위해 이러한 시공수순의 계획과 관리를 확실히 행하도록 한다.

참/고/문/헌

1. 정상진 외, 건축시공학, 기문당, 2013.
2. 정상진 외, 건축재료학, 기문당, 2013.
3. 정상진 외, 건축시공 신기술공법, 기문당, 2002.
4. 한국콘크리트학회, 최신콘크리트 공학, 기문당, 2005.
5. 한국콘크리트학회, 특수콘크리트 공학, 기문당, 2004.
6. 콘크리트 표준시방서, 한국콘크리트학회, 2009.
7. 日本土木學會, 콘크리트표준시방서, 日本土木學會, 2003.
8. 정재동, 콘크리트 재료공학, 기문당, 1998.
9. 한국레미콘공업협회, 2009년도 레미콘 통계연보, 2010.

연/습/문/제

1. 매스 콘크리트의 정의에 대하여 간략히 서술하시오.
2. 매스 콘크리트의 운도균열의 저감대책에 대해 서술하시오.
3. 수중 콘크리트란 무엇이고 타설방법에는 어떠한 것들이 있는지 서술하시오.
4. 프리팩트 콘크리트의 정의와 시공상에 있어 주의점에 대해 서술하시오.
5. 뿜칠 콘크리트의 정의와 뿜칠방식에 대해 서술하시오.

12 특수 구조물의 시공

본 장에 대하여

콘크리트 구조물의 시공법은 제9장에서 설명한 기본적인 방법을 바탕으로 공사마다 시공환경, 공기, 공비, 품질 등을 종합적으로 감안하여 설정된다. 따라서 모든 공사에 적용할 수 있는 표준 시공방법은 존재하지 않는다. 골재 최대치수가 큰 경우나 특수한 혼화재료를 이용하는 경우와 같이 특별한 재료, 배합을 이용하는 경우에는 생콘크리트 공장에서 콘크리트를 제조할 수 없기 때문에 현장에 배처 플랜트(Batcher Plant)를 설치하기도 하고, 타설이나 다지기에 특수한 방법을 이용해야 하는 터널복공(覆工)이나 포장공사에서는 그 조건에 맞춘 시공방법을 사용하고 있다. 고소(高所)작업이 필요한 공사 또는 대형 시공기계를 이용하는 공사 등에서도 시공방법은 각각 달라진다. 시공경험을 통해 형틀, 콘크리트 운반설비 등의 시공설비나 시공방법은 점차 시스템화 되었고, 각각의 구조물에 적합한 시공방법이 확립되고 있다.

본 장에서는 구조물의 중요성, 공사규모, 공사수 등을 고려하여 7종의 구조물을 선택하여 그 시공방법을 상세히 소개한다.

12.1 댐 콘크리트

12.1.1 댐의 구조형식

콘크리트 댐의 종류에는 중력식(그림 12.1), 아치식(그림 12.2), 중공중력식, 부벽(Buttress)식 등이 있다. 현재 가장 많은 형식은 중력식 콘크리트 댐이고, 그 다음은 아치식 댐이다. 중력식 콘크리트 댐은 저수지로부터의 수압을 제체(堤體)의 자중(自重)으로 지탱하는 구조로 되어 있고, 단면은 삼각형에 가까운 형태를 하고 있다. 아치식 댐은 수압을 좌우 물가 및 저부(底部)의 암반에 전달하여 지탱하는 것으로, 위에서 보면 아치 형상을 하고 있다.

그림 12.1 **중력식 댐**

그림 12.2 **아치식 댐**

12.1.2 중력식 콘크리트 댐의 시공법

중력식 콘크리트 댐의 시공법을 수축이음(Contraction Joint)의 설정법(블록 나누기)에 따라 분류하면 그림 12.3과 같이 크게 3종류로 나뉜다.

1) 주상(柱狀) 블록공법(주상공법)

주상 블록공법은 그림 12.4와 같이 세로이음(댐 축에 평행한 수축이음)과 가로이음(댐 축에 직각방향의 수축이음)을 마련하여 콘크리트를 타설하는 시공법이다. 세로이음은 제체의 일체성(기본삼각형)을 손상시키기 때문에 콘크리트 온도가 하강한 후에 시멘트 밀크를 충전하여 일체화를 모색한다. 한편, 가로이음은 저수지로부터의 누수경로가 될 수 있기 때문에 상류면 부근 및 하류면 부근에 지수판(止水板)을 설치한다. 1회당 콘크리트 타설높이, 즉 리프트 두께는 1.5m, 세로이음 간격은 25~30m, 가로이음 간격은 15m로 하여 시공하는 예가 많다.

2) 레이어공법(층상(層狀)공법)

레이어공법은 세로이음 없이 가로이음만을 설정하여 층상으로 콘크리트를 타설하는 시공법이다. 이 공법은 RCD공법에 의한 시공을 제외하면, 비교적 소규모의 댐에 사용되고 있다.

3) 확장레이어공법(전면(全面) 레이어공법)

확장레이어공법(ELCM : Extended Layer Construction Method)은 레이어공법을 댐 축 방향으로 확장한 시공법이다. 이 공법에서는 연속된 복수 블록을 리프트 차를 마련하지 않고 타설하기 때문에 주상 블록공법에 비하여 형상이 심플하여 합리화 시공이 가능하다. 그러나 온도균열 제어를 위한 가로이음을 설치할 수 없으므로 그림 12.5와 같이 콘크리트를 고르게 깐 후에 진동이음절단기를 사용하여 가로이음을 설치한다. 리프트 두께는 0.5~0.75m로 하여 시공하는 경우가 많다.

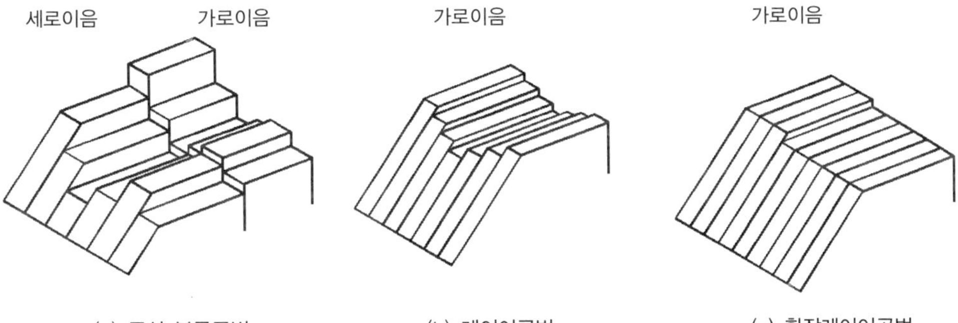

(a) 주상 블록공법 (b) 레이어공법 (c) 확장레이어공법

그림 12.3 **중력식 콘크리트 댐의 시공법**

이와 같이 댐 제체는 몇 개의 블록으로 분할하여 타설된다. 블록의 크기는 콘크리트 경화 시에 발생하는 시멘트 수화(水和) 발열에 의한 온도균열의 방지 및 콘크리트의 타설능력으로부터 정해지는 1일당 콘크리트 타설량의 제약에 따라 결정된다. 어떠한 시공방법을 사용할 것인가는 댐의 크기와 시공조건 등을 고려하여 결정된다.

그림 12.4 **주상 블록공법에 의한 시공**

한편, 콘크리트의 타설방법에 따라 분류하면, 슬럼프(Slump) 3~5cm의 콘크리트를 내부 진동기로 다지는 공법과 슬럼프 0의 초경련 콘크리트(Extremely Stiff Consistency Concrete)를 불도저로 고르게 깔고 진동롤러로 다지는 RCD(Roller Compacted Dam-Concrete공법)로 크게 나뉜다. RCD공법은 콘크리트 댐의 합리화 시공법으로서 일본에서 개발된 것으로 수축이음 설정법상의 확장레이어공법에 속한다. 종전의 공법에 비하여 불도저나 진동롤러 등과 같은 범용의 기계를 사용할 수 있고 대량 타설이 가능한 것 등에 의해 공기의 단축, 공비의 저감, 공사의 안전성 향상 등을 모색할 수 있기 때문에 중·대규모 콘크리트 댐의 주된 시공법으로 이용되고 있다(그림 12.6).

12.1.3 콘크리트의 배합

댐의 시공에 이용되는 콘크리트에는 소요 강도, 단위용적질량, 수밀성, 내구성 등 외에도 시멘트 수화열에 의한 온도상승량이 낮을 것, 작업방법에 적합한 시공연도(Workability)를 가지고 있을 것 등이 요구된다. 댐 콘크리트에 요구되는 강도로는 압축강도 외에 인장강도, 전단강도 등이 있다. 인장강도, 전단강도는 압축강도와 상관성이 있기 때문에 배합설계상은 압축강도를 기준으로 하고 있다. 일반적인 중력식 콘크리트 댐에서는 압축강도가 설계상의 문제는 없으며, 오히려 제체 질량이 구조안정성에 대하여 중요한 요소로 되기 때문에 콘크리트의 단위용적질량의 최대화가 요구된다.

중력식 콘크리트 댐에서의 제체 단면 내에서의 배합 구분은 그림 12.5와 같으며, 그 기능은 표 12.1과 같다. 아치식 콘크리트 댐의 경우에는 단면이 얇기 때문에 중력 콘크리트 댐과 같이 내부 콘크리트와 외부 콘크리트의 구분은 이루어져 있지 않다. 또한 규모가 큰 댐에서는 그림 12.5에서와 같이 그 제체 내에 통로가 설치되어 있다. 통로는 댐 완성 후의 방류설비의 점검, 각종 계기에 의한 제체 거동의 관측, 이음으로부터의 누수의 배출 등을 목적으로 하여 설치되며, 건설 중에는 기초암반으로의 그라우팅(Grouting)작업, 게이트 설치작업, 기초배수공(排水孔) 설치작업 등을 위하여 사용된다.

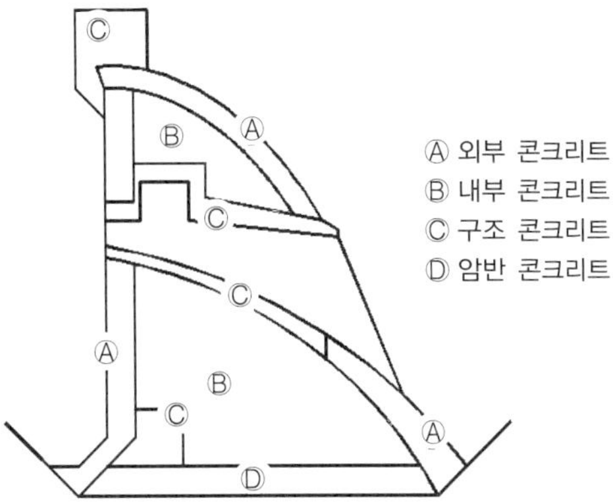

그림 12.5 **중력식 댐에서의 콘크리트 배합의 구분**

표 12.1 **댐 콘크리트에 요구되는 성능**

배합 구분	요구성능
내부 콘크리트	수압 등의 하중에 저항할 수 있는 강도, 단위용적질량 등이 요구된다. 또한 수밀성, 내구성, 균질성 및 시공성 등도 요구된다.
외부 콘크리트	내부 콘크리트와 같은 성능이 요구되나, 외부환경에 노출되는 부분이기 때문에 특히 뛰어난 지수성(止水性), 내구성 및 미관성이 요구된다.
구조 콘크리트	통로, 도류벽(導流壁) 등의 구조물에 이용하는 콘크리트로 철근콘크리트로서의 소요 강도, 시공성이 요구된다.
암반 콘크리트	내부 콘크리트에 요구되는 성능 중 특히 기초암반과의 일체성을 확보할 수 있는 시공성이 요구된다.

표 12.2 **댐 콘크리트의 배합 예**

콘크리트의 종류	굵은골재의 최대치수 (mm)	슬럼프 (mm)	공기량 (%)	물-결합재비 (%)	잔골재율 (%)	단위량(kg/m^3)					
						물	시멘트	혼화재	잔골재	굵은 골재	혼화제
댐 콘크리트 (내부)	150	40	4	65	25	91	98*1	42*2	535	1623	1.4
보통 콘크리트	20	120	4.5	55	42	165	300	–	754	1064	3.0

*1 중용열 포틀랜드 시멘트(Moderate Heat Cement)

*2 플라이애쉬(Fly Ash)

댐 콘크리트의 배합 예는 표 12.2와 같다. 통상의 구조물에 이용되는 콘크리트 굵은 골재 최대치수는 20mm 또는 40mm인 데에 비해 댐 콘크리트에서는 80mm 또는 150mm로 하는 경우가 많다. 굵은골재 최대치수를 크게 하는 것은 단위수량을 적게 할 수 있기 때문이며, 일반적인 단위수량은 90~105kg/m^{3}의 범위이다. 슬럼프와 공기량은 40mm 체로 습식 체가름(Wet Screening)한 콘크리트에서 20~50mm, 5±1%로 하고 있다. 단, RCD공법에서는 콘크리트를 불도저로 고르게 깔고 진동롤러로 다지기 때문에 슬럼프는 0이다. 컨시스턴시(Consistency)는 용기 내에 콘크리트를 채워 테이블 바이브레이터로 진동을 주고, 모르타르가 부상(浮上)할 때까지의 시간을 측정하는 VC시험기를 이용해 판정한다.

12.1.4 콘크리트의 제조, 운반

일반적인 댐에서는 그림 12.6에 나타냈듯이 현장 내에 전용 배처 플랜트를 설치하여 댐 콘크리트를 제조한다. 믹서로는 중력식 믹서, 수평이축형 강제비빔믹서가 주로 사용된다.

그림 12.6 **콘크리트 플랜트, 운반설비의 배치 사례**

플랜트에서 제내(堤內)로의 콘크리트 운반은 주상 블록공법에서는 타워 크레인, 케이블 크레인, 집 크레인 등, RCD공법에서는 케이블 크레인, 인클라인(Incline), 덤프트럭, 벨트 컨베이어 등이 사용되고 있다. 운반설비의 선정은 댐 부지의 형상, 환경조건, 시공성, 경제성 등을 감안하여 결정할 필요가 있다.

12.1.5 그린 컷(Green Cut)

콘크리트의 수평시공이음(Construction Joint)은 댐 제체의 구조적 안정성(전단, 활동(滑動)에 대한 안전성)과 수밀성을 확보한 상태에서 문제가 발생하지 않도록 정성스럽게 시공해야 한다. 즉 이전 콘크리트 위에 새로운 콘크리트를 타설하는 경우에는 이전 콘크리트 표면의 레이턴스(Laitance)를 제거하여 골재를 노출시키는데, 이와 같은 이어치기 처리를 그린 컷이라 한다. 그린 컷은 콘크리트가 충분히 경화되기 전에 실시하고, 슬럼프가 있는 콘크리트를 이용하는 공법에서는 타설 5~10시간 후, RCD공법에서는 24~36시간 후에 이루어진다. 또한 상층에 콘크리트를 이어 칠 때에는 고압수로 더욱 정성스럽게 청소하고 모르타르를 고르게 깔고 나서 타설하도록 한다.

12.1.6 콘크리트의 타설

주상 블록법에서는 리프트 두께를 1.5m로 하는 경우가 많고 타설 다지기는 층으로 나누어 실시한다. 다지기는 그림 12.7과 같이, 굴착기에 복수의 진동 바이브레이터를 부착한 기계가 이용된다.

그림 12.7 RCD공법에서의 진동롤러에 의한 다지기

RCD공법에서는 콘크리트를 불도저로 3~4층으로 고르게 깔고 그림 12.7과 같이 진동롤러를 이용해 무진동으로 2회, 진동전압(轉壓)을 6회 한 후, 무진동으로 2회의 마무리 전압을 50cm 또는 75cm 두께로 하는 것이 표준적이다. 슬럼프 0의 초경련 콘크리트를 이용하기 때문에 운반, 타설면으로의 배출 시에 굵은골재가 분리, 집중되는 경향이 있으므로 박층으로 고르게 깔 때에 불도저로 휘저어 섞으면서 균등질해지도록 정성스럽게 실시하는 것이 중요하다. 또한 RCD공법에서는 내구성과 수밀성을 확보하는 관점에서 외부 콘크리트 또는 통로 등의 구조물 주변은 슬럼프가 있는 콘크리트를 이용해 시공된다.

12.1.7 온도규제

콘크리트는 시멘트의 수화 발열에 기인하는 온도상승을 동반한다. 특히 댐과 같은 매스 콘크리트(Mass Concrete)에서는 층상으로 콘크리트를 겹쳐서 치기 때문에 방열되기 어려워 높은 온도상승을 보인다. 온도가 하강하는 과정에서는 콘크리트의 용적이 감소하는데, 이 용적감소가 기초암반에 구속되면 콘크리트에 인장응력이 발생하고, 이것이 인장강도를 상회하면 균열이 발생한다. 균열이 발생하지 않도록 콘크리트의 온도상승량과 온도하강속도를 제어하는 것을 온도규제라 한다. 목표로 하는 온도상승량의 상한, 온도하강속도는 환경조건, 시공조건 등을 고려한 온도응력해석을 실시하여 온도규제 범위를 설정한다.

온도규제의 방법에는 일반적으로 다음과 같은 것이 있다.

(1) 프리쿨링(Pre-Cooling)

콘크리트의 비빔온도를 낮게 하는 방법으로 골재나 물을 사전에 식혀 섞는 Flake Ice를 이용해 비비는 방법 등이 있다.

(2) 파이프쿨링(Pipe-Cooling)

콘크리트 경화 시의 온도상승량을 저하시키거나 온도하강속도를 제어하는 방법으로 콘크리트 수평시공이음면에 직경 1인치 정도의 파이프를 1.5~2m 간격으로 설치하고 콘크리트 타설 후에 파이프 내에 냉각수를 송수(送水)하는 방법이다.

(3) 저발열 시멘트의 사용

수화 발열량이 작은 시멘트나 발열량을 제어하는 혼화재를 이용하는 방법이다. 시멘트로는 일반적으로 중용열 포틀랜드 시멘트나 혼합 시멘트(고로(高爐) 시멘트, 플라이애쉬 시멘트)가 이용되고 혼화재로는 플라이애쉬가 이용된다. 단, 고로 시멘트는 발열제어 효과가 인정되지 않은 것도 있으므로 유의한다.

(4) 콘크리트 타설속도의 규제

콘크리트의 리프트 두께가 두껍고 리프트 간의 타설시간 간격이 짧으면 온도상승량이 커지는데, 리프트 두께나 리프트 간의 타설간격을 제어함으로써 목표온도 이하로 관리하는 방법이다.

(5) 보온양생

콘크리트의 타설이 기온이 낮은 시기에 이루어지는 경우에는 콘크리트 내부와 표면에 온도차가 크게 발생하여 콘크리트 표면에 균열이 발생하는 경우가 있다. 이와 같은 균열을 방지하기 위해서는 콘크리트 타설면을 단열재나 전열(電熱)양생매트 등으로 보온하여 콘크리트 내외의 온도차를 적게 하는 대책을 실시한다.

12.1.8 합리화 시공, 환경부하 저감을 위한 신기술

1) 프리캐스트(Precast)공법에 의한 통로의 합리화 시공

그림 12.8 **프리캐스트공법에 의한 제내 통로의 시공**

댐 제내에서의 통로 구축은 철근공과 형틀공 등의 대부분이 인력에 의존하고 있어 합리화 시공의 장애물이 되며, 경사로부분은 시공 시의 안전성 개선이 요구된다. 따라서 그림 12.8과 같이 구조철근을 내포한 프리캐스트 콘크리트를 조립하여 현장타설 댐 콘크리트와 일체화시키는 공법이 자주 채택되고 있다. 일체화를 모색하기 위한 방법으로서 프리캐스트 외면의 형틀에 응결지연제를 도포해두고, 탈형 직후에 콘크리트 표면을 고압수로 씻어내어 골재를 노출시키고 있다. 또한 프리캐스트 바닥판 아래에는 충전성을 확보하기 위하여 고유동 콘크리트를 타설해 일체화 하고 있다.

2) 저품질 골재의 유효이용

콘크리트양이 많은 댐에서는 골재를 현지에서 생산하는 경우가 대부분이고, 다량의 폐기암(廢棄岩)과 부산물 등이 산출된다. 따라서 현장 부하를 저감할 목적으로 종전의 품질규준에 적합하지 않은 저품질의 골재를 내부 콘크리트용으로 이용하는 폐기암을 최대한 줄이는 방법이 늘어나고 있다.

또한 보다 저품질인 재료로서 하상(河床) 모래, 자갈이나 굴삭토(掘削土) 등과 같은 현장 발생토에 시멘트를 혼합한 CSG(Cemented Sand and Gravel)재료를 이용한 사다리꼴 CSG 댐의 개발이 추진되고 있다. 이 공법은 제체 형상을 사다리꼴로 하는 것으로 소요 강도가 작아도 되기 때문에 저품질인 재료를 다량으로 사용하여 폐기암을 줄이면서 간편한 시공설비에 의해 신속하게 시공할 수 있다는 장점을 가지고 있다. 환경부하의 저감효과가 큰 합리화 시공으로서 앞으로의 발전이 기대되고 있다.

12.2 포장용 콘크리트의 시공

12.2.1 콘크리트 포장

포장에는 아스팔트 콘크리트 포장과 시멘트 콘크리트 포장이 있는데, 일반적으로 말하는 콘크리트 포장은 후자를 가리킨다. 콘크리트 포장은 내구성이 뛰어나기에 교통량이 많은 곳에 적합하다는 장점이 있다. 그 구조는 콘크리트판, 노반(路盤), 노상(路床)으로 이루어져 있고, 판과 노반을 포장이라 정의하며, 그 아래의 층을 노상이라 한다.

콘크리트판에는 그림 12.9와 같이 다양한 것이 있으나 보통 콘크리트판이 많이 이용되고 있다. 본 절에서는 보통 콘크리트판과 연속철근 콘크리트판에 관계되는 사항에 대하여 소개한다.

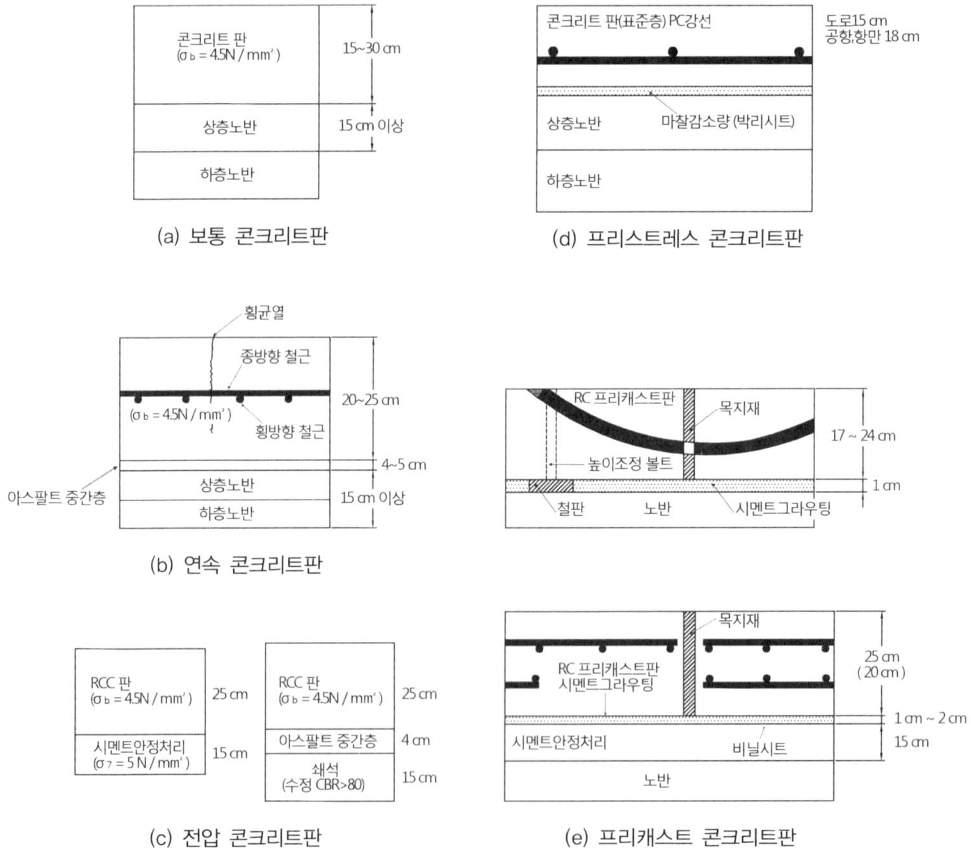

그림 12.9 **각종 콘크리트 포장의 구성**

콘크리트판의 두께는 교통하중이나 온도변화 등에 따라 발생하는 휨응력의 반복작용에 대하여 콘크리트판에 피로균열이 발생하지 않도록 설계내용연수, 노반의 지지력 계수 및 콘크리트판의 설계기준 휨강도 등에 기초하여 설계한다. 그러나 설계의 간편함과 시공의 합리성으로 인해 일본의 도로포장에서는 통상 경험적으로 설계연수를 20년, 콘크리트판의 설계기준 휨강도를 4.4N/mm^{2}로 계산하여 교통하중 조건에 따라 표 12.3의 표준적인 두께가 적용되고 있다. 공항포장에서는 설계연수를 10년, 콘크리트판의 설계기준 휨강도를 5.0N/mm^{2}로 하고, 항공기의 설계하중, 포장 구역, 반복작용 횟수 등에 의해 설정되고 있다. 참고로 탑승주기장(Loading Apron) 등의 A포장 구역의 판두께는 표 12.4와 같다.

온도변화나 수축에 의한 균열을 막을 목적으로 콘크리트판에 이음이 설정되나, 주행시의 승차감을 나쁘게 하고 콘크리트판의 구조상의 약점이 되기도 하므로 최대한 적게 하는 것이 바람직하다. 이음은 설계위치에 따라 가로이음과 세로이음이 있으며, 기능에 따라 팽창이음, 수축이음, 시공이음으로 분류된다.

표 12.3 **도로포장에서의 콘크리트판 두께의 표준**

대형 자동차의 평균적 교통량 T (대수/일 · 방향)	보통 콘크리트판		연속철근 콘크리트판	
	설계기준 휨강도 (MPa)	판두께 (mm)	설계기준 휨강도 (MPa)	판두께 (mm)
3,000≤T	4.4	300	4.4	250
1,000≤T<3,000	4.4	280	4.4	250
250≤T<1,000	4.4	250	4.4	200
100≤T<250	4.4(3.9)	200(250)	4.4	200
T<100	4.4(3.9)	150(200)	4.4	200

표 12.4 **공항포장에서의 콘크리트판 두께의 예(Loading Apron 등의 A포장 구역)**

설계하중의 구분	대표 기종	판두께(mm)		
		설계 반복작용 횟수		
		M	N	O
LA-1	B-747-400	370	420	450
LA-12	A-300B4	320	360	390
LA-2	A-320	300	340	360
LA-3	DC-9-41	270	300	320

M=3,000회, N=5,000, 10,000, 20,000회, O=40,000회
노반의 지지력 계수 K_{75}는 70MN/m^3

12.2.2 포장용 콘크리트

1) 품질

콘크리트판은 두께가 얇고 평면적인 넓이를 가진 평판구조로, 교통하중의 반복작용과 기온변화나 건습반복 등과 같은 자연현상의 영향을 직접적으로 받는 가혹한 사용조건에 노출된 콘크리트 구조물이다. 기능적으로는 자동차나 항공기의 주행 시의 안전성이나 쾌적성을 확보하기 위하여 노면의 평탄성과 적정한 조면(粗面)이 요구된다.

이와 같은 사용조건에 대한 콘크리트판이 소요 성능을 충족시키기 위해 포장용 콘크리트로서의 필요한 품질은 ① 작업에 적합한 워커빌리티를 가지며, 소정의 표면마무리가 가능할 것, ② 소정의 휨강도, 기상작용에 대한 내구성이 클 것, ③ 수화열과 건조수축이 적을 것, ④ 마모저항성이 높을 것, ⑤ 미끄러짐 저항성이 높을 것 등이다.

2) 재료

시멘트는 수축이 작고 초기재령에서의 수화발열량이 작은 것이 바람직하다. 일반적으로는 보통 포틀랜드 시멘트가 이용되나, 양생기간을 충분히 확보할 수 있는 경우에는 건조수축이나 수화열이 작고 장기강도의 증진을 기대할 수 있는 중용열 포틀랜드 시멘트나 고로슬래그, 플라이애쉬 등의 혼합 시멘트가 이용되는 경우가 있다. 또한 조기의 교통개방이 필요해지는 경우나 한중시공인 경우 등에서는 조강 포틀랜드 시멘트(High Early Strength Portland Cement)가 이용되는 경우가 있다.

잔골재는 워커빌리티에 영향을 미치는 입도분포가 중요하다. 즉 세립분(細粒分)이 많으면 단위수량이 많아지고, 조립분(粗粒分)이 많으면 블리딩이 커져 표면마무리 작업이 어려워진다. 따라서 미끄럼 저항성을 높일 필요가 있는 경우에는 경질의 잔골재를 이용하는 것이 좋다. 굵은골재에는 마모저항성이 높은 것을 이용할 필요가 있고, 그 최대치수는 소요 워커빌리티를 확보하면서 단위수량을 줄이기 위하여 40mm로 하는 경우가 많다.

워커빌리티를 개선하고 단위수량을 줄이며, 나아가 내동해성의 향상을 모색할 목적으로 AE제, 감수제, AE감수제, 고성능 AE감수제 등의 혼화제가 이용된다. 감수제나 AE감수제는 표준형, 지연형, 촉진형의 3종류가 있고, 콘크리트의 운반시간이나 시공시기 등과 같은 시공조건에 따라 선정하는 것이 중요하다. 고성능 AE감수제의 효과는 사용하는 시멘트의 종류나 혼화재의 종류 및 품질 등의 사용조건에 따라 달라지는 경우가 있으므로 주의한다. 이 밖에도 콘크리트의 응결시간을 조정하는 지연제나 촉진제 등이 이용되고 있다.

고로슬래그 미분말이나 플라이애쉬는 유동성이나 분리저항성의 향상, 수화열에 의한 온도상승의 억제, 장기강도의 증진, 알칼리골재반응의 억제 등과 같은 장점을 가지고 있으나, 양생의 영향을 받기 쉽기 때문에 충분한 관리가 필요하다.

3) 배합

배합 휨강도 f_{br}은 콘크리트판의 설계기준 휨강도 f_{bk}를 일정한 확률로 밑도는 일이 없도록 적절하게 할증시켜 설정되어 있다. 여기에서 f_{bk}는 일반적으로 도로포장에서는 4.4N/mm^2, 공항포장에서는 5.0N/mm^{2}로 되어 있다. 할증계수의 값은 토목학회 "콘크리트표준시방서[포장 편]"에 의하면, 현장에서의 시험값이 f_{bk}를 밑돌 확률이 5% 이하가 되도록, 그리고 일반적으로 1회의 시험값이 설계기준강도의 85% 이상이고 3회의 시험값의 평균값이 f_{bk}를 밑돌지 않는 것을 그 조건으로 정하고 있다. 지금까지는 충분한 안전을 예상하여 1.15의 값이 많이 이용되고 있다. 그리고 콘크리트의 강도에 미치는 치수효과는 휨강도에서 현저하기 때문에 f_{bk}는 시험공시체와 콘크리트판 두께의 차이를 고려하여 적절하게 정하도록 한다.

포장용 콘크리트는 적정 질기와 함께 다웰 바(Dowel Bar), 타이 바(Tie Bar), 철근 등의 주위에 충분히 퍼지는 포설방법에 따른 워커빌리티와 소요 평탄성을 쉽게 얻을 수 있는 피니셔빌리티(Finishability)를 가질 필요가 있다. 포설 시 콘크리트의 컨시스턴시의 경우, 형틀을 이용하는 셋폼(Set Form) 방식의 시공에서는 슬럼프 2.5cm, 침하도 30초, 형틀을 이용하지 않는 슬립폼(Slip Form) 방식의 시공에서는 슬럼프 3~5cm를 표준으로 하고 있다. 단, 애지데이터 트럭(Agitator Truck)을 이용하여 운반하는 경우, 답괘판(Approach Cushion Slab)의 포설, 인력에 의한 포설 등에서는 슬럼프 6.5cm 정도가 표준으로 되어 있다.

단위수량은 소요 컨시스턴시를 얻을 수 있는 범위에서 최대한 줄이고 단위시멘트양은 소요 품질, 특히 휨강도와 내구성을 얻을 수 있도록 정한다. 즉 소요 휨강도를 얻는 데 필요한 물-시멘트비와 표 12.5에 나타내는 기상조건에 대한 내구성을 위하여 필요한 물-시멘트비 중에서 작은 쪽의 값을 이용해 단위시멘트양을 정한다. 일반적으로 굵은골재 최대치수 40mm, 슬럼프 2.5cm, 설계기준 휨강도가 4.4N/mm^{2}인 콘크리트에서의 단위시멘트양은 280~350kg이 표준이다.

단위 굵은골재 용적 또는 잔골재율은 소요 워커빌리티 또는 피니셔빌리티를 얻을 수 있는 범위에서 단위수량이 최소가 되도록 정한다. 통상의 경우, 표 12.6을 참고로 하여 단위 굵은골재 용적을 정하고, 그것으로부터 배합을 결정하면 된다.

표 12.5 **내구성으로부터 정해지는 물-시멘트비의 최대값**

(1) 특히 혹독한 기후로 동결융해가 종종 반복되는 경우	45%
(2) 동결융해가 때때로 일어나는 경우	50%

표 12.6 **콘크리트의 단위 굵은골재량의 참고값**

이 표의 값은 조립률(粗粒率) FM=2.80의 잔골재를 이용한 침하도 30초(슬럼프 약 2.5cm)의 AE콘크리트에서 믹서로부터 배출 직후인 것에 적용한다.

굵은골재의 최대치수 (mm)	자갈 콘크리트		쇄석 콘크리트	
	단위 굵은골재 용적	단위수량(kg)	단위 굵은골재 용적	단위수량(kg)
40	0.76	115	0.73	130
30		120		135
25		125		140
20		125		140

상기와 조건이 다른 경우의 보정		
조건의 변화	단위 잔골재 용적	단위수량
잔골재의 조립률(FM)의 증감에 대하여	단위 굵은골재 용적=(위의 단위 굵은골재 용적)×(1.37−0.133FM)	보정하지 않는다.
침하도 10초의 증감에 대하여	보정하지 않는다.	2.5kg의 감소와 증가
공기량 1%의 증감에 대하여		2.5%의 감소와 증가

1) 자갈에 쇄석이 혼입되어 있는 경우의 단위수량 및 단위 굵은골재 용적은 위의 표의 값이 직선적으로 변화하는 것으로 하여 구한다.
2) 단위수량과 침하도와의 관계는 (log침하도)~단위수량이 직선적 관계에 있고, 침하도 10초의 변화에 해당하는 단위수량의 변화는 침하도 30초 정도의 경우는 2.5kg, 침하도 50초 정도의 경우는 1.5kg, 침하도 80초 정도의 경우는 1kg이다.
3) 슬럼프 6.5cm인 경우의 단위수량은 위의 표의 값보다 8kg 증가한다.
4) 단위수량과 슬럼프와의 관계를 보면, 슬럼프 1cm의 변화에 해당하는 단위수량 변화의 경우 슬럼프 8cm 정도의 경우는 1.5kg, 슬럼프 5cm 정도의 경우는 2kg, 슬럼프 2.5cm 정도의 경우는 4kg, 슬럼프 1cm 정도의 경우는 7kg이다.
5) 잔골재의 FM 증감에 동반되는 단위굵은골재 용적의 보정은 잔골재의 FM이 2.2~3.3의 범위에 있는 경우에 적용되는 식을 나타낸다.
6) 고로슬래그 굵은골재 콘크리트의 경우는 표에 나타나 있는 쇄석 콘크리트와 같은 것으로 해도 좋다.

4) 콘크리트의 제조와 운반

콘크리트의 제조는 공장 또는 현장에 설치한 플랜트에서 이루어지나 콘크리트판의 종류나 포설방법에 따라 소정의 품질을 얻을 수 있도록 제조한다. 단, 제조 시에 저장, 계량, 믹서 등의 제조설비가 소요 성능을 충족해야만 한다.

포장용 콘크리트는 된배합이어서 운반 중의 분리가 적은 반면에 애지테이터 트럭으로는 배출이 곤란한 경우가 있다. 따라서 콘크리트를 내릴 시의 슬럼프가 5cm 미만인 경우에는 덤프트럭을 이용하고 5cm 이상인 경우는 애지테이터 트럭이 이용된다. 콘크리트를 비비고 나서 내릴 때까지의 시간은 일반적으로 덤프트럭 사용의 경우는 1시간 이내, 애지테이터 트럭 사용의 경우는 1.5시간 이내를 원칙으로 하고 있다. 외기온이 25℃를 넘는 경우는 1시간 이내로 하는 것이 좋다.

12.2.3 콘크리트판의 포설

1) 공법

보통 콘크리트판이나 연속철근 콘크리트판을 포설하는 기계화 시공의 방식에는 셋폼공법(그림 12.10~그림 12.12)와 슬립폼공법(표 12.8)이 있다. 셋폼공법은 소요 품질이나 완성형을 확보하기 위하여 형틀을 설치해 일련의 포설작업을 실시하는 방법이다. 한편, 슬립폼공법은 형틀을 설치하는 일 없이 슬립폼 페이버(Slip Form Paver)로 고르게 깔고 다지기, 평탄마무리의 작업을 실시하여 소요 품질이나 완성형태를 확보하는 방법으로 이것에 의해 시공의 합리화 및 자원절약화를 모색하고 있다.

그림 12.10 **셋폼공법에 의한 보통 콘크리트판의 시공**

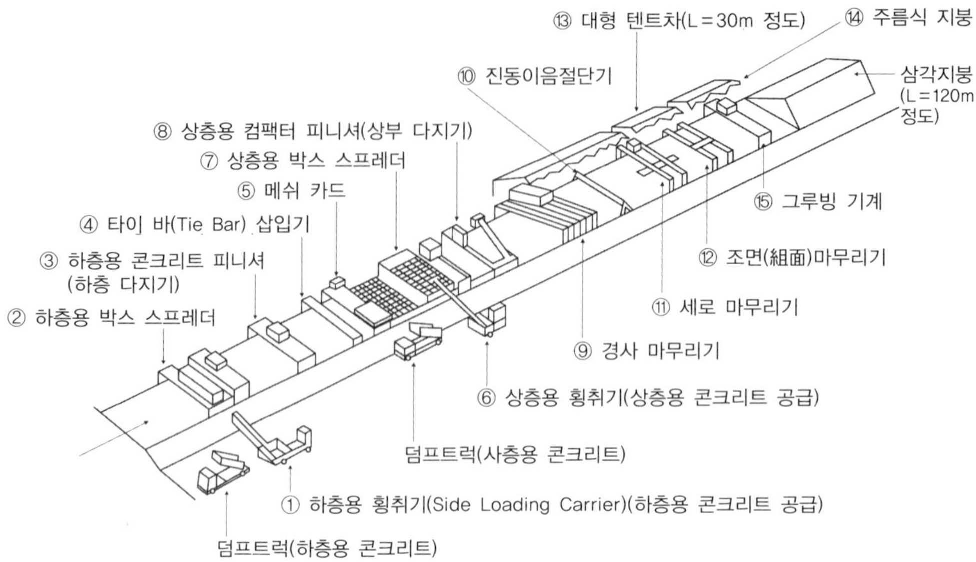

그림 12.11 **대형 기계화 공사 예**

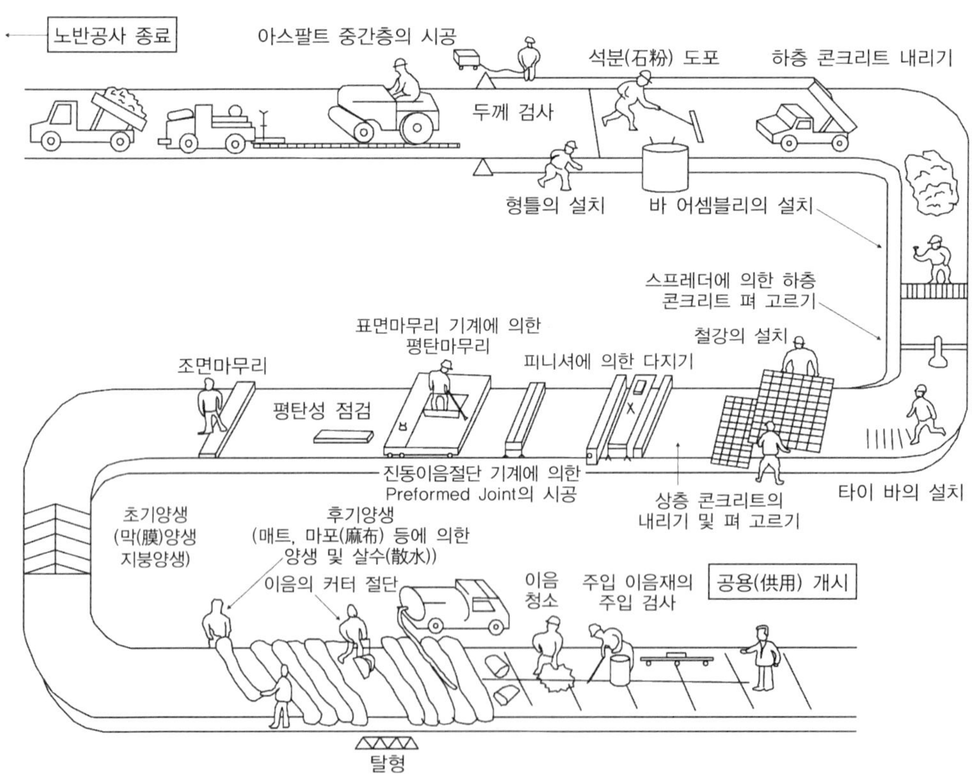

그림 12.12 **콘크리트판 포설작업 순서 예**

표 12.7 **셋폼공법에 의한 보통 콘크리트판의 시공 공정의 예**

비비기	운반								Preformed Joint 설치			이음 홈 설치	
형틀 및 레일의 설치	노반 면의 청소	바 어셈블리 설치	콘크리트 내리기	펴 고르기 (하층)	철강 및 둘레부 보강 철근 설치	펴 고르기 (상층)	다지기 거친 마무리	평탄 마무리		조면 마무리	양생제 살포 (초기 양생)	후기 양생	이음재 주입

표 12.8 **슬립폼공법에 의한 연속철근 콘크리트판의 시공 공정의 예**

비비기	운반					
센서 라인의 설치	노반면의 청소	철근 부설	콘크리트 내리기	펴 고르기 다지기 거친 마무리 평탄마무리	조면마무리 양생제 살포 (초기양생)	후기양생

2) 펴 고르기

셋폼공법에서 사용되는 형틀은 포설기계의 주행 시에도 변형이 없는 견고한 구조의 것이 이용된다.

콘크리트를 포설하기 전에는 ① 노반의 마무리 상태, ② 형틀 또는 센서 라인의 설치 상황, ③ 보통 콘크리트판 등의 바 어셈블리(Bar Assembly), 연속철근 콘크리트판의 철근의 배치상황, ④ 포설기계나 양생 준비 등을 점검해둘 필요가 있다.

셋폼공법에서는 스프레더(Spreader)에 의해 펴 고르기가 이루어지고 슬립폼공법에서 콘크리트의 펴 고르기는 슬립폼 페이버의 스프레더로 이루어진다.

3) 다지기

셋폼공법에서는 피니셔를 이용해 다지는데, 형틀의 가장자리부, 이음 부근 등에서는 다지기가 불충분해지기 쉽기 때문에 봉 바이브레이터 등을 사용해 콘크리트를 다지도록 한다.

슬립폼공법에서는 장착되어 있는 복수의 L형 바이브레이터에 의해 다진 후, 그 후부에 있는 스크루 오거(Screw Auger)에 의해 여분으로 쌓인 곤크리트를 고르게 편 것을 탬퍼(Tamper)로 재차 다진다.

4) 표면마무리

셋폼공법에서는 피니싱 스크리드(Finishing Screed)에 의해 거친 마무리가 이루어진 후, 표면마무리기에 의해 평탄마무리를 실시한다. 슬립폼공법에서는 슬립폼 몰드와 후부의 피니싱 스크리드 속을 통과시켜 소정의 폭과 높이로 정형화하고 슬립폼 페이버의 최후부에 있는 세로형 플로트로 평탄마무리를 실시한다.

조면마무리는 표면 미끄러짐 저항을 크게 하면서 노면으로부터의 광선반사를 완화시키기 위하여 가는 선을 표면에 입히는 작업으로 강선(鋼線) 등으로 만든 브러시를 부착한 조면마무리기에 의해 또는 빗자루나 브러시 등을 이용해 수작업에 의해 이루어진다. 슬립폼공법에서 조면마무리는 초기양생을 실시하기 위한 양생제 살포기를 겸한 조면마무리기에 의해 이루어지는 경우가 많다.

5) 양생

콘크리트판은 표면적이 크기 때문에 일사나 바람 등의 영향을 받아 건조되기 쉽고 온도변화가 일어나기 쉽다. 따라서 소정의 품질을 확보하기 위하여 초기양생이 중요해진다. 표면마무리 작업이 끝난 후 콘크리트판의 표면을 망가트리지 않으면서 경화될 때까지 실시하는 양생을 초기양생이라 하는데, 막양생 상태에서 삼각지붕 덮개를 사용하는 경우가 많다. 막양생은 피막형 또는 침투형의 양생제를 콘크리트판 표면에 살포하고 그 표면에 수밀성의 막을 만들어 콘크리트로부터의 수분증발을 막는 것이다. 양생제는 콘크리트의 온도변화 방지 등을 위하여 백색안료를 섞은 것이 많이 이용되고 있다. 초기양생에 이어서 콘크리트의 경화가 충분히 증진되도록 수분을 공급하는 양생을 습윤양생이라 하는데, 양생매트 등으로 콘크리트판 표면을 덮고, 항상 습윤상태에 있도록 물을 뿌린다.

양생기간은 현장양생 공시체의 휨강도가 배합강도의 70%에 달할 때까지로 한다. 이것은 콘크리트의 휨강도가 28일 강도의 70%에 달하면, 그 후에 양생이 중지되어도 휨강도의 증진에 영향을 미치지 않는다는 실험결과에 의한 것이다. 시험에 따르지 않는 경우에는 보통 포틀랜드 시멘트를 사용한 경우 2주일, 조강 포틀랜드 시멘트를 사용한 경우 1주일, 중용열 포틀랜드 시멘트 및 플라이애쉬 시멘트를 사용한 경우 3주일을 표준으로 하고 있다.

12.3 터널복공(覆工) 콘크리트

12.3.1 산악 터널

1) 복공 콘크리트

현재 산악 터널의 시공법은 NATM(New Austrian Tunneling Method)이 주를 이루고 있으며, 숏크리트(Shotcrete)나 록볼트(Rockbolt)로 대표되는 1차 지보(支保) 시공 후에 타설되는 아치 콘크리트, 측벽 콘크리트, 인버트 콘크리트(Invert Concrete)를 총칭하여 복공 콘크리트라 하고 있다.

그림 12.13에 산악 터널의 단면을 나타냈다. 숏크리트와 복공 콘크리트 사이에는 방수 및 복공 콘크리트의 균열저감을 목적으로 아이솔레이션 시트(Isolation Sheet)가 설치된다.

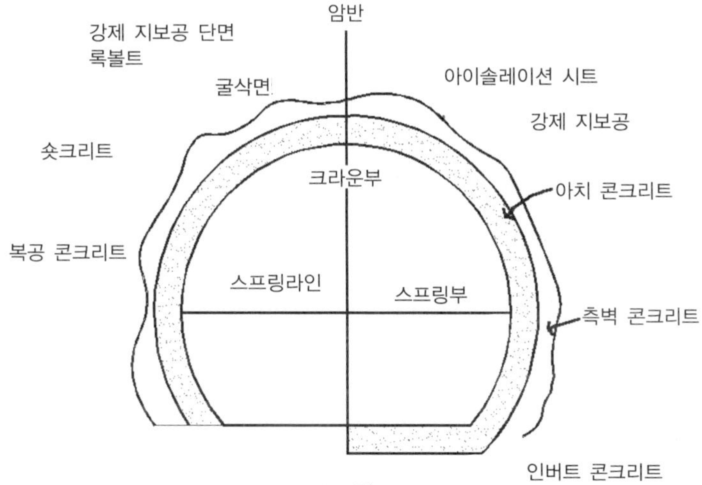

그림 12.13 **산악 터널 단면**

2) 시공의 특수성

복공 콘크리트의 시공에는 통상의 시공과 다른 점이 몇 가지가 있다. ① 타설에는 센터링(Centering)이라는 특수한 형틀이 이용된다(그림 12.14 및 그림 12.15), ② 크라운(Crown)부에 타설되는 콘크리트는 다지기를 거의 할 수가 없다, ③ 타설 주기가 1일 또는 2일에 1주기이고 탈형시간이 12~16시간, 탈형강도가 1~3N/mm^{2}로 매우 작다는 점 등이 있다.

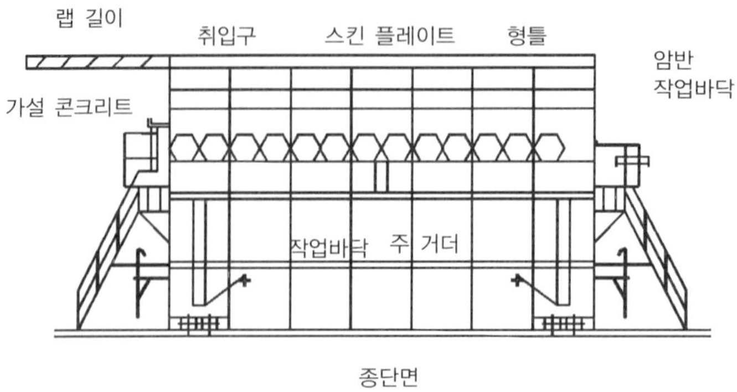

그림 12.14 **센터링의 예**

그림 12.15 **산악 터널 복공 콘크리트용 센터링**

3) 복공 콘크리트의 설계

NATM의 경우 복공 콘크리트는 원칙적으로 계측에 의해 안정을 확인한 후 장기에 걸쳐 안전성의 향상 및 공용성(방수성, 방화성, 내공(內空)유지성 등)의 확보를 목적으로 하여 시공되고 있다. 따라서 복공 콘크리트에는 통상 구조내력은 기대되고 있지 않기 때문에 두르기 두께는 경험적으로 정해져 있고, 30cm(대단면인 경우에는 50~60cm)를 표준으로 하는 무근 콘크리트가 일반적이다. 단, 구조내력이 명확하게 요구되는 경우(내수압이나 외수압이 작용하는 수로 터널 등)에는 철근콘크리트 구조로 된다.

4) 타설순서

측벽 및 아치의 타설순서는 다음과 같다. 센터링에는 검사창이라 불리는 개구부가 몇 개 설치되어 있고, 측벽 및 아치 하부의 콘크리트는 이 검사창을 통하여 타설되며, 내부 진동기로 다져진다. 작업종료 후에는 검사창을 닫으며 콘크리트의 타설면이 상승함과 함께 상부 검사창을 사용해 작업을 실시한다. 크라운부의 타설은 취입구로부터 콘크리트를 타설하고 정상부 검사창을 이용해 다진다. 모든 검사창 폐쇄 후에는 형틀진동기나 신축식 진동기를 이용하지 않는 한, 다지기를 실시할 수가 없다.

표 12.9 **지침에서 상정하고 있는 기본적인 시공방법**

단계	위치	항목	표준
운반	–	운반방법	콘크리트 펌프
타설	인버트, 측벽, 아치 하부	토출구로부터 타설면까지의 낙하높이	1.5m 이하
		타설하는 1층의 높이	40~50cm 정도
		유동거리	유동시키지 않음
	크라운부	타설방법	취입구로부터 불어넣기
		유동거리	10m 정도
다지기	인버트, 측벽, 아치 하부	다지기 방법	내부 진동기
		진동기의 삽입간격	50cm 정도
		진동기의 삽입깊이	하층 콘크리트 속에 10cm 정도
		1곳당의 진동시간	5~15초
	크라운부	다지기 방법	다지기 없음
양생		양생방법, 양생기간(평균 기온 15℃)	습윤양생 보통 포틀랜드 시멘트 : 5일 조강 포틀랜드 시멘트 : 3일 고로 시멘트 : 7일 플라이애쉬 시멘트 : 7일 저열 포틀랜드 시멘트 : 7일

2000년 7월 토목학회에서 제정된 "터널 콘크리트 시공지침(안)" (이하, 지침)에서 상정하고 있는 기본적 시공방법은 표 12.9와 같다. 지침에 따르면 크라운부의 다지기를 제외하고 통상의 콘크리트와 거의 동일한 시공을 실시하는 것이 상정되어 있다. 즉 콘크리트의 낙하높이 1.5m 이하, 1층의 타설높이 40~50cm, 콘크리트는 유동시키지 않고 내부 진동기를 50cm 정도의 간격으로 삽입하여 5~15초 정도 다진다. 콘크리트의

타설은 좌우대칭으로 콘크리트가 센터링에 편하중을 작용시키지 않도록 실시할 필요가 있기 때문에 토출구의 이동과 진동기에 의한 다지기에 적절한 관리가 요구된다.

한편, 크라운부의 경우에는 콘크리트를 취입구로부터 불어넣어 타설하고 10m 정도까지 유동시키되 다지기가 없음을 상정하고 있다. 크라운부의 콘크리트 타설에서는 펌프압으로 콘크리트를 끝부까지 유동시킨다. 콘크리트가 구석구석으로 퍼져 공극이 남지 않도록 하기 위하여 형틀의 개구로부터 공기나 블리딩수를 내보내면서 연속해서 충전한다.

복공 콘크리트에 콜드 조인트나 허니컴(Honeycomb)을 발생시키지 않기 위해서는 타설을 연속해서 균형적으로 실시하는 것이 중요하며, 이를 위해서 신속한 토출구의 이동을 가능하게 하는 배관절환기나 Y자관의 사용, 고장 등에 의한 타설의 중단이 발생하지 않도록 하기 위한 사용기기의 점검과 정비, 원활한 작업을 가능하게 하는 타설계획의 확인을 해야 된다.

5) 콘크리트의 배합

복공 콘크리트의 설계기준강도를 보면, 무근 콘크리트 18~21N/mm^2, 철근콘크리트 21~24N/mm^{2}를 사용하는 경우가 많으나 대단면 터널의 경우에 30N/mm^{2}가 사용되는 경우도 있다. 콘크리트는 일반적으로 레디믹스트 콘크리트를 이용하고 있고, 내구성의 확보나 필요에 따라 수밀성을 확보하기 위한 배합을 선택한다. 지침에서는 물-시멘트비를 65% 이하로 하는 것으로 되어 있으나 필요에 따라 무근에서 60% 이하, 철근콘크리트에서 55% 이하로 하는 경우도 있다. 또한 슬럼프는 150mm를 사용하는 경우가 많다. 무근 콘크리트의 배합조건 예는 표 12.10과 같다.

그리고 복공 콘크리트의 타설높이는 7~8cm 정도로 되는 경우가 많으나, 통상의 철근콘크리트 구조물에 있어서는 기둥 부재의 콘크리트 타설을 제외하고는 이 만큼의 높이를 한 번에 타설하는 것은 드물다. 타설높이가 크기 때문에 발생하는 블리딩수량이 많아지므로 이 영향을 작게 하기 위하여 지침에서는 단위수량의 한도 추천값을 165kg/m^3 (G_{max} =40mm) 또는 175kg/m^3(G_{max} =20~25cm)로 하고 있다.

표 12.10 **무근 콘크리트의 배합조건 예**

설계기준강도 (N/mm^2)	시멘트의 종류	최대굵은골재 치수(mm)	슬럼프의 범위(cm)	공기량의 범위(%)	최대 물-시멘트비 (%)	비고
21	보통 또는 고로 시멘트 B종	40	15±2.5	4.5±1.5	60(58)	한랭지 대응

6) 센터링(Centering)

일반적으로 산악 터널에서는 굴삭과 복공은 병진(竝進)방식(전방에서 굴삭하면서 후방에서 복공을 실시)을 사용하고 있어, 굴삭기계나 운반차, 송풍배관 등의 설비를 고려한 내공(內空)단면의 센터링을 사용하고 있다(그림 12.14 참조).

센터링의 길이(타설길이)는 전체공정, 터널 선형(線形), 1주기 시간, 타설능력, 수축응력의 영향 등을 고려하여 결정되는데, 일반적으로 10.5~12m를 사용하고 있다. 지침에서 상정하고 있는 시공조건을 지킬 수 있도록 검사창(통상 450mm각 정도)이나 취입구(크라운부 타설을 위하여 부착된 고정 토출구), 두르기 두께 검칙 핀의 배치 등을 적절하게 고려하도록 한다. 그리고 센터링의 설치나 탈형작업 시에 복공 콘크리트에 불균등한 힘을 작용시키면, 탈형강도가 1~3N/mm^{2}로 매우 작기 때문에 시공이음매인 크라운부 부근에 휨균열이 발생할 수 있으므로 주의한다.

7) 양생과 탈형강도

병진방식의 경우, 터널 관통까지는 내부에 바람이 통과하는 일이 없으므로 내부환경은 습도가 높으면서 온도도 안정되어 있기 때문에 센터링 탈형 후에도 습윤상태에 있다고 간주하여 부가적 양생을 실시하는 경우는 없다. 그러나 굴삭과 복공이 분리되어 있는 경우나 터널의 관통 후에는 터널 내를 바람이 통과하기 때문에 온도와 습도가 저하된다. 이와 같은 경우에는 방풍커튼을 설치하는 등을 통해 양생에 노력한다.

복공 콘크리트의 시공에서는 일반적으로 탈형시간이 12~16시간, 탈형강도가 1~3N/mm^{2}로 매우 작다. 갱구 부근에서는 외기온도와 습도의 영향을 받으므로 양생과 탈형강도에 주의한다.

8) 기술개발

복공 콘크리트의 품질 및 시공성의 향상을 목표로 한 기술개발이 이루어지고 있고, 표면마무리의 향상을 목표로 한 형틀의 코팅이나 투수형틀, 신축식 · 부상식(浮上式) 진동기, SEC 콘크리트나 고유동 콘크리트 등이 실용화되어 있다.

신축식 진동기는 센터링 내부에 미리 설치해두고 유압 등으로 콘크리트에 삽입하여 다지기를 실시한다. 그런데 다지기 영역에 모두 설치하려면 설치개수가 매우 많아지기 때문에 크라운부 등과 같이 다지기가 곤란한 부위에만 설치하는 예가 많다. 부상식 진동기는 부표를 부착한 진동기로 콘크리트면의 상승에 동반되어 자연스럽게 떠오르도록 되어 있다.

복공 콘크리트는 다지기와 크라운부의 충전이 곤란하여 품질의 확보가 어려운 구조물이므로 자기 충전형 고유동 콘크리트에 적합한 용도로 지침에서도 사용을 추천하고 있다. 단, 형틀로의 작용압력이 증대되므로 콘크리트 누출에 대한 대책에 주의한다.

12.3.2 실드 터널(Shield Tunnel)

실드 터널은 도시부에서의 철도, 도로, 전력, 상하수도, 공동구 등에 사용되고 있다. 실드공법에서의 1차 복공은 콘크리트 또는 강제 세그먼트를 조립하는 공법이 주를 이루고 있고, 2차 공정은 터널의 보강, 방식, 지수, 평탄성 확보, 사행(蛇行)수정 등을 목적으로 하여 무근 또는 철근콘크리트가 이용된다. 본 절에서는 2차 복공 콘크리트를 대상으로 한다.

실드 터널에서의 2차 복공 콘크리트 시공의 기본은 산악 터널의 경우와 동일하다. 그러나 실드 터널 특유의 조건에 따라 콘크리트의 운반거리가 길고(펌프압송거리 400m 정도, 콘크리트 프레서 운반거리 1,000~1750m), 복공두께가 비교적 얇은(20~35cm) 등의 시공조건에 차이가 있다.

따라서 콘크리트의 슬럼프를 150~180mm, 최대굵은골재 치수를 20~25cm로 하는 경우가 많은데, 펌프수송관의 폐색 등이 발생하지 않도록 재료분리저항성을 크게 하는 것이 좋다. 또한 다지기에는 내부 진동기와 형틀진동기를 병용하는 경우가 많으나, 직경 2m 정도 이하의 실드인 경우에는 내부 진동기의 사용이 곤란하기 때문에 형틀진동기에 의한 다지기를 하고 있다(그림 12.16).

그림 12.16 **실드에 의한 터널 생성장비**

12.4 항만구조물

12.4.1 항만구조물의 특징

항만은 해상교통과 육상교통의 연결점으로 항만의 중요한 시설에는 방파제 등의 외곽시설, 잔교(棧橋)나 안벽(岸壁) 등의 계류시설, 해저 터널이나 교량 등의 임항(臨港)교통시설 등이 있다.

항만구조물에 이용되는 콘크리트 구조물로는 방파제 상부공이나 소파(消波)블록, 근고(根固)블록 등에 이용되는 무근 콘크리트 구조, 케이슨(Caisson)이나 잔교 상부공에 이용되는 철근콘크리트 구조가 주된 것이다. 또한 임항도로의 교량이나 신형식 방파제, 잔교 상부공 등에 이용되는 프리스트레스트 콘크리트 구조, 나아가 최근에는 해저 터널의 침매함(沈埋函) 등에 이용되는 강(鋼)콘크리트 합성 구조도 중요한 콘크리트 구조이다.

한편, 항만의 콘크리트 구조 공사에서는 해상 공사를 동반하는 경우가 많은 특징 때문에 파랑 조류, 조석 등의 영향을 받는다. 또한 해면 아래에서 콘크리트를 타설하는 것은 품질관리에 있어서 높은 신뢰성을 확보하는 것이 어려우므로 프리캐스트 부재로 육상에서 작업이 가능한 공법이 이용되는 경우가 많다.

이와 같이 항만 콘크리트 구조물은 시공 및 공용(供用) 시 모두 일반 육상구조물에 비해 환경이 다르기 때문에 설계, 시공, 재료 선정에 있어서는 충분한 배려가 요구된다.

12.4.2 시공계획

항만공사에서는 방파제의 상부공 등 육상으로부터 떨어진 해상에서 콘크리트공사를 실시하는 경우도 많다. 이것에 대응하기 위하여 항만공사에서는 콘크리트를 제조하는 방법에 따라 “레디믹스트 콘크리트”와 “현장비빔 콘크리트”의 두 가지를 사용한다. 또한 현장비빔 콘크리트는 현지에 설치된 콘크리트 플랜트를 이용하는 경우와 콘크리트 믹서선(船)을 이용하는 경우가 있다.

1일당 최대타설량이 200m^3 이하이고 해상에서의 운반거리가 3.5km 이하인 경우 레디믹스트 콘크리트의 바지(Barge)선 버킷(Bucket) 방식으로 하고, 그 이외의 경우에는 현장비빔 콘크리트(콘크리트 믹서선 방식)로 하는 것이 표준이다. 양자의 사용 구분은 다음과 같이 하고 있다.

1) 레디믹스트 콘크리트(바지선 버킷 방식)

1회당 타설량이 적고 콘크리트 펌프에 의한 운반이 곤란하며 운송거리가 짧은 경우에는 육상수송한 레디믹스트 콘크리트를 버킷에 적재하여 해상수송(바지선 버킷 방식)하는 경우가 일반적이다. 바지선 버킷 방식은 육상으로부터의 적재, 이안(離岸), 예항(曳航), 접안(接岸), 내리기까지의 일련작업으로 콘크리트의 품질상 최대한 빨리 타설을 완료시키는 시공방법 및 선박기계를 선정하는 것이 중요하다. 바지선 버킷 방식의 버킷 규격 및 항단(航團)의 구성은 1일당 타설규모에 따라 표 12.11과 같은 표준이 정해져 있다.

표 12.11 **콘크리트의 해상 운반을 위한 버킷의 선정**

<table>
<tr><th rowspan="2">1일당
타설 규모</th><th rowspan="2">콘크리트
버킷 규격</th><th rowspan="2">콘크리트
버킷 질량</th><th colspan="3">적용 선종(船種)</th></tr>
<tr><th>크레인 부착
바지선</th><th>기중기(起重機)
선(비항선회)</th><th>바지선</th></tr>
<tr><td>70m^3 이하</td><td>1.5m^3</td><td>4.0t</td><td colspan="2" rowspan="3">버킷 질량(적재 콘크리트 포함)과 타설장소까지의 수평거리 등에 의해 선정</td><td>강 200t 적재</td></tr>
<tr><td>71~150m^3</td><td>3.0m^3</td><td>7.0t</td><td rowspan="2">강 300t 적재</td></tr>
<tr><td>151~200m^3</td><td>5.0m^3</td><td>11.0t</td></tr>
</table>

(주) 1일당 타설 규모란, 타설계획에 의해 정해지는 1공사 내에서의 최대타설(취급 수량)이다.

2) 현장비빔 콘크리트

레디믹스트 콘크리트의 해상운반에 시간을 요하는 경우나 타설량이 많은 경우에는 현장비빔 콘크리트가 이용된다. 최근, 콘크리트 믹서선의 설비성능이나 품질관리의 향상과 함께 현지에 콘크리트 플랜트를 설치하는 일이 줄어들었고, 특히 해상에서 대량의 콘크리트를 타설하는 경우에는 콘크리트 믹서선을 사용하는 일이 많아지고 있다.

시공관리를 실시하는 데에 있어서 레디믹스트 콘크리트와 콘크리트 믹서선의 큰 차이는 콘크리트 제조 플랜트로서의 KS 인정의 유무이다. 콘크리트 믹서선은 콘크리트의 제조, 플랜트의 관리 등에 대하여 KS의 심사를 받고 있지 않기 때문에 이것을 사용하는 경우에 재료의 저장, 재료의 계량(장치 및 계량방법), 콘크리트의 비빔(믹서의 종류 및 성능, 비빔시간), 품질관리 상태 등에 대하여 충분한 조사와 확인이 필요하다.

콘크리트 믹서선의 역사를 보면, 초기의 골재 적재는 Sand Carrier선, 시멘트 투입은 인력, 타설은 호퍼나 벨트 컨베이어 등으로 이루어졌고 당시에는 품질관리상의 문제도 있었으나, 그 설비가 점차 개량되어 왔다. 현재는 저장설비로서 사일로를 탑재하였고

믹서는 강제이축식이 중심으로 되었으며 타설을 위하여 펌프도 탑재되어 있다. 또한 믹서선에 따라서는 프리쿨링용 아이스 플랜트나 골재의 표면수 관리용 Sand Stabilizer, 나아가 타설용 디스트리뷰터(Distributor)를 설치한 것도 있다.

12.4.3 배료 및 배합

1) 시멘트

시멘트로는 보통 포틀랜드 시멘트, 고로 시멘트 B종의 사용실적이 많고, 프리스트레스트 콘크리트나 한중 콘크리트 등에서는 조강 포틀랜드 시멘트도 이용된다. 특히 고로 시멘트 B종은 해양환경하에 있는 철근콘크리트의 철근방청 성능이 뛰어나다는 것이 많은 예에서 확인되어 사용되고 있다.

2) 골재

부체교(浮體橋)나 부체식 계선안(繫船岸)과 같은 부체 구조물이나 착저식(着底式)이라도 설치장소까지 해상을 예항하는 콘크리트 구조물에는 끽수(喫水)의 관계로부터 콘크리트의 단위용적질량을 저감시키기 위하여 경량골재가 이용되는 경우가 있다. 또한 이것과는 반대로 파랑작용 시의 안정성을 높일 목적으로 단위용적질량을 2.55~3.2t/m^{3}로 증대시킨 중량골재 소파 블록의 제작을 위하여 골재에 철광석, 사철(砂鐵), 고로슬래그 골재, 동 슬래그, 페로니켈(Feronikel) 슬래그 골재, 감람석(橄欖石) 등의 중량골재가 이용되는 경우도 있다. 이와 같은 골재를 사용하는 콘크리트 시공에서는 일반골재의 경우 이상으로 재료분리에 대해 주의한다.

3) 배합

항만 구조물에서는 내구성으로부터 정해지는 물-시멘트비의 최대값을 구조물의 종류와 그들이 놓인 환경조건에 따라 무근 콘크리트 및 철근콘크리트용의 참고배합을 표 12.12와 같이 정해놓고 있다.

표 12.12 **항만 구조물의 콘크리트 배합의 표준**

종류	구조부재의 종류 예	배합조건				콘크리트 강도의 특성값 (N/mm²)
		최대 물-시멘트비(%)		슬럼프 (cm)	굵은골재의 최대치수 (mm)	
		동결융해가 종종 반복되는 지역	빙점하의 기온으로 되는 것이 드문 지역			
무근 콘크리트	방파제 상부공, 케이슨의 뚜껑 콘크리트[1]	65	65	8, 12	40	18
	본체 블록, 이형 블록(소파 및 피복)	65	65	8, 12	40	18 (21)[2]
	밑다짐 블록, Package Concrete	65	65	8, 12	40	
	계선안 상부공, 흉벽, 계선직주(直柱) 기초(중력식)	60	65	8, 12	40	
철근 콘크리트	계선주(繫船柱) 기초(말뚝식), 흉벽, 계선안 상부공[3]	60	65	8, 12, 15	20, 25, 40	24
	잔교 상부공	55	55	8, 12, 15	20, 25, 40	24
	케이슨, 웰, 셀룰러 L형, 소파블록	55	55	8, 12, 15	20, 25, 40	24
	공벽(控壁), 버팀말뚝(Raking pile) 상부공	60	60	8, 12, 15	20, 25, 40	24

1) 콘크리트의 타설 후, 초기재령에서 파랑의 충격, 관수(冠水)의 위험이 있는 경우나 한랭기에 시공하는 경우 등에서는 특성값을 24N/mm²로 해도 좋다.
2) 대형의 이형 블록에 있어서는 특성값의 할증을 실시해도 좋다. 예를 들어 35t형에서 50t형에서는 21N/mm², 그것을 넘는 것에 대해서는 적절히 검토한다.
3) 잔교 상부공은 제외

12.4.4 시공상의 유의점

1) 시공이음매

시공이음매는 구조물의 강도, 내구성 및 외관에 커다란 영향을 미친다. 항만 구조물의 경우, 피해가 콘크리트의 시공이음매로부터 발생하는 경우가 많기 때문에 최대한 시공이음매를 설정하지 않는 것이 바람직하다. 무근 콘크리트에서는 특히 지진 시에 구조상의 약점이 될 경우가 많기 때문에 그 시공에는 주의해야만 한다. 또한 설계에서 정해져 있지 않은 이음을 설정하는 경우는 구조물에 요구되는 성능을 감안하여 그 위치, 방향, 구조 및 시공방법을 시공계획의 단계에서 정해두어야 한다.

내구성의 관점에서 볼 때, 특히 시공이음매는 약점이 되기 쉽기 때문에 만조위로부터 상부 60cm와 간조위로부터 아래 60cm 사이의 감조(感潮)부분에는 시공이음매가 위치하지 않도록 계획한다.

2) 양생

콘크리트가 충분히 경화되지 않은 단계에서 해수가 접하면 모르타르 유출 등의 피해를 받을 위험이 있기 때문에, 보통 포틀랜드 시멘트의 경우 타설 후에 최소한 5일간(혼합 시멘트에서는 강도발현이 늦기 때문에 그 이상의 기간)은 해수에 씻겨나가지 않도록 보호가 필요하다.

3) 밀물 기다리기

간만의 영향을 받는 항만공사에서는 콘크리트의 타설이 밀물을 기다렸다가 작업하는 경우가 있다. 이 경우에는 타설에 소요되는 시간과 조위의 관계를 충분히 파악하여 시공계획을 한다. 또한 부근을 항행하는 선박의 항적파(航跡波)가 콘크리트공사에 영향을 미치는 경우가 있기 때문에 선박의 항행이 많은 해역에서의 공사에서는 그에 대한 충분한 배려가 필요하다.

4) 콘크리트의 타설순서

타설에 있어서는 콘크리트 구조물의 종류, 형상, 크기 등을 고려하여 가장 적절한 타설순서를 정한다. 튀어나온 부분을 가지는 구조물이나 슬래브 또는 보의 콘크리트가 벽 또는 기둥의 콘크리트와 연결되어 있는 구조물에서는 단면이 서로 다른 부분에서 콘크리트의 침하속도차로 인해 균열이 발생하는 경우가 있다. 따라서 한꺼번에 콘크리트를 타설하지 말고 벽 또는 기둥의 침하가 안정되고 난 후 슬래브 또는 보 등의 상층 콘크리트를 타설하도록 한다. 또한 잔교의 슬래브나 보와 같이 지보공을 설치하여 콘크리트를 타설하는 경우에는 지보공의 침하나 변형의 영향을 받지 않도록 지보공의 지주 중앙 부근부터 지주를 향해 타설한다.

12.5 LNG 지하탱크

12.5.1 개요

LNG 지하탱크는 −162℃ 정도의 극저온 LNG(액화천연가스 : Liquefied Natural Gas)를 지하에 저장하는 "거대한 보온병"이라 할 수 있고, 그 내표면은 보냉재와 스테인리스제 멤브레인으로 뒤덮인다. 철근콘크리트제의 구체구조는 탱크 건설 위치의 토질이나 경관 등의 조건이나 운용방법 등에 의해 달라지나, 일반적으로는 다음과 같다(그림 12.17).

① 지중연속벽 : 내부 굴삭 시의 흙막이 지수벽(止水壁)으로서 원통모양의 지중연속벽이 마련되는 경우가 많고, 토수압에 저항하기 위하여 0.8~1.5m 정도의 두께를 가진다.

② 저판(底板) : 원반모양의 RC구조로 양수압(揚水壓)이나 온도하중 등에 저항하기 위하여 3.5~10m 정도의 두께를 가진다.

③ 측벽 : 원통모양의 RC구조로 토수압이나 온도하중, 지진하중 등에 저항하기 위하여 1.5~3m 정도의 두께를 가진다. 종전에는 저판과 측벽의 결합형식은 핀 결합형식이었으나 최근에는 강결(剛結)형식의 예도 있다.

④ 지붕 : 일반적으로는 금속제이나 매설식 탱크는 철근콘크리트 구조로 복토(覆土)중량 등을 지탱하기 위하여 1~2.5m 정도의 두께를 가진다.

시공은 연벽 구축, 내부 굴삭, 저판 구축, 측벽 구축, 지붕 구축의 순서로 실시하고, 마지막에 보냉재나 멤브레인을 설치(토목 담당 외)한다.

여기에서는 지하탱크에 있어 특징적인 점을 골라 상세히 설명한다.

그림 12.17 **지하탱크의 개요도**

12.5.2 연벽(連壁)의 시공

연벽 콘크리트공사는 다른 부위의 콘크리트공사보다 건설비용이 비싸기 때문에 최대한 얇게 하는 것이 바람직하다. 지하탱크의 연벽은 원통모양이기 때문에 외력(토수압 등)에 의한 원주방향 압축력이 크리티컬해지므로 얇게 하기 위해서는 콘크리트 강도를 높이는 것이 효과적이며, 고강도화에 대한 기술개발이 이루어진 결과 현재는 $f_{ck}'=$ 50~60N/mm^2 정도가 사용되는 경우가 많다. 또한 탱크의 대용량화에 따라 굴삭깊이가 증가하는 경향이므로 높은 수밀성을 확보하기 위한 배합기술, 굴삭 정밀도 관리나 안정액 관리의 기술이 요구된다.

표 12.13에 설계기준강도(50N/mm^2)의 배합 예를 나타냈다. 소요 강도(수밀성의 향상 등을 위하여 91일 재령에서 규정되는 경우가 많음)를 가지며, 충전성을 확보하기 위하여 슬럼프 플로는 600±75mm가 되도록 배합설계하고 있다.

표 12.13 **연벽 배합 예(최대굵은골재 치수=20mm, 슬럼프 플로=600±75mm**

공기량(%)	W/C(%)	s/a(%)	단위량(kg/m^3)				고성능 AE감수제
			W	C	S	G	
4.5±1	35.6	48.7	160	450	840	900	C×1.5%

C : 저열 포틀랜드 시멘트, S : 하천 모래, G : 쇄석(碎石)

이 예에서는 저발열성이나 장기강도의 안정성을 고려하여 저열 포틀랜드 시멘트를 사용하고 있으나, 경제성 등을 고려하여 고로 시멘트 B종(플라이애쉬 혼입의 경우도 있음) 등이 이용되는 경우도 있다. 또한 혼화제로서 고성능 AE감수제 등을 이용하는 것으로 유동성의 유지를 모색하고 있다. 그리고 이와 같은 고강도 콘크리트의 성상은 골재의 표면수율이나 형상의 영향을 받기 쉽기 때문에 사전에 충분한 확인과 함께 타설 당일의 상황에 따라 혼화제 등의 배합 보정을 실시하는 것이 중요하다.

12.5.3 저판(底板)의 시공

지하탱크의 저판은 그 배근이 굵고 다단(多段)배근이며, 1회에 타설하는 콘크리트양이 많다는 점이 일반 토목공사에 비해 특징적이다. 20만kl의 지하탱크를 예로 들면, 저판 두께가 9.8m, 내경이 72.2m이고, 콘크리트양은 약 38,000m^{3}에 달하므로 이것을 2회로 나누어 1리프트(27,500m^3)가 연속 61시간, 2리프트(10,500m^3)가 연속 29시간으로 타설되었다.

이와 같은 장시간의 연속타설에서는 콘크리트의 안정공급이나 타설주기의 표준화가 중요하다. 따라서 플랜트의 선정(공급능력이나 거리를 고려한 선정, 백업 플랜트의 확보) 등에 유의하면서 시간당 공급능력을 세밀하게 설정하고, 그에 따른 타설계획을 세운다(그림 12.18). 이 예에서는 특히 배근이 치밀한 외주부분의 타설을 위하여 콘크리트 펌프카 6대를 저판 위에 마련한 구대(構臺)에 내리고, 지상부의 콘크리트 펌프카로부터 압송된 콘크리트를 재압송하여 공급함과 동시에 중앙부분은 배관+T자 밸브를 이용해 콘크리트가 타설되었다. 또한 지상부에는 10대의 콘크리트 펌프카가 설치되었고, 각각에 2대의 생콘크리트차가 붙기 때문에 지상부분의 생콘크리트차의 움직임도 표준화할 필요가 있었다. 다른 시공 예에서는 플랜트-생콘크리트차-검수소-펌프카 간에서 통신네트워크를 이용해 정보공유를 하는 것으로 효율적인 타설을 실현하였다는 보고도 있다.

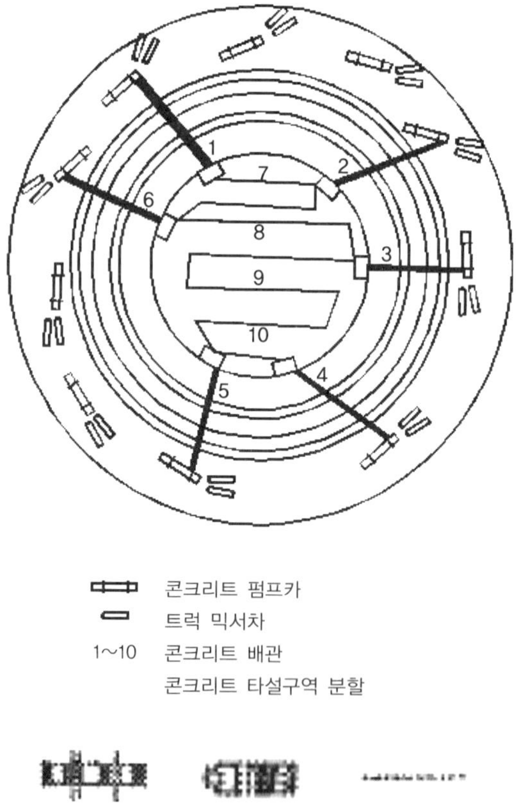

그림 12.18 **저판 타설 개요도**

표 12.14 **저판 배합 예(설계기준강도=24N/mm² [91일 재령], 최대굵은골재 치수=20mm)**

	슬럼프 (cm)	공기량 (%)	W/C (%)	s/a (%)	단위량(kg/m³)				고성능 AE감수제
					W	C	S	G	
20만kl	16±2.5	5.0±1	55.0	48.0	145	264	886	997	C×1.05%
12.5만kl	15±2.5	4.5±1.5	55.0	48.0	158	285	871	Gn 491 Gs 467	C×1.05%

20만kl : C : 플라이애쉬 혼입 고로 시멘트
12.5만kl : C : 플라이애쉬 혼입 고로 시멘트
S : 산모래, Gn : 석회쇄석, Gs : 고로슬래그 쇄석

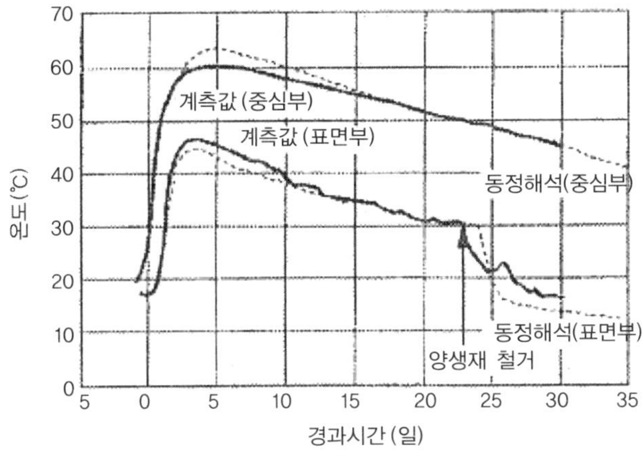

그림 12.19 **저판 양생관리의 일례**

저판은 전형적인 매스 콘크리트이므로 배합 면에서 플라이애쉬 혼입 고로 시멘트 등을 사용하는 것과 같은 대책이 이루어진다. 표 12.14에 탱크의 배합 예와 새로운 시도로서 경제성과 자원의 유효이용의 관점으로부터 고로슬래그 굵은골재가 이용된 예를 나타냈다. 그리고 두 가지 배합 모두 콜드 조인트 대책으로 지연형 AE감수제가 사용되어 있다.

시공 면에서는 타설 후의 양생관리도 중요하다. 양생에서는 일반적으로 표면에 양생매트 등을 설치하고 콘크리트 내부와 표면의 온도차를 억제하는 방법이 취해진다. 양생관리는 사전의 해석결과를 참고로 하여 온도차에 의한 온도응력을 허용값 이하로 억제하도록 양생재의 매수나 철거시기를 판단하는 것이 중요하다(그림 12.19 : 저판두께 3.4m, 고로 시멘트 사용, 기포성 완충재(에어백)를 양생재로서 사용한 예).

12.5.4 측벽의 시공

측벽의 구축에서는 외형 틀로 연벽을 이용하고 내형 틀에는 프리캐스트 철근콘크리트 세그먼트 이동식 대형 틀이 이용된다. 또한 1Lot 높이가 6~9m 정도가 되도록 분할하여 시공된다.

철근은 측벽 내외면에 각각 1~2단 정도 있는데, 시공조건 등에 따라 원주방향으로 분할한 철근망을 1장씩 세우는 방법이나 철근망을 프리패브화한 철근상자를 세우는 법 등이 사용된다.

최근, 저판과 측벽의 이음구조 간략화 등을 목표로 하여 측벽과 저판의 결합형식을 강결(Rigid Connection)구조로 하는 형식의 지하탱크가 만들어지고 있고, 그와 같은 구조에서는 저판 외주에 발생하는 휨응력이 측벽에 전달되면서 동시에 커다란 전단력도 발생한다. 따라서 특히 측벽 하부에 많은 철근이 필요해지고, 경우에 따라서는 PC구조로 할 필요가 있다. 또한 철근이나 PC 강재이기 때문에 다지기를 할 공간을 취할 수 없는 점으로부터 자기 충전 콘크리트를 사용할 필요성도 발생한다. 표 12.15에 자기 충전 콘크리트를 사용한 20만kl 지하탱크의 배합 예를 나타냈다.

표 12.15 **측벽 배합 예(설계기준강도=60N/mm^2 [91일 재령], 최대굵은골재 치수=20mm, 슬럼프 흐름=65±7.5cm)**

공기량 (%)	W/C (%)	수분체용적비 (%)	단위량(kg/m^3)					고성능 AE감수제
			W	C	SD	S	G	
4±1	38	94.1	160	421	108	858	810	(C+SD)×1.3~1.7%

C : 저열 포틀랜드 시멘트, S : 산모래, G : 석회암쇄석(碎石), SD : 석분(石粉)

유동성이 높은 콘크리트는 충전성은 양호하나 형틀에 작용하는 측압이 커지므로 필요에 따라 토압계 등으로 측압을 계측하여 타설속도를 관리하도록 한다.

12.5.5 지붕의 시공

매설식 지하탱크에서는 지붕 자체의 중량이나 복토중량에 의해 측벽 정상부에 반경방향 외측을 향해 커다란 수평력이 작용하므로 머리띠 모양으로 PC강재를 배치하고 있다.

지보공은 내면의 시공정밀도와 지보높이를 고려하여 선정할 필요가 있다. 여기에서는 중앙 구대와 측벽에 설치한 브래킷을 지점으로 하여 우산모양의 입체 강제 트러스를 이용한 예를 소개한다.

시공순서는 ① 트러스 구축, ② 자중에 의해 측벽 정상부에 균열이 발생하는 것을 막기 위한 일부 프리스트레스의 선행 도입(전체의 1/8), ③ 콘크리트 타설, ④ 중앙 구대나 트러스를 약간 하강시킨 시점에서 나머지 프리스트레스의 도입, ⑤ 중앙 구대나 트러스를 해체하여 공사용 개구(6×9m)로부터 반출, ⑥ 공사용 개구 닫기로 된다.

최대경사도가 22도의 기울기로 타설되므로, 그 경사도에서도 바이브레이터의 다지기에 의한 흘러내리기가 발생하지 않고 긁어 올리기나 구르기 작업을 쉽게 할 수 있는 적정한 경사를 가지도록 하는 것이 중요하다. 또한 매스 콘크리트인 점을 고려하여 실제 대규모 실험도 실시한 후 배합을 선정하였다. 28시간 연속해서 외주부부터 동심원 모양으로 정상부를 향해 타설되었고, 타설완료한 곳부터 순차적으로 양생매트나 블루 시트로 표면을 덮은 후 물을 뿌리고 28일간 습윤양생이 이루어졌다.

12.6 초고층 건축물

12.6.1 초고층 건축물의 개요

철근콘크리트(RC)조에 의한 고층건축은 흔들림이 적어 거주성과 차음성이 뛰어나고, 경제성도 유리하며, 고강도 콘크리트의 기술개발에 의해 실용화되고 있다. 그림 12.20에 최근 우리나라에서 지어진 RC조 고층건축물의 동수와 사용된 콘크리트의 최고 설계기준강도의 변천을 나타냈다.

1980년대에는 RC조에 의한 고층집합주택의 수요가 급격하게 늘어나 1980년대 중반에는 F_c 42N/mm^2 이상의 고강도 콘크리트를 이용한 30층 이상의 RC조 초고층 집합주택을 속속 건설하게 되었다. 1988년부터는 5개년에 걸쳐 건설성 종합프로젝트 “New RC”가 실시되었고, 고성능 AE감수제, 실리카 퓸(Silica Fume)의 이용 등과 같은 기술의 진전에 의해 1990년대에는 F_c 60N/mm^2 이상의 고강도 콘크리트가 실용화되어, 40층을 넘는 초고층 RC조나 강관 콘크리트(CFT)조에 의한 초고층 건축이 실현되었다.

2000년에는 F_c 100N/mm²를 이용한 일본 최고층인 56층의 초고층 RC조 집합주택이 시공되었고 현재는 일본의 초고층 건축물의 반수 이상이 콘크리트조로 설계되기에 이르렀다.

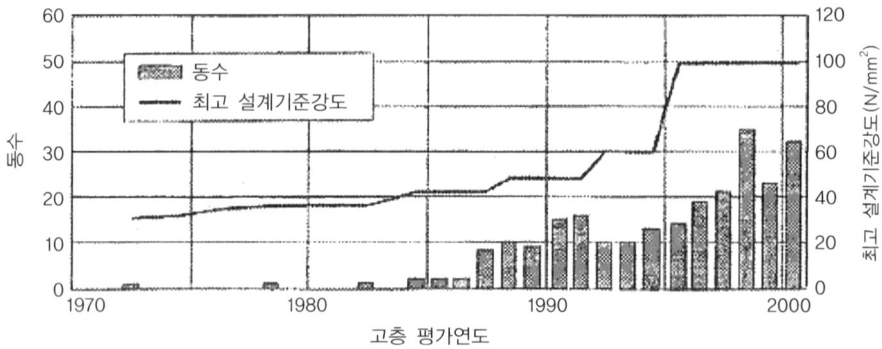

그림 12.20 **RC조 초고층 건축의 동수와 최고 설계기준강도의 변천**

12.6.2 초고층 RC조 건축물의 시공법

1) 현장타설공법

(1) 공법의 개요

초고층 RC조 건축물은 기준층의 층고나 평면이 반복되므로 시공은 각 플로어마다 주기공정으로 쌓아 올리듯이 실시하는 적층공법이 사용되는 경우가 많다. 콘크리트공사의 시공은 크게 현장타설공법과 PC(프리캐스트)공법으로 나뉜다.

우리나라에서도 공동주택에서 패널식 PC가 노동력 부족 등에 따라 1990년대에 활성화되다가 IMF 외환위기를 전후하여 PC 공동주택의 부실시공으로 인한 차음, 누수, 변형 등이 사회문제화 되면서 대부분의 PC 공장은 폐업하기에 이르렀으며, 소수의 회사에서는 커튼월 등에 일부 사용되고 있다.

콘크리트타설공법은 기둥 콘크리트를 보 아래까지 타설한 후, 수평부재인 보, 바닥의 배근을 실시하여 콘크리트를 타설하는 VH(기둥 및 보)분리타설공법과 1플로어의 기둥, 보 배근완료 후에 콘크리트를 타설하는 일체타설공법이 있다. 분리타설공법은 기둥 및 보 접합부의 배근이 치밀하여 기둥과의 일체타설이 곤란한 경우나 기둥, 보의 설계기준강도가 서로 다른 경우 등에 사용된다.

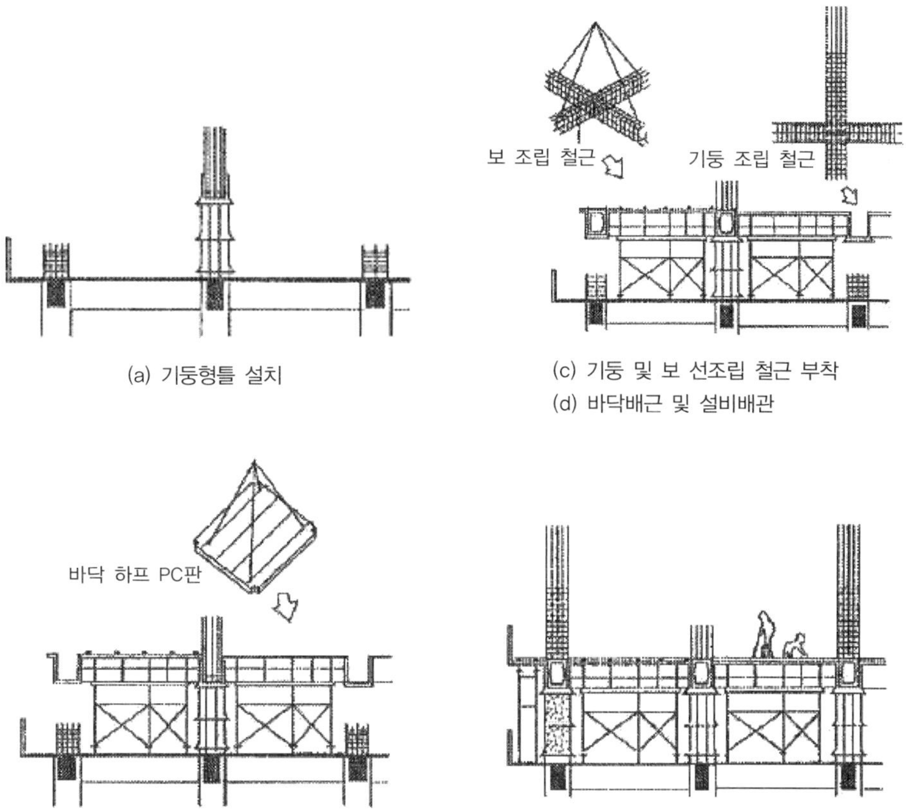

(a) 기둥형틀 설치

(c) 기둥 및 보 선조립 철근 부착
(d) 바닥배근 및 설비배관

(b) 보 형틀 및 바닥 하프 PC판 부착

(e) 기둥, 보, 바닥 콘크리트 타설(일체타설)

그림 12.21 **현장타설공법의 순서 예**

(2) 콘크리트의 운반, 타설, 양생방법

초고층 철근콘크리트 구조 건축물에 이용되는 고강도 콘크리트는 물-시멘트비가 작고 시멘트양이 많아 고성능 AE감수제의 사용이 반드시 필요하거나 점성이 높은 점 등과 같이 보통 콘크리트와는 다른 시공법이 요구된다.

고강도 콘크리트의 운반 및 타설은 크게 콘크리트 버킷에 의한 방법과 펌프에 의한 법으로 구별된다. 물-시멘트비가 45% 이하인 고강도 콘크리트를 펌프 압송하는 경우의 압력손실은 점성이 높을수록 커져서 보통 콘크리트에 비해 몇 배 이상으로 된다. 따라서 시공계획에서 점성에 의한 압력손실의 증대를 충분히 고려한 압송계획을 세워야 한다. 버킷에 의한 방법은 타설장소가 점재(點在)하는 경우의 이동이 쉽기 때문에 기둥 및 보 분리타설공법을 채용하는 독립기둥이나 기둥, 보 접합부 등의 타설에 이용된다.

고강도 콘크리트는 점성이 높아 바이브레이터의 진동이 전달되기 어렵기 때문에 미충전부가 없도록 바이브레이터의 삽입간격을 작게 하거나 진동시간을 충분히 취해 다지기를 한다.

고강도 콘크리트를 바닥면 등에 타설하는 경우 블리딩이 적어 표면으로부터 급격한 건조에 의한 플라스틱 수축 균열이 발생하기 쉽다. 따라서 시트양생이나 살수양생 등이 이루어지고 있다.

2) 프리캐스트 콘크리트(PC) 공법

초고층 철근콘크리트 구조 건물의 시공에서는 공기단축이나 시공의 합리화를 목적으로 PC공법이 사용되는 경우가 많다. 기준층에서는 층고나 평면이 거의 같은 규모여서 형틀의 전용이 용이하므로 형틀과 지보공의 설치를 줄일 수 있다. 또한 부재제작과 설치를 병행하여 실시할 수 있기 때문에 재래공법에 비해 공기의 단축이 가능하여 1층을 4~7일 만에 시공할 수 있다.

PC부재의 제조는 PC공장에서 부재를 제조하여 현장에 반입하는 공장제작 PC와 현장에서 철근형틀을 조립해 생콘크리트를 구입하여 부재를 제작하는 현장제작(사이트) PC로 분류된다. 어느 쪽의 공법을 사용할 것인가는 부재의 제조 및 운반비용, 공정, 양중계획, 현장내 제작 야드의 유무 등을 감안하여 정한다. PC부재를 이용한 구축공법 시스템은 다양한 종류가 있으나, 시공순서의 예를 그림 12.22에 나타냈다. 보 및 바닥 등의 수평부재는 단면의 일부를 PC화한 하프 PC(그림 12.23)가 많이 이용되고, 기둥 부재에서는 부재의 전단면을 PC화하는 풀 PC나 외각(外殼) PC가 사용된다. 기둥 및 보 접합부는 현장타설 콘크리트로 하는 것이 일반적이나 최근에는 기둥 및 보 접합부 일체형의 PC부재 사례도 있다(그림 12.24).

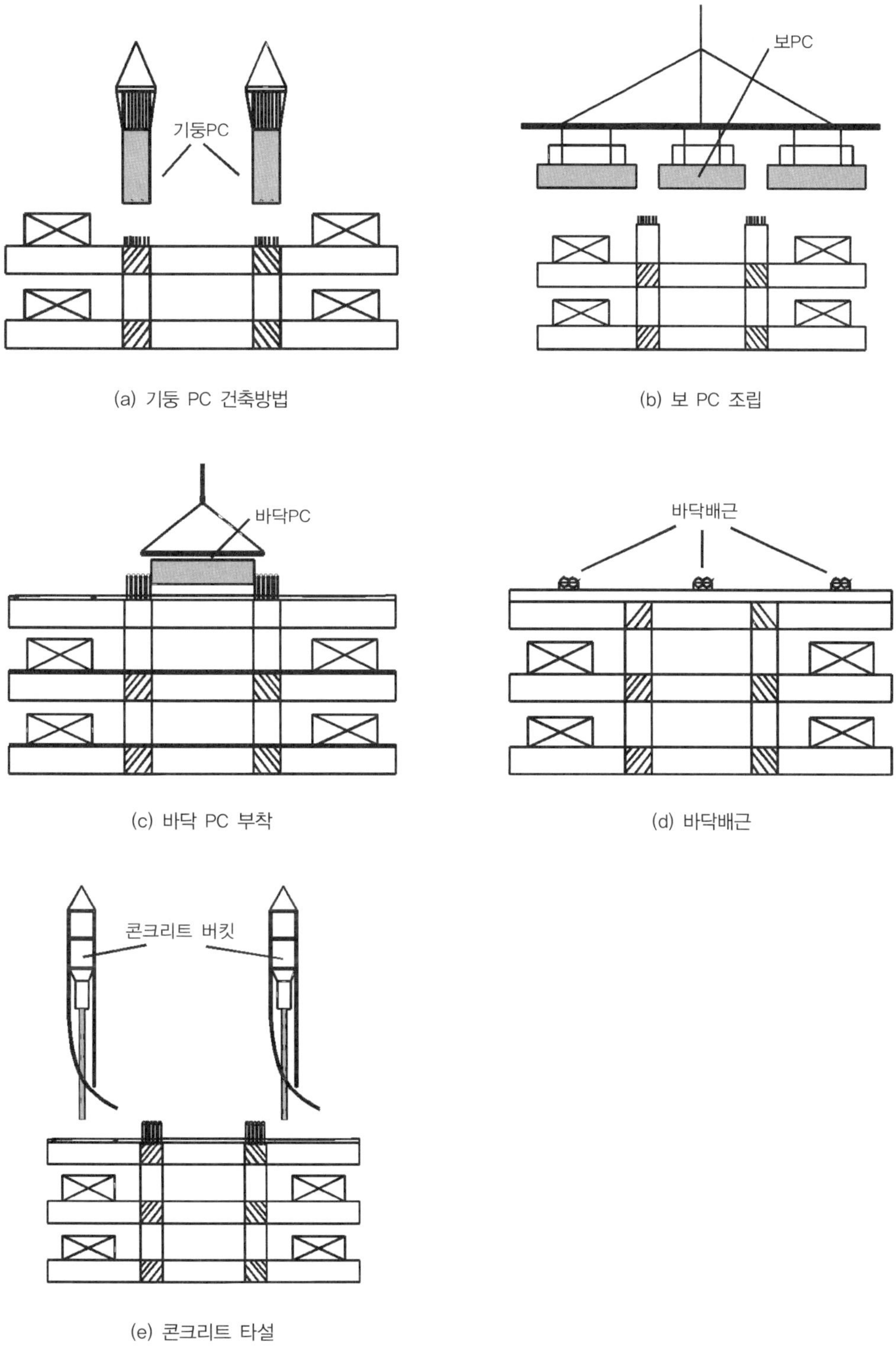

(a) 기둥 PC 건축방법

(b) 보 PC 조립

(c) 바닥 PC 부착

(d) 바닥배근

(e) 콘크리트 타설

그림 12.22 **프리캐스트 콘크리트 공법 시공순서의 예**

그림 12.23 **하프 프리캐스트 바닥판**

그림 12.24 **기둥 및 보 접합부의 일체형 PC부재**

12.6.3 CFT조 초고층 건축의 시공기술

충전강관 콘크리트(Concrete Filled Steel Tube, 이하 CFT라 함) 기둥은 원형 또는 각형의 강관 속에 콘크리트를 충전한 구조형식으로 강관이 콘크리트 구속으로 인해 강성, 내력, 변형성능에서 뛰어난 특성을 발휘하는 구조이다. 또한 기둥 시공에 있어서는 철근 및 형틀공사가 불필요하여 공기단축이 가능하다는 점에서 초고층 건축에 많이 이용되고 있다.

CFT 기둥의 시공에서는 강관 내에 콘크리트를 틈새 없이 치밀하게 충전하여 일체화 시키는 것이 중요하다. 충전강관 콘크리트의 타설방법에는 그림 12.25에 나타낸 바와 같이 압입공법과 낙하공법이 있다. 압입공법은 펌프카에서 압송배관을 기둥 각부(脚部)의 주입공에 연결하고 압력을 가하면서 연속적으로 콘크리트를 밀어 넣는 공법으로 초고층 건축에서는 주류가 되고 있다. 낙하공법은 버킷, 트레미관(Tremie Pipe)이나 플렉시블 호스 등을 이용해 상부로부터 콘크리트를 낙하시키는 공법이다. CFT 충전 콘크리트는 일반적으로 다지기가 불가능하므로 고유동 콘크리트가 이용된다. 특히 기둥-보 접합부에 내부 다이어프램(Diaphragm)을 가지는 경우, 다이어프램 하면의 충전성이 요구되기 때문에 슬럼프 플로 500~700mm의 유동성과 블리딩양 0.3cm^3/cm^2 이하나 침하량 2mm 이하가 되도록 콘크리트의 부재료와 배합을 선정한다.

콘크리트의 압송계획에서는 펌프카에서 강관 주입구까지의 배관에 의한 압송부하와 더불어 압입구로부터의 타설높이에 따른 압력을 고려해 펌프카의 압송능력을 정한다. 압입 시공 중에 강관에 작용한 측압은 대략 액압의 1.0에서 1.3배 정도이나, 과도한 압력이 작용할 경우 강관에 변형 등이 발생하기 때문에 기준값을 넘지 않도록 1회의 타설높이를 정함과 함께 압력이나 타설높이를 관리한다. 또한 콘크리트 타설이 중단되지 않도록 배차계획을 세우고, 압입완료까지 소정의 워커빌리티를 확보할 수 있도록 콘크리트의 경시(經時)변화를 고려해 압송계획을 정한다.

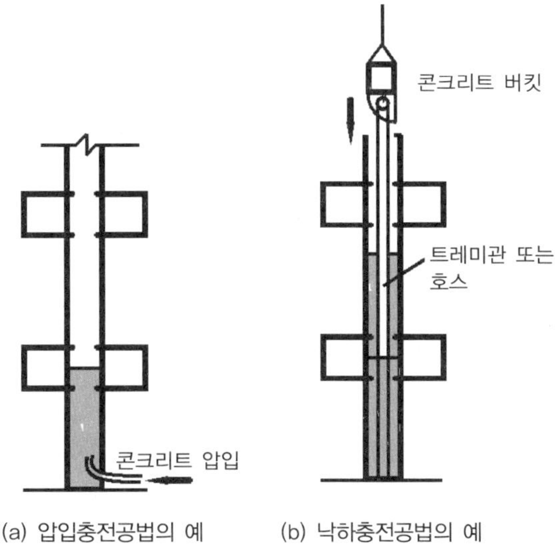

그림 12.25 **CFT 충전 콘크리트의 타설방법**

12.6.4 초고층 건축물을 가능하게 하는 고강도 콘크리트 기술

1) 고강도 콘크리트의 재료기술

F_c 40N/mm²급의 콘크리트까지는 보통 포틀랜드 시멘트가 일반적으로 이용되나, 점성이 높아져서 시공이 곤란하고 수화열에 의한 구조체 강도저하의 문제 등으로 인해 40N/mm²급 이상의 고강도 콘크리트에 대응한 시멘트나 혼화재료의 개발이 추진되고 있다.

시멘트 광물 조성 중의 벨라이트(Belite)양을 40~60% 정도로 높인 저열 포틀랜드 시멘트는 장기강도 발현성과 저발열성 등과 같은 성질이나 화학혼화제의 흡착량이 적어 유동성이 향상되는 성질을 활용하여 성분 등을 조정한 것이 고강도 콘크리트에 이용되었다. 나아가 F_c 80N/mm² 이상의 고강도 콘크리트에서는 실리카 퓸 등의 혼화재료가 필요하다. 실리카 퓸은 비정질 실리카를 주성분으로 하는 직경 0.1~0.5㎛의 초미립자로 시멘트의 수화생성물과 반응하여 칼슘 실리케이트 수화물의 생성이나 시멘트 입자 산을 물리적으로 충전하는 작용을 통해 콘크리트의 강도 향상이나 점성의 저감에 효과가 있다. 실리카 퓸은 혼화재로 이용되는 것 외에도 저열계 시멘트와 프리믹스한 시멘트나 고로 슬래그 미분말을 조합한 특수 시멘트로 실용화되어 있다.

물-시멘트비가 낮은 콘크리트에 시공 가능한 유동성을 부여하는 화학혼화제의 기술은 고강도 콘크리트의 실용화에 반드시 필요한 것이다. 1980년대 중반부터 유동화제를 발전시킨 고성능 AE감수제가 새롭게 개발되었고, 최근에는 물-시멘트비가 20% 이하인 F_c 100N/mm^{2}급의 초고강도 콘크리트라도 현장 시공이 가능한 유동성을 부여하는 고성능 AE감수제도 개발되어 있다.

2) 구조체 강도를 고려한 조합계획

고강도 콘크리트를 이용한 부재에서는 시멘트의 수화발열에 의한 온도상승에 의해 그림 12.26과 같이 구조체 강도는 초기강도가 높으나 장기재령에서 강도 향상이 낮아 관리용 공시체에 비해 떨어지는 경향이 있다. 따라서 배합계획에서는 구조체 콘크리트와 관리용 공시체의 강도차를 사전에 예상하고 설계하여 관리용 공시체의 강도를 관리해야 한다. 구조체 강도와 관리용 공시체 강도의 차는 시멘트 종류, 골재, 타설시기, 물-시멘트비 등에 따라 달라지기 때문에 사전에 부재 모델을 이용해 구조체 강도를 실험을 통해 검토한 후 구조체에서 설계기준강도를 확보할 수 있도록 배합설계에 반영할 필요가 있다.

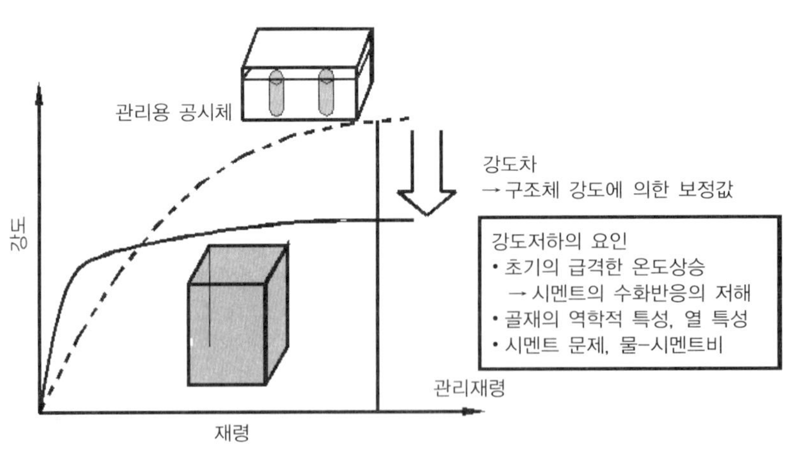

그림 12.26 **구조체 콘크리트 강도와 관리용 공시체 강도의 관계**

3) 화재 시의 폭렬(爆裂)방지 기술

콘크리트 구조는 내화구조로 인식되고 있으나 고강도 콘크리트 부재가 화재에 의해 열을 받는 경우, 부재 표층부의 콘크리트가 폭렬하는 현상이 발생하기 쉽다는 것이 최근의 연구를 통해 밝혀졌다. 강도가 높을수록 폭렬의 정도는 커지고, 특히 F_c 80N/mm^2 이상의 초고강도 콘크리트에서는 폭렬현상이 현저해진다. 부재에 폭렬이 발생하면 단면결손이 발생하여 철근 온도의 급격한 상승이나 콘크리트의 강도저하로 인해 부재의 내력이 저하되어 소요 내화시간의 확보가 곤란해진다. 폭렬의 방지책으로는 내화피복이나 보호 모르타르를 도포하는 공법이 있고, 콘크리트 속에 저융점의 폴리프로필렌 등의 유기단섬유(有機短纖維)를 적정량 혼입함으로써 폭렬을 저감하는 기술이 개발되어 있다.

12.7 원자력발전소

12.7.1 개요

원자력발전소는 가압수형과 비등수형이라는 두 가지 유형이 있다. 그림 12.27은 가압수형 원자력발전소를 나타낸 것이며, 원자로를 격납하고 있는 원자로 격납용기, 그 주위에 배치되는 원자로동 및 인접하여 배치되는 보조동, 제어동, 터빈동으로 이루어진다. 가압수형의 경우, 터빈동을 제외한 동들은 방사선 관리구역으로 되어 있어, 콘크리트의 벽 및 바닥은 구조부재로서만이 아니라 방사선을 차폐하는 부재로서 설계 및 배치되어 있다. 모든 동은 대형 기기를 수납하기 위하여 일반 건물에 비하여 층고가 높고(통상 7~8m) 3~4층 높이인 것이 보통이다. 또한 설치되는 대형 기기는 중량도 많기 때문에 통상은 1m 정도의 바닥두께를 가진다. 모든 동의 기초는 굴삭된 암반면에 직접 지지된다. 사용되는 콘크리트의 설계기준강도는 비교적 높고 매스 콘크리트 채용이 필요하며 철근량도 많고 굵은 지름의 철근이 사용된다.

그림 12.27 **원자력발전소 개요도**

12.7.2 전용 생콘크리트 공장

통상 원자력발전소의 건설공사에서는 전용의 생콘크리트 공장이 건설장소 근방에 설치된다. 그 이유는 건설공사에서 사용하는 콘크리트양이 대량인 점(일반적으로 25만m^3 이상), 매스 콘크리트 중심이기 때문에 시중의 생콘크리트 공장에서는 사용빈도가 많지 않은 플라이애쉬 시멘트 B종이나 중용열 포틀랜드 시멘트 등의 저발열성 시멘트를 이용하는 점, 전용 생콘크리트 공장을 설치하지 않으면 시중의 생콘크리트 공장으로부터 건설장소까지의 도로에 생콘크리트 차량 통행량이 증가하여 소음, 진동, 정체 등과 같은 연도 환경으로 영향을 미치는 점 등을 들 수 있다. 생콘크리트 공장에는 콘크리트 온도제어를 목적으로 냉수나 Flake Ice를 제조하는 설비를 마련하는 경우도 있다. 생콘크리트 공장의 생산능력은 콘크리트의 1일 최대타설량으로 결정되나, 통상 100~200m^3/h로 고장 등의 문제를 고려하여 믹서를 2기 설치하는 경우도 있다.

12.7.3 원자력발전소의 시공

원자력발전소의 콘크리트 시공에 대하여 기초반(基礎盤)과 상부 구체(軀體)로 나누어 설명한다.

1) 기초반 콘크리트의 시공

기초반은 면적과 두께가 커서 단기간에 대량의 자재가 투입되기 때문에 시공계획의 좋고 나쁨이 공정과 비용에 큰 영향을 미친다.

(1) 타설순서

수직방향은 낮은 곳부터 높은 쪽으로 진행하는 것이 원칙이다. Pit 등과 같이 기초반보다 낮은 구체가 있으면 Pit 바닥 및 Pit 벽을 기초반보다 앞서 시공한다. 수평방향은 공정상 크리티컬로 되는 구역부터 시작하도록 순서를 정한다. 그리고 구대(構臺) 등과 같이 가설비의 배치나 설치공정과의 관련도 고려하여 검토한다.

(2) 타설 블록 분할계획

1블록에 타설하는 콘크리트양의 최대값은 생콘크리트 공장의 생산능력으로부터 결정된다. 생콘크리트 공장의 최대출하량은 대략 1일 10시간을 최장작업시간으로 하여 믹서의 시간당 제조능력의 70% 정도를 곱해 구한다. 이어서 배합(특히 슬럼프), 블록 형상, 타설장소까지의 높이, 거리 등을 고려해 콘크리트 펌프카의 실제 토출능력을 공칭능력의 70% 이하 정도로 상정하여 그 설치대수를 구한다. 다음으로 1일의 타설량을 타설높이로 나누어 면적을 구하여 1블록 넓이의 기준으로 하며, 블록의 높이는 2m 정도로 생각한다. 평면적인 블록을 크게 하면 수직이음매 면적이 줄어드나 콘크리트 타설량이 많아지고 각종 노무의 평준화도 곤란해진다. 반대로 작게 분할하면 1일의 타설량은 고 각종 노무의 평준화도 수월하지만 수직이음매 면적이 늘어난다. 이음매 위치는 기초반 위에 짓는 상부 벽 위치를 고려하는 것 외에도 구조설계상의 문제가 없는 위치가 되도록 계획한다.

(3) 타설공정

기초반의 시공에서는 대량의 콘크리트를 타설하기 때문에 1일의 작업시간도 길어지므로 작업원의 피로를 고려해 3일 이상 타설하는 것은 피한다. 원자력발전소의 경우, 복수의 건물이 동시에 진행되어 매일 어딘가에서 콘크리트 타설이 이루어지고 있기 때문에 타설 각 공구와의 사전일정 조정도 중요하다. 불의의 사태에 의해 예정일에 타설할 수 없는 경우는 전용 생콘크리트 공장을 설치하고 있어도 타설일정의 조정이 이루어지지 않아 타설일이 며칠 지연되는 경우도 있다.

(4) 타설 비계

슬래브 배근이 있는 곳에서는 슬래브 배근 위에 메쉬(Mesh) 모양의 비계재를 부설하여 타설하나, 예를 들어 4m 두께 기초반 하부 리프트 2m분의 블록 콘크리트 타설에서는 타설 비계로서 사용할 수 있는 슬래브 배근이 없기 때문에 전면 콘크리트 타설 비계를 설치한다.

(5) 콘크리트 펌프카의 배관

기초반 작업 시에 펌프카를 설치하는 구대는 기초반보다 다소 상향에 있는 경우가 많다. 구대의 지주에 고정된 콘크리트 배관을 하향으로 하여 콘크리트를 압송하는 경우는 압송을 멈춘 때의 조치에 주의를 요한다. 즉 펌프의 압송을 멈추어도 수직배관 내의 콘크리트는 중력에 의해 서서히 낙하하여 배관 내부가 비게 되므로, 그대로의 상태로 재차 콘크리트를 압송하기 시작하면, 수직배관 내의 빈 공간 낙하에 의해 골재와 페이스트(Paste)분이 분리되어 수직배관 하부에 퇴적되어 배관이 막힌다. 이것을 막기 위하여 수직배관 하부를 루프모양으로 하거나, 하부 수평배관부에 수동밸브를 마련하여 펌프카의 토출정지와 연동시켜 폐쇄하는 등의 대책을 취한다.

2) 상부 구체 콘크리트의 시공

(1) VH 분리타설

원자력발전소의 경우, 벽의 두께도 두껍고 층고도 높으므로 벽(V)과 바닥(H)을 분리하여 타설한다.

(2) 벽 타설공법

원자력발전소의 층고는 통상 7~8m 정도이고, 상층 바닥 아래까지의 벽높이도 6~7m 정도이다. 벽을 2층으로 나누어 타설하면 콘크리트 충전은 확실해지나, 형틀 해체까지의 양생기간이 벽을 한 번에 타설하는 경우보다 1회 늘어나는 만큼 공정이 길어진다. 벽의 1리프트 타설은 최근 늘어나고 있으나 타설압에 대한 형틀의 강도 및 치밀한 충전에 대한 배려가 필요하다. 1리프트로 할 것인가 2리프트로 할 것인가는 벽의 높이, 타설 블록의 크기, 벽의 두께, 배근량, 공정 등을 종합적으로 고려하여 판단한다.

3) 시공상의 주의점

(1) 디스트리뷰터의 활용

공정이 진척되어 타설부위와 구대와의 고저차가 줄어들게 되면 콘크리트 배관을 사용하는 일 없이 구대에 설치한 붐식(Boom Type)의 콘크리트 펌프카로 타설이 가능해진다. 초기단계부터 배관 없이 콘크리트를 타설하는 경우는 타워식의 디스트리뷰터를 설치하는 경우도 있다(그림 12.28). 바닥설치식 디스트리뷰터는 비교적 소형으로 간단하게 설치 및 철거할 수 있어 붐식 펌프카를 사용할 수 없는 블록 등에서 사용한다.

그림 12.28 **타워식 디스트리뷰터**

(2) 비에 대한 대책

원자력발전소에서는 우천 시에도 콘크리트 타설을 실시할 수 있도록 가설의 지붕을 계획하는 경우가 있다. 지붕은 기둥이 있는 적정한 폭의 긴 스팬 부재로 사전에 만들어 두고, 타설 예정 장소에 크레인으로 매달아 설치한다. 추운 지역에서는 눈의 영향으로부터 공정을 지키기 위하여 때로는 동 전체를 개폐식의 지붕을 덮고, 자재반입 시에는 지붕의 일부를 개방하여 들여오며, 그 이외에는 폐쇄하여 난방을 실시해 한기(寒氣)를 차단함으로써 작업환경의 향상을 모색하는 방법을 쓰고 있다.

12.7.4 PCCV(PC 격납용기)의 시공

그림 12.29 **PCCV 시공 상황**

PCCV는 원자로 용기를 격납하는 중요한 구조물로 고강도, 고품질의 콘크리트가 요구된다. 설계기준강도는 42~45N/mm^{2}로 높고 부재치수도 1.1~1.3m의 매스콘크리트이기 때문에 구조체 콘크리트 강도의 확보와 온도균열 방지를 목적으로 타설 시의 콘크리트 온도를 내리기 위해 콘크리트의 냉각이 이루어지는 경우도 있다. 타설방법도 3)에서 소개하는 바와 같이 일반 건물에 비해 정성스러운 시공이 이루어진다(그림 12.29).

1) 콘크리트 냉각방법

콘크리트를 식히는 방법은 LNG(액체질소가스)에 의한 방법, Flake Ice(빙편)에 의한 방법, 냉수에 의한 방법이 있다. LNG에 의한 방법에서는 탱크로리로 건설장소까지 운반된 LNG를 생콘크리트차의 투입구를 통해 안으로 분사하여 생콘크리트차 드럼의 교반에 의해 콘크리트를 식히는데, 이 방법은 온도저하효과가 크다. 또한 콘크리트를 타설장소까지 압송하는 도중에 외기의 열로 콘크리트 온도가 상승하지 않도록 배관에는 보온을 실시한다. Flake Ice는 빙편을 생콘크리트 공장의 믹서에 투입하는데 LNG에 비해 온도저하효과는 적다.

2) 철근의 가공 및 조립

PCCV 각부(脚部)에서는 1.3m의 벽두께 속에 D51 철근 6~8층(세로근 3~4층, 가로근 3~4층)이 외경 157ϕ의 연직 및 수평시스(Sheath)*를 피하여 배치되어 매우 과밀한 배근상태로 되어 있다. 철근 이음새는 수지충전방식 등의 기계 이음새를 사용하고 주근은 겹침이음을 사용하지 않는다.

* 연직 및 수평시스 : PC 강선을 삽입하기 위한 공간을 만드는 것. 연직시스는 770mm 간격(Pitch), 수평시스는 450mm 간격으로 배치되어 있다.

3) 타설방법

(1) 완전층 타설

PCCV 1바퀴를, 예를 들어 90도씩 4블록으로 나누고 펌프카 4대로 타설한다. 타설 리프트 상부에 대략 3m 간격으로 게이트 밸브를 배치하고 높이 약 60cm 타설할 때마다 옆의 게이트 밸브를 열고 나가 90도 분량이 완료되면 원래로 돌아가 겹쳐서 타설해 나간다(완전층 타설공법). 4블록은 거의 동시 진행되도록 조정한다. 1회의 층높이는 겹쳐서 타설하는 시간이 소정 시간 안에 실시되도록 결정한다. PCCV 각부(脚部), 기기투입 개구 주위는 배근이 초과밀되어 있으므로 보다 정성스럽게 바이브레이터를 가한다. 또한 내측의 형틀 겸 누출 방지기능을 가지는 보강 리브 부착 강판은 6.4mm로 얇기 때문에 콘크리트 타설압에 대한 배려도 요구된다.

(2) 콘크리트 다지기 방법

일반적인 건축현장에서 사용하는 것보다 한층 굵은 60mm 직경의 바이브레이터를 주로 사용한다. 이것은 통상의 것보다 무겁고 크기 때문에 효과도 크나 작업원이 피로를 크게 느낀다. 좁은 부분의 시공에는 통상 40mm 직경의 바이브레이터를 사용한다.

(3) 레이턴스 처리

타설 후의 이음매 처리는 중요하므로, 타설 후의 경화 상황을 관찰하여 최적의 시간에 와이어 브러시로 표면에 뜬 불량층을 제거한다. 이 최적 시간의 가능 여부가 레이턴스 처리의 능률과 완성도를 크게 좌우한다.

참/고/문/헌

1. 정상진 외, 건축시공학, 기문당, 2013.
2. 정상진 외, 건축재료학, 기문당, 2013.
3. 정상진 외, 건축시공 신기술공법, 기문당, 2002.
4. 한국콘크리트학회, 최신콘크리트 공학, 기문당, 2011.
5. 콘크리트 표준시방서, 한국콘크리트학회, 2009.
6. 小林 一輔 外 7人, コンクリート實務便覽, Ohmsha 外, 2004.
7. 小林一輔, 最新コンクリート工学, 森北出版, 2002.
8. 日本土木學會, コンクリート標準示方書, 日本土木學會, 2003.
9. 정재동, 콘크리트 재료공학, 기문당, 1998.
10. 윤재환, 포틀랜드시멘트 및 콘크리트, 기문당, 1990.
11. 한국콘크리트학회, 특수콘크리트 공학, 기문당, 2004.
12. 한국레미콘공업협회, 2009년도 레미콘 통계연보, 2010.
13. 신성우, 고강도 고성능 콘크리트 설계, 기문당, 2011.

연/습/문/제

1. 콘크리트 특수구조물에는 어떠한 것들이 있는지 간략히 서술하시오.
2. 댐 구조물의 콘크리트 성능에 요구되는 것은 무엇인지 서술하시오.
3. 포장용 콘크리트의 재료 사용에 있어 주의해야 할 사항에 대해 서술하시오.
4. 항만 콘크리트 구조물의 재료 선정에 있어 주의해야 할 사항에 대해 서술하시오.
5. 초고층 RC구조물의 현장타설공법에 대해 간략히 서술하시오.

13 유지관리 및 해체

13.1 콘크리트 구조물의 점검

13.1.1 점검

점검이란 건축물 기능의 훼손 정도를 조사하여 그 상태를 파악함으로써 하자의 발생을 미리 방지하려는 관리행위를 말한다. 유지관리의 대상이 되는 부분은 전유부분과 공용부분에 속하는 각 동의 지붕 · 외벽 · 복도 · 계단 등 건축물의 구조부분으로써 관리사무소 등에서 유지관리하는 대상이 된다.

표 13.1 **시설물의 안전관리에 관한 특별법(건축물)**

구분	1종	2종
건축물	- 21층 이상의 공동주택 - 공동주택 외의 건축물로서 21층 이상 또는 연면적 50,000m^2 이상의 건축물	- 16층 이상 20층 이하의 공동주택 - 1종 시설물에 해당하지 아니하는 공동주택 외의 건축물로서 16층 이상 또는 연면적 30,000m^2 이상의 건축물 - 1종 시설물에 해당하지 아니하는 건축물로서 연면적 5,000m^2 이상의 문화 및 집회시설(전시장 및 동·식물원을 제외한다), 판매 및 영업시설, 의료시설 중 종합병원 또는 숙박시설 중 관광숙박시설
지하도상가	연면적 10,000m^2 이상의 지하도상가	연면적 5,000m^2 이상의 지하도상가로서 1종 시설물에 해당하지 아니하는 지하도상가
도로, 철도, 항만, 댐 또는 건축물의 부대시설로서 옹벽 및 절토사면		- 지면으로부터 노출된 높이가 5m 이상으로서 연장 100m 이상인 옹벽 - 연직높이 50m 이상(옹벽이 있는 경우 옹벽 상단으로부터의 높이)을 포함한 절토부로서 단일 수평연장 200m 이상인 절토사면

1. 위 표의 건축물에는 건축설비·소방설비·승강기설비 및 전기설비를 포함하지 아니한다.
2. 도로의 "복개구조물"이라 함은 하천 등을 복개하여 도로 용도로 사용하는 일체의 구조물을 말한다.
3. 건축물의 연면적은 지하층을 포함한 동별로 산정한다.
4. 건축물의 지하도상가의 경우 2 이상의 지하도상가가 연속되어 있는 경우에는 연면적의 합계를 말한다.

13.1.2 점검 및 검사주기

집합건축물을 효율적으로 관리하기 위해서는 건축물과 각종 설비부분에 대해서 정기적인 점검이 필요하다. 안전점검은 전문기술자가 건축물의 이상유무 상태를 육안으로 확인하는 행위이나 건축물의 유지관리 절차 중 가장 중요한 사항 중 하나이다. 점검을 통하여 건축물에 내재되어 있는 안전사고 예방활동과 적절한 보수 교체시기를 결정하기 위한 기초자료를 얻을 수 있기 때문에 점검주기와 점검항목에 따라 반드시 전문 분야별 기술자가 책임의식을 가지고 행해야 한다.

일반적으로 건축법에 의한 건축물 안전점검은 반기에 1회 이상 실시하여 건축물의 상태를 파악하도록 한다. 승강기는 「승강기제조 및 관리에 관한 법률」에 따라 기타 전기, 가스, 소방시설은 각각의 개별법에서 정한 점검항목 및 점검주기에 따라 안전점검을 실시하여 해당 건축물의 이상유무와 보수 교체시기를 판단하는 기준자료로 활용하도록 하고, 점검결과 중대한 결함이 발견될 경우에는 해당 분야의 책임기술자 자문 또는 정밀안전진단 등을 통하여 대책을 수립하도록 한다. 시설별 점검항목 및 점검주기는

표 13.2와 같다.

표 13.2 **시설물별 점검항목 및 검사주기**

점검항목		1회					적용법
		매월	반기	매년	2년	기타	
건축물	건축물 안전점검		●				건축법
	건축물 정기점검		●				시특법
	건축물 정밀점검					3년 1회	시특법
	건축물 긴급점검					필요시	시특법
	건축물 정밀안전진단 (1종 시설물)					5년 1회	시특법
승강기	승강기 안전점검	●					승강기제조 및 관리에 관한 법률
	승강기 정기검사			●			
	기계식주차장 사용검사					완성검사 후 3년 이내	
	기계식주차장 정기검사				●		
전기	전기설비 정기검사				●		전기사업법
가스	정압기 분해점검					3년 1회	도시가스사업법
	가스시설 정기검사			●			도시가스사업법, 액화석유가스의 안전관리 및 사업법
	고압용기 점검, 검사				●		고압가스안전관리법
	액화석유가스 안전점검			●			액화석유가스의 안전관리 및 사업법
소방	소방설비 작동기능점검		●				소방시설 설치 유지 및 안전관리에 관한 법률
	소방설비 종합정밀점검			●			
위생	저수조 청소 및 소독		●				수도시설의 청소 및 유지관리 등에 관한 규칙
	저수조 점검	●					
	단독정화조 청소 및 소독			●		숙박, 식품관련업 있을 경우 연2회	오수분뇨 및 축산폐수 처리에 관한 법률
	단독정화조 점검		●				

13.1.3 점검의 종류

1) 수시점검

유지관리자 또는 관리주체의 일상적인 유지관리 업무로 육안으로 일일점검 또는 필요하다고 판단되는 때에 수시로 실시하는 비정기적인 점검이다.

2) 정기점검

정기점검은 시설물의 기능적 상태를 판단하고 시설물의 현재 사용요건을 계속 만족시키고 있는지 확인하는 데 필요한 관찰로 이루어지는 점검으로 시설물의 이상이 발견되는 경우 즉시 보고해야 한다. 점검자는 전반적인 외관형태를 관찰하여 심각한 손상이나 결함의 가능성을 발견할 수 있도록 세심한 주의를 기울여야 한다.

(1) 정기점검

정기점검은 작성해서 매뉴얼에 따라 실시하는 것이 좋다. 점검의 결과는 정기점검, 점검자, 열화 발생의 부위와 상황 등이 파악될 수 있도록 기록해두는 것이 좋다.

(2) 점검항목

점검항목으로는 ① 균열상황 ② 들뜸 · 박리 · 박락 ③ 강재의 노출상황 · 녹의 유무 ④ 청소 ⑤ 누수 ⑥ 변위 · 변형 ⑦ 지지상태 ⑧ 이상음 · 진동 ⑨ 변색 등이 있다. 일상점검은 육안관찰에 의해 발생개소와 상황을 파악하는 것이기 때문에 구체적인 점검항목은 열화 예측을 기초로 선정하는 것이 좋다. 또한 보수와 보강을 실시한 개소에 대한 유지관리상의 대책으로 적절한 빈도로 육안관찰을 계속할 필요가 있다. 점검결과가 열화 예측결과와 다른 경우에는 점검빈도에 따라 항목을 변화시키면서 유연하게 대응할 필요가 있다.

(3) 점검기구

정기점검은 육안관찰, 사진, 비디오, 쌍안경 등에 의한 외관상 열화점검과 차상감각 등의 기타 점검으로 분류하며, 일반적으로 특수한 검사기구를 사용하지 않지만 상황과 발생위치를 정기점검의 매뉴얼에 따라 가능한 한 정확하게 기록하는 것이 중요하다.

(4) 정기점검 요령 및 방법

① 검사항목

정기점검은 육안 또는 쌍안경 등의 장비를 이용하여 실시하되 대상구조물의 특성과 열화현상의 종류 등을 고려해야 한다. 정기점검에서는 다음과 같은 항목의 검사를 실시한다.

- 새로운 균열이나 열화의 발생
- 열화손상의 진행성 여부
- 보수부위의 보수효과
- 구조물 또는 부재 전체의 상태 및 콘크리트의 상태
- 기타 점검책임자가 지정한 항목

② 검사방법

새로운 균열이나 열화가 발생한 경우 과거 관련기록을 참고하여 열화상태를 파악한다.

3) 정밀점검

(1) 초기점검

초기점검은 책임기술자로서의 자격을 갖춘 자에 의하여 수행되어야 하며 내하력에 대한 해석적 계산이 필요하다. 초기점검의 목표는 첫째 특별법에서 요구하는 시설물 관리대장 및 평가자료와 관리주체가 수집한 관련 자료를 활용하기 위함이며, 둘째 구조물 상태의 판단 및 구조물의 문제점과 문제가능성이 있는 구조부위를 확인하고 기록하는 것이다.

도면의 사전 상세검토를 통하여 붕괴유발 부재 또는 부위에 대하여 주의를 기울여야 하며, 추후 특별한 주의를 필요로 하는 사항에 대해서는 점검기간 중에 평가해야 한다. 육안검사 시 결함이 있는 경우에는 기록하여 도서로 보관한다.

소요의 품질을 갖는 콘크리트, 강재, 보수 및 보강재료를 사용하여 시공한 콘크리트 구조물에서 외관상의 문제가 없더라도 콘크리트의 품질변동 혹은 시공오차 때문에 구조물 각부의 기능이 영향을 받는 경우가 있다. 따라서 완성 후의 검사는 콘크리트 구조물에 관한 전문적인 지식에 기초해서 외관뿐만이 아니라 콘크리트의 품질변동, 내부결함의 유무 및 배근상태 등의 시공오차에 대해서도 점검하여 열화 예측의 자료로 사용할 필요가 있다. 신축인 경우에는 준공검사를 초기점검으로 고려할 수 있지만, 되도록 상세한 점검을 하는 것이 바람직하다. 또 기존의 구조물에 대해서는 최초의 초기점검이 중요하다.

(2) 정밀안전점검

면밀하고 지속적인 검사가 필요한 시설물의 부위는 사전현장조사 및 안정성평가를 통하여 결정하고 감시부위의 육안검사 결과는 도면으로 기록해야 한다. 정밀안전점검 결과는 사진 및 유지관리 혹은 보수, 그리고 필요한 경우 정밀안전진단계획에 관한 사항과 함께 보관해야 하며, 구조상태가 변화되어 안전성평가에 영향을 주는 경우에는 내하력을 다시 계산하여 보관해야 한다. 정밀점검에는 시설물의 상태평가가 필요할 때 시설물의 안전성평가가 포함된다.

또한 구조물의 환경조건으로부터 염해, 중성화, 동해, 피로 등의 열화 정도가 심각하다고 예측되는 경우에는 이러한 열화외력을 적절하고 정량적으로 평가할 수 있도록 점검하는 것도 중요하다.

정밀안전점검의 빈도는 구조물 혹은 부재의 중요도, 형식, 설계내용 기간, 예정 사용기간, 환경조건, 유지관리 구분, 기존의 유지관리 기록 및 열화 예측에 따라서 달라지므로 일괄적으로 결정하는 것은 곤란하고 정밀안전점검은 대상구조물의 종류와 부위에 따라 적절한 방법을 편성하는 것이 바람직하다.

(3) 정밀점검요령 및 방법

① 검사항목

외관검사에서는 콘크리트 구조물에 보편적으로 발생하고 있는 다음과 같은 열화현상을 검사한다. 외관검사의 결과는 검사양식에 따라 기입하여 보관한다. 점검책임자는 외관검사 결과 열화현상이 심하다고 판단되는 부위에 대하여 정밀검사를 실시해야 한다.

- 균열 : 발생시기, 길이, 범위, 부위, 규칙성, 형태, 깊이, 폭, 균열성상
- 콘크리트 변형 · 변질 : 박리, 박락, 겔 형성, 백태현상, 누수, 누출
- 철근 : 부식, 노출
- 특수환경 : 지진, 화재, 산 · 알칼리의 접촉 유무

② 검사방법

검사대상 구역을 격자화하고 균열 등의 항목과 검사방법은 아래와 같은 방법으로 실시한다. 외관검사를 마치고 열화현상이 현저한 구역에 대해서는 검사자료를 검토하여 정밀검사의 실시여부를 판단한다.

(4) 정밀점검의 검사절차

정밀점검의 대상은 주로 콘크리트 구조체를 대상으로 하며, 이 경우 정밀점검 절차는 다음과 같다.

① 균열도의 작성
② 균열폭의 측정
③ 균열깊이 측정
④ 콘크리트의 균열성상
⑤ 콘크리트의 변형 · 변질, 박리, 박락, 부서짐
⑥ 철근조사(철근노출, 철근부식)

(5) 정밀점검의 정밀검사

① 검사항목

정밀검사의 기본항목은 염해, 중성화, 동해로 한다. 점검책임자는 구조물의 수명관리를 위하여 필요하다고 생각되는 항목은 정밀검사 항목에 추가할 수 있다.

② 검사방법

코어의 채취 및 보수, 염화물량 측정, 중성화깊이 측정 등이 있다.

4) 긴급점검과 특별점검

정기점검 결과에 의하거나 관리주체가 사고나 재해에 대하여 안전 및 유지관리에 필요하다고 판단하였을 때, 또는 관계 행정기관의 장이 필요하다고 판단하여 긴급히 실시하는 비정기적인 점검으로 구조물의 손상이나 재료의 급격한 성능저하에 대하여 평가하고 이에 따른 긴급한 사용제한이나 금지 등의 판정, 응급 보수 · 보강 등의 긴급 안전조치를 판단하기 위하여 실시한다. 긴급점검에는 손싱점검과 특별점검이 있다.
(자세한 사항은 http://www.kistec.or.kr의「점검 · 진단세부지침」 내용 참조)

5) 손상점검

손상점검은 정기점검 결과에서 발견되었거나 사고나 재해에 의하여 비롯된 손상을 평가하기 위하여 실시한다. 손상점검의 범위는 건축물의 사용제한 및 금지의 필요성 여부의 판단과 긴급 안전조치의 정도를 판단하는 것으로 한다. 손상점검에서 발견된 문제에 대한 정확한 분석과 평가를 위하여 사안에 따라서는 부분적으로 진단 수준의 시험을 실시해야 하며 구조물의 내력계산을 실시할 수도 있다.

6) 특별점검

특별점검은 관리주체가 건축물의 안전 및 유지관리에 필요하다고 판단하여 실시하는 정밀점검 수준의 비정기적인 점검이다. 특별점검은 부동침하, 주변의 건축환경, 건축물의 사용조건 변경 등으로 인하여 구조물의 안전성에 영향을 끼칠 우려가 있어 확인이 필요하거나 사용제한 중인 건축물의 지속적인 사용여부를 판단하기 위하여 실시한다.

7) 정밀안전진단

정밀안전진단은 건축물에 내재되어 있는 위험 및 수명단축 요인을 소정의 경험과 기술을 갖춘 책임기술자가 미리 조사·평가하여 그에 대한 적절한 조치를 하고, 적시에 적절한 보수·보강조치를 하여 건축물의 안전 및 유지관리를 체계적으로 행함으로써 건축물의 기능을 확보하고, 재해 및 재난을 예방하고 수명을 연장하기 위함을 목적으로 한다.

진단은 정기점검 과정을 통해서는 쉽게 발견하지 못하는 결함부위를 발견하기 위하여 행해지는 정밀한 육안검사 및 검사측정 장비에 의한 측정을 포함하는 근접점검이다. 진단에서는 건축물의 구조안전성 정도와 노후화 또는 손실 정도에 따라 구조물의 기능이나 잔존수명을 예측하기 위한 상태 및 안전성평가를 포함한다.

비파괴조사나 재료시험 및 재하시험은 건축물의 상태평가나 구조부재의 내력을 결정하는 데 필요한 보조수단으로 이용할 수 있으며, 필요한 경우 모형실험도 실시할 수 있다. 진단의 결과 필요할 경우 보수·보강방법을 제시해야 한다.

(* http://www.kistec.or.kr의 「점검 · 진단세부지침」 내용 참조)

13.2 콘크리트 구조물의 보수·보강공법

콘크리트 구조물은 화재, 균열, 동해, 중성화 및 화학적 침식 등의 결함이 발생할 경우에 보수해야 한다. 공사 중인 구조물에서부터 준공 후 장기간 경과한 후의 구조물까지 다양한 형태의 결함이 발생한다. 보수는 결함을 발생시킨 손상 정도, 원인과 보수의 목적 등을 충분히 조사한 후 알맞은 공법을 선정해야 한다. 보수공법은 손상부위를 처리하는 형태에 따라 크게 주입공법, 충전공법, 표면피복공법 및 기타 공법으로 나눌 수 있다.

설계오류, 시공불량, 과대하중 등에 의해 구조내력이 부족한 경우에는 보강을 필요로 한다. 보강은 외적인 요인에 의하여 손상을 입은 부위에 콘크리트보다 강도가 큰 물질을 덧붙여 손상을 받은 부재의 부담능력을 향상시키기 위한 방법으로, 주로 강판이나 강재 등에 의한 보강과 탄소섬유 등 섬유에 의한 보강 등으로 분류할 수 있다.

13.2.1 주입공법

수지 주입은 발생 균열의 변위를 최소화하고 균열발생 후 철근의 부식 진행을 방지하며 균열폭의 증대를 방지하는 것을 목적으로 하며, 주입공법은 균열 내부에 점성이 낮은 수지계 또는 시멘트계의 재료를 주입하여 방수성과 내구성을 향상시키는 공법으로 마감재가 들뜬 경우에도 사용한다. 에폭시수지 주입에 의한 공법은 수지의 탄성계수가 콘크리트에 비해 작고 균열의 미세한 부분까지 주입이 곤란하다는 단점이 있으나, 최근에는 부재의 강성 및 휨·전단내력을 균열 전과 동등한 수준으로 회복시킬 수 있고 철근과의 부착강도도 증진시키는 에폭시수지가 개발되어 실용화되고 있다.

에폭시수지는 저수시설 및 건축물 외벽의 보수 등에 역학적으로는 특별한 장애가 없지만 방수 목적으로 주입하는 예가 많으며, 철근의 부식방지를 위해 수지 주입을 하는 것도 있지만 주입에 의한 부식방지효과는 부식상태에 따라 다른 것으로 나타나 있다. 또한 부식방지를 위한 보수의 경우에 에폭시 주입만으로는 충분하지 못한 경우가 많은 것으로 보고되고 있다.

13.2.2 충전공법

충전공법은 0.5mm 이상의 비교적 큰 폭을 가진 균열의 보수에 적용하는 공법으로 균열을 따라 콘크리트를 V 또는 U-cut한 후 그 부분에 보수재를 채워 넣는 공법이다. 철근의 부식, 균열의 진행성 여부, 누수 또는 용출수 여부 등에 따라 보수방법이 다르다.

1) 에폭시수지계 줄눈 충전재

조성성분은 에폭시수지로서 에폭시수지의 조성을 변화시켜 진행성 및 비진행성의 균열에도 적용 가능하다. 보통 구조물의 바닥면 보수나 요철부의 조정 등에 사용되며 수평 및 상향으로도 시공이 가능한 재료이다. 곰보나 철근 노출부의 보수에 적합하다.

2) 에폭시계 경량 모르타르

특수변형 에폭시수지를 사용한 것으로 부착성이 높으며 비교적 경량이다. 바름두께를 두껍게 할 수 있고 공기가 짧고 작업성이 뛰어난 장점을 가지고 있으며, 결손부위의 충전에 적합하다.

3) 경량 에폭시수지 모르타르

에폭시수지에 경량골재를 혼합한 것으로 비중이 낮아 상향 시공성이 양호하며, 또한 얇게 시공하여도 들뜸이 없어 단면보수용으로 적합하다.

4) 에폭시수지 모르타르

에폭시수지에 특수골재를 혼합한 것으로 유연성이 있는 에폭시수지와 골재로 구성되어 천장면이나 수직면에 시공해도 흘러내림이 없다. 비투수성으로서 콘크리트 구조물의 방식 · 방청, 결손부의 보수, 요철부의 조정에 적합하다.

5) 수지 프리팩트계 단면복구재

비닐에스테르수지에 골재를 혼합한 것으로 경화속도가 빠르며 강도가 높다.

6) 수중 및 지수용 충전재

에폭시수지를 주원료로 한 것으로 물에 젖어 있거나 누수가 되고 있는 부위에 사용된다.

7) 실런트계 충전재

두 가지 성분 이상을 혼합한 실리콘으로 내후성, 내구성, 내수성이 뛰어나다. 프라이머 사용으로 대부분의 피착재에 접합이 가능하며 연신특성이 우수하여 진동에 유리하고 신축이 좋다.

8) 합성수지계 프리팩트 콘크리트

불포화 폴리에스테르수지에 골재를 혼합한 것으로 저온 시의 강도 발현성이 뛰어나다.

9) 우레탄계 충전재

두 가지 성분의 우레탄수지가 주요 원료로서 신축성과 추종성이 뛰어나며 보수 시 흘러내림이 없다. 균열폭 5mm 이상의 균열에 적용 가능하다.

10) 에폭시계 단면복구재

주요 조성은 에폭시수지로서 초경화성이다. 물로 반죽질기를 조절할 수 있으며 습윤부에 대한 접착성이 양호하다. 대형균열이나 결손부에 적합하다.

13.2.3 표면피복공법

열이 발생한 부위에 에폭시수지 등의 피복재료로 도막을 형성하는 공법으로 균열의 폭이 좁고 경미한 잔 균열보수에 적용하며 표면에 피복을 입히는 방법이다. 표면피복공법에 사용되는 재료는 콘크리트 구조물의 균열 성격에 따라 균열의 수축팽창이 비교적 큰 경우는 폴리우레탄, 폴리설파이드, 실리콘, 타르에폭시를 사용하고 균열의 수축팽창이 비교적 작은 경우는 에폭시계 재료, 폴리머 시멘트, 아스팔트, 시멘트 모르타르를 사용한다.

1) 폴리머계 시멘트 혼화재

폴리머 시멘트 혼화재는 보통의 시멘트 모르타르의 결합재로서의 시멘트 이외에 폴리머를 시멘트의 0.3~0.5(중량비) 정도 혼합해서 모르타르의 특성을 개선한 것이다. 폴리머 시멘트 모르타르는 코킹 등의 보수공사용 재료로는 매우 유용하며 보통의 시멘트 모르타르에 비해 다음과 같은 개선된 장점을 갖고 있다.

① 휨인장강도와 신장력이 크다.

② 방수성이 좋고 동결융해에 대한 저항성이 크다.

③ 건조수축이 작고 내충격성과 내마모성이 크다.

④ 콘크리트, 모르타르, 강재 등에 대한 접착력이 크다.

2) 레진 콘크리트용 수지

결합재로서 시멘트를 전혀 사용하지 않고 폴리머만을 결합재로 이용한 것으로써 폴리머 시멘트 모르타르가 갖는 장점 외에도 내약품성이 우수하다. 또한 경화시간을 광범위하게 조절할 수 있고 매우 단시간에 경화시킬 수도 있는 등의 이점이 있다.

3) 콘크리트 도장 수지

기존 콘크리트 구조물의 표면에 모노머, 프리폴리머, 폴리머 등을 도포해서 침투시킨 후, 중합 등의 조작에 의해 콘크리트와 폴리머를 일체화함으로써 콘크리트 표층부에 강도, 수밀성, 신장능력, 내구성 등이 높은 보호층을 형성하고 보수, 강화하는 공법으로, 콘크리트 제품의 제조에 이용되는 경우에는 폴리머 함침 콘크리트라고 부르고 있다. 함침재는 콘크리트에 대한 침투성이 매우 좋아야 하므로 콘크리트의 제품에는 저점도의 메틸메탈아크릴게이트(MMA), 스티렌 등을 이용해서 방사선중합법과 촉매를 가한 가열중합법을 취하고 있으나, 기존 구조물에는 이와 같은 방법은 곤란하므로 반응경화형의 에폭시수지, 폴리우레탄수지, 폴리에스테르수지 등 저점도의 것이 이용된다. 또한 단순히 표면도포제로서 이용하는 경우에는 처지는 것을 막기 위해서 충전재(중질탄산칼슘 등)를 적량 첨가한 것이 이용된다.

13.2.4 강판보강공법

강판접착공법은 노후화 또는 부실 시공된 콘크리트 구조물에 내하력을 향상시킬 목적으로 개발된 공법이다. 상판, 보, 기둥, 벽체 등 철근콘크리트 면에 Steel Plate나 H-beam을 일체화시켜 내하력을 증강시키는 보강공법으로 내진 보강공사에도 많이 사용되고 있다. 강판보강공법은 콘크리트 부재의 인장측 외면에 강판을 에폭시 계통의 접착제로 접착하여 기존의 콘크리트와 강판을 일체화시킴으로써 강판에 의한 단면보강효과는 물론 콘크리트의 열화와 철근의 부식방지 효과를 기대하는 보수 · 보강공법이다.

일반적으로 4.5~6mm 두께의 강판이 쓰이고 접착제로는 에폭시수지가 이용된다. 강판보강공법은 강판을 접착하는 방법에 따라 압착공법과 주입공법으로 나누어진다.

시공순서는 강판 가공, 표면처리, 강판 부착, 주입구 설치 및 실링, 주입, 양생 및 마감작업 순으로 실시한다. 강판 보강부위는 내화피복이, 습기 침해부위에서는 방청피복이 필요하다.

13.2.5 증설 보 공법

증설 보 공법으로는 합성단면증설공법과 강형단면증설공법이 있다. 합성단면증설공법이란 신 · 구 단면 사이에 전단력을 직접적으로 전달시키기 위해 접촉면에 앵커를 매립하고 증설되는 강형 보에 콘크리트를 타설하여 기존의 보와 일체화한 것이다. 또한 콘크리트에 의해 증설 보를 시공할 경우에는 크리프나 건조수축에 의해 증설 단면에는 인장력, 기존 단면에는 압축력이 발생하기 때문에 증설 단면에 균열이 발생하지 않도록 배근에 주의해야 한다.

강형단면증설공법이란 합성단면증설공법과는 달리 신 · 구 접촉면에 전단력 전달을 위한 특별한 처리를 하지 않고 기존 보의 외연부를 절단하고 콘크리트 또는 강형의 증설 보를 설치하여 단면을 증대시킴으로써 내력을 증대시키는 공법이다. 따라서 신 · 구 단면 간의 응력분담은 축력의 경우에는 신 · 구 보의 단면적, 휨 모멘트의 경우에는 신 · 구 보의 단면 2차 모멘트의 비에 의해 분담되므로 이에 따라 응력을 검토한다.

13.2.6 섬유보강공법

섬유보강접착공법은 보강을 요하는 기존 철근콘크리트 구조물의 슬래브 밑면, 보의 밑면과 측면, 기둥 등에 탄소섬유 등의 섬유 시트를 에폭시수지로 함침적층(含浸積層)하여 기존 구조물에 접착시켜 일체화함으로써 내하력을 증대시키는 보강공법이다.

섬유보강재 중 대표적인 탄소섬유는 역청에서 추출한 신소재로 인장강도는 철의 10배, 비중은 철의 1/5로 알루미늄보다 가벼우며 탄성계수는 철과 비슷하고 내식성, 내산성, 내알칼리성, 내염성이 우수하고 불에 타지 않으며 절대 녹슬지 않는 고강도 및 고탄성을 지닌 소재로서, 경량이기 때문에 중량증가가 단면증가가 거의 없어 미관을 해칠 우려가 없으며 좁은 공간에서도 시공할 수 있는 장점이 있다.

일방향으로 배열된 탄소섬유 시트를 상온 경화형 에폭시수지를 이용하여 구조내력이 부족한 구조부위에 접착하여 보강한다. 탄소섬유는 재료가 갖고 있는 고강도의 성질로 인하여 일찍부터 항공과 우주 분야의 재료로 사용되어 왔다. 건설 분야에의 적용은 고강도, 고탄성, 내후성 및 경량의 성질을 이용한 기존 구조물의 보강 분야에 적용되고 있다. 기존의 보강공법에 대한 탄소섬유 시트 공법의 장점은 강판접착공법과 같이 구조부재의 내하력 향상을 기대할 수 있고, 기존에 발생한 균열을 구속하는 효과를 얻을 수 있다.

탄소섬유 시트는 이형강봉과 비교할 때 강도가 8~10배이며 탄성계수가 거의 같은 인장특성을 지니고 이형강봉과 같이 항복점이 없으며 파괴강도까지 거의 탄성체로서 거동한다. 또한 내식성이 우수하므로 염해를 받는 해안에 위치한 콘크리트 구조물의 보호와 동시에 보강에 활용될 수 있고, 구조부재의 손상 정도와 손상부위에 따라 보강량이 다를 수 있으므로 이에 대하여 적층수를 조절함으로써 적절한 보강이 가능하다.

이 공법의 단점으로는 섬유 시트를 접착하는 데 에폭시를 사용하여 에폭시의 열적성능에 의존하게 되므로 구조물이 처하는 열적환경을 신중히 고려하여 적용여부를 결정해야 한다.

13.3 해체공사

근래에 들어 건축물이 시간의 경과에 따라 고유의 기능을 상실하게 되고 노후화가 촉진되며 도시재개발이나 재건축 등의 이유로 구조물의 철거 해체가 증가하고 있다. 또한 현재 사용 중인 건물의 기능 및 성능의 개선을 목적으로 건물을 증축, 개축(Rebuilding) 리모델링하게 되면서 건물의 일부가 해체될 수 있다.

13.3.1 해체요인

1) 사회경제적 요인

사회적으로 요구되는 도시재개발, 사회간접자본의 확충, 공공건물의 증설 등에 필요한 부지확보와 토지의 고도이용을 위한 경제성 향상을 위해 철거대상물이 증가하고 있다.

2) 기능의 변화

인간을 위한 건축물은 시대의 변화, 사고와 인식변화로 인하여 그 기능에 대한 평가도 변하게 된다. 건축물의 형태는 변하지 않더라도 대외적 기능의 변화가 건축물의 존재가치를 상실하게 만든다.

3) 내구성 저하

건축물의 내구성은 사용목적 및 구조형태에 따라 다른 영향을 받으므로 정확히 산정할 수는 없고, 우리나라 세법상에 구조나 용도별 내용연수를 규정하고 있으나 일반적으로 콘크리트 구조물에서 부재의 수명부족만의 이유로 철거되는 예는 극히 드물다.

13.3.2 철거공법의 종류

콘크리트 구조물의 해체방법에는 철거대상물을 직접 잘게 부수는 방법과 크게 나누어 절단하는 방법 및 반출이 쉽도록 적당한 크기로 나누어 철거하는 방법이 있다.

적용원리에 따라 다음과 같이 나눌 수 있으며, 각종의 철거공법을 비교하면 표 13.3과 같다.

표 13.3 **철거공법 비교표**

비교 / 공법	공해			적용부위					시공특성			
	소음	진동	분진	기둥	보	바닥	벽	기초	사전 작업	안전성	작업 능률	2차 처리
브레카공법	대	중	대	○	○	○	○	△	무	고	고	무
압쇄공법	소	소	대	△	○	△	○	×	무	고	중	무
커터공법	중	소	소	△	○	○	○	×	무	고	중	유
Water Jet 공법	중	소	소	△	△	○	○	×	무	저	저	유
화약발파공법	중	대	대	○	○	○	○	○	유	저	고	무
전도해체	중	대	대	○	△	△	○	×	유	저	고	유
잭공법	소	소	중	×	○	○	△	×	무	고	중	무
Steel Ball 공법	대	대	대	○	○	○	○	×	무	저	고	무

보기 : ○ → 양호, △ → 적당, × → 불량

1) 기계적 충격에 의한 방법

(1) 브레카

압축공기나 유압에 의한 타격력을 이용하여 부수는 장비로서 인력에 의한 핸드브레카와 굴삭기에 부착하여 사용하는 대형 브레카가 있다. 능률이 양호하고 취급이 간단한 점이 있으나 소음이 커서 사용하는 데 제약이 있다.

(2) 스틸 볼(Steel Ball)

크레인에 적정 무게의 쇠공을 매달아 건축물에 충격을 가하여 철거하는 방법으로 능률은 양호하나 충격 시 콘크리트 파편의 비산으로 안전상 문제가 많아 현재는 거의 사용하지 않고 있다.

2) 압쇄

(1) 유압식 압쇄기

압쇄기로 콘크리트 부재를 물고 유압으로 압력을 가하여 부스러뜨리는 방법으로 기둥, 보, 바닥판, 벽의 해체에 사용하며, 작업성이 좋고 굴삭기에 장착하면 높은 부위까지 해체가 가능하다.

(2) 유압잭

유압잭을 하층의 보 및 슬래브와 상층의 보 및 슬래브 사이에 끼워 넣고 유압으로 잭을 늘려서 그 힘으로 부재를 해체한다.

(3) 커터(Cutter)

가압 및 주행이 되는 기계에 다이아몬드 원형톱날을 장착하고 고속회전시켜 콘크리트 부재를 절단하거나 다이아몬드가 박혀 있는 와이어를 왕복운동시켜 절단 철거하여 잘라낸 부재를 크레인으로 달아 내린다.

(4) 워터 제트(Water Jet)

초고압수를 미세한 노즐로 분사시켜 그 압력으로 콘크리트 부재를 절단하는 것으로 외국에서는 10여 년 전부터 많이 사용하고 있으며 국내에서도 적극 채용하고 있다.

3) 화약 및 팽창압에 의한 공법

(1) 화약발파공법

부재에 구멍을 천공한 후 화약을 넣고 발파하여 그 폭발력으로 해체하는 방법으로, 능률은 대단히 좋으나 밀집도시 지역에서는 충분한 안전조치와 대규모 대피가 필요하며 넓은 지역에 먼지나 소음 및 진동피해를 줄 수 있어 충분한 민원대책이 요구된다.

(2) 정적파쇄제

천공된 구멍에 팽창재를 주입하여 일정시간이 경과하면 팽창압에 의해 콘크리트에 균열을 발생시켜 해체하는 공법이다. 팽창재는 생석회에 물을 첨가한 것을 사용하는데, 최근에는 고팽창 시멘트가 사용되고 있다.

(3) 팽창봉

천공된 구멍에 유압으로 팽창되는 금속봉을 삽입하고 적정 유압을 가함으로써 해체부를 팽창시켜 부재를 해체한다.

4) 전도해체

건축물을 한 방향으로 전도시키는 방법으로 먼저 기둥, 보, 슬래브 등의 해체대상 부재에 적합한 공법을 적용하여 취약화를 실시하며 전도방향을 사전에 유도해야 한다.

13.3.3 철거계획

철거계획은 건축물의 조건을 고려하여 적합하게 수립되어야 하며, 안전하고 신속하게 소음과 진동이 적고 경제적으로 시행하기 위해서는 철저한 사전조사와 연구 검토가 요구된다.

1) 사전조사 및 검토사항

(1) 철거건물의 조사

- 구조형식, 층수, 층높이, 연면적, 최고높이 등의 구조 및 규모
- 평면형식, 스팬길이, 벽 배치상태 등의 층별 조사
- 철거 시 탈락 비산의 우려가 있는 내 · 외장재료

- 부재치수, 철근배근 상태, 기둥상태 등의 구조부재의 상세조사
- 급수, 냉난방 배관, 배선 등 설비의 배관 및 전기시설 상태
- 설계도와 상이한 부분
- 재사용, 이전을 요하는 재료 및 시설
- 과거의 화재 및 지진피해 여부와 노후화 정도
- 폭발물 및 잔존위험물
- 신축연도 및 증축, 개축의 유무

(2) 부지현황 조사

- 부지내 공지의 유무 및 넓이
- 지중매설물 및 공사장애물 유무
- 근접도로의 폭과 부지 출입구

(3) 주변현황 조사

- 환경 및 공해방지와 관련된 규정
- 주변건물의 규모, 노후화 정도, 수직도, 이격거리
- 주변건물의 용도 및 병원, 정밀기계를 사용하는 특수건축물
- 도로폭, 사람 및 차량의 통행량, 학교 통학로
- 공중장애물 및 육교

(4) 공해 및 안전대책

- 소음, 진동, 비산, 분진 등의 공해 발생 가능성 부분을 사전에 검토
- 강풍이나 폭우 등 자연환경 변화에 의한 직간접 피해방지대책 수립
- 차단막과 울타리 등으로 비관계자의 출입 및 접근을 엄격히 통제
- 철거공법 및 소음, 진동, 분진의 대량 발생 시간과 사후대책을 미리 주민들에게 홍보하여 공사 중 민원을 예방

(5) 철거장비 검토

- 출력 및 중량, 회전반경, 작업범위, 사용동력, 효율 등을 검토하여 현장여건에 가장 적정한 장비를 선택할 수 있을 것.

2) 시공계획

현지조사와 사전 검토사항을 분석하여 불완전한 부분이나 미비한 사항이 없도록 시공계획을 수립한다.

(1) 철거계획

각종 공법별로 장단점이 있고 현장 상황에 따라 철거순서가 달라 두 종류 이상의 공법을 복합하여 사용하는 경우가 많고, 철거 후 바로 신축공사가 예정되어 있으면 철거계획 시 고려해 넣어야 한다.

(2) 가설계획

철거 시 낙하물로 인한 사고예방을 최우선으로 고려하여 가설물을 설치하고 조명, 통신, 환기, 살수, 방화설비를 준비해야 한다.

(3) 철거물 처분계획

부재를 철거하여 바닥에서 내리거나 잘게 부수어 낙하시키는 방법을 채용할 경우 철거물의 적치장소가 부지 내에 있어야 하고 반출장비와 사토장, 폐기장, 처리장 등에 대한 검토가 있어야 한다.

참/고/문/헌

1. 김양중, 시설물유지관리공학, 맑은샘, 2014.
2. 국토교통부, 시설물유지관리지침(건축물), 국토교통부 고시 제2013-140호
3. 정상진 외, 건축시공학, 기문당, 2013.
4. 정상진 외, 건축재료학, 기문당, 2013.
5. 정상진 외, 건축시공 신기술공법, 기문당, 2002.
6. 한국콘크리트학회, 최신콘크리트 공학, 기문당, 2011.
7. 콘크리트 표준시방서, 한국콘크리트학회, 2009.
8. 小林 一輔 外 7人, コンクリート實務便覽, Ohmsha 外, 2004.
9. 小林一輔, 最新コンクリート工学, 森北出版, 2002.

연/습/문/제

1. 건축물 기능의 훼손 정도를 조사하여 그 상태를 파악함으로써 하자의 발생을 미리 방지하려는 관리행위를 무엇이라 하는가?
2. 콘크리트 구조물의 보수공법에서 손상부위를 처리하는 형태에 따른 공법의 종류를 설명하시오.
3. 콘크리트 구조물의 보수공법에서 주입공법을 설명하시오.
4. 해체공법의 하나인 워터제트공법을 설명하시오.
5. 해체철거공법에서 화약발파공법과 정적파쇄제공법을 비교하여 설명하시오.

14 시험 및 측정

14.1 재료시험

14.1.1 골재의 알칼리골재반응 시험방법

골재의 알칼리골재반응성은 다양한 시험법으로 조사할 수 있도록 규정되어 있으며, 크게 분류하면 화학법, 모르타르에 의한 시험방법(모르타르바법), 콘크리트에 의한 시험방법이 있다. 알칼리골재반응에 대한 시험방법 및 판단기준은 표 14.1과 같다.

표 14.1 **알칼리 실리카 반응성 시험방법 개요**

시험방법	알칼리양 & 시료	시험조건	측정기준
ASTM (화학법)	1mol/l NAOH 용액 0.6% 이상 모르타르 : 25.4×25.4×285mm	80℃(항온수조) 24시간, 16일, 6개월~1년	용출된 실리카양(길이변화 0.1%) : 38±2℃ 항온
KS 2545 KS 2546	용해 실리카양 : 골재와 알칼리의 반응에 의해 용출된 실리카양 25.4×25.4×285mm	80℃(항온수조) 24시간 침적, 증기로(105℃) 증발 25.4×25.4×285mm	용출된 실리카양 : 질량 차이 & 길이변화
JIS A 1145 (화학법)	1mol/l NAOH 용액 150~300㎛ 분쇄한 골재	80±1℃ 수조중 24시간, 밤새침적	용액 실리카양(S_c) 알칼리 농도 감소량(R_c)
JSCE-C 511 (개량화학법)	1mol/l NAOH 용액 150~300㎛ 분쇄한 골재	80±1℃ 수조 24(T) 40±1℃ 수조 24,48(T)	알칼리반응성 지수 (ARI 한계 알칼리양)

화학법은 골재의 알칼리골재반응성을 신속하게 판정할 수 있으며, KS F 2545 [골재의 알칼리 잠재반응 시험방법(화학법)에 규정되어 있다. 골재를 분쇄하고 150~300㎛의 분말상을 시료로 만들어 105℃에서 24시간 동안 (1.00±0.01)N의 수산화나트륨 용액과 반응시켜 수산화나트륨 용액의 알칼리 농도 감소량(R_c)과 용해 실리카양(S_c)을 측정한다. 그림 14.1과 같이 S_c가 10mmol/l 이상이고 R_c가 700mmol/l 미만일 때, S_c가 R_c 이상이면 그 골재는 [유해]로 판정하고, 그 외의 경우는 [무해]로 판정한다. R_c와 S_c의 시간에 따른 변화를 통해 얻은 지표 R_c0과 온도 40℃에서 24시간 반응시켰을 때의 실리카 용해량 S_c24를 이용해 콘크리트가 유해한 팽창을 일으키지 않는 한계 알칼리양을 화학적으로 추정하는 시험방법 [JSCE-C 511-2001 : 콘크리트용 골재의 알칼리 반응성 평가시험방법(개량법) (안)]도 제시되어 있다. 이러한 골재평가법은 어느 정도의 알칼리양이 있으면 그 골재를 사용해도 되는지를 판단할 수 있는 시험방법이다.

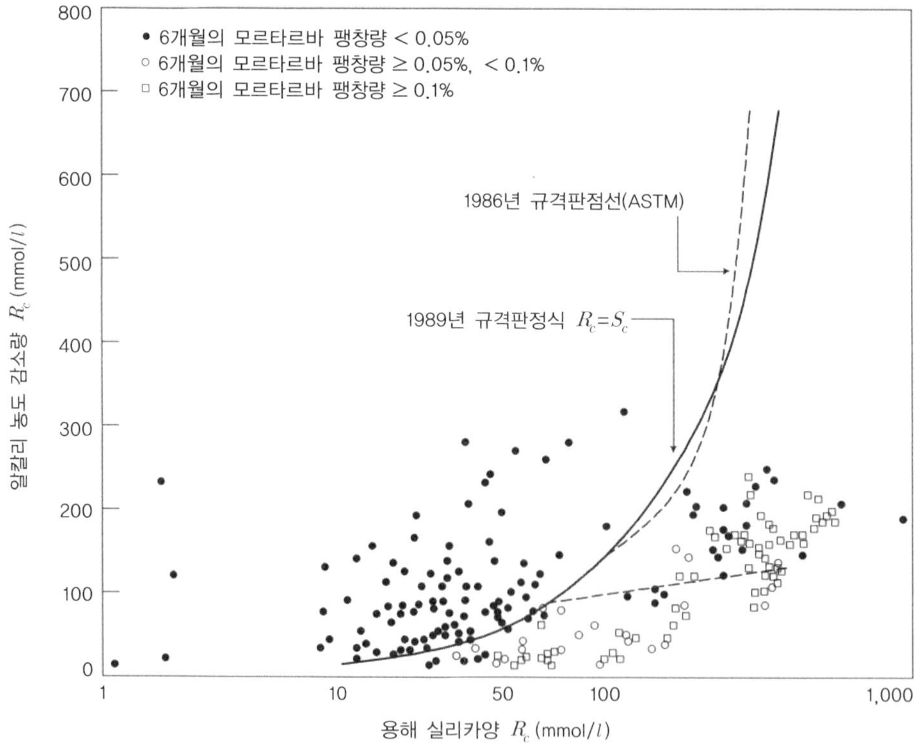

그림 14.1 S_c-R_c의 관계와 모르타르바의 팽창량

모르타르바법은 기본적으로 모르타르 중의 알칼리양을 높여서 반응을 촉진시켜 팽창률에 의한 골재의 알칼리 실리카 반응성을 평가하는 시험방법이다. 판정에 6개월이 소요되므로 신속 모르타르바법을 사용하기도 한다. 이 방법은 게이지압 15kPa, 온도 127℃의 고온고압하에서 골재의 알칼리 실리카 반응성을 신속하게 판정하는 방법으로 JIS A 1804-2001 [콘크리트 생산공정관리용 시험방법-골재의 알칼리 실리카 반응성 시험방법(신속법)]에 규정되어 있다. 콘크리트에 대한 평가는 JCI-AAR-3-1987 [콘크리트의 알칼리 실리카 반응성 판정방법(안)에 규정되어 있으며, Na_2O 당량에서 콘크리트 1m^{3}당 2.4kg으로 평가한다. 6개월 후의 평균 팽창률이 0.100% 미만이면 해당 콘크리트는 [반응성 없음] 0.100% 이상이면 [반응성 있음]으로 판정하고 있다.

14.1.2 철근콘크리트용 봉강 가스압접이음의 검사방법

KS D 0244 [철근콘크리트용 봉강 가스압접이음의 검사방법]에서는 외관시험, 인장시험방법과 휨시험방법이 규정되어 있다. [철근의 가스압접공사표준시방서]에서는 안전수량검사를 원칙으로 한 외관검사와 초음파탐상검사, 인장시험에 의한 검사가 규정되어 있다. 단, 설계도서에서 정한 검사율에 따른 외관검사의 항목 및 판정기준은 표 14.2 및 그림 14.2와 같다. 외관검사의 초음파탐상에서는 JIS Z 3062-1996 [철근콘크리트용 이형봉강 가스압접부의 초음파 탐상시험방법 및 판정기준]에 따르는데, 각 검사로트마다 30개소의 샘플링을 취해 불합격 개소가 1개소 이하일 때 그 로트는 합격, 2개 이상일 때 불합격으로 판정한다.

표 14.2 **외관검사의 판정기준**

항목	판정기준
압접부의 팽창 : D	철근경의 1.4배 이상(경이 다른 경우 적은 경) SD490의 경우는 1.5배 이상
압접부의 팽창길이 : l	철근경의 1.1배 이상 SD490의 경우는 1.2배 이상
압접면의 흠 : δ	철근경의 1/4 이하
압접부의 철근중심축의 편심량 : e	철근경의 1/5 이하(경이 다른 경우 적은 경)
압접부의 구부러짐	육안관찰에 의한 명확한 구부러짐이 없을 것

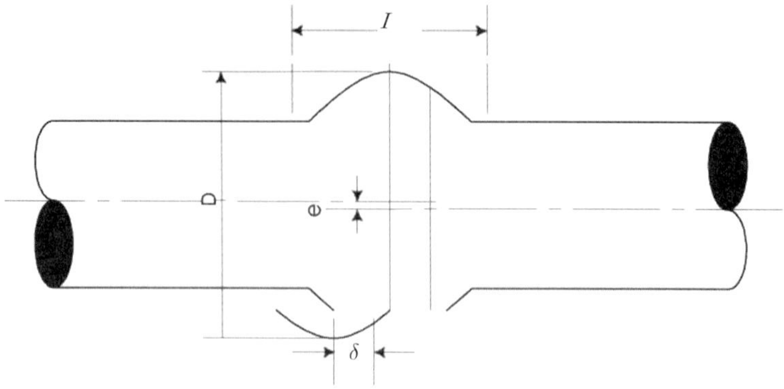

그림 14.2 **가스 압축부의 개념도**

또 열간가공의 경우에는 외관검사를 실시하고, ① 압발 후 압접면에 대응하는 위치의 균열, 선상 갈라짐과 함몰부위가 없을 것, ② 압발 후 철근 표면에 과열로 인한 표면 부정형이 없을 것, ③ 압접부의 팽창길이는 철근직경의 1.1배 이상일 것, ④ 압접부에 철근중심축의 편심량이 철근경의 1/5 이하일 것, ⑤ 육안으로 명확한 절곡이 보이지 않는 것으로 한다. 초음파탐상법은 열간가공을 하지 않는 시험방법과 동일한 방법으로 간주한다.

14.2 굳지 않은 콘크리트의 시험

14.2.1 개요

굳지 않은 콘크리트의 품질은 경화 콘크리트의 강도 및 내구성에 크게 영향을 미친다. 콘크리트는 다른 건설재료와 다르게 배합 직후부터 강도가 발현되고 양생과정을 거쳐 경화하는 재료이다. 따라서 굳지 않은 콘크리트를 취급할 때는 경화 콘크리트의 내구성을 고려한 품질검사를 시행할 필요가 있다.

본 절에서는 경화 콘크리트의 내구성과 관련이 깊은 굳지 않은 콘크리트의 품질에 대해 블리딩양, 가압 블리딩양, 염화물이온 함유량 및 단위수량의 시험 · 측정방법에 대해 설명한다.

14.2.2 블리딩시험

블리딩은 콘크리트를 구성하는 재료 중에서 밀도가 큰 고체입자들이 침강하면서 콘크리트 중의 자유수가 상승되어 타설 표면에 떠오르는 현상이다. 블리딩수는 굳지 않은 콘크리트의 재료분리 정도를 평가하는 지표로 블리딩수가 많은 콘크리트일수록 재료분리에 대한 저항성이 적으므로 초기결함 발생의 가능성이 큰 콘크리트라 할 수 있다.

표면 블리딩수의 발생 정도를 판정하는 시험방법은 콘크리트의 비빔시험(KS F 2414)이다. 내경 25cm, 내부 순수 높이 28.5cm의 금속제 원통형 용기에 콘크리트를 충진한 후부터 블리딩 발생이 종료할 때까지 소정의 시간간격으로 콘크리트 표면에 떠오르는 블리딩수를 스펀지 등에 흡수시켜 총수량으로부터 블리딩양과 블리딩률을 구한다.

동일 콘크리트 시료일지라도 블리딩은 콘크리트 온도 및 용기 크기에 의해 현저히 변동한다. 특히, 블리딩수를 흡수 분리시킬 때 용기를 기울이는데, 이것에 의해서도 발생량이 미소하게 달라지므로 시험조건을 일정하게 하도록 유의할 필요가 있다.

다음은 시험상의 유의사항이다.

① 시료로 하는 콘크리트의 온도는 20±2℃, 실온은 20±3℃로 한다.

② 시료의 표면을 평활하게 하는 과정에서 표면고르기 횟수가 많으면 물이 많이 떠오르기 때문에 시험 결과의 오차가 커지게 된다.

③ 블리딩수의 채취를 쉽게 하기 위해서는 소정의 채취시간 2분 전에 두께 5cm 정도의 블록을 용기의 한편에 끼워 천천히 기울인다. 블리딩수를 스포이드 등으로 채취한 후에는 용기를 천천히 수평으로 돌려놓는다.

④ 최종 블리딩양뿐만 아니라 경시변화에 따른 누적 블리딩양에 대한 블리딩 곡선을 작성하여 시험의 신뢰성을 확보한다.

⑤ 블리딩은 콘크리트와 용기 형틀의 접촉면에서도 발생한다.

⑥ 시험 시 시료에 진동을 가하지 않도록 한다.

일반적으로 블리딩양이 많은 콘크리트일수록 침하균열을 동반하는 초기결함의 발생률이 높아진다. 그림 14.3은 10×10×40cm의 휨시험 공시체에 D16의 이형철근을 35~40mm의 피복두께 위치에 설치하고 침하균열을 발생시켜, 잠재적 결함이 있는 경우의 휨균열 발생 응력도와 철근이 없는 콘크리트만의 휨균열 발생 응력도와의 비를 표시하고 있는데, 블리딩양이 증가할수록 휨균열 발생 응력도가 저하하는 경향을 나타내고 있다.

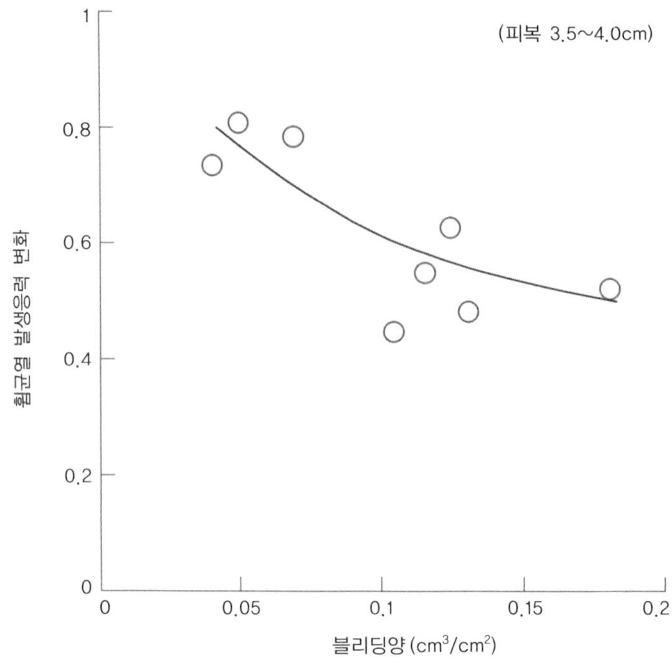

그림 14.3 **블리딩양과 휨균열 발생 응력도비의 관계**

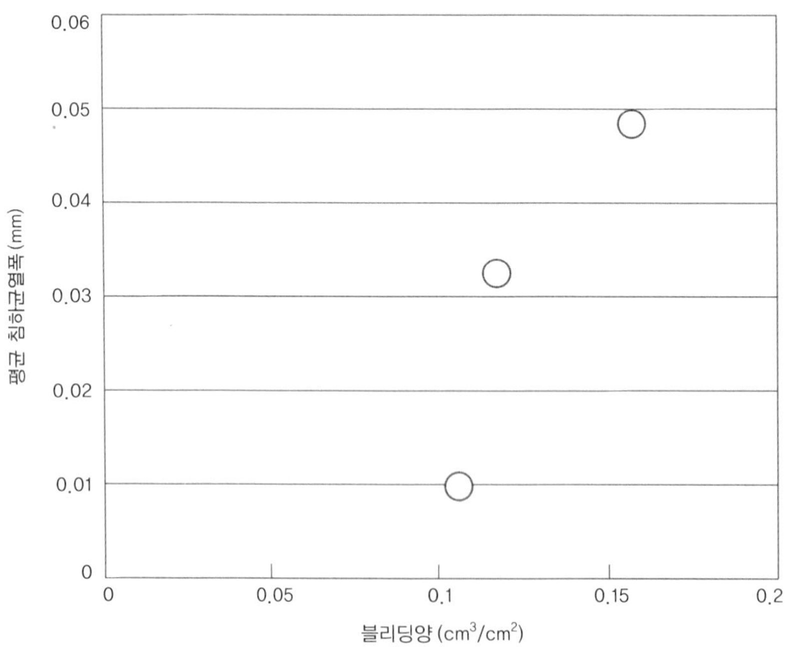

그림 14.4 **블리딩양과 평균 휨균열의 관계**

그림 14.4는 60×90×20cm의 슬래브 형틀의 장변방향에 D19의 이형철근을 15cm 간격 15mm의 피복두께로 설치하고 철근위치의 콘크리트 표면에 발생한 침하균열폭의 평균과 블리딩양의 관계를 표시하고 있는데, 블리딩양이 많을수록 침하균열폭도 큰 경향을 나타내고 있다.

블리딩시험의 문제점은 실제 형틀 내에 타설되는 콘크리트의 응력상태가 본 시험상태와 동일하지 않다는 것이다. 앞서 언급한 것과 같이 용기 내에 발생하는 블리딩수의 발생량은 시험장치의 상태에 따라 크게 변화하므로 시험으로 얻은 블리딩양으로부터 실제 형틀 내의 블리딩양을 예측할 수는 없다. 그러므로 본 실험결과는 콘크리트 시방배합을 결정할 때의 상대적 평가로만 활용할 수 있다. 즉 사용 재료나 배합을 결정할 때, 블리딩양이 많은 콘크리트보다 블리딩양이 적은 콘크리트가 좋다는 상대적 평가를 하기 위한 시험방법이다.

14.2.3 가압 블리딩시험

펌프압송 시, 관벽과 콘크리트 표면의 윤활층과 관련된 가압상태에서의 블리딩 발생정도를 판정하는 시험방법으로서 일본토목학회규준[가압블리딩 시험방법(JSCE-F502)]에 규정되어 있다. 국내에서는 공식적인 시험방법보다는 공사나 회사별 내부규정이나 시공지침을 만들어 공개하지 않고 사용 중이므로 일본 자료에 따른다.

최근 콘크리트 시공에는 성력화나 대형화와 함께 콘크리트 펌프압송능력, 즉 압송압력의 최대치가 증가하고 장거리압송이나 고소압송 등이 늘고 있으므로 콘크리트에는 높은 재료분리저항성이 요구되고 있다. 가압 블리딩시험은 압송에 대한 콘크리트 중의 물의 분리저항성을 정량적으로 평가하여 콘크리트 압송 중 분리저항성의 유지여부를 판정할 수 있다. 그러므로 일본토목학회 [콘크리트의 펌프시공지침]에서는 본 시험방법으로부터 탈수곡선에 관한 표준곡선(그림 14.5)을 얻을 수 있다. 이 표준곡선 내에 탈수곡선이 존재하면 그 콘크리트의 압송에 대한 물의 재료분리저항성이 양호하다고 판단하는데, 다음은 시험상의 유의사항이다.

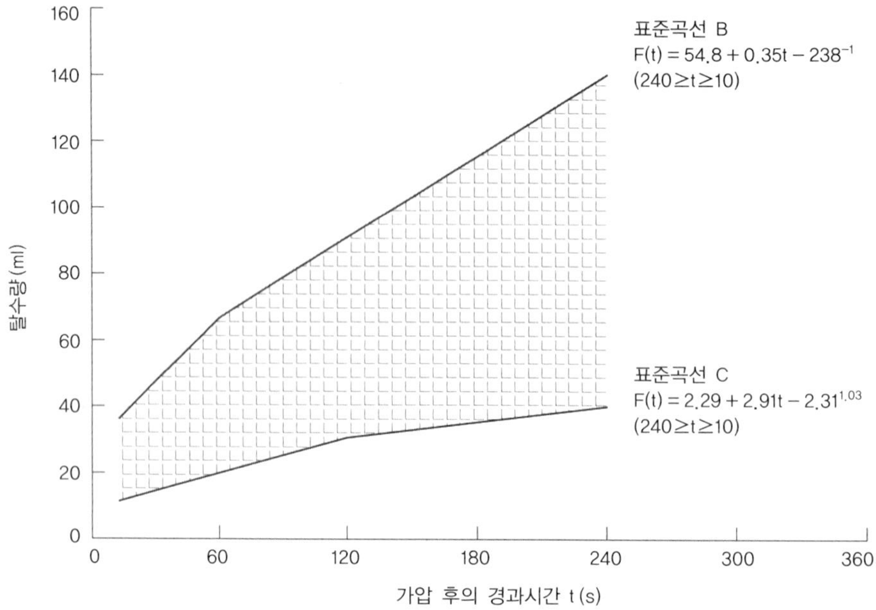

그림 14.5 **가압 블리딩시험에서의 표준곡선(색체부분이 양호한 범위)**

① 본 표준곡선으로 표시되는 탈수곡선의 적용범위는 통상의 AE콘크리트에 대한 것으로써 된비빔 콘크리트, 고유동 콘크리트, 고강도 콘크리트에는 적용할 수 없다.

② 앞에서 언급한 AE콘크리트 이외의 경우는 가압 블리딩시험으로 사전평가뿐만 아니라 시험압송이나 이전 경험을 고려해서 배합 등을 결정하도록 한다.

③ 고유동 콘크리트나 고강도 콘크리트 등과 같이 점성이 상당히 큰 콘크리트에 대해 가압 블리딩시험을 할 경우, 표준곡선 C보다도 아래쪽에 탈수곡선이 표시되는 것이 많으나 분리가 적고 압송성이 양호한 사례도 많다. 단, 점성이 높은 콘크리트의 압송에서는 압력손실이 크기 때문에 최대압력이 큰 콘크리트펌프를 사용할 필요가 있다.

14.2.4 염화물이온 함유량 시험

관련 규격은 KS F 2587 염화물이온 선택전극법에 의한 굳지 않은 콘크리트의 염화물 함유량 시험방법이 있으나 더 다양한 실적이 있는 일본의 시험법들을 조사해 정리하면 다음과 같다.

일반적으로 굳지 않은 콘크리트 중에 염화물이온이 함유되어 있으면 철근의 부식에 영향을 미친다. 그러므로 콘크리트 재료 중에 염화물이온이 함유될 가능성이 있는 재료에 관해서는 염화물이온 함유량에 제한을 두고 있다. 하지만 사용 재료의 검사는 어디까지나 발췌검사를 실시하며 전수검사는 실시되지 않고 있기 때문에 굳지 않은 콘크리트에 대한 염화물이온 함유량의 허용치가 설정되어 있다.

레디믹스트 콘크리트는 인도지점에서의 염화물이온양을 0.3kg/m^3 이하로 규제하고 있으며, 만약 구입자의 승인이 있을 경우 0.6kg/m^3 이하로 할 수 있다. 또한 고내구성이 요구되는 건축물이나 PC구조물의 콘크리트, 전식 가능성이 있는 철근콘크리트의 경우, 구입자의 지정에 의해 0.2kg/m^3 이하로 제한할 수 있다.

굳지 않은 콘크리트 중의 염화물이온 함유량 시험에는 다음 시험방법들이 있다.

① JIS A 5308 [레디믹스트 콘크리트] 부속서 5 (굳지 않은 콘크리트 중 물의 염소이온농도시험방법)
② JIS A 5308 [레디믹스트 콘크리트] (9.5 염화물 함유량)
③ JASS 5 T-501 [굳지 않은 콘크리트 중의 염화물량 시험방법]
④ JASS 5 T-502 [굳지 않은 콘크리트 중의 염화물량의 간이시험방법]
⑤ JCI-SE 12 [미경화 콘크리트 또는 보통 잔골재 중의 염화물 함유량의 판정시험방법-시험지법]
⑥ ZKT-301 [염분함유량 판정기의 시험방법]

①과 ③은 흡광광도법, 질산은 적정법 또는 전위차 적정법을 사용하고 시험에는 화학적으로 충분한 지식과 숙련이 필요하다. 따라서 신속성이 떨어지는 관리공정이나 인도지점 등에서의 검사에는 적당하지 않다.

실무에서는 ②, ④, ⑤의 간이법을 이용하는 경우가 많다. ④시험에서는 구입자의 승인을 얻은 경우, 제 3자 기관에 의해 정확도가 확인된 염분함유량 측정기를 사용해도 무방하다.

간이법의 대표적인 시험법으로 시험지 염화물 적정법이 있다. 이것은 염소이온을 함유한 수용액에 차갈색의 중크롬산은을 가하면 백색의 염화물 침전물이 생기는지의 여부로 판단하는 방법이다. 탈색 정도를 표준색과 비교하여 굳지 않은 콘크리트 중의 염화물이온의 함유량을 추정한다.

간이법에는 이온전극법이 있는데 염소이온에 감응하는 염소이온 전극을 굳지 않은 콘크리트에 삽입하여 비교 전극과의 사이에 발생하는 전위차로부터 염소이온양을 측정한다. 최근에는 염분량(g/l)의 직독이 가능한 염분농도계가 시판되고 있는데 염분함유량 측정기는 사용 전에 그 정밀도를 미리 확인해두도록 한다.

14.2.5 단위수량 시험

단위수량은 콘크리트 구조물의 내구성에 큰 영향을 미친다. 레디믹스트 콘크리트의 인도지점에서의 인수검사는 주로 슬럼프시험과 공기량 측정시험이 이루어진다. 인수검사의 원래 목적은 시방배합에 따라 배합된 콘크리트가 납입되는 것을 확인하는 것이다. 하지만 인도지점에서 시방배합의 단위량을 전부 확인하는 것은 불가능하므로 슬럼프양과 공기량을 시험하여 간접적으로 콘크리트의 품질을 확인한다.

한편, 콘크리트를 시공하는 입장에서는 펌프시공이 대부분이므로 슬럼프가 큰 콘크리트를 원한다. 강도는 안전율에 따라 다소의 단위수량을 늘려도 호칭강도보다 떨어지지 않으므로 단위수량은 시방배합보다 많이 들어가는 경우가 있다.

지금까지 단위수량을 측정하는 많은 시험방법이 개발되어 왔다. 최근에는 현장의 인도시점에서 신속하게 굳지 않은 콘크리트의 단위수량을 추정하는 시험방법으로 고정밀도 에어미터를 사용하여 단위용적중량과 공기량의 측정결과와 함께 단위수량을 정밀하게 산정하는 에어미터법이 제안되었다. 또한 레디믹스트 콘크리트 전량에 대해 압송 중 단위수량의 변동을 파악하기 위해 방사선동위원소(RI)를 이용한 단위수량의 연속모니터링 방법이 제안되어 있다. 대표적인 4종류의 시험방법을 비교하면 표 14.3과 같다.

표 14.3 **단위수량 시험방법의 종류 및 특징**

<table>
<tr><th colspan="2">시험방법</th><th>시료(양)</th><th>측정기준(시간)</th></tr>
<tr><td rowspan="3">구성 재료
질량 차이
용적 차이</td><td>절대용적 차이에 의한 방법</td><td>모르타르(0.4g)</td><td></td></tr>
<tr><td>공기 · 수중질량 차이에 의한 방법</td><td>모르타르(0.2l)</td><td>3%(10분)
±4~6kg/m³(15분)</td></tr>
<tr><td>공기량시험에 의한 방법</td><td>콘크리트</td><td>±5~10kg/m³(5분)</td></tr>
<tr><td rowspan="3">물유출법</td><td>일반가열건조법</td><td>콘크리트(1.0l)</td><td>±2%(20~30분)</td></tr>
<tr><td>고주파가열건조법</td><td>모르타르(300~600g)</td><td>−0.5%(10~20분)</td></tr>
<tr><td>감압건조법</td><td>모르타르(400g)</td><td>±2kg/m³(40분)</td></tr>
<tr><td rowspan="2">시약농노
차이법</td><td>알코올 비중계법</td><td>콘크리트(1.0l)</td><td>±5%(20분)</td></tr>
<tr><td>염분농도 차이법</td><td>콘크리트(2~7l)</td><td>±4kg/m³(20~90분)</td></tr>
<tr><td rowspan="3">수분계법</td><td>정전용량 측정법</td><td>모르타르(0.3l)</td><td>±3.0kg/m³(10분)</td></tr>
<tr><td>중성자 측정법</td><td>콘크리트(연속측정)</td><td>±3.0kg/m³(2분)</td></tr>
<tr><td>적외선 측정법</td><td>콘크리트(0.5l)</td><td>±2kg/m³(40초)</td></tr>
</table>

① 콘크리트 구성재료의 배합비, 중량, 용적의 차를 이용하는 방법

콘크리트를 구성하는 각 재료의 계량값이 설정값과 다른 경우, 콘크리트 단위용적중량에 그 결과가 나타난다. 이 원리를 이용하여 실제 계량값이 콘크리트의 단위용적중량의 설정값과의 차로부터 단위수량을 구할 수 있다. 단위용적중량은 콘크리트 중의 공기량의 증감에 따라 변화한다. 따라서 단위수량을 정확하게 구하기 위해서는 공기량의 변동을 보정할 필요가 있으며, 이 단위용적중량을 구하는 방법으로 몇 가지 방법이 제안되어 있다. 공기량의 측정정밀도가 0.1%인 고정밀도 에어미터를 이용한 에어미터법은 재료의 계량오차나 샘플링오차가 없다면 약 ±2kg/m^{3}의 정밀도로 단위수량을 측정할 수 있다.

② 시료 중의 수량을 증발시켜 직접 추출하는 방법

콘크리트를 가열하거나 전자레인지 또는 가압건조법 등에 의해 수분을 증발시키고 건조 전후의 질량차로부터 단위수량을 구하는 방법으로써, 간단한 기구와 조작으로 단위수량을 측정할 수 있다. 단, 건조방법에 따라 골재 중의 수분도 동시에 증발하기 때문에 골재 흡수율의 보정이 필요하다. 측정정밀도가 재료의 크기에 의존됨에도 불구하고 단시간에 단위수량을 구하기 위해 모르타르 또는 소량의 시료용적으로 측정함에 따라 정밀도는 떨어진다.

③ 시료에 특정 시약을 첨가하여 직접 추출하는 방법

콘크리트에 알코올과 에틸렌 알코올을 첨가하여 교반한 알코올 수용액의 밀도로부터 콘크리트 중의 단위수량을 구하는 방법이다. 이것은 콘크리트 중의 수량에 비례하여 알코올 농도가 저하되는 것을 이용하는 방법으로써, 콘크리트에 일정 농도의 에틸렌 알코올을 섞는 간단한 조작으로 단위수량을 구할 수 있다.

④ 콘크리트 단위수량을 발췌검사로 측정하는 경우에는 대표성을 지닌 콘크리트를 샘플링할 수 있는지의 문제가 발생한다. 이 문제를 해결하기 위해서는 전량검사에 의해 단위수량을 측정해야 할 것이다. 이러한 방법에는 방사선동위원소(RI)를 이용한 단위수량 연속모니터링 시스템이 있다. 현재 일본건재산업협회에서는 단체규격 '콘크리트의 비파괴검사방법'의 하나로 '방사선동위원소 수분계에 의한 굳지 않은 콘크리트의 단위수량 연속측정방법(JCMS-Ⅲ C 2309-2003)'을 규정하고 있다.

RI수분계의 측정원리는 콘크리트 중의 수분이 수소원자량과 고속중성자의 감쇄량과의 관계를 이용한 방법이다. 펌프압송관의 외주부에 ^{252}Cf(캘리포늄)의 발신자와 직경방향의 반대 측에 수신자인 열중성자의 검출관을 설치하고 압송 중의 콘크리트를 전량, 예를 들면 레미콘 1대분의 콘크리트를 대상으로 단위수량을 측정할 수 있다.

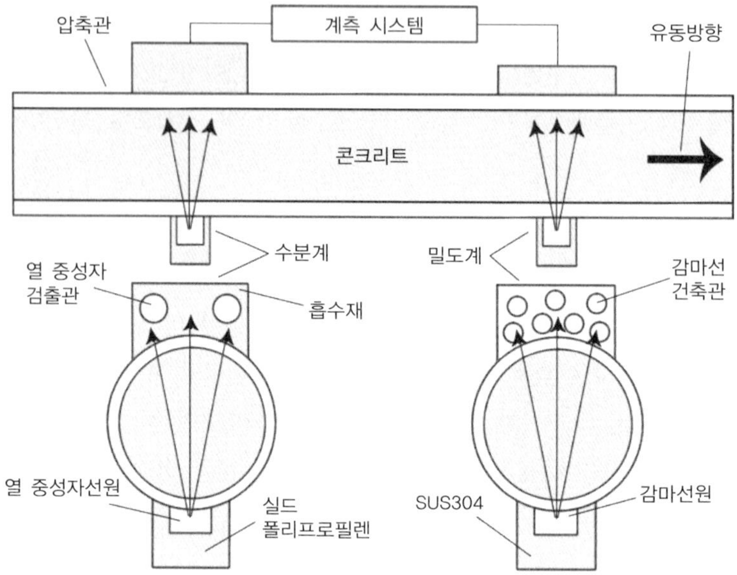

그림 14.6 **연속방식의 RI 수분계의 개요**

연속식 방사선동위원소(RI)수분계의 개요는 그림 14.6과 같다. 샘플링 간격시간이 120초인 경우 측정값의 표준편차는 ±2.7~3.2kg/m^{3}이며, 이 이상은 샘플링 간격시간을 길게 하더라도 정밀도의 변화는 없다. 이 방법에 의해 구조물에 사용된 콘크리트는 전수검사와 함께 실시간으로 검사결과를 파악할 수 있어 문제에 대한 신속한 대응이 가능해질 수 있다.

14.3 경화 콘크리트시험

14.3.1 수화물조성 시험

경화 콘크리트의 시멘트 페이스트는 미수화 시멘트의 클링커 광물과 수화물로 구성되어 있다. 이것을 분리하여 정량화하기 위해서는 복잡한 과정이 필요하다. 또 경화 콘크리트에서 시멘트 페이스트 부분만을 채취하는 것은 어려우므로 시험에서는 주로 모르타르를 시료로 사용한다.

시험방법에는 습식분석, 선택용해, 열분석, X선회절시험 등이 있으며, 시험의 신뢰도 향상을 위해 이들 방법을 조합하여 시험을 실시한다. 또 수화물을 중심으로 한 시험의 경우 골재와 수화하지 않은 클링커 광물을 분리하는 것이 유효하며 여기에는 중액분리법이 있다. 90㎛ 이하로 분쇄한 모르타르 시료를 밀도가 2.3~2.4g/cm^{3}인 중액을 이용하여 분리하면 모르타르 중의 수화물이 부유물로 분리된다. 그림 14.7은 분리된 광물을 나타낸 것이다.

		밀도[g/cm^3]
부유물	에트링가이트(AFt)	1.7~1.8
	모노설페이트(AFm)	1.95
	실리카겔	1.98
	C-S-H	2.0~2.2
	$Ca(OH)_2$	2.24
	이수석고	2.32
침전물	석영	2.65~2.67
	장석	2.56~2.77
	$CaCO_3$	2.71
	돌로마이트	2.8
	점토, 운모광물, 클링커광물	2.8~3.4
	$12CaO \cdot 7Al_2O_3$	2.68~2.72
	$2CaO \cdot SiO_2$	2.97
	$3CaO \cdot Al2O_3$	3.03
	$3CaO \cdot SiO_2$	3.12~3.25
	$4CaO \cdot Al_2O_3 \cdot Fe_2O_3$	3.73

그림 14.7 **중액분리에 있어서의 부유물과 침전물**

수화물 조성은 X선회절시험에 의해 시험 중에 포함되어 있는 화합물을 조사하여 그 결과로부터 시험방법을 결정한다. 단, X선회절시험은 결정성이 높은 수화물, 클링커 광물, 그 외의 예를 들어 탄산칼슘과 같은 화합물에 대해서는 정성적 및 정량적 판단이 가능하지만 실리카겔과 같은 비결정질 물질이나 C-S-H와 같이 결정성이 낮은 수화물에 대해서는 적용하기 어렵다는 문제점이 있다.

표 14.4 **수화물(화합물)에 포함되어 있는 성분의 일례**

수화물(화합물)	SiO_2	Al_2O_3	CaO	H_2O	CO_2	정량방법
에트링가이트(AFt)	-	○	○	○	-	에틸렌글리콜 & 메탄올의 혼합용액으로 선별 융해 (융해 후 용액의 Al를 정량)
모노설페이트(AFm)	-	○	○	○	-	[AFm의 Al_2O_3] (시료의 Al_2O_3)-(AFt의 Al_2O_3)
C-S-H	○	-	○	○	-	-
수산화칼슘[$Ca(OH)_2$]	-	-	○	○	-	열분석(TG-DTA) 450℃ 부근 탈수감량에서 정량
탄산칼슘[$CaCO_3$]	-	-	○	-	○	열분석(TG-DTA) 600~700℃ 부근 탈탄산 감량에서 정량
실리카겔	○	-	-	○	-	에틸렌글리콜 & 메탄올의 혼합용액으로 선별 융해 (융해 후 용액의 Si를 정량)

수화물(화합물)에 포함되어 있는 성분을 나타낸다. 산화칼슘(CaO) 성분은 다섯 가지의 화합물에 포함되어 있기 때문에 습식분석에 의해 시료 중의 CaO의 함유율을 구하더라도 각 화합물에서의 함유율은 구할 수 없다. 그러므로 단독으로 정량화할 수 있는 화합물로부터 순차적으로 구해 나간다. 또한 시료의 SiO_2, Al_2O_3 및 CaO의 함유율은 습식분석법에 의해 구하며, 먼저 수산화칼슘과 탄산칼슘의 함유율을 열분석에 의해 구하고 다음으로 $Al_2O_3-Fe_2O_3$을 정량화한다. 이러한 화합물은 X선회절시험에 의해 정량화할 수도 있다. 한편, SiO_2에 착안하여 실리카겔을 정량화하여 그 결과로부터 C-S-H의 CaO 함유율을 계산한다. 또 450℃에서 H_2O의 감량은 AFt, AFm 및 C-S-H의 탈수에 의한 것으로 생각해 AFt과 AFm의 탈수량을 조성 식으로부터 계산하고 나머지 C-S-H의 탈수량을 구한다. 이를 통해 최종적으로 C-S-H의 함유량과 조성을 결정할 수 있다.

14.3.2 세공경 분포의 측정

경화 콘크리트에서 모르타르 부분의 세공경 분포는 대체로 수은압입법으로 측정되는 경우가 많다. 수은의 압입압과 세공경의 관계는 식 (14.1)과 같다. 수은과 시료와의 접촉각은 문헌마다 다르기(126°~140°) 때문에 측정결과에는 접촉각을 기재하는 것이 좋으며 일반적으로 130°의 값을 채용하는 경우가 많다.

$$d = -4\gamma \cos\theta / P \qquad \text{식 (14.1)}$$

여기서, d : 세공경(직경) (㎛)

γ : 수은의 표면장력(0.483N/m)

θ : 수은과 시료의 접촉각

P : 압입압 (MPa)

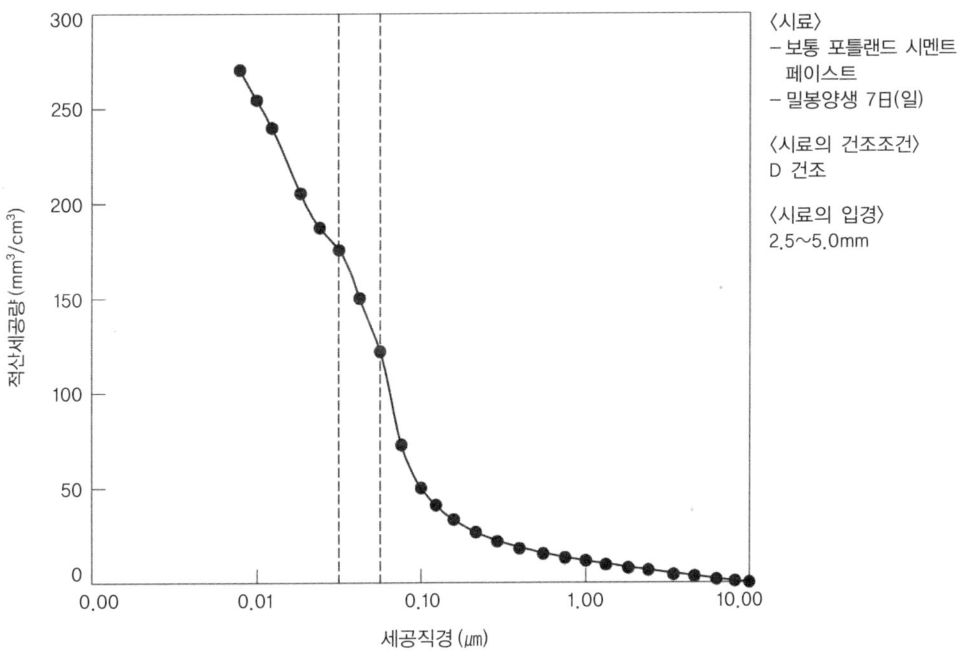

그림 14.8 **적산 세공량 곡선의 예**

시료를 선택하고 수은을 주입한 후, 수은을 압입하여 세공량을 측정한다. 식 (14.1)의 압입압과 세공경(직경)과의 관계로부터 세공경을 계산하여 세공경-적산 세공량 곡선을 구한다. 적산 세공량 곡선의 한 예는 그림 14.8과 같다. 세공경-적산 세공량 곡선으로부터 세공경에 대한 세공량을 계산하며, 세공량은 질량기준이나 겉보기용적으로 표시한다. 그림에 나타낸 것은 용매침지법이나 수은법 등으로 측정한 겉보기용적으로서의 세공량이다. 세공량의 표시방법에 대해서는 다양한 견해가 있다. 세공량을 질량기준으로 나타낼 경우 시멘트 페이스트와 모르타르의 재료구성이 다르므로 세공량을 비교하기 어렵지만, 겉보기용적으로 나타내면 세공량을 직접적으로 표시하기 때문에 다양한 비교가 가능하다고 할 수 있다.

또한 경화 콘크리트 중의 시멘트 수화물은 건조조건에 따라 결합수량이 변화하므로 세공량도 변화하는 것으로 알려져 있어 시료의 건조조건 역시 세공경 분포 측정에 중요한 조건이라 할 수 있다.

세공경 분포의 표시방법에는 특별히 결정된 방법이 없으므로 시험목적에 맞게 분포곡선을 작성하면 된다. 일반적으로 세공량을 일정 구간폭(경화체 중 세공의 직경은 범위가 넓으므로 상용대수로 표시)으로 나누어 각 구간에서의 세공경 분포를 나타낸다. 일련의 측정에는 동일한 구간폭을 적용하여 비교하는 것이 좋으며, 시험장치에 따라 적산 세공량 곡선을 미분하여 세공경 분포를 계산하는데, 이 경우 종축은 [세공량/시료의 질량 또는 겉보기용적]/log(세공경)이 된다.

세공경 분포의 측정은 수은압입법 외에도 조사전자현미경 관찰에 의해 얻어지는 반사전자상을 화상처리로 측정하는 방법도 있지만, 이 방법은 세공경이 1㎛보다 작은 경우에는 측정하기 어렵다는 단점이 있다.

14.3.3 공기량 및 기포분포의 측정

경화 콘크리트의 공기량 및 기포간격계수는 ASTM C 457 (Standard Test Method for Microscopic Determination of Parameters of the Air-Void System in Hardened Concrete)로 측정된다.

이 방법에 의해 측정되는 항목에는 공기량(A), 평균 현의 길이(l), 페이스트 공기비(p/A), 페이스트양(p), 간격계수(L), 비표면적(α), 공극도(Void Frequency), (n) 등이 있다.

시험방법에는 ① Linear Traverse 방법 ② 수정 Point Count 방법 등이 규정되어 있다.

수정 Pint Cunt 방법의 개념도는 그림 14.9와 같으며, 각종 관련 계수들의 값은 표 14.5와 같다.

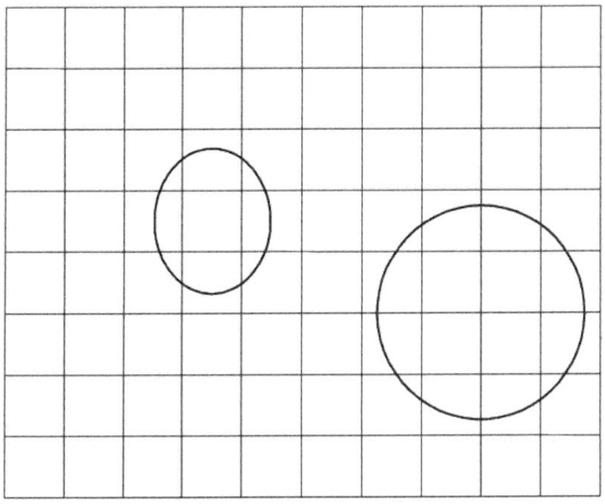

• 트래버스 선수 : 9본
• 전체 트래버스 길이 : 10×l×9mm
• 전체 포인트 카운트수 : 10×9 = 90
• 기포부분의 카운트수 : 4+9 = 13
• 페이스트부분 카운트수 : 90−13 = 77
• 트래버스선을 횡절단한 기포부분 수 : 5

* 주의 : 각 트래버스선의 좌단은 포인트 수로 하여 계산하지 않음

그림 14.9 **수정 Point Count 방법의 개념도**

표 14.5 **측정 면적, 전체 트래버스(Traverse) 길이 및 전체 포인트 카운트(Point Count)수**

골재의 최대치수		측정 면적*	전체 Traverse 길이(mm)	전체 Point Count 수
(mm)	(inch)			
150	6	1613	4,064	2,400
75	3	419	3,048	1,800
37.5	3/2	155	2,540	1,500
25	1	77	2,413	1,425
19	3/4	71	2,286	1,350
12.5	1/2	65	2,032	1,200
9.5	3/8	58	1,905	1,125
4.75	3/16	45	1,397	1,000

* 콘크리트의 골재 / 페이스트비(용적)로 기포간격계수 및 기포의 비표면적을 계산하는 경우는 수치가 다르므로 규격(콘크리트학회)을 참고할 것

측정 면적, 전 Taverse 길이 및 Point Count수는 골재의 치수에 맞게 규정되어 있으므로 횡방향과 종방향의 Traverse 간격은 0.64mm에서 5.0mm의 범위로 하고 표 14.5에 표시한 조건을 만족하도록 측정 면적, 전 Traverse 길이 및 전 Point Count수를 정한다.

표 14.6은 이 측정에 의해 얻어진 측정값과 공기량 페이스트 공기비, 페이스트양, 간격계수, 비표면적, 공극도의 계산식을 나타낸 것이다. 또한 표시된 계산식은 측정값만으로 기포간격계수 및 기포의 비표면적을 계산할 수도 있다.

표 14.6 **측정치의 정리와 공기량, 기포간격계수 등의 계산식**

Traverse 방법	수정 Point Count 방법
전체 Traverse 깊이 : Tt	전체 Traverse 깊이 : Tt
–	전체 Count 수 : St
공기부분의 Traverse 길이 : Tα	공기부분의 Traverse 길이 : Sα
페이스트 부분의 Traverse 길이 : Tp	페이스트 부분의 Traverse 길이 : Sp
Traverse선을 횡절단한 기포부분 수 : N	Traverse선을 횡절단한 기포부분 수 : N

항목	Traverse 방법	수정 Point Count 방법
공기량 A (%)	(Tα / Tp)×100	(Sα / Sp)×100
공극도(수) n (1/mm)	N / Tt	
평균 현장 (mm)	Tα / N	(Sα / l) / N
비표면적 α (1/mm)	4 / α	
페이스트양 p (%)	(Tp / Tt)×100	(Sp / Sα)×100
페이스트 공기비 p/α	Tp / Tα	Sp / Sα

14.3.4 배합추정 시험(단위시멘트양, 단위수량, 물–결합재비)

단위시멘트양의 시험방법으로 염산용해법이 있는데 이 방법은 시멘트의 주성분인 산화칼슘(CaO)에 착안한 방법이다. 분쇄한 콘크리트 시료를 0.1N의 염산산에 용해하여 용해액 중의 CaO, 불용잔분, 강열감량과 콘크리트 경화체의 흡수량에서 콘크리트 중의 시멘트양, 골재량 및 수량을 추정하고 얻어진 시멘트양과 수량으로부터 물–결합재비(W/B)를 계산한다.

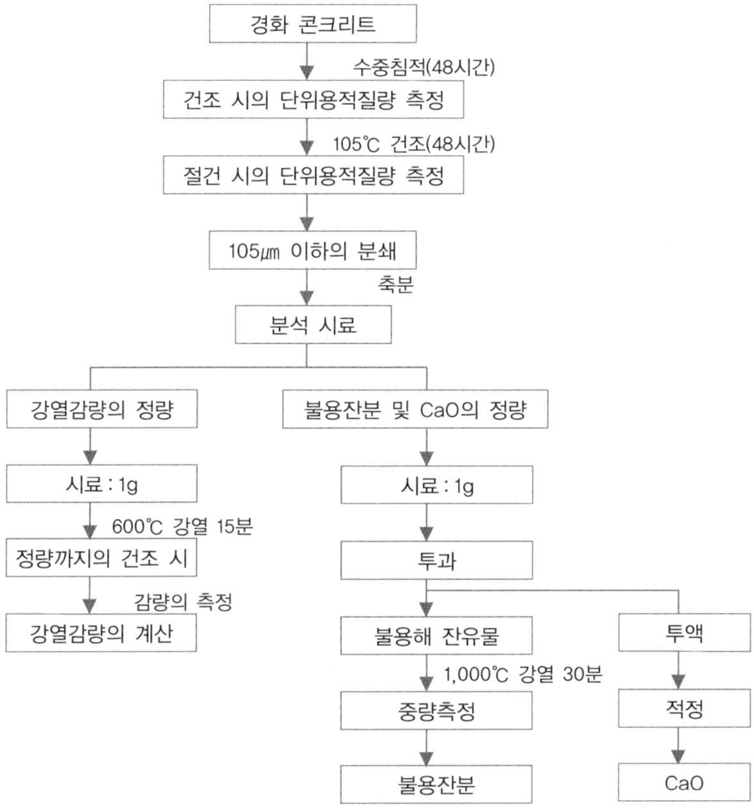

그림 14.10 **염해용해법에 의한 배합추정 시험**

시험순서는 그림 14.10과 같다. 콘크리트 경화체를 수중에 침지시켜 충분히 흡수시킨 후, 경화체의 전 중량과 용적을 토대로 콘크리트 표건상태의 단위용적중량을 산출한다. 또한 경화체를 105℃에서 건조하고 105㎛ 이하로 분쇄하여 분석시료로 사용한다. 시료 1g을 정확히 계량하여 600℃에서 강열감량을 측정한다. 한편, 시료 1g을 0.1N 염산 용액에서 20분간 교반하여 염산에 의한 불용잔분을 측정하고 KS L5120 [포틀랜드 시멘트의 화학분석방법]에 따라 CaO를 측정한다. 사용하는 시멘트와 골재에 대해서도 함께 시험을 할 필요가 있지만 사용 재료를 얻기 힘들 경우에는 표준적인 값으로 시멘트 강열감량 1.5%, 불용잔분 0.2%, CaO양 64.2%, 골재의 강열감량 1.7%, 불용잔분 95.2%, CaO양 0.4%를 이용하여 시멘트양과 골재량을 산출해도 무방하다. 이 시험방법은 골재 중에 석회분이 거의 포함되어 있지 않은 경우 상당히 정확도가 높은 단위시멘트양을 추정할 수 있다. 단, 최근에는 석회석 골재의 사용도 많아지므로 이 방법을 적용하기 위해서는 골재 종류에 대한 확인이 필요하다.

석회석 골재를 이용한 콘크리트의 단위시멘트양 추정에 대해서는 몇 가지 방법이 제안되어 있다. 불화수소산(불산)처리법은 편광현미경을 이용하여 잔골재량을 검토하고 시료를 불화수소산으로 분해하여 EDTA 적정법으로 CaO을 정량화하는 방법이다. 또 포름산용해법은 시멘트 중의 SiO_2가 포름산에 용해하는 것에 비해 골재의 SiO_2는 포름산에 거의 용해하지 않는 것에 착안하여, 유도결합 플라즈마 발광분광분석장치(ICP)에 의해 시멘트 중의 SiO_2를 정량화하는 방법이다. 간이 시멘트양 판정을 목적으로 한 글루콘산 나트륨법도 있다. 글루콘산 나트륨 용액에 골재 중의 패각이나 탄산칼슘이 용해하기 어렵다는 것을 이용한 것으로 간단히 단위시멘트양과 단위골재량을 구한다. 하지만 이 방법은 포틀랜드 시멘트를 사용하는 경화 콘크리트에는 적용할 수 있지만 고로 시멘트나 플라이애쉬 시멘트 등 혼합 시멘트를 이용하는 콘크리트나 중성화된 부분에는 적용할 수 없다는 것에 유의해야 한다.

14.3.5 압축강도의 조기판정시험

콘크리트강도는 일반적으로 28일째에 검사를 한다. 만약 검사결과 소요강도가 발현되지 않는 경우에는 해당 개소를 보강하거나 최악의 경우에는 콘크리트를 해체하게 된다. 그러므로 가능하면 빠른 시간 안에 강도를 판정하는 것이 바람직하다. 압축강도의 조기판정에는 양생온도를 높여 강도발현을 촉진시키는 온수양생방법이나 급결성 약제를 혼입하여 조기에 강도를 발현시키는 급속경화방법, 또는 시멘트의 수화발열을 이용하여 단열상태로 강도를 조기에 발현시키는 자열방법 등이 있다.

표 14.7 **급속경화방법과 온수양생방법의 개요**

항목	급속경화시험	온수양생시험
기준수	콘크리트표준시방서 [2009]	KS F 2827 [콘크리트 생산공정 품질시험방법]
공시체 치수	모르타르 : 3.16×3.16×5cm 직방체	콘크리트 : ϕ10×20cm
양생조건	80±2℃, 고온양생조	40±1℃, 온수(중)
시험재령	50분	7일
강도추정법	모르타르 강도와 표준양생 28일의 콘크리트 강도 관계식	40℃ 온수양생공시체 7일 강도와 표준양생 28일 강도의 관계식
비고	급결제는 알루민산소다, 탄산소다 등 분말	환산식 표준(보통 포틀랜드, 고로B종)

대표적인 방법으로 급속경화방법인 온수양생방법의 개요는 표 14.7과 같다. 급속경화방법은 콘크리트에서 체거름을 통해 얻은 모르타르에 급결제를 혼입하고 80℃의 고온양생조에서 50분간 양생한 후 측정한 강도시험 결과로부터 재령 28일 콘크리트의 강도를 추정한다. 이 경우, 표준양생에 의한 재령 28일의 압축강도 f_c'와 급속경화한 모르타르 공시체의 압축강도 f_m'과의 관계를 식 (14.2)를 이용하여 먼저 구해둘 필요가 있다.

$$f_c' = pf_m' + q \qquad \text{식 (14.2)}$$

여기서, p와 q는 미리 정해진 정수이다.

온수양생법은 40℃의 온수에서 양생한 콘크리트 공시체의 재령 7일 강도로부터 표준양생 공시체의 28일 강도를 추정하는 방법이다. 즉 온수양생방법에 있어서도 표준양생에 의한 재령 28일 압축강도(f_{28}')와 재령 7일의 온수양생 공시체의 압축강도(f_e')의 관계를 먼저 식 (14.3)에 의해 구해둔다. 실험상수 p와 q는 강도를 4수준 이상으로 변화시킨 콘크리트에서의 시험으로 결정한다.

$$f_{28}' = pf_e' + q \qquad \text{식 (14.3)}$$

또한 온수양생방법의 경우, 보통 포틀랜드 시멘트에 대한 식은 다음과 같다.

$$f_{28}' = 1.15f_e' + 2.0 \ [\mathrm{N/mm^2}]$$

더욱이 고로 시멘트 B종을 이용한 경우의 실험결과를 총괄한 실험식은 다음과 같다.

$$f_{28}' = 1.04f_e' + 3.6 \ [\mathrm{N/mm^2}]$$

14.3.6 염화물 함유량 및 염화물이온의 확산계수 측정

경화 콘크리트 중에 포함되어 있는 염화물이온에 대한 시험방법은 KS F 2717에 규정되어 있다. 질산으로 추출한 염화물이온이 경화 콘크리트 중에 함유된 전량으로 가정된다. 염화물이온의 정량화방법으로는 염화물이온 전극을 이용한 전위차적정법, 흡광광도법, 질산은적정법과 이온크로마토그래프법이 규정되어 있다.

실구조물에서 콘크리트 중의 전 염화물이온 분포의 측정방법(JSCE-G 573-2003)도 제안되어 있다. 코어와 드릴삭공분말을 이용하는데 코어를 얇게 자르거나 삭공의 깊이를 달리하여 시료를 채취하여 콘크리트 표면에서부터 전 염화물량의 분포를 구한다. 전 염화물량의 정량화는 상기의 KS에 규정되어 있지만, 그 외에 형광X선 분석에 의해서도 염화물량을 측정할 수 있고 코어시험체로부터 EPMA에 의한 염화물이온의 분포를 측정할 수도 있다. 깊이에 대한 전 염화물이온 농도의 관계를 정리하면서 전 염화물이온 분포를 나타낼 수 있다. 더욱이 Fick의 제 2법칙에 기초한 확산방정식의 해를 구해서 각 깊이에서의 전 염화물이온의 농도를 회귀분석하여 실구조물에서 채취한 콘크리트의 표면 염화물이온 농도와 겉보기확산계수를 동시에 산출한다(그림 14.11).

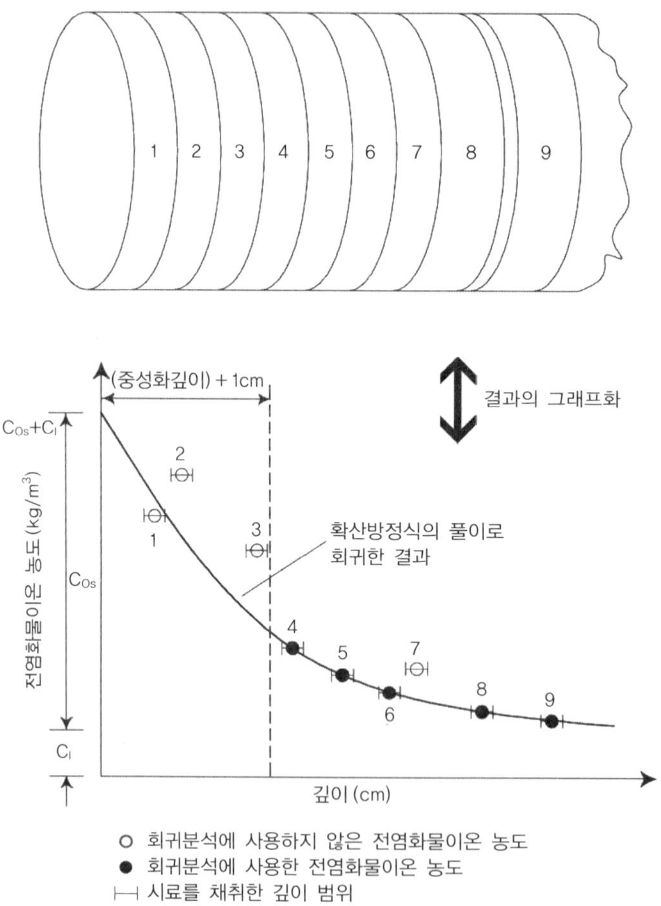

그림 14.11 **전염화물이온 분포의 그래프화와 회귀분석 방법**

시험체를 이용한 겉보기확산계수를 구하는 방법은 JIS-G 572-2003에 제안되어 있다. 온도 20℃, 농도 10% 염화나트륨수용액에 시험체(ϕ100×150mm) 원형의 한 면을 침지시킨다. 이때 다른 한 면은 에폭시수지로 피복시켜둔다. 염화물이온 분포의 측정과 겉보기확산계수의 산출방법은 실구조물의 경우와 동일하다.

신속한 측정수법으로 직류정전압을 이용한 전기영동방법으로부터 실효확산계수 D_a를 구하는 방법(JIS-G 571-2003)도 제안되어 있다. 이 방법은 강섬유 등의 유전재료를 혼입한 콘크리트에는 적용할 수 없다. 시험체는 ϕ100×150mm로 하여 음극 측은 0.5mol/l의 염화나트륨 용액, 양극 측은 0.3mol/l의 수산화나트륨 용액으로 제작된 전기영동셀을 이용하고 직류정전압 15V를 전극 간에 도입하여 양극 측과 음극 측의 염화물이온양을 측정한다.

음극 측의 염화물이온 농도는 0.45mol/l을 밑돌지 않고 양극 측은 0.05mol/l을 상회하지 않도록 용액을 적절하게 관리한다. 이 전기영동법으로 얻은 실효확산계수로부터 겉보기확산계수 D_e를 환산하는 식 (14.4)도 제안되어 있다. 하지만 전기영동과 확산은 구동력이 분명히 다르다는 것을 이해하고 이용할 필요가 있다.

$$D_a = k_1 \cdot k_2 \cdot D_e \qquad \text{식 (14.4)}$$

여기서, k_1 : 콘크리트 표면에서 콘크리트 측과 음극 측 용액 측의 각 염화물이온 농도 평형계수(용액과 접하는 콘크리트의 공극 중에 있는 자유 염화물이온 농도를 콘크리트의 단위용적당 질량으로 환산하기 위한 계수)

k_2 : 시멘트 수화물 중에서 염화물이온의 고정화 현상과 관련한 계수

14.3.7 콘크리트의 알칼리 실리카 반응성 판정시험

1) 신규 콘크리트 구조물

신규 구조물의 콘크리트에서 장래 알칼리 실리카 반응에 의한 열화가 일어날 것인지에 대한 판정은 [콘크리트의 알칼리 실리카 반응성 판정시험방법] (JCI-AAR-3-1987)에 따른다. 공시체의 치수는 100×100×400mm 또는 75×75×400mm를 표준으로 3개의 공시체를 제작한다. 알칼리 성분으로는 수산화나트륨을 첨가하고 첨가방법에는 농시첨가법과 후첨가법이 있다. 공시체는 온도 40℃에 저장하고 측정재령은 공시체의 길이

측정 시 이외에 1, 2, 3, 4, 5, 6개월로 한다. 반응성 판정은 공시체 3개의 평균 팽창률을 이용하여 6개월 후에 0.100% 미만이면 [반응성 없음], 0.100% 이상이면 [반응성 있음]으로 판정한다.

2) 기존 콘크리트 구조물

기존 구조물은 코어를 채취하여 알칼리 실리카 반응성을 시험한다. 단, 코어는 채취한 시점에서 이미 어느 정도 팽창이 일어났다고 가정한다. 코어의 팽창실험에는 표준양생법과 촉진양생법이 있는데, 표준양생법(20℃, 95% RH 이상)은 구속되어 있던 팽창량을 나타내는 해방팽창량, 촉진양생법(40℃, 95% RH 이상)은 앞으로 발생할 팽창량을 나타내는 잔존팽창량을 측정한다. 또한 표준양생을 생략하고 촉진양생으로 전 팽창량을 측정하여 앞으로의 팽창가능성을 판단할 수도 있다.

코어의 잔존팽창시험은 [알칼리골재반응성을 일으키는 콘크리트 구조물의 코어시험에 의한 팽창률의 측정방법(안)] (JCI-DD2)가 있다. 코어공시체는 온도 40℃, 상대습도 95% 이상에서 보존하고 경시적으로 팽창률을 측정한다. 코어의 크기는 직경 100mm, 높이 200mm를 원칙으로 하지만 실구조물에서는 배근상황 등에 의해 소정의 직경으로 코어를 채취하기 힘든 경우가 많다. 이런 경우에는 68mm 또는 55mm의 직경에 길이를 100mm로 한 코어를 채취해도 좋다. 단, 코어의 직경과 길이가 작으면 코어에서 용출된 알칼리의 영향으로 팽창량이 줄어 부정확한 평가가 이루어질 수도 있음에 유의한다.

일반적으로 재령 13주에서 0.05% 이상의 팽창률을 나타내면 '유해'로 판정하고 있는데, 재령 13주에 팽창률이 거의 수렴하는 경우에는 문제가 없지만 팽창률이 계속해서 변화하는 경우에는 주의가 필요하다.

한편, 외부로부터 코어에 알칼리를 공급하여 단시간에 잔존팽창을 일으키는 촉진시험에는 캐나다법과 덴마크법이 있는데, 캐나다법은 온도 80℃, 1N NaOH 용액, 덴마크법은 온도 50℃, 포화 NaCl 용액 중에 침지시키는 방법이다.

14.3.8 중성화깊이 시험

KS F 2584 [콘크리트의 촉진탄산화 측정방법]은 페놀프탈레인 용액(95% 에탄올 용액 90mL에 페놀프탈레인 분말 1g을 용해시키고 물을 가해 전체 100mL로 만든 것)을 콘크리트 표면에 분무하여 콘크리트 표면에서부터 적자색으로 변색하는 부분까지의 거리를 중성화깊이라고 규정한다. 또한 얇은 층에서는 엷은 적자색 부분이 나타는 경우가 있는데, 이럴 때는 선명한 영역과 엷은 영역까지의 거리를 각각 측정해두는 것이 좋다. KS에서는 실험실 또는 현장에서 제작한 콘크리트 공시체, 콘크리트 구조물에서 채취한 코어 또는 박리된 개소에 대한 시험이 규정되어 있다. 또한 페놀프탈레인 용액을 분무한 시험지 위에 드릴삭공에 의한 삭공분말을 떨어뜨려 적자색으로 변했을 때의 삭공깊이를 통해 중성화깊이를 파악하기도 한다. 그 외에 분석장치나 조작 · 해석이 요구되는 열분석법과 X선 마이크로분석법(EPMA) 등이 있으며 각 분석법의 특징은 표 14.8과 같다.

표 14.8 **각종 분석법의 특징**

분석방법	열분석법	EPMA
개요	DTA-TG에 의해 약 1,000℃까지의 질량변화를 측정하고 $CaCO_3$와 $Ca(OH)_2$양을 측정	탄소의 분포를 측정하고 탄산화한 범위를 측정
특징	생성물의 변화를 직접 분석하는 것이 가능함. 또한 시험에 이용하는 시험량이 적기 때문에 샘플링에 주의해야 함.	중성화 영역의 평면적인 분포를 측정할 수 있고, 또한 양이 적은 영역에서도 중성화 측정이 가능

콘크리트의 중성화 경향을 평가하는 방법에는 탄산가스 농도, 온도 및 습도 등의 조건을 중성화가 일어나기 쉽도록 하는 촉진시험이 이용된다. 탄산가스 농도는 일반적으로 실외는 0.03%, 실내는 0.01% 정도이지만 기존의 촉진시험은 탄산가스 20~40℃ 농도가 5~20%까지의 조건에서 이루어지고 있다. 또 주변온도는 대체로 20~40℃의 범위이고 상대습도는 50~60%까지의 범위에서 시험이 이루어지는데 이 범위에서 중성화가 쉽게 진행되기 때문이다.

중성화시험방법의 개요는 다음과 같다. 공시체는 100×100×400mm 크기의 3개를 1조로 제작한다. 탈형 후 재령 4주까지 온도(20±2℃)의 습윤상태에서 양생을 하고, 그 후 재령 8주까지(20±2℃), (60±5%) R.H.의 항온항습실에 보존한다. 또 공시체의 타설면과 밑면의 양단면을 실링하고 측정 대상면으로 타설 시의 측면만을 사용한다. 촉진환경은 이산화탄소 농도는 5±0.2%, 온도는 20±2℃, 상대습도는 60±5%로 하고 중성화깊이 측정은 시험개시 후 1, 4, 8, 13, 26주의 재령에서 실시한다.

측정시험은 공시체 단부로부터 약 60mm의 위치에서 할렬 또는 절단한 면을 측정면으로 하여 페놀프탈레인 1%의 에탄올 용액을 분무한 후 콘크리트 표면으로부터 적자색으로 변색하는 부분까지 0.5mm 단위로 중성화깊이를 측정한다. 측정개소는 1측면을 각 6등분하여 5개소를 측정하고 각 공시체의 2면, 10개소의 평균값을 계산함과 동시에 3개 공시체의 전체 6면 30개소의 중성화깊이의 평균값을 계산한다. 계산단위는 0.5mm로 반올림한다.

14.4 비파괴시험

14.4.1 압축강도

비파괴검사에 의한 콘크리트의 압축강도 추정은 비파괴시험 분야에서 가장 먼저 연구된 분야라 할 수 있다. 현재 압축강도를 비파괴 수법으로 평가하는 방법에는 ① 반발경도법, ② 국부파괴시험법, ③ Maturity법, ④ 초음파전파속도법, ⑤ 복합법 등이 실용화되어 있다.

반발경도법은 비파괴검사로 가장 유명한 방법으로, 해머에 의해 일정한 충격에너지를 콘크리트 표면에 가하였을 때의 반발력으로부터 반발경도를 구하여 이 값과 강도와의 상관관계로부터 압축강도를 추정하는 방법이다. 대표적인 슈미트해머로는 보통 콘크리트용(N형), 경량 콘크리트용(L형), 저강도 콘크리트용(P형), 매스 콘크리트용(M형) 등이 시판되고 있다. 이 시험방법과 관련하여 광범위하게 공표된 자료가 그림 14.12와 같다.

하지만 강도가 아닌 표면경도를 측정한다는 점에서 정확성에 대한 신뢰도는 아직 충분하진 않다. 또한 측정 콘크리트별 평가식이 결정되어야 하지만 평가의 편의를 위해 몇 개 기관에서 제시하고 있는 추정 식을 사용하고 있다는 점도 문제점으로 지적되고 있다. 현재는 그림 14.12와 같이 보통강도 영역(20~40MPa)의 콘크리트에서는 적용실적이 인정되고 있지만 조기강도나 장기강도, 고강도의 경우에는 신중한 적용이 필요하다고 할 수 있다.

국부파괴법에는 인발법, Break-off법, Pull-off법 등이 있다. 이 시험방법은 콘크리트 구체의 일부분을 파괴하는 방법으로 압축강도를 저항력(강도)과의 상관관계로부터 추정하는 방법이다. 인발법은 앵커볼트를 타설시 또는 타설 후에 매설하여 인발 시의 저항력을 측정하는 방법이다. 나머지 두 방법은 콘크리트 표면에 원통형의 홈을 설치하여 내부 원주부의 곡강도나 인발강도를 측정하는 방법이다.

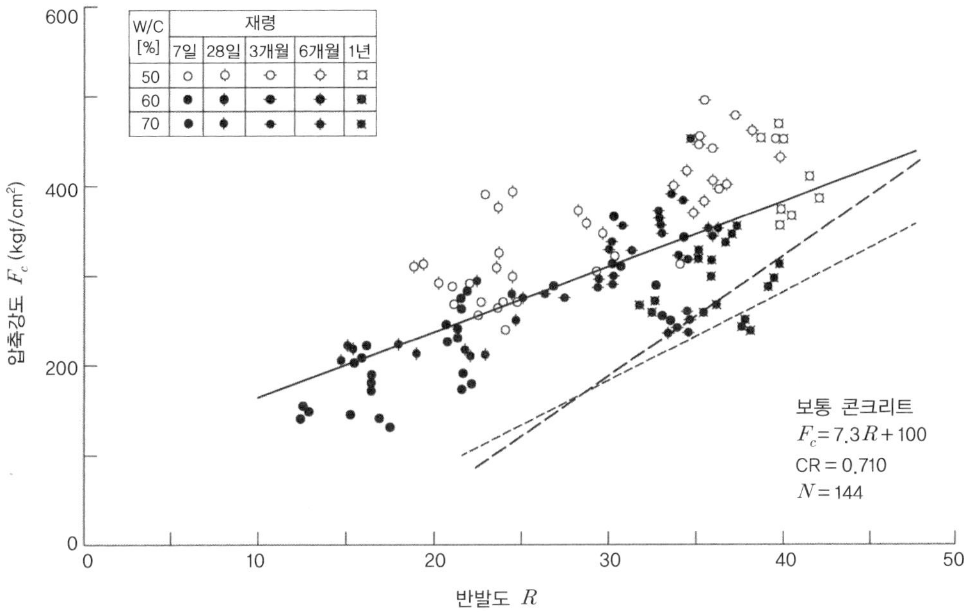

그림 14.12 **반발경도와 압축강도의 관계**

Maturity법은 콘크리트 타설 시부터 양생온도와 양생시간을 적분한 값과 강도와의 관계를 구해 압축강도를 추정하는 방법으로 ASTM C 1074-87에 제시되어 있다.

초음파전파속도법은 콘크리트 내에 종파(P파)를 전파하여 전파시간 T를 측정하여 전파거리 L을 이용하여 전파속도 V를 결정하는 방법이다.

$$V = L/T \qquad \text{식 (14.5)}$$

하지만 전파시간의 정확한 측정이 이 시험방법 적용의 기본적인 문제라 할 수 있는데, 발진센서와 수신센서를 정확히 마주 향하게 배치하여 P파를 확실하게 검출할 수 있도록 하는 것이 중요하다. 한편, 발진과 수신센서를 동일면 상에 배치해서 실험하는 경우는 P파가 아닌 표면파의 감도가 좋은 경우가 많다. 그림 14.13은 센서의 간격을 변경하여 측정한 결과로 거리가 0인 경우의 보정거리 ΔL로 보정하는 방법도 제안되어 있다.

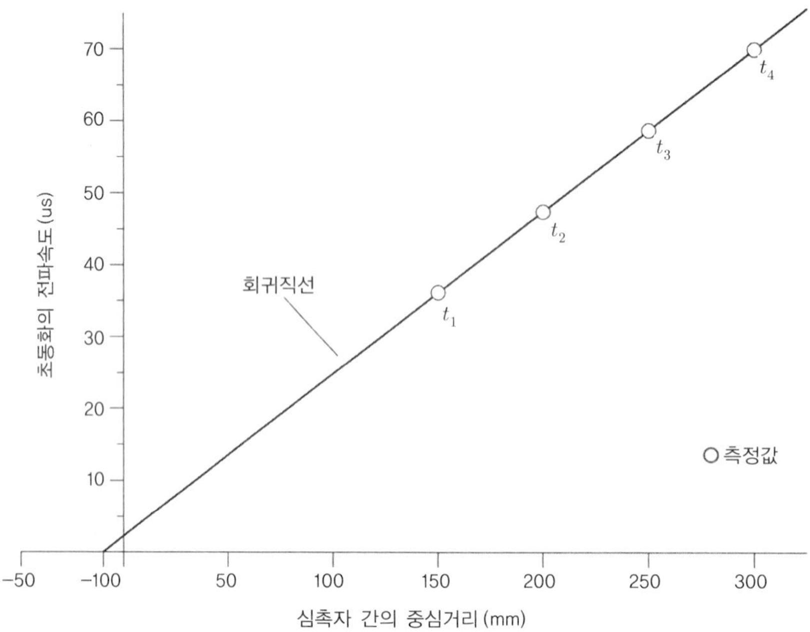

그림 14.13 **동일면에 배치한 센서 간 거리와 전파시간**

전파시간 측정에는 직접 검출초동을 보는 방법과 설정감도를 넘어서는 시각을 측정하는 방법이 이용되고 있다. 정확도는 초동을 보는 방법이 좋으나 그림과 같이 보정을 고려한다면 설정감도에 의한 자동측정으로도 충분히 실용적인 값을 얻을 수 있다. P파의 전파속도를 알고 있다면 탄성계수 탄성파동이론에 의해 식 (14.6)이 도출된다.

$$V = \sqrt{E(1-\nu)/(\rho(1+\nu)(1-2\nu))} \qquad \text{식 (14.6)}$$

여기서, E : 탄성계수, ν : 푸아송비, ρ : 밀도이다.

전파속도를 측정하면 식 (14.6)에 의해 탄성계수가 추정될 경우 탄성계수와 압축강도의 경험적 상관성으로부터 압축강도를 추정할 수 있다. 하지만 간접적인 강도평가이므로 개선되어야 할 부분을 보완하기 위해 복합법이 제안되어 반발경도법과의 복합화를 통해 정밀도를 향상시키려고 노력하고 있다. 초음파 음속에 의한 평가의 정밀도도 개선되어 평가 정밀도가 거의 15% 이내로 줄어들었다는 보고도 있다.

14.4.2 표면균열깊이

콘크리트의 표면균열깊이를 비파괴로 측정하는 방법으로는 탄성파법, 적외선열화상법, 전자파레이더법 등이 제안되고 있지만, 실용적인 방법으로는 탄성파(초음파)의 전파 시간차를 이용하는 초음파법(20kHz 이상)이 있으며 일반적으로 공진주파수 50kHz 이상의 입출력 센서가 사용된다.

가장 기본적인 방법은 그림 14.14와 같이 균열을 센서 사이에 배치하여 측정하는 $T_c - T_o$법으로 식 (14.7)에 의해 균열의 추정 깊이를 구한다.

$$d = \frac{L}{2}\sqrt{\left(\frac{T_c}{T_o}\right)^2 - 1} \qquad \text{식 (14.7)}$$

여기서, d : 균열의 깊이

$L = L_c + \Delta L$: 유효탐촉자 간 거리

L_c : 탐촉자 간의 중심거리

ΔL : 탐촉자 간 거리의 보정값

T_c : 균열부를 전파한 초동파의 전파시간

T_o : 건전부를 전파한 초동파의 전파시간이다.

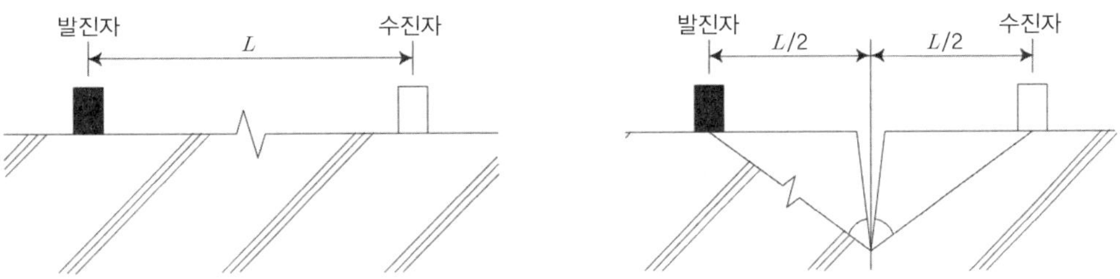

그림 14.14 **발진센서와 수진센서의 배치**

또 $T_c - T_o$법에서는 $L = L_c$로 센서의 거리를 정의하지만 여기에서는 그림 14.14에 나타낸 보정거리 ΔL를 고려하였다. 이 외에도 발진자 센서는 고정하고 수신자 센서를 이동시켜 얻은 주시곡선(전파시간과 전파거리의 관계)을 이용하여 균열위치에서의 불연속시간 T로부터 균열깊이를 구하는 T법, 균열을 걸친 거리 30cm와 60cm에서의 전파시간에서 균열깊이를 추정하는 BS법, 발신 · 수신센서를 동일 간격으로 이동시켜 검출한 파형의 위상변화에서 균열깊이를 추정하는 방법 등이 있다.

한편, 이들 탄성파를 이용한 표면균열깊이 판정은 철근, 균열계면, 균열각도 등의 영향을 고려한다.

균열과 철근이 근접할 경우에는 그림 14.15와 같이 L_c와 L_s를 정의하고 식 (14.8)에서 영향깊이 d_s를 구하여, 초동파의 전파시간차로부터 구한 추정 균열깊이가 d_s 이하이면 그림 14.16의 관계와 같이 철근의 영향을 받지 않았다고 판단할 수 있다.

$$d_s = \sqrt{L_s^2 + L_c^2} \qquad \text{식 (14.8)}$$

여기서, L_c : 그림 14.15에 표시한 철근의 피복두께

L_s : 콘크리트 표면상의 탐촉자에서 철근까지의 수평거리이다.

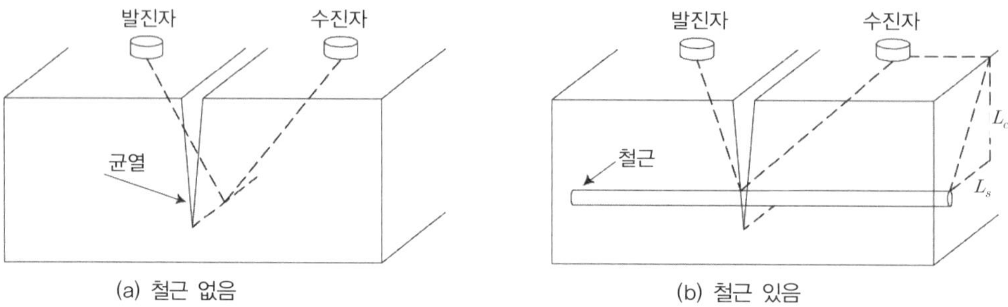

그림 14.15 **발진 · 수진자와 균열의 전위관계**

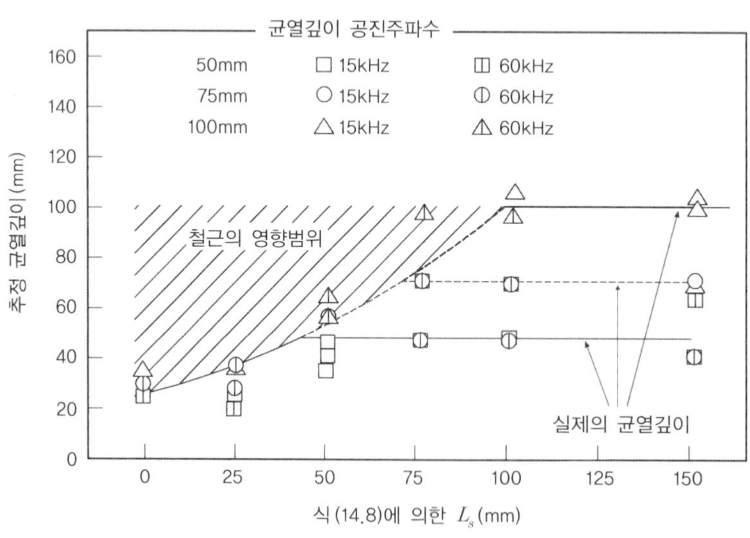

그림 14.16 **균열깊이에 미치는 철근의 영향**

또 균열의 개구각도(표면균열폭/균열깊이)가 작은 경우에는 균열계면이 접하고 있기 때문에 전파시간차에서 구한 추정값이 실측값보다 적을 가능성이 있다. 그래서 식 (14.9)로부터 균열 개구각도의 영향깊이 L_w를 구하여 초동파의 전파시간차에서 추정값 L_w 이하이면 균열계면의 영향을 받지 않은 것으로 판단할 수 있다.

$$d_w = w/0.0015 \quad \text{식 (14.9)}$$

여기서, w : 표면균열폭으로 시험 전에 미리 측정해둔다.

탐촉자 간 거리 증가와 동시에 균열깊이의 추정값이 감소하는 경우, 경사균열의 가능성이 있다. 이 경우, 추정값은 균열의 수직깊이보다 큰 값을 나타내므로 안전 측 평가가 된다. 또 추정값이 식 (14.10)의 이상이면 실제 수직깊이의 15% 정도는 오차범위에서 안전 측 평가가 된다고 알려져 있다.

$$d_a = L/3 \quad \text{식 (14.10)}$$

여기서, L : 탐촉자 간 거리이다.

또한 균열 내부에 물이 존재할 경우, 실제 균열깊이보다 과소평가되는 가능성이 있으므로 이런 경우 가능하면 수분을 제거하는 등의 대책을 강구할 필요가 있다.

14.4.3 내부결함

콘크리트 내부의 결함이나 공동을 검출하는 방법에는 방사선법, 전자파법, 탄성파법 등 3종류의 시험방법이 적용되고 있다.

방사선법에는 X선법 외에 γ선법과 중성자법이 있다. 그중에서 X선법과 γ선법은 투시영상을 찍는 방법으로 의료계에서 많은 진단실적이 있으며, 중성자법은 수분측정에 주로 이용된다. 하지만 방사선 사용에 있어 위험성은 지금도 개선되지 못하고 있다. 콘크리트 구조물에는 인체에 사용하는 것보다 더욱 고에너지의 방사선을 적용할 필요가 있어 측정 시 피폭의 위험성이 상당히 높다. 이러한 이유로 현재는 적용사례가 많지 않고 사용 시에는 방사선 취급 책임자 선임과 관리구역 제한 등의 규제가 정해져 있다.

전자파는 빛과 같이 공기 중에 전파되는 횡파이며, 콘크리트 비파괴시험에 적용되는 전자파법에는 가시광선보다 파장이 긴 온도를 전달하는 적외선을 이용한 적외선 열화상법과 마이크로파를 이용한 전자파레이더법이 있다. 가시광선보다 파장이 짧은 것이 상기의 X선, γ선, 중성자선이다.

적외선 센서(카메라)를 이용하면 적외선 방사발산도로부터 물체의 표면온도를 측정할 수 있다. 타일이나 모르타르의 박리부, 콘크리트 내부에 허니컴, 공동, 누수부 등이 있으면 건전부와 열적 성질이 달라 온도차가 나타난다. 이때 적외선 열화상법으로 표면온도를 측정하면 그림 14.17과 같이 통상의 사진촬영에서는 불분명한 박리부를 검출할 수 있다. 그 원리는 결함과 공동부 내에 존재하는 공기 비열의 영향으로 콘크리트 부위보다 큰 온도상승이 발생하고 반대로 저온 시에는 저온부위가 된다는 것이다. 단 표면온도분포에 대한 측정법이므로 심부의 결함은 조사하기 어려운 점이 있어 현재로는 십여 cm 정도의 깊이가 결함검출의 한계로 알려져 있다.

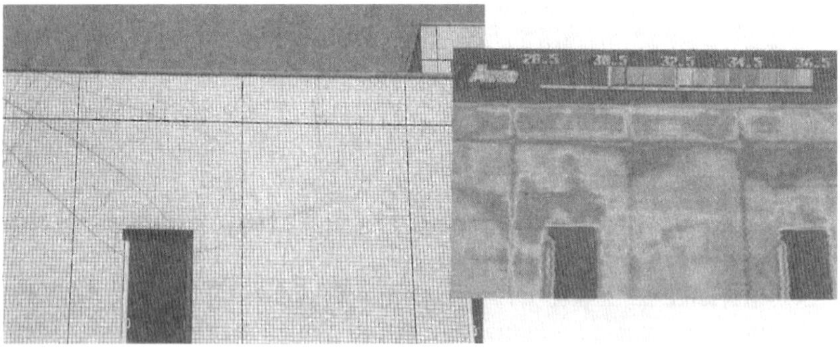

그림 14.17 **타일 박리부의 적외선법에 의한 검출**

전자파레이더법에서는 임펄스상의 전자파를 안테나로부터 콘크리트 내부에 송신하고 콘크리트 내부의 전기적 성질(비유전율 및 도전율)이 다른 물체(매설물 또는 공동)와의 경계에서 발생하는 반사파를 안테나로 수신하여 전자파의 전파속도로부터 반사위치를 추정하는 방법이다. 이것의 특징은 감쇠가 주파수에 의존하기 때문에 주파수 안테나를 이용하면 원거리까지 검사할 수 있지만 작은 결함은 분석할 수 없다는 것이다. 반면 고주파수 안테나는 작은 공극을 검출할 수 있지만 가까운 부위만 검사할 있다. 따라서 전자파레이더법으로는 수십 cm 정도까지의 깊이까지는 검사가 가능하지만 1m를 넘는 깊이까지는 적용이 어렵다고 할 수 있다. 그림 14.18은 깊이 30cm 결함분석 결과의 사례이다.

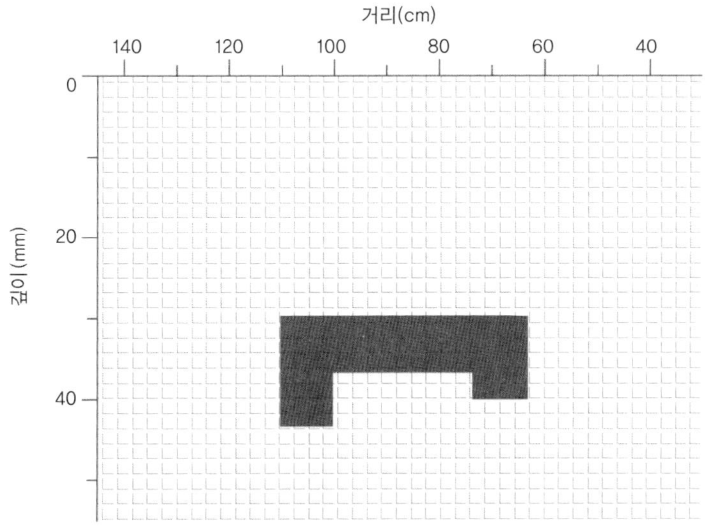

그림 14.18 **철근 하부의 공극 레이더 분석 영상**

탄성파법에는 충격탄성파법과 타음법이 있으며, 콘크리트 내부결함의 존재를 검출하는 데 유효하다. 탄성파법은 반사파의 검출을 대상으로 하고 충격탄성파법은 결함상의 콘크리트부의 판진동을 검출하는 것을 주 측정목적으로 하고 있다.

충격탄성파에서는 Impact Echo법이 잘 알려져 있다.

철제구 낙하 또는 타격으로 발생하는 탄성파에 의해 공극으로부터의 반사파를 광역대 센서로 검출하여 주파수 스펙트럼을 구한다. 이 스펙트럼이 최대인 주파수 f와 P파 속도 v로부터 결함깊이는 식 (14.11)로 구할 수 있다.

$$d = v/2f \qquad \text{식 (14.11)}$$

이 방법을 개량한 이미지 처리에 의한 화상화 방법(Sibie)이 제안되어 있다. 3연관의 공극을 Sibie에 의한 이미지화상으로서 구한 결과는 그림 14.17과 같다. 공동부의 탄성파 반사에 의해 타격 측의 공극 단부에서 진한 색의 강한 반사파의 존재를 확인할 수 있어 이것으로 공극의 유무가 단면화상으로 인식될 수 있다.

타음법은 콘크리트 표면 부근에 얕은 개소의 공극이 있으며 공극 상부의 콘크리트는 충격외력에 의해 판으로서 공진을 일으킨다. 따라서 타격음의 저주파수의 이행이나 판진동에 의해 진동진폭의 최대를 가청음으로 판단하거나 분석하는 것에 의해 결함부를 특정 지을 수 있게 된다.

14.4.4 철근위치

콘크리트 중 깊이방향으로 100mm 이내에 있는 철근의 측정에는 전자파법에 속하는 전자파레이더법과 전자유도법이 적용가능하다. 전자는 철근이 소정의 위치에 있는지를 레이더 화상의 그림자로 위치를 표시하고 후자는 철근직경도 함께 추정할 수 있는 방법이다.

전자파레이더법에 의한 철근탐사의 원리는 공극의 경우와 동일하다. 즉 안테나로부터 전자파를 콘크리트 내부를 향해 방사하면 그 전자파가 콘크리트와 전기적 성질이 다른 물질인 철근의 반사물체와의 경계면에서 반사하여 다시 콘크리트 표면으로 나와 수신안테나에 도달한다. 이로 인해 전파시간으로 반사물체까지의 깊이를 알 수 있으며, 더욱이 안테나를 콘크리트 표면을 따라 이동시키면 콘크리트 표면에서 내부에 있는 반사물체가 어떤 상태로 존재하고 있는지도 알 수 있다. 콘크리트용 레이더는 펄스폭이 상당히 작은 수 나노초(ns) 펄스의 송신파가 필요하다. 수 나노초의 임펄스파는 수백 MHz에 영향을 미치는 주파수 성분을 지니고 있으므로 콘크리트 레이더의 안테나는 특수한 광역대 안테나(500MHz 이상)를 사용한다. 또 전자파가 공기 등의 콘크리트 이외(공기 등)로는 방사하지 않도록 실드처리를 한다.

철근의 피복두께 D는 콘크리트의 비유전율 ε, 전자파의 전파시간 T에 관한 식(14.12)와 같이 구해진다.

$$D = VT \times 2 \times 10^{-3}\,(\text{mm}) \qquad \text{식 (14.12)}$$

여기서, $V = C / \sqrt{\varepsilon}\,(\text{m/s})$이고, C는 전자파의 전파속도로 $C = 3 \times 10^{8}\,(\text{m/s})$이다.

일반적으로 콘크리트의 비유전율은 8~20 정도이다. 공극이 많거나 재령이 작은 콘크리트는 함수율이 크게 변해 비유전율도 변하게 되지만, 보통 콘크리트는 3~4주 정도 지나면 비유전율이 7~8로 안정적이 되므로 이후 영향은 거의 없다고 할 수 있다.

일반적으로 단근의 경우는 간단하게 측정할 수 있지만 복근의 경우는 연결되어 보이거나 형태가 다른 철근으로 보인다. 이것은 전파에는 지향성이 없어 반사 데이터 모두가 수신되어 증폭 또는 상쇄되기 때문이다. 시판되는 대부분의 장치가 실시간으로 계산되고 디지털 또는 화면으로 표시되며, 그림 14.19는 피복깊이 3cm에서의 배근 단면을 나타낸 것이다.

전자유도법은 코일로 교류전류를 공급하면서 자장을 발생시키고 철근의 유무나 피복두께에 따라 코일의 기전력 또는 임피던스가 변화하는 것을 이용하여 철근을 조사하는 방법이다. 일반적으로는 코일 내장의 프로브에 교류전류를 흘려 콘크리트 표면으로 이동시키는 과정에 철근이 존재하면 전자장이 변화하고 그것을 탐지코일로 검출해서 자동계량기에 표시한다. 검출된 변화가 최대가 되는 위치를 구하여 철근의 위치를 결정할 수 있으며, 교정에 의해 철근 피복과 철근직경을 추정할 수 있다.

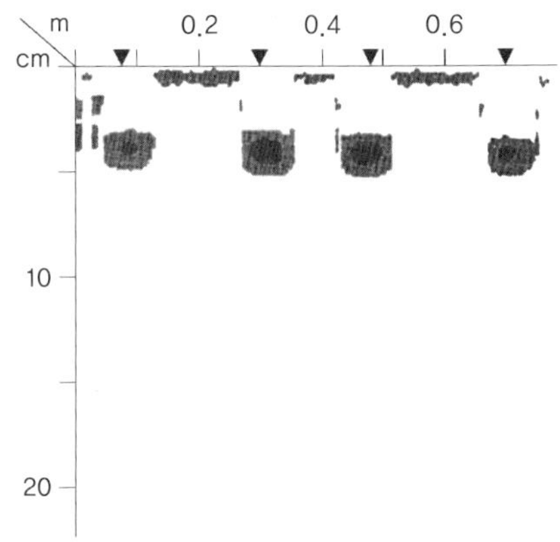

그림 14.19 **피복 3cm의 철근 레이더 영상 (종축 : 깊이방향, 횡축 : 안테나의 주행방향)**

14.5 철근부식

철근부식의 비파괴시험은 일반적으로 전기화학적 수법(Electro-Chemical Methods)에 의해 실시된다. 현재 여러 방법이 개발 중이지만 실용화된 측정방법에는 자연전위법, 분극저항법, 전기비저항법이 있다(그림 14.20).

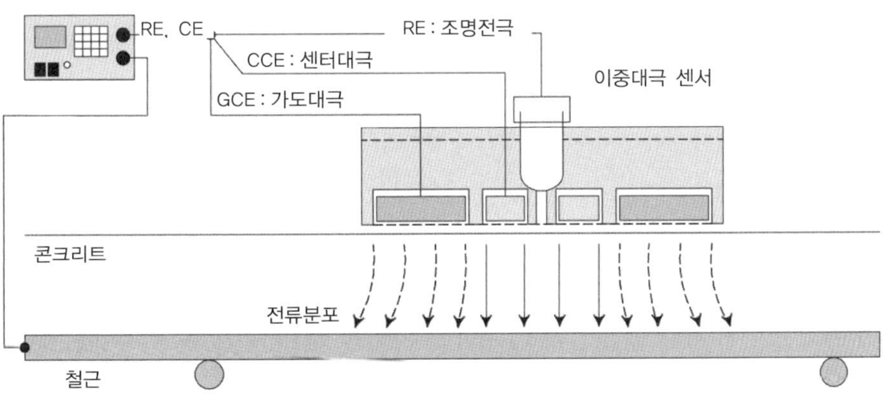

그림 14.20 **자연전위 및 이중대극 센서에 의한 분극저항 측정장치**

자연전위란 금속이 존재하는 환경에서 유지하고 있는 전위를 나타내는 것으로 건전한 콘크리트는 강알칼리성이므로 철근은 부동태 상태로 존재하며, 그 전위는 −100~−200mV (CSE : 포화유산동 전극기준)을 나타낸다. 그러나 염해나 중성화에 의해 철근이 활성상태가 되어 부식이 진행되면 그 전위는 부(−)의 방향으로 변화한다. 콘크리트 중의 철근에 대해 자연전위 측정방법은 철근과 콘크리트 표면상의 조회전극과의 전위차를 측정하는 것으로 조회전극(포화염화은전극 또는 포화유산동전극 등)과 전위차계로 기기가 구성된다. 자연전위법에 의해 구한 전위차로 철근부식을 판단하는 기준은 일반적으로 미국에서 동결방지제에 의해 도로교량판에 발생한 염해열화를 평가하는 데 사용된 데이터를 기준으로 작성된 ASTM의 규정값이 주로 사용된다. 콘크리트 물성을 크게 고려하지 않아도 되는 경우에는 이 기준으로 철근부식에 대해 거의 적절한 평가를 할 수 있다.

표 14.9 **ASTM에 의한 자연전위와 부식률의 기준**

−0.20 < E	90% 이상의 확률에 부식이 생기지 않음
−0.35 < E ≦ −0.20	불확정
E < −0.35	90% 이상의 확률에 부식이 생기고 있음

단, 콘크리트 구조물 중에 있는 철근의 전위가 콘크리트 표면에서 콘크리트를 통해 측정되므로 측정값이 반드시 철근부식 개소의 실제 전위를 표시한다고는 할 수 없다. 또 여러 요인들이 측정에 영향을 미치므로 측정값에 오차가 발생하게 된다. 이런 영향요인에는 크게 전기화학적 요인과 저항적 요인으로 분류할 수 있으며, 전자는 콘크리트의 화학적 또는 물리적 성상의 불균일성에 기인하고 후자는 콘크리트 자체 또는 표면의 중성화층 등의 저항에 기인하기 때문에 이들은 함수율과 염화물량 등에 좌우된다.

일반적으로 공극 등이 존재하면 자연전위는 낮게 측정되기 때문에 부식영역을 넓게 측정하는 경향이 있다. 따라서 자연전위 측정결과로는 전체 철근이 부식되어 있는 것으로 평가되지만 실제로는 일정 부분에만 철근부식이 일어난다.

한편, 자연전위가 부식발생 상황의 안정적 지표인 것에 비해 분극저항은 정량적으로 부식속도를 표시하는 지표이다. 분극저항법은 시료극, 대극, 기준전극으로 측정계가 이루어지며 시료극(철근)과 대극 사이에 미약한 전류를 흘려보냈을 때의 전위변화량을 측정하여 분극저항을 구한다. 즉, 분극저항은 부식속도(부식전류밀도)에 역비례 관계를 나타내므로 실질적 환산계수를 구해둔다면 부식속도의 측정이 가능하다. 따라서 부식속도는 보통 단위면적당 부식전류밀도(μA/cm^3)로 나타내며 분극저항의 단위는 저항에 면적을 곱한 Ω · cm^2이다. 분극저항 측정에는 다양한 방법들이 제안되어 있지만 주로 직류 분극저항법과 교류 임피던스법이 적용된다. 부식 판정은 CEB(유럽 콘크리트위원회)로부터 분극저항 판정값으로 부식속도를 판정하는 기준이 제안되어 있다.

일반적으로 전기저항이 큰 건조 콘크리트 중에서는 철근부식이 일어나지 않지만 저항이 낮은 습윤상태에서는 부식이 일어나기 쉬운 것으로 알려져 있다. 콘크리트의 전기저항은 비저항이라고 하며 측정 전극 간의 거리를 고려하여 단위를 Ω · cm로 표시한다. 비저항이 5,000Ω · cm 이하가 되면 부식의 가능성이 높아진다. 최신의 연구에서는 콘크리트 비저항의 영향을 고려한 자연전위를 보정한 후 기법(IBEM)이 제안되었다. 이것은 콘크리트 저항을 고려하여 철근의 전위를 보정하고 표 14.9의 기준을 적용하는데, 더욱이 분극저항 130 이하에서는 부식속도가 크다는 조건을 부가하여 평가한다.

참/고/문/헌

1. 정상진 외, 건축시공학, 기문당, 2013.
2. 정상진 외, 건축재료학, 기문당, 2013.
3. 정상진 외, 건축시공 신기술공법, 기문당, 2002.
4. 한천구 외, 건축재료실험, 기문당, 2003.
5. 염환석 외, 건축구조재료실험, 기문당, 2002.
6. Yoshinori Kitsutaka, 建築材料, 市谷出版社, 2003.
7. 콘크리트 표준시방서, 한국콘크리트학회, 2009.
8. 小林 一輔 外 7人, コンクリート實務便覽, Ohmsha 外, 2004.
9. 小林一輔, 最新コンクリート工学, 森北出版, 2002.
10. 日本土木學會, コンクリート標準示方書, 日本土木學會, 2003.

연/습/문/제

1. 알칼리 골재반응의 정의와 시험방법에 대해 간략히 서술하시오.
2. 레디믹스트 콘크리트의 염화물이온 함유량 규제에 대해 서술하시오.
3. 압축강도의 조기판정시험에는 어떠한 것들이 있는지 서술하시오.
4. 비파괴검사에서 콘크리트의 압축강도를 추정하는 시험방법에 대해 서술하시오.
5. 철근부식이 콘크리트에 미치는 영향과 이를 판단하는 시험방법에는 어떠한 것들이 있는지 간략히 서술하시오.

콘크리트 실무편람

실무자를 위한 콘크리트 편람 지침서

2015년 2월 20일 1판 1쇄 인쇄
2015년 2월 28일 1판 1쇄 발행

저 자	대표저자 임남기
발 행 인	강 해 작
발 행 처	기 문 당
주 소	서울시 성동구 무학봉 28길 4-1
전 화	02) 2295-6171(代)~5
팩 스	02) 2296-8188
출판등록	1976. 10. 7 (1-44)
홈페이지	http://기문당 http://www.kimoondang.com
I S B N	978-89-6225-640-6 93540
정 가	28,000원

〈검인생략〉

이 도서의 국립중앙도서관 출판시도서목록(CIP)은 서지정보유통지원시스템 홈페이지(http://seoji.nl.go.kr)와 국가자료공동목록시스템(http://www.nl.go.kr/kolisnet)에서 이용하실 수 있습니다.(CIP제어번호: CIP2015004927)